Entraînement intensif

prépabac

Tle S

Mathématiques

SPÉCIFIQUE & SPÉCIALITÉ

Michel Abadie
  Professeur agrégé de mathématiques
  en terminale S et en classe préparatoire ATS Bio
  au lycée Galilée à Gennevilliers

Jacques Delfaud
  Professeur agrégé de mathématiques
  en classe préparatoire scientifique
  au lycée Saint-Joseph/ICAM de Toulouse

Marie Girard
  Professeure agrégée de mathématiques
  en classe préparatoire commerciale (ECE)
  au lycée Georges de la Tour à Metz

Sophie Touzet
  Professeure agrégée de mathématiques
  en classe préparatoire scientifique
  au lycée Saint-Joseph/ICAM de Toulouse

Conception de la maquette
Anne Gallet

Mise en pages
Compo Meca Publishing

Suivi éditorial
Jean-Marc Cheminée

Schémas
Compo Meca Publishing

Achevé d'imprimer en Italie par La Tipografica Varese Srl
Dépôt légal n°97805-0/02- avril 2015

© Hatier, Paris 2014   ISBN 978-2-218-97805-0

▶ Le Code de la Propriété Intellectuelle n'autorisant aux termes de l'article L. 122-5, d'une part, que, les copies ou reproductions strictement réservées à l'usage privé du copiste et non destinées à une utilisation collective et, d'autre part, que, les analyses et courtes citations dans un but notamment d'exemple et d'illustration, toute représentation ou reproduction intégrale ou partielle, faite, par quelque procédé que ce soit, sans le consentement de l'auteur, ou de ses ayants droit est illicite et constitue une contrefaçon sanctionnée par les articles L. 335-2 et suivants du Code de la Propriété Intellectuelle. Le Centre Français de l'exploitation de la Copie (20, rue des Grands-Augustins 75006 Paris) est, conformément à l'article L. 122-10, le seul habilité à délivrer des autorisations de reproduction par reprographie, sous réserve en cas d'utilisation aux fins de vente, de location, de publicité ou de promotion de l'accord de l'auteur ou des ayants droit. ◀

AVANT-PROPOS

À qui est destiné cet ouvrage ?

■ Ce « Prépabac Entraînement intensif » s'adresse à vous qui visez l'excellence, parce que l'objectif principal de votre année de terminale, au-delà du bac, est l'orientation vers les **études supérieures** et les **classes préparatoires**.

■ À vous qui êtes ambitieux, cet ouvrage offre les clés d'une année de terminale réussie et la promesse d'une entrée dans la **filière sélective** de votre choix.

Quels contenus offre cet ouvrage ?

■ Le **cours**, clair et structuré, rappelle l'essentiel des connaissances qu'il faut maîtriser. Dans chaque chapitre, il est complété par un encadré `post bac` présentant des connaissances nouvelles qui pourront être réinvesties dans l'enseignement supérieur.

■ Les **méthodes** pour répondre aux questions types et les **stratégies** pour rendre de très bonnes copies sont un moyen de **gagner en efficacité** : elles constituent un gain de temps précieux dans votre travail.

■ Les sujets, nombreux et progressifs, variés et originaux offrent un **entraînement intensif**, complet et très formateur :
 – des **sujets de type bac** pour des révisions efficaces et ciblées ;
 – des **sujets d'approfondissement** vous proposant des exercices exigeants ;
 – des **sujets** `post bac` pour viser avec confiance la filière sélective de votre choix.

■ Pour chaque sujet, l'auteur s'est attaché à rédiger un corrigé clair, détaillé et assorti de **commentaires** et de **conseils**.

Quels compléments offre le site annabac.com ?

■ L'achat de ce « Prépabac Entraînement intensif » vous permet de bénéficier d'un **accès gratuit*** à toutes les ressources d'annabac.com : vidéos, podcasts audio et fiches de cours, exercices interactifs, sujets d'annales corrigés…

■ Pour profiter de cette offre, rendez-vous sur **www.annabac.com** dans la rubrique « Vous avez acheté un ouvrage Hatier ? ».

* Selon les conditions précisées sur le site www.annabac.com

SOMMAIRE

ENSEIGNEMENT SPÉCIFIQUE

Analyse

CHAPITRE 1 Raisonnement par récurrence

Cours	10
Méthodes et stratégies	14
Sujets de type bac	18
Sujets d'approfondissement	22
Corrigés	25

CHAPITRE 2 Limites de suites

Cours	40
Méthodes et stratégies	45
Sujets de type bac	49
Sujets d'approfondissement	53
Corrigés	58

CHAPITRE 3 Limites de fonctions et continuité

Cours	72
Méthodes et stratégies	78
Sujets de type bac	82
Sujets d'approfondissement	86
Corrigés	89

CHAPITRE 4 Dérivation et applications

Cours	106
Méthodes et stratégies	110
Sujets de type bac	114
Sujets d'approfondissement	117
Corrigés	122

CHAPITRE 5 Fonctions exponentielle et logarithme népérien

Cours	138
Méthodes et stratégies	143
Sujets de type bac	147
Sujets d'approfondissement	152
Corrigés	157

CHAPITRE 6 Fonctions trigonométriques

Cours	174
Méthodes et stratégies	179
Sujets de type bac	183
Sujets d'approfondissement	185
Corrigés	189

CHAPITRE 7 Intégration d'une fonction continue sur un intervalle

Cours	202
Méthodes et stratégies	206
Sujets de type bac	210
Sujets d'approfondissement	216
Corrigés	220

SUJETS DE SYNTHÈSE 235

Géométrie

CHAPITRE 8 Nombres complexes

Cours	258
Méthodes et stratégies	262
Sujets de type bac	266
Sujets d'approfondissement	269
Corrigés	273

CHAPITRE 9 Positions relatives de droites et de plans

Cours	286
Méthodes et stratégies	290
Sujets de type bac	293
Sujets d'approfondissement	297
Corrigés	301

CHAPITRE 10 Géométrie vectorielle

Cours	314
Méthodes et stratégies	318
Sujets de type bac	323
Sujets d'approfondissement	326
Corrigés	330

SOMMAIRE

CHAPITRE 11 Produit scalaire

Cours	344
Méthodes et stratégies	347
Sujets de type bac	352
Sujets d'approfondissement	356
Corrigés	360

SUJETS DE SYNTHÈSE 373

Statistiques et probabilités

CHAPITRE 12 Probabilités conditionnelles

Cours	388
Méthodes et stratégies	390
Sujets de type bac	397
Sujets d'approfondissement	401
Corrigés	407

CHAPITRE 13 Lois continues de probabilité

Cours	420
Méthodes et stratégies	424
Sujets de type bac	429
Sujets d'approfondissement	432
Corrigés	435

CHAPITRE 14 Échantillonnage et estimation

Cours	442
Méthodes et stratégies	444
Sujets de type bac	446
Sujets d'approfondissement	447
Corrigés	451

SUJETS DE SYNTHÈSE 457

ENSEIGNEMENT DE SPÉCIALITÉ

CHAPITRE 15 Arithmétique et applications

Cours	468
Méthodes et stratégies	474
Sujets de type bac	477
Sujets d'approfondissement	482
Corrigés	487

CHAPITRE 16 Matrices, suites et applications

Cours	502
Méthodes et stratégies	507
Sujets de type bac	513
Sujets d'approfondissement	519
Corrigés	523

ANNEXES

Index	537

Analyse

9	**CHAPITRE 1**	Raisonnement par récurrence
39	**CHAPITRE 2**	Limites de suites
71	**CHAPITRE 3**	Limites de fonctions et continuité
105	**CHAPITRE 4**	Dérivation et applications
137	**CHAPITRE 5**	Fonctions exponentielle et logarithme népérien
173	**CHAPITRE 6**	Fonctions trigonométriques
201	**CHAPITRE 7**	Intégration d'une fonction continue sur un intervalle
235	**SUJETS DE SYNTHÈSE**	
241	**CORRIGÉS**	

CHAPITRE 1

Raisonnement par récurrence

COURS

10	**I.**	Le principe de récurrence
10	**II.**	Démonstration par récurrence
11	**III.**	Notation Σ
11	**IV.**	Factorielle d'un entier naturel
12	POST BAC	Récurrence double
13	POST BAC	Le principe de récurrence forte

MÉTHODES ET STRATÉGIES

14	**1**	Rédiger correctement un raisonnement par récurrence
15	**2**	Démontrer qu'une propriété est héréditaire pour une suite
16	**3**	Démontrer une propriété avec une somme ou une puissance
17	**4**	Démontrer qu'une suite est monotone

SUJETS DE TYPE BAC

18	**Sujet 1**	Étude d'une suite à termes complexes
19	**Sujet 2**	Étude d'une suite définie par récurrence
19	**Sujet 3**	Étude de suites à croissance rapide
20	**Sujet 4**	Fonctions dérivées n-ième
20	**Sujet 5**	Encadrement et monotonie d'une suite homographique
21	**Sujet 6**	Somme des termes d'une suite définie par récurrence
21	**Sujet 7**	Influence du premier terme sur le comportement d'une suite
21	**Sujet 8**	Inégalités de Bernoulli

SUJETS D'APPROFONDISSEMENT

22	**Sujet 9**	POST BAC Somme des termes consécutifs d'une suite
22	**Sujet 10**	POST BAC Formule du binôme de Newton
23	**Sujet 11**	POST BAC Égalité de suites
23	**Sujet 12**	Série harmonique
24	**Sujet 13**	Fonction exponentielle et fonctions polynômes
24	**Sujet 14**	POST BAC Suite de Lucas

CORRIGÉS

25	**Sujets 1 à 8**
32	**Sujets 9 à 14**

COURS

Raisonnement par récurrence

I. Le principe de récurrence

Propriété

→ Soit $\mathcal{P}_0, \mathcal{P}_1, \mathcal{P}_2, \ldots, \mathcal{P}_n$ une suite de propositions.
Si la proposition $\mathcal{P}_0$ est vraie et si, pour n'importe quel entier naturel n, la vérité de $\mathcal{P}_n$ entraîne celle de $\mathcal{P}_{n+1}$, alors on peut conclure que pour tout entier naturel n, la proposition $\mathcal{P}_n$ est vraie.

→ De manière générale, si n_0 est un entier naturel, si la proposition $\mathcal{P}_{n_0}$ est vraie et si pour n'importe quel entier naturel $n \geqslant n_0$, la vérité de $\mathcal{P}_n$ entraîne celle de $\mathcal{P}_{n+1}$ alors on peut conclure que pour tout entier naturel $n \geqslant n_0$, la proposition $\mathcal{P}_n$ est vraie.

Exemples de propositions

« Pour tout $n \in \mathbb{N}$, le nombre $4^n + 7^n + 1$ est divisible par 3. »
« Pour tout $n \in \mathbb{N}, 1 + 2^2 + \ldots + n^2 = \dfrac{n(n+1)(2n+1)}{6}$. »

II. Démonstration par récurrence

1. Mise en œuvre

Soit n_0 un entier naturel. Pour démontrer qu'une propriété $\mathcal{P}_n$ est vraie pour tout entier $n \geqslant n_0$, on effectue une démonstration par récurrence consistant à démontrer deux propriétés qui permettront de conclure :
• on vérifie tout d'abord que la propriété $\mathcal{P}_{n_0}$ est vraie ; c'est l'**initialisation** ;
• on démontre ensuite, en considérant un entier quelconque $n \geqslant n_0$ et en supposant la propriété $\mathcal{P}_n$ vraie que, sous cette hypothèse, la propriété $\mathcal{P}_{n+1}$ est vraie ; c'est l'**hérédité**.
On peut alors en déduire que pour tout entier $n \geqslant n_0$, la propriété $\mathcal{P}_n$ est vraie.

Remarque Le principe de récurrence révèle une propriété de l'ensemble des entiers naturels : $\mathbb{N}$ contient 0, et tout entier naturel n admet un successeur $n + 1$.

2. Quelques pièges à éviter

→ **Oublier l'initialisation.**
En effet, une propriété peut être héréditaire sans pourtant être vraie.
Par exemple la propriété « $10^n + (-1)^n$ est un multiple de 11 » est héréditaire, mais comme on ne peut pas trouver d'entier pour lequel elle est vraie, on ne peut pas conclure.

→ **Ne considérer que les premiers termes.**
Ainsi, pour $n = 0, n = 1, n = 2$ et $n = 3$, on peut vérifier par le calcul que :
$$n^4 - 6n^3 + 11n^2 - 6n + 1 = 1.$$
Pourtant, pour $n = 4$, on a $n^4 - 6n^3 + 11n^2 - 6n + 1 = 25$.

- **Supposer que la propriété est vraie pour tout entier naturel n.**
En effet, si pour montrer l'hérédité, on suppose que la propriété est vraie pour tout entier n, alors on n'aura pas grand mal à démontrer qu'elle est en particulier vraie pour un entier $n+1$.

III. Notation Σ

On considère une suite de terme général u_n définie à partir d'un rang n_0.

Définition
Si n est un entier supérieur à n_0, la **somme des termes** de la suite de rangs compris entre n_0 et n est notée :
$$\sum_{k=n_0}^{n} u_k.$$
Quand il n'y a pas d'ambiguïté sur la valeur des termes sommés, on écrit :
$$\sum_{k=n_0}^{n} u_k = u_{n_0} + u_{n_0+1} + \ldots + u_n.$$

Exemples
- $\sum_{k=1}^{4} \frac{1}{k} = 1 + \frac{1}{2} + \frac{1}{3} + \frac{1}{4}.$
- $\sum_{k=0}^{2} \cos \frac{2k\pi}{3} = \cos 0 + \cos \frac{2\pi}{3} + \cos \frac{4\pi}{3} = 1 - \frac{1}{2} - \frac{1}{2} = 0.$

Propriétés
- On a $\sum_{k=n_0}^{n} u_k = \sum_{i=n_0}^{n} u_i = \sum_{j=n_0}^{n} u_j$ (on dit que l'indice k est **muet**).
- Cas particuliers : $\sum_{k=n_0}^{n_0} u_k = u_{n_0}$; $\sum_{k=n_0}^{n} 1 = n - n_0 + 1$.
- **Relation de Chasles.** Pour tous entiers m et n tels que $m > n \geqslant n_0$:
$$\sum_{k=n_0}^{n} u_k + \sum_{k=n+1}^{m} u_k = \sum_{k=n_0}^{m} u_k.$$
- **Linéarité.** Soit une suite (v_n) définie à partir du rang n_0 et λ un réel :
$$\sum_{k=n_0}^{n} (u_k + v_k) = \sum_{k=n_0}^{n} u_k + \sum_{k=n_0}^{n} v_k \text{ et } \sum_{k=n_0}^{n} \lambda u_k = \lambda \sum_{k=n_0}^{n} u_k.$$

IV. Factorielle d'un entier naturel

Définition
- Soit n un entier supérieur à 2. La **factorielle** de n est le produit des entiers naturels compris entre 1 et n. On note ce produit $n!$, ce qui se lit « factorielle n ».
- Ainsi, $2! = 1 \times 2 = 2$; $3! = 1 \times 2 \times 3 = 6\ldots$
On a $(n+1)! = n! \times (n+1)$. Ce qui incite à poser $1! = 1$ puis $0! = 1$.

Exemple
Calcul du produit des n premiers nombres pairs non nuls :
$2 \times 4 \times \ldots \times 2n = (2 \times 2 \times \ldots \times 2) \times (1 \times 2 \times \ldots \times n) = 2^n n!$.
(Ce produit se note $\prod_{k=1}^{n} 2k$.)

Récurrence double

> Voir les exercices 11 et 14.

Énoncé
Soit $(\mathcal{P}_n)$ une suite de propositions. Soit n_0 un entier naturel.
Si les propositions $\mathcal{P}_{n_0}$ et $\mathcal{P}_{n_0+1}$ sont vraies et si pour n'importe quel entier naturel $n \geq n_0$, la vérité de $\mathcal{P}_n$ et de $\mathcal{P}_{n+1}$ entraîne celle de $\mathcal{P}_{n+2}$ alors on peut conclure que pour tout entier naturel $n \geq n_0$, la proposition $\mathcal{P}_n$ est vraie.

Démonstration
Le principe de récurrence double découle du principe de récurrence simple en considérant la suite de propositions (Q_n) définies par $Q_n = $ « $\mathcal{P}_n$ et $\mathcal{P}_{n+1}$ ».
Ainsi $\mathcal{P}_{n_0}$ et $\mathcal{P}_{n_0+1}$ sont vraies signifie que Q_{n_0} est vraie, supposer que $\mathcal{P}_n$ et $\mathcal{P}_{n+1}$ sont vraies revient à supposer Q_n vraie. En déduire que $\mathcal{P}_{n+2}$ est vraie entraîne que Q_{n+1} est vraie (puisqu'on a supposé $\mathcal{P}_{n+1}$ vraie).

Exemple
On considère la suite (u_n) définie par $u_0 = 1$, $u_1 = 2$ et pour tout entier naturel n, $u_{n+2} = u_{n+1} + 2u_n$. Démontrons que pour tout $n \in \mathbb{N}$, $u_n = 2^n$.
Initialisation. Tout d'abord, $2^0 = 1$ et $2^1 = 2$, la propriété est donc vraie pour $n = 0$ et $n = 1$.
Hérédité. Soit n un entier naturel, supposons que $u_n = 2^n$ et $u_{n+1} = 2^{n+1}$, on a alors :
$$\begin{aligned} u_{n+2} &= 2^{n+1} + 2 \times 2^n \\ &= 2^{n+1} + 2^{n+1} \\ &= 2 \times 2^{n+1} \\ &= 2^{n+2}. \end{aligned}$$
On conclut donc que pour tout entier naturel n, $u_n = 2^n$.

Le principe de récurrence forte

> Voir l'exercice 11.

En classe de terminale, on utilise en général le principe de récurrence simple et parfois celui de récurrence double. Pourtant, dans certains cas, l'utilisation du principe de récurrence forte peut être plus adapté.

Énoncé

Soit $(\mathcal{P}_n)$ une suite de propositions. Soit n_0 un entier naturel.
Si la proposition $\mathcal{P}_{n_0}$ est vraie et si pour n'importe quel entier naturel $n \geq n_0$, la vérité des propositions $\mathcal{P}_{n_0}, \mathcal{P}_{n_0+1}, \ldots, \mathcal{P}_n$ entraîne celle de $\mathcal{P}_{n+1}$ alors on peut conclure que pour tout entier naturel $n \geq n_0$, la proposition $\mathcal{P}_n$ est vraie.

Démonstration

Là encore, on se ramène au principe de récurrence simple en considérant la suite de propositions (Q_n) telle que $Q_n = $ « $\mathcal{P}_{n_0}$ et $\mathcal{P}_{n_0+1}$ et ... et $\mathcal{P}_n$ » (la proposition Q_n est vraie si et seulement si les propositions $\mathcal{P}_{n_0}, \mathcal{P}_{n_0+1}, \ldots$ et $\mathcal{P}_n$ sont vraies).
Tout d'abord, la proposition Q_{n_0} est la proposition $\mathcal{P}_{n_0}$, donc si l'une est vraie, l'autre l'est également.
Ensuite, soit un entier $n \geq n_0$, supposons que Q_n soit vraie, c'est-à-dire $\mathcal{P}_{n_0}, \mathcal{P}_{n_0+1}, \ldots, \mathcal{P}_n$ vraies. Si on en déduit que $\mathcal{P}_{n+1}$ est vraie alors $\mathcal{P}_{n_0}, \mathcal{P}_{n_0+1}, \ldots, \mathcal{P}_n$ et $\mathcal{P}_{n+1}$ sont vraies, c'est-à-dire Q_{n+1} est vraie ; le principe de récurrence simple montre alors que pour tout entier naturel n, Q_n est vraie, ou encore que $\mathcal{P}_{n_0}, \mathcal{P}_{n_0+1}, \ldots, \mathcal{P}_n$ sont vraies et en particulier que $\mathcal{P}_n$ est vraie.

Remarque On peut démontrer également que le principe de récurrence forte implique le principe de récurrence faible.

MÉTHODES ET STRATÉGIES

1 Rédiger correctement un raisonnement par récurrence

> Voir les exercices 1 à 14 mettant en œuvre cette méthode.

Méthode
On se limite ici à l'utilisation du principe de récurrence simple.

> **Étape 1 :** identifier la propriété à démontrer par récurrence et l'énoncer clairement en fonction d'un entier n (que l'on peut aussi noter p ou k). On peut pour cela avoir à émettre une conjecture en considérant les premiers rangs.

> **Étape 2 :** préciser à partir de quel rang n_0 cette propriété doit être vérifiée (en général à partir du rang $n = 0$ ou du rang $n = 1$, mais parfois à partir d'un rang plus élevé).

> **Étape 3 :** démontrer que la propriété est vraie au rang n_0, c'est l'**initialisation**.

> **Étape 4 :** considérer un entier n quelconque supérieur ou égal à n_0, et supposer que la propriété est vraie à ce rang n, c'est l'**hypothèse de récurrence**.

> **Étape 5 :** énoncer la propriété au rang $n + 1$ (en remplaçant tous les « n » par « $n + 1$ »).

> **Étape 6 :** démontrer l'**hérédité**, c'est-à-dire que si la propriété est vraie au rang n alors elle est vraie au rang $n + 1$.

> **Étape 7 :** conclure en énonçant que la propriété est vraie à partir du rang n_0.

Exemple
Déterminer les fonctions dérivées successives de la fonction p définie sur $\mathbb{R}$ par :
$$p(x) = xe^x.$$

Application

> **Étape 1 :** on a pour tout réel x :
$$p'(x) = xe^x + e^x \text{ soit } p'(x) = (x+1)e^x.$$
On a de même $p''(x) = (x+2)e^x$.
On conjecture que la fonction dérivée n-ième de la fonction p est la fonction :
$$p^{(n)} : x \mapsto (x+n)e^x.$$
La propriété à démontrer est donc : « pour tout $x \in \mathbb{R}$, $p^{(n)}(x) = (x+n)e^x$ ».

> **Étape 2 :** le rang initial est ici $n = 1$ (la fonction dérivée première).

> **Étape 3 :** on a vu que pour tout réel x, $p'(x) = (x+1)e^x$; la propriété est donc vraie au rang 1.

> **Étape 4 :** soit n un entier supérieur ou égal à 1. On suppose que pour tout $x \in \mathbb{R}$,
$$p^{(n)}(x) = (x+n)e^x.$$

> **Étape 5 :** il s'agit d'en déduire que pour tout $x \in \mathbb{R}$, $p^{(n+1)}(x) = (x+n+1)e^x$.

> **Étape 6 :** or, pour tout réel x, $p^{(n+1)}(x) = (p^{(n)})'(x)$ (la fonction dérivée $(n+1)$-ième de p est la fonction dérivée de la fonction dérivée n-ième de p).
Et on a supposé que $p^{(n)}(x) = (x+n)e^x$, donc $p^{(n+1)}(x) = e^x + (x+n)e^x$
soit $p^{(n+1)}(x) = (x+n+1)e^x$.

> **Étape 7 :** la propriété étant héréditaire et vraie au rang 1, on peut donc conclure que pour tout entier $n \geq 1$:
$$p^{(n)} : x \mapsto (x+n)e^x.$$

2 Démontrer qu'une propriété est héréditaire pour une suite

> Voir les exercices 1 à 14 mettant en œuvre cette méthode.

Méthode
On se limite également au principe de récurrence simple et on note u_n le terme général de la suite étudiée.

> **Étape 1 :** énoncer la propriété $\mathcal{P}_n$ à démontrer à un rang n quelconque.

> **Étape 2 :** énoncer correctement cette propriété au rang $n+1$.

> **Étape 3 :** il s'agit de montrer que si $\mathcal{P}_n$ est vraie alors $\mathcal{P}_{n+1}$ est vraie ; pour cela il suffit souvent de considérer une relation entre u_{n+1} et u_n. Cette relation est donnée directement par l'énoncé dans le cas d'une suite définie par récurrence, ou en découle, notamment lorsque u_n est une somme de n termes.

> **Étape 4 :** partir de $\mathcal{P}_n$ vraie et utiliser la relation précédente pour déduire la propriété $\mathcal{P}_{n+1}$.

Exemple
On considère la suite (u_n) définie par $u_0 = 0{,}5$ et pour tout entier naturel n, $u_{n+1} = u_n - u_n^2$.
Il s'agit de démontrer par récurrence que pour tout $n \in \mathbb{N}$, $u_n \in [0\,;1]$.

Application

> **Étapes 1 et 2 :** au rang n, la propriété est « $0 \leq u_n \leq 1$ » et au rang $n+1$, « $0 \leq u_{n+1} \leq 1$ ».

> **Étape 3 :** la relation entre u_n et u_{n+1} est bien sûr la suivante : $u_{n+1} = u_n - u_n^2$.

> **Étape 4 :** soit n un entier naturel, on suppose que $0 \leq u_n \leq 1$ (hypothèse de récurrence).
On a $u_{n+1} = u_n(1 - u_n)$. Or, $0 \leq u_n \leq 1$ d'où $-1 \leq -u_n \leq 0$ puis $0 \leq 1 - u_n \leq 1$. On en déduit que $0 \leq u_n(1-u_n) \leq 1$, soit $0 \leq u_{n+1} \leq 1$ (si deux nombres sont compris entre 0 et 1, leur produit l'est également).

Remarque Pour conclure, l'initialisation est essentielle : ici tout va bien puisque $u_0 \in [0\,;1]$, mais si par exemple $u_0 = -1$, on pourrait montrer par récurrence que la suite est majorée par -1.

3. Démontrer une propriété avec une somme ou une puissance

> Voir les exercices 2, 8, 9, 10, 11 et 12 mettant en œuvre cette méthode.

Méthode

> **Étape 1 :** énoncer la propriété $\mathcal{P}_n$ à démontrer à un rang n quelconque, les termes apparaissant dans cette propriété pourront être de la forme :

$$\sum_{k=n_0}^{n} v_k,\ a^n\ \text{ou}\ n!.$$

Bien sûr, plusieurs de ces formes peuvent être présentes dans l'expression de $\mathcal{P}_n$.

> **Étape 2 :** énoncer correctement cette propriété au rang $n+1$:

– la somme devient $\sum_{k=n_0}^{n+1} v_k$;

– la puissance devient a^{n+1} ;
– la factorielle devient $(n+1)!$.

> **Étape 3 :** pour établir un lien entre $\mathcal{P}_n$ et $\mathcal{P}_{n+1}$, on écrit :

$$\sum_{k=a}^{n+1} v_k = \sum_{k=a}^{n} v_k + v_{n+1},\ a^{n+1} = a \times a^n\ \text{ou}\ (n+1)! = (n+1) \times n!.$$

> **Étape 4 :** finir la démonstration de l'hérédité en utilisant l'hypothèse de récurrence.

Exemple

On veut démontrer que pour tout entier strictement positif n :

$$\sum_{k=1}^{n} k \times 2^k = 2^{n+1}(n-1) + 2.$$

Application

> **Étapes 1 et 2 :** soit $n \in \mathbb{N}^*$, on suppose que :

$$\sum_{k=1}^{n} k \times 2^k = 2^{n+1}(n-1) + 2.$$

On veut en déduire que $\sum_{k=1}^{n+1} k \times 2^k = n2^{n+2} + 2$.

> **Étape 3 :** on a :

$$\sum_{k=1}^{n+1} k \times 2^k = \sum_{k=1}^{n} k \times 2^k + (n+1)2^{n+1}.$$

> **Étape 4 :** soit n un entier naturel non nul, supposons que

$$\sum_{k=1}^{n} k \times 2^k = 2^{n+1}(n-1) + 2.$$

Alors : $\sum_{k=1}^{n} k \times 2^k + (n+1)2^{n+1} = 2^{n+1}(n-1) + 2 + (n+1)2^{n+1}$
$= 2^{n+1}(n-1+n+1) + 2$
$= 2n2^{n+1} + 2$
$= n2^{n+2} + 2.$

On a donc démontré que la propriété est héréditaire.

Remarque Il reste à montrer que la propriété est vraie au rang 1 pour conclure en appliquant le principe de récurrence que pour tout $n \in \mathbb{N}^*$, $\sum_{k=1}^{n} k \times 2^k = 2^{n+1}(n-1) + 2$.

  Démontrer qu'une suite est monotone

> Voir les exercices 5 et 7 mettant en œuvre cette méthode.

Méthode
On se limitera aux suites (u_n) croissantes à partir du rang 0 et définies par $u_0 = a$ et $u_{n+1} = f(u_n)$, mais on peut aisément adapter la méthode au cas des suites décroissantes.

> **Étape 1 :** calculer u_1.

> **Étape 2 :** vérifier que $u_0 \leq u_1$.

> **Étape 3 :** considérer un entier n positif, et supposer que $u_n \leq u_{n+1}$.

> **Étape 4 :** en déduire en utilisant les relations $u_{n+1} = f(u_n)$ et $u_{n+2} = f(u_{n+1})$ que $u_{n+1} \leq u_{n+2}$. Pour cela, on pourra utiliser la croissance de la fonction f sur un intervalle qui contient tous les termes de la suite, ou bien procéder pas à pas en partant de l'inégalité $u_n \leq u_{n+1}$ pour arriver de proche en proche (« par habillage ») à l'inégalité $u_{n+1} \leq u_{n+2}$.

Exemple
On considère la suite (u_n) définie par $u_{n+1} = 2u_n - 4$ et $u_0 = 5$.

Application

> **Étape 1 :** on a $u_1 = 2 \times 5 - 4 = 6$.

> **Étape 2 :** on a $u_0 = 5$ et $u_1 = 6$ donc $u_0 \leq u_1$.

> **Étapes 3 et 4 :** soit $n \in \mathbb{N}$, on suppose que $u_n \leq u_{n+1}$ alors on a successivement :
$$2u_n \leq 2u_{n+1}$$
$$2u_n - 4 \leq 2u_{n+1} - 4$$
$$u_{n+1} \leq u_{n+2}$$

Finalement, on peut en déduire que la suite (u_n) est croissante.

Remarque Si $u_0 = 4$, on démontre que la suite est constante et si $u_0 = 3$, qu'elle est décroissante.

SUJETS DE TYPE BAC

1. Étude d'une suite à termes complexes

Cet exercice mêle les thèmes de plusieurs chapitres et comprend une partie algorithmique comme dans la majorité des nouveaux sujets du bac S.

40 min

> Voir les méthodes et stratégies 1 et 2.

On considère la suite (z_n) à termes complexes définie par $z_0 = 1 + i$ et, pour tout entier naturel n, par :
$$z_{n+1} = \frac{z_n + |z_n|}{3}.$$
Pour tout entier naturel n, on pose $z_n = a_n + ib_n$, où a_n et b_n sont les parties réelle et imaginaire de z_n.

Partie A

1. Donner a_0 et b_0 puis calculer a_1 et b_1.

2. On considère l'algorithme suivant :

```
Variables
    A et B des nombres réels
    K et N des nombres entiers
Initialisation
    Affecter à A la valeur 1
    Affecter à B la valeur 1
Traitement
    Entrer la valeur de N
    POUR K variant de 1 à N
        Affecter à A la valeur (A + √(A² + B²))/3
        Affecter à B la valeur B/3
    FIN POUR
Sortie
    Afficher A
```

a. On exécute cet algorithme en saisissant $N = 5$.
Recopier et compléter le tableau ci-dessous contenant l'état des variables au cours de l'exécution de l'algorithme (on arrondira les valeurs calculées au dix-millième).

K	A	B
1		
2		
3		
4		
5		

b. Pour un nombre N donné, à quoi correspond la valeur affichée par l'algorithme par rapport à la situation étudiée dans cet exercice ?

Partie B

1. Pour tout entier naturel n, exprimer z_{n+1} en fonction de a_n et b_n. En déduire l'expression de a_{n+1} en fonction de a_n et b_n, et l'expression de b_{n+1} en fonction de a_n et b_n.

2. Quelle est la nature de la suite (b_n) ?
En déduire l'expression de b_n en fonction de n, et déterminer la limite de (b_n).

3. a. On rappelle que pour tous nombres complexes z et z' : $|z+z'| \leq |z| + |z'|$.
Montrer que pour tout entier naturel n, $|z_{n+1}| \leq \dfrac{2|z_n|}{3}$

b. Pour tout entier naturel n, on pose $u_n = |z_n|$.
Montrer par récurrence que, pour tout entier naturel n, $u_n \leq \left(\dfrac{2}{3}\right)^n \sqrt{2}$.

c. En déduire que la suite (u_n) converge vers une limite que l'on déterminera.

2 Étude d'une suite définie par récurrence

30 min

Lorsqu'on ne connaît pas l'expression en fonction de n du terme général d'une suite et qu'on souhaite tout de même encadrer ce terme général, il peut être utile de raisonner par récurrence.

> Voir les méthodes et stratégies 1, 2 et 3.

On considère la suite (u_n) définie par $u_0 = 5$ et pour tout $n \in \mathbb{N}$, $u_{n+1} = u_n + \dfrac{1}{u_n}$.

1. Démontrer que pour tout $n \in \mathbb{N}$, $u_n > 0$.
2. En déduire que la suite (u_n) est strictement croissante et minorée par 5.
3. Montrer que pour tout $n \in \mathbb{N}$, $u_n \leq \dfrac{n}{5} + 5$.
4. Montrer que pour tout $n \in \mathbb{N}$, $u_{n+1} = u_0 + \displaystyle\sum_{k=0}^{n} \dfrac{1}{u_k}$.
5. Montrer que pour tout $n \in \mathbb{N}$, $u_n^2 \geq u_0^2 + 2n$.

3 Étude de suites à croissance rapide

40 min

Cet exercice permet de discuter du comportement de suites minorées par des suites géométriques. L'utilisation de contre-exemples permet de mieux comprendre la notion de limite.

> Voir les méthodes et stratégies 1 et 2.

Soit (u_n) une suite telle que $u_0 = 1$ et pour tout $n \in \mathbb{N}$, $u_{n+1} \geq 2u_n$.

1. Montrer que pour tout $n \in \mathbb{N}$, $u_n > 0$.
2. En déduire que la suite (u_n) est croissante.
3. Montrer que pour tout $n \in \mathbb{N}$, $u_n \geq 2^n$. En déduire la limite de la suite (u_n).
4. Soit k un réel strictement positif et (v_n) une suite telle que $v_0 = 1$ et pour tout $n \in \mathbb{N}$, $v_{n+1} \geq kv_n$.

a. La suite (v_n) est-elle croissante ?

b. Admet-elle pour limite $+\infty$?

Fonctions dérivées *n*-ième

Cet exercice mêle fonctions et suites en demandant d'exprimer la fonction dérivée *n*-ième de fonctions trigonométriques et de fonctions rationnelles.

> Voir les méthodes et stratégies 1 et 2.

Soit n un entier naturel non nul.

1. Montrer que la fonction dérivée n-ième de la fonction sinus associe à tout réel x le réel $\sin\left(x+n\dfrac{\pi}{2}\right)$.

2. Montrer que la fonction dérivée n-ième de la fonction f définie sur $]1\,;+\infty[$ par $f(x)=\dfrac{1}{x-1}$ est la fonction $f^{(n)}:x\mapsto\dfrac{(-1)^n\,n!}{(x-1)^{n+1}}$.

Encadrement et monotonie d'une suite homographique

Il s'agit ici de conjecturer puis de démontrer qu'une suite définie par récurrence est bornée et monotone. Le raisonnement mis en œuvre se retrouve dans la plupart des exercices traitant de l'étude d'une suite définie à l'aide d'une fonction homographique.

> Voir les méthodes et stratégies 1, 2 et 4.

On considère la suite (u_n) telle que $u_0=1$ et pour tout $n\in\mathbb{N}$, $u_{n+1}=\dfrac{u_n+1}{u_n+3}$.

1. Donner sous forme d'un tableau les 10 premiers termes de la suite.

2. Conjecturer alors le sens de variation de la suite ainsi qu'un encadrement de ses termes par deux entiers consécutifs.

3. Démonstrations des conjectures.

a. Démontrer que la suite est bornée.

b. Montrer que pour tout $n\in\mathbb{N}$, $u_{n+1}=1-\dfrac{2}{u_n+3}$. En déduire le sens de variation de la suite (u_n).

Raisonnement par récurrence — SUJETS DE TYPE BAC

6 ▸ Somme des termes d'une suite définie par récurrence

 45 min

Le calcul de la somme de termes d'une suite définie par récurrence utilise ici deux formules qu'il faut absolument connaître. Cette manière classique de calculer une somme doit être maîtrisée.

> ▸ Voir les méthodes et stratégies 1 et 2.

On considère la suite (u_n) telle que $u_0 = 1$ et pour tout $n \in \mathbb{N}$, $u_{n+1} = \dfrac{1}{3}u_n + n - 2$.

1. Donner u_1, u_2, u_3 et u_4 sous forme de fractions irréductibles. Que peut-on remarquer ?

2. Démontrer que pour tout entier $n \geqslant 4$, $u_n \geqslant 0$.

3. Démontrer que pour tout entier naturel n, $u_n = \dfrac{25}{4}\left(\dfrac{1}{3}\right)^n + \dfrac{3}{2}n - \dfrac{21}{4}$.

4. En déduire l'expression, en fonction de n, de la somme $S_n = \displaystyle\sum_{k=0}^{n} u_k$.

7 ▸ Influence du premier terme sur le comportement d'une suite

 30 min

La nature d'une suite définie par récurrence est intimement liée à son premier terme. Il suffit que la valeur de ce premier terme change pour que les variations de la suite changent ! On s'en apercevra en mettant en œuvre des méthodes très représentatives de celles rencontrées dans ce type de problème.

> ▸ Voir les méthodes et stratégies 1, 2 et 4.

On considère la suite (u_n) de premier terme $u_0 \geqslant 0$ telle que pour tout $n \in \mathbb{N}$, $u_{n+1} = 4 - \dfrac{5}{u_n + 2}$.

1. On suppose que $u_0 = 0$. Démontrer que pour tout $n \in \mathbb{N}$: $0 \leqslant u_n \leqslant u_{n+1} \leqslant 3$.

2. On suppose que $u_0 = 3$. Que peut-on dire de la suite (u_n).

3. Que peut-on dire des variations de la suite (u_n) selon les valeurs du réel positif u_0 ?

8 ▸ Inégalités de Bernoulli

 50 min

Le but de cet exercice est de démontrer l'inégalité de Bernoulli, qui est l'une des démonstrations exigibles du programme de Terminale S, ainsi qu'une inégalité plus précise qui permet de déterminer la limite d'une suite.

> ▸ Voir les méthodes et stratégies 1, 2 et 3.

Soit a un réel positif.

1. Démontrer que pour tout entier naturel n, $(1+a)^n \geqslant 1 + na$.

2. Démontrer que pour tout entier naturel non nul n,
$$(1+a)^n \geqslant 1 + na + \frac{n(n-1)}{2}a^2.$$

3. En déduire que pour tout entier naturel non nul n, $3^n \geqslant 2n^2$.
Quelle est la limite de la suite de terme général $\dfrac{3n}{3^n}$?

SUJETS D'APPROFONDISSEMENT

9 — Somme des termes consécutifs d'une suite

45 min

Quelle est la valeur exacte de la somme des 2013 premiers termes de la suite étudiée ? On l'apprendra après avoir conjecturé une expression générale de la somme de ses n premiers termes.

> Voir les méthodes et stratégies 1 et 3.

Soit un entier $n \geqslant 1$. On pose $S_n = n + 1 - \displaystyle\sum_{k=1}^{n} \sqrt{1 + \dfrac{1}{k^2} + \dfrac{1}{(k+1)^2}}$.

1. Calculer S_1, S_2, S_3 et S_4.

2. Émettre une conjecture quant à l'expression de S_n en fonction de n.

3. Démontrer cette conjecture en utilisant un raisonnement par récurrence.

4. En déduire $\sqrt{1 + \dfrac{1}{1^2} + \dfrac{1}{2^2}} + \sqrt{1 + \dfrac{1}{2^2} + \dfrac{1}{3^2}} + \ldots + \sqrt{1 + \dfrac{1}{2013^2} + \dfrac{1}{2014^2}}$ sous forme de fraction irréductible.

10 — Formule du binôme de Newton

60 min

On démontre dans cet exercice la fameuse formule du binôme de Newton. Il serait d'ailleurs profitable de refaire cet exercice après avoir pris connaissance de la correction.

> Voir les méthodes et stratégies 1 et 3.

On rappelle que si n et k sont des entiers naturels tels que $k \leqslant n$ alors $\binom{n}{k}$ désigne le nombre de manières de réaliser k succès lors de la répétition de n épreuves de Bernoulli identiques et indépendantes. On a en particulier le résultat suivant.
Si n et k sont deux entiers naturels tels que $1 \leqslant k \leqslant n+1$ alors :
$$\binom{n+1}{k} = \binom{n}{k-1} + \binom{n}{k}.$$

Soit x un réel non nul et différent de -1 et soit n un entier naturel.

1. Démontrer par récurrence sur n que :
$$(x+1)^n = \sum_{k=0}^{n} \binom{n}{k} x^k.$$

2. En déduire que pour tous a et b réels non nuls :
$$(a+b)^n = \sum_{k=0}^{n} \binom{n}{k} a^k b^{n-k}.$$

11 Égalité de suites

 40 min

On utilise, pour démontrer l'égalité de deux suites, les principes de récurrence double et forte, ce dernier principe étant énoncé dans la rubrique post bac.

> Voir les méthodes et stratégies 1, 2 et 3.

On considère les suites (u_n) et (v_n) définies par :
$u_1 = 1$, $u_2 = 2$ et pour tout $n \in \mathbb{N}^*$, $u_{n+2} = 3u_{n+1} - 2u_n$;
$v_1 = 1$ et pour tout $n \in \mathbb{N}^*$, $v_{n+1} = 1 + \sum_{k=1}^{n} v_k$.

1. Calculer les 5 premiers termes de chaque suite.

2. Que peut-on conjecturer ?

3. Si (v_n) est une suite géométrique, quelle en est la raison ?

4. Démontrer que (v_n) est effectivement une suite géométrique.

5. Démontrer alors la conjecture émise à la question **2**.

12 Série harmonique

 40 min

On se propose d'étudier ici quelques propriétés de la somme des inverses des entiers naturels non nuls ; somme de référence qui se rencontre dans de nombreux problèmes de sommes des termes d'une suite.

> Voir les méthodes et stratégies 1, 2 et 3.

On considère la suite (H_n) définie pour tout $n \in \mathbb{N}^*$ par $H_n = \sum_{k=1}^{n} \frac{1}{k}$.

1. Démontrer que pour tout entier naturel n, $H_{2^n} \geq \frac{n}{2} + 1$. En déduire que la suite (H_n) n'est pas majorée.

2. Démontrer que pour tout entier naturel n non nul, $\sum_{k=1}^{n} H_k = (n+1)H_n - n$.

13 - Fonction exponentielle et fonctions polynômes

30 min

On applique dans cet exercice le principe de récurrence à des suites de fonctions. Cet exercice permet de se familiariser avec l'approximation de fonctions par des polynômes, notion largement étudiée dans les études scientifiques et notamment en classes préparatoires.

> Voir la méthode et stratégie 1.

Montrer par récurrence que pour tout nombre entier n supérieur à 1 et pour tout nombre x de l'intervalle $[0\,;1]$:
$$1+x+\frac{x^2}{2}+\ldots+\frac{x^n}{n!} \leq e^x \leq 1+x+\frac{x^2}{2}+\ldots+\frac{x^{n-1}}{(n-1)!}+3\times\frac{x^n}{n!}.$$

14 - Suite de Lucas

50 min

On étudie dans cet exercice certaines propriétés d'une suite proche de la suite de Fibonacci, en particulier en utilisant le principe de récurrence double.

> Voir les méthodes et stratégies 1 et 2.

On considère la suite (L_n) définie par $L_0 = 2$, $L_1 = 1$ et pour tout entier naturel n, $L_{n+2} = L_{n+1} + L_n$.

1. Calculer L_2, L_3, L_4, L_5 et L_6.

2. Démontrer que pour tout $n \in \mathbb{N}$:
$$L_{n+1}^2 - L_n L_{n+2} + 5(-1)^n = 0.$$

3. On pose $\varphi = \dfrac{1+\sqrt{5}}{2}$, appelé nombre d'or.

a. Montrer que $\varphi^2 = \varphi + 1$ puis que $\dfrac{1}{\varphi^2} = 1 - \dfrac{1}{\varphi}$.

b. Démontrer que pour tout $n \in \mathbb{N}$, $\varphi^{n+2} = \varphi^{n+1} + \varphi^n$ et $\dfrac{1}{\varphi^{n+2}} = \dfrac{1}{\varphi^n} - \dfrac{1}{\varphi^{n+1}}$.

c. En déduire que pour tout $n \in \mathbb{N}$, $L_n = \varphi^n + \dfrac{(-1)^n}{\varphi^n}$.

1 Étude d'une suite à termes complexes

Partie A

1. On a immédiatement $a_0 = 1$ et $b_0 = 1$ (voir le chapitre 8).
Par définition de la suite (z_n), on a $z_1 = \dfrac{z_0 + |z_0|}{3}$.

Or, z_0 a pour module $\sqrt{a_0^2 + b_0^2} = \sqrt{2}$ (voir le chapitre 8), donc $z_1 = \dfrac{1 + i + \sqrt{2}}{3}$ puis $a_1 = \dfrac{1 + \sqrt{2}}{3}$ et $b_1 = \dfrac{1}{3}$.

2. a. On obtient pour $N = 5$, en arrondissant les valeurs calculées au dix-millième :

K	A	B
1	0,8047	0,3333
2	0,5586	0,1111
3	0,3760	0,0370
4	0,2513	0,0123
5	0,1676	0,0041

b. Pour un nombre N donné, l'algorithme affiche la valeur de a_N.

Partie B

1. Pour tout entier naturel n, $z_{n+1} = \dfrac{a_n + ib_n + \sqrt{a_n^2 + b_n^2}}{3}$ donc :

$$a_{n+1} = \dfrac{a_n + \sqrt{a_n^2 + b_n^2}}{3} \text{ et } b_{n+1} = \dfrac{b_n}{3}$$

 Deux nombres complexes sont égaux si, et seulement si, ils ont mêmes parties réelles et mêmes parties imaginaires. Voir le chapitre 8.

2. La suite (b_n) est une suite géométrique de raison $\dfrac{1}{3}$ et de premier terme $b_0 = 1$, donc pour tout $n \in \mathbb{N}$, $b_n = \dfrac{1}{3^n}$ et $\lim\limits_{n \to +\infty} b_n = 0$.

 La limite d'une suite de raison strictement comprise entre -1 et 1 vaut 0. Voir le chapitre 2.

3. a. Pour tout entier naturel n, $\left|\dfrac{z_n + |z_n|}{3}\right| = \dfrac{1}{3}\left|z_n + |z_n|\right|$ donc, d'après l'inégalité triangulaire, $|z_{n+1}| \leq \dfrac{1}{3}(|z_n| + |z_n|)$ soit $|z_{n+1}| \leq \dfrac{2|z_n|}{3}$.

 Pour les propriétés du module d'un nombre complexe, voir le chapitre 8.

b. Montrons par récurrence que, pour tout entier naturel n, $u_n \leq \left(\dfrac{2}{3}\right)^n \sqrt{2}$.

On a $u_0 = \sqrt{2}$ et $\left(\dfrac{2}{3}\right)^0 \sqrt{2} = \sqrt{2}$, donc on a bien $u_0 \leq \left(\dfrac{2}{3}\right)^0 \sqrt{2}$.

Soit n un entier naturel.
Supposons que $u_n \leq \left(\dfrac{2}{3}\right)^n \sqrt{2}$ et démontrons que $u_{n+1} \leq \left(\dfrac{2}{3}\right)^{n+1} \sqrt{2}$.

Puisque $|z_{n+1}| \leq \dfrac{2|z_n|}{3}$, alors $u_{n+1} \leq \dfrac{2}{3} u_n$ donc, en utilisant l'hypothèse de récurrence,

$u_{n+1} \leq \dfrac{2}{3} \times \left(\dfrac{2}{3}\right)^n \sqrt{2}$, d'où $u_{n+1} \leq \left(\dfrac{2}{3}\right)^{n+1} \sqrt{2}$.

On peut donc en conclure que, pour tout entier naturel n, $u_n \leq \left(\dfrac{2}{3}\right)^n \sqrt{2}$.

c. Pour tout entier naturel n, $0 \leq u_n \leq \left(\dfrac{2}{3}\right)^n \sqrt{2}$ et $\lim\limits_{n \to +\infty} \left(\dfrac{2}{3}\right)^n = 0$ donc, d'après le théorème dit des gendarmes, la suite (u_n) converge vers 0.

Attention à encadrer la suite (u_n) par deux suites de limite nulle pour montrer qu'elle converge vers 0.

2 Étude d'une suite définie par récurrence

1. Démontrons par récurrence que pour tout $n \in \mathbb{N}$, $u_n > 0$.
Tout d'abord $u_0 = 5$ donc $u_0 > 0$.
Ensuite, pour n un entier naturel, supposons que $u_n > 0$ et démontrons que $u_{n+1} > 0$.
On a $u_{n+1} = u_n + \dfrac{1}{u_n}$ et, d'après l'hypothèse de récurrence, $u_n > 0$, donc $\dfrac{1}{u_n} > 0$ et $u_n + \dfrac{1}{u_n} > 0$, soit $u_{n+1} > 0$.
On peut donc conclure que, pour tout $n \in \mathbb{N}$, $u_n > 0$.

Cela montre que la suite est définie sur $\mathbb{N}$: puisqu'elle ne s'annule pas, on peut calculer l'inverse de chacun de ses termes.

2. Pour tout $n \in \mathbb{N}$, $u_{n+1} - u_n = \dfrac{1}{u_n}$ et $u_n > 0$ donc $u_{n+1} - u_n > 0$ et la suite (u_n) est strictement croissante.
Or, toute suite croissante est minorée par son premier terme, donc pour tout $n \in \mathbb{N}$, $u_n \geq 5$.

3. Démontrons par récurrence que pour tout $n \in \mathbb{N}$, $u_n \leq \dfrac{n}{5} + 5$.
On a $u_0 = 5$ donc $u_0 \leq \dfrac{0}{5} + 5$.
Soit n un entier naturel. Supposons que $u_n \leq \dfrac{n}{5} + 5$ et démontrons que $u_{n+1} \leq \dfrac{n+1}{5} + 5$.

Attention à bien remplacer tous les « n » par des « $n+1$ ».

On a $u_{n+1} = u_n + \dfrac{1}{u_n}$ et par hypothèse de récurrence, $u_n \leq \dfrac{n}{5} + 5$, de plus, puisque $u_n \geq 5$, $\dfrac{1}{u_n} \leq \dfrac{1}{5}$, donc $u_n + \dfrac{1}{u_n} \leq \dfrac{n}{5} + 5 + \dfrac{1}{5}$, soit $u_{n+1} \leq \dfrac{n+1}{5} + 5$.
On peut donc conclure que, pour tout $n \in \mathbb{N}$, $u_n \leq \dfrac{n}{5} + 5$.

4. Démontrons par récurrence que pour tout $n \in \mathbb{N}$, $u_{n+1} = u_0 + \sum_{k=0}^{n} \dfrac{1}{u_k}$.
On a $u_1 = u_0 + \dfrac{1}{u_0}$ donc $u_1 = u_0 + \sum_{k=0}^{0} \dfrac{1}{u_k}$.
Soit n un entier naturel, supposons que $u_{n+1} = u_0 + \sum_{k=0}^{n} \dfrac{1}{u_k}$ et démontrons que $u_{n+2} = u_0 + \sum_{k=0}^{n+1} \dfrac{1}{u_k}$.
On a $u_{n+2} = u_{n+1} + \dfrac{1}{u_{n+1}}$ donc $u_{n+2} = u_0 + \sum_{k=0}^{n} \dfrac{1}{u_k} + \dfrac{1}{u_{n+1}}$ puis $u_{n+2} = u_0 + \sum_{k=0}^{n+1} \dfrac{1}{u_k}$.
On en déduit que pour tout $n \in \mathbb{N}$, $u_{n+1} = u_0 + \sum_{k=0}^{n} \dfrac{1}{u_k}$.

5. Démontrons par récurrence que, pour tout $n \in \mathbb{N}$, $u_n^2 \geq u_0^2 + 2n$.
On a $u_0^2 \geq u_0^2 + 2 \times 0$: la propriété est vraie pour $n = 0$.
Soit n un entier naturel. Supposons que $u_n^2 \geq u_0^2 + 2n$.
On a $u_{n+1}^2 = \left(u_n + \dfrac{1}{u_n}\right)^2 = u_n^2 + \dfrac{1}{u_n^2} + 2$, donc $u_{n+1}^2 \geq u_0^2 + 2n + \dfrac{1}{u_n^2} + 2$ puis $u_{n+1}^2 \geq u_0^2 + 2(n+1)$ car $\dfrac{1}{u_n^2} > 0$.
Finalement : pour tout $n \in \mathbb{N}$, $u_n^2 \geq u_0^2 + 2n$.

3 Étude de suites à croissance rapide

1. Démontrons par récurrence que, pour tout $n \in \mathbb{N}$, $u_n > 0$.
On a $u_0 = 1$, donc $u_0 > 0$.
Soit n un entier naturel. Supposons que $u_n > 0$.
On a $u_{n+1} \geq 2u_n$ donc $u_{n+1} > 0$.
Ainsi, pour tout $n \in \mathbb{N}$, $u_n > 0$.

2. Pour tout $n \in \mathbb{N}$, $u_{n+1} - u_n \geq u_n$ et $u_n > 0$, donc la suite (u_n) est (strictement) croissante.

3. Démontrons par récurrence que, pour tout $n \in \mathbb{N}$, $u_n \geq 2^n$.
On a $u_0 = 1$ et $2^0 = 1$ donc $u_0 \geq 2^0$.
Soit n un entier naturel. Supposons que $u_n \geq 2^n$.
On a $u_{n+1} \geq 2u_n$ donc $u_{n+1} \geq 2 \times 2^n$ puis $u_{n+1} \geq 2^{n+1}$.
Ainsi, on a montré que pour tout $n \in \mathbb{N}$, $u_n \geq 2^n$.
On a $\lim\limits_{n \to +\infty} 2^n = +\infty$ donc, par comparaison de limites, on en déduit que $\lim\limits_{n \to +\infty} u_n = +\infty$.

4. a. La suite (v_n) n'est pas nécessairement croissante. Si $k \geq 1$, on peut démontrer comme précédemment que la suite est positive croissante ($v_{n+1} - v_n \geq (k-1)v_n$). Mais la suite de terme général $\dfrac{1}{2^n}$ est décroissante, avec pour tout $n \in \mathbb{N}$, $u_{n+1} \geq \dfrac{1}{2} u_n$, où $k = \dfrac{1}{2}$.

b. Là encore, on ne peut pas conclure : si $k > 1$, la suite (v_n) admet pour limite $+\infty$ (on montre que $v_n \geq k^n$) mais la suite de terme général $\dfrac{1}{2^n}$ a pour limite 0.

4 Fonctions dérivées *n*-ième

1. Démontrons par récurrence que la fonction dérivée *n*-ième de la fonction sinus est la fonction définie sur $\mathbb{R}$ par $x \mapsto \sin\left(x + n\dfrac{\pi}{2}\right)$.

Pour $n = 1$, on a, pour tout réel x, $\sin'(x) = \cos(x)$ et $\sin\left(x + \dfrac{\pi}{2}\right) = \cos(x)$. Donc on a bien pour tout réel x, $\sin'(x) = \sin\left(x + \dfrac{\pi}{2}\right)$.

 Pour la fonction dérivée de la fonction sinus et pour la formule d'addition de sinus, voir le chapitre 6.

Soit n un entier naturel non nul. Supposons que la fonction sinus admette pour fonction dérivée *n*-ième sur $\mathbb{R}$ la fonction $u_n : x \mapsto \sin\left(x + n\dfrac{\pi}{2}\right)$.

Alors on a, pour tout réel x, $u_n'(x) = \cos\left(x + n\dfrac{\pi}{2}\right)$.

Or, $\sin\left(x + (n+1)\dfrac{\pi}{2}\right) = \sin\left(x + n\dfrac{\pi}{2} + \dfrac{\pi}{2}\right) = \cos\left(x + n\dfrac{\pi}{2}\right)$.

 La fonction dérivée $(n+1)$-ième de la fonction f est la fonction dérivée de la fonction dérivée *n*-ième de f.

Donc la fonction dérivée $(n+1)$-ième sur $\mathbb{R}$ de la fonction sinus est :
$$x \mapsto \sin\left(x + (n+1)\dfrac{\pi}{2}\right).$$

On en déduit que pour tout $n \in \mathbb{N}^*$, la fonction sinus admet pour fonction dérivée *n*-ième, la fonction $x \mapsto \sin\left(x + n\dfrac{\pi}{2}\right)$.

2. Démontrons par récurrence que la fonction dérivée *n*-ième de la fonction f est la fonction $f^{(n)}$ définie sur $]1 ; +\infty[$ par $f^{(n)}(x) = \dfrac{(-1)^n n!}{(x-1)^{n+1}}$.

On a $f'(x) = -\dfrac{1}{(x-1)^2}$ et $\dfrac{(-1)^1 1!}{(x-1)^{1+1}} = \dfrac{-1}{(x-1)^2}$ donc la propriété est vraie pour $n = 1$.

Soit n un entier naturel non nul. Supposons que la fonction f admette pour fonction dérivée *n*-ième sur $]1 ; +\infty[$ la fonction $f^{(n)} : x \mapsto \dfrac{(-1)^n n!}{(x-1)^{n+1}}$.

Alors on a pour tout réel $x > 1$, $f^{(n+1)}(x) = -(n+1) \times (-1)^n n! \times (x-1)^{-n-2}$.

 On a utilisé le théorème suivant : si u est une fonction dérivable sur un intervalle et qui ne s'annule pas sur cet intervalle, alors pour tout entier relatif k, $(u^k)' = ku'u^{k-1}$ (voir le chapitre 4).

Or, $(n+1) \times n! = (n+1)!$, $-(-1)^n = (-1)^{n+1}$ et $(x-1)^{-n-2} = \dfrac{1}{(x-1)^{n+2}}$, donc $f^{(n+1)}(x) = \dfrac{(-1)^{n+1}(n+1)!}{(x-1)^{n+2}}$.

Finalement, on a démontré que pour tout $n \geqslant 1$, sur $]1\,;+\infty[$, $f^{(n)}(x) = \dfrac{(-1)^n n!}{(x-1)^{n+1}}$.

5 Encadrement et monotonie d'une suite homographique

1. Le tableau suivant donne les valeurs demandées :

n	0	1	2	3	4	5	6	7	8	9
u_n	1	$\dfrac{1}{2}$	$\dfrac{3}{7}$	$\dfrac{5}{12}$	$\dfrac{17}{41}$	$\dfrac{29}{70}$	$\dfrac{99}{239}$	$\dfrac{169}{408}$	$\dfrac{577}{1393}$	$\dfrac{985}{2378}$

2. La suite semble décroissante et comprise entre 0 et 1.

 Sauf indication contraire, on doit donner les valeurs exactes. On pourra calculer des valeurs approchées des termes de la suite pour s'en assurer.

3. a. Démontrons par récurrence que pour tout entier naturel n, $0 \leqslant u_n \leqslant 1$.
On a $u_0 = 1$ donc $0 \leqslant u_0 \leqslant 1$.
Soit n un entier naturel. Supposons que $0 \leqslant u_n \leqslant 1$ et démontrons que $0 \leqslant u_{n+1} \leqslant 1$.
Si $0 \leqslant u_n \leqslant 1$ alors $1 \leqslant u_n + 1 \leqslant 2$ et $3 \leqslant u_n + 3 \leqslant 4$, d'où $\dfrac{1}{4} \leqslant \dfrac{1}{u_n + 3} \leqslant \dfrac{1}{3}$ puis $\dfrac{1}{4} \leqslant (u_n + 1) \times \dfrac{1}{u_n + 3} \leqslant \dfrac{2}{3}$ et donc $0 \leqslant u_{n+1} \leqslant 1$.
On a donc pour tout entier naturel n : $0 \leqslant u_n \leqslant 1$.

 Ceci démontre que pour tout entier naturel n, $u_n + 3 \neq 0$ et justifie que la suite est définie sur $\mathbb{N}$.

b. Pour tout $n \in \mathbb{N}$, $1 - \dfrac{2}{u_n + 3} = \dfrac{u_n + 3 - 2}{u_n + 3}$ donc $1 - \dfrac{2}{u_n + 3} = u_{n+1}$.

Démontrons maintenant par récurrence que la suite est décroissante.
On a $u_0 = 1$ et $u_1 = \dfrac{1}{2}$ donc $u_1 \leqslant u_0$.
Soit n un entier naturel. Supposons que $u_{n+1} \leqslant u_n$ alors :
$u_{n+1} + 3 \leqslant u_n + 3$ et, puisque $u_{n+1} + 3 > 0$, $\dfrac{1}{u_{n+1} + 3} \geqslant \dfrac{1}{u_n + 3}$.
D'où $-\dfrac{2}{u_{n+1}+3} \leqslant -\dfrac{2}{u_n+3}$ et finalement $1 - \dfrac{2}{u_{n+1}+3} \leqslant 1 - \dfrac{2}{u_n+3}$, soit $u_{n+2} \leqslant u_{n+1}$.
On a ainsi démontré que pour tout $n \in \mathbb{N}$, $u_{n+1} \leqslant u_n$.
La suite (u_n) est décroissante.

6 ▶ Somme des termes d'une suite définie par récurrence

1. On a $u_1 = -\dfrac{5}{3}$, $u_2 = -\dfrac{14}{9}$, $u_3 = -\dfrac{14}{27}$ et $u_4 = \dfrac{67}{81}$. On remarque que la suite semble croissante.

2. Démontrons par récurrence que la suite est positive à partir du rang 4.
On a $u_4 = \dfrac{67}{81}$ donc $u_4 \geq 0$.
Soit un entier naturel n, $n \geq 4$, pour lequel $u_n \geq 0$.

 Attention ! Bien préciser que $n \geq 4$.

Alors, $\dfrac{1}{3}u_n \geq 0$ et $n - 2 \geq 0$, car $n \geq 4$, donc $\dfrac{1}{3}u_n + n - 2 \geq 0$, soit $u_{n+1} \geq 0$.
On a donc démontré que pour tout entier $n \geq 4$, $u_n \geq 0$.

3. Démontrons par récurrence que pour tout $n \in \mathbb{N}$, $u_n = \dfrac{25}{4}\left(\dfrac{1}{3}\right)^n + \dfrac{3}{2}n - \dfrac{21}{4}$.
On a $u_0 = 1$ et $\dfrac{25}{4}\left(\dfrac{1}{3}\right)^0 + \dfrac{3}{2} \times 0 - \dfrac{21}{4} = 1$ donc l'égalité est vraie pour $n = 0$.
Soit n un entier naturel. Supposons que $u_n = \dfrac{25}{4}\left(\dfrac{1}{3}\right)^n + \dfrac{3}{2}n - \dfrac{21}{4}$ et démontrons que
$u_{n+1} = \dfrac{25}{4}\left(\dfrac{1}{3}\right)^{n+1} + \dfrac{3}{2}(n+1) - \dfrac{21}{4}$.
Si $u_n = \dfrac{25}{4}\left(\dfrac{1}{3}\right)^n + \dfrac{3}{2}n - \dfrac{21}{4}$ alors $\dfrac{1}{3}u_n + n - 2 = \dfrac{1}{3} \times \left(\dfrac{25}{4}\left(\dfrac{1}{3}\right)^n + \dfrac{3}{2}n - \dfrac{21}{4}\right) + n - 2$
d'où $u_{n+1} = \dfrac{25}{4}\left(\dfrac{1}{3}\right)^{n+1} + \dfrac{1}{2}n - \dfrac{7}{4} + n - 2 = \dfrac{25}{4}\left(\dfrac{1}{3}\right)^{n+1} + \dfrac{3}{2}(n+1) - \dfrac{21}{4}$.
On a ainsi montré que pour tout $n \in \mathbb{N}$, $u_n = \dfrac{25}{4}\left(\dfrac{1}{3}\right)^n + \dfrac{3}{2}n - \dfrac{21}{4}$.

4. Soit $n \in \mathbb{N}$, $S_n = \displaystyle\sum_{k=0}^{n}\left(\dfrac{25}{4}\left(\dfrac{1}{3}\right)^k + \dfrac{3}{2}k - \dfrac{21}{4}\right)$.
Donc $S_n = \dfrac{25}{4}\displaystyle\sum_{k=0}^{n}\left(\dfrac{1}{3}\right)^k + \dfrac{3}{2}\sum_{k=0}^{n}k - \dfrac{21}{4}(n+1)$.
Or $\displaystyle\sum_{k=0}^{n}\left(\dfrac{1}{3}\right)^k = \dfrac{1 - \dfrac{1}{3^{n+1}}}{1 - \dfrac{1}{3}}$ et $\displaystyle\sum_{k=0}^{n}k = \dfrac{n(n+1)}{2}$.

 Pour la somme des termes consécutifs des suites arithmétiques et géométriques, voir le chapitre 2.

On en déduit que $S_n = \dfrac{25}{4} \times \dfrac{1 - \dfrac{1}{3^{n+1}}}{\dfrac{2}{3}} + \dfrac{3}{2} \times \dfrac{n(n+1)}{2} - \dfrac{21}{4}(n+1)$ et enfin que :
$$S_n = \dfrac{75}{8}\left(1 - \dfrac{1}{3^{n+1}}\right) + \dfrac{3(n+1)(n-7)}{4}.$$

Influence du premier terme sur le comportement d'une suite

1. On suppose que $u_0 = 0$. Démontrons par récurrence que pour tout $n \in \mathbb{N}$: $0 \leq u_n \leq u_{n+1} \leq 3$.

On a $u_0 = 0$ et $u_1 = 4 - \dfrac{5}{2} = \dfrac{3}{2}$ donc $0 \leq u_0 \leq u_1 \leq 3$.

Soit un entier naturel n. Supposons que $0 \leq u_n \leq u_{n+1} \leq 3$.

On a alors $2 \leq u_n + 2 \leq u_{n+1} + 2 \leq 5$ d'où $1 \leq \dfrac{5}{u_{n+1} + 2} \leq \dfrac{5}{u_n + 2} \leq \dfrac{5}{2}$.

Puis $-\dfrac{5}{2} \leq -\dfrac{5}{u_n + 2} \leq -\dfrac{5}{u_{n+1} + 2} \leq -1$, soit $\dfrac{3}{2} \leq 4 - \dfrac{5}{u_n + 2} \leq 4 - \dfrac{5}{u_{n+1} + 2} \leq 3$ et enfin : $\dfrac{3}{2} \leq u_{n+1} \leq u_{n+2} \leq 3$ d'où $0 \leq u_{n+1} \leq u_{n+2} \leq 3$.

Conclusion : pour tout $n \in \mathbb{N}$, $0 \leq u_n \leq u_{n+1} \leq 3$, donc la suite (u_n) est croissante (et bornée par 0 et 3).

 On aurait pu utiliser les variations de la fonction $x \mapsto 4 - \dfrac{5}{x+2}$ sur l'intervalle $[0 \, ; 3]$.

2. Démontrons par récurrence que pour tout $n \in \mathbb{N}$: $u_n = 3$.

Si $u_0 = 3$ alors $u_1 = 4 - \dfrac{5}{5} = 3$.

Soit un entier naturel n. Supposons que $u_n = 3$. Alors $u_{n+1} = 4 - \dfrac{5}{5} = 3$.

On en déduit que la suite (u_n) est constante (stationnaire).

3. On peut conjecturer les variations de la suite (u_n) selon les valeurs du réel positif u_0 à l'aide d'un tableur en faisant varier u_0.

Si $0 \leq u_0 < 3$, la suite semble être croissante, si $u_0 > 3$ la suite semble être décroissante et on a vu que si $u_0 = 3$, la suite est constante.

Démontrons par récurrence que si $u_0 > 3$ la suite (u_n) est décroissante.

On a $u_1 - u_0 = 4 - \dfrac{5}{u_0 + 2} - u_0 = \dfrac{-u_0^2 + 2u_0 + 3}{u_0 + 2} = \dfrac{(u_0 + 1)(3 - u_0)}{u_0 + 2}$.

 Lorsque l'on n'arrive pas à comparer directement deux nombres, on peut essayer de connaître le signe de leur différence.

Or $u_0 > 3$, donc $u_0 + 2 > 0$, $u_0 + 1 > 0$ et $3 - u_0 < 0$, ainsi $u_1 < u_0$.

De plus, $u_0 + 2 > 5$ donc $\dfrac{5}{u_0 + 2} < 1$ puis $4 - \dfrac{5}{u_0 + 2} > 3$ soit $u_1 > 3$.

Soit n un entier naturel. Supposons que $3 < u_{n+1} \leq u_n$.

On a alors $5 < u_{n+1} + 2 \leq u_n + 2$ d'où $\dfrac{5}{u_n + 2} \leq \dfrac{5}{u_{n+1} + 2} < 1$ puis $3 < 4 - \dfrac{5}{u_{n+1} + 2} \leq 4 - \dfrac{5}{u_n + 2}$ soit $3 < u_{n+2} \leq u_{n+1}$.

Conclusion : pour tout $n \in \mathbb{N}$, $3 < u_{n+1} \leq u_n$ donc la suite (u_n) est décroissante (et minorée par 3).

On démontre comme à la question **1.** que si $0 \leq u_0 < 3$ alors la suite est croissante.

En effet, seule l'initialisation change :
si $0 \leq u_0 < 3$ alors $\dfrac{(u_0+1)(3-u_0)}{u_0+2} > 0$ et $0 < u_0+2 < 5$ donc $\dfrac{5}{u_0+2} > 1$ puis $4 - \dfrac{5}{u_0+2} < 3$
soit $u_1 < 3$.

8 ▸ Inégalités de Bernoulli

Soit a un réel positif.

1. Démontrons par récurrence que pour tout entier naturel n, $(1+a)^n \geq 1+na$.
On a $(1+a)^0 = 1$ et $1+0\times a = 1$ donc on a bien $(1+a)^0 \geq 1+0\times a$.
Soit n un entier naturel. Supposons que $(1+a)^n \geq 1+na$ et démontrons qu'alors $(1+a)^{n+1} \geq 1+(n+1)a$.
Le réel a est positif donc $1+a > 0$ et $(1+a)^{n+1} \geq (1+na)(1+a)$.
Or, $(1+na)(1+a) = 1+(n+1)a+na^2$ et $na^2 \geq 0$ donc :
$(1+na)(1+a) \geq 1+(n+1)a$ d'où $(1+a)^{n+1} \geq 1+(n+1)a$.
On a donc démontré que pour tout entier naturel n, $(1+a)^n \geq 1+na$.

2. Démontrons par récurrence que pour tout entier naturel non nul n,
$$(1+a)^n \geq 1+na+\dfrac{n(n-1)}{2}a^2.$$
On a $(1+a)^1 = 1+a$ et $1+1\times a + \dfrac{1\times(1-1)}{2}a^2 = 1+a$ donc on a bien :
$$(1+a)^1 \geq 1+1\times a+\dfrac{1\times(1-1)}{2}a^2.$$
Soit n un entier naturel non nul. Supposons que $(1+a)^n \geq 1+na+\dfrac{n(n-1)}{2}a^2$.
Le réel a est positif donc $1+a > 0$ et $(1+a)^{n+1} \geq \left(1+na+\dfrac{n(n-1)}{2}a^2\right)(1+a)$.
Or, $\left(1+na+\dfrac{n(n-1)}{2}a^2\right)(1+a) = 1+(n+1)a+na^2+\dfrac{n(n-1)}{2}a^2+\dfrac{n(n-1)}{2}a^3$
$$= 1+(n+1)a+\dfrac{n(n+1)}{2}a^2+\dfrac{n(n-1)}{2}a^3$$
et $\dfrac{n(n-1)}{2}a^3 \geq 0$ donc $(1+a)^{n+1} \geq 1+(n+1)a+\dfrac{n(n+1)}{2}a^2$.
On a donc démontré que pour tout entier naturel n non nul, $(1+a)^n \geq 1+na+\dfrac{n(n-1)}{2}a^2$.

3. En appliquant l'inégalité précédente à $a = 2$, on obtient :
  pour tout entier naturel non nul n, $3^n \geq 1+2n+2n(n-1)$.
Or $1+2n+2n(n-1) = 1+2n^2$, on a donc $3^n \geq 2n^2$.
On en déduit que $0 \leq \dfrac{3n}{3^n} \leq \dfrac{3n}{2n^2}$, soit $0 \leq \dfrac{3n}{3^n} \leq \dfrac{3}{2n}$.
Or $\lim\limits_{n\to+\infty} \dfrac{3}{2n} = 0$ donc $\lim\limits_{n\to+\infty} \dfrac{3n}{3^n} = 0$.

9 ▸ Somme des termes consécutifs d'une suite

1. On a $S_1 = 2-\sqrt{1+\dfrac{1}{1^2}+\dfrac{1}{2^2}} = 2-\sqrt{\dfrac{9}{4}} = \dfrac{1}{2}$;

$S_2 = 3 - \sqrt{1 + \dfrac{1}{1^2} + \dfrac{1}{2^2}} - \sqrt{1 + \dfrac{1}{2^2} + \dfrac{1}{3^2}} = 3 - \sqrt{\dfrac{9}{4}} - \sqrt{\dfrac{49}{36}} = \dfrac{1}{3}.$

On obtient par des calculs analogues : $S_3 = \dfrac{1}{4}$ et $S_4 = \dfrac{1}{5}$.

2. On conjecture que pour tout $n \in \mathbb{N}^*$, $S_n = \dfrac{1}{n+1}$.

3. Démontrons par récurrence que pour tout $n \in \mathbb{N}^*$, $S_n = \dfrac{1}{n+1}$.
On a $S_1 = \dfrac{1}{2}$, ce qui montre l'égalité pour $n = 1$.
Soit un entier $n \geq 1$. Supposons que $S_n = \dfrac{1}{n+1}$ et montrons que $S_{n+1} = \dfrac{1}{n+2}$.

On a $S_{n+1} = n + 2 - \displaystyle\sum_{k=1}^{n+1} \sqrt{1 + \dfrac{1}{k^2} + \dfrac{1}{(k+1)^2}}$

$= n + 2 - \displaystyle\sum_{k=1}^{n} \sqrt{1 + \dfrac{1}{k^2} + \dfrac{1}{(k+1)^2}} - \sqrt{1 + \dfrac{1}{(n+1)^2} + \dfrac{1}{(n+2)^2}}$

$= S_n + 1 - \sqrt{1 + \dfrac{1}{(n+1)^2} + \dfrac{1}{(n+2)^2}}$

$= \dfrac{1}{n+1} + 1 - \sqrt{\dfrac{(n+1)^2(n+2)^2 + (n+1)^2 + (n+2)^2}{(n+1)^2(n+2)^2}}.$

D'où $S_{n+1} - \dfrac{1}{n+2} = \dfrac{1}{n+1} + 1 - \dfrac{1}{n+2} - \sqrt{\dfrac{(n+1)^2(n+2)^2 + (n+1)^2 + (n+2)^2}{(n+1)^2(n+2)^2}}$

$= \dfrac{n^2 + 3n + 3 - \sqrt{(n+1)^2(n+2)^2 + (n+1)^2 + (n+2)^2}}{(n+1)(n+2)}.$

Il suffit de montrer que $(n+1)^2(n+2)^2 + (n+1)^2 + (n+2)^2 = (n^2+3n+3)^2$, ce qui se fait aisément en développant, pour prouver que $S_{n+1} - \dfrac{1}{n+2} = 0$ soit $S_{n+1} = \dfrac{1}{n+2}$.
On a donc pour tout entier $n \geq 1$, $S_n = \dfrac{1}{n+1}$.

4. On a $\sqrt{1 + \dfrac{1}{1^2} + \dfrac{1}{2^2}} + \sqrt{1 + \dfrac{1}{2^2} + \dfrac{1}{3^2}} + \ldots + \sqrt{1 + \dfrac{1}{2013^2} + \dfrac{1}{2014^2}} = 2014 - S_{2013}$

donc $\sqrt{1 + \dfrac{1}{1^2} + \dfrac{1}{2^2}} + \sqrt{1 + \dfrac{1}{2^2} + \dfrac{1}{3^2}} + \ldots + \sqrt{1 + \dfrac{1}{2013^2} + \dfrac{1}{2014^2}} = 2014 - \dfrac{1}{2014}$

soit $\sqrt{1 + \dfrac{1}{1^2} + \dfrac{1}{2^2}} + \sqrt{1 + \dfrac{1}{2^2} + \dfrac{1}{3^2}} + \ldots + \sqrt{1 + \dfrac{1}{2013^2} + \dfrac{1}{2014^2}} = \dfrac{4\,056\,195}{2014}.$

10 ▶ Formule du binôme de Newton

On démontre dans cet exercice la formule du binôme de Newton par récurrence.

1. Démontrons par récurrence que pour tout $n \in \mathbb{N}$, $(x+1)^n = \displaystyle\sum_{k=0}^{n} \binom{n}{k} x^k$.

On a $(1+x)^0 = 1$ et $\binom{0}{0} x^0 = 1$ donc la formule est vraie pour $n = 0$.

Soit n un entier naturel, supposons que $(x+1)^n = \sum_{k=0}^{n}\binom{n}{k}x^k$.

Alors $(x+1)^{n+1} = (1+x)\sum_{k=0}^{n}\binom{n}{k}x^k = \sum_{k=0}^{n}\binom{n}{k}x^k + \sum_{k=0}^{n}\binom{n}{k}x^{k+1}$.

Or, $\sum_{k=0}^{n}\binom{n}{k}x^{k+1} = \sum_{k=1}^{n+1}\binom{n}{k-1}x^k$.

> En effet, ces deux sommes sont égales à $\binom{n}{0}x^1 + \binom{n}{1}x^2 + \ldots + \binom{n}{n}x^{n+1}$.

Ainsi $(x+1)^{n+1} = \binom{n}{0}x^0 + \sum_{k=1}^{n}\binom{n}{k}x^k + \sum_{k=1}^{n}\binom{n}{k-1}x^k + \binom{n}{n}x^{n+1}$.

Puis $(x+1)^{n+1} = \binom{n}{0}x^0 + \sum_{k=1}^{n}\left(\binom{n}{k} + \binom{n}{k-1}\right)x^k + \binom{n}{n}x^{n+1}$.

Or, $\binom{n}{0} = \binom{n+1}{0}$, $\binom{n}{k} + \binom{n}{k-1} = \binom{n+1}{k}$ et $\binom{n}{n} = \binom{n+1}{n+1}$ donc :

$$(x+1)^{n+1} = \binom{n+1}{0}x^0 + \sum_{k=1}^{n}\binom{n+1}{k}x^k + \binom{n+1}{n+1}x^{n+1} = \sum_{k=0}^{n+1}\binom{n+1}{k}x^k.$$

On a donc démontré que pour tout $n \in \mathbb{N}$, $(x+1)^n = \sum_{k=0}^{n}\binom{n}{k}x^k$.

2. Pour tous a et b réels non nuls, $(a+b)^n = b^n\left(\dfrac{a}{b}+1\right)^n$.

Et, d'après ce qui précède $\left(\dfrac{a}{b}+1\right)^n = \sum_{k=0}^{n}\binom{n}{k}\left(\dfrac{a}{b}\right)^k = \sum_{k=0}^{n}\binom{n}{k}a^k b^{-k}$.

D'où $b^n\left(\dfrac{a}{b}+1\right)^n = \sum_{k=0}^{n}\binom{n}{k}a^k b^{-k} \times b^n$, puis $(a+b)^n = \sum_{k=0}^{n}\binom{n}{k}a^k b^{n-k}$.

11▶ Égalité de suites

1. Le tableau suivant donne les 5 premiers termes de chaque suite.

n	1	2	3	4	5
u_n	1	2	4	8	16
v_n	1	2	4	8	16

2. On conjecture que les deux suites sont égales.

3. Si (v_n) est une suite géométrique, sa raison est $\dfrac{v_2}{v_1} = 2$.

4. Démontrons par récurrence forte que la suite (v_n) est effectivement une suite géométrique de raison 2 et de premier terme $v_1 = 1$, c'est-à-dire, démontrons que pour tout $n \in \mathbb{N}^*$, $v_n = 2^{n-1}$.

On a $2^0 = 1$ et $v_1 = 1$ donc $v_1 = 2^0$.
Soit n un entier naturel non nul, supposons que pour tout entier naturel non nul $k \leq n$, $v_k = 2^{k-1}$.
On a $v_{n+1} = 1 + \sum_{k=1}^{n} v_k = 1 + \sum_{k=1}^{n} 2^{k-1}$.
Or, $\sum_{k=1}^{n} 2^{k-1} = \dfrac{1-2^n}{1-2} = 2^n - 1$, donc $v_{n+1} = 2^n$.
On a donc démontré que pour tout $n \in \mathbb{N}^*$, $v_n = 2^{n-1}$. La suite (v_n) est bien une suite géométrique de raison 2.

5. Démontrons par récurrence double que pour tout $n \in \mathbb{N}^*$, $u_n = 2^{n-1}$.
On a $u_1 = 1$ et $u_2 = 2$ donc on a bien $u_1 = 2^0$ et $u_2 = 2^1$.
Soit n un entier naturel non nul, supposons que $u_n = 2^{n-1}$ et $u_{n+1} = 2^n$.
Alors $3u_{n+1} - 2u_n = 3 \times 2^n - 2 \times 2^{n-1} = 3 \times 2^n - 2^n = 2 \times 2^n = 2^{n+1}$.
On a donc démontré que pour tout $n \in \mathbb{N}^*$, $u_n = 2^{n-1}$. Ce qui démontre l'égalité des deux suites.

12 ▶ Série harmonique

1. Démontrons par récurrence que pour tout entier naturel n, $H_{2^n} \geq \dfrac{n}{2} + 1$.
On a $2^0 = 1$, $H_1 = 1$ et $\dfrac{0}{2} + 1 = 1$ donc l'inégalité est vérifiée pour $n = 0$.
Soit n un entier naturel, supposons que $H_{2^n} \geq \dfrac{n}{2} + 1$.
On a $H_{2^{n+1}} = \sum_{k=1}^{2^{n+1}} \dfrac{1}{k} = \sum_{k=1}^{2^n} \dfrac{1}{k} + \sum_{k=2^n+1}^{2^{n+1}} \dfrac{1}{k}$.
Or, pour tout k compris entre $2^n + 1$ et 2^{n+1}, $\dfrac{1}{k} \geq \dfrac{1}{2^{n+1}}$, donc $\sum_{k=2^n+1}^{2^{n+1}} \dfrac{1}{k} \geq 2^n \times \dfrac{1}{2^{n+1}}$.

💡 Il y a 2^n termes dans la somme ci-dessus, et chacun est supérieur au dernier terme de la somme.

Ainsi, $H_{2^{n+1}} \geq \dfrac{n}{2} + 1 + \dfrac{1}{2}$ car $2^n \times \dfrac{1}{2^{n+1}} = \dfrac{1}{2}$, donc finalement $H_{2^{n+1}} \geq \dfrac{n+1}{2} + 1$.
On a donc démontré que pour tout entier naturel n, $H_{2^n} \geq \dfrac{n}{2} + 1$.

On en déduit que la suite (H_n) n'est pas majorée, car sinon, il existerait un réel M tel que pour tout entier naturel n, $H_{2^n} \leq M$, et donc tel que $\dfrac{n}{2} + 1 \leq M$.
Ce qui est impossible puisque $\lim\limits_{n \to +\infty} \left(\dfrac{n}{2} + 1\right) = +\infty$.

2. Démontrons par récurrence que pour tout $n \in \mathbb{N}^*$, $\sum_{k=1}^{n} H_k = (n+1)H_n - n$.
On a $\sum_{k=1}^{1} H_k = H_1 = 1$ et $2H_1 - 1 = 1$, donc $\sum_{k=1}^{1} H_k = 2H_1 - 1$.
Soit n un entier naturel tel que $n \geq 1$. Supposons que $\sum_{k=1}^{n} H_k = (n+1)H_n - n$.
On a $\sum_{k=1}^{n+1} H_k = \sum_{k=1}^{n} H_k + H_{n+1} = (n+1)H_n - n + H_{n+1}$.

Or, $H_n = H_{n+1} - \dfrac{1}{n+1}$ donc $(n+1)H_n = (n+1)H_{n+1} - 1$ et
$$\sum_{k=1}^{n+1} H_k = (n+1)H_n - n + H_{n+1} = (n+2)H_{n+1} - (1+n).$$
On a donc démontré que pour $n \in \mathbb{N}^*$, $\displaystyle\sum_{k=1}^{n} H_k = (n+1)H_n - n$.

13 ▶ Fonction exponentielle et fonctions polynômes

Démontrons par récurrence que pour tout entier $n \geq 1$ et pour tout réel $x \in [0\,;1]$,
$$1+x+\ldots+\dfrac{x^n}{n!} \leq e^x \leq 1+x+\ldots+\dfrac{x^{n-1}}{(n-1)!} + 3\times\dfrac{x^n}{n!}.$$
On démontre tout d'abord que pour tout $x \in [0\,;1]$, $1+x \leq e^x \leq 1+3x$ en étudiant les fonctions $u : x \mapsto e^x - 1 - x$ et $v : x \mapsto e^x - 1 - 3x$ sur l'intervalle $[0\,;1]$ (voir la méthode et stratégie 2 du chapitre 4).
On a pour tout $x \in [0\,;1]$, $u'(x) = e^x - 1 \geq 0$ et $v'(x) = e^x - 3 \leq 0$ donc, sur $[0\,;1]$, la fonction u est croissante et la fonction v est décroissante.
Or, $u(0) = v(0) = 0$ donc pour tout $x \in [0\,;1]$, $u(x) \geq 0$ et $v(x) \leq 0$ soit :
$$1 + x \leq e^x \leq 1 + 3x.$$

 Pour les propriétés de la fonction exponentielle utilisées ici, on se référera au chapitre 5.

Soit n un entier supérieur à 1. Supposons que pour tout $x \in [0\,;1]$,
$$1+x+\ldots+\dfrac{x^n}{n!} \leq e^x \leq 1+x+\ldots+\dfrac{x^{n-1}}{(n-1)!} + 3\times\dfrac{x^n}{n!}.$$
Étudions, sur l'intervalle $[0\,;1]$, les fonctions :
$$u : x \mapsto e^x - 1 - x - \ldots - \dfrac{x^{n+1}}{(n+1)!} \quad \text{et} \quad v : x \mapsto e^x - 1 - x - \ldots - \dfrac{x^n}{n!} - 3\dfrac{x^{n+1}}{(n+1)!}.$$
On a pour tout $x \in [0\,;1]$:
$$u'(x) = e^x - 1 - x - \ldots - \dfrac{x^n}{n!} \quad \text{et} \quad v'(x) = e^x - 1 - x - \ldots - \dfrac{x^{n-1}}{(n-1)!} - 3\dfrac{x^n}{n!}.$$

 La dérivée de la fonction $x \mapsto \dfrac{x^{n+1}}{(n+1)!}$ est la fonction $x \mapsto \dfrac{n+1}{(n+1)!}x^n = \dfrac{x^n}{n!}$.

Donc, d'après l'hypothèse de récurrence, $u'(x) \geq 0$ et $v'(x) \leq 0$ sur $[0\,;1]$, la fonction u est croissante et la fonction v est décroissante. Or, $u(0) = v(0) = 0$ donc pour tout $x \in [0\,;1]$, $u(x) \geq 0$ et $v(x) \leq 0$ soit :
$$1+x+\ldots+\dfrac{x^{n+1}}{(n+1)!} \leq e^x \leq 1+x+\ldots+\dfrac{x^n}{n!} + 3\dfrac{x^{n+1}}{(n+1)!}.$$
On a donc démontré par récurrence que pour tout entier $n \geq 1$ et pour tout $x \in [0\,;1]$:
$$1+x+\ldots+\dfrac{x^n}{n!} \leq e^x \leq 1+x+\ldots+\dfrac{x^{n-1}}{(n-1)!} + 3\times\dfrac{x^n}{n!}.$$

14 ▸ Suite de Lucas

1. On a $L_2 = 3$, $L_3 = 4$, $L_4 = 7$, $L_5 = 11$ et $L_6 = 18$.

2. Démontrons par récurrence que pour tout $n \in \mathbb{N}$, $L_{n+1}^2 - L_n L_{n+2} + 5(-1)^n = 0$.
On a $L_1^2 - L_0 L_2 + 5 \times (-1)^0 = 1^2 - 2 \times 3 + 5 = 0$ donc la propriété est vraie pour $n = 0$.
Soit n un entier naturel. Supposons que $L_{n+1}^2 - L_n L_{n+2} + 5(-1)^n = 0$ et démontrons que
$L_{n+2}^2 - L_{n+1} L_{n+3} + 5(-1)^{n+1} = 0$.
On a $L_{n+2}^2 - L_{n+1} L_{n+3} = L_{n+2}^2 - L_{n+1}(L_{n+2} + L_{n+1})$
$= L_{n+2}^2 - L_{n+1} L_{n+2} - L_{n+1}^2$
$= L_{n+2}(L_{n+2} - L_{n+1} - L_n) + 5(-1)^n$
$= L_{n+2} \times 0 + 5(-1)^n$.

Donc $L_{n+2}^2 - L_{n+1} L_{n+3} - 5(-1)^n = 0$ soit $L_{n+2}^2 - L_{n+1} L_{n+3} + 5(-1)^{n+1} = 0$.
On a donc démontré que pour tout $n \in \mathbb{N}$, $L_{n+1}^2 - L_n L_{n+2} + 5(-1)^n = 0$.

3. a. On a $\varphi^2 = \dfrac{1 + 2\sqrt{5} + 5}{4} = \dfrac{3 + \sqrt{5}}{2}$ et $\varphi + 1 = \dfrac{1 + \sqrt{5}}{2} + 1 = \dfrac{3 + \sqrt{5}}{2}$ donc $\varphi^2 = \varphi + 1$.

D'où $\dfrac{\varphi^2}{\varphi^2} = \dfrac{\varphi + 1}{\varphi^2}$ puis $1 = \dfrac{1}{\varphi} + \dfrac{1}{\varphi^2}$ et finalement $\dfrac{1}{\varphi^2} = 1 - \dfrac{1}{\varphi}$.

b. On en déduit que pour tout $n \in \mathbb{N}$,
$\varphi^{n+2} = \varphi^n \times \varphi^2 = \varphi^n (\varphi + 1) = \varphi^{n+1} + \varphi^n$ et $\dfrac{1}{\varphi^{n+2}} = \dfrac{1}{\varphi^n} \times \dfrac{1}{\varphi^2} = \dfrac{1}{\varphi^n}\left(1 - \dfrac{1}{\varphi}\right) = \dfrac{1}{\varphi^n} - \dfrac{1}{\varphi^{n+1}}$.

c. Démontrons par récurrence double que pour tout $n \in \mathbb{N}$, $L_n = \varphi^n + \dfrac{(-1)^n}{\varphi^n}$.

On a $L_0 = 2$ et $\varphi^0 + \dfrac{(-1)^0}{\varphi^0} = 2$; $\varphi^1 + \dfrac{(-1)^1}{\varphi^1} = \varphi - \dfrac{1}{\varphi} = \dfrac{\varphi^2 - 1}{\varphi} = 1$ et $L_1 = 1$.

Donc l'égalité est vraie pour $n = 0$ et pour $n = 1$.
Soit n un entier naturel.

Supposons que $L_n = \varphi^n + \dfrac{(-1)^n}{\varphi^n}$ et $L_{n+1} = \varphi^{n+1} + \dfrac{(-1)^{n+1}}{\varphi^{n+1}}$, alors :

$L_n + L_{n+1} = \varphi^n + \dfrac{(-1)^n}{\varphi^n} + \varphi^{n+1} + \dfrac{(-1)^{n+1}}{\varphi^{n+1}} = \varphi^n + \varphi^{n+1} + (-1)^n\left(\dfrac{1}{\varphi^n} - \dfrac{1}{\varphi^{n+1}}\right)$.

D'où $L_{n+2} = \varphi^{n+2} + (-1)^n \dfrac{1}{\varphi^{n+2}}$.

Or, $(-1)^n = (-1)^{n+2}$ donc $L_{n+2} = \varphi^{n+2} + (-1)^{n+2} \dfrac{1}{\varphi^{n+2}}$.

On a donc bien démontré que pour tout $n \in \mathbb{N}$, $L_n = \varphi^n + \dfrac{(-1)^n}{\varphi^n}$.

CHAPITRE 2

Limites de suites

COURS

40	**I.**	Limite infinie
41	**II.**	Limite finie
42	**III.**	Opérations sur les limites
43	**IV.**	Compléments
43	POST BAC	Les suites adjacentes

MÉTHODES ET STRATÉGIES

45	**1**	Lever l'indétermination d'une limite
46	**2**	Étudier la convergence d'une suite récurrente
47	**3**	Utiliser les théorèmes de comparaison et d'encadrement
48	**4**	Utiliser des suites auxiliaires arithmétiques ou géométriques

SUJETS DE TYPE BAC

49	**Sujet 1**	Étude d'une suite définie par une fonction
49	**Sujet 2**	Algorithme et suite auxiliaire
50	**Sujet 3**	Suites et fonction exponentielle
51	**Sujet 4**	Suites récurrentes d'ordre 2
51	**Sujet 5**	Limite d'une suite récurrente
52	**Sujet 6**	Limites de suites et encadrement
53	**Sujet 7**	Limite d'une somme d'inverses

SUJETS D'APPROFONDISSEMENT

53	**Sujet 8**	Somme des inverses des carrés des entiers naturels non nuls
54	**Sujet 9**	Étude de suites adjacentes
54	**Sujet 10**	Irrationalité du nombre e
55	**Sujet 11**	Moyennes arithmético-géométriques
55	**Sujet 12**	POST BAC Constante d'Euler
56	**Sujet 13**	Suite logistique et évolution de population

CORRIGÉS

58	**Sujets 1 à 7**
64	**Sujets 8 à 13**

COURS

Limites de suites

I. Limite infinie

1. Limite +∞

Définition On dit qu'une suite (u_n) admet pour **limite** $+\infty$ si tout intervalle de la forme $]A\,;+\infty[$ contient tous les termes de la suite à partir d'un certain rang.
On note $\lim\limits_{n\to+\infty} u_n = +\infty$ et on dit que la suite **diverge** vers $+\infty$.
Plus précisément, $\lim\limits_{n\to+\infty} u_n = +\infty$ si et seulement si pour tout réel A, il existe un entier naturel N tel que pour tout $n\geqslant N$, $u_n \in \,]A\,;+\infty[$.

Exemples
Les suites de termes généraux $\sqrt{n}$, n et plus généralement n^p (p entier strictement positif) admettent pour limite $+\infty$.

2. Limite −∞

Définition On dit qu'une suite admet pour **limite** $-\infty$ si tout intervalle de la forme $]-\infty\,;B[$ contient tous les termes de la suite à partir d'un certain rang.
On note $\lim\limits_{n\to+\infty} u_n = -\infty$ et on dit que la suite diverge vers $-\infty$.

Remarque Une suite (u_n) diverge vers $-\infty$ si, et seulement si, la suite de terme général $-u_n$ diverge vers $+\infty$.

3. Théorèmes de comparaison

- Soit N un entier naturel, (u_n) et (v_n) des suites telles que :
$$\text{pour tout entier } n \geqslant N,\ v_n \geqslant u_n.$$
Si la suite (u_n) diverge vers $+\infty$, alors la suite (v_n) diverge également vers $+\infty$.

- Soit N un entier naturel, (u_n) et (v_n) des suites telles que :
$$\text{pour tout entier } n \geqslant N,\ v_n \leqslant u_n.$$
Si la suite (u_n) diverge vers $-\infty$, alors la suite (v_n) diverge également vers $-\infty$.

4. Suites monotones non bornées

- Toute suite croissante non majorée diverge vers $+\infty$.
- Toute suite décroissante non minorée diverge vers $-\infty$.

5. Suites géométriques

Soit a et q deux réels tels que $a \neq 0$ et $q > 1$:
- si $a > 0$, la suite géométrique de terme général $a \times q^n$ diverge vers $+\infty$;
- si $a < 0$, la suite géométrique de terme général $a \times q^n$ diverge vers $-\infty$.

6. Algorithme de seuil

On considère une suite croissante divergente vers $+\infty$ et un réel A.

Dans le cas où la suite (u_n) est définie par une relation de récurrence de la forme $u_{n+1} = f(u_n)$ et par son premier terme $u_0 = a$, l'algorithme suivant permet de déterminer le rang à partir duquel la suite dépasse A :

Entrée
    Lire A
Initialisation
    Affecter à N la valeur 0
    Affecter à U la valeur a
Traitement
    Tant que $U < A$
        Affecter à N la valeur $N + 1$
        Affecter à U la valeur $f(U)$
    Fin tant que
Sortie
    Afficher N

Dans le cas où la suite (u_n) est définie en fonction de n par $u_n = f(n)$, on peut utiliser l'algorithme suivant :

Entrée
    Lire A
Initialisation
    Affecter à N la valeur 0
Traitement
    Tant que $U < A$
        Affecter à N la valeur $N + 1$
        Affecter à U la valeur $f(N)$
    Fin tant que
Sortie
    Afficher N

II. Limite finie

1. Définition

Soit ℓ un réel. On dit qu'une suite admet ℓ **pour limite** si tout intervalle ouvert contenant ℓ contient tous les termes de la suite à partir d'un certain rang.
On note $\lim\limits_{n \to +\infty} u_n = \ell$ et on dit que la suite converge vers ℓ.
Plus précisément, on a $\lim\limits_{n \to +\infty} u_n = \ell$ si, et seulement si, pour tout réel r il existe un entier naturel N tel que pour tout entier $n > N$, $u_n \in]\ell - r ; \ell + r[$.

Exemples
Les suites de termes généraux $\dfrac{1}{\sqrt{n}}$, $\dfrac{1}{n}$ et plus généralement n^{-p} (p entier strictement positif) admettent pour limite 0.

2. Théorème d'encadrement (dit « des gendarmes »)

Soit N un entier naturel, ℓ un réel et (u_n) et (w_n) des suites telles que pour tout entier $n \geqslant N$, $u_n \leqslant v_n \leqslant w_n$.
Si les suites (u_n) et (w_n) convergent vers ℓ alors la suite (v_n) converge également vers ℓ.

3. Suites monotones bornées

▬ Toute suite croissante et convergente est majorée par sa limite ; toute suite décroissante et convergente est minorée par sa limite.

▬ Toute suite croissante et majorée converge vers un réel inférieur à tout majorant de la suite.

→ Toute suite décroissante et minorée converge vers un réel supérieur à tout minorant de la suite.

4. Suites géométriques
Soit a et q deux réels tels que $a \neq 0$ et $-1 < q < 1$:
la suite géométrique de terme général $a \times q^n$ converge vers 0.

III. Opérations sur les limites

Les tableaux ci-dessous résument les résultats des opérations sur les limites. Lorsque la forme est indéterminée, on pourra la plupart du temps lever l'indétermination à l'aide des méthodes données ci-dessous.

1. Somme

Limite de (u_n)	ℓ	ℓ	ℓ	$+\infty$	$-\infty$	$+\infty$
Limite de (v_n)	ℓ'	$+\infty$	$-\infty$	$+\infty$	$-\infty$	$-\infty$
Limite de $(u_n + v_n)$	$\ell + \ell'$	$+\infty$	$-\infty$	$+\infty$	$-\infty$	f.i.

f.i. : forme indéterminée.

2. Produit

Limite de (u_n)	ℓ	$\ell > 0$	$\ell < 0$	$\ell > 0$	$\ell < 0$	$+\infty$	$-\infty$	$-\infty$	0
Limite de (v_n)	ℓ'	$+\infty$	$+\infty$	$-\infty$	$-\infty$	$+\infty$	$+\infty$	$-\infty$	$\pm\infty$
Limite de $(u_n v_n)$	$\ell\ell'$	$+\infty$	$-\infty$	$-\infty$	$+\infty$	$+\infty$	$-\infty$	$+\infty$	f.i.

f.i. : forme indéterminée.

3. Inverse et quotient

→ Si une suite admet une limite finie non nulle ℓ, alors son inverse admet pour limite $\dfrac{1}{\ell}$.

→ Si une suite admet une limite infinie, alors son inverse admet pour limite 0.

→ Si une suite admet une limite nulle et si elle est positive (respectivement négative), alors son inverse a pour limite $+\infty$ (respectivement $-\infty$).

→ Le quotient de deux suites peut être considéré comme le produit de l'une par l'inverse de l'autre.

4. Formes indéterminées

Sans plus de renseignement sur les suites, on ne peut pas déterminer la limite :
- de la différence de deux suites de même limite infinie ;
- du quotient de deux suites de limites infinies ;
- du quotient de deux suites de limites nulles ;
- du produit d'une suite de limite nulle par une suite de limite infinie.

Mais non plus :
- de l'inverse d'une suite de limite nulle (il faut connaître le signe de u) ;
- de u^v avec u et v des suites de limites infinies ou nulles.

IV. Compléments

1. Unicité de la limite
Si une suite admet une limite, finie ou infinie, alors cette limite est unique.

2. Suites divergentes
Une suite divergente est une suite qui n'est pas convergente, c'est-à-dire une suite qui n'admet pas de limite finie ou qui admet une limite infinie.

3. Suites et fonctions
- Soit f une fonction admettant en $+\infty$ pour limite λ (finie ou infinie), alors la suite de terme général $f(n)$ admet pour limite λ.
- Soit (u_n) une suite admettant pour limite α (finie ou infinie) et soit f une fonction admettant en α la limite λ (finie ou infinie), alors la suite de terme général $f(u_n)$ admet pour limite λ.
- Soit f une fonction et soit (u_n) une suite récurrente définie par $u_{n+1} = f(u_n)$ telle que (u_n) converge vers un réel ℓ.
Alors si la fonction f est continue en ℓ, on a $f(\ell) = \ell$.

4. Suites arithmético-géométriques
Soit a et b deux réels et soit (u_n) la suite définie par son premier terme u_0 et par la relation de récurrence $u_{n+1} = au_n + b$.
- Si $a = 1$, la suite (u_n) est arithmétique.
- Si $b = 0$, la suite (u_n) est géométrique.
- Si $a \neq 1$ et $b \neq 0$ alors la suite (u_n) est arithmético-géométrique.

Les suites adjacentes

La définition suivante n'est pas au programme de Terminale S ; néanmoins les suites adjacentes sont très utiles lorsqu'il s'agit d'encadrer un réel.

> Voir les exercices 9, 10, 11 et 12.

Définition
Deux suites (u_n) et (v_n) sont **adjacentes** si, et seulement si, l'une est croissante, l'autre est décroissante et leur différence a pour limite zéro.

Théorème
Si deux suites (u_n) et (v_n) sont adjacentes alors elles convergent vers un même réel ℓ.
De plus, si (u_n) est croissante et (v_n) décroissante et si les suites sont définies à partir d'un entier naturel n_0, alors pour tout entier naturel $n \geq n_0$:
$$u_n \leq \ell \leq v_n.$$

Démonstration
- On démontre tout d'abord par l'absurde que pour tout $n \geq n_0$, $u_n \leq v_n$.
En effet, s'il existe un entier $k \geq n_0$ pour lequel $u_k > v_k$ alors, (v_n) étant décroissante et (u_n) étant croissante, on a pour tout $n \geq k$: $u_n - v_n \geq u_k - v_k > 0$ et donc, si elle existe,

la limite de $u_n - v_n$ est supérieure à $u_k - v_k$. Ce qui est impossible puisque cette limite est nulle par hypothèse. Donc pour tout $n \geq n_0$, $u_n \leq v_n$.
On déduit des variations des suites (u_n) et (v_n) que pour tout $n \geq n_0$, $u_{n_0} \leq u_n \leq v_n \leq v_{n_0}$.
• Ensuite, on utilise les théorèmes sur les suites monotones bornées :
– la suite (u_n) est croissante et majorée par v_{n_0}, elle converge donc vers un réel ℓ ;
– la suite (v_n) est décroissante et minorée par u_{n_0}, elle converge donc vers un réel ℓ'.
• Finalement, les suites (u_n) et (v_n) convergent vers ℓ' et ℓ, ainsi leur différence converge vers $\ell' - \ell$, et, puisque cette limite est nulle, on a $\ell' = \ell$.
Or, toute suite convergente et croissante (respectivement décroissante) est majorée (respectivement minorée) par sa limite donc pour tout entier naturel $n \geq n_0 : u_n \leq \ell \leq v_n$.

Remarque Dans les exercices, pour montrer que deux suites convergent vers la même limite, l'énoncé précisera souvent les trois étapes de cette démonstration.

2 Limites de suites — MÉTHODES ET STRATÉGIES

MÉTHODES ET STRATÉGIES

1 Lever l'indétermination d'une limite

> Voir les exercices 1, 4, 5 et 7 mettant en œuvre cette méthode.

Méthode
On considère les suites définies explicitement et on se limite aux cas d'indéterminations de la limite du quotient ou de la différence de deux suites de limites infinies.

> **Étape 1 :** factoriser par le terme prépondérant de chacune des deux suites pour un quotient ou des deux suites pour une différence.

> **Étape 2 :** dans le cas d'un quotient, déterminer la limite du quotient simplifié des termes prépondérants.

> **Étape 3 :** repérer les limites relevant des théorèmes de croissances comparées.

> **Étape 4 :** utiliser les propriétés des opérations sur les limites pour conclure.

Exemple
On considère les suites de termes généraux $u_n = \dfrac{n^2+n+1}{1-2n^3}$ et $v_n = e^n - n - 1$.
Démontrer que la suite (u_n) converge et que la suite (v_n) diverge.

Application

> **Étape 1 :** on a pour tout entier $n > 0$:
$$u_n = \dfrac{n^2\left(1+\dfrac{1}{n}+\dfrac{1}{n^2}\right)}{n^3\left(\dfrac{1}{n^3}-2\right)} = \dfrac{1}{n} \times \dfrac{1+\dfrac{1}{n}+\dfrac{1}{n^2}}{\dfrac{1}{n^3}-2} \ ;$$

$$v_n = e^n\left(1-\dfrac{n}{e^n}\right) - 1.$$

> **Étapes 2 et 3 :** on a $\lim\limits_{n \to +\infty} \dfrac{1}{n} = 0$ et $\lim\limits_{n \to +\infty} \dfrac{e^n}{n} = +\infty$ (croissances comparées) donc $\lim\limits_{n \to +\infty} \dfrac{n}{e^n} = 0$.

> **Étape 4 :** on a $\lim\limits_{n \to +\infty}\left(1+\dfrac{1}{n}+\dfrac{1}{n^2}\right) = 1$ et $\lim\limits_{n \to +\infty}\left(\dfrac{1}{n^3}-2\right) = -2$ donc :
$$\lim\limits_{n \to +\infty} \dfrac{1+\dfrac{1}{n}+\dfrac{1}{n^2}}{\dfrac{1}{n^3}-2} = -\dfrac{1}{2} \text{ (limite d'un quotient) puis } \lim\limits_{n \to +\infty} u_n = 0 \text{ (limite d'un produit).}$$

La suite (u_n) converge donc vers 0.

On a $\lim\limits_{n \to +\infty} e^n = +\infty$ et $\lim\limits_{n \to +\infty}\left(1-\dfrac{n}{e^n}\right) = 1$ donc $\lim\limits_{n \to +\infty} e^n\left(1-\dfrac{n}{e^n}\right) = +\infty$ (limite d'un produit) puis $\lim\limits_{n \to +\infty} v_n = +\infty$.

La suite (v_n) diverge donc vers $+\infty$.

2 ▶ Étudier la convergence d'une suite récurrente

> Voir les exercices 2 et 13 mettant en œuvre cette méthode.

Méthode

▶ **Étape 1 :** identifier la fonction f qui définit la suite récurrente (u_n) et son ensemble de définition $\mathcal{E}$.

▶ **Étape 2 :** étudier les variations de la fonction f sur $\mathcal{E}$.

▶ **Étape 3 :** s'assurer que la suite est bien définie : chaque terme de la suite doit appartenir à $\mathcal{E}$; ceci est vérifié en particulier lorsque le premier terme de la suite appartient à $\mathcal{E}$ et que $f(\mathcal{E}) \subset \mathcal{E}$.

▶ **Étape 4 :** démontrer par récurrence, en utilisant les variations de f, que la suite est monotone et bornée.

▶ **Étape 5 :** établir la convergence de la suite en utilisant les théorèmes des suites monotones bornées.

▶ **Étape 6 :** déterminer la valeur de la limite en remarquant que si (u_n) converge vers ℓ alors $\lim\limits_{n\to+\infty} u_{n+1} = \ell$, et que si f admet une limite en ℓ alors $f(\ell) = \ell$.

Exemple

On considère la suite (u_n) définie par : $\begin{cases} u_0 = 0 \\ u_{n+1} = \sqrt{2u_n + 1} \end{cases}$ pour tout $n \in \mathbb{N}$.

Montrer que la suite (u_n) est convergente de limite $L \leq 3$. Déterminer cette limite.

Application

▶ **Étape 1 :** si on note f la fonction définie sur $[0\,;+\infty[$ par $f(x) = \sqrt{2x+1}$, alors pour tout $n \in \mathbb{N}$, $u_{n+1} = f(u_n)$.

▶ **Étape 2 :** la fonction f, racine carrée d'une fonction positive et croissante sur $[0\,;+\infty[$, est croissante sur $[0\,;+\infty[$. (On peut évidemment montrer que f admet une dérivée positive sur $[0\,;+\infty[$.)

▶ **Étapes 3 et 4 :** démontrons par récurrence que pour tout $n \in \mathbb{N}$, $0 \leq u_n \leq u_{n+1} \leq 3$.
On a $u_0 = 0$ et $u_1 = 1$ donc $0 \leq u_0 \leq u_1 \leq 3$.
Soit $n \in \mathbb{N}$. On suppose que $0 \leq u_n \leq u_{n+1} \leq 3$.
La fonction f étant croissante sur $[0\,;+\infty[$, on a alors : $f(0) \leq f(u_n) \leq f(u_{n+1}) \leq f(3)$.
Or, $f(0) = 1$, $f(u_n) = u_{n+1}$, $f(u_{n+1}) = u_{n+2}$ et $f(3) = \sqrt{7}$ donc :
$$0 \leq 1 \leq u_{n+1} \leq u_{n+2} \leq \sqrt{7} \leq 3.$$
D'après le principe de récurrence, on a, pour tout $n \in \mathbb{N}$, $0 \leq u_n \leq u_{n+1} \leq 3$.
La suite (u_n) est donc bien définie (tous ses termes sont positifs), elle est croissante et bornée par 0 et 3.

▶ **Étape 5 :** la suite (u_n) est croissante et majorée par 3 donc elle converge vers un réel L et $L \leq 3$.

> **Étape 6 :** on a $\lim\limits_{n\to+\infty} u_n = L$, donc, d'une part $\lim\limits_{n\to+\infty} \sqrt{2u_n+1} = \sqrt{2L+1}$ (par composition de limites) et, d'autre part, $\lim\limits_{n\to+\infty} u_{n+1} = L$.

Ainsi, $\sqrt{2L+1} = L$.

Or, si $\sqrt{2L+1} = L$ alors $L^2 = 2L+1$ soit $L = 1+\sqrt{2}$ ou $L = 1-\sqrt{2}$.

La suite (u_n) étant positive, sa limite l'est également et donc $L = 1+\sqrt{2}$.

3 Utiliser les théorèmes de comparaison et d'encadrement

> Voir les exercices 4, 6, 7, 8, 10, 11, 12 et 13 mettant en œuvre cette méthode.

Méthode

> **Étape 1 :** reconnaître une situation où on utilise les théorèmes de comparaison ou d'encadrement : il s'agit de situations où on ne connaît pas de formule explicite de la suite, ou des situations où la suite est définie à partir de suites ne possédant pas de limite, comme par exemple les suites de termes généraux $\cos n$ ou $(-1)^n$.

> **Étape 2 :** utiliser les inégalités adéquates :
– pour montrer qu'une suite converge, on l'encadre par deux suites de même limite finie ;
– pour montrer qu'une suite diverge vers $+\infty$ (respectivement $-\infty$) on la minore (respectivement majore) par une suite divergeant vers $+\infty$ (respectivement $-\infty$).

> **Étape 3 :** conclure en déterminant les limites des suites des bornes de l'encadrement.

Exemple

On considère les suites de termes généraux $u_n = \sin n - n$ et $v_n = \dfrac{u_n}{n}$.
Déterminer, si elles existent, les limites des suites (u_n) et (v_n).

Application

> **Étape 1 :** la suite de terme général $\sin n$ n'a pas de limite (on admet ce résultat) et elle est encadrée par -1 et 1.

> **Étape 2 :** on a pour tout entier $n \geq 0$:
$$-1 \leq \sin n \leq 1, \text{ donc } -1-n \leq \sin n - n \leq 1-n.$$
On a donc pour tout entier $n > 0$:
$$u_n \leq 1-n \text{ et } \dfrac{-1-n}{n} \leq v_n \leq \dfrac{1-n}{n}.$$

> **Étape 3 :** d'une part $\lim\limits_{n\to+\infty}(1-n) = -\infty$ et $u_n \leq 1-n$ donc, d'après un théorème de comparaison, $\lim\limits_{n\to+\infty} u_n = -\infty$.

D'autre part, $\dfrac{-1-n}{n} = -\dfrac{1}{n} - 1$ et $\dfrac{1-n}{n} = \dfrac{1}{n} - 1$ ce qui donne $\lim\limits_{n\to+\infty} \dfrac{-1-n}{n} = -1$ et $\lim\limits_{n\to+\infty} \dfrac{1-n}{n} = -1$.

Comme $\dfrac{-1-n}{n} \leq v_n \leq \dfrac{1-n}{n}$, d'après le théorème des gendarmes, $\lim\limits_{n\to+\infty} v_n = -1$.

4 Utiliser des suites auxiliaires arithmétiques ou géométriques

> Voir les exercices 2, 3, 5 et 9 mettant en œuvre cette méthode.

Méthode
On veut ici étudier une suite (u_n) qui n'est ni arithmétique ni géométrique. On définit pour cela une **suite auxiliaire** (v_n) dont le terme général est une fonction de u_n.

> **Étape 1 :** conjecturer éventuellement la nature et la raison de la suite auxiliaire en calculant les trois premiers termes.

> **Étape 2 :** exprimer u_n en fonction de v_n en vue de l'étape suivante.

> **Étape 3 :** montrer que la suite auxiliaire est arithmétique ou géométrique en exprimant v_{n+1} en fonction de u_{n+1}, puis de u_n en utilisant la définition de la suite (u_n), et enfin en fonction de v_n en utilisant l'étape 2.

> **Étape 4 :** conclure quant à la nature et aux éléments caractéristiques de la suite (v_n), en déduire une expression de v_n en fonction de n.

> **Étape 5 :** déterminer une expression de u_n en fonction de n en utilisant l'étape 2.

Exemple
La suite (u_n) est définie par $u_1 = -\dfrac{1}{2}$ et pour $n \in \mathbb{N}^*$, $u_{n+1} = \dfrac{1}{2} u_n + n - 1$.
On définit la suite (v_n) pour tout entier $n > 0$ par $v_n = 4u_n - 8n + 24$.
Démontrer que (v_n) est une suite géométrique. En déduire u_n en fonction de n puis une expression de la somme de ses n premiers termes.

Application

> **Étape 1 :** on a $u_2 = \dfrac{-1}{4}$ et $u_3 = \dfrac{7}{8}$, d'où $v_1 = 14$, $v_2 = 7$ et $v_3 = \dfrac{7}{2}$.

> **Étape 2 :** on a pour tout entier $n > 0$, $u_n = 2n - 6 + \dfrac{v_n}{4}$.

> **Étape 3 :** pour tout entier $n > 0$, $v_{n+1} = 4u_{n+1} - 8(n+1) + 24 = 4u_{n+1} - 8n + 16$, d'où
$v_{n+1} = 4\left(\dfrac{1}{2} u_n + n - 1\right) - 8n + 16 = 2u_n - 4n + 12 = 2\left(2n - 6 + \dfrac{v_n}{4}\right) - 4n + 12 = \dfrac{1}{2} v_n$.

> **Étape 4 :** on en déduit que la suite (v_n) est une suite géométrique de premier terme $v_1 = 14$ et de raison $\dfrac{1}{2}$. Donc on a pour tout entier $n > 0$, $v_n = 14 \times \left(\dfrac{1}{2}\right)^{n-1}$.

> **Étape 5 :** ainsi, pour tout entier $n > 0$: $u_n = 2n - 6 + \dfrac{14}{4} \times \left(\dfrac{1}{2}\right)^{n-1} = 2n - 6 + \dfrac{7}{2^n}$.

Or, $\displaystyle\sum_{k=1}^{n} (2k - 6) = n \times \dfrac{-4 + 2n - 6}{2} = n(n - 5)$ et $\displaystyle\sum_{k=1}^{n} \dfrac{7}{2^k} = \dfrac{\dfrac{7}{2}\left(1 - \dfrac{1}{2^n}\right)}{1 - \dfrac{1}{2}} = 7\left(1 - \dfrac{1}{2^n}\right)$

donc : $\displaystyle\sum_{k=1}^{n} u_k = n(n - 5) + 7\left(1 - \dfrac{1}{2^n}\right)$.

SUJETS DE TYPE BAC

1. Étude d'une suite définie par une fonction

45 min

Cet exercice très varié met en œuvre une grande partie du cours sur les suites mais également sur les études de fonctions.

> Voir les méthodes et stratégies 1, 2 et 3.

Partie A
L'objectif de cette partie est de prouver que pour tout entier naturel n, $e^{n+1} > 2n+1$.
On considère la suite (u_n) définie pour tout entier naturel n non nul par $u_n = \dfrac{2n+3}{2n+1}$.

1. Vérifier que cette suite est décroissante et majorée par le réel e.

2. En raisonnant par récurrence, démontrer le résultat annoncé.

Partie B
Un entier naturel non nul n étant donné, on considère la fonction h_n définie sur l'intervalle $[0\,;+\infty[$ par : $h_n(x) = \dfrac{x-n}{x+n} - e^{-x}$.

1. a. Calculer $h'_n(x)$ et déterminer son signe.

b. Préciser la valeur de $h_n(0)$ et la limite de h_n en $+\infty$.

c. Dresser le tableau de variations de la fonction h_n.

2. Déterminer le signe de chacun des nombres $h_n(n)$ et $h_n(n+1)$.

3. a. Prouver que l'équation $h_n(x) = 0$ admet une solution et une seule appartenant à l'intervalle $[n\,;n+1]$; cette solution sera notée v_n.

b. Calculer $\displaystyle\lim_{n\to+\infty} v_n$ et $\displaystyle\lim_{n\to+\infty} \dfrac{v_n}{n}$.

2. Algorithme et suite auxiliaire

40 min

L'intérêt de cet exercice est de se familiariser avec l'algorithmique, l'utilisation d'une suite auxiliaire géométrique et la notion de divergence vers l'infini d'une suite, cette dernière notion étant primordiale dans l'enseignement scientifique supérieur.

> Voir la méthode et stratégie 4.

Partie A
On considère l'algorithme ci-contre où les variables sont le réel U et les entiers naturels k et N.
Quel est l'affichage en sortie lorsque $N = 3$?

Entrée
    Saisir le nombre entier naturel non nul N.
Traitement
    Affecter à U la valeur 0
    Pour k allant de 0 à N−1
        Affecter à U la valeur 3U−2k+3
    Fin pour
Sortie
    Afficher U

Partie B

On considère la suite (u_n) définie par
$$u_0 = 0 \text{ et, pour tout entier naturel } n, u_{n+1} = 3u_n - 2n + 3.$$

1. Soit la suite (v_n) définie, pour tout entier naturel n, par $v_n = u_n - n + 1$.

a. Démontrer que la suite (v_n) est une suite géométrique. En déduire que, pour tout entier naturel n, $u_n = 3^n + n - 1$.

b. Déterminer la limite de la suite (u_n).

2. Soit p un entier naturel non nul.

a. Pourquoi peut-on affirmer qu'il existe au moins un entier n_0 tel que, pour tout $n \geq n_0, u_n \geq 10^p$?

b. On s'intéresse maintenant au plus petit entier n_0.
Justifier que $n_0 \leq 3p$.

c. Déterminer à l'aide de la calculatrice cet entier n_0 pour la valeur $p = 3$.

d. Proposer un algorithme qui, pour une valeur de p donnée en entrée, affiche en sortie la valeur du plus petit entier n_0 tel que, pour tout $n \geq n_0$, on ait $u_n \geq 10^p$.

 Suites et fonction exponentielle

45 min

Le QCM figurant dans cet exercice est typique des exercices de bac. Il traite des notions importantes de majoration, minoration, variation et convergence.

> Voir la méthode et stratégie 4.

Soit (v_n) une suite définie sur $\mathbb{N}$ et soit la suite (u_n) définie pour tout $n \in \mathbb{N}$ par $u_n = 1 + e^{-v_n}$.

Partie A

Pour chacune des questions, indiquer en justifiant la seule réponse exacte.

1. a est un réel strictement positif et ln désigne la fonction logarithme népérien. Si $v_0 = \ln a$ alors :

a. $u_0 = \dfrac{1}{a} + 1$ **b.** $u_0 = \dfrac{1}{a+1}$

c. $u_0 = -a + 1$ **d.** $u_0 = 1 + e^{-a}$

2. Si la suite (v_n) est strictement croissante, alors :

a. (u_n) est strictement décroissante et majorée par 2.

b. (u_n) est strictement croissante et minorée par 1.

c. (u_n) est strictement croissante et majorée par 2.

d. (u_n) est strictement décroissante et minorée par 1.

3. Si la suite (v_n) diverge vers $+\infty$, alors :

a. (u_n) converge vers 2.

b. (u_n) diverge vers $+\infty$.

c. (u_n) converge vers 1.

d. (u_n) converge vers un réel α tel que $\alpha > 1$.

4. Si la suite (v_n) est majorée par 2, alors :

a. (u_n) est majorée par $1+e^{-2}$. **b.** (u_n) est minorée par $1+e^{-2}$.
c. (u_n) est majorée par $1+e^2$. **d.** (u_n) est minorée par $1+e^2$.

Partie B

Démontrer que pour tout entier naturel non nul, on a $\ln(u_n) + v_n > 0$.

4 Suites récurrentes d'ordre 2

50 min

La formulation de l'énoncé de cet exercice est inhabituelle bien que celui-ci soit extrait d'un sujet de bac. Il est néanmoins souhaitable de se familiariser avec ce type de formulation, fréquente dans l'enseignement supérieur.

> Voir les méthodes et stratégies 1 et 3.

On considère l'ensemble $\mathcal{E}$ des suites (u_n) définies sur $\mathbb{N}$ et vérifiant la relation suivante :
$$\text{pour tout entier naturel } n, \ u_{n+2} = u_{n+1} + 2u_n.$$

1. On considère un réel λ non nul et on définit sur $\mathbb{N}$ la suite (t_n) par $t_n = \lambda^n$.

Démontrer que la suite (t_n) appartient à l'ensemble $\mathcal{E}$ si, et seulement si, λ est solution de l'équation : $\lambda^2 - \lambda - 2 = 0$.

En déduire les suites (t_n) appartenant à l'ensemble $\mathcal{E}$.

On admet que $\mathcal{E}$ est l'ensemble des suites (u_n) définies sur $\mathbb{N}$ par une relation de la forme $u_n = \alpha 2^n + \beta(-1)^n$ où α et β sont deux réels.

2. On considère une suite (u_n) de l'ensemble $\mathcal{E}$ telle que $u_0 = 5$ et $u_1 = 4$.

Démontrer que pour tout entier naturel n, $u_n = 3 \times 2^n + 2 \times (-1)^n$.

3. Déterminer la limite de la suite (u_n).

4. Montrer que si n est un entier naturel pair alors $\sum_{k=0}^{n} u_k = 3 \times 2^{n+1} - 1$.

5 Limite d'une suite récurrente

30 min

La spécificité de cet exercice réside dans la manière de déterminer la limite de la suite étudiée. Il constitue de plus un bon entraînement pour l'utilisation d'une suite auxiliaire.

> Voir les méthodes et stratégies 1 et 4.

Soit (u_n) la suite définie pour tout entier naturel n non nul par $\begin{cases} u_1 = \dfrac{1}{2} \\ u_{n+1} = \dfrac{n+1}{2n} u_n. \end{cases}$

On admet que, pour tout entier naturel n non nul, u_n est strictement positif.

1. Calculer u_2, u_3 et u_4.

2. Démontrer que la suite (u_n) est décroissante.

Que peut-on en déduire pour la suite (u_n) ?

3. Pour tout entier naturel n non nul, on pose : $v_n = \dfrac{u_n}{n}$.

a. Démontrer que la suite (v_n) est géométrique. On précisera sa raison et son premier terme v_1.
b. En déduire que, pour tout entier naturel n non nul, $u_n = \dfrac{n}{2^n}$.
c. Déterminer la limite de la suite de terme général $\ln u_n$.
d. En déduire la limite de la suite (u_n).

6 Limites de suites et encadrement

30 min

Chaque question de ce QCM possédant deux réponses correctes, son traitement permet de vérifier que l'on a compris les théorèmes de comparaisons et d'encadrement.

> Voir la méthode et stratégie 3.

Pour chaque question de ce QCM, il y a deux conclusions correctes.
On considère trois suites (u_n), (v_n) et (w_n) qui vérifient la propriété suivante :
« Pour tout entier naturel n non nul, $u_n \leq v_n \leq w_n$. »

1. Si la suite (v_n) tend vers $-\infty$, alors :
a. la suite (w_n) tend vers $-\infty$.
b. la suite (u_n) tend vers $-\infty$.
c. la suite (u_n) est majorée.
d. la suite (w_n) n'a pas de limite.

2. Si $u_n \geq 1$, $w_n = 2u_n$ et $\lim\limits_{n \to +\infty} u_n = \ell$, alors :
a. $\lim\limits_{n \to +\infty} v_n = \ell$.
b. $\lim\limits_{n \to +\infty} (w_n - u_n) = \ell$.
c. la suite (w_n) tend vers $+\infty$.
d. on ne sait pas dire si la suite (v_n) a une limite ou non.

3. Si $\lim\limits_{n \to +\infty} u_n = -2$ et $\lim\limits_{n \to +\infty} w_n = 2$, alors :
a. la suite (v_n) est majorée.
b. $\lim\limits_{n \to +\infty} v_n = 0$.
c. la suite (v_n) n'a pas de limite.
d. on ne sait pas dire si la suite (v_n) a une limite ou non.

4. Si $u_n = \dfrac{2n^2 - 1}{n^2}$ et $w_n = \dfrac{2n^2 + 3}{n^2}$, alors :
a. $\lim\limits_{n \to +\infty} v_n = 0$.
b. $\lim\limits_{n \to +\infty} u_n = 2$.
c. $\lim\limits_{n \to +\infty} v_n = 2$.
d. la suite (v_n) n'a pas de limite.

7 Limite d'une somme d'inverses

On utilise dans cet exercice un raisonnement, très utile dans ce type de situation, appelé parfois « raisonnement en cascade » ou « raisonnement par télescopage ».

> Voir les méthodes et stratégies 1 et 3.

On admet dans cet exercice que, pour tout réel $x \geq 0$, on a $\dfrac{x}{1+x} \leq \ln(1+x) \leq x$.

On pose pour tout entier $n \geq 1$, $S_n = \displaystyle\sum_{k=n+1}^{2n} \dfrac{1}{k} = \dfrac{1}{n+1} + \ldots + \dfrac{1}{2n}$.

1. Calculer S_1 et S_2.

2. Démontrer que pour tout entier naturel k non nul, $\dfrac{1}{k+1} \leq \ln(k+1) - \ln(k) \leq \dfrac{1}{k}$.

3. En déduire que pour tout entier naturel n non nul, $\ln\left(\dfrac{2n+1}{n+1}\right) \leq S_n \leq \ln 2$.

4. En déduire la limite de la suite (S_n).

5. Montrer que pour tout entier naturel n non nul, $S_n \leq \ln 2 \leq S_n + \dfrac{1}{n}$.

6. En déduire un encadrement de $\ln 2$ d'amplitude inférieure ou égal à 10^{-1}.

SUJETS D'APPROFONDISSEMENT

8 Somme des inverses des carrés des entiers naturels non nuls

On démontre ici indirectement qu'une suite converge sans déterminer cette limite. Les techniques mises en œuvre permettent de progresser dans la maîtrise des sommes des termes de suites.

> Voir la méthode et stratégie 3.

On pose pour tout entier $n \geq 1$, $C_n = \displaystyle\sum_{k=1}^{n} \dfrac{1}{k^2}$ et $S_n = \displaystyle\sum_{k=2}^{n} \dfrac{1}{(k-1)k}$.

1. Démontrer que la suite (C_n) est croissante.

2. Montrer que pour tout entier $k \geq 2$, $\dfrac{1}{k^2} \leq \dfrac{1}{(k-1)k}$.

En déduire que pour tout $n \in \mathbb{N}^*$, $C_n \leq 1 + S_n$.

3. Montrer que pour tout entier $k \geq 2$, $\dfrac{1}{(k-1)k} = \dfrac{1}{k-1} - \dfrac{1}{k}$.

En déduire que pour tout $n \in \mathbb{N}^*$, $S_n = 1 - \dfrac{1}{n}$.

4. Monter alors que la suite (C_n) est convergente.

9 ▶ Étude de suites adjacentes

45 min

Aucun résultat sur les suites adjacentes n'est exigible en classe de Terminale S. On les rencontre néanmoins dans beaucoup de situations et on peut les étudier à ce niveau à condition de donner les renseignements nécessaires. Ce que fait cet exercice.

> Voir la méthode et stratégie 3.

Soient les suites (u_n) et (v_n) définies pour tout n entier naturel non nul par :

$$\begin{cases} u_n = \dfrac{1}{n+1} + \dfrac{1}{n+2} + \ldots + \dfrac{1}{2n} \\ v_n = \dfrac{1}{n} + \dfrac{1}{n+1} + \ldots + \dfrac{1}{2n-1} \end{cases}$$

1. Montrer que les suites (u_n) et (v_n) sont monotones.

2. Montrer que pour tout n entier naturel non nul, $u_n \leq v_n$.

3. En déduire que les suites (u_n) et (v_n) convergent vers la même limite.

10 ▶ Irrationalité du nombre e

45 min

L'intérêt de cet exercice de bac est qu'il utilise un raisonnement par l'absurde, raisonnement important en mathématiques.

> Voir la méthode et stratégie 3.

On considère la suite (u_n) définie pour tout entier naturel n non nul par :

$$u_n = \sum_{k=0}^{n} \dfrac{1}{k!}.$$

1. Soit la suite (v_n) définie pour tout entier naturel non nul n par $v_n = u_n + \dfrac{1}{n!}$.

a. Démontrer que la suite (v_n) est strictement décroissante à partir du rang 2.

b. En déduire que la suite (v_n) est convergente, soit ℓ sa limite.

2. Démontrer que la suite (u_n) est convergente.
On admettra que la limite de la suite (u_n) est e.

3. Dans cette question, on suppose que $e \in \mathbb{Q}$, autrement dit qu'il existe des entiers p et q non nuls tels que $e = \dfrac{p}{q}$.

a. Démontrer que pour tout entier $n \geq 2$ on a : $u_n < e < v_n$.

b. Démontrer qu'il existe un entier a tel que : $\dfrac{a}{q!} < \dfrac{p}{q} < \dfrac{a}{q!} + \dfrac{1}{q!}$.

En déduire que $a < p(q-1)! < a+1$.

c. Conclure.

11 Moyennes arithmético-géométriques

Les suites « imbriquées » étudiées dans cet exercice sont remarquables en particulier par leur rapidité de convergence.

> Voir la méthode et stratégie 3.

Les suites (a_n) et (b_n) sont définies pour tout entier naturel n par :

$$\begin{cases} a_0 = a \text{ et } a_{n+1} = \dfrac{a_n + b_n}{2} \\ b_0 = b \text{ et } b_{n+1} = \sqrt{a_n b_n} \end{cases}$$

où a et b sont deux réels positifs (tous les termes de ces suites sont donc positifs).

1. Montrer que pour tout entier naturel n :

$$a_{n+1} - b_{n+1} = \dfrac{\left(\sqrt{a_n} - \sqrt{b_n}\right)^2}{2}$$

et que pour tout entier naturel n non nul :

$$a_{n+1} - b_{n+1} \leq \dfrac{a_n - b_n}{2}.$$

2. En déduire que :

a. pour tout entier naturel n non nul : $0 \leq a_n - b_n \leq \dfrac{1}{2^{n-1}}(a_1 - b_1)$;

b. à partir du rang 1, la suite (a_n) est décroissante et la suite (b_n) est croissante.

3. Montrer que les suites (a_n) et (b_n) convergent vers une même limite.

On notera cette limite commune $m(a;b)$: la moyenne arithmético-géométrique de a et de b.

4. Déterminer un encadrement de $m(1;3)$ d'amplitude inférieure à 10^{-5}.

5. Que vaut $m(a;a)$?

6. Montrer que pour tout réel k positif : $m(ka;kb) = k \times m(a;b)$.

12 Constante d'Euler

On étudie dans ce problème le comportement d'une suite divergente : ce qui différencie cet exercice des précédents. Pour répondre à la question **3.b.**, on pourra s'aider de l'encadré post bac.

> Voir la méthode et stratégie 3.

On considère les suites (H_n) et (u_n) définies sur $\mathbb{N}^*$ par :

$$H_n = 1 + \dfrac{1}{2} + \dots + \dfrac{1}{n} \text{ et } u_n = H_n - \ln n.$$

1. En admettant que la suite (H_n) n'est pas majorée, démontrer que sa limite est $+\infty$.

2. Calculer u_1, u_2, u_3, u_4 et u_5.

3. On admet dans cette question que, pour tout réel $x > -1$, on a $x \geq \ln(1+x)$ (on peut démontrer ce résultat en étudiant le signe de la fonction $x \mapsto x - \ln(1+x)$ sur $]-1\,; +\infty[$).

Démontrer que, pour tout entier $n \geq 1$, on a :
$$u_{n+1} - u_n = \frac{1}{n+1} + \ln\left(1 - \frac{1}{n+1}\right).$$

4. En déduire le sens de variation de la suite (u_n).

5. On pose, à présent, pour tout $n \geq 1$, $v_n = u_n - \frac{1}{n}$.

a. Démontrer que pour tout entier $n \geq 1$, $v_{n+1} - v_n = \frac{1}{n} - \ln\left(1 + \frac{1}{n}\right)$.

Quel est le sens de variation de la suite (v_n) ?

b. Démontrer que les suites (u_n) et (v_n) sont adjacentes.

c. Déterminer à l'aide des suites (u_n) et (v_n) un encadrement d'amplitude 10^{-1} de leur limite commune γ appelée la constante d'Euler.

13 ▸ Suite logistique et évolution de population

45 min

Le but de l'exercice est d'étudier le comportement d'une population pour différentes valeurs de la population initiale u_0 et d'un paramètre.

> Voir les méthodes et stratégies 2 et 3.

On se propose d'étudier l'évolution d'une population de coccinelles à l'aide d'un modèle utilisant la fonction numérique f définie par $f(x) = kx(1-x)$, k étant un paramètre qui dépend de l'environnement ($k \in \mathbb{R}$).
Dans le modèle choisi, on admet que le nombre des coccinelles reste inférieur à un million. L'effectif des coccinelles, exprimé en millions d'individus, est donné pour l'année n par un nombre réel u_n.
On admet que l'évolution obéit à la relation $u_{n+1} = f(u_n)$.

1. Démontrer que si la suite (u_n) converge, alors sa limite ℓ vérifie la relation $f(\ell) = \ell$.

2. Supposons $u_0 = 0{,}4$ et $k = 1$.

a. Étudier le sens de variation de la suite (u_n).

b. Montrer par récurrence que, pour tout entier n, $0 \leq u_n \leq 1$.

c. La suite (u_n) est-elle convergente ? Si oui, quelle est sa limite ?

d. Que peut-on dire de l'évolution à long terme de la population de coccinelles avec ces hypothèses ?

3. Supposons maintenant $u_0 = 0{,}3$ et $k = 1{,}8$.

a. Étudier les variations de la fonction f sur $[0\,;1]$ et montrer que $f\left(\frac{1}{2}\right) \in \left[0\,;\frac{1}{2}\right]$.

On admet que pour tout entier naturel n, $0 \leq u_n \leq u_{n+1} \leq \frac{1}{2}$.

b. La suite (u_n) est-elle convergente ? Si oui, quelle est sa limite ?

c. Que peut-on dire de l'évolution à long terme de la population de coccinelles avec ces hypothèses ?

4. On a représenté la fonction f dans le cas où $u_0 = 0{,}6$ et $k = 3{,}2$.

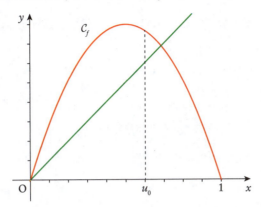

En utilisant ce graphique, formuler une conjecture sur l'évolution de la population dans ce cas.

CORRIGÉS

1 ▶ Étude d'une suite définie par une fonction

Partie A

1. La fonction f homographique définie sur $[1\,;+\infty[$ par $f(x)=\dfrac{2x+3}{2x+1}$ est dérivable et pour tout $x\geqslant 1$, $f'(x)=\dfrac{2(2x+1)-2(2x+3)}{(2x+1)^2}=-\dfrac{4}{(2x+1)^2}$. D'où $f'(x)<0$: la fonction f est donc décroissante sur $[1\,;+\infty[$, la suite (u_n) est donc également décroissante.

 On peut également montrer que $u_{n+1}-u_n\leqslant 0$.

La suite (u_n) étant décroissante, elle est majorée par son premier terme $u_1=\dfrac{5}{3}$, donc par e qui est supérieur à $\dfrac{5}{3}$.

2. Démontrons tout d'abord par récurrence que pour tout entier naturel n non nul, $e^{n+1}>2n+1$.
On a $e^2>3$, ce qui justifie l'inégalité pour $n=1$.

 Voir la démonstration par récurrence au **chapitre 1**, et une valeur approchée de e au **chapitre 5**.

Soit n un entier naturel non nul. Supposons que $e^{n+1}>2n+1$.
Alors, puisque $e>0$, $e\times e^{n+1}>(2n+1)\times e$.
Or, on a montré précédemment que pour tout entier $n>0$, $e\geqslant\dfrac{2n+3}{2n+1}$ donc, comme $2n+1>0$, $(2n+1)\times e\geqslant(2n+3)$. On en déduit que $e^{n+2}>2n+3$.
Le principe de récurrence s'applique et, pour tout entier $n>0$, $e^{n+1}>2n+1$.
Enfin, si $n=0$, on a $e^{n+1}=e$ et $2n+1=1$, l'inégalité est donc encore vraie. On peut donc dire que pour tout entier naturel n, $e^{n+1}>2n+1$.

Partie B

1. a. Pour tout réel $x\geqslant 0$, $h'_n(x)=\dfrac{2n}{(x+n)^2}+e^{-x}$ donc $h'_n(x)>0$.

b. On a $h_n(0)=-2$, $\lim\limits_{x\to+\infty}\dfrac{x-n}{x+n}=1$ et $\lim\limits_{x\to+\infty}e^{-x}=0$ donc $\lim\limits_{x\to+\infty}h_n(x)=1$.

 Pour les limites des fonctions homographiques et exponentielle, voir les **chapitres 3 et 5**.

c. Tableau de variations de la fonction h_n :

x	0		$+\infty$
$h'_n(x)$		+	
h_n	-2		1

2. On a $h_n(n) = -e^{-n} < 0$ et $h_n(n+1) = \dfrac{1}{2n+1} - e^{-(n+1)} = \dfrac{e^{n+1} - 2n - 1}{(2n+1)e^{(n+1)}} > 0$ d'après la partie **A**.

3. a. La fonction h_n est continue et strictement croissante sur $[n; n+1]$, $h_n(n) < 0$ et $h_n(n+1) > 0$ donc, d'après un corollaire du théorème des valeurs intermédiaires, l'équation $h_n(x) = 0$ admet une solution et une seule appartenant à l'intervalle $[n; n+1]$, solution que l'on note v_n.

Voir le **chapitre 3** pour le théorème des valeurs intermédiaires.

b. On a donc pour tout entier $n > 0$: $n \leq v_n \leq n+1$ d'où $1 \leq \dfrac{v_n}{n} \leq 1 + \dfrac{1}{n}$.

On a donc $\lim\limits_{n \to +\infty} v_n = +\infty$ par comparaison, et $\lim\limits_{n \to +\infty} \dfrac{v_n}{n} = 1$ d'après le théorème des gendarmes.

2 Algorithme et suite auxiliaire

Partie A
Pour $k = 0$: $U = 3 \times 0 - 2 \times 0 + 3 = 3$.

U vaut maintenant 3 et k sera égal à 1 au prochain calcul.

Pour $k = 1$: $U = 3 \times 3 - 2 \times 1 + 3 = 10$.

U vaut maintenant 10 et k sera égal à 2 au prochain calcul.

Pour $k = 2$: $U = 3 \times 10 - 2 \times 2 + 3 = 29$.

Le calcul à l'intérieur de la boucle « Tant Que » est réalisé pour k variant de 0 à $N-1$, c'est-à-dire pour k variant de 0 à 2.

Donc pour $N = 3$, l'affichage en sortie est $U = 29$.

Partie B
1. a. Pour tout $n \in \mathbb{N}$,
$$\begin{aligned} v_{n+1} &= u_{n+1} - (n+1) + 1 \\ &= 3u_n - 2n + 3 - n \\ &= 3(u_n - n + 1) \\ &= 3v_n. \end{aligned}$$
Donc la suite (v_n) est géométrique de raison 3 et de premier terme $v_0 = 1$.
Donc, pour tout $n \in \mathbb{N}$, $v_n = 3^n$ et, puisque $u_n = v_n + n - 1$, on a :
$$u_n = 3^n + n - 1.$$

b. On a $\lim\limits_{n \to +\infty} 3^n = +\infty$ (c'est une suite géométrique de premier terme 1 et de raison strictement supérieur à 1) et $\lim\limits_{n \to +\infty} (n-1) = +\infty$ donc $\lim\limits_{n \to +\infty} u_n = +\infty$.

On doit toujours justifier une limite en utilisant les suites de références (ici arithmétiques et géométriques), les théorèmes de comparaisons, les croissances comparées ou les taux d'accroissements (voir **chapitres 3 et 5**).

2. a. La suite (u_n) admet pour limite $+\infty$, ce qui signifie que tout intervalle de la forme $[A;+\infty[$ contient tous les termes de la suite à partir d'un certain rang. En particulier, pour tout entier p, l'intervalle $[10^p;+\infty[$ contient tous les termes de la suite à partir d'un certain rang, que l'on peut nommer n_0.

 C'est ici que l'on montre que l'on a bien compris la notion de limite infinie.

b. On a $u_{3p} = 3^{3p} + 3p - 1 = 27^p + 3p - 1$ et $3p - 1 > 0$ donc $u_{3p} > 10^p$. Et, la suite étant croissante, pour tout $n \geqslant 3p$, $u_n \geqslant 10^p$. Donc, n_0 étant le plus petit rang à partir duquel $u_n \geqslant 10^p$, on a $n_0 \leqslant 3p$.

c. On a $u_6 = 734$ et $u_7 = 2\,193$ donc $n_0 = 7$.

d. L'algorithme suivant convient :

> Entrée
>   Saisir le nombre entier naturel non nul P
> Traitement
>   Affecter à U la valeur 0 ; affecter à N la valeur 0
>   TANT QUE U < 10^P
>   Affecter à U la valeur 3U − 2N + 3
>   Affecter à N la valeur N + 1
>   FIN TANT QUE
> Sortie
>   Afficher N

3 ▸ Suites et fonction exponentielle

Partie A

1. Réponse a. On a $v_0 = \ln a$ d'où $u_0 = 1 + e^{-\ln a}$, or $-\ln a = \ln\left(\dfrac{1}{a}\right)$ donc $u_0 = \dfrac{1}{a} + 1$.

2. Réponse d. Si (v_n) est strictement croissante, alors pour tout entier naturel n : $v_{n+1} > v_n$ donc $-v_n > -v_{n+1}$ puis $e^{-v_n} > e^{-v_{n+1}}$ (la fonction exponentielle est strictement croissante) donc $u_n > u_{n+1}$.
De plus, la fonction exponentielle est strictement positive, donc $u_n > 1$: la suite (u_n) est strictement décroissante, minorée par 1.

 Une rédaction précise est demandée à l'examen, il est donc nécessaire de préciser les propriétés de la fonction exponentielle utilisées.

3. Réponse c. Si la suite (v_n) diverge vers $+\infty$, alors la suite de terme général $-v_n$ diverge vers $-\infty$ et, comme $\lim\limits_{x \to -\infty} e^x = 0$, la suite (u_n) converge vers 1.

4. Réponse b. Si la suite (v_n) est majorée par 2, alors pour tout entier naturel n, $v_n \leqslant 2$, donc $-v_n \geqslant -2$, puis $e^{-v_n} \geqslant e^{-2}$ et $u_n \geqslant 1 + e^{-2}$: la suite (u_n) est minorée par $1 + e^{-2}$.

Partie B

Pour tout entier naturel n non nul :
$e^{-v_n} + 1 > 0$ et $\ln(u_n) + v_n = \ln(e^{-v_n} + 1) + v_n > \ln(e^{-v_n}) + v_n$ (la fonction ln est strictement croissante sur $]0;+\infty[$). Or, $\ln(e^{-v_n}) + v_n = 0$ donc $\ln(u_n) + v_n > 0$.

4 Suites récurrentes d'ordre 2

1. La suite (t_n) définie par $t_n = \lambda^n$ appartient à $\mathcal{E}$ si, et seulement si, pour tout entier naturel n, $t_{n+2} = t_{n+1} + 2t_n$, soit $\lambda^{n+2} = \lambda^{n+1} + 2\lambda^n$.
Or, $\lambda^{n+2} = \lambda^{n+1} + 2\lambda^n \Leftrightarrow \lambda^n \times \lambda^2 = \lambda^n \times \lambda + 2\lambda^n$
$\Leftrightarrow \lambda^2 = \lambda + 2$ (si $\lambda \neq 0$).
De plus, l'équation $\lambda^2 - \lambda - 2 = 0$ admet pour discriminant 9 et pour solutions $\frac{1+3}{2} = 2$ et $\frac{1-3}{2} = -1$.
Donc les suites (t_n) appartenant à l'ensemble $\mathcal{E}$ sont les suites géométriques de termes généraux 2^n et $(-1)^n$.

2. On considère une suite (u_n) de l'ensemble $\mathcal{E}$ telle que $u_0 = 5$ et $u_1 = 4$.
On a donc $\alpha 2^0 + \beta(-1)^0 = 5$ et $\alpha 2^1 + \beta(-1)^1 = 4$ ce qui équivaut au système :
$$\begin{cases} \alpha + \beta = 5 \\ 2\alpha - \beta = 4 \end{cases}$$
En additionnant les deux équations on obtient $3\alpha = 9$ soit $\alpha = 3$ d'où l'on tire $\beta = 2$.
On en déduit que, pour tout entier naturel n, $u_n = 3 \times 2^n + 2 \times (-1)^n$.

3. Pour tout entier naturel n, $(-1)^n \geq -1$ donc $2 \times (-1)^n \geq -2$ puis $u_n \geq 3 \times 2^n - 2$.

On peut garder en mémoire que pour tout entier n, $-1 \leq (-1)^n \leq 1$.

Or, $\lim\limits_{n \to +\infty} 2^n = +\infty$, car si $k > 1$ alors $\lim\limits_{n \to +\infty} k^n = +\infty$, donc $\lim\limits_{n \to +\infty} \left(3 \times 2^n - 2\right) = +\infty$ et, d'après un théorème de comparaison sur les limites, $\lim\limits_{n \to +\infty} u_n = +\infty$.

Ici, la détermination de la limite n'est pas immédiate car une suite géométrique de raison -1 n'admet pas de limite.

4. Soit n un entier naturel pair alors :
$$\sum_{k=0}^{n} u_k = \sum_{k=0}^{n} 3 \times 2^k + \sum_{k=0}^{n} 2 \times (-1)^k.$$
Or, $\sum_{k=0}^{n} 3 \times 2^k = 3 \times \dfrac{1 - 2^{n+1}}{1-2} = 3(2^{n+1} - 1)$ et $\sum_{k=0}^{n} 2 \times (-1)^k = 2 \times \dfrac{1 - (-1)^{n+1}}{1+1}$.
Donc $\sum_{k=0}^{n} u_k = 3(2^{n+1} - 1) + 1 - (-1)^{n+1}$ et comme n est pair, $n + 1$ est impair,
d'où $(-1)^{n+1} = -1$ et $3(2^{n+1} - 1) + 1 - (-1)^{n+1} = 3 \times 2^{n+1} - 3 + 1 + 1$.

Finalement, on a bien :
$$\sum_{k=0}^{n} u_k = 3 \times 2^{n+1} - 1.$$

On peut démontrer de manière analogue que si n est impair alors $\sum_{k=0}^{n} u_k = 3 \times \left(2^{n+1} - 1\right)$.

5 Limite d'une suite récurrente

1. On a $u_2 = \dfrac{2}{2}u_1 = \dfrac{1}{2}$; $u_3 = \dfrac{3}{4}u_2 = \dfrac{3}{8}$ et $u_4 = \dfrac{4}{6}u_3 = \dfrac{1}{4}$.

2. Pour tout $n \in \mathbb{N}^*$, $\dfrac{n+1}{2n}u_n - u_n = \dfrac{(1-n)u_n}{2n}$, avec $u_n > 0$, $2n > 0$ et $1 - n \leq 0$ donc $u_{n+1} - u_n \leq 0$: la suite (u_n) est décroissante.
La suite (u_n) est décroissante et minorée par 0, donc elle est convergente.

💡 En notant ℓ sa limite, on a $\lim\limits_{n \to +\infty} u_{n+1} = \ell$ et $\lim\limits_{n \to +\infty} \dfrac{n+1}{2n} = \dfrac{1}{2}$ donc $\ell = \dfrac{1}{2}\ell$ puis $\ell = 0$.

3. a. Pour tout entier naturel n non nul, on a : $\dfrac{u_{n+1}}{n+1} = \dfrac{u_n}{2n}$ soit $v_{n+1} = \dfrac{1}{2}v_n$. Donc la suite (v_n) est géométrique de raison $\dfrac{1}{2}$ et de premier terme $v_1 = \dfrac{1}{2}$.

b. Donc, pour tout entier naturel n non nul, $v_n = \dfrac{1}{2} \times \left(\dfrac{1}{2}\right)^{n-1}$ soit $v_n = \dfrac{1}{2^n}$.

💡 Attention ! Ici la suite est définie à partir du rang 1.

Pour tout entier naturel n non nul, $u_n = nv_n$ donc $u_n = \dfrac{n}{2^n}$.

c. Pour tout $n \geq 1$, $\ln u_n = \ln n - n\ln 2$ et $\ln n - n\ln 2 = \left(\dfrac{\ln n}{n} - \ln 2\right) \times n$.
Or, $\lim\limits_{n \to +\infty} \dfrac{\ln n}{n} = 0$ (croissances comparées) et $\ln 2 > 0$ donc $\lim\limits_{n \to +\infty} \ln u_n = -\infty$.

d. Finalement, on a $u_n = e^{\ln u_n}$ donc, comme $\lim\limits_{x \to -\infty} e^x = 0$, $\lim\limits_{n \to +\infty} u_n = 0$.

6 Limites de suites et encadrement

1. Réponses b. et c. Si la suite (v_n) tend vers $-\infty$, alors, d'après un théorème de comparaison, la suite (u_n) tend vers $-\infty$. Toute suite de limite $-\infty$ est majorée, donc la suite (u_n) est majorée.

💡 En effet, une suite de limite $-\infty$ est négative à partir d'un certain rang N (puisque tout intervalle de la forme $]-\infty\,;B]$ contient tous les termes de la suite à partir d'un certain rang). Donc la suite est majorée par son plus grand terme de rang inférieur à N ou par 0.

2. Réponses b. et d. Si $u_n \geq 1$, $w_n = 2u_n$ et $\lim\limits_{n \to +\infty} u_n = \ell$, alors $\lim\limits_{n \to +\infty} w_n = 2\ell$ donc $\lim\limits_{n \to +\infty}(w_n - u_n) = \ell$. Mais on ne sait pas dire si la suite (v_n) a une limite ou non sauf si $\ell = 0$ ce qui n'est pas le cas puisque la suite (u_n) est minorée par 1.
Pour démontrer cette dernière assertion, il suffit de donner des contre-exemples :
$u_n = \ell + \dfrac{1}{n}$ et $v_n = u_n(1 + \sin^2 n)$; on a bien $u_n \leq v_n \leq w_n$ puisque $0 \leq \sin^2 n \leq 1$, mais (v_n) n'admet pas de limite si $\ell \neq 0$. Par contre, si $v_n = u_n + \dfrac{1}{n}$ alors (v_n) admet pour limite ℓ.

3. Réponses a. et d. Si $\lim\limits_{n \to +\infty} u_n = -2$ et $\lim\limits_{n \to +\infty} w_n = 2$, alors la suite (v_n) est majorée. En effet, la suite (w_n) converge, donc elle est majorée car à partir d'un certain rang N, tous ses termes sont dans l'intervalle]1;3[; elle est donc majorée par le plus grand des nombres entre $w_1, ..., w_{N-1}$ et 3.

Mais on ne sait pas dire si la suite (v_n) a une limite ou non : par exemple prenons $u_n = -2 - \dfrac{1}{n+1}$ et $w_n = 2 + \dfrac{1}{n}$, alors si $v_n = \sin n$ elle n'admet pas de limite et si $v_n = \dfrac{1}{n}$ elle admet pour limite 0.

4. Réponses b. et c. Si $u_n = \dfrac{2n^2 - 1}{n^2}$ et $w_n = \dfrac{2n^2 + 3}{n^2}$, alors $u_n = 2 - \dfrac{1}{n^2}$ et $w_n = 2 + \dfrac{3}{n^2}$ donc $\lim\limits_{n \to +\infty} u_n = 2$ et $\lim\limits_{n \to +\infty} w_n = 2$, puis, d'après le théorème des gendarmes : $\lim\limits_{n \to +\infty} v_n = 2$.

7 ▸ Limite d'une somme d'inverses

On admet dans cet exercice que, pour tout réel $x \geq 0$, on a $\dfrac{x}{1+x} \leq \ln(1+x) \leq x$.

 On peut démontrer ces inégalités en étudiant les fonctions $x \mapsto x - \ln(1+x)$ et $x \mapsto \ln(1+x) - \dfrac{x}{1+x}$.

1. On a $S_1 = \dfrac{1}{2}$ et $S_2 = \dfrac{1}{3} + \dfrac{1}{4} = \dfrac{7}{12}$.

2. Pour tout entier $k \geq 1$, $\dfrac{1}{k} > 0$ donc, d'après l'énoncé, $\dfrac{1}{k} \times \dfrac{1}{1+\dfrac{1}{k}} \leq \ln\left(1+\dfrac{1}{k}\right) \leq \dfrac{1}{k}$.

Or, $\ln(k+1) - \ln(k) = \ln\left(\dfrac{k+1}{k}\right) = \ln\left(1+\dfrac{1}{k}\right)$ et $\dfrac{1}{k} \times \dfrac{1}{1+\dfrac{1}{k}} = \dfrac{1}{k+1}$ donc :

$$\dfrac{1}{k+1} \leq \ln(k+1) - \ln(k) \leq \dfrac{1}{k}.$$

3. Soit n un entier naturel non nul. En prenant successivement $k = n$, $k = n+1$, ..., $k = 2n$, on déduit les inégalités suivantes :

$$\dfrac{1}{n+1} \leq \ln(n+1) - \ln(n) \leq \dfrac{1}{n}$$

$$\dfrac{1}{n+2} \leq \ln(n+2) - \ln(n+1) \leq \dfrac{1}{n+1}$$

...

$$\dfrac{1}{2n} \leq \ln(2n) - \ln(2n-1) \leq \dfrac{1}{2n-1}$$

$$\dfrac{1}{2n+1} \leq \ln(2n+1) - \ln(2n) \leq \dfrac{1}{2n}$$

Puis en additionnant les inégalités de droites (sauf la première) :
$$\ln(n+2) - \ln(n+1) + ... + \ln(2n+1) - \ln(2n) \leq S_n.$$

À gauche, les termes se simplifient deux à deux, il ne reste plus que deux termes :
$$\ln(2n+1) - \ln(n+1) \leq S_n.$$

On a de même, en additionnant les inégalités de gauche (sauf la dernière) :
$$S_n \leq \ln(2n) - \ln n.$$

Soit $\ln(2n+1) - \ln(n+1) \leq S_n \leq \ln(2n) - \ln n$

et finalement $\ln\left(\dfrac{2n+1}{n+1}\right) \leq S_n \leq \ln 2$.

 C'est ce procédé qu'on appelle parfois télescopage ou cascade.

4. Pour tout entier naturel n non nul, $\dfrac{2n+1}{n+1} = \dfrac{2+\dfrac{1}{n}}{1+\dfrac{1}{n}}$ donc $\lim\limits_{n \to +\infty} \ln\left(\dfrac{2n+1}{n+1}\right) = \ln 2$.

D'après le théorème des gendarmes, on a alors : $\lim\limits_{n \to +\infty} S_n = \ln 2$.

5. Pour tout entier naturel n non nul, on a en sommant toutes les inégalités de la question 3. : $\ln(2n+1) - \ln n \leqslant \dfrac{1}{n} + \dfrac{1}{n+1} + \ldots + \dfrac{1}{2n}$.

D'où $\ln\left(\dfrac{2n+1}{n}\right) \leqslant \dfrac{1}{n} + S_n$.

Or, $2n+1 \geqslant 2n$ donc $\dfrac{2n+1}{n} \geqslant 2$, d'où $\ln 2 \leqslant \ln\left(\dfrac{2n+1}{n}\right) \leqslant \dfrac{1}{n} + S_n$.

On a donc $S_n \leqslant \ln 2 \leqslant \dfrac{1}{n} + S_n$.

L'encadrement précédent de $\ln 2$ a pour amplitude $\dfrac{1}{n}$, donc si $n = 10$, on a l'encadrement cherché.

Or $S_{10} = \dfrac{1}{11} + \dfrac{1}{12} + \ldots + \dfrac{1}{20}$ soit environ 0,668 au millième par défaut,

donc $0{,}688 \leqslant \ln 2 \leqslant 0{,}788$.

 La calculatrice donne $\ln 2 \approx 0{,}69314718056$ ce qui est cohérent avec l'encadrement trouvé.

8 ▸ Somme des inverses des carrés des entiers naturels non nuls

1. Pour tout entier $n \geqslant 1$, $C_{n+1} - C_n = \dfrac{1}{(n+1)^2} > 0$, la suite (C_n) est donc croissante.

2. Pour tout entier $k \geqslant 2$, $0 < k-1 \leqslant k$ donc $0 < k(k-1) \leqslant k^2$ puis $\dfrac{1}{k^2} \leqslant \dfrac{1}{(k-1)k}$.

On a donc pour tout entier $n \geqslant 2$, $\sum\limits_{k=2}^{n} \dfrac{1}{k^2} \leqslant \sum\limits_{k=2}^{n} \dfrac{1}{(k-1)k}$.

D'où $1 + \sum\limits_{k=2}^{n} \dfrac{1}{k^2} \leqslant 1 + \sum\limits_{k=2}^{n} \dfrac{1}{(k-1)k}$ soit $C_n \leqslant 1 + S_n$.

 On a utilisé l'égalité $\sum\limits_{k=1}^{n} \dfrac{1}{k^2} = \dfrac{1}{1^2} + \sum\limits_{k=2}^{n} \dfrac{1}{k^2}$.

3. Pour tout entier $k \geqslant 2$, $\dfrac{1}{k-1} - \dfrac{1}{k} = \dfrac{k-(k-1)}{(k-1)k} = \dfrac{1}{(k-1)k}$.

On a donc pour tout entier $n \geqslant 2$:
$$\dfrac{1}{1 \times 2} + \dfrac{1}{2 \times 3} + \ldots + \dfrac{1}{(n-1) \times n} = 1 - \dfrac{1}{2} + \dfrac{1}{2} - \dfrac{1}{3} + \dfrac{1}{3} - \ldots - \dfrac{1}{n-1} + \dfrac{1}{n-1} - \dfrac{1}{n}.$$

Ce qui donne après simplification : $S_n = 1 - \dfrac{1}{n}$.

 On utilise comme dans l'exercice précédent le *télescopage* des termes consécutifs d'une somme.

4. Montrons tout d'abord que la suite (C_n) est majorée.
En effet, pour tout entier $n \geq 2$, $C_n \leq 1 + S_n$ et $S_n = 1 - \dfrac{1}{n}$, donc $C_n \leq 2 - \dfrac{1}{n}$.

💡 On aurait pu démontrer cette inégalité par récurrence.

On en déduit que la suite (C_n) est majorée par 2.
La suite (C_n) est donc croissante et majorée par 2 elle converge donc vers une limite inférieure ou égale à 2.

💡 Attention ! Dire que la suite (C_n) est « majorée » par la suite $(1 + S_n)$ ne suffit pas pour appliquer le théorème.

9 ▶ Étude de suites adjacentes

1. Pour tout n entier naturel non nul :
$$u_{n+1} = \frac{1}{n+2} + \frac{1}{n+3} + \ldots + \frac{1}{2n+1} + \frac{1}{2n+2} \text{ et } v_{n+1} = \frac{1}{n+1} + \frac{1}{n+2} + \ldots + \frac{1}{2n} + \frac{1}{2n+1}.$$

💡 Pour bien comprendre ces expressions, on pourra les « tester » pour de petites valeurs de n.

On a alors :
$$u_{n+1} - u_n = \frac{1}{2n+1} + \frac{1}{2n+2} - \frac{1}{n+1} = \frac{1}{2(n+1)(2n+1)} > 0 \text{ et}$$
$$v_{n+1} - v_n = \frac{1}{2n} + \frac{1}{2n+1} - \frac{1}{n} = -\frac{1}{2n(2n+1)} < 0.$$

Donc la suite (u_n) est croissante et la suite (v_n) est décroissante.

2. Pour tout n entier naturel non nul, $v_n - u_n = \dfrac{1}{n} - \dfrac{1}{2n} = \dfrac{1}{2n} > 0$, donc $v_n > u_n$.

3. Ainsi la suite (u_n) est croissante et majorée par v_0, donc elle converge. Soit ℓ cette limite.

💡 Attention ! Il faut trouver un majorant de la suite (u_n). Dire qu'elle est inférieure à la suite (v_n) ne suffit pas. En effet, la suite de terme général n^2 est croissante et inférieure à celle de terme général n^3 mais ne converge pas !

De même, la suite (v_n) est décroissante et minorée par u_0, donc elle converge. Soit ℓ' cette limite.
De plus, $v_n - u_n = \dfrac{1}{2n}$ donc $\lim\limits_{n \to +\infty}(v_n - u_n) = 0$ d'où $\ell' = \ell$.
On a bien démontré que les deux suites convergent vers la même limite.

💡 On peut démontrer que cette limite est égale à $\ln 2$ (voir exercice 7). Ceci fournit donc un encadrement de $\ln 2$ par des nombres rationnels.

10 ▸ Irrationalité du nombre e

1. a. Pour tout entier $n \geq 2$, $v_{n+1} - v_n = \dfrac{2}{(n+1)!} - \dfrac{1}{n!} = \dfrac{2-(n+1)}{(n+1)!} = \dfrac{1-n}{(n+1)!} < 0$ donc la suite (v_n) est strictement décroissante à partir du rang 2.

> 💡 Pour le calcul de $v_{n+1} - v_n$, on a utilisé : $(n+1)! = (n+1)n!$ donc $\dfrac{1}{n!} = \dfrac{n+1}{(n+1)!}$.

b. La suite (v_n) est décroissante et minorée par 0 (c'est une somme de termes positifs) donc elle est convergente ; notons ℓ sa limite.

2. Pour tout $n \in \mathbb{N}^*$, $u_n = v_n - \dfrac{1}{n!}$, $\lim\limits_{n \to +\infty} v_n = \ell$ et $\lim\limits_{n \to +\infty} \dfrac{1}{n!} = 0$, donc la suite (u_n) converge vers ℓ.

On admet que la limite de la suite (u_n) est e.

3. a. On suppose qu'il existe des entiers p et q non nuls tels que $e = \dfrac{p}{q}$.

Pour tout $n \in \mathbb{N}^*$, $u_{n+1} - u_n = \dfrac{1}{(n+1)!} > 0$ donc la suite (u_n) est croissante.

Les suites (u_n) et (v_n) étant respectivement croissante et décroissante elles sont respectivement majorée et minorée par leurs limites donc pour tout entier $n \geq 2$ on a :
$$u_n < u_{n+1} \leq e \leq v_{n+1} < v_n.$$

b. On a donc en particulier : $u_q < \dfrac{p}{q} < v_q$ soit $u_q < \dfrac{p}{q} < u_q + \dfrac{1}{q!}$.

Or, $u_q = 1 + 1 + \dfrac{1}{2!} + \ldots + \dfrac{1}{q!} = \dfrac{q!}{q!} + \dfrac{q!}{q!} + \dfrac{3 \times 4 \ldots \times q}{q!} + \ldots + \dfrac{q}{q!} + \dfrac{1}{q!}$ donc il existe un entier a tel que $u_q = \dfrac{a}{q!}$ d'où $\dfrac{a}{q!} < \dfrac{p}{q} < \dfrac{a}{q!} + \dfrac{1}{q!}$.

On en déduit, en multipliant par $q! > 0$, que $a < p(q-1)! < a+1$.

> 💡 On utilise la propriété $q! = q(q-1)!$.

On a $a < p(q-1)! < a+1$ ce qui signifie que $p(q-1)!$ est un entier strictement compris entre deux entiers consécutifs. C'est bien sûr impossible : donc e n'appartient pas à $\mathbb{Q}$.

> 💡 Nous avons fait une démonstration par l'absurde : nous supposons une proposition vraie (ici $e \in \mathbb{Q}$) qui entraîne une contradiction, la supposition est donc fausse.

11 ▸ Moyennes arithmético-géométriques

1. Pour tout $n \in \mathbb{N}$:

$$\dfrac{a_n + b_n}{2} - \sqrt{a_n b_n} = \dfrac{a_n + b_n - 2\sqrt{a_n b_n}}{2} \text{ et } a_n + b_n - 2\sqrt{a_n b_n} = \left(\sqrt{a_n} - \sqrt{b_n}\right)^2$$

donc $a_{n+1} - b_{n+1} = \dfrac{\left(\sqrt{a_n} - \sqrt{b_n}\right)^2}{2}$.

Pour tout $n \in \mathbb{N}^*$, $\sqrt{a_n} - \sqrt{b_n} \leq \sqrt{a_n} + \sqrt{b_n}$ et d'après l'égalité précédente $a_n \geq b_n$ donc $\sqrt{a_n} - \sqrt{b_n} \geq 0$, ainsi :
$$\left(\sqrt{a_n} - \sqrt{b_n}\right) \times \left(\sqrt{a_n} - \sqrt{b_n}\right) \leq \left(\sqrt{a_n} + \sqrt{b_n}\right) \times \left(\sqrt{a_n} - \sqrt{b_n}\right)$$
d'où $\dfrac{\left(\sqrt{a_n} - \sqrt{b_n}\right)^2}{2} \leq \dfrac{a_n - b_n}{2}$, soit $a_{n+1} - b_{n+1} \leq \dfrac{a_n - b_n}{2}$.

On a pour tout $n \in \mathbb{N}$, $a_{n+1} - b_{n+1} = \dfrac{\left(\sqrt{a_n} - \sqrt{b_n}\right)^2}{2}$ donc $a_{n+1} - b_{n+1} \geq 0$, ou encore pour tout $n \in \mathbb{N}^*$, $a_n - b_n \geq 0$.

2. a. On a vu que pour tout $n \in \mathbb{N}^*$, $a_n - b_n \geq 0$.
Démontrons par récurrence que pour tout $n \in \mathbb{N}^*$ on a $a_n - b_n \leq \dfrac{1}{2^{n-1}}(a_1 - b_1)$.
On a $a_1 - b_1 \leq \dfrac{1}{2^0}(a_1 - b_1)$ car $2^0 = 1$.
Supposons que pour un entier naturel non nul n, $a_n - b_n \leq \dfrac{1}{2^{n-1}}(a_1 - b_1)$ et montrons qu'alors $a_{n+1} - b_{n+1} \leq \dfrac{1}{2^n}(a_1 - b_1)$.
On a $a_{n+1} - b_{n+1} \leq \dfrac{a_n - b_n}{2}$ et $a_n - b_n \leq \dfrac{1}{2^{n-1}}(a_1 - b_1)$ donc
$a_{n+1} - b_{n+1} \leq \dfrac{1}{2} \times \dfrac{1}{2^{n-1}}(a_1 - b_1)$, soit $a_{n+1} - b_{n+1} \leq \dfrac{1}{2^n}(a_1 - b_1)$.
On a donc démontré que pour tout $n \in \mathbb{N}^*$, $a_n - b_n \leq \dfrac{1}{2^{n-1}}(a_1 - b_1)$.
Finalement, pour tout $n \in \mathbb{N}^*$, $0 \leq a_n - b_n \leq \dfrac{1}{2^{n-1}}(a_1 - b_1)$.

b. Pour tout $n \in \mathbb{N}^*$, $a_n - b_n \geq 0$:
$$a_{n+1} - a_n = \dfrac{a_n + b_n}{2} - a_n = \dfrac{b_n - a_n}{2}, \quad b_{n+1} - b_n = \sqrt{a_n b_n} - b_n = \sqrt{b_n}\left(\sqrt{a_n} - \sqrt{b_n}\right).$$
Ainsi, à partir du rang 1, la suite (a_n) est décroissante et la suite (b_n) est croissante.

3. On a donc pour tout $n \in \mathbb{N}^*$, $b_1 \leq b_n \leq a_n \leq a_1$; la suite (a_n) est décroissante et minorée par b_1 et la suite (b_n) est croissante et majorée par a_1. Ces suites sont donc convergentes. Notons α et β leurs limites respectives.
On a vu que pour tout $n \in \mathbb{N}^*$, $0 \leq a_n - b_n \leq \dfrac{1}{2^{n-1}}(a_1 - b_1)$.
On a $\lim\limits_{n \to +\infty} \left(\dfrac{1}{2}\right)^{n-1} = 0$ (suite géométrique de raison strictement comprise entre 0 et 1) donc, d'après le théorème des gendarmes, $\lim\limits_{n \to +\infty} (a_n - b_n) = 0$.
Il en résulte, d'après les propriétés des opérations sur les limites, que $\alpha - \beta = 0$: les suites (a_n) et (b_n) convergent vers une même limite $m(a\,;b)$.

On remarque bien sûr que ces deux suites sont adjacentes.

4. Si $a = 1$ et $b = 3$, on a $a_1 = 2$ et $b_1 = \sqrt{3}$, $a_2 = \dfrac{2 + \sqrt{3}}{2}$ et $b_2 = \sqrt{2\sqrt{3}}$, $a_3 \approx 1{,}863\,617\,56$ et $b_3 \approx 1{,}863\,616\,01$ donc $1{,}863\,61 \leq m(1,3) \leq 1{,}863\,62$.

On a a_4 et b_4 qui valent tous deux environ 1,863 616 783 24 ; ce qui illustre l'extrême rapidité de convergence de ces suites.

5. Si $b = a$, alors $a_1 = b_1 = a$: les suites (a_n) et (b_n) sont constantes donc $m(a\,;a) = a$.

6. Si $a_0 = ka$ et $b_0 = kb$ alors $a_1 = \dfrac{ka+kb}{2} = k\dfrac{a+b}{2}$ et $b_1 = \sqrt{k^2 ab} = k\sqrt{ab}$, de proche en proche, tous les termes des deux suites sont multipliés par k et donc également leur limite commune.

Donc pour tout réel k positif, $m(ka\,;kb) = k \times m(a\,;b)$.

12 ▸ Constante d'Euler

1. Pour tout $n \in \mathbb{N}^*$, $H_{n+1} - H_n = \dfrac{1}{n+1} > 0$ donc la suite (H_n) est croissante et non majorée, donc, d'après un théorème du cours, elle diverge vers $+\infty$.

On a démontré par récurrence, dans l'exercice 12 du chapitre 1, que cette suite n'est pas majorée.

2. On a $u_1 = 1$; $u_2 = 1,5 - \ln 2$; $u_3 = \dfrac{11}{6} - \ln 3$; $u_4 = \dfrac{25}{12} - \ln 4$ et $u_5 = \dfrac{137}{60} - \ln 5$.

3. Pour tout entier $n \geqslant 1$, on a :
$$u_{n+1} - u_n = H_{n+1} - H_n - \ln(n+1) + \ln(n) = \dfrac{1}{n+1} + \ln\left(\dfrac{n}{n+1}\right)$$
or, $1 - \dfrac{1}{n+1} = \dfrac{n+1-1}{n+1} = \dfrac{n}{n+1}$ donc $u_{n+1} - u_n = \dfrac{1}{n+1} + \ln\left(1 - \dfrac{1}{n+1}\right)$.

4. Pour $n \geqslant 1$, on a $\dfrac{1}{n+1} < 1$ donc $-\dfrac{1}{n+1} > -1$ et d'après le prérequis,
$-\dfrac{1}{n+1} \geqslant \ln\left(1 - \dfrac{1}{n+1}\right)$ d'où $u_{n+1} - u_n \leqslant 0$: la suite (u_n) est décroissante.

5. a. Pour tout entier $n \geqslant 1$:
$$v_{n+1} - v_n = u_{n+1} - u_n - \dfrac{1}{n+1} + \dfrac{1}{n}$$
$$= \dfrac{1}{n+1} + \ln\left(\dfrac{n}{n+1}\right) - \dfrac{1}{n+1} + \dfrac{1}{n}$$
$$= -\ln\left(\dfrac{n+1}{n}\right) + \dfrac{1}{n}.$$

Donc $v_{n+1} - v_n = \dfrac{1}{n} - \ln\left(1 + \dfrac{1}{n}\right)$.

Pour $n \geqslant 1$, on a $\dfrac{1}{n} > -1$ donc d'après le prérequis, $\dfrac{1}{n} \geqslant \ln\left(1 + \dfrac{1}{n}\right)$ d'où $v_{n+1} - v_n \geqslant 0$: la suite (v_n) est croissante.

b. La suite (u_n) est décroissante, la suite (v_n) est croissante, il reste donc à montrer que leur différence a pour limite 0.

Pour tout $n \geqslant 1$, $v_n - u_n = -\dfrac{1}{n}$ donc $\lim\limits_{n \to +\infty} (v_n - u_n) = 0$ et les suites (u_n) et (v_n) sont adjacentes.

Sans utiliser l'encadré post bac, pour démontrer qu'elles convergent vers une limite commune on procède comme dans la question 3. de l'exercice 11 en montrant que l'une est croissante majorée, l'autre décroissante minorée et que, leur différence ayant pour limite 0, elles admettent même limite.

c. Pour tout $n \geqslant 1$, on a $v_n \leqslant \gamma \leqslant u_n$ et $u_n - v_n = \dfrac{1}{n}$ donc si $n = 10$, on obtient un encadrement d'amplitude 10^{-1} de γ. On obtient à la calculatrice (ou avec un tableur) : $0{,}53 \leqslant \gamma \leqslant 0{,}63$.

Pour arrondir les bornes de l'encadrement, on remarque que $v_{11} > 0{,}53$ et que $u_{11} < 0{,}63$.

13 ▶ Suite logistique et évolution de population

1. Pour tout $n \in \mathbb{N}$, $u_{n+1} = k u_n(1 - u_n)$.
Si la suite (u_n) converge vers ℓ alors $\lim\limits_{n \to +\infty} k u_n(1 - u_n) = k\ell(1 - \ell)$ d'après les propriétés des opérations sur les limites.
Mais aussi $\lim\limits_{n \to +\infty} u_{n+1} = \ell$, donc on a bien $k\ell(1 - \ell) = \ell$ soit $f(\ell) = \ell$.

2. a. Pour tout $n \in \mathbb{N}$, $u_{n+1} = u_n(1 - u_n)$ donc $u_{n+1} - u_n = -u_n^2 \leqslant 0$: la suite (u_n) est décroissante.

b. Montrons par récurrence que, pour tout entier naturel n, $0 \leqslant u_n \leqslant 1$.
On a $u_0 = 0{,}4$ donc $0 \leqslant u_0 \leqslant 1$.
Soit $n \in \mathbb{N}$, supposons que $0 \leqslant u_n \leqslant 1$. Alors $-1 \leqslant -u_n \leqslant 0$ donc $0 \leqslant 1 - u_n \leqslant 1$ puis $0 \leqslant u_n(1 - u_n) \leqslant 1$, soit $0 \leqslant u_{n+1} \leqslant 1$.

On a multiplié membres à membres des inégalités de même sens entre réels positifs.

On peut donc conclure, d'après le principe de récurrence que pour tout entier n, $0 \leqslant u_n \leqslant 1$.

c. La suite (u_n) est décroissante et minorée par 0, elle est donc convergente.
D'après la question **1.**, sa limite vérifie $\ell(1 - \ell) = \ell$, soit $-\ell^2 = 0$, on a donc $\lim\limits_{n \to +\infty} u_n = 0$.

On ne peut diviser par ℓ qui peut être nul (il l'est d'ailleurs ici).

d. On en déduit qu'à long terme la population de coccinelles tend à s'éteindre.

3. a. Pour tout $x \in [0\,;1]$, $f(x) = 1{,}8x(1 - x)$. La fonction f est une fonction polynôme du second degré de coefficient dominant $-1{,}8$ et de racines 0 et 1 et dont le maximum est atteint en $\dfrac{1}{2}$ (moyenne algébrique des racines) : f est croissante sur $\left[0\,;\dfrac{1}{2}\right]$ et décroissante sur $\left[\dfrac{1}{2}\,;1\right]$. Son maximum est $f\!\left(\dfrac{1}{2}\right) = \dfrac{1{,}8}{4} = 0{,}45$; et on a bien $f\!\left(\dfrac{1}{2}\right) \in \left[0\,;\dfrac{1}{2}\right]$.

b. On admet que pour tout entier naturel n, $0 \leqslant u_n \leqslant u_{n+1} \leqslant \dfrac{1}{2}$.

💡 Ceci se démontre aisément par récurrence en utilisant la monotonie de la fonction f sur l'intervalle $\left[0 ; \dfrac{1}{2}\right]$ (voir le chapitre 1).

La suite (u_n) est croissante et majorée par $\dfrac{1}{2}$, elle est donc convergente et sa limite ℓ vérifie $1,8\ell(1-\ell) = \ell$.

Or, $1,8\ell(1-\ell) = \ell \Leftrightarrow \ell = 0$ ou $1,8(1-\ell) = 1 \Leftrightarrow \ell = 0$ ou $\ell = \dfrac{4}{9}$.

La suite (u_n) est croissante et $u_0 = 0,3$ donc $\ell \geq 0,3$ et $\ell = \dfrac{4}{9}$.

c. La population de coccinelles va croître et tendre vers $\dfrac{4}{9}$ millions d'individus.

4. On conjecture après avoir représenté u_0, u_1, u_2 et u_3 sur l'axe des abscisses qu'il y aura en alternance beaucoup ou peu de coccinelles.

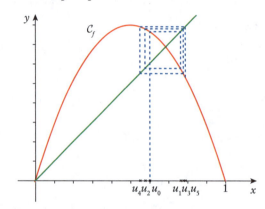

CHAPITRE 3

Limites de fonctions et continuité

COURS

72	**I.**	Limite d'une fonction à l'infini
73	**II.**	Limite d'une fonction en un point
74	**III.**	Propriétés des limites
75	**IV.**	Continuité
76	POST BAC	Fonctions prolongeables par continuité en un point
77	POST BAC	Asymptote oblique

MÉTHODES ET STRATÉGIES

78	**1**	Calculer une limite par composition de fonctions
78	**2**	Déterminer une limite
80	**3**	Démontrer qu'une fonction est continue
80	**4**	Démontrer qu'une équation admet une unique solution

SUJETS DE TYPE BAC

82	**Sujet 1**	Limites et lecture graphique
83	**Sujet 2**	Calculs de limites
83	**Sujet 3**	Limites, encadrement et comparaison
84	**Sujet 4**	Nombre de solutions d'une équation
84	**Sujet 5**	Nombre de solutions en fonction d'un paramètre
84	**Sujet 6**	Fonctions continues
85	**Sujet 7**	Étude et tracé de la courbe d'une fonction

SUJETS D'APPROFONDISSEMENT

86	**Sujet 8**	POST BAC Limites aux bornes d'un ensemble de définition
86	**Sujet 9**	POST BAC Étude d'une fonction avec asymptote oblique
87	**Sujet 10**	Étude de deux suites
88	**Sujet 11**	Étude d'une suite définie de façon implicite
88	**Sujet 12**	Existence d'un point fixe

CORRIGÉS

89	**Sujets 1 à 7**
97	**Sujets 8 à 12**

Limites de fonctions et continuité

I. Limite d'une fonction à l'infini

1. Limite finie à l'infini

Définition Soit $a \in \mathbb{R}$ et $f : [a\,;+\infty[\, \to \mathbb{R}$ et ℓ un réel. La fonction f a pour limite ℓ en $+\infty$ si tout intervalle ouvert contenant ℓ contient toutes les valeurs $f(x)$ pour x assez grand. On note :
$$\lim_{x \to +\infty} f(x) = \ell.$$

On définit de la même façon :
$$\lim_{x \to -\infty} f(x) = \ell.$$

On dit alors que la droite d'équation $y = \ell$ est **asymptote horizontale** à la courbe représentative de f en $+\infty$ dans le premier cas, en $-\infty$ dans le second cas.

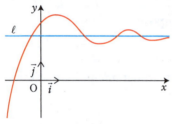

$$\lim_{x \to +\infty} f(x) = \ell$$

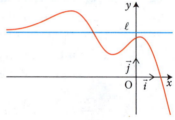

$$\lim_{x \to -\infty} f(x) = \ell$$

Exemples Les fonctions $x \mapsto \dfrac{1}{x^n}$ admettent pour limite 0 en $+\infty$ et en $-\infty$ (n un entier naturel non nul). La fonction $x \mapsto e^x$ admet 0 pour limite en $-\infty$.

2. Limite infinie à l'infini

Définition Soit $a \in \mathbb{R}$ et $f : [a\,;+\infty[\, \to \mathbb{R}$. La fonction f tend vers $+\infty$ en $+\infty$ si pour tout réel $A > 0$, $f(x) \geq A$ pour x assez grand. On note : $\lim\limits_{x \to +\infty} f(x) = +\infty$.

De la même façon, on définit : $\lim\limits_{x \to +\infty} f(x) = -\infty$, $\lim\limits_{x \to -\infty} f(x) = +\infty$ et $\lim\limits_{x \to -\infty} f(x) = -\infty$.

Exemples
- Les fonctions $x \mapsto x^n$ (n un entier naturel non nul), $x \mapsto e^x$, $x \mapsto \ln(x)$, $x \mapsto \sqrt{x}$ admettent pour limite $+\infty$ en $+\infty$.
- Si n est pair, $x \mapsto x^n$ admet pour limite $+\infty$ en $-\infty$. Si n est impair, $x \mapsto x^n$ admet pour limite $-\infty$ en $-\infty$.

II. Limite d'une fonction en un point

1. Limite infinie en un point

Définitions

▬ Soit a un réel. Soit I un intervalle ouvert contenant a et f une fonction définie sur I sauf peut-être en a.
La fonction f admet $+\infty$ pour limite en a si pour tout réel $A > 0$, il existe un intervalle ouvert J inclus dans I contenant a tel que $f(x) \geq A$ pour tout réel x différent de a et appartenant à J. On note :
$$\lim_{x \to a} f(x) = +\infty.$$

De la même façon, on définit :
$$\lim_{x \to a} f(x) = -\infty.$$

▬ **Limite à droite** en a : soit b un réel strictement plus grand que a et f une fonction définie sur $]a\,;b[$.
La fonction f admet $+\infty$ pour limite à droite en a si pour tout réel $A > 0$, il existe un intervalle ouvert J contenant a tel que $f(x) \geq A$ pour tout réel x appartenant à $]a\,;b[\,\cap J$.
On note $\lim\limits_{\substack{x \to a \\ x > a}} f(x) = +\infty$. De la même façon, on définit $\lim\limits_{\substack{x \to a \\ x > a}} f(x) = -\infty$.

▬ **Limite à gauche** en a : soit b un réel strictement plus petit que a et f une fonction définie sur $]b\,;a[$.
La fonction f admet $+\infty$ pour limite à gauche en a si pour tout réel $A > 0$, il existe un intervalle ouvert J contenant a tel que $f(x) \geq A$ pour tout réel x appartenant à $]b\,;a[\,\cap J$.
On note $\lim\limits_{\substack{x \to a \\ x < a}} f(x) = +\infty$. De la même façon, on définit $\lim\limits_{\substack{x \to a \\ x < a}} f(x) = -\infty$.

▬ Dans tous ces cas, on dit que la droite d'équation $x = a$ est **asymptote verticale** à la courbe représentative de f.

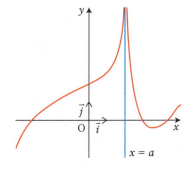

$\lim\limits_{x \to a} f(x) = +\infty$

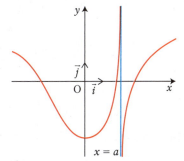

$\lim\limits_{\substack{x \to a \\ x < a}} f(x) = +\infty$ et $\lim\limits_{\substack{x \to a \\ x > a}} f(x) = -\infty$

Exemples
- Si n est un entier naturel non nul pair, $\lim\limits_{x \to 0} \dfrac{1}{x^n} = +\infty$.
- Si n est impair $\lim\limits_{\substack{x \to 0 \\ x>0}} \dfrac{1}{x^n} = +\infty$ et $\lim\limits_{\substack{x \to 0 \\ x<0}} \dfrac{1}{x^n} = -\infty$.
- $\lim\limits_{\substack{x \to 0 \\ x>0}} \ln(x) = -\infty$.

2. Limite finie en un point

Définitions

▬ Soit a et ℓ deux réels. Soit I un intervalle ouvert contenant a et f une fonction définie sur I.
La fonction f admet ℓ pour limite en a si, pour tout réel $\varepsilon > 0$, il existe un intervalle ouvert J contenu dans I contenant a tel que $\ell - \varepsilon < f(x) < \ell + \varepsilon$ pour tout réel x appartenant à J.
On note $\lim\limits_{x \to a} f(x) = \ell$.

▬ **Limite à droite** en a : soit b un réel strictement plus grand que a et f une fonction définie sur $]a\,;b[$.
La fonction f admet ℓ pour limite à droite en a si, pour tout réel $\varepsilon > 0$, il existe un intervalle ouvert J contenant a tel que $\ell - \varepsilon < f(x) < \ell + \varepsilon$ pour tout réel x appartenant à $]a\,;b[\cap J$.
On note $\lim\limits_{\substack{x \to a \\ x>a}} f(x) = \ell$.

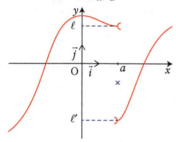

▬ **Limite à gauche** en a : soit b un réel strictement plus petit que a et f une fonction définie sur $]b\,;a[$.
La fonction f admet ℓ pour limite à gauche en a si pour tout réel $\varepsilon > 0$, il existe un intervalle ouvert contenant a tel que $\ell - \varepsilon < f(x) < \ell + \varepsilon$ pour tout réel x appartenant à $]b\,;a[\cap J$.
On note $\lim\limits_{\substack{x \to a \\ x<a}} f(x) = \ell$.

$\lim\limits_{\substack{x \to a \\ x<a}} f(x) = \ell \quad \lim\limits_{\substack{x \to a \\ x>a}} f(x) = \ell'$

Exemples $\lim\limits_{x \to 0} \dfrac{\ln(1+x)}{x} = 1$, $\lim\limits_{x \to 0} \dfrac{e^x - 1}{x} = 1$ et $\lim\limits_{x \to 0} \dfrac{\sin(x)}{x} = 1$.

▬ III. Propriétés des limites

1. Théorème de comparaison

Théorème Soit f et g deux fonctions définies sur un intervalle I de $\mathbb{R}$, telles que pour tout réel x dans I, $f(x) \leq g(x)$. Soit a un réel ou $+\infty$ ou $-\infty$, a étant un réel de I ou une extrémité de I.
- Si $\lim\limits_{x \to a} f(x) = +\infty$ alors $\lim\limits_{x \to a} g(x) = +\infty$.
- Si $\lim\limits_{x \to a} g(x) = -\infty$ alors $\lim\limits_{x \to a} f(x) = -\infty$.
- Si $\lim\limits_{x \to a} f(x) = \ell$ et $\lim\limits_{x \to a} g(x) = \ell'$, ℓ et ℓ' étant deux réels, alors $\ell \leq \ell'$.

2. Théorème d'encadrement

Théorème Soit f, g et h trois fonctions définies sur un intervalle I de $\mathbb{R}$, telles que pour tout réel x dans I, $f(x) \leq g(x) \leq h(x)$. Soit a un réel ou $+\infty$ ou $-\infty$, a étant un réel de I ou une extrémité de I.
S'il existe un réel ℓ tels que $\lim\limits_{x \to a} f(x) = \ell$ et $\lim\limits_{x \to a} h(x) = \ell$ alors $\lim\limits_{x \to a} g(x) = \ell$.

3. Composition de limites

Propriétés

- Soit u une fonction définie sur I et f une fonction telle que $f(u(x))$ existe pour tout x dans I. Soit a, ℓ et ℓ' trois réels ou $+\infty$ ou $-\infty$.
Si $\lim\limits_{x \to a} u(x) = \ell$ et si $\lim\limits_{x \to \ell} h(x) = \ell'$, alors $\lim\limits_{x \to a} f(u(x)) = \ell'$.

- Soit f une fonction définie sur un intervalle I et (x_n) une suite telle que $x_n \in I$ pour tout entier naturel n. Soit a et ℓ deux réels ou $+\infty$ ou $-\infty$.
Si (x_n) converge vers a et $\lim\limits_{x \to a} f(x) = \ell$, alors la suite $(f(x_n))$ admet ℓ pour limite.

4. Opérations sur les limites.

Nous renvoyons au chapitre 2 qui traite de cette question dans le cadre des suites. Les résultats sont tout à fait similaires dans le cadre des fonctions.
On portera une attention particulière au cas des formes indéterminées ainsi qu'aux quotients dont le dénominateur tend vers 0 et le numérateur tend vers une limite réelle non nulle car ce type de limite nécessite une étude de signe de la fonction pour décider si la limite est $+\infty$ ou $-\infty$.

IV. Continuité

1. Fonctions continues

Définition Soit f une fonction définie sur une partie $\mathcal{D}$ de $\mathbb{R}$ et a un réel de $\mathcal{D}$.
On dit que f est **continue en a** si, et seulement si, $\lim\limits_{x \to a} f(x)$ existe et vaut $f(a)$.

Remarque Dire que f est continue en a signifie que f est définie en a et admet une limite finie en a égale à $f(a)$.

Définition Une fonction f est **continue sur une partie $\mathcal{D}$** de $\mathbb{R}$ si elle est continue en tout point de $\mathcal{D}$.

Exemples Les fonctions polynômes, la fonction exponentielle, la fonction logarithme, la fonction racine carrée et les fonctions sinus et cosinus sont continues sur leur ensemble de définition.

2. Opérations sur les fonctions continues

Propriété La somme, le produit, le quotient de fonctions continues sont continues sur leur ensemble de définition.

3. Continuité sur un intervalle

Théorème des valeurs intermédiaires Soit a et b deux réels tels que $a < b$.
Si f est une fonction continue sur l'intervalle $[a\,;b]$ alors pour tout réel k compris entre $f(a)$ et $f(b)$, l'équation $f(x) = k$ possède au moins une solution dans $[a\,;b]$.

Corollaire Soit a et b deux réels tels que $a < b$.
Si f est une fonction continue et strictement monotone sur l'intervalle $[a\,;b]$ alors pour tout réel k compris entre $f(a)$ et $f(b)$, l'équation $f(x) = k$ possède une unique solution dans $[a\,;b]$.

Remarque Le théorème précédent peut être généralisé à un intervalle I ouvert ou semi-ouvert dont les bornes sont éventuellement infinies.
Dans ce cas, on ne raisonne pas avec $f(a)$ et $f(b)$ mais avec les limites (éventuellement infinies) de la fonction f en a et b.

POST BAC

Fonctions prolongeables par continuité en un point

> Voir les exercices 8, 9 et 10.

Proposition Soit a un réel et I un intervalle ouvert contenant a. Soit f une fonction définie sur $I \backslash \{a\}$.
Si $\lim\limits_{x \to a} f(x)$ existe dans $\mathbb{R}$ et est égale à ℓ alors la fonction g définie sur I par :
$\begin{cases} g(x) = f(x) \text{ si } x \neq a \\ g(a) = \ell \end{cases}$ est une fonction continue en a.

On dit que la fonction f est **prolongeable par continuité** en a et que g est le prolongement continue de f en a.

Démonstration
Il suffit seulement de constater que $\lim\limits_{x \to a} g(x)$ existe et vaut $g(a)$. La fonction g est donc continue en a.

Remarques
• Souvent, on notera encore f la nouvelle fonction g. Mais ceci doit être considéré comme un abus.
• Remarquons que si $\lim\limits_{\substack{x \to a \\ x > a}} f(x)$ et $\lim\limits_{\substack{x \to a \\ x < a}} f(x)$ existent dans $\mathbb{R}$ et sont égales à ℓ alors $\lim\limits_{x \to a} f(x) = \ell$. Dans ce cas, f est prolongeable par continuité en a.

Exemple
Soit f la fonction définie sur $\mathbb{R}^*$ par $f(x) = e^{\frac{1}{x}}$ si $x < 0$ et $f(x) = e^{-\frac{1}{x}}$ si $x > 0$.
$\lim\limits_{\substack{x \to 0 \\ x < 0}} \frac{1}{x} = -\infty$ et $\lim\limits_{x \to -\infty} e^x = 0$ donc par composée de limites : $\lim\limits_{\substack{x \to 0 \\ x < 0}} f(x) = 0$.

$\lim\limits_{\substack{x \to 0 \\ x > 0}} -\frac{1}{x} = -\infty$ et $\lim\limits_{x \to -\infty} e^x = 0$ donc par composée de limites : $\lim\limits_{\substack{x \to 0 \\ x > 0}} f(x) = 0$.

Ainsi $\lim\limits_{x \to 0} f(x) = 0$. Donc f est prolongeable par continuité en 0 en posant $f(0) = 0$.

Asymptote oblique

> Voir les exercices 10 et 11.

Définition Soit m un réel et f une fonction définie sur $[m;+\infty[$. Notons C_f la courbe représentative de f dans un repère orthonormé.
Supposons que $\lim\limits_{x\to+\infty} f(x)=+\infty$ ou $-\infty$.
Soit a et b deux réels tels que $\lim\limits_{x\to+\infty} f(x)-(ax+b)=0$.
Alors la droite Δ d'équation $y=ax+b$ est **asymptote oblique** à la courbe C_f en $+\infty$.
• Si $f(x)>ax+b$ pour tout $x\in[m;+\infty[$ alors C_f est au-dessus de Δ sur $[m;+\infty[$.
• Si $f(x)<ax+b$ pour tout $x\in[m;+\infty[$ alors C_f est en dessous de Δ sur $[m;+\infty[$.
On a le même type de définition en $-\infty$.

Méthode Supposons tout d'abord que $\Delta: y=ax+b$ est asymptote oblique à C_f en $+\infty$.
Alors pour tout $x\in[m;+\infty[, x\neq 0, \dfrac{f(x)}{x}=\dfrac{f(x)-(ax+b)}{x}+\dfrac{ax+b}{x}=\dfrac{f(x)-(ax+b)}{x}+a+\dfrac{b}{x}$.
Or $\lim\limits_{x\to+\infty} f(x)-(ax+b)=0$. Donc $\lim\limits_{x\to+\infty}\dfrac{f(x)}{x}=a$.
Ainsi pour déterminer une éventuelle asymptote à C_f en $+\infty$, si elle existe on détermine $\lim\limits_{x\to+\infty}\dfrac{f(x)}{x}$.

Si $\lim\limits_{x\to+\infty}\dfrac{f(x)}{x}=a$, si elle existe on détermine $\lim\limits_{x\to+\infty}(f(x)-ax)$.

Si $\lim\limits_{x\to+\infty}(f(x)-ax)=b$ alors la droite Δ d'équation $y=ax+b$ est asymptote de la courbe de f en $+\infty$.

Remarque Soit M et N deux points d'abscisses x appartenant respectivement à C_f et Δ. L'ordonnée de M est $f(x)$ et l'ordonnée de N est $ax+b$. Ainsi $|f(x)-(ax+b)|$ est la distance entre M et N.

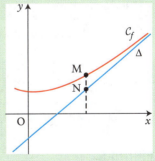

MÉTHODES ET STRATÉGIES

1 — Calculer une limite par composition de fonctions

> Voir les exercices 2 et 6 mettant en œuvre cette méthode.

Méthode
On cherche à déterminer la limite d'une fonction f dont l'expression comporte des fonctions composées.

> **Étape 1 :** poser une nouvelle variable X en fonction de x. Déterminer la limite ℓ de X lorsque x tend vers a, ℓ étant un réel, $+\infty$ ou $-\infty$:
$$\lim_{x \to a} X = \ell.$$

> **Étape 2 :** déterminer la fonction g telle que $f(x) = g(X)$.

> **Étape 3 :** déterminer la limite ℓ' de g en ℓ : $\lim_{X \to \ell} g(X) = \ell'$.

> **Étape 4 :** conclure : par composition de limites, $\lim_{x \to a} f(x) = \ell'$.

Exemple
Déterminer la limite de $\dfrac{\ln x}{x-1}$ en 1.

Application

> **Étape 1 :** posons $X = x - 1$. $\lim_{x \to 1} X = 0$.

> **Étape 2 :** soit x un réel positif différent de 1 : $\dfrac{\ln x}{x-1} = \dfrac{\ln(X+1)}{X}$.

> **Étape 3 :** or $\lim_{X \to 0} \dfrac{\ln(X+1)}{X} = 1$.

> **Étape 4 :** donc par composée de limites, $\lim_{x \to 1} \dfrac{\ln x}{x-1} = 1$.

2 — Déterminer une limite

> Voir les exercices 2, 3, 8, 9 et 10 mettant en œuvre cette méthode.

Méthode
Soit f une fonction dont on cherche la limite en a, a étant un réel ou $+\infty$ ou $-\infty$. Si on ne peut déterminer cette limite en utilisant des opérations simples ou par composée de limites, voici quelques méthodes pour déterminer cette limite.

> **Étape 1 :** dans le cas d'un quotient ou d'une différence, on peut mettre en facteur le terme prépondérant puis on simplifie et/ou on utilise les croissances comparées.

> **Étape 2 :** si l'expression de $f(x)$ comporte une fonction bornée comme une fonction cosinus ou une fonction sinus, on peut penser à utiliser le théorème d'encadrement ou de comparaison.

3 Limites de fonctions et continuité **MÉTHODES ET STRATÉGIES**

> **Étape 3 :** si l'expression de $f(x)$ comporte une expression de la forme $\sqrt{A(x)} - \sqrt{B(x)}$, il est fréquent d'avoir à multiplier (et donc à rediviser) par la quantité conjuguée $\sqrt{A(x)} + \sqrt{B(x)}$ de $\sqrt{A(x)} - \sqrt{B(x)}$.

En effet, en utilisant l'identité remarquable $(\alpha - \beta)(\alpha + \beta) = \alpha^2 - \beta^2$, on obtient :

$$\sqrt{A(x)} - \sqrt{B(x)} = \frac{\left(\sqrt{A(x)} - \sqrt{B(x)}\right)\left(\sqrt{A(x)} + \sqrt{B(x)}\right)}{\sqrt{A(x)} + \sqrt{B(x)}} = \frac{A(x) - B(x)}{\sqrt{A(x)} + \sqrt{B(x)}}.$$

Ceci permet souvent une simplification qui conduit à lever l'indétermination.

Exemple

Étudier les limites suivantes :

a. $\displaystyle\lim_{x \to +\infty} \frac{x^2 - e^x}{x - \ln x}$; **b.** $\displaystyle\lim_{x \to +\infty} \frac{\cos x}{x}$; **c.** $\displaystyle\lim_{x \to 0} \frac{\sin x + 2}{x^2}$; **d.** $\displaystyle\lim_{x \to 0} \frac{\sqrt{x^2 + 1} - 1}{x^2}$.

Application

> **Étape 1**

a. Soit x un réel strictement positif, $\dfrac{x^2 - e^x}{x - \ln x} = \dfrac{e^x}{x} \left(\dfrac{\dfrac{x^2}{e^x} - 1}{1 - \dfrac{\ln x}{x}} \right)$.

Par croissance comparée, $\displaystyle\lim_{x \to +\infty} \frac{e^x}{x} = +\infty$, $\displaystyle\lim_{x \to +\infty} \frac{e^x}{x^2} = +\infty$ et $\displaystyle\lim_{x \to +\infty} \frac{\ln x}{x} = 0$.

Donc par quotient et produit de limites, $\displaystyle\lim_{x \to +\infty} \frac{x^2 - e^x}{x - \ln(x)} = -\infty$.

> **Étape 2**

b. Pour tout $x > 0$, $-1 \leq \cos x \leq 1$ donc $-\dfrac{1}{x} \leq \dfrac{\cos x}{x} \leq \dfrac{1}{x}$. Or $\displaystyle\lim_{x \to +\infty} -\dfrac{1}{x} = 0$ et $\displaystyle\lim_{x \to +\infty} \dfrac{1}{x} = 0$.

Donc par théorème d'encadrement, $\displaystyle\lim_{x \to +\infty} \frac{\cos x}{x} = 0$.

c. Soit x un réel non nul, $\sin x + 2 \geq 1$ donc $\dfrac{\sin x + 2}{x^2} \geq \dfrac{1}{x^2}$. Or $\displaystyle\lim_{x \to 0} \dfrac{1}{x^2} = +\infty$.

Donc par théorème de comparaison, $\displaystyle\lim_{x \to 0} \frac{\sin x + 2}{x^2} = +\infty$.

> **Étape 3**

d. Soit x un réel non nul :

$$\frac{\sqrt{x^2 + 1} - 1}{x^2} = \frac{\left(\sqrt{x^2 + 1} - 1\right)\left(\sqrt{x^2 + 1} + 1\right)}{x^2 \left(\sqrt{x^2 + 1} + 1\right)} = \frac{x^2 + 1 - 1}{x^2 \left(\sqrt{x^2 + 1} + 1\right)} = \frac{1}{\sqrt{x^2 + 1} + 1}.$$

Or $\displaystyle\lim_{x \to 0} \sqrt{x^2 + 1} + 1 = 2$. Donc $\displaystyle\lim_{x \to 0} \frac{\sqrt{x^2 + 1} - 1}{x^2} = \frac{1}{2}$.

3 Démontrer qu'une fonction est continue

> Voir les exercices 4, 5, 6, 7, 10 et 11 mettant en œuvre cette méthode.

Méthode

Soit f une fonction définie sur une partie $\mathcal{D}_f$ de $\mathbb{R}$. Soit a un réel appartenant à $\mathcal{D}_f$. On veut montrer que f est continue en a.

> **Étape 1 :** s'il existe un intervalle ouvert contenant a sur lequel f s'écrit comme une somme, un produit ou un quotient de fonctions continues, f est continue en a.

> **Étape 2 :** sinon il faut déterminer la valeur, si elle existe, de la limite de f en a et vérifier qu'elle est égale à $f(a)$. Éventuellement, pour déterminer $\lim\limits_{x \to a} f(x)$, on peut chercher $\lim\limits_{\substack{x \to a \\ x > a}} f(x)$ et $\lim\limits_{\substack{x \to a \\ x < a}} f(x)$ et vérifier que ces deux limites sont égales à $f(a)$.

Exemple

Soit f la fonction définie sur $\mathbb{R}$ par $f(x) = \dfrac{\sin x}{x}$ si $x > 0$, $f(x) = \dfrac{e^x - 1}{x}$ si $x < 0$ et $f(0) = 1$. Montrer que f est continue sur $\mathbb{R}$.

Application

> **Étape 1 :** la fonction f étant un quotient de fonction continue sur $]-\infty; 0[$, f est continue sur $]-\infty; 0[$. De même, f est continue sur $]0; +\infty[$.

> **Étape 2 :** $\lim\limits_{x \to 0} \dfrac{\sin x}{x} = 1$ et $f(x) = \dfrac{\sin x}{x}$ si $x > 0$ donc $\lim\limits_{\substack{x \to 0 \\ x > 0}} f(x) = 1$.

$\lim\limits_{x \to 0} \dfrac{e^x - 1}{x} = 1$ et $f(x) = \dfrac{e^x - 1}{x}$ si $x < 0$ donc $\lim\limits_{\substack{x \to 0 \\ x < 0}} f(x) = 1$.

Ainsi $\lim\limits_{x \to 0} f(x) = 1$ avec $f(0) = 1$. La fonction f est donc continue en 0.

La fonction f est donc continue sur $\mathbb{R}$.

4 Démontrer qu'une équation admet une unique solution

> Voir les exercices 4, 5, 7, 10 et 11 mettant en œuvre cette méthode.

Méthode

Soit $(E) : A(x) = B(x)$ une équation. On cherche à démontrer que (E) possède une unique solution sur un intervalle I, puis que cette solution est comprise entre deux réels m et M.

> **Étape 1 :** on remarque que (E) est équivalente à l'équation $A(x) - B(x) = 0$. On pose pour tout x dans I, $f(x) = A(x) - B(x)$.

> **Étape 2 :** on vérifie que la fonction f est continue sur I.

> **Étape 3 :** on montre que la fonction f est strictement monotone sur I. En général f est dérivable sur I. Il suffit donc d'étudier le signe de la dérivée de f.

> **Étape 4 :** on détermine les limites de f aux bornes de I (si $I = [a;b]$, on calcule $f(a)$ et $f(b)$). Puis on vérifie que 0 appartient à l'intervalle formé par ces limites (ou par $f(a)$ et $f(b)$).

> **Étape 5 :** on conclut en utilisant une conséquence du théorème des valeurs intermédiaires : l'équation $f(x) = 0$ et donc (E) possède une unique solution α dans I.

> **Étape 6 :** on calcule alors $f(m)$ et $f(M)$. Si f est strictement croissante, on a nécessairement $f(m) < 0 < f(M)$, et si f est strictement décroissante, on a $f(M) < 0 < f(m)$. On n'oublie pas que $f(\alpha) = 0$.
Grâce à la stricte monotonie de f, on obtient $m < \alpha < M$.
Remarque Si $B(x)$ est une constante réelle k, on peut omettre la première étape et travailler avec la fonction A. Dans les étapes 4, 5 et 6, on remplace 0 par k.

Exemple
Montrer que l'équation $e^x = -x$ possède une unique solution, notée α, dans $\mathbb{R}$. Puis démontrer que $-1 < \alpha < -\dfrac{1}{2}$.

Application

> **Étape 1 :** soit $x \in \mathbb{R}$, $e^x = -x \Leftrightarrow e^x + x = 0$.
Pour tout $x \in \mathbb{R}$, on pose $f(x) = e^x + x$.

> **Étape 2 :** la fonction f est continue sur $\mathbb{R}$ comme somme de fonctions continues sur $\mathbb{R}$.

> **Étape 3 :** la fonction f est dérivable sur $\mathbb{R}$ et pour tout x dans $\mathbb{R}$, $f'(x) = e^x + 1 > 0$. Donc f est strictement croissante sur $\mathbb{R}$.

> **Étape 4 :** par somme de limites : $\lim\limits_{x \to +\infty} f(x) = +\infty$ et $\lim\limits_{x \to -\infty} f(x) = -\infty$. Donc 0 appartient bien à l'intervalle $\left]\lim\limits_{x \to -\infty} f(x); \lim\limits_{x \to +\infty} f(x)\right[$.

> **Étape 5 :** donc d'après une conséquence du théorème des valeurs intermédiaires, il existe une unique solution α à l'équation $f(x) = 0$ et donc à l'équation $e^x = -x$.

> **Étape 6 :** en outre $f(-1) = e^{-1} - 1 < 0$ car $e > 2$ et $f\left(-\dfrac{1}{2}\right) = e^{-\frac{1}{2}} - \dfrac{1}{2} = \dfrac{1}{\sqrt{e}} - \dfrac{1}{2} > 0$ car $e < 4$. Ainsi $f(-1) < f(\alpha) < f\left(-\dfrac{1}{2}\right)$. La fonction f étant strictement croissante sur $\mathbb{R}$, on obtient $-1 < \alpha < -\dfrac{1}{2}$.

SUJETS DE TYPE BAC

1. Limites et lecture graphique

20 min

Cet exercice permet de comprendre la notion de limites d'un point de vue « graphique ». On y aborde les limites d'un quotient où le numérateur tend vers un réel non nul et le numérateur tend vers 0.

Voici la courbe d'une fonction f définie sur $\mathbb{R}\setminus\{-2\,;2\,;3\}$.

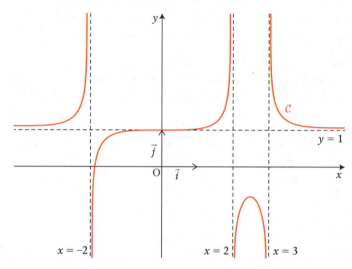

1. Par lecture graphique, donner les limites de f aux bornes de son ensemble de définition.

2. On admet que l'équation $f(x) = 0$ possède une unique solution α avec $-2 < \alpha < -1{,}8$ sur $\mathbb{R}\setminus\{-2\,;2\,;3\}$.

a. Déterminer l'ensemble de définition de $\dfrac{1}{f}$.

b. Déterminer, en justifiant, la limite de $\dfrac{1}{f}$ en α, en 2, puis en $+\infty$.

3. Dessiner dans un repère orthonormé la courbe de la fonction g définie par $g(x) = \dfrac{1}{f(x)-1}$.

3 Limites de fonctions et continuité **SUJETS DE TYPE BAC**

2 Calculs de limites
60 min

Dans cet exercice, on aborde des calculs de limites relativement élaborés nécessitant de l'initiative. On y utilise notamment les limites vues comme taux d'accroissement : $\lim\limits_{x \to 0} \dfrac{\ln(1+x)}{x} = 1$, etc. Les trois questions sont indépendantes.

> Voir les méthodes et stratégies 1 et 2.

1. Déterminer les limites suivantes :

a. $\lim\limits_{x \to -\infty} \cos\left(\dfrac{1}{x}\right)$ **b.** $\lim\limits_{x \to +\infty} \sqrt{\dfrac{x^2-1}{4x^2+1}}$

c. $\lim\limits_{x \to +\infty} \sin\left(\dfrac{\pi x^2}{2x^2-3}\right)$ **d.** $\lim\limits_{x \to +\infty} \cos^2\left(\dfrac{\pi x+1}{4x+\sqrt{x}}\right)$

2. Déterminer les limites suivantes, a et b étant deux réels non nuls :

a. $\lim\limits_{x \to 0} \dfrac{\sin(ax)}{\sin(bx)}$ **b.** $\lim\limits_{x \to 0} \dfrac{(e^{ax}-1)^2}{x\ln(1+bx)}$

3. Déterminer la limite suivante : $\lim\limits_{x \to 0} \dfrac{\sqrt{1+x}-1}{x}$.

4. Puis déterminer les limites suivantes :

a. $\lim\limits_{x \to -\infty} x\left(\sqrt{1-\dfrac{1}{x}}-1\right)$ **b.** $\lim\limits_{x \to \frac{\pi}{2}} \dfrac{\sqrt{1+2\cos x}-1}{\cos x}$ **c.** $\lim\limits_{x \to 0} \dfrac{\sqrt{1+\sin x}-1}{x}$

3 Limites, encadrement et comparaison
25 min

Dans cet exercice, on démontre une double inégalité permettant de déterminer des limites.

> Voir la méthode et stratégie 2.

1. Montrer que pour tout réel x, $\dfrac{1}{3} \leq \dfrac{1}{2-\cos x} \leq 1$.

2. En déduire les limites suivantes :

a. $\lim\limits_{x \to +\infty} \dfrac{x}{2-\cos x}$ **b.** $\lim\limits_{x \to -\infty} \dfrac{x}{2-\cos x}$

c. $\lim\limits_{x \to +\infty} \dfrac{x+\cos x}{2-\cos x}$ **d.** $\lim\limits_{x \to +\infty} \dfrac{2-\cos x}{x^2}$

Nombre de solutions d'une équation

45 min

Il s'agit ici de déterminer le nombre de solutions d'une équation. Pour cela on étudie les variations d'une fonction f et on applique le théorème des valeurs intermédiaires sur les intervalles où la fonction est strictement monotone.

> Voir les méthodes et stratégies 3 et 4.

1. Déterminer deux réels a et b tels que pour tout réel x,
$$x^3 - 2x^2 - 5x + 6 = (x-1)(x^2 + ax + b).$$

2. Dresser le tableau de variation complet (variations, limites, extrema) de la fonction f définie sur $\mathbb{R}$ par $f(x) = \dfrac{x^4}{4} - \dfrac{2x^3}{3} - \dfrac{5x^2}{2} + 6x$.

3. Montrer que l'équation $\dfrac{x^4}{4} - \dfrac{2x^3}{3} - \dfrac{5x^2}{2} + 6x = 4$ possède exactement deux solutions, α strictement négative et β strictement positive. Vérifier que $-4 < \alpha < -3$.

 Nombre de solutions en fonction d'un paramètre

30 min

Dans cet exercice, on cherche à déterminer le nombre de solutions d'une équation en fonction d'un paramètre m. Selon la valeur du paramètre m, on applique une fois, deux fois ou trois fois le théorème des valeurs intermédiaires.

> Voir les méthodes et stratégies 3 et 4.

Discuter, suivant les valeurs du paramètre réel m, le nombre de solutions de l'équation $x^3 + x^2 = m$.

 Fonctions continues

30 min

Dans cet exercice, on cherche à démontrer si des fonctions sont continues sur leur ensemble de définition. Les trois questions sont indépendantes.

> Voir les méthodes et stratégies 1 et 3.

1. Soit g la fonction définie sur $\mathbb{R}$ par $g(x) = e^{\frac{-1}{|x|}}$ si $x \neq 0$ et $g(0) = 0$. Démontrer que g est continue sur $\mathbb{R}$.

2. Soit a un réel et h la fonction définie sur $\mathbb{R}$ par $h(x) = x^2 + 1$ si $x > 1$ et $h(x) = x^2 + ax + a$ si $x \leq 1$. Déterminer a pour que h soit continue sur $\mathbb{R}$.

3. Soit f la fonction définie sur $[0\,;1[$ par $f(x) = \dfrac{1}{\ln x}$ si $x \neq 0$ et $f(0) = 0$. Montrer que f est continue sur $[0\,;1[$.

7 Étude et tracé de la courbe d'une fonction

Cet exercice est très classique. Dans un premier temps, on étudie le signe d'une première fonction, appelée fonction auxiliaire. Là, intervient le théorème de valeurs intermédiaires. Le signe de la fonction auxiliaire permet d'étudier le signe de la dérivée d'une fonction. On étudie ensuite les limites de cette fonction aux bornes de son ensemble de définition puis on en construit la courbe.

> Voir les méthodes et stratégies 3 et 4.

1. Soit u la fonction définie sur $]0\,;+\infty[$ par $u(x) = 2x^3 - 1 + 2\ln x$.

a. Étudier les variations de la fonction u.

b. Déterminer la limite de u en 0 et en $+\infty$.

c. Démontrer que l'équation $u(x) = 0$ possède une unique solution α dans $\mathbb{R}^*$ et que $\alpha \in \left[\dfrac{1}{2}\,;1\right]$

d. Donner un encadrement de α par deux nombres rationnels de la forme $\dfrac{n}{10}$ et $\dfrac{n+1}{10}$ avec n entier.

e. En déduire le signe de $u(x)$ lorsque x appartient à $]0\,;+\infty[$.

2. Soit f la fonction définie sur $]0\,;+\infty[$ par $f(x) = 2x - \dfrac{\ln x}{x^2}$ et $\mathcal{C}$ sa courbe représentative dans un repère orthonormé.

a. Étudier les limites de f en 0 et en $+\infty$. Donner une interprétation graphique de la limite de f en 0.

b. À l'aide des résultats de la première question, étudier les variations de f.

c. Démontrer que $f(\alpha) = 3\alpha - \dfrac{1}{2\alpha^2}$. En déduire que $1{,}6 < f(\alpha) < 2{,}1$.

d. Construire la courbe $\mathcal{C}$.

SUJETS D'APPROFONDISSEMENT

8 — Limites aux bornes d'un ensemble de définition

40 min

Dans cet exercice, on étudie les limites aux bornes d'une fonction. En 0, on se demande si elle est prolongeable par continuité puis on cherche les éventuelles asymptotes à sa courbe en $+\infty$, tout ceci permettant de construire sa courbe représentative.

> Voir la méthode et stratégie 2.

Soit f la fonction définie sur $\mathbb{R}^*$ par $f(x) = \dfrac{1 + 2x^2 - \sqrt{1+x^2}}{x}$. On note Γ la courbe de f dans un repère orthonormé.

1. La fonction f est-elle prolongeable par continuité en 0 ?

2. Déterminer la limite de f en $+\infty$ et en $-\infty$.

3. Déterminer la limite en $+\infty$ et en $-\infty$ de la fonction g définie sur $\mathbb{R}^*$ par $g(x) = \dfrac{f(x)}{x}$.

4. Déterminer les éventuelles asymptotes obliques de Γ. Puis tracer ces asymptotes et Γ dans un même repère orthogonal.

9 — Étude d'une fonction avec asymptote oblique

35 min

On étudie une fonction sur son ensemble de définition : variations, limites aux bornes de son ensemble de définition, asymptote verticale, asymptotes obliques éventuelles. Puis on trace sa courbe représentative.

> Voir la méthode et stratégie 2.

Soit f la fonction définie sur $\mathbb{R}\backslash\{2\}$ par $f(x) = \dfrac{x^2 - x - 1}{x - 2}$.

1. Étudier les variations de f sur $\mathbb{R}\backslash\{2\}$.

2. Déterminer les limites de f aux bornes de son ensemble de définition. Qu'en déduire pour sa courbe C_f ?

3. Montrer que C_f admet en $+\infty$ et en $-\infty$ une asymptote oblique dont on précisera l'équation. Étudier la position de C_f par rapport à cette asymptote.

4. Tracer la courbe C_f ainsi que ses asymptotes dans un même repère orthogonal.

10 ▸ Étude de deux suites

Dans cet exercice, on étudie deux suites. L'une permet d'approcher la solution d'une équation, les termes de la seconde sont solutions d'une équation du type $g(x) = n$. On demande en outre d'écrire un algorithme comme dans beaucoup d'exercices du bac. Cet exercice, même s'il est assez complexe, est accessible à un élève de fin de Terminale et reprend une grande partie du programme d'analyse de Terminale S.

50 min

> Voir les méthodes et stratégies 2, 3 et 4.

On considère la fonction g définie sur $\mathbb{R}$ par $g(x) = e^x - x$.

1. Dresser le tableau de variation de g en précisant les limites aux bornes.

2. Montrer que pour tout entier $n \geq 2$, l'équation $g(x) = n$ admet exactement deux solutions, l'une strictement négative notée α_n, l'autre strictement positive notée β_n.

3. Recherche d'une valeur approchée de α_2.
On considère la suite $(u_n)_{n \in \mathbb{N}}$ définie par $u_0 = -1$ et pour tout entier naturel n, $u_{n+1} = e^{u_n} - 2$.

a. Montrer que $-2 < \alpha_2 < -1$.

b. Vérifier que $e^{\alpha_2} - 2 = \alpha_2$.
En déduire par récurrence que pour tout entier naturel n, $\alpha_2 \leq u_n \leq -1$.

c. Justifier que pour tout réel x dans $[\alpha_2 ; -1]$, $e^x - e^{\alpha_2} \geq 0$.

d. Étudier les variations de la fonction h définie sur $[\alpha_2 ; -1]$ par :
$$h(x) = e^x - e^{\alpha_2} - \frac{1}{e}(x - \alpha_2).$$
Calculer $h(\alpha_2)$. En déduire que pour tout réel $x \in [\alpha_2 ; -1]$, $e^x - e^{\alpha_2} \leq \frac{1}{e}(x - \alpha_2)$.

e. En déduire que pour tout entier naturel n, $0 \leq u_{n+1} - \alpha_2 \leq \frac{1}{e}(u_n - \alpha_2)$.

Montrer alors par récurrence que pour tout entier naturel n, $0 \leq u_n - \alpha_2 \leq \left(\frac{1}{e}\right)^n$.

f. Écrire un algorithme permettant d'obtenir une valeur de α_2 par excès à ε près, ε étant un réel strictement positif donné par l'utilisateur.

4. Étude de la suite (β_n).

a. Montrer que pour tout entier naturel $n \geq 2$, $\ln n \leq \beta_n \leq \ln(2n)$.

b. Calculer la limite de (β_n) et de $\left(\dfrac{\beta_n}{\ln n}\right)$.

11 ▸ Étude d'une suite définie de façon implicite

40 min

On étudie une suite (x_n) dont les termes sont définis comme les solutions d'équations $f_n(x_n) = 0$, où f_n est une famille de fonctions définies pour tout entier naturel n.

> Voir les méthodes et stratégies 3 et 4.

Pour tout entier naturel n, on considère la fonction f_n définie sur $]0\,;+\infty[$ par $f_n(x) = nx + \ln x$.

1. Pour tout entier naturel n, étudier les variations de f_n sur $]0\,;+\infty[$.

2. En déduire que, pour tout entier naturel n, il existe un unique réel x_n strictement positif tel que $f_n(x_n) = 0$.

3. Déterminer x_0.

4. Soit n un entier naturel.

a. Montrer que pour tout $x \in\,]0\,;+\infty[$, $f_{n+1}(x) > f_n(x)$.

b. En déduire que $f_{n+1}(x_n) > 0$ puis que la suite (x_n) est décroissante.

5. a. Montrer que la suite (x_n) converge.

b. Démontrer que pour tout entier $n \geqslant 1$, $x_n \leqslant \dfrac{1}{\sqrt{n}}$.

(On admettra que pour tout réel x, $e^x \geqslant x$.)

c. En déduire la limite de la suite (x_n).

6. a. Justifier que pour tout entier naturel n, $nx_n = -\ln(x_n)$.

b. Soit (u_n) la suite définie pour tout entier naturel n par $u_n = nx_n$.
Étudier la convergence de la suite (u_n).

12 ▸ Existence d'un point fixe

20 min

Voici une application du théorème des valeurs intermédiaires où il n'est pas nécessaire d'utiliser l'hypothèse de stricte monotonie (contrairement à la majorité des exercices de bac).

Soit f une fonction définie et continue sur $[0\,;1]$ telle que $0 \leqslant f(x) \leqslant 1$. Montrer que l'équation $f(x) = x$ possède au moins une solution.

3 Limites de fonctions et continuité CORRIGÉS

CORRIGÉS

 Limites et lecture graphique

1. Les droites verticales d'équation $x = -2$, $x = 2$ et $x = 3$ sont asymptotes verticales à la courbe de f et la droite horizontale d'équation $y = 1$ est asymptote horizontale en $+\infty$ et en $-\infty$ à la courbe de f. Ainsi :

$\lim\limits_{x \to +\infty} f(x) = 1$, $\lim\limits_{x \to -\infty} f(x) = 1$, $\lim\limits_{\substack{x \to -2 \\ x < -2}} f(x) = +\infty$, $\lim\limits_{\substack{x \to -2 \\ x > -2}} f(x) = -\infty$,

$\lim\limits_{\substack{x \to 2 \\ x < 2}} f(x) = +\infty$, $\lim\limits_{\substack{x \to 2 \\ x > 2}} f(x) = -\infty$, $\lim\limits_{\substack{x \to 3 \\ x < 3}} f(x) = -\infty$, $\lim\limits_{\substack{x \to 3 \\ x > 3}} f(x) = +\infty$

2. a. La fonction $\dfrac{1}{f}$ est définie sur $\mathbb{R}\setminus\{-2\,;2\,;3\,;\alpha\}$.

 La fonction $\dfrac{1}{f}$ est définie en un réel x si, et seulement si, f est définie en x et $f(x) \neq 0$.

b. $f(\alpha) = 0$, $f(x) < 0$ si $x \in \,]-2\,;\alpha[$ et $f(x) > 0$ si $x \in \,]\alpha\,;2[$ donc :

$$\lim\limits_{\substack{x \to \alpha \\ x < \alpha}} \dfrac{1}{f(x)} = -\infty \text{ et } \lim\limits_{\substack{x \to \alpha \\ x > \alpha}} \dfrac{1}{f(x)} = +\infty.$$

La fonction f tend vers $+\infty$ ou $-\infty$ en 2, donc $\lim\limits_{x \to 2} \dfrac{1}{f(x)} = 0$.

La fonction f tend vers 1 en $+\infty$, donc $\lim\limits_{x \to +\infty} \dfrac{1}{f(x)} = 1$.

3. La fonction g est définie sur $\mathbb{R}\setminus\{-2\,;0\,;2\,;3\}$ car $f(x) = 1$ si, et seulement si, $x = 0$. Par lecture graphique, on obtient :

x	$-\infty$		-2		0		2		3		$+\infty$
Signe de $\dfrac{1}{f(x)-1}$		$+$		$-$		$+$		$-$		$+$	

De plus les fonctions $x \mapsto f(x) - 1$ et f ont les mêmes variations et la fonction inverse est strictement décroissante sur $]0\,;+\infty[$ et sur $]-\infty\,;0[$. Ainsi la fonction $x \mapsto \dfrac{1}{f(x)-1}$ est strictement décroissante sur $]-\infty\,;-2[$, $]-2\,;0[$, $]0\,;2[$ et sur $\left]2\,;\dfrac{5}{2}\right[$ et elle est strictement croissante sur $\left]\dfrac{5}{2}\,;3\right[$ et sur $]3\,;+\infty[$.

De plus $\lim\limits_{x \to -2} \dfrac{1}{f(x)-1} = 0$, $\lim\limits_{x \to 2} \dfrac{1}{f(x)-1} = 0$ et $\lim\limits_{x \to 3} \dfrac{1}{f(x)-1} = 0$ car $f(x) - 1$ tend vers l'infini lorsque x tend vers -2, vers 2 ou vers 3.

Et $\lim\limits_{\substack{x \to 0 \\ x < 0}} \dfrac{1}{f(x)-1} = -\infty$ et $\lim\limits_{\substack{x \to 0 \\ x > 0}} \dfrac{1}{f(x)-1} = +\infty$ car $f(0) = 1$, $f(x) < 0$ si $x \in \,]-2\,;0[$ et $f(x) > 0$ si $x \in \,]0\,;2[$.

89

La courbe de g peut donc ressembler à cela :

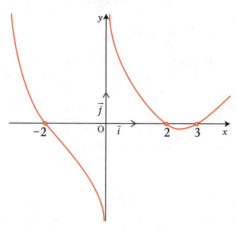

2 Calculs de limites

1. a. $\lim\limits_{x \to -\infty} \dfrac{1}{x} = 0$ et $\cos(0) = 1$. La fonction cosinus étant continue sur $\mathbb{R}$, par composition de limites : $\lim\limits_{x \to -\infty} \cos\left(\dfrac{1}{x}\right) = 1$.

b. Pour tout $x > 0$, $\dfrac{x^2 - 1}{4x^2 + 1} = \dfrac{1 - \dfrac{1}{x^2}}{4 + \dfrac{1}{x^2}}$ ainsi $\lim\limits_{x \to +\infty} \dfrac{x^2 - 1}{4x^2 + 1} = \dfrac{1}{4}$. Donc, par composition de limites : $\lim\limits_{x \to +\infty} \sqrt{\dfrac{x^2 - 1}{4x^2 + 1}} = \dfrac{1}{2}$.

c. Pour tout x assez grand, $\dfrac{\pi x^2}{2x^2 - 3} = \dfrac{\pi}{2 - \dfrac{3}{x^2}}$ ainsi $\lim\limits_{x \to +\infty} \dfrac{\pi x^2}{2x^2 - 3} = \dfrac{\pi}{2}$. Or $\sin\left(\dfrac{\pi}{2}\right) = 1$ et la fonction sinus est continue sur $\mathbb{R}$ donc $\lim\limits_{x \to +\infty} \sin\left(\dfrac{\pi x^2}{2x^2 - 3}\right) = 1$.

d. Pour tout $x > 0$, $\dfrac{\pi x + 1}{4x + \sqrt{x}} = \dfrac{\pi + \dfrac{1}{x}}{4 + \dfrac{1}{\sqrt{x}}}$ ainsi $\lim\limits_{x \to +\infty} \dfrac{\pi x + 1}{4x + \sqrt{x}} = \dfrac{\pi}{4}$. Or $\cos^2\left(\dfrac{\pi}{4}\right) = \left(\dfrac{\sqrt{2}}{2}\right)^2 = \dfrac{1}{2}$.

Donc $\lim\limits_{x \to +\infty} \cos^2\left(\dfrac{\pi x + 1}{4x + \sqrt{x}}\right) = \dfrac{1}{2}$.

2. a. Soit x un réel non nul, $\dfrac{\sin(ax)}{\sin(bx)} = \dfrac{a}{b} \dfrac{\sin(ax)}{ax} \dfrac{bx}{\sin(bx)}$. Or $\lim\limits_{x \to 0} ax = 0$, $\lim\limits_{x \to 0} bx = 0$ et $\lim\limits_{x \to 0} \dfrac{\sin x}{x} = 1$, donc par composée de limites : $\lim\limits_{x \to 0} \dfrac{\sin(ax)}{ax} = 1$ et $\lim\limits_{x \to 0} \dfrac{\sin(bx)}{bx} = 1$. Ainsi par produit de limites, on obtient : $\lim\limits_{x \to 0} \dfrac{\sin(ax)}{\sin(bx)} = \dfrac{a}{b}$.

b. Soit x un réel suffisamment proche de 0, $\dfrac{(e^{ax} - 1)^2}{x \ln(1 + bx)} = \dfrac{a^2}{b} \left(\dfrac{e^{ax} - 1}{ax}\right)^2 \dfrac{bx}{\ln(1 + bx)}$.

Or $\lim\limits_{x\to 0} ax = 0$, $\lim\limits_{x\to 0} bx = 0$, $\lim\limits_{x\to 0} \dfrac{e^x-1}{x} = 1$ et $\lim\limits_{x\to 0} \dfrac{\ln(1+x)}{x} = 1$. Donc par composition, quotient et produit de limites : $\lim\limits_{x\to 0} \dfrac{(e^{ax}-1)^2}{x\ln(1+bx)} = \dfrac{a^2}{b}$.

> L'idée est de faire apparaître des limites connues, ici, $\lim\limits_{X\to 0} \dfrac{e^X-1}{X} = 1$ et $\lim\limits_{X\to 0} \dfrac{\ln(1+X)}{X} = 1$.

3. Soit $x > -1$, $\dfrac{\sqrt{1+x}-1}{x} = \dfrac{(\sqrt{1+x}-1)(\sqrt{1+x}+1)}{x(\sqrt{1+x}+1)} = \dfrac{(\sqrt{1+x})^2-1}{x(\sqrt{1+x}+1)} = \dfrac{1}{\sqrt{1+x}+1}$, ainsi :

$$\lim\limits_{x\to 0} \dfrac{\sqrt{1+x}-1}{x} = \dfrac{1}{2}.$$

4. a. Soit $x < 0$, $x\left(\sqrt{1-\dfrac{1}{x}}-1\right) = -\dfrac{\sqrt{1+\left(-\dfrac{1}{x}\right)}-1}{-\dfrac{1}{x}}$.

Or $\lim\limits_{x\to -\infty} -\dfrac{1}{x} = 0$ et $\lim\limits_{x\to 0} \dfrac{\sqrt{1+x}-1}{x} = \dfrac{1}{2}$ d'après ce qui précède.

Donc par composition de limites, $\lim\limits_{x\to -\infty} x\left(\sqrt{1-\dfrac{1}{x}}-1\right) = -\dfrac{1}{2}$.

b. Pour x suffisamment proche de $\dfrac{\pi}{2}$, $\dfrac{\sqrt{1+2\cos x}-1}{\cos x} = 2\dfrac{\sqrt{1+2\cos x}-1}{2\cos x}$.

Or $2\cos\dfrac{\pi}{2} = 0$ et la fonction cosinus est continue sur $\mathbb{R}$. Donc, en utilisant la limite démontrée ci-dessus et par composition de limites, on a : $\lim\limits_{x\to \frac{\pi}{2}} \dfrac{\sqrt{1+2\cos x}-1}{\cos x} = 1$.

c. Pour tout x non nul et suffisamment proche de 0, $\dfrac{\sqrt{1+\sin x}-1}{x} = \dfrac{\sqrt{1+\sin x}-1}{\sin x} \times \dfrac{\sin x}{x}$.

Or $\sin(0) = 0$, la fonction sinus est continue sur $\mathbb{R}$ et $\lim\limits_{x\to 0} \dfrac{\sin x}{x} = 1$. Donc par composition, quotient et produit de limites, on a : $\lim\limits_{x\to 0} \dfrac{\sqrt{1+\sin x}-1}{x} = \dfrac{1}{2}$.

3 Limites, encadrement et comparaison

1. Soit x un réel, $-1 \leq \cos x \leq 1$ donc $1 \leq 2-\cos x \leq 3$. La fonction inverse étant strictement décroissante sur $]0\,;+\infty[$, on obtient : $\dfrac{1}{3} \leq \dfrac{1}{2-\cos x} \leq 1$.

2. a. Ainsi pour tout réel $x > 0$, $\dfrac{x}{2-\cos x} \geq \dfrac{x}{3}$. Or $\lim\limits_{x\to +\infty} \dfrac{x}{3} = +\infty$ donc par comparaison de limites : $\lim\limits_{x\to +\infty} \dfrac{x}{2-\cos x} = +\infty$.

b. Pour tout réel $x < 0$, $\dfrac{x}{2-\cos x} \leq \dfrac{x}{3}$. Or $\displaystyle\lim_{x \to -\infty} \dfrac{x}{3} = -\infty$ donc par comparaison de limites :
$$\lim_{x \to -\infty} \dfrac{x}{2-\cos x} = -\infty.$$

 Attention ! Lorsque l'on multiplie les deux membres d'une inégalité par un nombre négatif, on inverse le sens de l'inégalité.

c. Soit $x \geq 1$, $x + \cos x \geq x - 1 \geq 0$ et $\dfrac{1}{2-\cos x} \geq \dfrac{1}{3}$, ainsi $\dfrac{x+\cos x}{2-\cos x} \geq \dfrac{x-1}{3}$.
Or $\displaystyle\lim_{x \to +\infty} \dfrac{x-1}{3} = +\infty$. Donc par comparaison de limite : $\displaystyle\lim_{x \to +\infty} \dfrac{x+\cos x}{2-\cos x} = +\infty$.

d. Soit $x > 0$, $1 \leq 2-\cos x \leq 3$. Donc $\dfrac{1}{x^2} \leq \dfrac{2-\cos x}{x^2} \leq \dfrac{3}{x^2}$. Or $\displaystyle\lim_{x \to +\infty} \dfrac{1}{x^2} = 0$ et $\displaystyle\lim_{x \to +\infty} \dfrac{3}{x^2} = 0$.
Donc par théorème d'encadrement : $\displaystyle\lim_{x \to +\infty} \dfrac{2-\cos x}{x^2} = 0$.

4 Nombre de solutions d'une équation

1. Soit $x \in \mathbb{R}$, $(x-1)(x^2 + ax + b) = x^3 + (a-1)x^2 + (b-a)x - b$.
Ainsi par identification :

$$x^3 - 2x^2 - 5x + 6 = (x-1)(x^2 + ax + b), \text{ pour tout } x \in \mathbb{R} \Leftrightarrow \begin{cases} a - 1 = -2 \\ b - a = -5 \\ -b = 6 \end{cases}$$

$$\Leftrightarrow \begin{cases} a = -1 \\ b = -6 \end{cases}$$

Ainsi pour tout $x \in \mathbb{R}$, $x^3 - 2x^2 - 5x + 6 = (x-1)(x^2 - x - 6)$.

2. Étudions les variations de f. La fonction f est dérivable et pour tout réel x :
$$f'(x) = x^3 - 2x^2 - 5x + 6 = (x-1)(x^2 - x - 6).$$

Cherchons les racines de $P(x) = x^2 - x - 6$. Le discriminant Δ de ce polynôme du second degré est : $\Delta = 1 - 4 \times (-6) = 25$. Le polynôme P s'annule alors en -2 et en 3.
On obtient ainsi le tableau de signes de f' :

x	$-\infty$		-2		1		3		$+\infty$
$x-1$		$-$		$-$	0	$+$		$+$	
x^2-x-6		$+$	0	$-$		$-$	0	$+$	
$f'(x)$		$-$	0	$+$	0	$-$	0	$+$	

De plus $f(-2) = -\dfrac{38}{3}$, $f(1) = \dfrac{37}{12}$ et $f(3) = -\dfrac{9}{4}$. En outre pour tout x non nul :
$$f(x) = x^4\left(\dfrac{1}{4} - \dfrac{2}{3x} - \dfrac{5}{2x} + \dfrac{6}{x^3}\right).$$

Donc $\lim\limits_{x\to+\infty} f(x) = +\infty$ et $\lim\limits_{x\to-\infty} f(x) = +\infty$. On obtient ainsi le tableau de variation complet de f :

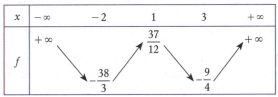

3. L'équation considérée est équivalente à $f(x) = 4$. La fonction f est continue et strictement décroissante sur $]-\infty\,;-2[$ et $4 \in \left]f(-2)\,;\,\lim\limits_{x\to-\infty} f(x)\right[$. Donc d'après une conséquence du théorème des valeurs intermédiaires, l'équation $f(x) = 4$ possède une unique solution, notée α, dans $]-\infty\,;-2[$.

Sur $[-2\,;3]$, le maximum de f est $\dfrac{37}{12}$. Or $\dfrac{37}{12} < 4$. Donc l'équation $f(x) = 4$ ne possède pas de solution dans $[-2\,;3]$.

La fonction f est continue et strictement décroissante sur $]3\,;+\infty[$ et $4 \in \left]f(3)\,;\,\lim\limits_{x\to+\infty} f(x)\right[$.

Donc d'après une conséquence du théorème des valeurs intermédiaires, l'équation $f(x) = 4$ possède une unique solution, notée β, dans $]3\,;+\infty[$.

L'équation $f(x) = 4$ possède exactement deux solutions, α strictement négative et β strictement positive.

De plus $f(-4) = \dfrac{320}{3} > 4$ et $f(-3) < 4$. Or $f(\alpha) = 4$.

Donc $f(-4) > f(\alpha) > f(-3)$.

Comme f est strictement décroissante sur $]-\infty\,;-2[$ et $\alpha < -2$, on a $-4 < \alpha < -3$.

5 Nombre de solutions en fonction d'un paramètre

Soit m un réel. On définit la fonction g sur $\mathbb{R}$ par $g(x) = x^3 + x^2$. L'équation qui nous intéresse est alors : $g(x) = m$.

La fonction g est dérivable sur $\mathbb{R}$ et pour tout réel x : $g'(x) = 3x^2 + 2x = x(3x+2)$.

Ainsi $g'(x) > 0$ si, et seulement si, $x < -\dfrac{2}{3}$ ou $x > 0$ et $g'(x) = 0$ si, et seulement si, $x = -\dfrac{2}{3}$ ou $x = 0$.

$g(0) = 0$ et $g\left(-\dfrac{2}{3}\right) = -\dfrac{8}{27} + \dfrac{4}{9} = \dfrac{4}{27}$. De plus pour tout réel x, $g(x) = x^2(1+x)$ ainsi :

$\lim\limits_{x\to-\infty} g(x) = -\infty$ et $\lim\limits_{x\to+\infty} g(x) = +\infty$. On obtient ainsi le tableau de variation complet de g :

x	$-\infty$		$-\dfrac{2}{3}$		0		$+\infty$
g	$-\infty$	↗	$\dfrac{4}{27}$	↘	0	↗	$+\infty$

• Si $m<0$, l'équation $g(x)=m$ ne possède aucune solution sur $\left[-\dfrac{2}{3};+\infty\right[$ car le minimum de g sur $\left[-\dfrac{2}{3};+\infty\right[$ est 0. Sur $\left]-\infty;-\dfrac{2}{3}\right[$, la fonction g est continue, strictement croissante et $m\in\left]\lim\limits_{x\to-\infty}g(x);g\left(-\dfrac{2}{3}\right)\right[$, donc d'après une conséquence du théorème des valeurs intermédiaires il existe une unique solution à l'équation $g(x)=m$.
Sur $\mathbb{R}$, l'équation $x^3+x^2=m$ possède donc une unique solution qui est strictement plus petite que $-\dfrac{2}{3}$.

• Si $m=0$, 0 est l'unique solution de l'équation $g(x)=0$ sur $\left[-\dfrac{2}{3};+\infty\right[$ car $g(0)=0$ et g est strictement décroissante sur $\left]-\dfrac{2}{3};0\right]$ et strictement croissante sur $[0;+\infty[$.
Sur $\left]-\infty;-\dfrac{2}{3}\right[$, la fonction g est continue et strictement croissante et $0\in\left]\lim\limits_{x\to-\infty}g(x);g\left(-\dfrac{2}{3}\right)\right[$, donc d'après une conséquence du théorème des valeurs intermédiaires il existe une unique solution à l'équation $g(x)=0$.
L'équation $x^3+x^2=0$ possède donc exactement deux solutions sur $\mathbb{R}$, l'une est nulle et l'autre est strictement inférieure à $-\dfrac{2}{3}$.

• Si $m\in\left]0;\dfrac{4}{27}\right[$, on applique trois fois le théorème des valeurs intermédiaires, une fois sur l'intervalle $\left]-\infty;-\dfrac{2}{3}\right[$, une fois sur $\left]-\dfrac{2}{3};0\right[$ et enfin sur $]0;+\infty[$.
L'équation $x^3+x^2=m$ possède donc exactement trois solutions α, β et γ sur $\mathbb{R}$ telles que $\alpha<-\dfrac{2}{3}<\beta<0<\gamma$.

• Si $m=\dfrac{4}{27}$, de la même façon que lorsque $m=0$, on montre que l'équation possède exactement deux solutions, l'une égale à $-\dfrac{2}{3}$ l'autre étant strictement positive.

• Si $m>\dfrac{4}{27}$, de la même façon que lorsque $m<0$, on montre que l'équation possède une solution unique strictement positive.

6 ▸ Fonctions continues

1. La fonction g est continue sur $\mathbb{R}^*$ comme composée de fonctions continues.
$\lim\limits_{x\to 0}|x|=0$ et $-\dfrac{1}{|x|}<0$ donc $\lim\limits_{x\to 0}-\dfrac{1}{|x|}=-\infty$. Or $\lim\limits_{x\to-\infty}e^x=0$ donc par composée de limites :
$\lim\limits_{x\to 0}e^{-\frac{1}{|x|}}=0$. Or $g(0)=0$, donc g est continue en 0. Ainsi g est continue sur $\mathbb{R}$.

2. Sur $\mathbb{R}\backslash\{1\}$, h est continue car sur $]-\infty;1[$ et sur $]1;+\infty[$, h est une fonction polynôme.
Si $x<1$, $h(x)=x^2+1$ donc $\lim\limits_{\substack{x\to 1\\x<1}}h(x)=2$. Si $x\geq 1$, alors $h(x)=x^2+ax+a$ donc $\lim\limits_{\substack{x\to 1\\x\geq 1}}h(x)=1+2a$.

Ainsi h est continue en 1 si, et seulement si, $1 + 2a = 2$, c'est-à-dire $a = \dfrac{1}{2}$. Donc h est continue sur $\mathbb{R}$ si, et seulement si, $a = \dfrac{1}{2}$.

3. La fonction f est continue sur $]0\,;1[$ comme inverse d'une fonction continue qui ne s'annule pas sur $]0\,;1[$.

$\lim\limits_{x \to 0} \ln x = -\infty$. Donc $\lim\limits_{\substack{x \to 0 \\ x > 0}} f(x) = 0$. Or $f(0) = 0$. Par conséquent f est continue en 0. La fonction f est continue sur $[0\,;1[$.

7 Étude et tracé de la courbe d'une fonction

1. a. La fonction u est strictement croissante comme somme de fonctions strictement croissantes sur $]0\,;+\infty[$.

b. $\lim\limits_{x \to 0} 2x^3 - 1 = -1$ et $\lim\limits_{x \to 0} 2\ln x = -\infty$ donc par somme de limites :

$$\lim\limits_{x \to 0} u(x) = -\infty.$$

$\lim\limits_{x \to +\infty} 2x^3 - 1 = +\infty$ et $\lim\limits_{x \to +\infty} 2\ln x = +\infty$ donc par somme de limites :

$$\lim\limits_{x \to +\infty} u(x) = +\infty.$$

c. La fonction u est continue, strictement croissante sur $]0\,;+\infty[$ et 0 appartient à l'intervalle $\left] \lim\limits_{x \to 0} u(x)\,;\, \lim\limits_{x \to +\infty} u(x) \right[$.

Donc d'après une conséquence du théorème des valeurs intermédiaires, il existe une unique valeur $\alpha \in \,]0\,;+\infty[$ telle que $u(\alpha) = 0$.

De plus $u\left(\dfrac{1}{2}\right) = -\dfrac{3}{4} - 2\ln 2 < 0$ et $u(1) = 1$ donc $u\left(\dfrac{1}{2}\right) < u(\alpha) < u(1)$. La fonction u étant strictement croissante, $\alpha \in \left]\dfrac{1}{2}\,;1\right[$.

d. Plus précisément $u\left(\dfrac{8}{10}\right) < 0$ et $u\left(\dfrac{9}{10}\right) > 0$. Donc $\dfrac{8}{10} < \alpha < \dfrac{9}{10}$.

e. La fonction u étant strictement croissante sur $]0\,;+\infty[$ et $u(\alpha)$ étant nul, on obtient : $u(x) > 0$ si $x > \alpha$ et $u(x) < 0$ si $x < \alpha$.

2. a. Par quotient de limites : $\lim\limits_{x \to 0} \dfrac{\ln x}{x^2} = -\infty$. Donc $\lim\limits_{x \to 0} f(x) = +\infty$. L'axe des ordonnées est donc asymptote de $\mathcal{C}$.

Pour tout $x > 0$, $\dfrac{\ln x}{x^2} = \dfrac{\ln x}{x} \times \dfrac{1}{x}$. Or $\lim\limits_{x \to +\infty} \dfrac{1}{x} = 0$ et par croissance comparée : $\lim\limits_{x \to +\infty} \dfrac{\ln x}{x} = 0$. Donc $\lim\limits_{x \to +\infty} f(x) = +\infty$.

On peut remarquer, pour les lecteurs qui ont étudié la partie post bac consacrée aux asymptotes obliques, que $\lim\limits_{x \to 0} f(x) - 2x = 0$. Ainsi la droite d'équation $y = 2x$ est asymptote oblique à $\mathcal{C}$ en $+\infty$.

b. La fonction f est dérivable sur $]0\,;+\infty[$ et pour tout réel x strictement positif :
$$f'(x) = 2 - \dfrac{\dfrac{1}{x} \times x^2 - 2x\ln x}{x^4} = \dfrac{2x^3 - 1 + 2\ln x}{x^3} = \dfrac{u(x)}{x^3}.$$
Or $x^3 > 0$, donc $f'(x)$ est du signe de $u(x)$.
La fonction f est donc strictement décroissante sur $]0\,;\alpha]$ et strictement croissante sur $[\alpha\,;+\infty[$.

c. $u(\alpha) = 0$ ce qui donne $2\alpha^3 - 1 + 2\ln\alpha = 0$ puis $2\ln\alpha = 1 - 2\alpha^3$. Ainsi :
$$f(\alpha) = 2\alpha - \dfrac{\ln\alpha}{\alpha^2} = \dfrac{4\alpha^3 - 2\ln\alpha}{2\alpha^2} = \dfrac{6\alpha^3 - 1}{2\alpha^2} = 3\alpha - \dfrac{1}{2\alpha^2}.$$
Or $\dfrac{4}{5} < \alpha < \dfrac{9}{10}$ donc $2{,}4 < 3\alpha < 2{,}7$ et $\dfrac{100}{81} < \dfrac{1}{\alpha^2} < \dfrac{25}{16}$ puis $-\dfrac{25}{32} < -\dfrac{1}{2\alpha^2} < -\dfrac{50}{81}$.

Ainsi $2{,}4 - \dfrac{25}{32} < f(\alpha) < 2{,}7 - \dfrac{50}{81}$.

Or $2{,}4 - \dfrac{25}{32} > 1{,}6$ et $2{,}7 - \dfrac{50}{81} < 2{,}1$.

Donc $1{,}6 < f(\alpha) < 2{,}1$.

d.

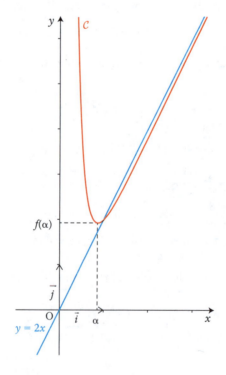

3 Limites de fonctions et continuité CORRIGÉS

 ## Limites aux bornes d'un ensemble de définition

1. Soit x un réel non nul :
$$f(x) = \frac{(1+2x^2-\sqrt{1+x^2})(1+2x^2+\sqrt{1+x^2})}{x(1+2x^2+\sqrt{1+x^2})}$$

$$f(x) = \frac{(1+2x^2)^2-(1+x^2)}{x(1+2x^2+\sqrt{1+x^2})} = \frac{3x^2+4x^4}{x(1+2x^2+\sqrt{1+x^2})} = \frac{3x+4x^3}{1+2x^2+\sqrt{1+x^2}}.$$

Or $\lim\limits_{x\to 0} 3x+4x^3 = 0$ et $\lim\limits_{x\to 0} 1+2x^2+\sqrt{1+x^2} = 2$ donc $\lim\limits_{x\to 0} f(x) = 0$.

La fonction f est donc prolongeable par continuité en 0 en posant $f(0) = 0$.

2. Soit $x > 0$, $f(x) = \dfrac{1}{x}+2x-\dfrac{\sqrt{1+x^2}}{\sqrt{x^2}} = \dfrac{1}{x}+2x-\sqrt{\dfrac{1}{x^2}+1}$. Or $\lim\limits_{x\to+\infty}\dfrac{1}{x^2} = 0$ donc par composition de limites, $\lim\limits_{x\to+\infty}\sqrt{\dfrac{1}{x^2}+1} = 1$. De plus $\lim\limits_{x\to+\infty}\dfrac{1}{x} = 0$ et $\lim\limits_{x\to+\infty} 2x = +\infty$.

Ainsi : $\lim\limits_{x\to+\infty} f(x) = +\infty$.

Soit $x < 0$, alors $x = -\sqrt{x^2}$ et $f(x) = \dfrac{1}{x}+2x+\dfrac{\sqrt{1+x^2}}{\sqrt{x^2}} = \dfrac{1}{x}+2x+\sqrt{\dfrac{1}{x^2}+1}$.

Ainsi de la même façon que ci-dessus, on a $\lim\limits_{x\to-\infty} f(x) = -\infty$.

> Attention ! Lorsque $x > 0$, $x = \sqrt{x^2}$ alors que si $x < 0$, $x = -\sqrt{x^2}$.

3. D'après le calcul effectué à la question précédente, pour tout réel $x > 0$:
$$\frac{f(x)}{x} = \frac{\dfrac{1}{x}+2x-\sqrt{\dfrac{1}{x^2}+1}}{x} = \dfrac{1}{x^2}+2-\sqrt{\dfrac{1}{x^4}+\dfrac{1}{x^2}}.$$

De même pour tout réel $x < 0$:
$$\frac{f(x)}{x} = \frac{\dfrac{1}{x}+2x+\sqrt{\dfrac{1}{x^2}+1}}{x} = \dfrac{1}{x^2}+2+\sqrt{\dfrac{1}{x^4}+\dfrac{1}{x^2}}.$$

Ainsi $\lim\limits_{x\to-\infty}\dfrac{f(x)}{x} = 2$ et $\lim\limits_{x\to+\infty}\dfrac{f(x)}{x} = 2$.

4. Soit x un réel strictement positif :
$$f(x)-2x = \dfrac{1}{x}+2x-\sqrt{\dfrac{1}{x^2}+1}-2x$$
$$= \dfrac{1}{x}-\sqrt{\dfrac{1}{x^2}+1}.$$

Ainsi $\lim\limits_{x\to+\infty} f(x)-2x = -1$.

Donc la droite $\mathcal{D}$ d'équation $y = 2x-1$ est asymptote à Γ en $+\infty$.

Soit x un réel strictement négatif :
$$f(x) - 2x = \frac{1}{x} + 2x + \sqrt{\frac{1}{x^2} + 1} - 2x$$
$$= \frac{1}{x} + \sqrt{\frac{1}{x^2} + 1}.$$

Ainsi $\lim\limits_{x \to -\infty} f(x) - 2x = 1$. Donc la droite $\mathcal{D}'$ d'équation $y = 2x + 1$ est asymptote à Γ en $-\infty$.

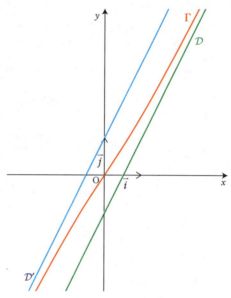

9 Étude d'une fonction avec asymptote oblique

1. La fonction f est dérivable sur $\mathbb{R}\setminus\{2\}$ et pour tout réel $x \neq 2$:
$$f'(x) = \frac{(2x-1)(x-2) - (x^2 - x - 1)}{(x-2)^2} = \frac{x^2 - 4x + 3}{(x-2)^2}.$$

Ainsi $f'(x)$ est du signe du polynôme du second degré $p(x) = x^2 - 4x + 3$, lequel s'annule en 1 et 3.
Ainsi $f'(x) > 0$ pour tout réel $x \in]-\infty\,;1[\,\cup\,]3\,;+\infty[$, $f'(x) < 0$ pour tout réel $x \in]1\,;2[\,\cup\,]2\,;3[$.
La fonction f est donc strictement croissante sur $]-\infty\,;1]$ et sur $[3\,;+\infty[$, elle est strictement décroissante sur $[1\,;2[$ et sur $]2\,;3]$.

2. Pour tout réel x différent de 0 et 2, $f(x) = \dfrac{x - 1 - \dfrac{1}{x}}{1 - \dfrac{2}{x}}$. Or la limite de $1 - \dfrac{2}{x}$ en $+\infty$ et en $-\infty$ est égale à 1, la limite de $x - 1 - \dfrac{1}{x}$ en $+\infty$ est $+\infty$ et la limite de $x - 1 - \dfrac{1}{x}$ en $-\infty$ est $-\infty$.
Donc $\lim\limits_{x \to +\infty} f(x) = +\infty$ et $\lim\limits_{x \to -\infty} f(x) = -\infty$.

$\lim\limits_{x\to 2} x^2-x-1=1$ et $\lim\limits_{x\to 2} x-2=0$. Or $x-2>0$ si, et seulement si, $x>2$. Ainsi :
$\lim\limits_{\substack{x\to 2\\x<2}} f(x)=-\infty$ et $\lim\limits_{\substack{x\to 2\\x>2}} f(x)=+\infty$.

La droite d'équation $x=2$ est donc asymptote verticale à la courbe de f.

3. Soit x un réel non nul et différent de 2 :
$$\frac{f(x)}{x}=\frac{x^2-x-1}{x(x-2)}=\frac{1-\dfrac{1}{x}-\dfrac{1}{x^2}}{1-\dfrac{2}{x}}.$$

Ainsi $\lim\limits_{x\to +\infty}\dfrac{f(x)}{x}=1$ et $\lim\limits_{x\to -\infty}\dfrac{f(x)}{x}=1$.

Soit x un réel différent de 2, $f(x)-x=\dfrac{x^2-x-1}{x-2}-x=\dfrac{x^2-x-1-x(x-2)}{x-2}=\dfrac{x-1}{x-2}=\dfrac{1-\dfrac{1}{x}}{1-\dfrac{2}{x}}$.

Ainsi $\lim\limits_{x\to +\infty} f(x)-x=1$ et $\lim\limits_{x\to -\infty} f(x)-x=1$.

La courbe $\mathcal{C}_f$ admet une asymptote oblique d'équation $y=x+1$ en $+\infty$ et en $-\infty$.

De plus pour tout réel x différent de 2 : $f(x)-(x+1)=\dfrac{x-1}{x-2}-1=\dfrac{1}{x-2}$. Ainsi $f(x)-(x+1)$ est du signe de $x-2$.

La courbe $\mathcal{C}_f$ est au-dessous de son asymptote sur $]-\infty\,;2[$ et au-dessus de son asymptote sur $]2\,;+\infty[$.

4. Tracé de la courbe $\mathcal{C}_f$ dans un repère orthogonal :

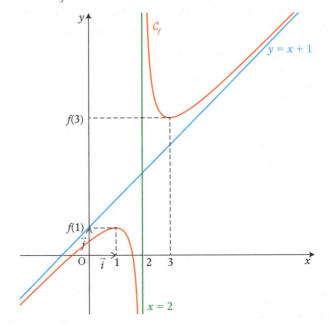

10 ▸ Étude de deux suites

1. La fonction g est dérivable sur $\mathbb{R}$ et pour tout réel x, $g'(x) = e^x - 1$.
Ainsi $g'(x) > 0 \Leftrightarrow e^x - 1 > 0 \Leftrightarrow x > 0$.
La fonction g est donc strictement décroissante sur $]-\infty\,;0]$ et strictement croissante sur $[0\,;+\infty[$.
De plus par somme de limites, $\lim\limits_{x \to -\infty} g(x) = +\infty$.

Pour tout $x \in \mathbb{R}$, $g(x) = e^x\left(1 - \dfrac{x}{e^x}\right)$. Or par croissances comparées, $\lim\limits_{x \to +\infty} \dfrac{x}{e^x} = 0$.
Donc $\lim\limits_{x \to +\infty} g(x) = +\infty$.
En outre $g(0) = 1$. On obtient ainsi le tableau de variation complet de g :

2. Soit $n \geq 2$. La fonction g est continue, strictement décroissante sur $]-\infty\,;0[$ et $n \in \left]g(0)\,;\lim\limits_{x \to -\infty} g(x)\right[$ (car $n \geq 2$ et $g(0) = 1$). Donc d'après une conséquence du théorème des valeurs intermédiaires, l'équation $g(x) = n$ possède une unique solution, notée α_n, dans $]-\infty\,;0[$.
De même, la fonction g est continue, strictement croissante sur $]0\,;+\infty[$ et $n \in \left]g(0)\,;\lim\limits_{x \to +\infty} g(x)\right[$. Donc d'après une conséquence du théorème des valeurs intermédiaires, l'équation $g(x) = n$ possède une unique solution, notée β_n, dans $]0\,;+\infty[$.
De plus $g(0) = 1 < n$ car $n \geq 2$.
Conclusion : pour tout entier $n \geq 2$, l'équation $g(x) = n$ admet exactement deux solutions, l'une strictement négative notée α_n, l'autre strictement positive notée β_n.

3. a. $g(-2) = e^{-2} + 2 = \dfrac{1}{e^2} + 2 > 2$ et $g(-1) = e^{-1} + 1 = 1 + \dfrac{1}{e} < 2$. Comme $g(\alpha_2) = 2$, on obtient :
$$g(-2) > g(\alpha_2) > g(-1).$$
Or $\alpha_2 < 0$ et g est strictement décroissante sur $]-\infty\,;0]$. Donc :
$$-2 < \alpha_2 < -1.$$

 Remarquer que la seule chose que ce que l'on sait sur α_2 est que α_2 est solution de $g(x) = 2$ autrement dit que $g(\alpha_2) = 2$.

b. $g(\alpha_2) = 2$ donc $e^{\alpha_2} - \alpha_2 = 2$. Ce qui donne :
$$e^{\alpha_2} - 2 = \alpha_2.$$
Soit n un entier naturel, démontrons par récurrence $\mathcal{P}(n) : \alpha_2 \leq u_n \leq -1$.
$u_0 = -1$ donc $\mathcal{P}(0)$ est vraie.
Supposons que pour un certain entier naturel n, $\mathcal{P}(n)$ est vraie, démontrons que $\mathcal{P}(n+1)$ est vraie.

Par hypothèse de récurrence, $\alpha_2 \leq u_n \leq -1$ ainsi $e^{\alpha_2} - 2 \leq e^{u_n} - 2 \leq e^{-1} - 2$.
Or $e^{\alpha_2} - 2 = \alpha_2$, $e^{u_n} - 2 = u_{n+1}$ et $e^{-1} - 2 = \dfrac{1}{e} - 2 \leq -1$. Ainsi $\alpha_2 \leq u_{n+1} \leq -1$.
La propriété $\mathcal{P}(n+1)$ est donc vraie.
Ainsi, pour tout entier naturel n, $\alpha_2 \leq u_n \leq -1$.

c. Si $x \geq \alpha_2$, la fonction exponentielle étant croissante, $e^x \geq e^{\alpha_2}$. Ainsi pour tout $x \in [\alpha_2; -1]$:
$$e^x - e^{\alpha_2} \geq 0.$$

d. Soit h la fonction définie sur $[\alpha_2; -1]$ par $h(x) = e^x - e^{\alpha_2} - \dfrac{1}{e}(x - \alpha_2)$.

La fonction h est dérivable et pour tout $x \in [\alpha_2; -1]$, $h'(x) = e^x - \dfrac{1}{e} = e^x - e^{-1} < 0$ car $x < -1$.
Ainsi, h est strictement décroissante sur $[\alpha_2; -1]$.
Or $h(\alpha_2) = 0$. Donc $h(x) \leq 0$ pour tout x dans $[\alpha_2; -1]$. Ainsi pour tout $x \in [\alpha_2; -1]$:
$$e^x - e^{\alpha_2} \leq \dfrac{1}{e}(x - \alpha_2).$$

e. En utilisant l'égalité montrée à la question **3. b.** :
$$u_{n+1} - \alpha_2 = e^{u_n} - 2 - (e^{\alpha_2} - 2) = e^{u_n} - e^{\alpha_2}.$$
D'après l'inégalité précédente et l'inégalité de la question **3. c.** et comme $u_n \in [\alpha_2; -1]$, on a pour tout $n \in \mathbb{N}$:
$$0 \leq u_{n+1} - \alpha_2 \leq \dfrac{1}{e}(u_n - \alpha_2).$$

Démontrons par récurrence la propriété $\mathcal{Q}(n) : 0 \leq u_n - \alpha_2 \leq \left(\dfrac{1}{e}\right)^n$, pour tout entier naturel n.

On sait que $-2 \leq \alpha_2 \leq -1$ et $u_0 = -1$ donc $0 \leq u_0 - \alpha_2 \leq 1$. Or $\left(\dfrac{1}{e}\right)^0 = 1$ donc $\mathcal{Q}(0)$ est vraie.
Supposons que pour un certain entier naturel n, $\mathcal{Q}(n)$ est vraie, démontrons que $\mathcal{Q}(n+1)$ est vraie.
D'après l'inégalité montrée ci-dessus, $0 \leq u_{n+1} - \alpha_2 \leq \dfrac{1}{e}(u_n - \alpha_2)$.
Or par hypothèse de récurrence, $0 \leq u_n - \alpha_2 \leq \left(\dfrac{1}{e}\right)^n$. Donc :
$$0 \leq u_{n+1} - \alpha_2 \leq \dfrac{1}{e}\left(\dfrac{1}{e}\right)^n = \left(\dfrac{1}{e}\right)^{n+1}.$$
La proposition $\mathcal{Q}(n+1)$ est donc vraie.
Ainsi, pour tout entier naturel n, $0 \leq u_n - \alpha_2 \leq \left(\dfrac{1}{e}\right)^n$.

f.

```
Variables
    U, A et ε des nombres réels
Initialisation
    Affecter à U la valeur –1
    Affecter à A la valeur 1
Traitement
    Entrer la valeur de ε
    TANT QUE A>ε
        Affecter à A la valeur A/e
        Affecter à U la valeur e^U – 2
    FIN TANT QUE
Sortie
    Afficher U.
```

4. a. Le minimum de g est 1 donc $g(\ln n) \geq 1$.
De plus, $\ln n > 0$ car $n > 1$ donc $n - \ln n < n$. Ainsi $1 \leq g(\ln n) \leq n$.
$$g(\ln(2n)) = 2n - \ln(2n) = n + n - \ln n - \ln 2 = n - \ln 2 + g(\ln n).$$
Or $g(\ln n) \geq 1$ donc $g(\ln(2n)) \geq n - \ln 2 + 1$. Or $1 - \ln 2 > 0$. Donc :
$$g(\ln(2n)) \geq n.$$
Soit n un entier naturel plus grand que 2, $g(\beta_n) = n$, donc $g(\ln n) \leq g(\beta_n) \leq g(\ln(2n))$.
Or $\beta_n > 0$ et g est strictement croissante sur $[0; +\infty[$. Donc :
$$\ln n \leq \beta_n \leq \ln(2n).$$

 Ici aussi on utilise que β_n est solution de l'équation $g(x) = n$ c'est-à-dire que $g(\beta_n) = n$.

b. Or $\lim\limits_{n \to +\infty} \ln n = +\infty$. Donc par théorème de comparaison :
$$\lim_{n \to +\infty} \beta_n = +\infty.$$
De plus pour tout entier $n \geq 2$, $\ln n > 0$, donc : $\dfrac{\ln n}{\ln n} \leq \dfrac{\beta_n}{\ln n} \leq \dfrac{\ln(2n)}{\ln n}$.
Or $\dfrac{\ln n}{\ln n} = 1$, $\dfrac{\ln(2n)}{\ln n} = \dfrac{\ln 2 + \ln n}{\ln n} = \dfrac{\ln 2}{\ln n} + 1$ et $\lim\limits_{n \to +\infty} \dfrac{\ln 2}{\ln n} + 1 = 1$. Donc par théorème d'encadrement, la suite $\left(\dfrac{\beta_n}{\ln n}\right)$ est convergente et $\lim\limits_{n \to +\infty} \dfrac{\beta_n}{\ln n} = 1$.

11 Étude d'une suite définie de façon implicite

1. Soit n un entier naturel. La fonction f_n est strictement croissante sur $]0; +\infty[$ comme somme de fonctions strictement croissantes sur $]0; +\infty[$.

2. Soit n un entier naturel. Par somme de limites, on a $\lim\limits_{x \to 0} f(x) = -\infty$ et $\lim\limits_{x \to +\infty} f(x) = +\infty$.
La fonction f_n est continue et strictement croissante sur $]0; +\infty[$.
De plus $0 \in \left]\lim\limits_{x \to 0} f(x); \lim\limits_{x \to +\infty} f(x)\right[$. Ainsi d'après une conséquence du théorème des valeurs intermédiaires, il existe un unique réel x_n strictement positif tel que $f_n(x_n) = 0$.

3. $f_0(1) = 0$. Or x_0 est l'unique solution de l'équation $f_0(x) = 0$. Donc $x_0 = 1$.

4. a. Soit $x > 0$, $f_{n+1}(x) - f_n(x) = (n+1)x + \ln x - (nx + \ln x) = x > 0$. Ainsi pour tout $x > 0 : f_{n+1}(x) > f_n(x)$.

b. D'après cette inégalité, $f_{n+1}(x_n) > f_n(x_n)$. Or $f_n(x_n) = 0$, donc $f_{n+1}(x_n) > 0$.
De plus $f_{n+1}(x_{n+1}) = 0$ donc $f_{n+1}(x_n) > f_{n+1}(x_{n+1})$.
La fonction f_{n+1} étant strictement croissante, on a $x_n > x_{n+1}$.
La suite (x_n) est donc strictement décroissante.

5. a. La suite (x_n) est décroissante et minorée par 0. Donc, d'après le théorème sur les limites de suites monotones bornées, la suite (x_n) est convergente.

b. Soit n un entier naturel non nul, $f_n(x_n) = 0$ et $f_n\left(\dfrac{1}{\sqrt{n}}\right) = \dfrac{n}{\sqrt{n}} + \ln\left(\dfrac{1}{\sqrt{n}}\right) = \sqrt{n} - \dfrac{1}{2}\ln n$.

Or $\sqrt{n} = e^{\frac{1}{2}\ln n} > \dfrac{1}{2}\ln n$ car $e^x > x$ pour tout réel x.

Donc $f_n\left(\dfrac{1}{\sqrt{n}}\right) > 0$, soit $f_n\left(\dfrac{1}{\sqrt{n}}\right) > f_n(x_n)$. La fonction f_n étant croissante sur $]0\,;+\infty[$, on obtient bien que pour tout entier naturel n non nul, $x_n \leqslant \dfrac{1}{\sqrt{n}}$.

c. Or $\lim\limits_{n \to +\infty} \dfrac{1}{\sqrt{n}} = 0$. De plus $x_n > 0$ pour tout entier naturel n. Donc par théorème d'encadrement, (x_n) converge et $\lim\limits_{n \to +\infty} x_n = 0$.

6. a. Pour tout entier naturel n, $f_n(x_n) = 0$ donc $nx_n + \ln(x_n) = 0$.
Ce qui donne $nx_n = -\ln(x_n)$.

b. Or $\lim\limits_{n \to +\infty} x_n = 0$ et $\lim\limits_{x \to 0} \ln x = -\infty$. Donc par composition de limites, $\lim\limits_{n \to +\infty} -\ln(x_n) = +\infty$.
Ainsi d'après l'égalité démontrée à la question précédente, on obtient : $\lim\limits_{n \to +\infty} u_n = +\infty$.

12 Existence d'un point fixe

Considérons la fonction g définie sur $[0\,;1]$ par $g(x) = f(x) - x$.
Alors $g(0) = f(0)$ et $g(1) = f(1) - 1$. Or $f(0) \geqslant 0$ et $f(1) \leqslant 1$, donc $g(0) \geqslant 0 \geqslant g(1)$.
Or g est continue comme différence de fonctions continues, à savoir f et $x \mapsto x$. Ainsi d'après le théorème des valeurs intermédiaires, il existe α, un réel dans $[0\,;1]$, tel que $g(\alpha) = 0$, c'est-à-dire $f(\alpha) = \alpha$.
L'équation $f(x) = x$ possède donc au moins une solution.

CHAPITRE 4

Dérivation et applications

COURS

106	**I.**	Dérivée en un point
106	**II.**	Fonction dérivée
107	**III.**	Opérations sur les fonctions dérivées
108	**IV.**	Application de la dérivation
109	POST BAC	L'inégalité des accroissements finis

MÉTHODES ET STRATÉGIES

110	**1**	Étudier les variations d'une fonction à l'aide de sa dérivée
111	**2**	Démontrer une inégalité en étudiant les variations d'une fonction
112	**3**	Déterminer l'équation de la tangente à une courbe en un point
112	**4**	Déterminer si une fonction est dérivable en un point

SUJETS DE TYPE BAC

114	**Sujet 1**	De l'intérêt de la dérivée seconde
114	**Sujet 2**	Encadrement de $\sqrt{1+x}$ par des polynômes
115	**Sujet 3**	Un problème de tangentes communes
115	**Sujet 4**	Un problème d'optimisation
116	**Sujet 5**	Position relative d'une courbe et de ses tangentes

SUJETS D'APPROFONDISSEMENT

117	**Sujet 6**	D'une inégalité à une égalité
117	**Sujet 7**	Étude de la dérivabilité d'une fonction en un point
118	**Sujet 8**	Tangente à l'origine
118	**Sujet 9**	POST BAC Convergence d'une suite
119	**Sujet 10**	POST BAC Résolution approchée de $f(x) = 0$ par la méthode de Newton

CORRIGÉS

122	**Sujets 1 à 5**
129	**Sujets 6 à 10**

COURS

Dérivation et applications

I. Dérivée en un point

1. Nombre dérivé

Définition Soit f une fonction définie sur un intervalle I, a et $a+h$ ($h \neq 0$), deux éléments de l'intervalle I.

Si le taux d'accroissements $\dfrac{f(a+h)-f(a)}{h}$ de la fonction f entre a et $a+h$ tend vers un nombre réel quand h tend vers 0, on dit que la fonction f **est dérivable en** a.

Ce nombre réel est appelé **nombre dérivé** de la fonction f en a. On le note $f'(a)$. Ainsi si cette limite existe :

$$\lim_{h \to 0} \dfrac{f(a+h)-f(a)}{h} = f'(a).$$

2. Tangente

Définitions

- Soit f une fonction définie sur un intervalle I et dérivable en a, a étant un nombre réel appartenant à l'intervalle I.
Soit $\mathcal{C}$ la courbe représentative de f dans un repère du plan.
La **tangente** à la courbe représentative de f au point d'abscisse a est la droite passant par le point de $\mathcal{C}$ de coordonnées $(a\,;f(a))$ et ayant pour coefficient directeur $f'(a)$.

- Si f n'est pas dérivable en a et $\lim\limits_{h \to 0} \dfrac{f(a+h)-f(a)}{h} = +\infty$ ou $\lim\limits_{h \to 0} \dfrac{f(a+h)-f(a)}{h} = -\infty$, la **tangente** à la courbe représentative de f au point d'abscisse a est la droite verticale passant par le point de $\mathcal{C}$ de coordonnées $(a\,;f(a))$.

Propriété Soit f une fonction définie sur un intervalle I et dérivable en a, a étant un nombre réel appartenant à l'intervalle I.

La tangente à $\mathcal{C}$ au point d'abscisse a est la droite d'équation :

$$y = f'(a)(x-a) + f(a).$$

II. Fonction dérivée

1. Dérivées successives

Définitions

- Soit f une fonction définie sur un intervalle I. On dit que la fonction f **est dérivable sur** I si elle est dérivable en tout point de l'intervalle I.

- La fonction, définie sur un intervalle I, qui à tous réels x de l'intervalle I associe le nombre dérivé de f en x est appelée **fonction dérivée** de f. On la note f'.

- Soit f une fonction dérivable sur un intervalle I telle que sa dérivée f' soit elle aussi dérivable sur I. La **dérivée seconde** de f sur I est la dérivée de la fonction f'. On la note f''.

- On définit de même la dérivée troisième de f, notée f''' ou $f^{(3)}$ et la dérivée n-ième de f, notée $f^{(n)}$ pour n entier naturel non nul.

2. Dérivées de fonctions usuelles

Fonction f	Définie sur	Dérivée f'	Dérivable sur
$x \mapsto ax + b$ (a et b réels)	$\mathbb{R}$	$x \mapsto a$	$\mathbb{R}$
$x \mapsto x^n$ (n un entier relatif différent de 0 et de 1)	$\mathbb{R}$ si $n > 1$ $\mathbb{R}^*$ si $n < 0$	$x \mapsto nx^{n-1}$	$\mathbb{R}$ si $n > 1$ $\mathbb{R}^*$ si $n < 0$
$x \mapsto \sqrt{x}$	$[0\,;+\infty[$	$x \mapsto \dfrac{1}{2\sqrt{x}}$	$]0\,;+\infty[$
$x \mapsto \ln x$	$]0\,;+\infty[$	$x \mapsto \dfrac{1}{x}$	$]0\,;+\infty[$
$x \mapsto e^x$	$\mathbb{R}$	$x \mapsto e^x$	$\mathbb{R}$
$x \mapsto \cos x$	$\mathbb{R}$	$x \mapsto -\sin x$	$\mathbb{R}$
$x \mapsto \sin x$	$\mathbb{R}$	$x \mapsto \cos x$	$\mathbb{R}$

III. Opérations sur les fonctions dérivées

1. Dérivée d'une somme, d'un produit ou d'un quotient de fonctions

Propriétés

- Soit u et v deux fonctions définies et dérivables sur un intervalle I, λ un réel. Les fonctions $u + v$, λu et uv sont dérivables sur I et :

$$(u + v)' = u' + v'$$
$$(\lambda u)' = \lambda u'$$
$$(uv)' = u'v + uv'$$
$$(u^n)' = nu'u^{n-1}$$

- Les fonctions $\dfrac{u}{v}$ et $\dfrac{1}{u}$ sont dérivables en tout point de I où elles sont définies et

$$\left(\dfrac{u}{v}\right)' = \dfrac{u'v - v'u}{v^2}$$
$$\left(\dfrac{1}{u}\right)' = -\dfrac{u'}{u^2}$$

2. Dérivées de fonctions composées

Propriétés

Soit u une fonction définie et dérivable sur un intervalle I.

- La fonction e^u est dérivable sur I et $\left(e^u\right)' = u'e^u$.

- Les fonctions $\sqrt{u}$ et $\ln(u)$ sont dérivables en tout point x de I où $u(x)$ est strictement positif : $\left(\sqrt{u}\right)' = \dfrac{1}{2\sqrt{u}}$ et $\ln'(u) = \dfrac{u'}{u}$.
- Soit n un entier différent de 0 et 1. La fonction u^n est dérivable en tout point de x où elle est définie et $\left(u^n\right)' = nu'u^{n-1}$.
- Soit a et b deux réels. Soit f une fonction définie et dérivable sur un intervalle I. Considérons J l'ensemble des réels x tels que $ax + b$ appartiennent à I. Alors la fonction g définie pour tour réel x dans J par $g(x) = f(ax + b)$ est dérivable sur J et pour tout x dans J, $g'(x) = af'(ax + b)$.

IV. Application de la dérivation

1. Variations et signe de la dérivée

Propriétés
Soit f une fonction définie et dérivable sur un intervalle I.
- f est **constante** sur I si, et seulement si, $f'(x) = 0$ quel que soit le réel x dans I.
- f est **croissante** sur I si, et seulement si, $f'(x) \geq 0$ quel que soit le réel x dans I.
Si pour tout réel x dans I, $f'(x) > 0$ alors f est strictement croissante sur I.
- f est **décroissante** sur I si, et seulement si, $f'(x) \leq 0$ quel que soit le réel x dans I.
Si pour tout réel x dans I, $f'(x) < 0$ alors f est strictement décroissante sur I.

2. Extremum d'une fonction sur un intervalle

Propriété Soit f une fonction définie et dérivable sur un intervalle ouvert I. Soit x_0 un réel de I. Si f atteint un **extremum** en x_0 alors $f'(x_0) = 0$.

L'inégalité des accroissements finis

> Voir les exercices 9 et 10.

Propriété

Soit f une fonction définie et dérivable sur un intervalle I.
- S'il existe deux réels m et M tels que pour tout x de I on a $m \leq f'(x) \leq M$, alors pour tous réels a et b de I vérifiant $a \leq b$, on a :
$$m(b-a) \leq f(b) - f(a) \leq M(b-a).$$
- S'il existe un réel M tel que pour tout x de I on a $|f'(x)| \leq M$, alors pour tous réels a et b de I, on a :
$$|f(b) - f(a)| \leq M|b-a|.$$

Démonstration

- Soit la fonction g définie pour tout réel x de I par $g(x) = f(x) - mx$.
Cette fontion g est dérivable et pour tout x de I, $g'(x) = f'(x) - m$. Or par hypothèse, pour tout x de I, $f'(x) \geq m$ donc $g'(x) \geq 0$.
La fonction g est donc croissante sur I.
Comme $a \leq b$, on obtient $g(a) \leq g(b)$ ou encore $f(a) - ma \leq f(b) - mb$. Et enfin :
$$m(b-a) \leq f(b) - f(a).$$
De la même façon, on démontre que la fonction h définie pour tout réel x de I par $h(x) = f(x) - Mx$ est dérivable sur I et que pour tout x de I, $h'(x) \leq 0$.
La fonction h est donc décroissante sur I.
Comme $a \leq b$, on obtient $h(a) \geq h(b)$ ou encore $f(a) - Ma \geq f(b) - Mb$. Et enfin :
$$f(b) - f(a) \leq M(b-a).$$
Finalement pour tous réels a et b dans I tels que $a \leq b$, on a :
$$m(b-a) \leq f(b) - f(a) \leq M(b-a).$$
- Or $|f'(x)| \leq M$ équivaut à $-M \leq f'(x) \leq M$. Ainsi d'après l'inégalité ci-dessus :
si $a \leq b$, alors $-M(b-a) \leq f(b) - f(a) \leq M(b-a)$,
si $a \geq b$, alors $-M(a-b) \leq f(a) - f(b) \leq M(a-b)$.
Ainsi quel que soit a et b dans I, on a $|f(b) - f(a)| \leq M|b-a|$.

MÉTHODES ET STRATÉGIES

1 ▶ Étudier les variations d'une fonction à l'aide de sa dérivée

> Voir les exercices 1, 2, 4, 5, 6, 9 et 10 mettant en œuvre cette méthode.

Méthode
Soit f une fonction définie sur une partie de $\mathbb{R}$. On souhaite étudier les variations de f.

▶ **Étape 1 :** on précise l'ensemble $\mathcal{D}$ sur lequel la fonction f admet une dérivée f'.

▶ **Étape 2 :** on calcule $f'(x)$ pour tout réel x dans $\mathcal{D}$.

▶ **Étape 3 :** on étudie le signe de $f'(x)$ pour tout x de $\mathcal{D}$ et on en déduit les variations de f.

Exemple
Étudier les variations de la fonction f définie sur $[2\,;+\infty[$ par $f(x)=(5-x)\sqrt{2x-4}$.

Application

▶ **Étape 1 :** la fonction f est le produit de deux fonctions u et v définies sur $[2\,;+\infty[$ par $u(x)=5-x$ et $v(x)=\sqrt{2x-4}$.
La fonction $x \mapsto \sqrt{x}$ est dérivable sur $]0\,;+\infty[$, et pour x réel, $2x-4>0$ si, et seulement si, $x>2$. On en déduit que v est dérivable sur $]2\,;+\infty[$.
La fonction u est aussi dérivable sur $]2\,;+\infty[$.
La fonction f est donc dérivable sur $]2\,;+\infty[$.

▶ **Étape 2 :** pour tout x dans $]2\,;+\infty[$, $v'(x)=\dfrac{2}{2\sqrt{2x-4}}=\dfrac{1}{\sqrt{2x-4}}$. Donc :

$$f'(x)=-\sqrt{2x-4}+\dfrac{5-x}{\sqrt{2x-4}}$$

$$=\dfrac{-\left(\sqrt{2x-4}\right)^2+5-x}{\sqrt{2x-4}}$$

$$=\dfrac{-2x+4+5-x}{\sqrt{2x-4}}$$

$$=\dfrac{9-3x}{\sqrt{2x-4}}.$$

▶ **Étape 3 :** $\sqrt{2x-4}>0$ donc $f'(x)>0$ si, et seulement si, $9-3x>0$, soit $x<3$, et $f'(x)=0$ si, et seulement si, $x=3$.
La fonction f est donc strictement croissante sur $[2\,;3]$ et strictement décroissante sur $[3\,;+\infty[$.

2 ▶ Démontrer une inégalité en étudiant les variations d'une fonction

> Voir les exercices 1, 2, 6, 7, 8, 9 mettant en œuvre cette méthode.

Méthode
Soit $\mathcal{D}$ une partie de $\mathbb{R}$.
On souhaite démontrer une inégalité du type : pour tout $x \in \mathcal{D}$, $A(x) \leq B(x)$.

▶ **Étape 1 :** on se ramène à une étude de signe :
soit $x \in \mathcal{D}$, $A(x) \leq B(x)$ équivaut à $A(x) - B(x) \leq 0$.

▶ **Étape 2 :** on dresse le tableau de variations de la fonction f définie pour tout x de $\mathcal{D}$ par $f(x) = A(x) - B(x)$.

▶ **Étape 3 :** on détermine l'éventuel maximum de f.
Si le maximum de f sur $\mathcal{D}$ est négatif, l'inégalité est vérifiée.
On raisonne de la même façon si l'on pose pour tout $x \in \mathcal{D}$, $g(x) = B(x) - A(x)$ et que l'on veut montrer $g(x) \geq 0$ sur $\mathcal{D}$. Il faut alors montrer que le minimum de la fonction g sur $\mathcal{D}$ est positif.

Exemple
Démontrer que pour tout réel x, $x \leq e^x - 1$.

Application

▶ **Étape 1 :** soit $x \in \mathbb{R}$, $x \leq e^x - 1$ équivaut à $e^x - 1 - x \geq 0$.

▶ **Étape 2 :** posons pour tout réel x, $f(x) = e^x - 1 - x$.
La fonction f est dérivable sur $\mathbb{R}$ et pour tout réel x :
$$f'(x) = e^x - 1.$$
Or $e^x - 1 > 0 \Leftrightarrow e^x > 1 \Leftrightarrow x > 0$ et $e^x - 1 = 0 \Leftrightarrow x = 0$. On obtient ainsi le tableau de variations de f :

x	$-\infty$		0		$+\infty$
Signe de $f'(x)$		$-$	0	$+$	
Variations de f		↘		↗	

▶ **Étape 3 :** le minimum de f est donc atteint en 0 et $f(0) = 0$. Ainsi $f(x) \geq 0$ pour tout réel x. Par conséquent pour tout $x \in \mathbb{R}$:
$$x \leq e^x - 1.$$

3 ▸ Déterminer l'équation de la tangente à une courbe en un point

> Voir les exercices 3, 5, 7, 10 mettant en œuvre cette méthode.

Méthode
Soit f une fonction définie et dérivable sur une partie $\mathcal{D}$ de $\mathbb{R}$. Notons $\mathcal{C}$ sa courbe représentative dans un repère orthogonal du plan.
On cherche à déterminer l'équation de la tangente à $\mathcal{C}$ au point A d'abscisse a.

> **Étape 1 :** déterminer la dérivée f' de f.

> **Étape 2 :** calculer $f(a)$ et $f'(a)$.

> **Étape 3 :** l'équation de la tangente en a est alors $y = f'(a)(x-a) + f(a)$.

Exemple
Soit Γ la courbe de la fonction logarithme, notée ln, dans un repère orthogonal du plan. Déterminer les équations des éventuelles tangentes à Γ passant par l'origine du repère.

Application

> **Étape 1 :** la fonction ln est dérivable sur $]0\,;+\infty[$ et pour tout $x \in\ ]0\,;+\infty[$, $\ln'(x) = \dfrac{1}{x}$.

> **Étape 2 :** soit $a > 0$, $f(a) = \ln(a)$ et $f'(a) = \dfrac{1}{a}$.

> **Étape 3 :** l'équation de la tangente T_a à Γ au point d'abscisse a est donc :
$y = \dfrac{1}{a}(x-a) + \ln(a)$ ou encore $y = \dfrac{x}{a} + \ln(a) - 1$.
Ainsi la droite T_a passe par l'origine du repère si, et seulement si, $\ln(a) - 1 = 0$ autrement dit $a = e$.
Ainsi la courbe Γ possède une seule tangente passant par l'origine du repère. C'est la tangente au point d'abscisse e. Elle a pour équation $y = \dfrac{x}{\text{e}}$.

4 ▸ Déterminer si une fonction est dérivable en un point

> Voir les exercices 7 et 8 mettant en œuvre cette méthode.

Méthode
Soit f une fonction définie sur I et a un point de I. Comment démontrer que f est dérivable en a si, en ce point, la fonction f n'est pas définie comme somme, produit ou quotient de fonctions usuelles dérivables en ce point ?

> **Étape 1 :** on fixe $h \neq 0$ tel que $a + h$ appartient à I. Puis on calcule le taux d'accroissements de f en a autrement dit $\dfrac{f(a+h) - f(a)}{h}$.

Enfin, on transforme cette expression de façon à pouvoir en déterminer la limite lorsque h tend vers 0.

Précisons que, sans transformation, cette limite est une forme indéterminée (lorsque f est continue en a) puisque le numérateur et le dénominateur tendent tous les deux vers 0.

> **Étape 2 :** si cette limite existe et est finie, on conclut que f est dérivable en a et cette limite est $f'(a)$.

Sinon, f n'est pas dérivable en a. Dans le cas où le taux d'accroissements tend vers l'infini lorsque h tend vers 0, on obtient l'existence d'une tangente verticale.

Exemple

a. La fonction f définie sur $[0\,;+\infty[$ par $f(x)=\sqrt{x}$ est-elle dérivable en 0 ?

b. Soit g la fonction définie sur $[0\,;+\infty[$ par $\begin{cases} g(x) = \dfrac{x^2}{\ln x}, \text{ si } x > 0 \\ g(x) = 0, \text{ si } x \leq 0 \end{cases}$.

La fonction g est-elle dérivable en 0 ?

Application

> **a. Étape 1 :** soit h un réel strictement positif, $\dfrac{f(h)-f(0)}{h} = \dfrac{\sqrt{h}}{h} = \dfrac{1}{\sqrt{h}}$.

Donc $\lim\limits_{\substack{h\to 0 \\ h>0}} \dfrac{f(h)-f(0)}{h} = +\infty$.

> **Étape 2 :** donc f n'est pas dérivable en 0. Sa courbe possède une demi-tangente verticale en 0.

> **b. Étape 1 :** soit h un réel non nul.

Si $h > 0$, $\dfrac{g(h)-g(0)}{h} = \dfrac{\dfrac{h^2}{\ln h}}{h} = \dfrac{h}{\ln h}$. Ainsi $\lim\limits_{\substack{h\to 0 \\ h>0}} \dfrac{g(h)-g(0)}{h} = 0$.

Si $h < 0$, $\dfrac{g(h)-g(0)}{h} = 0$. Ainsi $\lim\limits_{\substack{h\to 0 \\ h<0}} \dfrac{g(h)-g(0)}{h} = 0$.

> **Étape 2 :** la fonction g est donc dérivable en 0 et $g'(0) = 0$.

SUJETS DE TYPE BAC

1 — De l'intérêt de la dérivée seconde

35 min

Cet exercice, dont les deux questions sont indépendantes, ne présente pas de difficulté particulière, mais permet de s'entraîner efficacement au calcul des dérivées et aux études de signes. Attention toutefois, pour étudier le signe de la dérivée d'une fonction, on applique la méthode et stratégie 2... à la dérivée de la fonction initiale.

> Voir les méthodes et stratégies 1 et 2.

1. Soit f la fonction définie sur $\mathbb{R}$ par :
$$f(x) = x - \frac{2}{x^2+1}.$$

a. Déterminer la dérivée f' et la dérivée seconde f'' de f sur $\mathbb{R}$.

b. Étudier le signe de $f''(x)$ selon les valeurs de x. Puis en déduire le sens de variation de f'.

c. En déduire que f' s'annule deux fois, en -1 et en un réel α, dont on donnera un encadrement d'amplitude 10^{-1}.

d. En déduire le signe de f', puis les variations de f.

2. En s'inspirant de la méthode utilisée à la première question, montrer que pour tout réel x :
$$\cos x \geq 1 - \frac{x^2}{2}.$$

2 — Encadrement de $\sqrt{1+x}$ par des polynômes

30 min

Les techniques utilisées dans cet exercice sont tout à fait semblables à celles de l'exercice précédent : il faut dériver plusieurs fois la fonction jusqu'à obtenir une fonction dont on sait déterminer le signe.

> Voir les méthodes et stratégies 1 et 2.

Démontrer que pour tout réel x positif :
$$1 + \frac{x}{2} - \frac{x^2}{8} \leq \sqrt{1+x} \leq 1 + \frac{x}{2} - \frac{x^2}{8} + \frac{x^3}{16}.$$

3 Un problème de tangentes communes

40 min

Cet exercice demande de maîtriser la notion de tangente à une courbe et de bien comprendre que le coefficient directeur de la tangente en un point est le nombre dérivé en ce point.

> Voir la méthode et stratégie 3.

On considère les fonctions f et g définies pour tout réel x par $f(x) = e^x$ et $g(x) = 1 - e^{-x}$. On cherche les éventuelles tangentes communes aux courbes représentatives de ces fonctions dans un repère orthogonal du plan.

1. On suppose qu'il existe une droite $\mathcal{D}$ tangente aux deux courbes. Cette droite est tangente à la courbe de f au point A d'abscisse a et tangente à la courbe de g au point B d'abscisse b.

a. Exprimer en fonction de a le coefficient directeur de la tangente à la courbe de f au point A, puis en fonction de b le coefficient directeur de la tangente à la courbe de g au point B. En déduire une relation entre a et b.

b. Démontrer que le réel a est solution de l'équation $2(x-1)e^x + 1 = 0$.

2. On considère la fonction φ définie sur $\mathbb{R}$ par :
$$\varphi(x) = 2(x-1)e^x + 1.$$

a. Étudier les variations de φ.

b. Calculer les limites de la fonction φ en $-\infty$ et $+\infty$.

c. Montrer que l'équation $\varphi(x) = 0$ admet deux solutions de signes contraires.

3. On note α la solution positive, β la solution négative.
Vérifier que la tangente en α à la courbe de f est aussi la tangente en $-\alpha$ à la courbe de g.

4 Un problème d'optimisation

20 min

De nombreux problèmes pratiques conduisent à la détermination des valeurs maximales ou minimales prises par une quantité variable. Déterminer ces valeurs constitue un problème d'optimisation, dont l'exemple proposé ici est la détermination des dimensions d'un prisme pour que le volume de ce prisme soit maximal.

> Voir la méthode et stratégie 1.

Une benne a la forme d'un prisme droit dont la base est un trapèze isocèle ABCD.
La longueur du côté [CD] est variable.
Les autres dimensions sont fixes et indiquées sur la figure ci-après.
L'unité est le mètre.

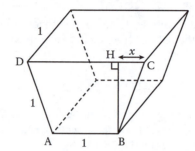

On désigne par x la longueur CH, H étant le pied de la hauteur issue de B sur (CD).
On souhaite déterminer une valeur de x pour laquelle la benne a un volume maximal.

1. Déterminer en fonction de x le volume $V(x)$ de la benne.

2. On considère la fonction f définie sur $[0\,;1]$ par $f(x) = (1+x)\sqrt{1-x^2}$.

a. Étudier le sens de variation de f.

b. Exprimer $V(x)$ à l'aide de $f(x)$. Pour quelle valeur de x le volume de la benne est-il maximal ?

c. Quel est alors le volume de la benne ? Donner la mesure en degrés de l'angle $\widehat{CBH}$.

 Position relative d'une courbe et de ses tangentes 45 min

Cet exercice donne un critère pour connaître la position d'une courbe et de ses tangentes sur un intervalle. Il aborde la notion de courbe convexe (la courbe est au-dessus de toutes ses tangentes) de courbe concave (la courbe est en dessous de toutes ses tangentes) et de point d'inflexion (la tangente en un point traverse la courbe en ce point).

> Voir les méthodes et stratégies 1 et 3.

1. Soit a un réel et f une fonction définie et dérivable sur un intervalle $I = [a-h\,;a+h']$ avec h et h' deux réels strictement positifs. On note $\mathcal{C}$ la courbe représentative de f dans un repère orthogonal du plan et $\mathcal{T}$ sa tangente au point $A(a\,;f(a))$.
On souhaite étudier la position relative de $\mathcal{T}$ et $\mathcal{C}$.
Soit g la fonction définie et dérivable sur I telle que :
$$g(x) = f(x) - f'(a)(x-a) - f(a).$$

a. Démontrer que g' et f' ont même sens de variations.

b. Déterminer le signe de g' lorsque f' est croissante sur I. En déduire le sens de variations puis le signe de g. Quelle est alors la position de la courbe $\mathcal{C}$ par rapport à sa tangente $\mathcal{T}$? Illustrer par un dessin.

c. Étudier de la même façon le signe de la fonction g sur I puis illustrer par un dessin la position relative de $\mathcal{C}$ par rapport à sa tangente lorsque :
• la fonction f' est décroissante sur I ;
• la fonction f' est croissante sur $[a-h\,;a]$ et décroissante sur $[a\,;a+h]$;

• la fonction f' est décroissante sur $[a\,;a+h']$ et croissante sur $[a\,;a+h]$.

2. Application : soit f la fonction définie sur $\mathbb{R}$ par $f(x) = 2x^4 - 3x^2 - 2x + 1$ et $\mathcal{C}$ sa courbe dans un repère orthogonal du plan.

a. Déterminer trois réels α, β et γ tels que pour tout réel x :
$$f'(x) = (x-1)(\alpha x^2 + \beta x + \gamma).$$
b. En déduire les variations de f.
c. Déterminer la dérivée seconde f'' de f.
d. En déduire les variations de la dérivée f' de f sur $\mathbb{R}$.
e. Déterminer la position relative de la courbe $\mathcal{C}$ et de ses tangentes en tout point.
f. Tracer dans le repère du plan les tangentes à la courbe $\mathcal{C}$ aux points A, B et C d'abscisses respectives $-\dfrac{1}{2}$, $\dfrac{1}{2}$ et 1. Puis tracer la courbe $\mathcal{C}$.

SUJETS D'APPROFONDISSEMENT

D'une inégalité à une égalité

30 min

Cet exercice est une initiation à un peu plus d'abstraction... Il nécessite un certain recul sur les notions vues dans les exercices précédents, qu'il est donc recommandé de faire auparavant.

> Voir les méthodes et stratégies 1 et 2.

Soit f une fonction définie et dérivable sur $\mathbb{R}$. On suppose que pour tout réel x :
$$-f(x) \leq f'(x) \leq f(x).$$
On désigne par g et h les fonctions définies pour tout réel x par :
$$g(x) = e^x f(x) \text{ et } h(x) = e^{-x} f(x).$$
1. Étudier les variations de g et h.
2. Démontrer que si $f(0)$ est nul, alors $f(x)$ est nul pour tout x.

Étude de la dérivabilité d'une fonction en un point

25 min

Après avoir démontré une double inégalité, on cherche à savoir dans cet exercice si la fonction proposée est dérivable en un point donné.

> Voir les méthodes et stratégies 2, 3 et 4.

Soit f la fonction définie sur $\mathbb{R}$ par :
$$\begin{cases} f(x) = \dfrac{\ln(1+2x^2)}{x}, \text{ si } x \neq 0 \\ f(0) = 0 \end{cases}$$

1. Démontrer que pour tout $x \geq 0$, $x - \dfrac{x^2}{2} \leq \ln(1+x) \leq x$.

2. Étudier la dérivabilité de f en 0.

3. Le plan étant rapporté à un repère orthogonal, déterminer l'équation de la tangente à la courbe de f au point d'abscisse 0.

8 — Tangente à l'origine

 30 min

Cet exercice utilise une notion de croissances comparées qui n'est plus explicitement au programme de Terminale S. Cependant, puisque tous les résultats utiles sur les limites sont démontrés au cours du corrigé, il propose un bon approfondissement de la notion de limite.

> Voir les méthodes et stratégies 2, 3 et 4.

Soit n un entier naturel non nul et f la fonction définie sur $[0\,;+\infty[$ par :
$$\begin{cases} f(x) = x^n \ln x, \text{ si } x > 0 \\ f(0) = 0 \end{cases}$$

1. Démontrer que pour tout réel x dans $\left]0\,;\dfrac{1}{4}\right]$, $-\dfrac{1}{\sqrt{x}} \leq \ln x \leq 0$.

2. Étudier, selon les valeurs de n, la dérivabilité de f en 0.

3. Le plan étant rapporté à un repère orthogonal, déterminer, selon les valeurs de n, l'équation de la tangente à la courbe de f au point d'abscisse 0.

9 — Convergence d'une suite

 45 min

Dans cet exercice, on étudie la convergence d'une suite définie par récurrence. On utilise l'inégalité des accroissements finis abordée dans l'encadré post bac. L'exercice comporte en outre une partie algorithmique comme c'est le cas dans de nombreux exercices de bac.

POST BAC

> Voir les méthodes et stratégies 1 et 2.

On souhaite étudier la suite $(u_n)_{n \in \mathbb{N}}$ définie par $u_0 = \dfrac{1}{2}$ et pour tout entier naturel n :
$$u_{n+1} = \dfrac{e^{u_n}}{u_n + 2}.$$

1. Soit f la fonction définie sur $[0\,;1]$ par :
$$f(x) = \dfrac{e^x}{x+2}.$$

a. Déterminer les variations de f sur $[0\,;1]$.

b. Vérifier que pour tout x dans $[0\,;1]$, $f(x)$ appartient à $[0\,;1]$.

c. Montrer que pour tout x dans $[0\,;1]$, $\dfrac{1}{4} \leq f'(x) \leq \dfrac{2}{3}$.

d. Démontrer que l'équation $f(x) = x$ admet une unique solution dans $[0\,;1]$, que l'on notera ℓ.

2. On veut démontrer que la suite (u_n) converge vers ℓ.

a. Démontrer par récurrence que pour tout entier naturel n, u_n appartient à $[0\,;1]$.

b. Vérifier que pour tout entier naturel n :
$$|u_{n+1} - \ell| \leq \frac{2}{3}|u_n - \ell|.$$

c. En déduire que pour tout entier naturel n :
$$|u_n - \ell| \leq \left(\frac{2}{3}\right)^n.$$

d. Conclure quant à la convergence de la suite (u_n).

e. Déterminer un entier naturel n tel que $|u_n - \ell| \leq 10^{-3}$.

3. Écrire un algorithme donnant une valeur approchée de ℓ à ε près, ε étant un réel strictement positif donné par l'utilisateur.

10 Résolution approchée de *f(x)* = 0 par la méthode de Newton

50 min

L'objet de cet exercice est de justifier l'existence et l'unicité d'une solution α à l'équation $f(x) = 0$, puis de présenter une méthode permettant d'obtenir une valeur approchée de α. Il aboutit sur une partie algorithmique et demande une bonne maîtrise du chapitre 2 et de l'inégalité des accroissements finis.

> Voir les méthodes et stratégies 1 et 3 et le chapitre 2.

Soit f la fonction définie sur $]0\,;1]$ par $f(x) = x^2 - 4x + \dfrac{2}{x}$.
On note $\mathcal{C}$ sa courbe dans un repère orthogonal du plan.

1. Étude de la fonction f.

a. Démontrer que la dérivée f' de f ne s'annule pas sur $]0\,;1]$ et donner les variations de f sur $]0\,;1]$.

b. Justifier que l'équation $f(x) = 0$ possède une unique solution, notée α, et que cette solution appartient à l'intervalle $[0,7\,;1]$.

2. Construction d'une suite (u_n).

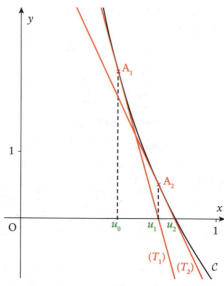

On souhaite trouver une valeur approchée de α. Pour cela, on pose $u_0 = \dfrac{1}{2}$ puis on « approche » la fonction f sur $\left[\dfrac{1}{2}\,;1\right]$ par la fonction affine représentée par la tangente (T_1) à la courbe C au point $A_1\left(\dfrac{1}{2}\,;f\left(\dfrac{1}{2}\right)\right)$.

a. Déterminer une équation de (T_1).

b. Montrer que l'abscisse u_1 du point d'intersection P_1 de la droite (T_1) et de l'axe des abscisses est donnée par :
$$u_1 = u_0 - \dfrac{f(u_0)}{f'(u_0)}.$$

c. On recommence en considérant la tangente (T_2) à C au point $A_2(u_1\,;f(u_1))$. La droite (T_2) coupe l'axe des abscisses au point P_2 d'abscisse u_2.
Exprimer u_2 en fonction de $u_1, f(u_1)$ et $f'(u_1)$.
Et ainsi de suite… On construit ainsi par récurrence une suite (u_n) vérifiant $u_0 = \dfrac{1}{2}$ et $u_{n+1} = u_n - \dfrac{f(u_n)}{f'(u_n)}$ pour tout entier naturel n.

3. Étude d'une fonction auxiliaire.
On considère la fonction g définie sur $\left[\dfrac{1}{2}\,;1\right]$ par $g(x) = x - \dfrac{f(x)}{f'(x)}$.

Remarquons que g est bien définie sur $\left[\dfrac{1}{2}\,;1\right]$ car f' ne s'annule pas sur cet intervalle.

a. Démontrer, sans expliciter f, f' et f'', que pour tout x dans $\left[\dfrac{1}{2}\,;1\right]$, on a :
$$g'(x) = \dfrac{f(x)f''(x)}{(f'(x))^2}.$$

b. Étudier les variations de g sur $\left[\dfrac{1}{2}\,;\alpha\right]$.

c. Montrer que si $x \in [0,7\,;\alpha]$, alors $g(x) \in [0,7\,;\alpha]$.

d. Vérifier que pour tout x de $[0,7\,;\alpha]$, on a $0 \leqslant g'(x) \leqslant \dfrac{1}{2}$.

4. Existence et convergence de la suite (u_n).

a. Montrer que pour tout $n \in \mathbb{N}^*$, u_n existe et $u_n \in [0,7\,;\alpha]$.

b. Justifier que pour tout $n \in \mathbb{N}^*$, $|u_{n+1} - \alpha| \leqslant \dfrac{1}{2}|u_n - \alpha|$.

c. En déduire par récurrence que pour tout $n \in \mathbb{N}^*$:
$$|u_n - \alpha| \leqslant \left(\dfrac{1}{2}\right)^n.$$

d. Conclure que (u_n) converge et donner sa limite.

5. Écrire un algorithme donnant une valeur approchée de α à ε près par défaut, ε étant un nombre réel strictement positif donné par l'utilisateur.

CORRIGÉS

1. De l'intérêt de la dérivée seconde

1. a. La fonction f est dérivable sur $\mathbb{R}$ comme somme d'une fonction affine et d'une fraction rationnelle dont le dénominateur ne s'annule pas et, pour tout réel x :
$$f'(x) = 1 + \frac{4x}{(x^2+1)^2}.$$

La fonction f' est également dérivable et pour tout réel x :
$$f''(x) = \frac{4(x^2+1)^2 - 4x \times 4x(x^2+1)}{(x^2+1)^4}$$
$$= \frac{4(x^2+1-4x^2)}{(x^2+1)^3}$$
$$= \frac{4(1-3x^2)}{(x^2+1)^3}.$$

> 💡 Le but est d'étudier le signe de $f''(x)$. Aussi, penser à factoriser $f''(x)$ au maximum.

b. Or, pour tout réel x, $\dfrac{4}{(x^2+1)^3}$ est strictement positif. Ainsi $f''(x)$ est du signe de $1-3x^2$. Donc $f''(x)$ est strictement positif si, et seulement si, x appartient à l'intervalle $\left]-\dfrac{1}{\sqrt{3}}\,;\,\dfrac{1}{\sqrt{3}}\right[$ et s'annule lorsque $x = \dfrac{1}{\sqrt{3}}$ ou $x = -\dfrac{1}{\sqrt{3}}$.

La fonction f' est donc strictement croissante sur $\left[-\dfrac{1}{\sqrt{3}}\,;\,\dfrac{1}{\sqrt{3}}\right]$, strictement décroissante sur $\left]-\infty\,;\,-\dfrac{1}{\sqrt{3}}\right]$ et sur $\left[\dfrac{1}{\sqrt{3}}\,;\,+\infty\right[$.

c. Pour tout x non nul,
$$f'(x) = 1 + \frac{4x}{x^4\left(1+\dfrac{1}{x^2}\right)^2} = 1 + \frac{4}{x^3\left(1+\dfrac{1}{x^2}\right)^2}.$$

Or, $\lim\limits_{x \to +\infty} x^3\left(1+\dfrac{1}{x^2}\right)^2 = +\infty$ et $\lim\limits_{x \to -\infty} x^3\left(1+\dfrac{1}{x^2}\right)^2 = -\infty$. Donc par quotient et somme de limites, la limite de f' en $+\infty$ et $-\infty$ est égale à 1.
De plus $f'(-1) = 0$,
$$f'\left(-\frac{1}{\sqrt{3}}\right) = 1 + \frac{-\dfrac{4}{\sqrt{3}}}{\left(\left(-\dfrac{1}{\sqrt{3}}\right)^2 + 1\right)^2} = 1 - \frac{4}{\sqrt{3}\left(\dfrac{1}{3}+1\right)^2} = 1 - \frac{4 \times 9}{\sqrt{3} \times 16} = \frac{4 - 3\sqrt{3}}{4} < 0$$

et $f'\left(\dfrac{1}{\sqrt{3}}\right) = \dfrac{4+3\sqrt{3}}{4} > 0$.

Comme $9 = 3(\sqrt{3})^2$, on a $\dfrac{9}{\sqrt{3}} = 3\sqrt{3}$.

On obtient donc le tableau de variations de f' :

x	$-\infty$	-1	$-\dfrac{1}{\sqrt{3}}$	$\dfrac{1}{\sqrt{3}}$	$+\infty$
Signe de $f''(x)$		$-$	$0 \quad +$	$0 \quad -$	
Variations de f'	$1 \searrow$	$0 \searrow$	$\dfrac{4-3\sqrt{3}}{4} \nearrow$	$\dfrac{4+3\sqrt{3}}{4} \searrow$	1

On a $f'(-1) = 0$ et la fonction f' est strictement décroissante sur $\left]-\infty\,;\,-\dfrac{1}{\sqrt{3}}\right]$, f' s'annule donc une seule fois en -1 sur $\left]-\infty\,;\,-\dfrac{1}{\sqrt{3}}\right]$.

De plus, 0 appartient à $\left[f'\left(-\dfrac{1}{\sqrt{3}}\right);f'\left(\dfrac{1}{\sqrt{3}}\right)\right]$ et f' est continue et strictement croissante sur $\left[-\dfrac{1}{\sqrt{3}}\,;\,\dfrac{1}{\sqrt{3}}\right]$. Donc d'après un corollaire du théorème des valeurs intermédiaires, il existe une unique solution à l'équation $f'(x) = 0$, notée α, dans $\left[-\dfrac{1}{\sqrt{3}}\,;\,\dfrac{1}{\sqrt{3}}\right]$.

De plus, f' étant strictement croissante sur $\left[-\dfrac{1}{\sqrt{3}}\,;\,\dfrac{1}{\sqrt{3}}\right]$, comme $f'(-0,3) < 0$ et $f'(-0,2) > 0$, alors $-0,3 < \alpha < -0,2$.

Enfin $f'(x) > 0$ pour tout $x \geq \dfrac{1}{\sqrt{3}}$, donc f' ne s'annule pas sur $\left[\dfrac{1}{\sqrt{3}}\,;\,+\infty\right[$.

La fonction f' s'annule donc exactement deux fois sur $\mathbb{R}$, en -1 et en α avec $-0,3 < \alpha < -0,2$.

d. Ainsi en utilisant les variations de f', on en déduit que $f'(x) > 0$ si $x < -1$ ou si $x > \alpha$ et que $f'(x) < 0$ si $-1 < x < \alpha$.
La fonction f est donc strictement croissante sur $]-\infty\,;-1]$ et sur $[\alpha\,;+\infty[$ et strictement décroissante sur $[-1\,;\alpha]$.

 Attention ! f n'est pas strictement croissante sur $]-\infty\,;-1] \cup [\alpha\,;+\infty[$ mais seulement sur $]-\infty\,;-1]$ et sur $[\alpha\,;+\infty[$.

2. Considérons la fonction g définie sur $\mathbb{R}$ par :
$$g(x) = \cos x - 1 + \dfrac{x^2}{2}.$$
La fonction g est dérivable sur $\mathbb{R}$ et pour tout réel x, on a $g'(x) = -\sin x + x$.
La fonction g' est dérivable sur $\mathbb{R}$ et pour tout réel x, on a $g''(x) = -\cos x + 1$.
Ainsi, puisque pour tout réel x, $\cos x \leq 1$, on a $g''(x) \geq 0$. La fonction g' est donc croissante sur $\mathbb{R}$.
Or $g'(0) = 0$. Ainsi $g'(x) \geq 0$ si $x \geq 0$ et $g'(x) \leq 0$ si $x \leq 0$.

La fonction g est donc croissante sur $[0\,;+\infty[$ et décroissante sur $]-\infty\,;0]$. Elle atteint son minimum en 0.
Or $g(0)=0$ donc pour tout réel x, $g(x)\geqslant 0$. Ce qui donne, pour tout $x\in\mathbb{R}$:
$$\cos x \geqslant 1-\frac{x^2}{2}.$$

2 ▶ Encadrement de $\sqrt{1+x}$ par des polynômes

Considérons la fonction f définie sur $[0\,;+\infty[$ par $f(x)=\sqrt{1+x}-1-\dfrac{x}{2}+\dfrac{x^2}{8}$.
Cette fonction est dérivable sur $[0\,;+\infty[$ et pour tout réel x positif, on a :
$$f'(x)=\frac{1}{2\sqrt{1+x}}-\frac{1}{2}+\frac{x}{4}=\frac{1}{2}\left(\frac{1}{\sqrt{1+x}}-1+\frac{x}{2}\right).$$
La fonction f' est, elle aussi, dérivable et pour tout réel x positif, on a :
$$f''(x)=\frac{1}{2}\left(-\frac{1}{2(1+x)\sqrt{1+x}}+\frac{1}{2}\right)=\frac{1}{4}\left(\frac{(1+x)\sqrt{1+x}-1}{(1+x)\sqrt{1+x}}\right).$$
Le réel x étant positif, $(1+x)\sqrt{1+x}\geqslant 1$ et $f''(x)\geqslant 0$. La fonction f' est donc croissante sur $[0\,;+\infty[$. Or $f'(0)=0$. Ainsi $f'(x)\geqslant 0$ pour tout $x\geqslant 0$. La fonction f est donc croissante sur $[0\,;+\infty[$ avec $f(0)=0$. La fonction f est donc positive sur $[0\,;+\infty[$. On obtient ainsi pour tout réel x positif :
$$1+\frac{x}{2}-\frac{x^2}{8}\leqslant \sqrt{1+x}.$$

Considérons la fonction g définie sur $[0\,;+\infty[$ par $g(x)=\sqrt{1+x}-1-\dfrac{x}{2}+\dfrac{x^2}{8}-\dfrac{x^3}{16}$.
La fonction g est dérivable sur $[0\,;+\infty[$ et pour tout réel x positif, on a :
$$g'(x)=\frac{1}{2\sqrt{1+x}}-\frac{1}{2}+\frac{x}{4}-\frac{3x^2}{16}=\frac{1}{2}\left(\frac{1}{\sqrt{1+x}}-1+\frac{x}{2}-\frac{3x^2}{8}\right).$$
La fonction g' est, elle aussi, dérivable et pour tout réel x positif, on a :
$$g''(x)=\frac{1}{2}\left(-\frac{1}{2(1+x)\sqrt{1+x}}+\frac{1}{2}-\frac{3x}{4}\right)=\frac{1}{4}\left(-\frac{1}{(1+x)\sqrt{1+x}}+1-\frac{3x}{2}\right).$$
La fonction g'' est à son tour dérivable et pour tout réel x positif, on a :
$$g^{(3)}(x)=\frac{1}{4}\left(\frac{\sqrt{1+x}+\dfrac{1+x}{2\sqrt{1+x}}}{(1+x)^3}-\frac{3}{2}\right)=\frac{1}{4}\left(\frac{3}{2(1+x)^2\sqrt{1+x}}-\frac{3}{2}\right).$$

Bien noter que, pour tout réel a positif : $\dfrac{a}{\sqrt{a}}=\dfrac{(\sqrt{a})^2}{\sqrt{a}}=\sqrt{a}$ et $\dfrac{\sqrt{a}}{a^3}=\dfrac{1}{a^2\sqrt{a}}$.

Ainsi pour tout réel x positif, $g^{(3)}(x)\leqslant 0$, donc g'' est décroissante sur $[0\,;+\infty[$. Or $g''(0)=0$ donc g'' est négative sur $[0\,;+\infty[$. La fonction g' est donc décroissante sur $[0\,;+\infty[$. Or $g'(0)=0$, par conséquent $g'(x)\leqslant 0$ pour tout $x\geqslant 0$. Ainsi g est décroissante sur $[0\,;+\infty[$. Comme $g(0)=0$, la fonction g est négative sur $[0\,;+\infty[$.
Ainsi pour tout réel x positif :
$$\sqrt{1+x}\leqslant 1+\frac{x}{2}-\frac{x^2}{8}+\frac{x^3}{16}.$$

3 Un problème de tangentes communes

1. a. $\mathcal{D}$ est la tangente à la courbe de f au point A d'abscisse a. Ainsi le coefficient directeur de $\mathcal{D}$ est $f'(a)$. Or pour tout réel x, $f'(x) = e^x$. Donc $\mathcal{D}$ a pour coefficient directeur e^a.
$\mathcal{D}$ est aussi la tangente à la courbe de g au point B d'abscisse b. Le coefficient directeur de $\mathcal{D}$ est $g'(b)$. Or pour tout réel x, $g'(x) = e^{-x}$. Donc $\mathcal{D}$ a pour coefficient directeur e^{-b}.
Ainsi $e^a = e^{-b}$, et donc $b = -a$.

b. La droite $\mathcal{D}$ a pour équation $y = f(a) + e^a(x - a)$ comme tangente à la courbe de f en a, et elle a pour équation $y = g(-a) + e^a(x + a)$ comme tangente à la courbe de g en $-a$.
Le réel a vérifie donc $f(a) - ae^a = g(-a) + ae^a$ puis $e^a - ae^a = 1 - e^a + ae^a$ ce qui donne :
$$1 + 2e^a(a - 1) = 0.$$
Le réel a est donc solution de l'équation $2(x - 1)e^x + 1 = 0$.

2. a. La fonction φ est dérivable sur $\mathbb{R}$ comme produit de fonctions dérivables sur $\mathbb{R}$ et pour tout réel x :
$$\varphi'(x) = 2e^x + 2(x - 1)e^x = 2xe^x.$$
Comme $2e^x$ est strictement positif, $\varphi'(x)$ est du signe de x, pour tout réel x. La fonction φ est donc strictement décroissante sur $]-\infty\,;0]$ et strictement croissante sur $[0\,;+\infty[$.

b. Par produit de limites, $\lim\limits_{x \to +\infty} \varphi(x) = +\infty$.
De plus pour tout réel x, $\varphi(x) = 2xe^x - 2e^x + 1$. Or par croissances comparées, $\lim\limits_{x \to -\infty} xe^x = 0$.
Ainsi par somme de limites, $\lim\limits_{x \to -\infty} \varphi(x) = 1$.

c. Ainsi φ est continue sur $\mathbb{R}$, strictement décroissante sur $]-\infty\,;0]$, $\lim\limits_{x \to -\infty} \varphi(x) = 1$ et $\varphi(0) = -1$. L'équation $\varphi(x) = 0$ possède donc une unique solution strictement négative.
De même φ est strictement croissante sur $[0\,;+\infty[$, $\lim\limits_{x \to +\infty} \varphi(x) = +\infty$ et $\varphi(0) = -1$. L'équation $\varphi(x) = 0$ possède donc une unique solution strictement positive.

3. Au point A d'abscisse α, l'équation de la tangente à la courbe de f est :
$$y = f(\alpha) + f'(\alpha)(x - \alpha) = e^\alpha + e^\alpha(x - \alpha) = e^\alpha x + e^\alpha(1 - \alpha).$$
Au point B d'abscisse $-\alpha$, l'équation de la tangente à la courbe de g est :
$$y = g(-\alpha) + g'(-\alpha)(x + \alpha) = 1 - e^\alpha + e^\alpha(x + \alpha) = e^\alpha x + 1 + e^\alpha(\alpha - 1).$$
Ces deux droites ont même coefficient directeur. De plus, le réel α étant solution de l'équation $\varphi(x) = 0$, on a :
$$(1 + e^\alpha(\alpha - 1)) - e^\alpha(1 - \alpha) = 1 + 2(\alpha - 1)e^\alpha = \varphi(\alpha) = 0.$$
La tangente en A à la courbe de f et la tangente en B à la courbe de g ont donc même abscisse à l'origine. Elles sont donc confondues.

4 Un problème d'optimisation

1. Soit x dans $[0\,;1]$. D'après le théorème de Pythagore, le triangle BCH étant rectangle en H, la hauteur BH du trapèze ABCD est égale à $\sqrt{1 - x^2}$.

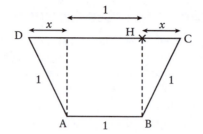

L'aire du trapèze est donc donnée par :
$$\frac{AB+CD}{2} \times BH = \frac{1+1+2x}{2}\sqrt{1-x^2} = (1+x)\sqrt{1-x^2}.$$
Le volume de la benne est donc égal à :
$$V(x) = (1+x)\sqrt{1-x^2}.$$

2. a. La fonction f est dérivable sur $[0;1[$ car $1-x^2$ est strictement positif si, et seulement si, x est strictement compris entre -1 et 1. Pour tout $x \in [0;1[$, on a :
$$f'(x) = \sqrt{1-x^2} + (1+x)\frac{-2x}{2\sqrt{1-x^2}} = \frac{1-x^2-x(1+x)}{\sqrt{1-x^2}} = \frac{1-x-2x^2}{\sqrt{1-x^2}}.$$

 Pour étudier le signe d'une dérivée, penser à mettre l'expression de $f'(x)$ au même dénominateur.

Or $\sqrt{1-x^2}$ est strictement positif, donc $f'(x)$ est du signe du polynôme du second degré $P(x) = 1-x-2x^2$. Le discriminant de P est égal à 9. P possède donc deux racines $x_1 = \frac{1}{2}$ et $x_2 = -1$. Ainsi f' est strictement positive sur $\left[0;\frac{1}{2}\right[$ et strictement négative sur $\left]\frac{1}{2};1\right[$.

La fonction f est donc strictement croissante sur $\left[0;\frac{1}{2}\right]$ et strictement décroissante sur $\left[\frac{1}{2};1\right]$.

b. Pour tout $x \in [0;1]$, $V(x) = f(x)$. Par conséquent, le volume de la benne est maximal lorsque $x = \frac{1}{2}$.

c. Le volume de la benne est donc égal, en m³, à :
$$V\left(\frac{1}{2}\right) = \left(1+\frac{1}{2}\right)\sqrt{1-\left(\frac{1}{2}\right)^2} = \frac{3\sqrt{3}}{4}.$$

De plus, x est la valeur du sinus de l'angle $\widehat{CBH}$. Ainsi le volume de la benne est maximal lorsque l'angle $\widehat{CBH}$ mesure 30 degrés.

5 ▸ Position relative d'une courbe et de ses tangentes

1. a. Pour tout x dans I, $g'(x) = f'(x) - f'(a)$. Ainsi g' et f' ont la même dérivée sur I. Les fonctions g' et f' ont donc les mêmes variations sur I.

b. Si f' est croissante sur I, g' est aussi croissante sur I. Or $g'(a) = 0$.
Ainsi $g'(x) \leq 0$ si $x \in [a-h;a]$ et $g'(x) \geq 0$ si $x \in [a;a+h]$.

La fonction g est donc décroissante sur $[a-h;a]$ et croissante sur $[a;a+h']$.
La fonction g atteint donc son minimum en a et $g(a) = 0$.
Ainsi pour tout x dans I, $g(x) \geqslant 0$.
La courbe C est donc au-dessus de sa tangente T sur I.

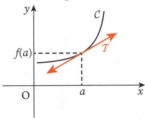

c. • Si la fonction f' est décroissante sur I, g' est aussi décroissante sur I. Or $g'(a) = 0$.
Ainsi $g'(x) \geqslant 0$ si $x \in [a-h;a]$ et $g'(x) \leqslant 0$ si $x \in [a;a+h']$.
La fonction g est donc croissante sur $[a-h;a]$ et décroissante sur $[a;a+h']$.
La fonction g atteint donc son maximum en a et $g(a) = 0$.
Ainsi pour tout x dans I, $g(x) \leqslant 0$. La courbe C est donc au-dessous de sa tangente T sur I.

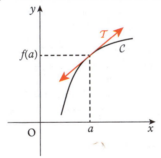

• Si la fonction f' est croissante sur $[a-h;a]$ et décroissante sur $[a;a+h']$, alors g' est aussi croissante sur $[a-h;a]$ et décroissante sur $[a;a+h']$. Or $g'(a) = 0$. Donc $g'(x) \leqslant 0$ quel que soit le réel x dans I. La fonction g est donc décroissante sur I.
Comme $g(a) = 0$, on obtient $g(x) \geqslant 0$ si $x \in [a-h;a]$ et $g(x) \leqslant 0$ si $x \in [a;a+h']$.
La courbe C est donc au-dessus de sa tangente T sur $[a-h;a]$ et au-dessous de sa tangente sur $[a;a+h']$.

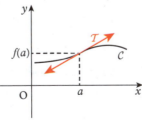

• Si la fonction f' est décroissante sur $[a-h;a]$ et croissante sur $[a;a+h']$, alors g' est aussi décroissante sur $[a-h;a]$ et croissante sur $[a;a+h']$.
Or $g'(a) = 0$. Donc $g'(x) \geqslant 0$ quel que soit le réel x dans I.
La fonction g est donc croissante sur I. Comme $g(a) = 0$, on obtient $g(x) \leqslant 0$ si $x \in [a-h;a]$ et $g(x) \geqslant 0$ si $x \in [a;a+h']$.

La courbe $\mathcal{C}$ est donc au-dessous de sa tangente $\mathcal{T}$ sur $[a-h;a]$ et au-dessus de sa tangente sur $[a;a+h']$.

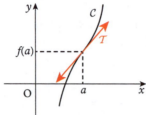

2. a. Soit x un réel quelconque, $f'(x) = 8x^3 - 6x - 2$.
Soit α, β et γ trois réels. Pour tout réel x :
$$(x-1)(\alpha x^2 + \beta x + \gamma) = \alpha x^3 + (\beta - \alpha)x^2 + (\gamma - \beta)x - \gamma.$$
Par identification :

pour tout $x \in \mathbb{R}$, $f'(x) = (x-1)(\alpha x^2 + \beta x + \gamma) \Leftrightarrow \begin{cases} \alpha = 8 \\ \beta - \alpha = 0 \\ \gamma - \beta = -6 \\ -\gamma = -2 \end{cases} \Leftrightarrow \begin{cases} \alpha = 8 \\ \beta = 8 \\ \gamma = 2 \end{cases}$

Ainsi pour tout réel x, $f'(x) = (x-1)(8x^2 + 8x + 2)$.

b. Or le discriminant du polynôme $P(x) = 8x^2 + 8x + 2$ est nul. Ainsi P possède une unique racine $x_0 = -\dfrac{1}{2}$ et $P(x)$ est strictement positif pour tout réel x différent de $-\dfrac{1}{2}$.
Ainsi $f'(x) > 0$ si, et seulement si, $x > 1$, et $f'(x) = 0$ si, et seulement si, $x = 1$ ou $x = -\dfrac{1}{2}$.
La fonction f est donc strictement décroissante sur $]-\infty;1]$ et strictement croissante sur $[1;+\infty[$.

c. Soit $x \in \mathbb{R}$, $f''(x) = 24x^2 - 6 = 6(2x-1)(2x+1)$.

d. Ainsi $f''(x) > 0$ si, et seulement si, $x < -\dfrac{1}{2}$ ou $x > \dfrac{1}{2}$, et $f''(x) < 0$ si, et seulement si, $-\dfrac{1}{2} < x < \dfrac{1}{2}$. La fonction f' est donc strictement croissante sur $\left]-\infty;-\dfrac{1}{2}\right]$ et sur $\left[\dfrac{1}{2};+\infty\right[$ et strictement décroissante sur $\left[-\dfrac{1}{2};\dfrac{1}{2}\right]$.

e. Ainsi, d'après la première question, on en déduit que $\mathcal{C}$ est au-dessus de ses tangentes sur l'intervalle $\left]-\infty;-\dfrac{1}{2}\right[$ et sur l'intervalle $\left]\dfrac{1}{2};+\infty\right[$, $\mathcal{C}$ est au-dessous de ses tangentes sur $\left]-\dfrac{1}{2};\dfrac{1}{2}\right[$.
Aux points d'abscisse $\dfrac{1}{2}$ et $-\dfrac{1}{2}$, les tangentes « traversent » la courbe.

> On dit que la fonction f est convexe sur $\left]-\infty;-\dfrac{1}{2}\right]$ et sur $\left[\dfrac{1}{2};+\infty\right[$ et qu'elle est concave sur $\left[-\dfrac{1}{2};\dfrac{1}{2}\right]$. Les points d'abscisses $-\dfrac{1}{2}$ et $\dfrac{1}{2}$ sont les points d'inflexion de la courbe $\mathcal{C}$.

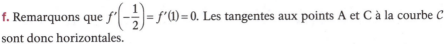

f. Remarquons que $f'\left(-\dfrac{1}{2}\right) = f'(1) = 0$. Les tangentes aux points A et C à la courbe $\mathcal{C}$ sont donc horizontales.

De plus $f\left(-\dfrac{1}{2}\right) = \dfrac{1}{8} - \dfrac{3}{4} + \dfrac{2}{2} + 1 = \dfrac{1 - 6 + 16}{8} = \dfrac{11}{8}$ et $f(1) = -2$.

La tangente en A a donc pour équation $y = \dfrac{11}{8}$.

Et la tangente en C a pour équation $y = -2$.

En outre $f'\left(\dfrac{1}{2}\right) = -4$ et $f\left(\dfrac{1}{2}\right) = \dfrac{-5}{8}$. La tangente en B a donc pour équation :
$$y = -4\left(x - \dfrac{1}{2}\right) - \dfrac{5}{8} = -4x + \dfrac{11}{8}.$$

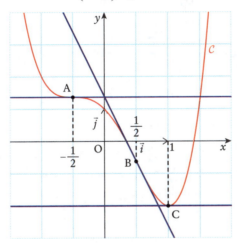

6 ▶ D'une inégalité à une égalité

1. Les fonctions g et h sont dérivables sur $\mathbb{R}$ comme produits de fonctions dérivables sur $\mathbb{R}$. Et pour tout réel x :
$$g'(x) = e^x\big(f'(x) + f(x)\big) \text{ et } h'(x) = e^{-x}\big(f'(x) - f(x)\big).$$
Or pour tout réel x, $e^x > 0$ et $f'(x) \geq -f(x)$ donc $g'(x) \geq 0$. La fonction g est donc croissante sur $\mathbb{R}$.
De plus pour tout réel x, $f'(x) \leq f(x)$ donc $h'(x) \leq 0$. La fonction h est donc décroissante sur $\mathbb{R}$.

2. Supposons que $f(0)$ est nul. Alors $g(0)$ et $h(0)$ sont nuls. Les fonctions g et h étant respectivement croissante et décroissante sur $\mathbb{R}$, on en déduit le signe de $g(x)$ et $h(x)$: si $x \geq 0$, $g(x) \geq 0$ et $h(x) \leq 0$; si $x \leq 0$, $g(x) \leq 0$ et $h(x) \geq 0$.
Or pour tout réel x, $e^x > 0$ et $e^{-x} > 0$. Ainsi $f(x)$ est du signe de $h(x)$ et de $g(x)$. Ce qui permet de conclure que $f(x)$ est nul pour tout réel x.

7. Étude de la dérivabilité d'une fonction en un point

1. Soit $x \geq 0$,
$$x - \frac{x^2}{2} \leq \ln(1+x) \leq x \Leftrightarrow x - \frac{x^2}{2} - \ln(1+x) \leq 0 \leq x - \ln(1+x).$$

Posons pour tout $x \geq 0$, $\alpha(x) = x - \frac{x^2}{2} - \ln(1+x)$ et $\beta(x) = x - \ln(1+x)$.

Les fonctions α et β sont dérivables sur $[0\,;+\infty[$ comme sommes de fonctions dérivables et pour tout $x \geq 0$:

$$\alpha'(x) = 1 - x - \frac{1}{1+x} = \frac{(1-x)(1+x)-1}{1+x} = -\frac{x^2}{1+x}$$

$$\beta'(x) = 1 - \frac{1}{1+x} = \frac{1+x-1}{1+x} = \frac{x}{1+x}.$$

Or $x \geq 0$, donc $\alpha'(x) \leq 0$ et $\beta'(x) \geq 0$.

Par conséquent α est décroissante sur $[0\,;+\infty[$ et β est croissante sur $[0\,;+\infty[$.

Ainsi le maximum de α est $\alpha(0) = 0$ et le minimum de β est $\beta(0) = 0$. Ainsi pour tout x positif, $\alpha(x) \leq 0$ et $\beta(x) \geq 0$ ce qui signifie :

$$x - \frac{x^2}{2} \leq \ln(1+x) \leq x.$$

2. Soit x un réel quelconque non nul.

Cherchons la limite lorsque x tend vers 0, si elle existe, de $\dfrac{f(x)-f(0)}{x-0} = \dfrac{\ln(1+2x^2)}{x^2}$.

Le réel $2x^2$ étant positif, la double inégalité démontrée à la question **1.** donne :

$$2x^2 - \frac{(2x^2)^2}{2} \leq \ln(1+2x^2) \leq 2x^2.$$

Autrement dit :
$$2x^2 - 2x^4 \leq \ln(1+2x^2) \leq 2x^2.$$

Par conséquent, en divisant par x^2, on obtient :
$$2 - 2x^2 \leq \frac{\ln(1+2x^2)}{x^2} \leq 2.$$

Or $\lim\limits_{x \to 0}(2-2x^2) = 2$. Donc par théorème d'encadrement :
$$\lim\limits_{x \to 0} \frac{\ln(1+2x^2)}{x^2} = 2.$$

La fonction f est donc dérivable en 0 et $f'(0) = 2$.

3. La tangente en 0 à la courbe de f a pour équation $y = f'(0)x + f(0)$, soit $y = 2x$.

8. Tangente à l'origine

1. Soit x un réel dans $\left]0\,;\dfrac{1}{4}\right]$, posons $g(x) = \ln x + \dfrac{1}{\sqrt{x}}$.

La fonction g est dérivable sur $\left]0\,;\dfrac{1}{4}\right]$ comme somme et quotient de fonctions dérivables et pour tout x dans $\left]0\,;\dfrac{1}{4}\right]$:

$$g'(x) = \frac{1}{x} - \frac{\frac{1}{2\sqrt{x}}}{(\sqrt{x})^2} = \frac{2\sqrt{x}-1}{2x\sqrt{x}}.$$

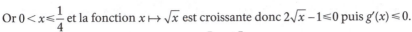

Or $0 < x \leq \dfrac{1}{4}$ et la fonction $x \mapsto \sqrt{x}$ est croissante donc $2\sqrt{x} - 1 \leq 0$ puis $g'(x) \leq 0$.
La fonction g est donc décroissante sur $\left]0\,;\dfrac{1}{4}\right]$.

Or $g\left(\dfrac{1}{4}\right) = \ln\left(\dfrac{1}{4}\right) + \dfrac{1}{\sqrt{\dfrac{1}{4}}} = 2 - \ln 4 = \ln(e^2) - \ln 4 > 0$ car $e^2 > 4$. Ainsi quel que soit le réel x dans $\left]0\,;\dfrac{1}{4}\right]$, $g(x) > 0$. Par conséquent :
$$\ln x \geq -\dfrac{1}{\sqrt{x}}.$$

De plus, $x < 1$ donc, pour tout $x \in \left]0\,;\dfrac{1}{4}\right]$:
$$-\dfrac{1}{\sqrt{x}} \leq \ln x \leq 0.$$

2. Soit n un entier naturel non nul. Étudions la limite, lorsque x tend vers 0, de :
$$\dfrac{f(x) - f(0)}{x - 0} = \dfrac{x^n \ln x}{x} = x^{n-1} \ln x.$$

Si $n = 1$, $\dfrac{f(x) - f(0)}{x - 0} = \ln x$. Donc $\lim\limits_{x \to 0} \dfrac{f(x) - f(0)}{x - 0} = -\infty$. La fonction f n'est donc pas dérivable en 0.

Si $n \geq 2$. Soit x un réel dans $\left]0\,;\dfrac{1}{4}\right]$. Utilisons la double inégalité démontrée à la question précédente et multiplions-la par x^{n-1} :
$$-\dfrac{x^{n-1}}{\sqrt{x}} \leq x^{n-1} \ln x \leq 0.$$

Or $\dfrac{x^{n-1}}{\sqrt{x}} = \dfrac{(\sqrt{x})^2 x^{n-2}}{\sqrt{x}} = \sqrt{x}\, x^{n-2}$ et $n - 2$ est positif, donc $\lim\limits_{x \to 0} \dfrac{x^{n-1}}{\sqrt{x}} = 0$. Ainsi, par théorème d'encadrement, on obtient $\lim\limits_{x \to 0} x^{n-1} \ln x = 0$. Par conséquent :
$$\lim\limits_{x \to 0} \dfrac{f(x) - f(0)}{x - 0} = 0.$$

La fonction f est donc dérivable en 0 et $f'(0) = 0$.

3. Si $n \geq 2$, la tangente en 0 à la courbe de f a pour équation
$$y = f'(0)x + f(0) = 0.$$
Cette tangente est donc l'axe des abscisses.
Si $n = 1$, la tangente est la droite verticale passant par le point de coordonnées $(0\,;f(0))$, autrement dit l'origine (car $f(0) = 0$).
Cette tangente est donc l'axe des ordonnées.

9 ▶ Convergence d'une suite

1. a. La fonction f est dérivable sur $[0\,;1]$ comme quotient de fonctions dérivables et pour tout réel x dans $[0\,;1]$, on a :
$$f'(x) = \dfrac{e^x(x+2) - e^x}{(x+2)^2} = \dfrac{(x+1)e^x}{(x+2)^2}.$$

Or x est positif, donc $f'(x)$ est strictement positif. Ainsi f est strictement croissante sur $[0\,;1]$.

b. Soit x dans $[0\,;1]$, la fonction f étant strictement croissante :
$$f(0) < f(x) < f(1).$$
Or $f(0) = \dfrac{1}{2}$ et $f(1) = \dfrac{e}{3}$, avec $e < 3$. Donc $f(x)$ appartient à $[0\,;1]$.

c. La fonction f' est dérivable sur $[0\,;1]$ et pour tout x dans $[0\,;1]$:
$$f''(x) = \dfrac{\big((x+1)e^x + e^x\big)(x+2)^2 - 2(x+2)(x+1)e^x}{(x+2)^4}$$
$$= \dfrac{e^x\big((x+2)^2 - 2(x+1)\big)}{(x+2)^3}$$
$$= \dfrac{e^x\big(x^2 + 2x + 2\big)}{(x+2)^3}.$$

Or x est positif donc $\dfrac{e^x}{(x+2)^3}$ est positif et $f''(x)$ est du signe du polynôme du second degré $x^2 + 2x + 2$, lequel a un discriminant négatif.

La fonction f'' est donc positive sur $[0\,;1]$ et f' est croissante sur $[0\,;1]$.

Or $f'(0) = \dfrac{1}{4}$, $f'(1) = \dfrac{2e}{9}$ et $e \leq 3$, donc $f'(1) \leq \dfrac{2}{3}$. Ainsi, pour tout $x \in [0\,;1]$:
$$\dfrac{1}{4} \leq f'(x) \leq \dfrac{2}{3}.$$

d. Soit $x \in [0\,;1]$, posons $g(x) = f(x) - x$. L'équation $f(x) = x$ est équivalente à l'équation $g(x) = 0$.

Or g est continue et dérivable sur $[0\,;1]$. Pour tout réel $x \in [0\,;1]$, on a $g'(x) = f'(x) - 1$.

Or $f'(x) \leq \dfrac{2}{3}$, donc g' est strictement négative sur $[0\,;1]$ et g est strictement décroissante sur $[0\,;1]$. Or $g(0) = f(0) = \dfrac{1}{2}$ et $g(1) = f(1) - 1 = \dfrac{e}{3} - 1$. Donc $g(0)$ et $g(1)$ sont de signe contraire. Par conséquent, d'après une conséquence du théorème des valeurs intermédiaires, l'équation $g(x) = 0$, et donc l'équation $f(x) = x$, possède une unique solution, notée ℓ, dans $[0\,;1]$.

2. a. Démontrons par récurrence que pour tout entier naturel n, u_n appartient à $[0\,;1]$.

$u_0 = \dfrac{1}{2}$ appartient à $[0\,;1]$, la propriété est donc vraie au rang $n = 0$.

Supposons que pour un certain entier naturel n, u_n appartient à $[0\,;1]$. Remarquons que $u_{n+1} = f(u_n)$. D'après la question **1. b.**, u_{n+1} appartient donc à $[0\,;1]$. La propriété est donc vraie au rang $n + 1$. Ainsi, pour tout $n \in \mathbb{N}$:
$$u_n \in [0\,;1].$$

b. Soit n un entier naturel, u_n appartient à l'intervalle $[0\,;1]$. De plus, pour tout x dans $[0\,;1]$, $\dfrac{1}{4} \leq f'(x) \leq \dfrac{2}{3}$, ainsi $|f'(x)| \leq \dfrac{2}{3}$.

D'après l'inégalité des accroissements finis, on a :
$$|f(u_n) - f(\ell)| \leq \dfrac{2}{3}|u_n - \ell|.$$

Or $f(u_n) = u_{n+1}$ et $f(\ell) = \ell$. Ainsi :
$$|u_{n+1} - \ell| \leq \frac{2}{3}|u_n - \ell|.$$

c. Démontrons par récurrence que pour tout entier naturel n, $|u_n - \ell| \leq \left(\frac{2}{3}\right)^n$.

Pour $n = 0$, u_0 et ℓ appartiennent à $[0\,;1]$. Ainsi $|u_0 - \ell| \leq 1 = \left(\frac{2}{3}\right)^0$. La propriété est donc vraie au rang $n = 0$.
Supposons la propriété vraie à un certain rang n. On obtient :
$$|u_{n+1} - \ell| \leq \frac{2}{3}|u_n - \ell| \leq \frac{2}{3}\left(\frac{2}{3}\right)^n = \left(\frac{2}{3}\right)^{n+1}.$$
La propriété est donc vraie au rang $n + 1$. Ainsi pour tout entier naturel n, on a :
$$|u_n - \ell| \leq \left(\frac{2}{3}\right)^n.$$

d. Or $\frac{2}{3} \in\,]-1\,;1[$. Ainsi $\lim\limits_{n \to +\infty} \left(\frac{2}{3}\right)^n = 0$. D'après le théorème des gendarmes, on obtient alors $\lim\limits_{n \to +\infty} |u_n - \ell| = 0$. La suite (u_n) est donc convergente et converge vers ℓ.

e. Soit n un entier naturel. La fonction ln étant croissante et $\ln\left(\frac{2}{3}\right)$ étant négatif, on obtient :
$$\left(\frac{2}{3}\right)^n \leq 10^{-3} \Leftrightarrow n\ln\left(\frac{2}{3}\right) \leq -3\ln 10 \Leftrightarrow n \geq -\frac{3\ln 10}{\ln\left(\frac{2}{3}\right)} \Leftrightarrow n \geq \frac{3\ln 10}{\ln 3 - \ln 2}.$$

Bien connaître les règles algébriques du logarithme. Ici on utilise : $\ln(a^n) = n\ln(a)$.

Or $\frac{3\ln 10}{\ln 3 - \ln 2} \approx 17{,}04$ et pour tout entier naturel n, $|u_n - \ell| \leq \left(\frac{2}{3}\right)^n$.
Par conséquent, pour $n = 18$, $|u_n - \ell| \leq 10^{-3}$.

3. Algorithme :

```
Entrée
    U, A et ε des nombres réels
    Lire ε
Initialisation
    Affecter à U la valeur 0,5
    Affecter à A la valeur 1
Traitement
    TANT QUE A > ε
        Affecter à U la valeur e^U / (U+2)
        Affecter à A la valeur (2/3)A
    FIN TANT QUE
Sortie
    Afficher U
```

10 ▶ Résolution approchée de f(x) = 0 par la méthode de Newton

1. Étude de la fonction f.

a. f est dérivable sur $]0\,;1]$ et pour tout $x \in]0\,;1]$, $f'(x) = 2x - 4 - \dfrac{2}{x^2}$.

Comme $x \leqslant 1$, alors $2x - 4 \leqslant -2$ et $-\dfrac{2}{x^2} \leqslant 0$, donc $f'(x) < 0$.

Ainsi f est strictement décroissante sur $]0\,;1]$.

b. La fonction f est continue et strictement décroissante sur $]0\,;1]$.

Or, $f(0{,}7) = (0{,}7)^2 - 4 \times 0{,}7 + \dfrac{2}{0{,}7} > 0$ et $f(1) = 1 - 4 + 2 < 0$.

Ainsi d'après une conséquence du théorème des valeurs intermédiaires, l'équation $f(x) = 0$ possède une unique solution α dans $[0{,}7\,;1]$.

2. Construction d'une suite (u_n).

a. $f\left(\dfrac{1}{2}\right) = \dfrac{9}{4}$ et $f'\left(\dfrac{1}{2}\right) = \dfrac{2}{2} - 4 - \dfrac{2}{\left(\dfrac{1}{2}\right)^2} = -11$. Donc (T_1) a pour équation :

$$y = \dfrac{9}{4} - 11\left(x - \dfrac{1}{2}\right) = -11x + \dfrac{31}{4}.$$

b. Le point P_1 d'abscisse u_1 a pour ordonnée 0 car il appartient à l'axe des abscisses. Mais il appartient aussi à la droite (T_1) donc :
$$0 = f(u_0) + f'(u_0)(u_1 - u_0).$$
Par conséquent, comme $f'(u_0) \neq 0$:
$$u_1 = u_0 - \dfrac{f(u_0)}{f'(u_0)}.$$

c. De la même façon que ci-dessus, $f'(u_1)$ étant non nul d'après la question **1. a.**, on obtient :
$$u_2 = u_1 - \dfrac{f(u_1)}{f'(u_1)}.$$

3. Étude d'une fonction auxiliaire.

a. La fonction g est bien définie sur $\left[\dfrac{1}{2}\,;1\right]$ car f' ne s'annule pas sur $\left[\dfrac{1}{2}\,;1\right]$. En outre g est dérivable sur $\left[\dfrac{1}{2}\,;1\right]$ comme somme et quotient de fonction dérivable, et pour tout x dans $\left[\dfrac{1}{2}\,;1\right]$, on a :

$$g'(x) = 1 - \dfrac{(f'(x))^2 - f(x)f''(x)}{(f'(x))^2} = 1 - 1 + \dfrac{f(x)f''(x)}{(f'(x))^2} = \dfrac{f(x)f''(x)}{(f'(x))^2}.$$

b. Soit $x \in \left[\dfrac{1}{2}\,;\alpha\right]$. La fonction f est décroissante et $f(\alpha) = 0$ donc $f(x) \geqslant 0$. De plus, $f''(x) = 2 + \dfrac{4}{x^3} \geqslant 0$. Ainsi $g'(x) \geqslant 0$.

La fonction g est donc croissante sur $\left[\dfrac{1}{2}\,;\alpha\right]$.

c. Soit $x \in [0,7;\alpha]$. La fonction g étant croissante sur $\left[\dfrac{1}{2};\alpha\right]$, on a $g(0,7) \leq g(x) \leq g(\alpha)$.
Or $g(0,7) = 0,7 - \dfrac{f(0,7)}{f'(0,7)}$ et $f(0,7) > 0$ (car f est décroissante, $f(\alpha) = 0$ et $0,7 < \alpha$) et $f'(0,7) < 0$. Donc $g(0,7) > 0,7$.
De plus $g(\alpha) = \alpha - \dfrac{f(\alpha)}{f'(\alpha)} = \alpha$ car $f(\alpha) = 0$. Ainsi $g(x) \in [0,7;\alpha]$.

d. La fonction f'' étant positive sur $]0;1]$, f' est croissante sur $]0;1]$.
De plus la fonction $x \mapsto \dfrac{1}{x^3}$ étant décroissante sur $]0;+\infty[$, f'' est décroissante sur $]0;1]$.
On rappelle en outre que f est décroissante sur $]0;1]$. Prenons un réel x dans $[0,7;\alpha]$.
$f(\alpha)$ étant nul, on obtient alors :
$$0 \leq f(x) \leq f(0,7) \ ; \ 0 \leq f''(x) \leq f''(0,7) \text{ et } f'(x) \leq f'(1).$$
À l'aide de la calculatrice, on établit :
$$f(0,7)f''(0,7) \leq 0,55 \times 13,7 \leq 7,6.$$
Ainsi $0 \leq f(x)f''(x) \leq f(0,7)f''(0,7) \leq 7,6$.
Puis $f'(x) \leq -4$ donc $0 \leq f'(x) \leq 16$. La fonction inverse étant décroissante sur $]0;+\infty[$, $\dfrac{1}{(f'(x))^2} \leq \dfrac{1}{16}$. Ainsi pour tout $x \in [0,7;\alpha]$, $0 \leq g'(x) \leq \dfrac{1}{2}$.

4. Existence et convergence de la suite (u_n).

a. Montrons par récurrence que pour tout $n \in \mathbb{N}^*$, u_n existe et $u_n \in [0,7;\alpha]$.
Il est indispensable d'observer que pour tout entier naturel n, $u_{n+1} = g(u_n)$. Démontrer que la suite (u_n) est bien définie revient à démontrer que pour tout entier naturel n, u_n est dans l'ensemble de définition de g.
Pour $n = 1$, le point P_1 d'abscisse u_1 appartient à (T_1) et à l'axe des abscisses donc $-11u_1 + \dfrac{31}{4} = 0$. Ainsi $u_1 = \dfrac{31}{44} \geq 0,7$.
De plus $u_1 = g(u_0) \leq g(\alpha)$ car g est croissante et $u_0 = \dfrac{1}{2} \leq \alpha$.
Or $g(\alpha) = \alpha$. Ainsi $u_1 \leq \alpha$. La propriété est donc vérifiée au rang 1.
Supposons que pour un certain entier naturel n non nul, u_n existe et $u_n \in [0,7;\alpha]$.
La fonction g est définie sur l'intervalle $\left[\dfrac{1}{2};1\right]$, intervalle qui contient $[0,7;\alpha]$. Ainsi $u_{n+1} = g(u_n)$ existe. De plus, d'après la question **3. c.**, u_{n+1} appartient à $[0,7;\alpha]$.
On peut donc en conclure que pour tout entier naturel n non nul :
$$u_n \text{ existe et } u_n \in [0,7;\alpha].$$

b. Soit $n \in \mathbb{N}^*$, $|u_{n+1} - \alpha| = |g(u_n) - g(\alpha)|$.
Or u_n et α appartiennent à $[0,7;\alpha]$ et pour tout x dans $[0,7;\alpha]$:
$$0 \leq g'(x) \leq \dfrac{1}{2}.$$
Donc d'après l'inégalité des accroissements finis :
$$|g(u_n) - g(\alpha)| \leq \dfrac{1}{2}|u_n - \alpha|.$$
Ainsi pour tout $n \in \mathbb{N}^*$, $|u_{n+1} - \alpha| \leq \dfrac{1}{2}|u_n - \alpha|$.

c. Montrons par récurrence que pour tout $n \in \mathbb{N}^*$, $|u_n - \alpha| \leq \left(\dfrac{1}{2}\right)^n$.

Pour $n = 1$, u_1 et α appartiennent à $\left[\dfrac{1}{2}\,;1\right]$ donc $|u_1 - \alpha| \leq \dfrac{1}{2}$. La propriété est donc vraie au rang 1.

Supposons que pour un certain n dans $\mathbb{N}^*$, $|u_n - \alpha| \leq \left(\dfrac{1}{2}\right)^n$. D'après la question précédente, on a $|u_{n+1} - \alpha| \leq \dfrac{1}{2}|u_n - \alpha| \leq \dfrac{1}{2}\left(\dfrac{1}{2}\right)^n$.

Ainsi $|u_{n+1} - \alpha| \leq \left(\dfrac{1}{2}\right)^{n+1}$. La propriété est donc vérifiée au rang $n+1$.

On peut donc en conclure que pour tout entier naturel n non nul :
$$|u_n - \alpha| \leq \left(\dfrac{1}{2}\right)^n.$$

d. Comme $-1 < \dfrac{1}{2} < 1$, on a $\lim\limits_{n \to +\infty}\left(\dfrac{1}{2}\right)^n = 0$.

D'après le théorème d'encadrement $\lim\limits_{n \to +\infty} |u_n - \alpha| = 0$.

La suite (u_n) converge et $\lim\limits_{n \to +\infty} u_n = \alpha$.

5. Algorithme :

> Entrée
> U, A et ε sont des nombres réels
>   Lire ε
> Initialisation
>   Affecter à U la valeur $0{,}5$
>   Affecter à A la valeur 1
> Traitement
>   TANT QUE $A > \varepsilon$
>   Affecter à A la valeur $\dfrac{A}{2}$
>   Affecter à U la valeur $U - \dfrac{U^4 - 4U^3 + 2U}{2U^3 - 4U^2 - 2}$
>   FIN TANT QUE
> Sortie
>   Afficher U

Remarquer que $g(U) = U - \dfrac{f(U)}{f'(U)} = U - \dfrac{U^4 - 4U^3 + \dfrac{2}{U}}{2U - 4 - \dfrac{2}{U^2}} = U - \dfrac{U^4 - 4U^3 + 2U}{2U^3 - 4U^2 - 2}$.

CHAPITRE 5

Fonctions exponentielle et logarithme népérien

COURS

138	**I.**	Fonction exponentielle
139	**II.**	Fonction logarithme népérien
141	POST BAC	Fonction exponentielle de base a
142	POST BAC	Fonctions puissances et croissances comparées
142	POST BAC	Équation différentielle $y' = ay + b$

MÉTHODES ET STRATÉGIES

143	**1**	Étudier des fonctions $\ln(u(x))$ et $e^{u(x)}$
144	**2**	Lever l'indétermination d'une limite
145	**3**	Utiliser les croissances comparées pour lever une indétermination
146	**4**	Utiliser un taux d'accroissement pour résoudre une forme indéterminée

SUJETS DE TYPE BAC

147	**Sujet 1**	Équations et conjectures
148	**Sujet 2**	Tangente commune
149	**Sujet 3**	Résolution approchée d'équations et logarithme
149	**Sujet 4**	Tangente à une courbe passant par l'origine
150	**Sujet 5**	Suite de fonctions et suite de solutions d'équations
151	**Sujet 6**	Approximation d'un réel par les termes d'une suite
152	**Sujet 7**	Étude d'une suite de fonctions

SUJETS D'APPROFONDISSEMENT

152	**Sujet 8**	Fonctions hyperboliques
153	**Sujet 9**	Résolution de l'équation $x^{x-n} = (x-n)^x$, pour $x > n$
154	**Sujet 10**	Équation fonctionnelle et fonctions puissances
154	**Sujet 11** POST BAC Propriétés des puissances d'un réel
155	**Sujet 12** POST BAC Équation différentielle et solutions salines
155	**Sujet 13** POST BAC Fonctions exponentielles de base a

CORRIGÉS

157	**Sujets 1 à 7**
164	**Sujets 8 à 13**

COURS

Fonctions exponentielle et logarithme népérien

I. Fonction exponentielle

1. Définition
L'unique fonction f dérivable sur $\mathbb{R}$ vérifiant $f' = f$ et $f(0) = 1$ est appelée **fonction exponentielle** et notée exp.

On a ainsi $\begin{cases} \exp(0) = 1 \\ \text{pour tout réel } x, \exp'(x) = \exp(x) \end{cases}$

2. Propriétés algébriques
- Pour tout réel x, $\exp(x) \neq 0$ et $\exp(-x) = \dfrac{1}{\exp(x)}$.
- Pour tout réel a et tout réel b :
- $\exp(a + b) = \exp(a) \times \exp(b)$
- $\exp(a - b) = \dfrac{\exp(a)}{\exp(b)}$.
- Pour tout entier n et tout réel a, $\exp(na) = (\exp(a))^n$.

3. Notations
On pose $\exp(1) = e$; une valeur approchée de e est 2,718 281 828 459 1 et pour tout réel x, on note $\exp(x) = e^x$.
En particulier : $e^0 = 1$; $e^1 = e$ et $e^{-1} = \dfrac{1}{e}$.

4. Propriétés analytiques
- Pour tout réel x, on a $\exp(x) > 0$.
- La fonction exponentielle est strictement croissante.
- Pour tout réel x, $e^x > 1$ si, et seulement si, $x > 0$.

5. Équations, inéquations
Pour tout réel a et tout réel b :
- $\exp(a) = \exp(b)$ si, et seulement si, $a = b$;
- $\exp(a) < \exp(b)$ si, et seulement si, $a < b$.

6. Limites en $-\infty$ et en $+\infty$
La fonction exponentielle admet :
- pour limite 0 en $-\infty$: $\lim\limits_{x \to -\infty} e^x = 0$;
- pour limite $+\infty$ en $+\infty$: $\lim\limits_{x \to +\infty} e^x = +\infty$.

7. Tableau de variations et courbe représentative

On a le tableau de variation suivant :

Dans le plan muni d'un repère, la courbe représentative de la fonction exponentielle admet une tangente en son point d'abscisse 0 d'équation $y = x + 1$.

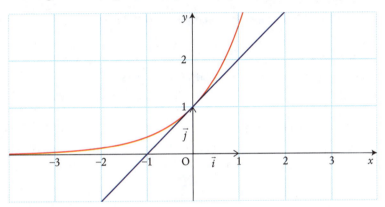

8. Croissances comparées

- La fonction $x \mapsto \dfrac{e^x}{x}$ admet pour limite $+\infty$ en $+\infty$: $\displaystyle\lim_{x \to +\infty} \dfrac{e^x}{x} = +\infty$.
- La fonction $x \mapsto xe^x$ admet pour limite 0 en $-\infty$: $\displaystyle\lim_{x \to -\infty} xe^x = 0$.

9. Taux d'accroissement en 0 et composition

- La fonction exponentielle est dérivable en zéro : $\displaystyle\lim_{x \to 0} \dfrac{e^x - 1}{x} = 1$.
- Soit I un intervalle de $\mathbb{R}$ et soit u une fonction dérivable sur I : la fonction e^u est dérivable sur I et $\left(e^u\right)' = u'e^u$.

II. Fonction logarithme népérien

1. Définition

La fonction **logarithme népérien**, notée ln, est la fonction définie sur $]0\,;+\infty[$ par : pour tout $x \in]0\,;+\infty[$, $\ln(x) = y \Leftrightarrow x = e^y$.

Exemples $\ln 1 = 0$; $\ln e = 1$; $\ln e^2 = 2$.

Théorème Pour tout $x \in \mathbb{R}$, $\ln e^x = x$ et pour tout $x \in]0\,;+\infty[$, $e^{\ln x} = x$.

2. Propriétés algébriques

Pour tout réel a et tout réel b strictement positifs :
- $\ln(ab) = \ln a + \ln b$;
- $\ln\left(\dfrac{1}{a}\right) = -\ln a$;
- $\ln\left(\dfrac{a}{b}\right) = \ln a - \ln b$;
- pour tout entier n, $\ln(a^n) = n \ln a$.

3. Propriétés analytiques

- La fonction logarithme népérien est continue en 1 : $\lim\limits_{x \to 1} \ln x = 0$.
- La fonction logarithme népérien est dérivable sur $]0\,;+\infty[$ et admet la fonction inverse pour fonction dérivée.
- La fonction logarithme népérien est strictement croissante.
- Pour tout $x \in]0\,;+\infty[$, $\ln(x) > 0 \Leftrightarrow x > 1$ et $\ln(x) < 0 \Leftrightarrow 0 < x < 1$.

4. Équations, inéquations

- Pour tout $a \in]0\,;+\infty[$ et $b \in]0\,;+\infty[$: $\ln a = \ln b \Leftrightarrow a = b$ et $\ln a < \ln b \Leftrightarrow a < b$.
- Pour tout $x \in]0\,;+\infty[$ et pour tout $m \in \mathbb{R}$: $\ln x = m \Leftrightarrow x = e^m$ et $\ln x < m \Leftrightarrow x < e^m$.

5. Limites en $-\infty$ et en $+\infty$

La fonction logarithme népérien admet :
- pour limite $-\infty$ en 0 : $\lim\limits_{x \to 0} \ln x = -\infty$;
- pour limite $+\infty$ en $+\infty$: $\lim\limits_{x \to +\infty} \ln x = +\infty$.

6. Tableau de variations et courbe représentative

On a le tableau de variation suivant :

x	0		1		$+\infty$
Variations de $x \mapsto \ln(x)$	$-\infty$	↗	0	↗	$+\infty$

Dans le plan muni d'un repère, la courbe représentative de la fonction logarithme népérien admet une tangente en son point d'abscisse 1 d'équation $y = x - 1$.

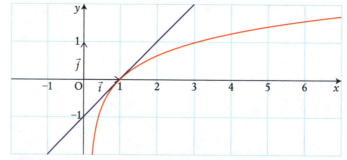

7. Croissances comparées

La fonction $x \mapsto \dfrac{\ln x}{x}$ admet pour limite 0 en $+\infty$: $\lim\limits_{x \to +\infty} \dfrac{\ln x}{x} = 0$.

8. Taux d'accroissement en 0 et composition

- La fonction $x \mapsto \ln(x+1)$ est dérivable en 0 : $\lim\limits_{x \to 0} \dfrac{\ln(x+1)}{x} = 1$.

On a également $\lim\limits_{x \to 1} \dfrac{\ln x}{x-1} = 1$.

- Soit I un intervalle de $\mathbb{R}$ et soit u une fonction dérivable et strictement positive sur I : la fonction $\ln(u)$ est dérivable sur I et $\left(\ln(u)\right)' = \dfrac{u'}{u}$.

9. Fonction logarithme décimal

La fonction logarithme décimale est notée log et on a pour tout $x > 0$, $\log x = \dfrac{\ln x}{\ln 10}$.

Fonction exponentielle de base a

> Voir l'exercice 13.

Définition Soit a un réel strictement positif. On appelle **fonction exponentielle de base a** la fonction notée $\exp_a$ définie sur $\mathbb{R}$ par $\exp_a(x) = e^{x \ln a}$.
On a en particulier : pour tout $p \in \mathbb{Z}$, $\exp_a(p) = a^p$. Ceci justifie la notation, pour tout $x \in \mathbb{R}$: $\exp_a(x) = a^x$.

Propriétés algébriques

Pour tous a et b de $\mathbb{R}^{+*}$ et tout x et y de $\mathbb{R}$:

$a^{x+y} = a^x a^y$; $a^{-x} = \dfrac{1}{a^x}$; $a^{x-y} = \dfrac{a^x}{a^y}$; $(a^x)^y = a^{xy}$; $(ab)^x = a^x b^x$.

Propriétés analytiques

Soit a un réel strictement positif différent de 1.

- La fonction $\exp_a$ est dérivable sur $\mathbb{R}$ et pour tout $x \in \mathbb{R}$, $\exp'_a(x) = \ln a \times \exp_a(x)$.

- Ainsi, deux cas se présentent :
si $a > 1$, la fonction $\exp_a$ est strictement croissante ;
si $0 < a < 1$, la fonction $\exp_a$ est strictement décroissante.

- Si $a > 1$, $\lim\limits_{x \to -\infty} \exp_a(x) = 0$; $\lim\limits_{x \to +\infty} \exp_a(x) = +\infty$ et $\lim\limits_{x \to +\infty} \dfrac{\exp_a(x)}{x} = +\infty$.

- Si $0 < a < 1$ $\lim\limits_{x \to -\infty} \exp_a(x) = +\infty$; $\lim\limits_{x \to +\infty} \exp_a(x) = 0$ et $\lim\limits_{x \to -\infty} \dfrac{\exp_a(x)}{x} = -\infty$.

Fonctions puissances et croissances comparées

> Voir l'exercice 11.

Définition Soit α un réel, la **fonction puissance** p_α est définie sur $]0\,;+\infty[$ par $p_\alpha(x) = x^\alpha$.

Remarque Si α est un entier naturel non nul, la fonction $x \mapsto x^\alpha$ peut être définie sur $\mathbb{R}$ et si α est un entier négatif, la fonction $x \mapsto x^\alpha$ peut être définie sur $\mathbb{R}^*$.
Les fonctions puissances s'étudient en utilisant que pour tout réel α et tout réel $x > 0$: $x^\alpha = e^{\alpha \ln x}$.

Croissances comparées

Proposition Pour tout réel $\alpha > 0$:
- $\lim\limits_{x \to +\infty} \dfrac{e^x}{x^\alpha} = +\infty$ et $\lim\limits_{x \to +\infty} \dfrac{\ln x}{x^\alpha} = 0$;
- $\lim\limits_{x \to -\infty} x^\alpha e^x = 0$ et $\lim\limits_{\substack{x \to 0 \\ x > 0}} x^\alpha \ln x = 0$.

Équation différentielle $y' = ay + b$

> Voir les exercices 12 et 13.

Définition Une **équation différentielle** est une équation dont l'inconnue est une fonction et qui relie certaines des dérivées (première, seconde…) de cette fonction. Résoudre une équation différentielle (E) sur un intervalle I c'est trouver toutes les fonctions solutions de (E) sur I.

Exemples
- Une solution de l'équation différentielle $y' = y$ est la fonction exponentielle.
- Une solution de l'équation différentielle $y'' = y$ est la fonction $x \mapsto 3e^{-x}$.
- Une solution de l'équation différentielle $y' = -y^2$ sur $]0\,;+\infty[$ est la fonction inverse.

Propositions Soit a et b deux réels, a non nul.
- Les solutions de l'équation différentielle $y' = ay$ sont les fonctions f telles qu'il existe un réel C pour lequel on ait pour tout réel x, $f(x) = Ce^{ax}$.
- Les solutions de l'équation différentielle $y' = ay + b$ sont les fonctions f telles qu'il existe un réel C pour lequel on ait pour tout réel x, $f(x) = Ce^{ax} - \dfrac{b}{a}$.
- Soit x_0 et y_0 deux réels quelconques.
Il existe une unique solution f de l'équation différentielle $y' = ay + b$ telle que $f(x_0) = y_0$.

5 Fonctions exponentielle et logarithme népérien **MÉTHODES ET STRATÉGIES**

MÉTHODES ET STRATÉGIES

1 Étudier des fonctions ln(u(x)) et e^{u(x)}

> Voir les exercices 1, 5, 8 et 10 mettant en œuvre cette méthode.

Méthode

On considère une fonction u dérivable sur un intervalle I. On veut étudier une des fonctions $f : x \mapsto \ln(u(x))$ et $g : x \mapsto \exp(u(x))$.

> **Étape 1 :** on s'assure, dans le cas de la fonction logarithme, que la fonction u est strictement positive sur I.

> **Étape 2 :** on étudie les limites de u aux bornes de I et on utilise les théorèmes de composition de limite pour déterminer les limites de f et g.

> **Étape 3 :** on utilise les relations $\ln' u = \dfrac{u'}{u}$ ou $\exp'(u) = u'\exp(u)$ pour calculer les dérivées des fonctions f et g.

> **Étape 4 :** on remarque ensuite pour la fonction logarithme que $u > 0$ et pour la fonction exponentielle que $\exp(u) > 0$: les dérivées f' et g' sont donc du signe de u' que l'on étudie si possible.

Exemple

La fonction f est définie sur $\mathbb{R}$ par $f(x) = \ln(1 + e^{-x})$.
Déterminer les limites de f en $-\infty$ et en $+\infty$ et étudier le sens de variation de la fonction f.

Application

> **Étape 1 :** pour tout x réel, $e^{-x} > 0$ donc $1 + e^{-x} > 0$ et f est bien définie sur $\mathbb{R}$.

> **Étape 2 :** tout d'abord, $\lim\limits_{x \to -\infty} e^{-x} = +\infty$ et $\lim\limits_{X \to +\infty} \ln(X) = +\infty$ donc $\lim\limits_{x \to -\infty} f(x) = +\infty$.

Puis, $\lim\limits_{x \to +\infty} e^{-x} = 0$ et $\lim\limits_{X \to 1} \ln(X) = 0$ donc $\lim\limits_{x \to +\infty} f(x) = 0$.

> **Étape 3 :** en posant pour tout réel x, $u(x) = 1 + e^{-x}$, on a $u'(x) = -e^{-x}$ et donc pour tout réel x, $f'(x) = -\dfrac{e^{-x}}{1 + e^{-x}}$.

> **Étape 4 :** pour tout réel x : $e^{-x} > 0$ donc $f'(x) < 0$.
La fonction f est strictement décroissante.

2 Lever l'indétermination d'une limite

> Voir les exercices 1, 2, 8 et 9 mettant en œuvre cette méthode.

Méthode
On considère une forme indéterminée concernant une différence ou un quotient de fonctions de limites infinies ou concernant le produit d'une fonction de limite nulle par une fonction de limite infinie. Cette méthode et les deux suivantes sont également valables pour des limites indéterminées de suites.

> **Étape 1 :** on s'assure que la forme est bien indéterminée.

> **Étape 2 :** comme pour les fonctions polynômes, factoriser la différence, ou chaque terme du quotient, par un terme bien choisi permet en général de lever l'indétermination.

> **Étape 3 :** on utilise la propriété $\dfrac{e^a}{e^b} = e^{a-b}$ pour simplifier le résultat obtenu dans le cas de fonctions exponentielles.

> **Étape 4 :** on détermine la limite de chacun des termes obtenus et on conclut si possible pour la limite cherchée.

Exemple
La fonction f est définie sur $\mathbb{R}$ par $f(x) = \dfrac{1 - 3e^x + e^{2x}}{e^x + 1}$. Déterminer la limite de f en $+\infty$.

Application

> **Étape 1 :** la limite du numérateur est indéterminée car $\lim\limits_{x \to +\infty} (1 - 3e^x) = -\infty$ et $\lim\limits_{x \to +\infty} e^{2x} = +\infty$.

> **Étape 2 :** on factorise le numérateur par e^{2x} (en fait, e^x suffirait) et le dénominateur par e^x, pour tout $x \in \mathbb{R}$:
$$f(x) = \dfrac{e^{2x}\left(\dfrac{1}{e^{2x}} - \dfrac{3e^x}{e^{2x}} + 1\right)}{e^x\left(1 + \dfrac{1}{e^x}\right)}.$$

> **Étape 3 :** on a donc pour tout $x \in \mathbb{R}$, $f(x) = \dfrac{e^x\left(\dfrac{1}{e^{2x}} - \dfrac{3}{e^x} + 1\right)}{1 + \dfrac{1}{e^x}}$.

> **Étape 4 :** or, $\lim\limits_{x \to +\infty} e^x = +\infty$, donc $\lim\limits_{x \to +\infty} \left(\dfrac{1}{e^{2x}} - \dfrac{3}{e^x} + 1\right) = 1$ et $\lim\limits_{x \to +\infty} \left(1 + \dfrac{1}{e^x}\right) = 1$. Finalement, $\lim\limits_{x \to +\infty} f(x) = +\infty$.

5 Fonctions exponentielle et logarithme népérien **MÉTHODES ET STRATÉGIES**

3 Utiliser les croissances comparées pour lever une indétermination

> Voir les exercices 2, 3, 4, 5, 6, 7, 9 et 11 mettant en œuvre cette méthode.

Méthode
On considère un même type de formes indéterminées que précédemment mais qui mêlent fonctions exponentielles, logarithmes et polynômes.

> **Étape 1 :** après s'être assuré de l'indétermination de la limite, on hiérarchise les fonctions en présence : en $+\infty$, les fonctions exponentielles de base $a > 1$ sont prépondérantes devant les fonctions polynômes qui sont elles-mêmes prépondérantes devant la fonction logarithme népérien.

> **Étape 2 :** on factorise, si cela est nécessaire, la différence, ou chaque terme du quotient, par son terme prépondérant de manière à faire apparaître des croissances comparées. Dans le cas d'un produit, il se peut que l'on soit amené à développer.

> **Étape 3 :** on détermine la limite de chacun des termes obtenus et on conclut si possible.

Exemple
La fonction f est définie sur $\mathbb{R}$ par : $f(x) = \dfrac{e^x(x - e^{-x})}{1 - x + e^x}$.

Déterminer les limites de f en $-\infty$ et en $+\infty$.

Application

> **Étape 1 :** en $-\infty$, $\lim\limits_{x \to -\infty} e^x = 0$ et $\lim\limits_{x \to -\infty} e^{-x} = +\infty$: la limite du numérateur est indéterminée. En $+\infty$, $\lim\limits_{x \to +\infty} e^x = +\infty$: la limite du dénominateur est indéterminée.

En $+\infty$, on a $\lim\limits_{x \to +\infty} \dfrac{e^x}{x} = +\infty$, on peut donc factoriser par e^x le dénominateur ; en $-\infty$, on a $\lim\limits_{x \to -\infty} xe^x = 0$ on peut donc développer le numérateur.

> **Étapes 2 et 3 :** étudions tout d'abord la limite en $+\infty$. Pour tout $x \in \mathbb{R}$:

$$f(x) = \dfrac{e^x(x - e^{-x})}{e^x\left(\dfrac{1}{e^x} - \dfrac{x}{e^x} + 1\right)} = \dfrac{x - e^{-x}}{\dfrac{1}{e^x} - \dfrac{x}{e^x} + 1}.$$

Or, $\lim\limits_{x \to +\infty} e^x = +\infty$, $\lim\limits_{x \to +\infty} e^{-x} = 0$, $\lim\limits_{x \to +\infty} \dfrac{e^x}{x} = +\infty$ donc $\lim\limits_{x \to +\infty} \dfrac{x}{e^x} = 0$,

puis $\lim\limits_{x \to +\infty} \left(\dfrac{1}{e^x} - \dfrac{x}{e^x} + 1\right) = 1$ et $\lim\limits_{x \to +\infty} (x - e^{-x}) = +\infty$. Finalement, $\lim\limits_{x \to +\infty} f(x) = +\infty$.

Étudions ensuite la limite en $-\infty$. Pour tout $x \in \mathbb{R}$, $f(x) = \dfrac{xe^x - 1}{1 - x + e^x}$.

Or, $\lim\limits_{x \to -\infty} e^x = 0$ et $\lim\limits_{x \to -\infty} xe^x = 0$ donc $\lim\limits_{x \to -\infty} (xe^x - 1) = -1$ puis $\lim\limits_{x \to -\infty} (1 - x + e^x) = +\infty$.

Finalement, $\lim\limits_{x \to -\infty} f(x) = 0$.

4. Utiliser un taux d'accroissement pour résoudre une forme indéterminée

> Voir les exercices 9, 12 et 13 mettant en œuvre cette méthode.

Méthode

On considère une forme indéterminée concernant le quotient de deux fonctions de limites nulles.

> **Étape 1 :** on écrit tout d'abord la limite d'un taux d'accroissement de référence qui pourrait être utile.

> **Étape 2 :** on effectue éventuellement un changement de variable, en posant par exemple $t = -x$, $t = 2x$, $t = \dfrac{1}{n}$ …

> **Étape 3 :** on utilise la limite du taux d'accroissement adéquat et on conclut si possible sur la valeur de la limite.

Exemple

La fonction f est définie sur $\left]-\infty\,;\,\dfrac{1}{2}\right[$ par $f(x) = \dfrac{\ln(1-2x)}{x}$.

La suite (u_n) est définie pour tout $n \in \mathbb{N}^*$ par $u_n = \left(1 - \dfrac{2}{n}\right)^n$.

Déterminer la limite de la fonction f en zéro. En déduire la limite de la suite de terme général $\ln(u_n)$ puis la limite de la suite (u_n).

Application

> **Étape 1 :** tout d'abord f est le quotient de deux fonctions de limite nulle en zéro. Ensuite, il semble que l'on pourrait utiliser la limite du taux d'accroissement de la fonction logarithme en 1 : $\lim\limits_{x \to 0} \dfrac{\ln(x+1)}{x} = 1$.

> **Étape 2 :** on est donc amené à poser $t = -2x$.

Pour tout réel x non nul et pour tout réel t tel que $t = -2x$, on a $\dfrac{\ln(1-2x)}{x} = \dfrac{\ln(1+t)}{-t/2}$, soit $\dfrac{\ln(1-2x)}{x} = -2\dfrac{\ln(1+t)}{t}$.

> **Étape 3 :** enfin, $\lim\limits_{x \to 0}(-2x) = 0$ et $\lim\limits_{t \to 0} \dfrac{\ln(1+t)}{t} = 1$ donc $\lim\limits_{t \to 0}\left(-2\dfrac{\ln(1+t)}{t}\right) = -2$ et $\lim\limits_{x \to 0} f(x) = -2$.

Pour tout $n \in \mathbb{N}^*$ $\ln(u_n) = n \ln\left(1 - \dfrac{2}{n}\right)$, donc $\ln(u_n) = f\left(\dfrac{1}{n}\right)$ et $\lim\limits_{n \to +\infty} \dfrac{1}{n} = 0$,

donc $\lim\limits_{n \to +\infty} f\left(\dfrac{1}{n}\right) = -2$ et, puisque $u_n = e^{\ln(u_n)}$, $\lim\limits_{n \to +\infty} u_n = e^{-2}$.

SUJETS DE TYPE BAC

1. Équations et conjectures

⏱ 45 min

Cet exercice est intéressant à plusieurs titres : tout d'abord, on y étudie des fonctions exponentielles et logarithmes ; ensuite, il monte que toute conjecture n'est pas forcément valide.

> Voir les méthodes et stratégies 1 et 2.

On considère l'équation (E) d'inconnue x réelle :
$$e^x = 3(x^2 + x^3).$$

Partie A. Conjecture graphique

Le graphique ci-contre donne la courbe représentative de la fonction exponentielle et celle de la fonction f définie sur $\mathbb{R}$ par $f(x) = 3(x^2 + x^3)$ telles que les affiche une calculatrice dans un même repère orthogonal. À l'aide de ce graphique, conjecturer le nombre de solutions de l'équation (E) et leur encadrement par deux entiers consécutifs.

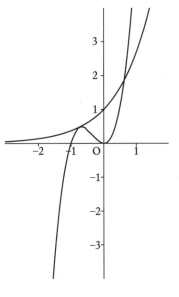

Partie B. Étude de la validité de la conjecture graphique

1. a. Étudier, selon les valeurs de x, le signe de $x^2 + x^3$.

b. En déduire que l'équation (E) n'a pas de solution sur l'intervalle $]-\infty\,;-1]$.

c. Vérifier que 0 n'est pas solution de (E).

2. On considère la fonction h, définie pour tout nombre réel de $]-1\,;0[\cup]0\,;+\infty[$ par : $h(x) = \ln 3 + \ln(x^2) + \ln(1+x) - x$.

a. Montrer que, sur $]-1\,;0[\cup]0\,;+\infty[$, l'équation (E) équivaut à $h(x) = 0$.

b. Montrer que, pour tout réel x appartenant à $]-1\,;0[\cup]0\,;+\infty[$, on a :
$$h'(x) = \frac{-x^2 + 2x + 2}{x(x+1)}.$$

c. Déterminer les variations de la fonction h.

d. Déterminer le nombre de solutions de l'équation $h(x) = 0$ et une valeur arrondie au centième de chaque solution.

e. Conclure quant à la conjecture de la partie **A**.

2. Tangente commune

⏱ 30 min

Cet exercice est exemplaire dans le sens où il fournit une méthode générale permettant de déterminer une tangente commune à deux courbes. Il constitue également un bon entraînement à l'étude de fonctions utilisant la fonction exponentielle.

> Voir les méthodes et stratégies 2 et 3.

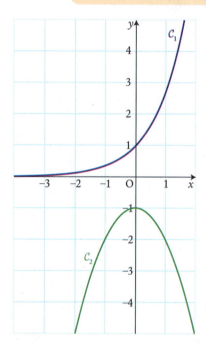

On considère les deux courbes C_1 et C_2 d'équations respectives $y = e^x$ et $y = -x^2 - 1$ dans un repère orthogonal du plan. Le but de cet exercice est de prouver qu'il existe une unique tangente T commune à ces deux courbes.

1. Sur le graphique représenté ci-contre, tracer approximativement une telle tangente à l'aide d'une règle. Lire graphiquement l'abscisse du point de contact de cette tangente avec la courbe C_1 et l'abscisse du point de contact de cette tangente avec la courbe C_2. On donnera des valeurs arrondies au dixième.

2. On désigne par a et b deux réels quelconques, par A le point d'abscisse a de la courbe C_1 et par B le point d'abscisse b de la courbe C_2.

a. Déterminer une équation de la tangente T_A à la courbe C_1 au point A.

b. Déterminer une équation de la tangente T_B à la courbe C_2 au point B.

c. En déduire que les droites T_A et T_B sont confondues si, et seulement si, les réels a et b sont solutions du système :

$$(S) : \begin{cases} e^a = -2b \\ e^a - ae^a = b^2 - 1 \end{cases}$$

d. Montrer que le système (S) équivaut au système :

$$(S') : \begin{cases} e^a = -2b \\ e^{2a} + 4ae^a - 4e^a - 4 = 0 \end{cases}$$

3. Le but de cette question est de prouver qu'il existe un unique réel solution de l'équation $(E) : e^{2x} + 4xe^x - 4e^x - 4 = 0$.
Pour cela on considère la fonction f définie sur $\mathbb{R}$ par $f(x) = e^{2x} + 4xe^x - 4e^x - 4$.

a. Montrer que pour tout x appartenant à l'intervalle $]-\infty; 0[$, $e^{2x} - 4 < 0$ et $4e^x(x-1) < 0$.

b. En déduire que l'équation (E) n'a pas de solution dans l'intervalle $]-\infty; 0[$.

c. Démontrer que la fonction f est strictement croissante sur l'intervalle $[0; +\infty[$.

d. Démontrer que l'équation (E) admet une solution unique dans l'intervalle $[0; +\infty[$. On note a cette solution. Donner un encadrement d'amplitude 10^{-2} de a.

4. On prend pour A le point d'abscisse a. Déterminer un encadrement d'amplitude 10^{-1} du réel b pour lequel les droites T_A et T_B sont confondues.

5 Fonctions exponentielle et logarithme népérien — SUJETS DE TYPE BAC

3 Résolution approchée d'équations et logarithme
40 min

On utilise dans cet exercice une fonction auxiliaire pour étudier une fonction dépendant de la fonction logarithme népérien. On prendra garde à la méthode utilisée pour la résolution approchée d'une équation.

> Voir la méthode et stratégie 3.

Partie A. Étude d'une fonction auxiliaire

On considère la fonction g définie sur $]0\,;+\infty[$ par $g(x) = x^2 - \dfrac{1}{x^2} - 4\ln x$.

1. À l'aide d'un grapheur, conjecturer le signe de $g(x)$ suivant les valeurs de x.

2. Étudier les variations de g et valider la conjecture émise à la question **1**.

Partie B. Étude d'une fonction

La fonction f est définie sur l'intervalle $]0\,;+\infty[$ par $f(x) = \dfrac{1}{4}x^2 + \dfrac{1}{4x^2} - (\ln x)^2$.

1. Montrer que, pour tout réel $x > 0$, $f(x) = f\left(\dfrac{1}{x}\right)$.

2. Déterminer la limite de f en $+\infty$ (on pourra mettre x^2 en facteur dans l'expression $f(x)$).

3. Déterminer la limite de f en 0.

4. Montrer que pour tout réel $x > 0$, $f'(x) = \dfrac{1}{2x}g(x)$.

5. En utilisant la partie **A**, étudier le sens de variation de la fonction f sur l'intervalle $]0\,;+\infty[$.

Partie C. Résolution approchée d'équations

1. Montrer que l'équation $f(x) = x$ admet une seule solution sur l'intervalle $]0\,;1]$. On nomme α cette solution.

2. Montrer que l'équation $f(x) = \dfrac{1}{x}$ admet une seule solution sur l'intervalle $[1\,;+\infty[$. On nomme β cette solution.

3. Montrer que $\alpha\beta = 1$.

4. Déterminer un encadrement de β d'amplitude 10^{-2}.
En déduire un encadrement de α.

4 Tangente à une courbe passant par l'origine
45 min

Cet exercice classique permet de faire le point sur la fonction exponentielle.

> Voir la méthode et stratégie 3.

On considère la fonction f définie sur $\mathbb{R}$ par $f(x) = xe^{x-1} + 1$.
On note $\mathcal{C}$ sa courbe représentative dans un repère orthonormé.

Partie A. Étude de la fonction

1. Déterminer la limite de f en $-\infty$. Que peut-on en déduire pour la courbe $\mathcal{C}$?

2. Déterminer la limite de f en $+\infty$.

3. On admet que f est dérivable sur $\mathbb{R}$, et on note f' sa fonction dérivée. Montrer que, pour tout réel x, $f'(x) = (x+1)e^{x-1}$.

4. Étudier les variations de f sur $\mathbb{R}$ et dresser son tableau de variation sur $\mathbb{R}$.

Partie B. Recherche d'une tangente particulière
Soit a un réel strictement positif. Le but de cette partie est de rechercher s'il existe une tangente à la courbe $\mathcal{C}$ au point d'abscisse a, qui passe par l'origine du repère.

1. On appelle T_a la tangente à $\mathcal{C}$ au point d'abscisse a. Donner une équation de T_a.

2. Démontrer qu'une tangente à $\mathcal{C}$ en un point d'abscisse a strictement positive passe par l'origine du repère si, et seulement si, a vérifie l'égalité $1 - a^2 e^{a-1} = 0$.

3. Démontrer que 1 est l'unique solution sur l'intervalle $]0\,;+\infty[$ de l'équation $1 - x^2 e^{x-1} = 0$.

4. Donner alors une équation de la tangente recherchée.

Suite de fonctions et suite de solutions d'équations

40 min

On étudie dans cet exercice une suite définie implicitement (dont les termes sont des solutions d'équations), ce qui le rend un peu abstrait. Néanmoins, les méthodes utilisées sont classiques et doivent être maîtrisées.

> Voir les méthodes et stratégies 1 et 3.

1. On considère la fonction f_1 définie sur $[0\,;+\infty[$ par $f_1(x) = 2x - 2 + \ln(x^2 + 1)$.
a. Déterminer la limite de f_1 en $+\infty$.
b. Déterminer la dérivée de f_1 et donner les variations de f_1.

2. Soit n un entier naturel non nul. On considère la fonction f_n définie sur $[0\,;+\infty[$ par :
$$f_n(x) = 2x - 2 + \frac{\ln(x^2+1)}{n}.$$
a. Déterminer la limite de f_n en $+\infty$.
b. Démontrer que la fonction f_n est strictement croissante sur $[0\,;+\infty[$.
c. Démontrer que l'équation $f_n(x) = 0$ admet une unique solution α_n sur $[0\,;+\infty[$.
d. Justifier que, pour tout entier naturel n, $0 < \alpha_n < 1$.

3. Montrer que pour tout entier naturel n non nul, $f_n(\alpha_{n+1}) > 0$.

4. Étude de la suite (α_n).
a. Montrer que la suite (α_n) est croissante. En déduire qu'elle est convergente.
b. Utiliser l'expression $\alpha_n = 1 - \dfrac{\ln(\alpha_n^2+1)}{2n}$ pour déterminer la limite de cette suite.

6. Approximation d'un réel par les termes d'une suite

Le but de l'exercice est démontrer que l'équation $(E) : e^x = \dfrac{1}{x}$, admet une unique solution dans l'ensemble $\mathbb{R}$ des nombres réels, et de construire une suite qui converge vers cette unique solution. On utilise, pour étudier cette suite, les propriétés analytiques de la fonction utilisée pour la définir.

> Voir la méthode et stratégie 3.

60 min

On considère, dans $\mathbb{R}$, l'équation $(E) : e^x = \dfrac{1}{x}$.

Partie A. Existence et unicité de la solution

On note f la fonction définie sur $\mathbb{R}$ par $f(x) = x - e^{-x}$.

1. Démontrer que x est solution de l'équation (E) si, et seulement si, $f(x) = 0$.

2. Étude du signe de la fonction f.

a. Étudier le sens de variations de la fonction f sur $\mathbb{R}$.

b. En déduire que l'équation (E) possède une unique solution sur $\mathbb{R}$, notée α.

c. Démontrer que α appartient à l'intervalle $\left[\dfrac{1}{2}\,;1\right]$.

d. Étudier le signe de f suivant les valeurs du réel x.

Partie B. Deuxième approche

On note g la fonction définie sur l'intervalle $[0\,;1]$ par $g(x) = \dfrac{1+x}{1+e^x}$.

1. Démontrer que l'équation $f(x) = 0$ est équivalente à l'équation $g(x) = x$.

2. En déduire que α est l'unique réel vérifiant $g(\alpha) = \alpha$.

3. Calculer $g'(x)$. En déduire que la fonction g est croissante sur l'intervalle $[0\,;\alpha]$.

Partie C. Construction d'une suite de réels ayant pour limite α

On considère la suite (u_n) définie par $u_0 = 0$ et, pour tout entier naturel n, par $u_{n+1} = g(u_n)$.

1. Démontrer par récurrence que pour tout $n \in \mathbb{N}$: $0 \leq u_n \leq u_{n+1} \leq \alpha$.

2. En déduire que la suite (u_n) est convergente. On note ℓ sa limite.

3. Justifier l'égalité $g(\ell) = \ell$. En déduire la valeur de ℓ.

4. À l'aide de la calculatrice, déterminer une valeur approchée de u_4 arrondie à la sixième décimale.

7 — Étude d'une suite de fonctions

35 min

On étudie ici une famille de fonctions dont l'expression dépend d'un paramètre. La particularité de cette étude est qu'il faut considérer la parité du paramètre.

> Voir la méthode et stratégie 3.

On considère la famille (f_k) de fonctions définies sur $]-1\,;+\infty[$ par :
$$f_k(x) = x^k \ln(1+x).$$
Soit $k \in \mathbb{N}^*$, on note h_k la fonction définie sur $]-1\,;+\infty[$ par :
$$h_k(x) = k\ln(1+x) + \frac{x}{1+x}.$$

1. Étudier le sens de variation puis le signe des fonctions h_k.

2. Étude du cas particulier $k=1$.

a. Après avoir justifié la dérivabilité de f_1 sur $]-1\,;+\infty[$, exprimer $f_1'(x)$ en fonction de $h_1(x)$.

b. En déduire les variations de la fonction f_1 sur $]-1\,;+\infty[$.

3. Soit $n \in \mathbb{N}^* \setminus \{1\}$.

a. Justifier la dérivabilité de f_k sur $]-1\,;+\infty[$ et exprimer $f_k'(x)$ en fonction de $h_k(x)$.

b. En déduire les variations de f_k sur $]-1\,;+\infty[$ (on distinguera les cas k pair et k impair). On précisera les limites aux bornes.

SUJETS D'APPROFONDISSEMENT

8 — Fonctions hyperboliques

60 min

Les fonctions étudiées dans cet exercice ne sont pas au programme de Terminale, mais elles se définissent simplement à l'aide de la fonction exponentielle et, à condition d'être définies dans l'énoncé, elles pourraient très bien faire partie d'un sujet d'examen.

> Voir les méthodes et stratégies 1 et 2.

Les fonctions cosinus hyperbolique (notée ch) et sinus hyperbolique (notée sh) sont définies sur $\mathbb{R}$ par $\operatorname{ch}(x) = \dfrac{e^x + e^{-x}}{2}$ et $\operatorname{sh}(x) = \dfrac{e^x - e^{-x}}{2}$.

La fonction tangente hyperbolique (notée th) est définie sur $\mathbb{R}$ par $\operatorname{th}(x) = \dfrac{\operatorname{sh}(x)}{\operatorname{ch}(x)}$.

1. Montrer que pour tout réel x, $\operatorname{ch}^2(x) - \operatorname{sh}^2(x) = 1$.

2. Montrer que pour tout réel x, $\operatorname{ch}'(x) = \operatorname{sh}(x)$, $\operatorname{sh}'(x) = \operatorname{ch}(x)$ et $\operatorname{th}'(x) = \dfrac{1}{\operatorname{ch}^2(x)} = 1 - \operatorname{th}^2(x)$.

3. Étudier les variations de la fonction tangente hyperbolique.

5 Fonctions exponentielle et logarithme népérien — SUJETS D'APPROFONDISSEMENT

4. Montrer que pour tout réel x, $\operatorname{th}(x) = \dfrac{1-e^{-2x}}{1+e^{-2x}}$.
Déterminer les limites de la fonction tangente hyperbolique en $-\infty$ et $+\infty$.

5. Établir que pour tout $x \in \mathbb{R}^+$ on a $x - \dfrac{x^3}{3} \leq \operatorname{th}(x) \leq x$ (on pourra étudier les fonctions $x \mapsto x - \operatorname{th}(x)$ et $x \mapsto \operatorname{th}(x) - x + \dfrac{x^3}{3}$).
En déduire que pour tout réel x non nul, $1 - \dfrac{x^2}{3} \leq \dfrac{\operatorname{th}(x)}{x} \leq 1$.

6. En déduire la limite de $\dfrac{\operatorname{th}(x)}{x}$ lorsque x tend vers 0.

7. Montrer que pour tout réel x, $\operatorname{th}(2x) = \dfrac{2\operatorname{th}(x)}{1+\operatorname{th}^2(x)}$.
En déduire que pour tout réel x non nul, $\operatorname{th}(x) = \dfrac{2}{\operatorname{th}(2x)} - \dfrac{1}{\operatorname{th}(x)}$.

8. Si x est un réel non nul et n un entier naturel, simplifiez $\displaystyle\sum_{k=0}^{n} 2^k \operatorname{th}(2^k x)$.

Résolution de l'équation $x^{x-n} = (x-n)^x$, pour $x > n$

60 min

Si certaines questions de cet exercice sont difficiles, d'autres sont très classiques. On prendra soin de noter les résultats intermédiaires car, dans ce problème « à tiroir », la plupart des questions se déduisent les unes des autres.

> Voir les méthodes et stratégies 2, 3 et 4.

L'entier naturel n étant au moins égal à 3, on note g_n la fonction définie sur l'intervalle $]n\,;+\infty[$ par : $g_n(x) = (x-n)\ln x - x\ln(x-n)$.

1. a. Résoudre, dans $\mathbb{N}$, l'inéquation $p + 1 < \sqrt{2}\,p$.
b. En déduire à l'aide d'un raisonnement par récurrence que l'inégalité $p^2 < 2^p$ est vérifiée pour toute valeur de l'entier naturel p supérieure ou égale à 5.
c. Déterminer les signes de $g_n(n+1)$ et de $g_n(n+2)$.

2. a. Calculer les dérivées première et seconde g_n' et g_n'', de g_n.
Montrer que pour tout $x > n$: $g_n''(x) = \dfrac{n\bigl(n^2 + x(x-n)\bigr)}{x^2(x-n)^2}$.

b. Déterminer les variations de la fonction g_n' et sa limite en $+\infty$.
En déduire le signe de $g_n'(x)$ puis le sens de variation de la fonction g_n.

3. a. Déterminer la limite de $g_n(x)$ lorsque x tend vers n.

b. Vérifier que pour tout réel $x > n$ on a : $g_n(x) = -n\ln x - x\ln\left(1 - \dfrac{n}{x}\right)$.

c. Démontrer que $\displaystyle\lim_{x \to +\infty} x\ln\left(1 - \dfrac{n}{x}\right) = -n$ (on pourra, pour déterminer cette limite, poser $h = -\dfrac{n}{x}$). En déduire la limite de la fonction g_n en $+\infty$.

4. a. Démontrer que l'équation $x^{x-n} = (x-n)^x$ a une solution, et une seule, notée x_n.
Démontrer que $\dfrac{\ln x_n}{x_n} = \dfrac{\ln(x_n - n)}{x_n - n}$.

b. En utilisant la question **1. c.**, déterminer la limite de x_n lorsque l'entier n tend vers $+\infty$. Montrer que $0 \leq \dfrac{\ln(x_n - n)}{2} \leq \dfrac{\ln(x_n - n)}{x_n - n}$.
En déduire que $x_n - n$ tend vers 1, lorsque l'entier n tend vers $+\infty$.

 Équation fonctionnelle et fonctions puissances 60 min

Dans cet exercice, à l'énoncé peu habituel au lycée, on caractérise les fonctions puissances par leurs propriétés algébriques et analytiques.

> Voir la méthode et stratégie 1.

Le but de cet exercice est de déterminer l'ensemble $\mathcal{F}$ des fonctions de $]0\,;+\infty[$ dans $]0\,;+\infty[$ vérifiant les deux conditions suivantes :
• f est dérivable en 1 ;
• pour tout x et tout y réels strictement positifs, $f(xy) = f(x)f(y)$.
Soit f un élément quelconque de $\mathcal{F}$.

1. Établir que $f(1) = 1$.

2. Soit x_0 un réel strictement positif et k un réel tel que $x_0 + k > 0$.
Montrer que $f(x_0 + k) - f(x_0) = f(x_0)\left[f\!\left(1 + \dfrac{k}{x_0}\right) - f(1)\right]$.

3. Déduire de ce qui précède que f est dérivable sur $]0\,;+\infty[$ et que l'on a :
pour tout x réel strictement positif, $\dfrac{f'(x)}{f(x)} = \dfrac{f'(1)}{x}$.

4. Que se passe-t-il si $f'(1) = 0$?
Montrer que si $f'(1) \neq 0$ alors f est strictement monotone.

5. Que peut-on dire de la fonction g définie sur $]0\,;+\infty[$ par $g(x) = \ln(f(x)) - f'(1)\ln x$?
Conclure.

11 Propriétés des puissances d'un réel 60 min

Cet exercice montre différentes facettes des puissances de réels, dont certaines peuvent être étonnantes.

> Voir la méthode et stratégie 3.

1. Démontrer pour tout réel $a > 0$, pour tout réel b et pour tout réel c : $a^b \times a^c = a^{b+c}$ et $\left(a^b\right)^c = a^{bc}$.

2. Calculer $\left(\sqrt{2}^{\sqrt{2}}\right)^{\sqrt{2}}$ et $\sqrt{2}^{\frac{\ln 9}{\ln 2}}$.

3. a. Montrer que $\dfrac{\ln 9}{\ln 2}$ est irrationnel.

b. On rappelle que $\sqrt{2}$ est irrationnel. Existe-t-il deux irrationnels positifs a et b tels que a^b soit rationnel ?

4. Soit la fonction h définie sur $]0\,;+\infty[$ par $h(x)=\dfrac{\ln x}{x}$.

a. Étudier les variations de la fonction h.

Déterminer les limites de h en zéro et en $+\infty$.

b. Résoudre dans l'ensemble des nombres entiers naturels non nuls l'équation $a^b=b^a$.

c. Montrer que $2{,}25^{3,375}=3{,}375^{2,25}$ et que $2{,}48832^{2,985984}=2{,}985984^{2,48832}$ (on pourra pour cela déterminer l'écriture rationnelle des nombres en question).

12 — Équation différentielle et solutions salines

 40 min

Comme on pourra le constater ici, les équations différentielles sont très utiles à l'étude de certains phénomènes physiques.

> Voir la méthode et stratégie 4.

Dans un récipient contenant 2 litres d'eau pure, on verse à la vitesse constante de 1 litre par minute une solution contenant 50 g de sel par litre. Un système d'évacuation permet au récipient de contenir toujours un volume de 2 litres. On note $m(t)$ la quantité, en grammes, de sel contenue dans le récipient au temps t et Q_h la quantité de sel retirée entre les instants t et $t+h$ (t et h étant exprimés en minutes).

1. a. Montrer que $m(t+h)=m(t)+50h-Q_h$ et que $h\dfrac{m(t)}{2}\leqslant Q_h\leqslant h\dfrac{m(t+h)}{2}$.

b. En déduire que m est dérivable et que $m'(t)=50-\dfrac{1}{2}m(t)$.

2. Exprimer m en fonction de t et déterminer la limite de m en $+\infty$.

13 — Fonctions exponentielles de base a

 40 min

Cet exercice traite de deux notions importantes de l'enseignement supérieur : les équations différentielles et les équations fonctionnelles. Les méthodes utilisées sont importantes car transposables pour résoudre bien des exercices du même type.

> Voir la méthode et stratégie 4.

1. Soit k un réel non nul. On considère une fonction f dérivable sur $\mathbb{R}$ telle que $f'(x)=kf(x)$ et $f(0)=1$.

Soit la fonction u définie sur $\mathbb{R}$ par $u(x)=f\left(\dfrac{x}{k}\right)$.

a. Démontrer que $u'=u$.

b. En déduire u puis f (on pourra remarquer que pour tout réel x, $f(x)=f\left(\dfrac{kx}{k}\right)$).

2. On considère une fonction non nulle g définie sur $\mathbb{R}$ telle que pour tout réel x et tout réel y : $g(x+y) = g(x) \times g(y)$.

a. Démontrer que $g(0) = 1$.

b. Montrer que si g est continue en 0 alors g est continue sur $\mathbb{R}$.

On suppose maintenant que g est dérivable en 0.

c. Soit a un réel, démontrer que g est dérivable en a et que :
$$g'(a) = g'(0) \times g(a).$$

d. En déduire qu'il existe un réel k tel que pour tout réel x, $g(x) = e^{kx}$.

3. On considère une fonction non nulle h définie et croissante sur $\mathbb{R}$ telle que pour tout réel x et tout réel y : $h(x+y) = h(x) \times h(y)$. On pose $h(1) = a$.

a. Démontrer que $h(0) = 1$, que $a \neq 0$ puis que $a > 0$.

b. Démontrer que pour tout entier naturel n, tout entier naturel non nul m et tout nombre rationnel r :
- $h(n) = a^n$;
- $h(-n) = a^{-n}$;
- $h\left(\dfrac{n}{m}\right) = a^{\frac{n}{m}}$ où $a^{\frac{1}{m}}$ est l'unique réel b tel que $b^m = a$.
- $h(r) = a^r$.

c. On admettra que pour tout réel x, il existe deux suites (u_n) et (v_n) de nombres rationnels respectivement minorée et majorée par x et qui convergent vers x.
Démontrer que pour tout réel x, $h(x) = a^x = e^{x \ln a}$.

5 Fonctions exponentielle et logarithme népérien CORRIGÉS

CORRIGÉS

1 Équations et conjectures

Partie A

Il semble y avoir deux points d'intersection entre ces deux courbes, donc deux solutions de l'équation (E), l'une comprise entre −1 et 0 et l'autre entre 0 et 1.

Partie B

1. a. Pour tout réel x, $x^2 + x^3 = x^2(1+x)$, donc si $x \leq -1$, $x^2 + x^3 \leq 0$, et si $x \geq -1$, $x^2 + x^3 \geq 0$.

b. Ainsi, si $x \leq -1$, $3(x^2 + x^3) \leq 0$ alors que $e^x > 0$, donc l'équation (E) n'a pas de solution sur l'intervalle $]-\infty\,;-1]$.

c. On a $e^0 = 1$ et $3(0^2 + 0^3) = 0$ donc 0 n'est pas solution de (E).

2. a. Pour tout $x \in]-1\,;0[\,\cup\,]0\,;+\infty[$, $x^2 > 0$ et $x+1 > 0$ donc $x^2 + x^3 > 0$ et :
$e^x = 3(x^2+x^3) \Leftrightarrow x = \ln(3(x^2+x^3))$
$\Leftrightarrow x = \ln 3 + \ln(x^2(1+x))$
$\Leftrightarrow x = \ln 3 + \ln(x^2) + \ln(1+x)$
$\Leftrightarrow h(x) = 0.$

Attention ! Pour $x > 0$, $\ln(x^2) = 2\ln(x)$, mais cette dernière égalité n'est pas valide pour $x < 0$ (la fonction ln est définie sur $]0\,;+\infty[$).

b. Pour tout réel $x \in]-1\,;0[\,\cup\,]0\,;+\infty[$, on a :
$$h'(x) = \frac{2}{x} + \frac{1}{1+x} - 1 = \frac{-x^2 + 2x + 2}{x(x+1)}.$$

c. Pour tout réel $x \in]-1\,;0[\,\cup\,]0\,;+\infty[$, $x(x+1)$ est du signe de x, et $-x^2 + 2x + 2$ a pour discriminant $\Delta = 12$ et pour racines $1-\sqrt{3}$ et $1+\sqrt{3}$; on a donc le tableau de signe :

x	-1		$1-\sqrt{3}$		0		$1+\sqrt{3}$		$+\infty$
$-x^2+2x+2$		−	0	+		+	0	−	
$x(x+1)$		−		−		+		+	
$h'(x)$		+	0	−		+	0	−	

La fonction h est donc strictement croissante sur $]-1\,;1-\sqrt{3}]$ et sur $]0\,;1+\sqrt{3}]$; elle est strictement décroissante sur $[1-\sqrt{3}\,;0[$ et sur $[1+\sqrt{3}\,;+\infty[$.

d. Sur $]-1\,;0[$, la fonction h admet pour maximum $h(1-\sqrt{3})$ et $h(1-\sqrt{3}) < 0$ donc l'équation $h(x) = 0$ n'admet pas de solution sur cet intervalle.

D'autre part, $\lim\limits_{x \to 0} \ln(x^2) = -\infty$ donc $\lim\limits_{x \to 0} h(x) = -\infty$ et pour tout réel $x > 0$:

$$h(x) = \ln 3 + x\left(2\frac{\ln x}{x} + \frac{\ln(1+x)}{x} - 1\right) \text{ et } \frac{\ln(1+x)}{x} = \frac{\ln x}{x} + \frac{\ln\left(\frac{1}{x}+1\right)}{x}.$$

Or, $\lim\limits_{x \to +\infty} \frac{\ln x}{x} = 0$ donc $\lim\limits_{x \to +\infty} h(x) = -\infty$. De plus $h(1+\sqrt{3}) > 0$.

La fonction h est continue (car dérivable) sur les intervalles $]0\,;1+\sqrt{3}]$ et $[1+\sqrt{3}\,;+\infty[$ sur chacun desquelles elle est strictement monotone, donc d'après un corollaire du théorème des valeurs intermédiaires, l'équation $h(x)=0$ admet deux solutions sur l'intervalle $]0\,;+\infty[$ dont les valeurs arrondies au centième sont 0,62 et 7,12.

e. Il y a bien deux solutions : l'une entre 0 et 1 mais l'autre est entre 7 et 8.

2 ▸ Tangente commune

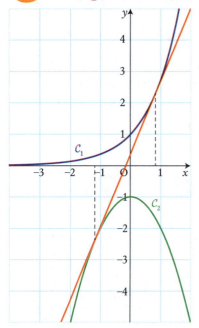

1. Sur le graphique, les abscisses des points de contact de la tangente commune avec la courbe C_1 et avec la courbe C_2 valent environ 0,8 et $-1,2$.

2. a. Une équation de T_A est $y = e^a(x-a) + e^a$, soit $y = e^a x - a e^a + e^a$.

b. Une équation de T_B est $y = -2b(x-b) - b^2 - 1$ soit $y = -2bx + b^2 - 1$.

c. Les droites T_A et T_B sont confondues si, et seulement si, elles ont même coefficient directeur et même ordonnée à l'origine, soit, si et seulement si les réels a et b sont solutions du système $(S) : \begin{cases} e^a = -2b \\ e^a - ae^a = b^2 - 1 \end{cases}$

d. On a $(S) \Leftrightarrow \begin{cases} b = -\dfrac{e^a}{2} \\ e^a - ae^a = \left(-\dfrac{e^a}{2}\right)^2 - 1 \end{cases}$

$\Leftrightarrow \begin{cases} b = -\dfrac{e^a}{2} \\ e^a - ae^a = \dfrac{e^{2a}}{4} - 1 \end{cases}$

$\Leftrightarrow \begin{cases} e^a = -2b \\ e^{2a} + 4ae^a - 4e^a - 4 = 0 \end{cases}$

3. a. Pour tout $x < 0$: d'une part $e^{2x} < 1$ donc $e^{2x} - 4 < -3 < 0$; d'autre part $e^x > 0$ et $x - 1 < 0$ donc $4e^x(x-1) < 0$.

b. On en déduit que pour tout $x < 0$, $e^{2x} - 4 + 4e^x(x-1) < 0$ soit $f(x) < 0$ et l'équation $(E) : f(x) = 0$ n'a pas de solution dans $]-\infty\,;0[$.

c. Pour tout réel $x \geq 0$, $f'(x) = 2e^{2x} + 4xe^x$. Or $e^{2x} > 0$ et $xe^x \geq 0$ donc $f'(x) > 0$: la fonction f est strictement croissante sur $[0\,;+\infty[$.

d. On a $f(0) = -7$ et pour tout réel x, $f(x) = e^{2x} - 4 + 4e^x(x-1)$ donc $\lim\limits_{x \to +\infty} f(x) = +\infty$; de plus, la fonction f est continue (car dérivable) et strictement croissante sur $[0\,;+\infty[$ et enfin le réel 0 appartient à l'intervalle image de $[0\,;+\infty[$ par f.

En utilisant un corollaire du théorème des valeurs intermédiaires, l'équation (E) admet une solution a unique dans l'intervalle $[0\,;+\infty[$.
Or, la calculatrice donne $f(0{,}84)<0$ et $f(0{,}85)>0$ donc $0{,}84<a<0{,}85$.

4. On prend pour A le point d'abscisse a, on a alors $b=-\dfrac{e^a}{2}$ et $-\dfrac{e^{0{,}85}}{2}<b<-\dfrac{e^{0{,}84}}{2}$, soit $-1{,}2<b<-1{,}1$.

> On remarquera qu'un encadrement d'amplitude 10^{-1} de a ne suffirait pas à obtenir un encadrement d'amplitude 10^{-1} de b.

D'autre part, les encadrements trouvés valident les conjectures faites dans la question **1**.

3 ▸ Résolution approchée d'équations et logarithme

Partie A

1. Un grapheur donne la représentation ci-contre de la courbe représentative de g.
On conjecture que $g(x)\geqslant 0$ si $x\geqslant 1$ et que $g(x)\leqslant 0$ si $x\in\,]0\,;1]$.

2. Pour tout $x>0$, $g'(x)=2x+\dfrac{2}{x^3}-\dfrac{4}{x}$

et $2x+\dfrac{2}{x^3}-\dfrac{4}{x}=\dfrac{2(x^4+1-2x^2)}{x^3}$ donc $g'(x)=\dfrac{2(x^2-1)^2}{x^3}$.

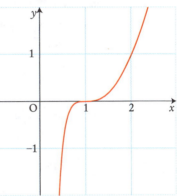

Ainsi $g'(x)\geqslant 0$ et g est croissante sur $]0\,;+\infty[$. Or, $g(1)=0$ donc $g(x)\geqslant 0$ si $x\geqslant 1$ et $g(x)\leqslant 0$ si $x\in\,]0\,;1]$.

Partie B

1. Pour tout $x>0$, $\dfrac{1}{4}\left(\dfrac{1}{x}\right)^2+\dfrac{1}{4\left(\dfrac{1}{x}\right)^2}-\ln^2\left(\dfrac{1}{x}\right)=\dfrac{1}{4}\dfrac{1}{x^2}+\dfrac{x^2}{4}-(-\ln x)^2$ donc $f\left(\dfrac{1}{x}\right)=f(x)$.

2. Pour tout $x>0$, $f(x)=x^2\left(\dfrac{1}{4}+\dfrac{1}{4x^4}-\left(\dfrac{\ln x}{x}\right)^2\right)$ et on sait que $\lim\limits_{x\to+\infty}\dfrac{\ln x}{x}=0$ (croissances comparées) donc $\lim\limits_{x\to+\infty}\dfrac{1}{4}+\dfrac{1}{4x^4}-\left(\dfrac{\ln x}{x}\right)^2=\dfrac{1}{4}$ puis $\lim\limits_{x\to+\infty}f(x)=+\infty$.

3. Pour tout $x>0$, on a $f(x)=f\left(\dfrac{1}{x}\right)$, $\lim\limits_{\substack{x\to 0\\x>0}}\dfrac{1}{x}=+\infty$ et $\lim\limits_{X\to+\infty}f(X)=+\infty$ donc $\lim\limits_{x\to 0}f(x)=+\infty$.

4. Pour tout réel $x>0$, $f'(x)=\dfrac{2x}{4}-\dfrac{2}{4x^3}-\dfrac{2}{x}\ln x$ et $\dfrac{1}{2x}g(x)=\dfrac{x^2}{2x}-\dfrac{1}{2x^3}-\dfrac{4\ln x}{2x}$ donc $f'(x)=\dfrac{1}{2x}g(x)$.

5. Il résulte de la partie **A**, que sur $]0\,;1]$, $f'\leqslant 0$ et donc que f est décroissante sur $]0\,;1]$, et que sur $[1\,;+\infty[$, $f'\geqslant 0$ et donc que f est croissante sur $[1\,;+\infty[$.

Partie C

1. La fonction f et la fonction $x \mapsto -x$ sont strictement décroissantes sur $]0\,;1]$ donc la fonction $h : x \mapsto f(x) - x$ est strictement décroissante sur $]0\,;1]$. De plus, h est continue sur $]0\,;1]$, $h(1) = -\dfrac{1}{2}$ et $\lim\limits_{x \to 0} f(x) = +\infty$ donc $\lim\limits_{x \to 0} h(x) = +\infty$. Ainsi, d'après un corollaire du théorème des valeurs intermédiaires, l'équation $h(x) = 0$ et donc l'équation $f(x) = x$ admet une seule solution α sur l'intervalle $]0\,;1]$.

2. Pour tout $x \geqslant 1$, $f(x) = \dfrac{1}{x} \Leftrightarrow f\left(\dfrac{1}{x}\right) = \dfrac{1}{x}$; or, si $x \geqslant 1$ alors $\dfrac{1}{x} \in \,]0\,;1]$, donc si $x \geqslant 1$, $f\left(\dfrac{1}{x}\right) = \dfrac{1}{x} \Leftrightarrow \dfrac{1}{x} = \alpha$ et donc l'équation $f(x) = \dfrac{1}{x}$ admet une seule solution sur l'intervalle $[1\,;+\infty[$ et cette solution est $\beta = \dfrac{1}{\alpha}$.

3. On en déduit immédiatement que $\alpha\beta = 1$.

4. À l'aide de la calculatrice, on trouve le tableau de valeurs suivant :

x	1,81	1,82	1,83	1,84	1,85	1,86
$f(x) - \dfrac{1}{x}$	−0,0092	−0,0045	0,0002	0,0049	0,0097	0,0144

Donc, $1{,}82 < \beta < 1{,}83$ et $\dfrac{1}{1{,}83} < \alpha < \dfrac{1}{1{,}82}$ puis $0{,}54 < \alpha < 0{,}55$.

4 Tangente à une courbe passant par l'origine

Partie A. Étude de la fonction

1. Pour tout réel x, $f(x) = \dfrac{xe^x}{e} + 1$ et on sait que $\lim\limits_{x \to -\infty} xe^x = 0$ (croissances comparées) donc $\lim\limits_{x \to -\infty} f(x) = 1$. On en déduit que la droite d'équation $y = 1$ est asymptote à la courbe $\mathcal{C}$.

2. On a $\lim\limits_{x \to +\infty} e^x = +\infty$ donc $\lim\limits_{x \to +\infty} f(x) = +\infty$.

3. Pour tout réel x, $f'(x) = e^{x-1} + xe^{x-1}$ donc $f'(x) = (x+1)e^{x-1}$.

4. Pour tout réel x, $e^x > 0$ donc $f'(x)$ est du signe de $x + 1$: la fonction f est strictement décroissante sur $]-\infty\,;-1]$ et strictement croissante sur $[-1\,;+\infty[$. On a alors le tableau de variations :

x	$-\infty$		-1		$+\infty$
Signe de $f'(x)$		$-$	0	$+$	
Variations de f	1	$\searrow$	$1 - \dfrac{1}{e^2}$	$\nearrow$	$+\infty$

160

Partie B. Recherche d'une tangente particulière

1. Soit $a > 0$, une équation de T_a est $y = (a+1)e^{a-1}(x-a) + ae^{a-1} + 1$, soit :
$$y = (a+1)e^{a-1}x - a^2e^{a-1} + 1.$$

2. Soit $a > 0$, la droite T_a passe par l'origine du repère si, et seulement si :
$$0 = (a+1)e^{a-1} \times 0 - a^2e^{a-1} + 1 \text{ soit } 1 - a^2e^{a-1} = 0.$$

3. On définit sur $[0\,;+\infty[$ la fonction $h : x \mapsto x^2 e^{x-1}$, alors pour tout $x \geq 0$:
$$h'(x) = 2xe^{x-1} + x^2 e^{x-1} = xe^{x-1}(x+2).$$
Ainsi, la fonction h est strictement croissante sur $[0\,;+\infty[$. Or, $h(1) = 1$ donc si $x > 1$ alors $h(x) > 1$, et si $0 < x < 1$ alors $h(x) < 1$. L'équation $x^2 e^{x-1} = 1$ admet donc 1 pour unique solution sur $]0\,;+\infty[$.

 Le théorème des valeurs intermédiaires est ici inutile puisque l'on connaît la solution.

4. Si $a = 1$ alors T_a admet pour équation $y = 2x$.

5 Suite de fonctions et suite de solutions d'équations

1. a. On a $\lim\limits_{x \to +\infty} (2x-2) = +\infty$ et $\lim\limits_{x \to +\infty} \ln(x^2+1) = +\infty$ donc $\lim\limits_{x \to +\infty} f_1(x) = +\infty$.

b. On a pour tout $x \in [0\,;+\infty[$, $f_1'(x) = 2 + \dfrac{2x}{x^2+1} > 0$: la fonction f_1 est strictement croissante sur $[0\,;+\infty[$ et $f_1(0) = -2$.

2. a. On a $\lim\limits_{x \to +\infty} (2x-2) = +\infty$ et $\lim\limits_{x \to +\infty} \ln(x^2+1) = +\infty$ et $n > 0$ donc :
$$\lim\limits_{x \to +\infty} f_n(x) = +\infty.$$

b. On a pour tout $x \in [0\,;+\infty[$, $f_n'(x) = 2 + \dfrac{1}{n} \times \dfrac{2x}{x^2+1} > 0$: la fonction f_n est strictement croissante sur $[0\,;+\infty[$ et $f_n(0) = -2$.

c. On utilise un corollaire du théorème des valeurs intermédiaires avec la fonction f_n continue (car dérivable), strictement croissante sur $[0\,;+\infty[$ et telle que $f_n(0) < 0$ et $\lim\limits_{x \to +\infty} f_n(x) = +\infty$, donc l'équation $f_n(x) = 0$ admet une unique solution α_n sur $[0\,;+\infty[$.

d. Pour tout $n \in \mathbb{N}$, on a $f_n(1) = \dfrac{\ln 2}{n}$, donc $f_n(0) \times f_n(1) < 0$ puis $0 < \alpha_n < 1$ (f_n étant strictement croissante).

3. Soit n un entier naturel, $f_n(\alpha_{n+1}) = 2\alpha_{n+1} - 2 + \dfrac{\ln(\alpha_{n+1}^2+1)}{n}$, d'autre part, par définition, $2\alpha_{n+1} - 2 + \dfrac{\ln(\alpha_{n+1}^2+1)}{n+1} = 0$. D'où, après calculs : $f_n(\alpha_{n+1}) = \dfrac{\ln(\alpha_{n+1}^2+1)}{n(n+1)} > 0$.

 Ceci illustre bien le principe consistant à revenir aux définitions des objets considérés.

4. a. Pour tout $n \in \mathbb{N}, f_n(\alpha_{n+1}) > 0$ et $f_n(\alpha_n) = 0$ donc $f_n(\alpha_{n+1}) > f_n(\alpha_n)$ et, puisque f_n est strictement croissante, $\alpha_{n+1} > \alpha_n$: la suite (α_n) est strictement croissante. De plus, elle est majorée par 1 (d'après la question **2. d.**) donc elle est convergente (comme toute suite croissante et majorée).

 Un tableau de variations de la fonction f_n pourra aider à visualiser les inégalités démontrées ci-dessus.

b. En notant ℓ la limite de la suite (u_n), on a successivement $\lim\limits_{n \to +\infty}\left(\alpha_n^2+1\right) = \ell^2 + 1$, $\lim\limits_{n \to +\infty} \ln\left(\alpha_n^2+1\right) = \ln(\ell^2 + 1)$ et $\lim\limits_{n \to +\infty} \dfrac{\ln\left(\alpha_n^2+1\right)}{2n} = 0$. Finalement $\ell = 1$.

 L'égalité $\alpha_n = 1 - \dfrac{\ln\left(\alpha_n^2+1\right)}{2n}$ est une conséquence de l'égalité $f_n(\alpha_n) = 0$. On aurait pu également utiliser cette égalité et l'encadrement trouvé au **2. d.** pour encadrer $\dfrac{\ln\left(\alpha_n^2+1\right)}{2n}$ et conclure à l'aide d'un théorème d'encadrement sur les limites.

6 Approximation d'un réel par les termes d'une suite

Partie A. Existence et unicité de la solution

1. En effet, pour tout réel x non nul, on a : $x - e^{-x} = 0 \Leftrightarrow x = \dfrac{1}{e^x} \Leftrightarrow e^x = \dfrac{1}{x}$.

2. a. Pour tout réel $x, f'(x) = 1 + e^{-x}$, donc la fonction f est strictement croissante.

b. On a $\lim\limits_{x \to -\infty} e^{-x} = +\infty$ donc $\lim\limits_{x \to -\infty} f(x) = -\infty$ et $\lim\limits_{x \to +\infty} e^{-x} = 0$ donc $\lim\limits_{x \to +\infty} f(x) = +\infty$. Ainsi, puisque f est continue (car dérivable) et strictement croissante sur $\mathbb{R}$, d'après un corollaire du théorème des valeurs intermédiaires, il existe un unique réel x tel que $f(x) = 0$, c'est-à-dire tel que $e^x = \dfrac{1}{x}$.

L'équation (E) possède donc une unique solution α sur $\mathbb{R}$.

c. On a $f\left(\dfrac{1}{2}\right) < 0$ et $f(1) > 0$ donc $\alpha \in \left[\dfrac{1}{2}\,;1\right]$.

d. La fonction f est strictement croissante sur $\mathbb{R}$, donc si $x < \alpha$ alors $f(x) < 0$ et si $x > \alpha$ alors $f(x) > 0$.

Partie B. Deuxième approche

1. Pour tout $x \neq 0$, on a $\dfrac{1+x}{1+e^x} = x$ si, et seulement si, $1 + x = x + xe^x$ soit $1 = xe^x$ puis $e^x = \dfrac{1}{x}$.

2. Puisque $g(x) = x \Leftrightarrow e^x = \dfrac{1}{x}$ et, d'après la partie précédente, $e^x = \dfrac{1}{x} \Leftrightarrow x = \alpha$, alors α est l'unique réel vérifiant $g(\alpha) = \alpha$.

3. On a $g'(x) = \dfrac{1-xe^x}{(1+e^x)^2}$. Afin d'utiliser la partie **A**, on exprime $g'(x)$ à l'aide de $f(x)$:

$$g'(x) = -\dfrac{e^x(x-e^{-x})}{(1+e^x)^2}.$$

Il en résulte que $g'(x)$ est du signe de $-f(x)$ et que la fonction g est croissante sur l'intervalle $[0\,;\alpha]$.

Partie C. Construction d'une suite de réels ayant pour limite α

1. Pour l'initialisation : on a $u_0 = 0$ et $u_1 = g(0)$ soit $u_1 = \dfrac{1}{2}$. Or, $\left[\dfrac{1}{2}\,;1\right]$ donc on a bien :
$0 \leqslant u_0 \leqslant u_1 \leqslant \alpha$.

L'hérédité de la propriété se démontre en utilisant la monotonie de g sur $[0\,;\alpha]$ et les égalités $g(0) = 0$, $g(u_n) = u_{n+1}$, $g(u_{n+1}) = u_{n+2}$ et $g(\alpha) = \alpha$.

Supposons que pour un entier naturel n, $0 \leqslant u_n \leqslant u_{n+1} \leqslant \alpha$.
Puisque la fonction g est croissante sur l'intervalle $[0\,;\alpha]$, on a :
$$g(0) \leqslant g(u_n) \leqslant g(u_{n+1}) \leqslant g(\alpha).$$
Or, $g(0) = 0$, $g(u_n) = u_{n+1}$, $g(u_{n+1}) = u_{n+2}$ et $g(\alpha) = \alpha$ donc :
$$0 \leqslant u_{n+1} \leqslant u_{n+2} \leqslant \alpha.$$
On en déduit que pour tout $n \in \mathbb{N}$, $0 \leqslant u_n \leqslant u_{n+1} \leqslant \alpha$.

2. Il en résulte que la suite (u_n) est croissante et majorée par α : elle converge.

3. On a $\lim\limits_{n \to +\infty} u_n = \ell$ donc d'une part $\lim\limits_{n \to +\infty} u_{n+1} = \ell$, d'autre part $\lim\limits_{n \to +\infty} \dfrac{1+u_n}{1+e^{u_n}} = \dfrac{1+\ell}{1+e^\ell}$.
Or, pour tout $n \in \mathbb{N}$, $u_{n+1} = g(u_n)$ donc $\ell = g(\ell)$.
Enfin, puisque α est l'unique solution de $g(x) = x$, on a $\ell = \alpha$.

4. La valeur de u_4 arrondie à la sixième décimal est $0{,}567\,143$.

7 Étude d'une suite de fonctions

1. Pour tout $x > -1$ on a $h'_k(x) = \dfrac{k(x+1)+1}{(1+x)^2}$ et $x+1 > 0$ avec $k > 0$ d'où $h'_k(x) > 0$.
La fonction h_k est donc strictement croissante sur $]-1\,;+\infty[$.
De plus $h_k(0) = 0$ donc $h_k < 0$ sur $]-1\,;0[$ et $h_k > 0$ sur $]0\,;+\infty[$.

2. a. La fonction f_1 est dérivable en tant que produit de fonctions dérivables sur $]-1\,;+\infty[$ et pour tout $x > -1$ on a $f'_1(x) = \ln(1+x) + \dfrac{x}{1+x} = h_1(x)$.
b. Donc d'après la question **1.**, f_1 est strictement décroissante sur $]-1\,;0]$ et strictement croissante sur $[0\,;+\infty[$.

3. a. La fonction f_k est dérivable en tant que produit de fonctions dérivables sur $]-1\,;+\infty[$ et pour tout $x > -1$ on a $f'_k(x) = kx^{k-1}\ln(1+x) + \dfrac{x^k}{1+x} = x^{k-1}h_k(x)$.
b. Donc si k est impair, f'_k est du signe de h_k : d'après la question **1.**, f_k est strictement décroissante sur $]-1\,;0]$ et strictement croissante sur $[0\,;+\infty[$.

Si k est pair, f'_k est du signe de h_k sur $]0;+\infty[$ et du signe de $-h_k$ sur $]-1;0[$, il en résulte que f_k est strictement croissante sur $]-1;+\infty[$.

On a utilisé la propriété suivante : si n est un entier pair, $x^n \geqslant 0$ et si n est un entier impair, x^n est du signe de x.

On a $\lim_{x \to -1} \ln(1+x) = -\infty$ donc :
$$\text{pour } k \text{ impair, } \lim_{x \to -1} f_k(x) = +\infty,$$
$$\text{pour } k \text{ pair } \lim_{x \to -1} f_k(x) = -\infty.$$

8 ▸ Fonctions hyperboliques

1. Pour tout réel x, $\text{ch}^2(x) - \text{sh}^2(x) = \dfrac{e^{2x}+2+e^{-2x}}{4} - \dfrac{e^{2x}-2+e^{-2x}}{4} = 1$.

2. Pour tout réel x, $\text{ch}'(x) = \dfrac{e^x - e^{-x}}{2}$ et $\text{sh}'(x) = \dfrac{e^x + e^{-x}}{2}$,
soit $\text{ch}'(x) = \text{sh}(x)$ et $\text{sh}'(x) = \text{ch}(x)$.

Puis $\text{th}'(x) = \dfrac{\text{sh}'(x)\text{ch}(x) - \text{ch}'(x)\text{sh}(x)}{\text{ch}^2(x)}$, d'où $\text{th}'(x) = \dfrac{\text{ch}^2(x) - \text{sh}^2(x)}{\text{ch}^2(x)} = \dfrac{1}{\text{ch}^2(x)}$ d'après la question 1., et $\text{th}'(x) = \dfrac{\text{ch}^2(x)}{\text{ch}^2(x)} - \dfrac{\text{sh}^2(x)}{\text{ch}^2(x)} = 1 - \text{th}^2(x)$.

3. Ainsi, puisque pour tout réel x, $\text{th}'(x) = \dfrac{1}{\text{ch}^2(x)}$, $\text{th}'(x) > 0$ et la fonction th est strictement croissante sur $\mathbb{R}$.

4. Pour tout réel x, $\text{th}(x) = \dfrac{e^x - e^{-x}}{e^x + e^{-x}} = \dfrac{1 - e^{-2x}}{1 + e^{-2x}}$ (en multipliant numérateur et dénominateur par e^{-x}).
Or $\lim_{x \to +\infty} e^{-2x} = 0$ donc $\lim_{x \to +\infty} \text{th}(x) = 1$.
De même, pour tout réel x, $\text{th}(x) = \dfrac{e^x - e^{-x}}{e^x + e^{-x}} = \dfrac{e^{2x} - 1}{e^{2x} + 1}$ (on a multiplié numérateur et dénominateur par e^x) et $\lim_{x \to -\infty} e^{2x} = 0$ donc $\lim_{x \to -\infty} \text{th}(x) = -1$.

5. Soit la fonction u définie sur $\mathbb{R}^+$ par $u(x) = x - \text{th}(x)$.
La fonction u est dérivable sur $\mathbb{R}^+$ et pour tout réel x positif :
$$u'(x) = 1 - (1 - \text{th}^2(x)) = \text{th}^2(x).$$
La fonction u est donc croissante sur $\mathbb{R}^+$. De plus, $u(0) = 0$ car $\text{th}(0) = 0$, la fonction u admet donc pour minimum 0 : pour tout $x \geqslant 0$, $x - \text{th}(x) \geqslant 0$.
Soit la fonction v définie sur $\mathbb{R}^+$ par $v(x) = \text{th}(x) - x + \dfrac{x^3}{3}$.
La fonction v est dérivable, et pour tout $x \geqslant 0$, $v'(x) = -\text{th}^2(x) + x^2$ et on a vu que $x \geqslant \text{th}(x)$, d'où, puisque $x \geqslant 0$, $x^2 \geqslant \text{th}^2(x)$: la fonction v' est positive sur $\mathbb{R}^+$, la fonction v est donc croissante sur $\mathbb{R}^+$ de minimum $v(0) = 0$, donc pour tout $x \geqslant 0$, $\text{th}(x) - x + \dfrac{x^3}{3} \geqslant 0$.

5 Fonctions exponentielle et logarithme népérien **CORRIGÉS**

Finalement, on a montré que pour tout $x \geq 0$, $x - \dfrac{x^3}{3} \leq \text{th}(x) \leq x$.

On en déduit que si $x > 0$, $1 - \dfrac{x^2}{3} \leq \dfrac{\text{th}(x)}{x} \leq 1$.

Si $x < 0$ alors $-x > 0$ et $1 - \dfrac{(-x)^2}{3} \leq \dfrac{\text{th}(-x)}{-x} \leq 1$.

Or $\text{th}(-x) = \dfrac{e^{-x} - e^x}{e^{-x} + e^x} = -\text{th}(-x)$, donc, si $x < 0$, $1 - \dfrac{x^2}{3} \leq \dfrac{\text{th}(x)}{x} \leq 1$.

Finalement, pour tout $x \neq 0$, $1 - \dfrac{x^2}{3} \leq \dfrac{\text{th}(x)}{x} \leq 1$.

6. On en déduit d'après le théorème des gendarmes que $\lim\limits_{x \to 0} \dfrac{\text{th}(x)}{x} = 1$.

 On pouvait déduire cela de la dérivabilité de la fonction th en 0 : $\lim\limits_{x \to 0} \dfrac{\text{th}(x)}{x} = \text{th}'(0)$.

7. Pour tout réel x, $\text{th}(2x) = \dfrac{e^{2x} - e^{-2x}}{e^{2x} + e^{-2x}}$ et

$$\dfrac{2\text{th}(x)}{1+\text{th}^2(x)} = \dfrac{2\dfrac{e^x - e^{-x}}{e^x + e^{-x}}}{1 + \left(\dfrac{e^x - e^{-x}}{e^x + e^{-x}}\right)^2} = \dfrac{2(e^x - e^{-x})(e^x + e^{-x})}{(e^x + e^{-x})^2 + (e^x - e^{-x})^2} = \dfrac{2(e^{2x} - e^{-2x})}{2e^{2x} + 2e^{-2x}},$$

d'où $\text{th}(2x) = \dfrac{2\text{th}(x)}{1+\text{th}^2(x)}$.

On en déduit que, pour tout réel x non nul, $\dfrac{1+\text{th}^2(x)}{\text{th}(x)} = \dfrac{2}{\text{th}(2x)}$,

puis que $\dfrac{1}{\text{th}(x)} + \text{th}(x) = \dfrac{2}{\text{th}(2x)}$ et enfin que $\text{th}(x) = \dfrac{2}{\text{th}(2x)} - \dfrac{1}{\text{th}(x)}$.

8. Soit un réel x non nul et un entier naturel n :

$$\sum_{k=0}^{n} 2^k \text{th}(2^k x) = \text{th}(x) + 2\text{th}(2x) + 4\text{th}(4x) + 8\text{th}(8x) + \ldots + 2^n \text{th}(2^n x).$$

D'après la question précédente :

$$\text{th}(x) = \dfrac{2}{\text{th}(2x)} - \dfrac{1}{\text{th}(x)}$$

$$2\text{th}(2x) = \dfrac{4}{\text{th}(4x)} - \dfrac{2}{\text{th}(2x)}$$

$$\ldots$$

$$2^n \text{th}(2^n x) = \dfrac{2^{n+1}}{\text{th}(2^{n+1}x)} - \dfrac{2^n}{\text{th}(2^n x)}$$

Les termes s'annulant deux à deux, on obtient :

$$\sum_{k=0}^{n} 2^k \text{th}(2^k x) = \dfrac{2^{n+1}}{\text{th}(2^{n+1}x)} - \dfrac{1}{\text{th}(x)}.$$

9 Résolution de l'équation $x^{x-n} = (x-n)^x$, pour $x > n$

1. a. Soit un entier naturel p : $p+1 < \sqrt{2}p \Leftrightarrow p > \dfrac{1}{\sqrt{2}-1}$.

Or $2 < \dfrac{1}{\sqrt{2}-1} < 3$ donc $p+1 < \sqrt{2}p \Leftrightarrow p \geq 3$.

b. On a $5^2 = 25$ et $2^5 = 32$ donc l'inégalité $p^2 < 2^p$ est vérifiée pour $p = 5$.
Supposons que pour un entier $p \geq 5$: $p^2 < 2^p$.
Alors, $p+1 < \sqrt{2}p$ (puisque $p \geq 3$) donc $(p+1)^2 < 2p^2$ puis, si $p^2 < 2^p$, $(p+1)^2 < 2 \times 2^p$, soit $(p+1)^2 < 2^{p+1}$.
On a démontré que pour tout entier $p \geq 5$: $p^2 < 2^p$.

c. On a $g_n(n+1) = \ln(n+1) - (n+1)\ln(1)$, soit $g_n(n+1) = \ln(n+1)$ donc $g_n(n+1) > 0$.

On a $g_n(n+2) = 2\ln(n+2) - (n+2)\ln(2)$, soit $g_n(n+2) = \ln\left(\dfrac{(n+2)^2}{2^{n+2}}\right)$.

Or, $n \geq 3$ donc $n+2 \geq 5$ et, d'après la question précédente, $(n+2)^2 < 2^{n+2}$ d'où $\dfrac{(n+2)^2}{2^{n+2}} < 1$ et $g_n(n+2) < 0$.

2. a. Pour tout $x > n$:
$$g_n'(x) = \ln x + \dfrac{x-n}{x} - \ln(x-n) - \dfrac{x}{x-n}$$
$$g_n''(x) = \dfrac{1}{x} + \dfrac{n}{x^2} - \dfrac{1}{x-n} + \dfrac{n}{(x-n)^2}$$
donc $g_n''(x) = \dfrac{x(x-n)^2 + n(x-n)^2 - x^2(x-n) + nx^2}{x^2(x-n)^2} = \dfrac{n(n^2 + x(x-n))}{x^2(x-n)^2}$.

b. Or, si $x > n$, $x - n > 0$ et donc $n^2 + x(x-n) > 0$ puis $g_n''(x) > 0$. La fonction g_n' est strictement croissante sur $]n; +\infty[$.
Pour tout $x > n$:
$$g_n'(x) = \ln x + \dfrac{x-n}{x} - \ln(x-n) - \dfrac{x}{x-n} = \ln\left(\dfrac{x}{x-n}\right) + \dfrac{x-n}{x} - \dfrac{x}{x-n}.$$

Or, $\dfrac{x-n}{x} = 1 - \dfrac{n}{x}$ et $\dfrac{x}{x-n} = \dfrac{1}{1-\dfrac{n}{x}}$ donc $\lim\limits_{x \to +\infty} \dfrac{x-n}{x} = 1$, $\lim\limits_{x \to +\infty} \dfrac{x}{x-n} = 1$ et $\lim\limits_{x \to +\infty} \ln\left(\dfrac{x}{x-n}\right) = 0$.

Finalement $\lim\limits_{x \to +\infty} g_n'(x) = 0$.

La fonction g_n' est strictement croissante et admet pour limite 0 en $+\infty$ donc pour tout $x > n$, $g_n'(x) < 0$.

La fonction g_n est donc strictement décroissante sur $]n; +\infty[$.

3. a. On a $\lim\limits_{x \to n}(x-n)\ln x = 0$ et $\lim\limits_{x \to n} x\ln(x-n) = -\infty$ donc $\lim\limits_{x \to n} g_n(x) = +\infty$.

b. Pour tout réel $x > n$ on a :
$$-n\ln x - x\ln\left(1 - \dfrac{n}{x}\right) = -n\ln x - x\ln\left(\dfrac{x-n}{x}\right)$$
$$= -n\ln x - x\ln(x-n) + x\ln x$$
$$= (x-n)\ln x - x\ln(x-n).$$

Soit $g_n(x) = -n\ln x - x\ln\left(1 - \dfrac{n}{x}\right)$.

c. Pour tout réel $x > n$, si $h = -\dfrac{n}{x}$ alors $x\ln\left(1 - \dfrac{n}{x}\right) = -\dfrac{n}{h}\ln(1 + h)$.

Or, $\lim\limits_{x \to +\infty}\left(-\dfrac{n}{x}\right) = 0$ et $\lim\limits_{h \to 0} \dfrac{\ln(1+h)}{h} = 1$ donc $\lim\limits_{x \to +\infty} x\ln\left(1 - \dfrac{n}{x}\right) = -n$.

Ainsi, puisque $\lim\limits_{x \to +\infty} -n\ln x = -\infty$ on a $\lim\limits_{x \to n} g_n(x) = -\infty$.

4. a. Pour tout $x > n$, $x^{x-n} = (x - n)^x \Leftrightarrow (x - n)\ln x - x\ln(x - n)$
$$\Leftrightarrow g_n(x) = 0.$$

Or, la fonction g_n est continue (car dérivable) et strictement décroissante sur $]n\,;+\infty[$, elle admet pour limite $+\infty$ en n et $-\infty$ en $+\infty$. Donc, d'après un corollaire du théorème des valeurs intermédiaires, l'équation $g_n(x) = 0$ admet une unique solution $x_n > n$. L'équation $x^{x-n} = (x - n)^x$ admet donc pour unique solution x_n.

On a par définition, $(x_n - n)\ln x_n = x_n\ln(x_n - n)$ d'où $\dfrac{\ln x_n}{x_n} = \dfrac{\ln(x_n - n)}{x_n - n}$.

b. D'après la question **1. c.**, $g_n(n+1) > 0$ et on a $g_n(x_n) = 0$ donc $n + 1 < x_n$.

Or, $\lim\limits_{n \to +\infty}(n+1) = +\infty$ donc, par comparaison, $\lim\limits_{n \to +\infty} x_n = +\infty$.

D'après la question **1. c.**, on a également $g_n(n+2) < 0$ donc $x_n < n + 2$.

Ainsi, $1 < x_n - n < 2$ donc $\ln(x_n - n) > 0$ et $\dfrac{1}{2} \leq \dfrac{1}{x_n - n}$ d'où :
$$0 \leq \dfrac{\ln(x_n - n)}{2} \leq \dfrac{\ln(x_n - n)}{x_n - n}.$$

Mais, $\lim\limits_{x \to +\infty} \dfrac{\ln x}{x} = 0$ et $\lim\limits_{n \to +\infty} x_n = +\infty$ donc $\lim\limits_{n \to +\infty} \dfrac{\ln x_n}{x_n} = 0$.

De plus, $\dfrac{\ln x_n}{x_n} = \dfrac{\ln(x_n - n)}{x_n - n}$ donc $\lim\limits_{n \to +\infty} \dfrac{\ln(x_n - n)}{x_n - n} = 0$.

Donc, d'après le théorème des gendarmes, $\lim\limits_{n \to +\infty} \dfrac{\ln(x_n - n)}{2} = 0$ d'où $\lim\limits_{n \to +\infty} \ln(x_n - n) = 0$.

Or, $x_n - n = e^{\ln(x_n - n)}$, donc $\lim\limits_{n \to +\infty}(x_n - n) = e^0$ et $x_n - n$ tend vers 1, lorsque l'entier n tend vers $+\infty$.

10 Équation fonctionnelle et fonctions puissances

Soit f un élément quelconque de $\mathcal{F}$.

1. D'après la deuxième condition, $f(1 \times 1) = f(1) \times f(1)$ donc $f(1) = [f(1)]^2$ et, comme $f(1) > 0$, $f(1) = 1$.

2. Soit x_0 un réel strictement positif et k un réel tel que $x_0 + k > 0$:

$$f(x_0)\left[f\left(1+\frac{k}{x_0}\right)-f(1)\right] = f(x_0)f\left(1+\frac{k}{x_0}\right)-f(x_0)f(1)$$

$$= f\left(x_0\left(1+\frac{k}{x_0}\right)\right)-f(x_0 \times 1)$$

$$= f(x_0+k)-f(x_0).$$

3. Soit x_0 un réel strictement positif et k un réel tel que $x_0 + k > 0$:

$$\frac{f(x_0+k)-f(x_0)}{k} = \frac{f(x_0)\left[f\left(1+\frac{k}{x_0}\right)-f(1)\right]}{k}.$$

Posons $h = \dfrac{k}{x_0}$ alors $\dfrac{f(x_0+k)-f(x_0)}{k} = \dfrac{f(x_0)}{x_0} \times \dfrac{f(1+h)-f(1)}{h}$ et la fonction f est dérivable en 1 donc $\lim\limits_{h\to 0}\dfrac{f(1+h)-f(1)}{h} = f'(1)$, et, puisque $\lim\limits_{k\to 0}\dfrac{k}{x_0} = 0$, on a :

$$\lim_{k\to 0}\frac{f(x_0+k)-f(x_0)}{k} = \frac{f(x_0)}{x_0} \times f'(1).$$

Donc f est dérivable sur $]0\,;+\infty[$ et l'on a pour tout $x > 0$, $\dfrac{f'(x)}{f(x)} = \dfrac{f'(1)}{x}$.

4. Si $f'(1) = 0$, on a, pour tout $x > 0$, $\dfrac{f'(x)}{f(x)} = 0$, soit $f'(x) = 0$: la fonction f une fonction constante.

Si $f'(1) \neq 0$, on a, pour tout $x > 0$, $f(x) > 0$ et $f'(x) = \dfrac{f'(1)}{x} \times f(x)$ qui est du signe de $f'(1)$, donc f est strictement monotone.

5. Pour tout $x > 0$, $g'(x) = \dfrac{f'(x)}{f(x)} - \dfrac{f'(1)}{x} = 0$ donc la fonction g est une fonction constante.

Or, $g(1) = \ln(f(1)) - f'(1)\ln 1 = 0$ car $f(1) = 1$, donc pour tout $x > 0$, $g(x) = 0$, soit $\ln(f(x)) = f'(1)\ln x$.

On en déduit que pour tout $x > 0$, $f(x) = e^{f'(1)\ln x}$.

Réciproquement, démontrons que si α est un réel non nul, la fonction $u_\alpha : x \mapsto e^{\alpha \ln x}$ définie sur $]0\,;+\infty[$ appartient à $\mathcal{F}$.

La fonction u_α est dérivable en 1 (pour tout $u'_\alpha(x) = \dfrac{\alpha}{x}e^{\alpha \ln x}$) et pour tout x et tout y réels strictement positifs, $e^{\alpha(\ln x + \ln y)} = e^{\alpha \ln x} \times e^{\alpha \ln y}$ donc $u_\alpha(xy) = u_\alpha(x)u_\alpha(y)$.

Les fonctions constantes définies sur $]0\,;+\infty[$ appartiennent clairement à $\mathcal{F}$ qui est donc l'ensemble des fonctions constantes et des fonctions $x \mapsto e^{\alpha \ln x}$, α réel non nul, définies sur $]0\,;+\infty[$.

> En utilisant la définition d'une fonction puissance vu dans la partie post bac « Fonctions puissances et croissances comparées », on montre que $\mathcal{F}$ est l'ensemble des fonctions constantes et des fonctions puissances définies sur $]0\,;+\infty[$.

11 Propriétés des puissances d'un réel

1. Pour tout réel $a > 0$, pour tout réel b et pour tout réel c : $a^b \times a^c = e^{b\ln a} e^{c\ln a}$
et $a^{b+c} = e^{(b+c)\ln a} = e^{b\ln a} e^{c\ln a}$ donc $a^b a^c = a^{b+c}$.
$(a^b)^c = e^{c\ln(a^b)}$ et $c\ln(a^b) = cb\ln a$ donc $(a^b)^c = a^{bc}$.

2. On a $\left(\sqrt{2}^{\sqrt{2}}\right)^{\sqrt{2}} = \sqrt{2}^{\sqrt{2} \times \sqrt{2}}$ et $\sqrt{2} \times \sqrt{2} = 2$ donc $\left(\sqrt{2}^{\sqrt{2}}\right)^{\sqrt{2}} = \sqrt{2}^2 = 2$.

On a ensuite $\sqrt{2}^{\frac{\ln 9}{\ln 2}} = e^{\frac{\ln 9}{\ln 2} \ln \sqrt{2}}$ et $\frac{\ln 9}{\ln 2} \ln \sqrt{2} = \frac{2\ln 3}{\ln 2} \ln \sqrt{2} = \frac{\ln 3}{\ln 2} \ln\left(\sqrt{2}^2\right) = \frac{\ln 3}{\ln 2} \ln 2 = \ln 3$

donc $\sqrt{2}^{\frac{\ln 9}{\ln 2}} = e^{\ln 3} = 3$.

3. Soit a et b deux entiers naturels strictement positifs, on a :
$$\frac{\ln 9}{\ln 2} = \frac{a}{b} \Leftrightarrow b\ln 9 = a\ln 2$$
$$\Leftrightarrow \ln 9^b = \ln 2^a$$
$$\Leftrightarrow 9^b = 2^a.$$

Or, si $a > 0$ et $b > 0$ alors 9^b est impair et 2^a est pair donc $9^b \neq 2^a$, il n'existe donc pas d'entiers strictement positifs a et b tels que $\frac{\ln 9}{\ln 2} = \frac{a}{b}$, $\frac{\ln 9}{\ln 2}$ est donc irrationnel.

Il existe donc deux irrationnels positifs $a = \sqrt{2}$ et $b = \frac{\ln 9}{\ln 2}$ tels que a^b soit rationnel, puisque $a^b = 3$.

4. a. La fonction h est dérivable sur $]0\,;+\infty[$ et pour tout $x > 0$: $h'(x) = \frac{1 - \ln x}{x^2}$. Donc $h'(x) < 0 \Leftrightarrow x > e$, la fonction h est strictement croissante sur l'intervalle $[e\,;+\infty[$ et strictement décroissante sur l'intervalle $]0\,;e]$ et on a $h(e) = \frac{1}{e}$.

De plus, $\lim\limits_{x \to 0} \frac{\ln x}{x} = -\infty$ et $\lim\limits_{x \to +\infty} \frac{\ln x}{x} = 0$.

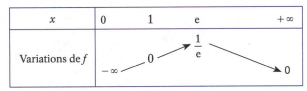

b. Pour tous entiers naturels a et b non nuls, $a^b = b^a \Leftrightarrow e^{b\ln a} = e^{a\ln b}$
$$\Leftrightarrow b\ln a = a\ln b$$
$$\Leftrightarrow \frac{\ln a}{a} = \frac{\ln b}{b}.$$

En appliquant un corollaire du théorème de valeurs intermédiaires sur chacun des intervalles $]0\,;e]$ et $[e\,;+\infty[$ à la fonction continue h et en remarquant que $h(1) = 0$, on montre que tout réel de l'intervalle $\left]0\,;\frac{1}{e}\right[$ admet exactement deux antécédents par h, l'un dans l'intervalle $]1\,;e[$ l'autre dans l'intervalle $]e\,;+\infty[$.

Donc, si $\dfrac{\ln a}{a} = \dfrac{\ln b}{b}$ et si $a < b$ alors $a \in \,]1\,;e[$ et $b \in \,]e\,;+\infty[$. Or, le seul entier de l'intervalle $]1\,;e[$ est 2 et $\dfrac{\ln 2}{2} = \dfrac{\ln 4}{4}$ (car $\ln 4 = 2\ln 2$) donc, dans $\mathbb{N}^*$:
$$a^b = b^a \Leftrightarrow a = b \text{ ou } (a\,;b) = (2\,;4) \text{ ou } (a\,;b) = (4\,;2).$$

c. On remarque que $2{,}25 = \dfrac{9}{4}$ et $3{,}375 = \dfrac{27}{8}$ et on a pour tout réel a et b strictement positifs, $a^b = b^a \Leftrightarrow \dfrac{\ln a}{a} = \dfrac{\ln b}{b}$.

Or, $\dfrac{\ln\dfrac{9}{4}}{\dfrac{9}{4}} = \dfrac{4}{9} \times 2\ln\dfrac{3}{2} = \dfrac{8}{9}\ln(1{,}5)$ et $\dfrac{\ln\dfrac{27}{8}}{\dfrac{27}{8}} = \dfrac{8}{27} \times 3\ln\dfrac{3}{2} = \dfrac{8}{9}\ln(1{,}5)$ donc $\dfrac{\ln(2{,}25)}{2{,}25} = \dfrac{\ln(3{,}375)}{3{,}375}$

et $2{,}25^{3{,}375} = 3{,}375^{2{,}25}$.

D'autre part, $2{,}488\,32 = \dfrac{248\,832}{100\,000} = \dfrac{3^5 \times 2^{10}}{2^5 \times 5^5} = \left(\dfrac{6}{5}\right)^5$ et $2{,}985\,984 = \dfrac{3^6 \times 2^{12}}{2^6 \times 5^6} = \left(\dfrac{6}{5}\right)^6$,

donc $\dfrac{\ln(2{,}488\,32)}{2{,}488\,32} = \left(\dfrac{5}{6}\right)^5 \times 5\ln\left(\dfrac{6}{5}\right)$ et $\dfrac{\ln(2{,}985\,984)}{2{,}985\,984} = \left(\dfrac{5}{6}\right)^6 \times 6\ln\left(\dfrac{6}{5}\right)$, ainsi,

puisque $\left(\dfrac{5}{6}\right)^5 \times 5 = \left(\dfrac{5}{6}\right)^6 \times 6 = \dfrac{5^6}{6^5}$, on a $2{,}488\,32^{2{,}985\,984} = 2\,985\,984^{2{,}488\,32}$.

> On démontrerait de même que pour tout entier $n > 0$, si $a = \left(\dfrac{n+1}{n}\right)^n$ et $b = \left(\dfrac{n+1}{n}\right)^{n+1}$ alors $a^b = b^a$.

12 ▶ Équation différentielle et solutions salines

1. a. On ajoute 50 grammes de sel par minute, donc $50h$ grammes en h minutes et on en évacue Q_h grammes, donc entre les temps t et $t+h$, la différence de sel est de $50h - Q_h$ grammes, d'où $m(t+h) = m(t) + 50h - Q_h$.

Entre les temps t et $t+h$, il y a entre $\dfrac{m(t)}{2}$ et $\dfrac{m(t+h)}{2}$ g de sel par litre dans le récipient et on évacue 1 litre par minute, soit donc entre $\dfrac{m(t)}{2} \times h$ et $\dfrac{m(t+h)}{2} \times h$ grammes de sel entre les temps t et $t+h$ donc $h\dfrac{m(t)}{2} \leq Q_h \leq h\dfrac{m(t+h)}{2}$.

b. On déduit de l'égalité précédente que pour tout $h > 0$: $\dfrac{m(t+h) - m(t)}{h} = 50 - \dfrac{Q_h}{h}$,

avec $\dfrac{m(t)}{2} \leq \dfrac{Q_h}{h} \leq \dfrac{m(t+h)}{2}$. Or, $\lim\limits_{h \to 0} m(t+h) = m(t)$, donc $\lim\limits_{h \to 0} \dfrac{Q_h}{h} = \dfrac{m(t)}{2}$ et finalement :

$\lim\limits_{h \to 0} \dfrac{m(t+h) - m(t)}{h} = 50 - \dfrac{m(t)}{2}$. Donc m est dérivable et $m'(t) = 50 - \dfrac{1}{2}m(t)$.

2. L'équation différentielle $y' = -\frac{1}{2}y + 50$ admet pour solutions les fonctions $t \mapsto Ce^{-\frac{1}{2}t} - \frac{50}{\left(-\frac{1}{2}\right)}$ où C est un réel.

On a donc $m : t \mapsto Ce^{-\frac{1}{2}t} + 100$. Or, on sait que $m(0) = 0$ (à $t = 0$, l'eau est pure), donc $C + 100 = 0$ et $C = -100$. Ainsi $m : t \mapsto 100\left(1 - e^{-\frac{1}{2}t}\right)$.

Finalement, puisque $\lim_{t \to +\infty} e^{-\frac{1}{2}t} = 0$, $\lim_{t \to +\infty} m(t) = 100$.

Cela correspond à la quantité limite de sel obtenu au bout d'un temps assez long.

13 Fonctions exponentielles de base a

1. a. Pour tout réel x, on a $u'(x) = \frac{1}{k}f'\left(\frac{x}{k}\right)$ et $f'\left(\frac{x}{k}\right) = kf\left(\frac{x}{k}\right)$ donc $u'(x) = f\left(\frac{x}{k}\right)$.
On a donc bien $u' = u$.

b. En outre, $u(0) = f\left(\frac{0}{k}\right)$ et $f(0) = 1$ donc $u(0) = 1$.

La fonction u est donc la fonction exponentielle qui est l'unique fonction h dérivable sur $\mathbb{R}$ telle que $h' = h$ et $h(0) = 1$.
Or, pour tout réel x, $f\left(\frac{kx}{k}\right) = u(kx)$ donc $f(x) = e^{kx}$.

2. a. En utilisant la relation $g(x + y) = g(x) \times g(y)$ pour x réel et $y = 0$, on obtient :
$$g(x) = g(x) \times g(0).$$
La fonction g n'étant pas nulle, il existe un réel a tel que $g(a) \neq 0$ et pour lequel on a $g(a) = g(a) \times g(0)$; on a donc $g(0) = \frac{g(a)}{g(a)}$ soit $g(0) = 1$.

b. Pour tous réels a et h, on a $g(a + h) = g(a) \times g(h)$. Or, si g est continue en 0, comme $g(0) = 1$, on a $\lim_{h \to 0} g(h) = 1$, donc $\lim_{h \to 0} g(a + h) = g(a)$, g est alors continue en a.

c. Soit a un réel et h un réel non nul : $\frac{g(a+h) - g(a)}{h} = \frac{g(a)g(h) - g(a)}{h}$,

d'où $\frac{g(a+h) - g(a)}{h} = g(a)\frac{g(h) - g(0)}{h}$. Si g est dérivable en 0 alors $\lim_{h \to 0}\frac{g(h) - g(0)}{h} = g'(0)$

et donc $\lim_{h \to 0}\frac{g(a+h) - g(a)}{h} = g(a)g'(0)$.

Donc g est dérivable en a et $g'(a) = g'(0) \times g(a)$.

d. En posant $k = g'(0)$ on a g dérivable sur $\mathbb{R}$ telle que $g'(x) = kg(x)$ et $g(0) = 1$. D'après la question **1.**, pour tout réel x, $g(x) = e^{kx}$.

3. a. On a $h(0) = 1$ (voir question **2.**) et donc $h(1) \times h(-1) = h(0) = 1$ donc $h(1) \neq 0$. On a également $h(1) = \left[h\left(\frac{1}{2}\right)\right]^2$ donc $h(1) > 0$ (car non nul).

b. Pour tout entier naturel n et tout entier naturel non nul m :
• On a $h(0) = 1$, $h(2) = h(1) \times h(1) = a^2$ et $h(1+1+\ldots+1) = h(1) \times h(1) \times \ldots h(1)$ donc $h(n) = a^n$.

 Un démonstration par récurrence (ici évidente) serait plus rigoureuse.

• $h(-n) \times h(n) = h(0)$ donc $h(-n) = \dfrac{1}{a^n} = a^{-n}$ (car $a \neq 0$).

• $\left[h\left(\dfrac{n}{m}\right)\right]^m = h\left(\dfrac{n}{m} \times m\right)$ donc $\left[h\left(\dfrac{n}{m}\right)\right]^m = a^n$ et $h\left(\dfrac{n}{m}\right) = a^{\frac{n}{m}}$.

 Pour $a > 0$, $a^{\frac{1}{m}}$ est la racine n-ième de a.

c. Pour tout entier naturel n, on a $v_n \leq x \leq u_n$ et h est croissante, donc $h(v_n) \leq h(x) \leq h(u_n)$, soit $a^{v_n} \leq h(x) \leq a^{u_n}$ car u_n et v_n sont des rationnels.

Or, $\lim\limits_{n \to +\infty} a^{v_n} = a^x$ et $\lim\limits_{n \to +\infty} a^{u_n} = a^x$, donc d'après le théorème des gendarmes, $h(x) = a^x$.

CHAPITRE 6

Fonctions trigonométriques

COURS

174	**I.**		Éléments de trigonométrie
174	**II.**		Fonctions trigonométriques
176	POST BAC		Les fonctions Arc sinus et Arc cosinus
178	POST BAC		Tangente de l'angle moitié

MÉTHODES ET STRATÉGIES

179	**1**	Retrouver certaines valeurs de cosinus ou sinus
180	**2**	Retrouver des liens entre cosinus et sinus
180	**3**	Étudier une fonction trigonométrique
182	**4**	Transformer $a\cos\theta + b\sin\theta$

SUJETS DE TYPE BAC

183	**Sujet 1**	Équations trigonométriques
183	**Sujet 2**	Fonction trigonométrique
183	**Sujet 3**	Une fraction trigonométrique
184	**Sujet 4**	Calcul d'une intégrale
184	**Sujet 5**	Problème d'optimisation
184	**Sujet 6**	Intensité efficace
184	**Sujet 7**	Étude d'une fonction trigonométrique

SUJETS D'APPROFONDISSEMENT

185	**Sujet 8**	Conversion de somme en produit
186	**Sujet 9**	Étude d'une fonction
186	**Sujet 10**	Recherche de contre-exemples
186	**Sujet 11**	Fonction tangente
187	**Sujet 12**	Équation trigonométrique et fonction tangente
187	**Sujet 13** POST BAC	Optimisation de fonction en sinus et cosinus
188	**Sujet 14** POST BAC	Arc cosinus et Arc sinus
188	**Sujet 15**	Factorisation et trigonométrie

CORRIGÉS

189	**Sujets 1 à 7**
194	**Sujets 8 à 15**

Fonctions trigonométriques

I. Éléments de trigonométrie

1. Sinus et cosinus d'un réel

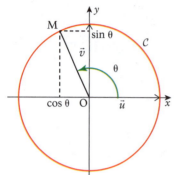

Dans le plan muni d'un repère orthonormé direct $(O\,;\vec{u},\vec{v})$, on considère un point M situé sur le cercle trigonométrique $\mathcal{C}$, de centre O et de rayon 1. On note θ une mesure en radians de l'angle $(\vec{u}\,;\overrightarrow{OM})$.

Définition On appelle **cosinus** du réel θ l'abscisse de M dans $(O\,;\vec{u},\vec{v})$ et **sinus** de θ l'ordonnée de M, respectivement notés cos θ et sin θ.

Propriété Pour tout réel θ : $\cos^2\theta + \sin^2\theta = 1$.

2. Tableau de valeurs

x	0	$\frac{\pi}{6}$	$\frac{\pi}{4}$	$\frac{\pi}{3}$	$\frac{\pi}{2}$
$\cos x$	1	$\frac{\sqrt{3}}{2}$	$\frac{\sqrt{2}}{2}$	$\frac{1}{2}$	0
$\sin x$	0	$\frac{1}{2}$	$\frac{\sqrt{2}}{2}$	$\frac{\sqrt{3}}{2}$	1

3. Formules de trigonométrie

Pour tous les réels a et b, on a :
- $\cos(a+b) = \cos a \cos b - \sin a \sin b$
- $\sin(a+b) = \sin a \cos b + \cos a \sin b$
- $\cos(a-b) = \cos a \cos b + \sin a \sin b$
- $\sin(a-b) = \sin a \cos b - \cos a \sin b$

II. Fonctions trigonométriques

1. Fonction sinus

On définit sur $\mathbb{R}$ la fonction sinus, notée sin, qui à tout réel x associe $\sin x$.

Propriétés
- La fonction sinus est **impaire**, c'est-à-dire que pour tout réel x : $\sin(-x) = -\sin x$.
- La fonction sinus est **2π-périodique**, c'est-à-dire que pour tout réel x : $\sin(x+2\pi) = \sin x$.
- La fonction sinus est **dérivable** sur $\mathbb{R}$ et, pour tout réel x, $\sin' x = \cos x$. En particulier, on a $\lim\limits_{x\to 0}\dfrac{\sin x}{x} = 1$.

- La fonction sinus est croissante sur $\left[0;\dfrac{\pi}{2}\right]$ et décroissante sur $\left[\dfrac{\pi}{2};\pi\right]$.
- Tableau de variations et représentation graphique :

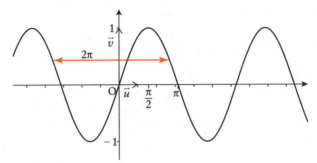

Remarque La fonction sinus étant impaire, sa représentation graphique admet le centre du repère comme centre de symétrie.

2. Fonction cosinus

On définit sur $\mathbb{R}$ la fonction cosinus, notée cos, qui à tout réel x associe $\cos x$.

Propriétés

- La fonction cosinus est **paire**, c'est-à-dire que, pour tout réel x, $\cos(-x) = \cos x$.
- La fonction cosinus est **2π-périodique**, c'est-à-dire que, pour tout réel x, $\cos(x + 2\pi) = \cos x$.
- La fonction cosinus est **dérivable** sur $\mathbb{R}$ et, pour tout réel x, $\cos' x = -\sin x$.
- La fonction cosinus est décroissante sur $[0;\pi]$:
- Tableau de variations et représentation graphique :

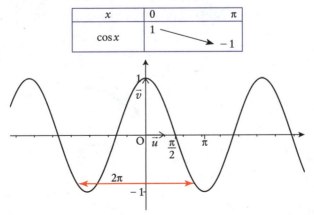

Remarque La fonction cosinus étant paire, sa représentation graphique admet l'axe des ordonnées comme axe de symétrie.

3. Lien entre les fonctions sinus et cosinus

Pour tout réel x, on a : $\sin\left(x + \dfrac{\pi}{2}\right) = \cos x$.

Les courbes des fonctions sinus et cosinus se déduisent l'une de l'autre par des translations de vecteur $\dfrac{\pi}{2}\vec{u}$ ou $\dfrac{-\pi}{2}\vec{u}$.

POST BAC

Les fonctions Arc sinus et Arc cosinus

> Voir l'exercice 14.

Nous allons définir les fonctions réciproques de sinus et cosinus. Ces définitions ne sont pas au programme de Terminale S mais elles sont utilisées implicitement à chaque fois que l'on utilise une calculatrice pour trouver l'angle dont le sinus ou le cosinus vaut une certaine valeur.

1. La fonction Arc sinus

Définition La fonction sinus est continue et strictement croissante de $\left[\dfrac{-\pi}{2}; \dfrac{\pi}{2}\right]$ sur $[-1; 1]$. Le théorème des valeurs intermédiaires nous permet donc d'affirmer que, pour tout y de $[-1; 1]$, il existe un unique x dans $\left[\dfrac{-\pi}{2}; \dfrac{\pi}{2}\right]$ tel que $y = \sin x$. Cette solution y est notée $\arcsin y$. On a donc :

$$\begin{cases} x = \arcsin y \\ y \in [-1; 1] \end{cases} \Leftrightarrow \begin{cases} y = \sin x \\ x \in \left[\dfrac{-\pi}{2}; \dfrac{\pi}{2}\right] \end{cases}$$

Propriété La fonction sinus est bijective de $\left[\dfrac{-\pi}{2}; \dfrac{\pi}{2}\right]$ sur $[-1; 1]$ et sa réciproque est la fonction **Arc sinus** définie de $[-1; 1]$ dans $\left[\dfrac{-\pi}{2}; \dfrac{\pi}{2}\right]$.

- Courbes représentatives de Arc sinus sur $[-1; 1]$ et de sinus sur $\left[\dfrac{-\pi}{2}; \dfrac{\pi}{2}\right]$:

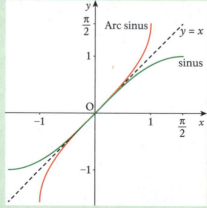

Exemples $\arcsin\left(\dfrac{1}{2}\right) = \dfrac{\pi}{6}$ et $\arcsin\left(-\dfrac{\sqrt{3}}{2}\right) = \dfrac{-\pi}{3}$.

2. La fonction Arc cosinus

Définition La fonction cosinus est continue et strictement décroissante de $[0\,;\pi]$ sur sur $[-1\,;1]$. Le théorème des valeurs intermédiaires nous donne, comme pour la fonction sinus, une fonction réciproque de $[-1\,;1]$ sur $[0\,;\pi]$ notée $x \mapsto \arccos x$:
$$\begin{cases} y = \arccos x \\ x \in [-1\,;1] \end{cases} \Leftrightarrow \begin{cases} x = \cos y \\ y \in [0\,;\pi] \end{cases}$$

Propriété La fonction cosinus est bijective de $[0\,;\pi]$ sur $[-1\,;1]$ et sa réciproque est la fonction Arc cosinus définie de $[-1\,;1]$ dans $[0\,;\pi]$.

▬ Courbes représentatives de Arc cosinus sur $[-1\,;1]$ et de cosinus sur $[0\,;\pi]$:

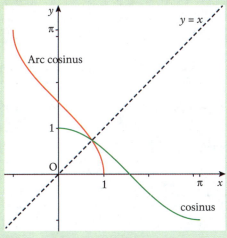

Exemples $\arccos(-1) = \pi$ et $\arccos\left(-\dfrac{\sqrt{2}}{2}\right) = \dfrac{3\pi}{4}$.

Remarques
- Pour tout $x \in \left[\dfrac{-\pi}{2}\,;\dfrac{\pi}{2}\right]$, $\arcsin(\sin x) = x$ et pour tout $x \in [-1\,;1]$, $\sin(\arcsin x) = x$.
- Pour tout $x \in [0\,;\pi]$, $\arccos(\cos x) = x$ et pour tout $x \in [-1\,;1]$, $\cos(\arccos x) = x$.

Tangente de l'angle moitié

> Voir l'exercice 13.

Formules donnant les sinus et cosinus en fonction de la tangente de l'angle moitié

On rappelle que $\tan x = \dfrac{\sin x}{\cos x}$ pour $x \neq \dfrac{\pi}{2} + k\pi$.

Les formules des propositions qui suivent permettent d'obtenir de nouvelles formes des fonctions sinus et cosinus qui sont souvent utilisées, notamment pour des calculs d'intégrales.

Proposition $\cos^2 \theta = \dfrac{1}{1 + \tan^2 \theta}$.

Démonstration

$1 + \tan^2 \theta = 1 + \dfrac{\sin^2 \theta}{\cos^2 \theta} = \dfrac{\cos^2 \theta + \sin^2 \theta}{\cos^2 \theta} = \dfrac{1}{\cos^2 \theta}$, d'où la proposition.

Proposition Pour $\theta \in \left]-\dfrac{\pi}{4}; \dfrac{\pi}{4}\right[$, nous posons $t = \tan \dfrac{\theta}{2}$. On a alors :

$$\cos \theta = \dfrac{1 - t^2}{1 + t^2} \quad \text{et} \quad \sin \theta = \dfrac{2t}{1 + t^2}.$$

Démonstration

$\cos 2a = \cos^2 a - \sin^2 a = 2\cos^2 a - 1$, donc pour $\theta = 2a$ on obtient :

$$\cos \theta = 2\cos^2 \dfrac{\theta}{2} - 1 = \dfrac{2}{1 + \tan^2 \dfrac{\theta}{2}} - 1 = \dfrac{2}{1 + t^2} - 1 = \dfrac{1 - t^2}{1 + t^2}.$$

$\sin 2a = 2\sin a \cos a$, donc pour $\theta = 2a$ on obtient :

$$\sin \theta = 2\sin \dfrac{\theta}{2} \cos \dfrac{\theta}{2} = 2\dfrac{\sin \dfrac{\theta}{2} \cos^2 \dfrac{\theta}{2}}{\cos \dfrac{\theta}{2}} = 2\tan \dfrac{\theta}{2} \times \dfrac{1}{1 + \tan^2 \dfrac{\theta}{2}} = \dfrac{2t}{1 + t^2}.$$

Fonctions trigonométriques MÉTHODES ET STRATÉGIES

MÉTHODES ET STRATÉGIES

 Retrouver certaines valeurs de cosinus ou sinus

> Voir les exercices 9 et 14 mettant en œuvre cette méthode.

Méthode

Pour connaître les cosinus et sinus d'angles remarquables (des angles de la forme $\dfrac{k\pi}{6}$ et $\dfrac{k\pi}{4}$, où $k \in \mathbb{Z}$, de $[0\,;2\pi]$), il suffit de connaître le sinus et le cosinus des angles de $\left[0\,;\dfrac{\pi}{2}\right]$ (rappelés dans le cours), et d'utiliser des symétries dans le cercle trigonométrique.

On déduit du graphique ci-contre les valeurs suivantes :

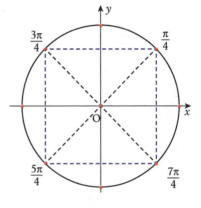

x	$\dfrac{\pi}{4}$	$\dfrac{3\pi}{4}$	$\dfrac{5\pi}{4}$ ou $\dfrac{-3\pi}{4}$	$\dfrac{7\pi}{4}$ ou $\dfrac{-\pi}{4}$
$\cos x$	$\dfrac{\sqrt{2}}{2}$	$-\dfrac{\sqrt{2}}{2}$	$-\dfrac{\sqrt{2}}{2}$	$\dfrac{\sqrt{2}}{2}$
$\sin x$	$\dfrac{\sqrt{2}}{2}$	$\dfrac{\sqrt{2}}{2}$	$-\dfrac{\sqrt{2}}{2}$	$-\dfrac{\sqrt{2}}{2}$

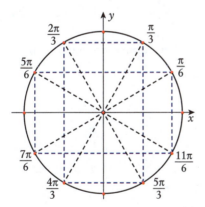

On déduit du graphique ci-dessus les valeurs suivantes :

x	$\dfrac{\pi}{6}$	$\dfrac{\pi}{3}$	$\dfrac{2\pi}{3}$	$\dfrac{5\pi}{6}$	$\dfrac{7\pi}{6}$ ou $\dfrac{-5\pi}{6}$	$\dfrac{4\pi}{3}$ ou $\dfrac{-2\pi}{3}$	$\dfrac{5\pi}{3}$ ou $\dfrac{-\pi}{3}$	$\dfrac{11\pi}{6}$ ou $\dfrac{-\pi}{6}$
$\cos x$	$\dfrac{\sqrt{3}}{2}$	$\dfrac{1}{2}$	$-\dfrac{1}{2}$	$-\dfrac{\sqrt{3}}{2}$	$-\dfrac{\sqrt{3}}{2}$	$-\dfrac{1}{2}$	$\dfrac{1}{2}$	$\dfrac{\sqrt{3}}{2}$
$\sin x$	$\dfrac{1}{2}$	$\dfrac{\sqrt{3}}{2}$	$\dfrac{\sqrt{3}}{2}$	$\dfrac{1}{2}$	$-\dfrac{1}{2}$	$-\dfrac{\sqrt{3}}{2}$	$-\dfrac{\sqrt{3}}{2}$	$-\dfrac{1}{2}$

2 ▶ Retrouver des liens entre cosinus et sinus

> Voir les exercices 3, 7 et 8 mettant en œuvre cette méthode.

Il peut s'avérer très utile de connaître certaines égalités qui permettent de passer du sinus au cosinus, ou de « ramener » un angle dans $\left[0\,;\dfrac{\pi}{2}\right]$.

Pour cela le mieux est de visualiser les propriétés sur le cercle trigonométrique, et éventuellement de les valider à l'aide des formules de $\sin(a+b)$ et $\cos(a+b)$.

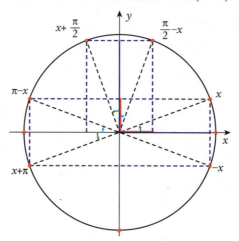

- $\cos(-x) = \cos x$
- $\cos\left(x+\dfrac{\pi}{2}\right) = -\sin x$
- $\cos\left(\dfrac{\pi}{2}-x\right) = \sin x$
- $\cos(x+\pi) = -\cos x$
- $\cos(\pi-x) = -\cos x$

- $\sin(-x) = -\sin x$ (on retrouve la parité des fonctions…)
- $\sin\left(x+\dfrac{\pi}{2}\right) = \cos x$
- $\sin\left(\dfrac{\pi}{2}-x\right) = \cos x$
- $\sin(x+\pi) = -\sin x$
- $\sin(\pi-x) = \sin x$

En effet :
$$\cos\left(x+\dfrac{\pi}{2}\right) = \cos x \cos\dfrac{\pi}{2} - \sin x \sin\dfrac{\pi}{2} = -\sin x,$$
$$\sin\left(x+\dfrac{\pi}{2}\right) = \sin x \cos\dfrac{\pi}{2} + \cos x \sin\dfrac{\pi}{2} = \cos x, \text{ etc.}$$

3 ▶ Étudier une fonction trigonométrique

> Voir les exercices 2, 7 et 9 mettant en œuvre cette méthode.

Les fonctions trigonométriques sont les fonctions de la forme :
$\quad t \mapsto A\cos(\omega t + \varphi)$ ou $t \mapsto A\sin(\omega t + \varphi)$ où A, ω et φ sont des réels connus.
Elles sont très importantes car elles interviennent en physique dans l'expression des intensités et tensions en régime alternatif sinusoïdal.

6 Fonctions trigonométriques   **MÉTHODES ET STRATÉGIES**

Méthode

> **Étape 1 :** dériver la fonction.
Voir le chapitre 4, Dérivation et applications.

> **Étape 2 :** étudier le signe de la dérivée.
On utilise les fonctions sinus et cosinus (signe, variations).

> **Étape 3 :** dresser le tableau de variations.

> **Étape 4 :** tracer la courbe de la fonction sur le domaine donné dans l'énoncé.

Exemple

Étudier la fonction f définie par $f(x) = 3\cos\left(2x + \dfrac{\pi}{3}\right)$ pour $x \in \left[-\dfrac{\pi}{2} ; \dfrac{\pi}{2}\right]$ et représenter sa courbe dans un repère

Application

> **Étape 1 :** la fonction f est dérivable sur son domaine comme composée de fonctions dérivables.
Donc pour tout $x \in \left[-\dfrac{\pi}{2} ; \dfrac{\pi}{2}\right]$, $f'(x) = -6\sin\left(2x + \dfrac{\pi}{3}\right)$.

 La dérivée de la fonction $x \mapsto \cos(ax+b)$ est la fonction $x \mapsto -a\sin(ax+b)$.

> **Étape 2 :** $f'(x) = 0 \Leftrightarrow \sin\left(2x + \dfrac{\pi}{3}\right) = 0$

$$f'(x) = 0 \Leftrightarrow 2x + \dfrac{\pi}{3} = k\pi$$

$$f'(x) = 0 \Leftrightarrow x = -\dfrac{\pi}{6} + k\dfrac{\pi}{2} \text{ avec } k \in \mathbb{Z}.$$

Ainsi dans $\left[-\dfrac{\pi}{2} ; \dfrac{\pi}{2}\right]$, $f'(x)$ ne s'annule que pour $-\dfrac{\pi}{6}$ ($k=0$) et $\dfrac{\pi}{3}$ ($k=1$).

Pour $x \in \left[-\dfrac{\pi}{2} ; -\dfrac{\pi}{6}\right]$, $2x + \dfrac{\pi}{3} \in \left[-\dfrac{2\pi}{3} ; 0\right]$ donc $f'(x) \geq 0$.

Pour $x \in \left[-\dfrac{\pi}{6} ; \dfrac{\pi}{3}\right]$, $2x + \dfrac{\pi}{3} \in [0 ; \pi]$ donc $f'(x) \leq 0$.

Pour $x \in \left[\dfrac{\pi}{3} ; \dfrac{\pi}{2}\right]$, $2x + \dfrac{\pi}{3} \in \left[\pi ; \dfrac{4\pi}{3}\right]$ donc $f'(x) \geq 0$.

> **Étape 3 :** tableau de variations.

x	$-\dfrac{\pi}{2}$		$-\dfrac{\pi}{6}$		$\dfrac{\pi}{3}$		$\dfrac{\pi}{2}$
$f'(x)$		$+$	0	$-$	0	$+$	
f	$-\dfrac{3}{2}$	↗	3	↘	-3	↗	$-\dfrac{3}{2}$

> **Étape 4 :** courbe représentative de f.

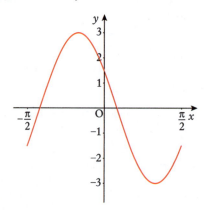

4. Transformer $a\cos\theta + b\sin\theta$

> Voir les exercices 1, 9 et 13 mettant en œuvre cette méthode.

Transformer une expression de la forme $a\cos\theta + b\sin\theta$ en une expression de la forme $A\cos t$ ou $A\sin t$ permet de résoudre des équations et de simplifier des études de fonctions.

Méthode

> **Étape 1 :** on met a et b sous la forme $a = A\cos\alpha$ et $b = A\sin\alpha$ ou bien $a = A\sin\alpha$ et $b = A\cos\alpha$, où $A = \sqrt{a^2 + b^2}$.

> **Étape 2 :** on utilise l'une des formules suivantes :
$A(\cos\theta\cos\alpha + \sin\theta\sin\alpha) = A\cos(\theta - \alpha)$ ou $A(\cos\theta\sin\alpha + \sin\theta\cos\alpha) = A\sin(\theta + \alpha)$.

Exemple
Mettre l'expression $a\cos\theta + a\sin\theta$ sous la forme $A\cos t$.
Mettre l'expression $\sqrt{3}b\cos\theta + b\sin\theta$ sous la forme $A\sin t$.

Application

> **Étape 1 :**
$$a\cos\theta + a\sin\theta = \sqrt{2}a\left(\frac{\sqrt{2}}{2}\cos\theta + \frac{\sqrt{2}}{2}\sin\theta\right) = \sqrt{2}a\left(\cos\frac{\pi}{4}\cos\theta + \sin\frac{\pi}{4}\sin\theta\right).$$

$$\sqrt{3}b\cos\theta + b\sin\theta = 2b\left(\frac{\sqrt{3}}{2}\cos\theta + \frac{1}{2}\sin\theta\right) = 2b\left(\sin\frac{\pi}{3}\cos\theta + \cos\frac{\pi}{3}\sin\theta\right).$$

> **Étape 2 :**
$$a\cos\theta + a\sin\theta = \sqrt{2}a\cos\left(\theta - \frac{\pi}{4}\right).$$

$$\sqrt{3}b\cos\theta + b\sin\theta = 2b\sin\left(\theta + \frac{\pi}{3}\right).$$

SUJETS DE TYPE BAC

1 — Équations trigonométriques

Cet exercice, qui est basé sur les relations cos(a+b) et sin(a+b), nécessite de bien avoir compris comment on trouve les valeurs des sinus et des cosinus sur un cercle trigonométrique.

> Voir la méthode et stratégie 4.

1. Développer $\cos\left(x - \dfrac{\pi}{6}\right)$.

2. Résoudre $\sqrt{3}\cos x + \sin x = \sqrt{3}$.

3. Résoudre de même $\sqrt{3}\cos x - \sin x = -1$.

2 — Fonction trigonométrique

Cet exercice fait partie des grands classiques du bac. Il consiste en l'étude complète d'une fonction trigonométrique, ce qui permet une bonne révision de la plupart des notions de trigonométrie.

> Voir la méthode et stratégie 3.

Soit f la fonction définie sur $[-\pi;\pi]$ par : $f(x) = \dfrac{-1}{2}\cos 2x + \cos x + \dfrac{3}{2}$.

1. Déterminer la parité de f.

2. Déterminer $f(0)$, $f\left(\dfrac{\pi}{3}\right)$ et $f(\pi)$.

3. Déterminer et factoriser $f'(x)$.

4. Résoudre dans $\mathbb{R}$, puis dans $[0;\pi]$: $(\sin x)(2\cos x - 1) = 0$.

5. Calculer $f'\left(\dfrac{\pi}{6}\right)$ et $f'\left(\dfrac{\pi}{2}\right)$ puis en déduire le tableau de variations de f sur $[0;\pi]$.

6. Tracer le graphe de f.

7. Déterminer F, la primitive de f qui vaut 1 en $\dfrac{\pi}{2}$.

3 — Une fraction trigonométrique

On étudie ici une équation trigonométrique. Il faut être très vigilant sur le domaine de définition. Ne pas étudier le domaine de validité d'une équation avant de la résoudre peut conduire à des solutions invalides, même si la méthode de résolution est ensuite correcte.

> Voir la méthode et stratégie 2.

Résoudre dans $\mathbb{R}$ l'équation suivante : $\dfrac{1 + \cos x}{1 - \cos 2x} = 1$.

4 ▸ Calcul d'une intégrale

15 min

Cet exercice transversal utilise les relations trigonométriques afin de déterminer une intégrale d'une fonction contenant des cosinus et des sinus.

Calculer $\int_0^{\frac{\pi}{2}} \left(2\cos^2 x + \cos(2x)\sin^2 x\right) dx$.

5 ▸ Problème d'optimisation

20 min

Il s'agit de transformer un problème géométrique pour se ramener à la résolution d'équations analytiques. On utilise ensuite les relations trigonométriques dans des triangles. Cet exercice fait intervenir plusieurs notions, ce qui est souvent le cas au bac.

Soit ABC un triangle équilatéral. Où placer un point M sur la médiane issue de C, de façon à ce que MA + MB + MC soit minimum ?
Indication : on pourra exprimer MA + MB + MC à l'aide de l'angle $\widehat{AMD}$ où D est le symétrique de C par rapport à (AB).

6 ▸ Intensité efficace

15 min

Cet exercice est particulièrement intéressant car il relie la physique, les intégrales et la trigonométrie.

On considère une résistance traversée par un courant alternatif dont l'intensité à l'instant t est : $i(t) = I_m \sin(\omega t)$.

1. Montrer que i est périodique, et déterminer sa période T.

2. Calculer l'intensité efficace I_e, définie par : $I_e^2 = \dfrac{1}{T}\int_0^T i^2(t) dt$.

Remarque : l'intensité efficace est l'intensité continue qui produirait dans la résistance, pendant la durée T, la même énergie calorifique.

7 ▸ Étude d'une fonction trigonométrique

25 min

Cet exercice consiste en l'étude complète d'une fonction trigonométrique. Il y est surtout question de réduction du domaine d'étude car c'est une des spécificités des fonctions trigonométriques et il est fréquent de rencontrer ce genre d'exercices au bac.

▸ Voir les méthodes et stratégies 2 et 3.

On considère la fonction f définie sur $\mathbb{R}$ par $f(x) = \dfrac{1}{2}\sin\left(\dfrac{\pi}{4} - 2x\right)$.

1. a. Montrer que f est π-périodique.

b. Montrer que pour tout x de $\mathbb{R}$, $f\left(x+\dfrac{\pi}{2}\right)=-f(x)$ (on dit que $\dfrac{\pi}{2}$ est une anti-période).

c. Justifier que l'on peut réduire le domaine d'étude de f à $\left[0\,;\dfrac{\pi}{2}\right]$ et préciser comment obtenir la courbe de f sur $[-\pi\,;\pi]$.

2. Étudier les variations de f sur $\left[0\,;\dfrac{\pi}{2}\right]$.

3. Tracer la courbe de f sur $[-\pi\,;\pi]$ dans un repère adapté.

SUJETS D'APPROFONDISSEMENT

8 Conversion de somme en produit

25 min

Les formules de trigonométrie au programme de Terminale S ne sont pas, bien sûr, exhaustives et il y en a beaucoup d'autres que l'on peut obtenir à l'aide de celles du programme. Il n'est donc pas rare que des exercices du bac, tels que celui-ci, en utilisent après les avoir démontrées.

> Voir la méthode et stratégie 2.

Le but de cet exercice est de montrer puis d'utiliser les formules suivantes :

$\cos p+\cos q=2\cos\dfrac{p+q}{2}\cos\dfrac{p-q}{2}$ (1)

$\sin p+\sin q=2\sin\dfrac{p+q}{2}\cos\dfrac{p-q}{2}$ (2)

$\cos p-\cos q=-2\sin\dfrac{p+q}{2}\sin\dfrac{p-q}{2}$ (3)

$\sin p-\sin q=2\sin\dfrac{p-q}{2}\cos\dfrac{p+q}{2}$ (4)

Soient a et b deux nombres réels.

1. Montrer que $\cos(a+b)+\cos(a-b)=2\cos a\cos b$.

2. En déduire la formule (1).

3. De même, montrer les formules (2), (3) et (4).

4. Applications. Résoudre dans $\mathbb{R}$ les équations suivantes :

a. $\cos(3x)-\cos(5x)=\sin(6x)+\sin(2x)$.

b. $\sin x+\sin(2x)+\sin(3x)=0$.

Indication : transformer $\sin x+\sin(3x)$ en un produit.

c. $\cos(5x)-\cos(3x)+3\sin x=0$.

Étude d'une fonction
40 min

Voici un problème d'étude de fonction trigonométrique comportant une réduction du domaine d'étude grâce aux propriétés particulières des fonctions sinus et cosinus.

> Voir les méthodes et stratégies 1, 3 et 4.

On considère la fonction f définie sur $\mathbb{R}$ par : $f(x) = \sqrt{3}\cos x + \sin x$.

1. Montrer que $f\left(\dfrac{\pi}{6} - x\right) = f\left(\dfrac{\pi}{6} + x\right)$.

2. En déduire que l'on peut restreindre l'étude de f à l'intervalle $\left[\dfrac{-5\pi}{6}; \dfrac{\pi}{6}\right]$.

3. Mettre $f(x)$ sous la forme $A\cos(x + \theta)$, où A et θ sont à déterminer.

4. Sans dériver, étudier les variations de f sur $\left[\dfrac{-5\pi}{6}; \dfrac{\pi}{6}\right]$, puis tracer la courbe représentative de f sur $[-2\pi; 2\pi]$ dans un repère approprié.

5. Montrer que l'équation $f(x) = 1$ admet exactement quatre solutions dans $[-2\pi; 2\pi]$, puis les déterminer.

 Recherche de contre-exemples
25 min

Les fonctions sinus et cosinus sont bornées, périodiques (elles prennent donc une infinité de fois les mêmes valeurs), elles n'ont pas de limite en l'infini… Elles fournissent d'excellents contre-exemples, qu'il est bon de retenir.

Montrer que les assertions suivantes sont fausses :

a. Une fonction bornée admet une limite finie en l'infini.

b. Une suite convergente est monotone à partir d'un certain rang.

c. Si $\lim\limits_{n \to +\infty} u_n = 0$ alors $\lim\limits_{n \to +\infty} \dfrac{1}{u_n} = +\infty$ ou $\lim\limits_{n \to +\infty} \dfrac{1}{u_n} = -\infty$.

d. La courbe représentative d'une fonction ne « coupe » pas son asymptote pour x « suffisamment grand ».

e. Une fonction périodique est bornée.

Fonction tangente
25 min

Cet exercice définit une troisième fonction trigonométrique très souvent utilisée en géométrie. Cette fonction est tellement utilisée en pratique qu'elle peut faire l'objet d'un très grand nombre de problèmes de bac et il vaut mieux l'avoir déjà rencontrée au préalable.

On appelle fonction tangente, notée tan, la fonction définie par $\tan x = \dfrac{\sin x}{\cos x}$.

On note $\mathcal{T}$ sa courbe représentative dans un repère orthogonal $(O; \vec{i}, \vec{j})$ du plan.

1. Résoudre dans ℝ l'équation cos $x = 0$; en déduire le domaine de définition de la fonction tangente.

2. a. Étudier la parité et la périodicité de la fonction tangente.

b. Expliquer pourquoi on peut restreindre le domaine d'étude de la fonction à $\left[0\,;\dfrac{\pi}{2}\right[$.

3. Étudier les variations de la fonction tangente sur $\left[0\,;\dfrac{\pi}{2}\right[$.

4. Déterminer $\lim\limits_{x\to\frac{\pi}{2}^{-}} \tan x$.

5. Tracer $\mathcal{T}$ sur $\left]-\dfrac{\pi}{2}\,;\dfrac{\pi}{2}\right[$.

12 Équation trigonométrique et fonction tangente

15 min

Cet exercice permet d'établir puis d'utiliser une formule pour $\tan(a+b)$ de la même manière que l'on utilise les formules pour $\cos(a+b)$ et $\sin(a+b)$. Il est à noter qu'ici, comme dans beaucoup d'exercices du bac, les premières questions sont indispensables pour pouvoir faire les questions suivantes.

On définit $\tan x = \dfrac{\sin x}{\cos x}$ pour $x \ne \dfrac{\pi}{2} + k\pi$ ($k \in \mathbb{Z}$).

1. Calculer $\tan\left(\dfrac{\pi}{3}\right)$, $\tan\left(\dfrac{\pi}{6}\right)$ et $\tan\left(\dfrac{\pi}{4}\right)$.

2. Calculer $\tan(a+b)$ en fonction de $\tan a$ et $\tan b$.

3. Montrer que $\tan a = \tan b$ si et seulement s'il existe $k \in \mathbb{Z}$ tel que $a = b + k\pi$.

4. Résoudre $\dfrac{\sqrt{3}+\tan x}{1-\sqrt{3}\tan x} = 1$.

13 Optimisation de fonction en sinus et cosinus

45 min

Cet exercice met en œuvre l'encadré post bac « Tangente de l'angle moitié » et montre que les élèves qui ont fait des exercices un peu hors programme peuvent gagner beaucoup de temps le jour du bac.

> Voir la méthode et stratégie 4.

Le but de cet exercice est de chercher le minimum de la fonction g définie sur $]-\pi\,;\pi[$ par : $g(x) = \dfrac{2\cos x - 6\sin x + 8}{1+\cos x}$. Nous allons voir deux méthodes différentes pour obtenir ce minimum.

Méthode 1

1. Exprimer $\sin x - \cos x$ en fonction de $\cos\left(x+\dfrac{\pi}{4}\right)$.

2. En déduire les solutions sur $]-\pi\,;\pi[$ de l'équation $\sin x - \cos x = 1$.

3. Déterminer la dérivée de la fonction g.

4. Résoudre $g'(x) = 0$ et en déduire le tableau de variations de g.

5. Conclure sur le minimum de g.

Méthode 2

1. Écrire $g(x)$ sous la forme $f(t)$ où $t = \tan \dfrac{x}{2}$.

2. Déterminer le minimum de f.

3. En déduire le minimum de g.

14 Arc cosinus et Arc sinus

 10 min

Cet exercice met en œuvre l'encadré post bac sur les fonctions Arc sinus et Arc cosinus et permet de vérifier la bonne compréhension de ces nouvelles fonctions.

> Voir la méthode et stratégie 1.

Déterminer les valeurs suivantes, sans utiliser la calculatrice :

a. $\arccos\left(\dfrac{1}{2}\right)$.

b. $\arcsin\left(\dfrac{\sqrt{3}}{2}\right)$.

c. $\arccos(0)$.

d. $\arcsin\left(\dfrac{\sqrt{2}}{2}\right)$.

15 Factorisation et trigonométrie

 15 min

Cet exercice utilise les méthodes usuelles de factorisation en incluant les relations de trigonométrie. Attention à bien réfléchir à ce que l'on cherche et à utiliser les bonnes méthodes de résolutions d'équations classiques ainsi que les relations de trigonométries de base. Cet exercice, à l'énoncé très court, est presque infaisable si on ne pense pas à tout cela !

Résoudre dans $\mathbb{R}$ l'équation : $\cos^3 x + \sin^3 x = 1$.

6 Fonctions trigonométriques CORRIGÉS

CORRIGÉS

1 Équations trigonométriques

1. $\cos\left(x - \dfrac{\pi}{6}\right) = \cos x \cos \dfrac{\pi}{6} + \sin x \sin \dfrac{\pi}{6} = \dfrac{\sqrt{3}}{2}\cos x + \dfrac{1}{2}\sin x$.

2. $\sqrt{3}\cos x + \sin x = \sqrt{3} \Leftrightarrow \cos\left(x - \dfrac{\pi}{6}\right) = \dfrac{\sqrt{3}}{2}$

$\Leftrightarrow x - \dfrac{\pi}{6} = \dfrac{\pi}{6} + 2k\pi$ ou $x - \dfrac{\pi}{6} = -\dfrac{\pi}{6} + 2k\pi$.

> En effet, pour tous les réels a et b : $\cos a = \cos b \Leftrightarrow a = b + 2k\pi$, $k \in \mathbb{Z}$ ou $a = -b + 2k\pi$, $k \in \mathbb{Z}$.

Donc l'ensemble S des solutions est : $S = \left\{\dfrac{\pi}{3} + 2k\pi \, / \, k \in \mathbb{Z}\right\} \cup \{2k\pi \, / \, k \in \mathbb{Z}\}$.

3. $\sqrt{3}\cos x - \sin x = 2\left(\dfrac{\sqrt{3}}{2}\cos x - \dfrac{1}{2}\sin x\right) = 2\left(\cos\dfrac{\pi}{6}\cos x - \sin\dfrac{\pi}{6}\sin x\right)$

$= 2\cos\left(\dfrac{\pi}{6} + x\right)$.

Ainsi, $\sqrt{3}\cos x - \sin x = -1 \Leftrightarrow \cos\left(x + \dfrac{\pi}{6}\right) = \cos\left(\dfrac{2\pi}{3}\right)$.

Finalement, $x = -\dfrac{\pi}{6} + \dfrac{2\pi}{3} + 2k\pi$, $k \in \mathbb{Z}$ ou $x = -\dfrac{\pi}{6} - \dfrac{2\pi}{3} + 2k\pi$, $k \in \mathbb{Z}$.

> On utilise ici la même propriété que précédemment : $\cos a = \cos b \Leftrightarrow a = b + 2k\pi$, $k \in \mathbb{Z}$ ou $a = -b + 2k\pi$, $k \in \mathbb{Z}$.

Donc l'ensemble des solutions est :
$S = \left\{\dfrac{\pi}{2} + 2k\pi \, / \, k \in \mathbb{Z}\right\} \cup \left\{-\dfrac{5\pi}{6} + 2k\pi \, / \, k \in \mathbb{Z}\right\}$.

> On aurait également pu écrire : $\sqrt{3}\cos x - \sin x = 2\sin\left(\dfrac{\pi}{3} - x\right)$, et utiliser la propriété suivante :
> pour tous les réels a et b, $\sin a = \sin b \Leftrightarrow a = b + 2k\pi$, $k \in \mathbb{Z}$ ou $a = \pi - b + 2k\pi$, $k \in \mathbb{Z}$.
> Ce qui aurait évidemment conduit au même résultat.

2 Fonction trigonométrique

1. Remarquons tout d'abord que f est bien définie sur $[-\pi; \pi]$. La fonction cosinus est paire ($\cos(-x) = \cos x$) donc $\forall x \in [-\pi; \pi], f(-x) = f(x)$, donc f est une fonction paire. On étudiera alors f uniquement sur $[0; \pi]$ et on complétera le graphe par une symétrie d'axe (Oy).

2. $f(0) = -\dfrac{1}{2} + 1 + \dfrac{3}{2} = 2$, $f\left(\dfrac{\pi}{3}\right) = \dfrac{1}{4} + \dfrac{1}{2} + \dfrac{3}{2} = \dfrac{9}{4}$ et $f(\pi) = -\dfrac{1}{2} - 1 + \dfrac{3}{2} = 0$.

3. $f'(x) = \sin 2x - \sin x = 2\sin x \cos x - \sin x = \sin x (2\cos x - 1)$.

4. Soit S l'ensemble des solutions dans $\mathbb{R}$ de l'équation $\sin x(2\cos x - 1) = 0$.
$\sin x = 0 \Leftrightarrow x = k\pi$ et $\cos x = \dfrac{1}{2} \Leftrightarrow x = \pm\dfrac{\pi}{3} + 2k\pi$, donc :
$S = \{k\pi\,/\,k \in \mathbb{Z}\} \cup \left\{\dfrac{\pi}{3} + 2k\pi\,/\,k \in \mathbb{Z}\right\} \cup \left\{\dfrac{-\pi}{3} + 2k\pi\,/\,k \in \mathbb{Z}\right\}$.
L'ensemble des solutions de l'équation dans $[0\,;\pi]$ est $S \cap [0\,;\pi] = \left\{0\,;\dfrac{\pi}{3}\,;\pi\right\}$.

5. $f'\left(\dfrac{\pi}{6}\right) = \dfrac{1}{2}(\sqrt{3} - 1) > 0$ et $f'\left(\dfrac{\pi}{2}\right) = -1 < 0$ d'où le tableau de variations de f :

x	0		$\dfrac{\pi}{6}$		$\dfrac{\pi}{3}$		$\dfrac{\pi}{2}$		π
$f'(x)$	0	+		+	0	−		−	0
f	2			↗	$\dfrac{9}{4}$	↘			0

6. Graphe de f :

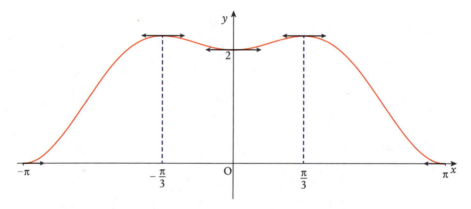

> Il faut penser, quand il y en a, à positionner les tangentes horizontales (là où la dérivée est nulle), cela aide au tracé de la courbe et cela différencie les très bonnes copies des autres.
> On a bien sûr pensé à la symétrie par rapport à l'axe des ordonnées due à la parité de la fonction.

7. Soit F une primitive de f. On a $F(x) = \dfrac{-1}{4}\sin 2x + \sin x + \dfrac{3}{2}x + C$ où C est une constante réelle.
Or $F\left(\dfrac{\pi}{2}\right) = 1 + \dfrac{3}{2} \times \dfrac{\pi}{2} + C = 1 \Leftrightarrow C = \dfrac{-3\pi}{4}$, donc $F(x) = \dfrac{-1}{4}\sin 2x + \sin x + \dfrac{3}{2}x - \dfrac{3\pi}{4}$.

3 Une fraction trigonométrique

L'équation $\dfrac{1 + \cos x}{1 - \cos 2x} = 1$ n'est définie que pour x vérifiant $1 - \cos 2x \neq 0$,
soit : $\cos 2x \neq 1 \Leftrightarrow 2x \neq 0 + 2k\pi \Leftrightarrow x \neq k\pi$ ($k \in \mathbb{Z}$).

6 Fonctions trigonométriques CORRIGÉS

 Si on ne pense pas au domaine de validité de l'équation, on est sûr de perdre une partie des points, même si la suite est réussie !

On a alors :
$\dfrac{1+\cos x}{1-\cos 2x} = 1 \Leftrightarrow 1+\cos x = 1-\cos 2x \Leftrightarrow \cos x = -\cos 2x$

$\Leftrightarrow \cos x = \cos(\pi + 2x)$ ou $\cos x = \cos(\pi - 2x)$.

Or $\cos x = \cos(\pi + 2x) \Leftrightarrow x = (\pi + 2x) + 2k\pi$ ou $x = -(\pi + 2x) + 2k\pi$
et $\cos x = \cos(\pi - 2x) \Leftrightarrow x = (\pi - 2x) + 2k\pi$ ou $x = -(\pi - 2x) + 2k\pi$.
Donc on a 4 cas possibles :

- $x = \pi + 2x + 2k\pi \Leftrightarrow x = -\pi - 2k\pi$, ce qui est hors du domaine de définition de l'équation ;
- $x = \pi - 2x + 2k\pi \Leftrightarrow x = \dfrac{\pi}{3} + k\dfrac{2\pi}{3}$, c'est-à-dire $x = \dfrac{\pi}{3} + 2k\pi$ ou $x = -\dfrac{\pi}{3} + 2k\pi$, car $x \neq k\pi$;
- $x = -\pi - 2x + 2k\pi \Leftrightarrow x = -\dfrac{\pi}{3} + 2k\dfrac{\pi}{3}$, c'est-à-dire $x = \dfrac{\pi}{3} + 2k\pi$ ou $x = -\dfrac{\pi}{3} + 2k\pi$ car $x \neq k\pi$;
- $x = -\pi + 2x + 2k\pi \Leftrightarrow x = \pi - 2k\pi$, ce qui est hors du domaine de définition de l'équation.

En conclusion : $x \in \left\{-\dfrac{\pi}{3} + 2k\pi \;/\; k \in \mathbb{Z}\right\} \cup \left\{\dfrac{\pi}{3} + 2k\pi \;/\; k \in \mathbb{Z}\right\}$.

 Ne pas oublier de conclure : on trouve trop de copies où tous les calculs sont faits mais sans avoir la réponse à la question posée.

4 ▶ Calcul d'une intégrale

$\cos(2x) = \cos^2 x - \sin^2 x = \cos^2 x - (1-\cos^2 x) = 2\cos^2 x - 1$
donc $\cos^2 x = \dfrac{1+\cos(2x)}{2}$; $\sin^2 x = 1 - \cos^2 x = \dfrac{1-\cos(2x)}{2}$.

$\cos(2x)\sin^2(x) = \cos(2x)\dfrac{1-\cos(2x)}{2}$
$= \dfrac{1}{2}\cos(2x) - \dfrac{1}{2}\cos^2(2x)$
$= \dfrac{1}{2}\cos(2x) - \dfrac{1}{2}\left(\dfrac{1+\cos(4x)}{2}\right)$
$= \dfrac{1}{2}\cos(2x) - \dfrac{1}{4} - \dfrac{1}{4}\cos(4x)$.

 Tout ce travail préparatoire permet de se ramener à des fonctions que l'on sait intégrer : il faut impérativement savoir ainsi « linéariser » les fonctions trigonométriques pour pouvoir ensuite en déterminer des primitives.

On obtient maintenant facilement :
$\displaystyle\int_0^{\frac{\pi}{2}}\left(2\cos^2 x + \cos(2x)\sin^2 x\right)dx = \int_0^{\frac{\pi}{2}}\left(1+\cos(2x) + \dfrac{1}{2}\cos(2x) - \dfrac{1}{4} - \dfrac{1}{4}\cos(4x)\right)dx$
$= \displaystyle\int_0^{\frac{\pi}{2}}\left(\dfrac{3}{4} + \dfrac{3}{2}\cos(2x) - \dfrac{1}{4}\cos(4x)\right)dx$

$$\int_0^{\frac{\pi}{2}}\left(2\cos^2 x+\cos(2x)\sin^2 x\right)dx=\left[\frac{3}{4}x+\frac{3}{2}\times\frac{1}{2}\sin(2x)-\frac{1}{4}\times\frac{1}{4}\sin(4x)\right]_0^{\frac{\pi}{2}}$$
$$=\frac{3\pi}{8}.$$

5 ▸ Problème d'optimisation

Soit I le milieu de [AB]. On obtient la figure ci-contre.
On note x la mesure de l'angle $\widehat{AMD}$, et a la longueur AI.
Le triangle ABC étant équilatéral, si M est en C, $x=\frac{\pi}{6}$; si M est en I, $x=\frac{\pi}{2}$.
On a donc $x\in\left[\frac{\pi}{6};\frac{\pi}{2}\right]$.
Pour d'évidentes propriétés de symétrie, on a MA = MB.
La fonction sinus ne s'annule pas sur l'intervalle $\left[\frac{\pi}{6};\frac{\pi}{2}\right]$, on peut donc utiliser les formules de trigonométrie qui donnent $MA=MB=\frac{a}{\sin x}$.

> Attention à toujours vérifier, lorsque l'on est en présence d'un quotient, que le dénominateur est non nul et surtout à l'écrire clairement sur la copie de bac.

De plus $MC=CI-MI=a\sqrt{3}-AM\cos x=a\sqrt{3}-\frac{a\cos x}{\sin x}$.

On a donc $MA+MB+MC=a\sqrt{3}+\frac{a(2-\cos x)}{\sin x}$.

On cherche donc à minimiser la fonction f telle que $f(x)=a\sqrt{3}+\frac{a(2-\cos x)}{\sin x}$ pour $x\in\left[\frac{\pi}{6};\frac{\pi}{2}\right]$.

f est dérivable sur son domaine et pour $x\in\left[\frac{\pi}{6};\frac{\pi}{2}\right]$ on a :

$$f'(x)=\frac{a(\sin x\sin x-\cos x(2-\cos x))}{\sin^2 x}$$
$$=\frac{a(\sin^2 x+\cos^2 x-2\cos x)}{\sin^2 x}$$
$$=\frac{a(1-2\cos x)}{\sin^2 x}.$$

f est donc minimale pour $x=\frac{\pi}{3}$.

Le triangle étant équilatéral, lorsque $x=\frac{\pi}{3}$, le point M est le centre du cercle circonscrit.

6 ▸ Intensité efficace

1. La fonction sinus étant 2π-périodique, la fonction i est périodique de période $T=\frac{2\pi}{\omega}$.

2. $I_e^2=\frac{1}{T}\int_0^T I_m^2\sin^2(\omega t)dt$.

On a $\sin^2(\omega t) = \dfrac{1-\cos(2\omega t)}{2}$, donc :
$$I_e^2 = \dfrac{I_m^2}{T}\int_0^T \dfrac{1-\cos(2\omega t)}{2}\,dt = \dfrac{I_m^2}{T}\left[\dfrac{1}{2}t - \dfrac{1}{4\omega}\sin(2\omega t)\right]_0^T = \dfrac{I_m^2}{T}\left(\dfrac{1}{2}T - \dfrac{1}{4\omega}\sin(2\omega T)\right).$$

 On rappelle qu'une primitive de $t \mapsto \cos(at)$ est $t \mapsto \dfrac{1}{a}\sin(at)$ (voir le chapitre 7).

Comme $T = \dfrac{2\pi}{\omega}$, on a $\sin(2\omega T) = 0$, donc $I_e^2 = \dfrac{I_m^2}{2}$.

7 ▶ Étude d'une fonction trigonométrique

1. a. Pour tout x de $\mathbb{R}$ on a :
$$f(x+\pi) = \dfrac{1}{2}\sin\left(\dfrac{\pi}{4} - 2(x+\pi)\right) = \dfrac{1}{2}\sin\left(\dfrac{\pi}{4} - 2x - 2\pi\right) = \dfrac{1}{2}\sin\left(\dfrac{\pi}{4} - 2x\right) = f(x).$$

b. Pour tout x de $\mathbb{R}$ on a :
$$f\left(x+\dfrac{\pi}{2}\right) = \dfrac{1}{2}\sin\left(\dfrac{\pi}{4} - 2\left(x+\dfrac{\pi}{2}\right)\right)$$
$$= \dfrac{1}{2}\sin\left(\dfrac{\pi}{4} - 2x - \pi\right)$$
$$= \dfrac{1}{2}\left(\sin\left(\dfrac{\pi}{4} - 2x\right)\cos\pi - \cos\left(\dfrac{\pi}{4} - 2x\right)\sin\pi\right)$$
$$= -\dfrac{1}{2}\sin\left(\dfrac{\pi}{4} - 2x\right)$$
$$= -f(x).$$

c. La fonction est π-périodique, on peut donc l'étudier sur $[0;\pi]$, puis tracer la courbe sur $[-\pi;0]$ par translation de vecteur $-\pi\vec{i}$.
Pour tout x de $\mathbb{R}$, $f\left(x+\dfrac{\pi}{2}\right) = -f(x)$. On peut donc étudier la fonction sur $\left[0;\dfrac{\pi}{2}\right]$, et obtenir la courbe sur $\left[\dfrac{\pi}{2};\pi\right]$ en faisant une translation de vecteur $\dfrac{\pi}{2}\vec{i}$ de la courbe suivie d'une symétrie par rapport à (Ox).

2. f est dérivable sur $\left[0;\dfrac{\pi}{2}\right]$ comme composée de fonctions dérivables.
Pour tout x de $\left[0;\dfrac{\pi}{2}\right]$, $f'(x) = -\cos\left(\dfrac{\pi}{4} - 2x\right)$.
Par ailleurs $x \in \left[0;\dfrac{\pi}{2}\right] \Leftrightarrow \dfrac{\pi}{4} - 2x \in \left[-\dfrac{3\pi}{4};\dfrac{\pi}{4}\right]$.
Sur $\left[0;\dfrac{\pi}{2}\right]$: $\cos\left(\dfrac{\pi}{4} - 2x\right) \leq 0 \Leftrightarrow \dfrac{\pi}{4} - 2x \in \left[-\dfrac{3\pi}{4}; -\dfrac{\pi}{2}\right] \Leftrightarrow x \in \left[\dfrac{3\pi}{8};\dfrac{\pi}{2}\right]$.

On a le tableau de variations suivant :

x	0		$\dfrac{3\pi}{8}$		$\dfrac{\pi}{2}$
$f'(x)$		$-$	0	$+$	
f	$\dfrac{\sqrt{2}}{4}$	↘	$-\dfrac{1}{2}$	↗	$-\dfrac{\sqrt{2}}{4}$

3. Courbe représentative de la fonction f :

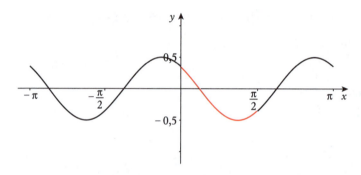

💡 Ne pas hésiter à utiliser de la couleur, comme ici pour différencier la partie de la courbe étudiée et celle obtenue par translations.

8 ▶ Conversion de somme en produit

1. $\cos(a+b) + \cos(a-b) = (\cos a \cos b - \sin a \sin b) + (\cos a \cos b + \sin a \sin b)$
$= 2\cos a \cos b.$

💡 Il faut impérativement connaître sans hésitation les formules de $\cos(a+b)$ et $\cos(a-b)$.

2. On pose $p = a+b$ et $q = a-b$ dans l'égalité précédente et on obtient immédiatement le résultat demandé en remarquant que $p+q = 2a$ et $p-q = 2b$.

3. $\sin p + \sin q = \sin(a+b) + \sin(a-b)$
$= (\sin a \cos b + \cos a \sin b) + (\sin a \cos b - \cos a \sin b)$
$= 2\sin a \cos b = 2\sin\dfrac{p+q}{2}\cos\dfrac{p-q}{2}.$

$\cos p - \cos q = \cos(a+b) - \cos(a-b)$
$= (\cos a \cos b - \sin a \sin b) - (\cos a \cos b + \sin a \sin b)$
$= -2\sin a \sin b = -2\sin\dfrac{p+q}{2}\sin\dfrac{p-q}{2}.$

$\sin p - \sin q = \sin(a+b) - \sin(a-b)$
$= (\sin a \cos b + \cos a \sin b) - (\sin a \cos b - \cos a \sin b)$
$= 2\cos a \sin b = 2\cos\dfrac{p+q}{2}\sin\dfrac{p-q}{2}.$

4. a. $\cos(3x) - \cos(5x) = -2\sin(4x)\sin(-x) = 2\sin(4x)\sin x$ d'après (3),
et $\sin(6x) + \sin(2x) = 2\sin(4x)\cos(2x)$ d'après (2).
Donc l'équation devient : $\sin(4x) = 0$ ou bien $\sin x = \cos(2x)$.
$\sin(4x) = 0 \Leftrightarrow 4x = k\pi / k \in \mathbb{Z} \Leftrightarrow x = k\dfrac{\pi}{4} / k \in \mathbb{Z}$.
$\sin x = \cos(2x) \Leftrightarrow \sin x = \sin\left(\dfrac{\pi}{2} - 2x\right)$

> On rappelle que nous avons vu à la méthode 2 que : $\cos a = \sin\left(\dfrac{\pi}{2} - a\right)$.

donc $\sin x = \cos(2x) \Leftrightarrow x = \dfrac{\pi}{2} - 2x + 2k\pi$ ou $x = \pi - \left(\dfrac{\pi}{2} - 2x\right) + 2k\pi$
soit $x = \dfrac{\pi}{6} + 2k\dfrac{\pi}{3}$ ou $x = -\dfrac{\pi}{2} - 2k\pi$, $(k \in \mathbb{Z})$.
Finalement :
$x \in \left\{k\dfrac{\pi}{4} / k \in \mathbb{Z}\right\} \cup \left\{\dfrac{\pi}{6} + 2k\dfrac{\pi}{3} / k \in \mathbb{Z}\right\} \cup \left\{-\dfrac{\pi}{2} - 2k\pi / k \in \mathbb{Z}\right\}$.

b. $\sin x + \sin(3x) = 2\sin(2x)\cos(-x) = 2\sin(2x)\cos x$
donc l'équation devient : $2\sin(2x)\cos x + \sin(2x) = \sin(2x)(2\cos x + 1) = 0$.
On a donc $\sin(2x) = 0$ ou bien $\cos x = \dfrac{-1}{2}$,
soit $\left\{k\dfrac{\pi}{2} / k \in \mathbb{Z}\right\} \cup \left\{\dfrac{2\pi}{3} + 2k\pi / k \in \mathbb{Z}\right\} \cup \left\{\dfrac{-2\pi}{3} + 2k\pi / k \in \mathbb{Z}\right\}$.

c. L'équation $\cos(5x) - \cos(3x) + 3\sin x = 0$ est équivalente à $-2\sin(4x)\sin x + 3\sin x = 0$
ou encore $\sin x(3 - 2\sin(4x)) = 0$.
Donc $\sin x = 0$ ou bien $\sin(4x) = \dfrac{3}{2}$.
Or $\dfrac{3}{2} \notin [-1\,;1]$, donc l'équation équivaut à $\sin x = 0$, soit $x \in \{k\pi / k \in \mathbb{Z}\}$.

9 ▸ Étude d'une fonction

1. $f\left(\dfrac{\pi}{6} - x\right) = \sqrt{3}\cos\left(\dfrac{\pi}{6} - x\right) + \sin\left(\dfrac{\pi}{6} - x\right)$
$\qquad = \sqrt{3}\left(\cos\dfrac{\pi}{6}\cos x + \sin\dfrac{\pi}{6}\sin x\right) + \sin\dfrac{\pi}{6}\cos x - \cos\dfrac{\pi}{6}\sin x$
$\qquad = \sqrt{3}\left(\dfrac{\sqrt{3}}{2}\cos x + \dfrac{1}{2}\sin x\right) + \dfrac{1}{2}\cos x - \dfrac{\sqrt{3}}{2}\sin x = 2\cos x$.

$f\left(\dfrac{\pi}{6} + x\right) = \sqrt{3}\cos\left(\dfrac{\pi}{6} + x\right) + \sin\left(\dfrac{\pi}{6} + x\right)$
$\qquad = \sqrt{3}\left(\cos\dfrac{\pi}{6}\cos x - \sin\dfrac{\pi}{6}\sin x\right) + \sin\dfrac{\pi}{6}\cos x + \cos\dfrac{\pi}{6}\sin x$
$\qquad = \sqrt{3}\left(\dfrac{\sqrt{3}}{2}\cos x - \dfrac{1}{2}\sin x\right) + \dfrac{1}{2}\cos x + \dfrac{\sqrt{3}}{2}\sin x = 2\cos x$.

On a donc bien : $f\left(\dfrac{\pi}{6} - x\right) = f\left(\dfrac{\pi}{6} + x\right)$.

2. On a $f\left(\dfrac{\pi}{6}-x\right)=f\left(\dfrac{\pi}{6}+x\right)$. Cela implique que le graphe de f dans un repère orthogonal admet la droite $\mathcal{D}$ d'équation $x=\dfrac{\pi}{6}$ pour axe de symétrie.

De plus, la fonction f est 2π-périodique.

On en déduit que l'on peut restreindre l'étude de f à $\left[\dfrac{-5\pi}{6};\dfrac{\pi}{6}\right]$, puis pour obtenir le graphe complet, faire une symétrie par rapport à $\mathcal{D}$, puis des translations de vecteurs $2k\pi\vec{u}$ où $k\in\mathbb{Z}$.

3. $\sqrt{3}\cos x+\sin x=2\left(\dfrac{\sqrt{3}}{2}\cos x+\dfrac{1}{2}\sin x\right)=2\cos\left(x-\dfrac{\pi}{6}\right)$.

4. Lorsque $x\in\left[\dfrac{-5\pi}{6};\dfrac{\pi}{6}\right]$, $x-\dfrac{\pi}{6}\in[-\pi;0]$.

La fonction cosinus étant croissante sur $[-\pi;0]$, la fonction f est croissante sur $\left[\dfrac{-5\pi}{6};\dfrac{\pi}{6}\right]$.

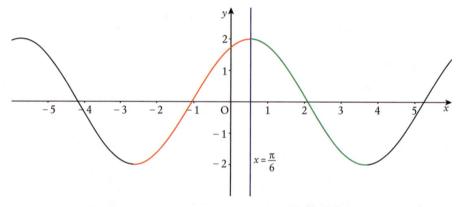

5. La fonction f est continue, strictement croissante de $\left[\dfrac{-5\pi}{6};\dfrac{\pi}{6}\right]$ sur $[-2;2]$.

Le corollaire du théorème des valeurs intermédiaires (**voir le chapitre 3**) donne l'existence et l'unicité d'une solution de l'équation $f(x)=1$ dans l'intervalle $\left[\dfrac{-5\pi}{6};\dfrac{\pi}{6}\right]$. La propriété de symétrie par rapport à $\mathcal{D}$ donne l'existence d'une solution dans l'intervalle $\left[\dfrac{\pi}{6};\dfrac{7\pi}{6}\right]$. La fonction étant 2π-périodique, il existe deux autres racines dans $[-2\pi;2\pi]$.

$\sqrt{3}\cos x+\sin x=1 \Leftrightarrow 2\cos\left(x-\dfrac{\pi}{6}\right)=1 \Leftrightarrow \cos\left(x-\dfrac{\pi}{6}\right)=\dfrac{1}{2} \Leftrightarrow \cos\left(x-\dfrac{\pi}{6}\right)=\cos\dfrac{\pi}{3}$

$\Leftrightarrow \begin{cases} x-\dfrac{\pi}{6}=\dfrac{\pi}{3}+2k\pi, k\in\mathbb{Z} \\ \text{ou} \\ x-\dfrac{\pi}{6}=-\dfrac{\pi}{3}+2k\pi, k\in\mathbb{Z} \end{cases} \Leftrightarrow \begin{cases} x=\dfrac{\pi}{2}+2k\pi, k\in\mathbb{Z} \\ \text{ou} \\ x=-\dfrac{\pi}{6}+2k\pi, k\in\mathbb{Z} \end{cases}$

$\cos a=\cos b \Leftrightarrow \begin{cases} a=b+2k\pi, k\in\mathbb{Z} \\ \text{ou} \\ a=-b+2k\pi, k\in\mathbb{Z} \end{cases}$

Dans $[-2\pi; 2\pi]$, les solutions sont : $\dfrac{-3\pi}{2}$; $\dfrac{-\pi}{6}$; $\dfrac{\pi}{2}$ et $\dfrac{11\pi}{6}$.

10 ▸ Recherche de contre-exemples

a. La fonction sinus est bornée : pour tout réel x, $|\sin(x)| \leq 1$; mais elle n'a pas de limite en l'infini. En effet, quel que soit l'entier k, pour $x = k\pi$, $\sin x = 0$ et pour $x = \dfrac{\pi}{2} + 2k\pi$, $\sin x = 1$.

b. La suite de terme générale $u_n = \dfrac{\sin n}{n}$ converge vers 0, mais n'est pas monotone.
En effet, pour tout entier non nul n, $\left|\dfrac{\sin n}{n}\right| \leq \dfrac{1}{n}$ donc d'après le théorème des gendarmes (voir le chapitre 2) la suite converge vers 0.
Le terme $\sin n$ n'étant pas de signe constant, la suite ne peut pas être monotone.

c. La même suite que précédemment donne le résultat.

d. Soit la fonction f définie sur $\mathbb{R}_+^*$ par : $f(x) = 2x + \dfrac{\cos x}{\sqrt{x}}$.
La courbe de f admet pour asymptote la droite d'équation $y = 2x$, qu'elle « coupe » lorsque $x = \dfrac{\pi}{2} + k\pi$.

e. La fonction tangente, définie pour $x \neq \dfrac{\pi}{2} + k\pi$ par $\tan x = \dfrac{\sin x}{\cos x}$ est périodique (de période π) : $\tan(x+\pi) = \dfrac{\sin(x+\pi)}{\cos(x+\pi)} = \dfrac{\sin x \cos\pi + \cos x \sin\pi}{\cos x \cos\pi - \sin x \sin\pi} = \dfrac{-\sin x}{-\cos x} = \tan x$.
Or $\lim\limits_{x \to \frac{\pi}{2}^-} \tan x = +\infty$.

11 ▸ Fonction tangente

1. $\cos x = 0 \Leftrightarrow \cos x = \cos \dfrac{\pi}{2} \Leftrightarrow \begin{cases} x = \dfrac{\pi}{2} [2\pi] \\ \text{ou} \\ x = -\dfrac{\pi}{2} [2\pi] \end{cases} \Leftrightarrow x = \dfrac{\pi}{2} + k\pi, k \in \mathbb{Z}$.

Le domaine de définition de la fonction tangente est $\mathbb{R} \setminus \left\{\dfrac{\pi}{2} + k\pi, k \in \mathbb{Z}\right\}$.

2. a. La fonction sinus étant impaire, la fonction cosinus étant paire, on a pour tout x de $\mathbb{R} \setminus \left\{\dfrac{\pi}{2} + k\pi, k \in \mathbb{Z}\right\}$: $\tan(-x) = -\tan x$.
Pour tout x de $\mathbb{R} \setminus \left\{\dfrac{\pi}{2} + k\pi, k \in \mathbb{Z}\right\}$, $\tan(x+\pi) = \dfrac{\sin(x+\pi)}{\cos(x+\pi)} = \dfrac{-\sin x}{-\cos x} = \tan x$.
Ainsi, la fonction tangente est impaire et π-périodique.

b. La fonction tangente étant π-périodique, on peut l'étudier sur un intervalle de longueur π (par exemple $\left]-\dfrac{\pi}{2}; \dfrac{\pi}{2}\right[$) et obtenir le reste de la courbe par translations de vecteurs $k\pi \vec{i}$ ($k \in \mathbb{Z}$).

Comme elle est impaire, il suffit de l'étudier sur $\left[0;\dfrac{\pi}{2}\right[$; on obtiendra la courbe sur $\left]-\dfrac{\pi}{2};0\right]$ par symétrie de centre O.

> Quand on a à la fois de la périodicité et de la parité, on choisit toujours le domaine de longueur la période, symétrique par rapport à O pour pouvoir ensuite utiliser la parité.

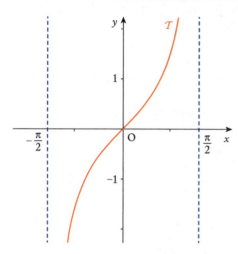

3. La fonction tangente est dérivable sur $\left[0;\dfrac{\pi}{2}\right[$ comme quotient de fonctions dérivables.
Pour tout x de $\left[0;\dfrac{\pi}{2}\right[$:

$$\tan' x = \dfrac{\cos x \times \cos x - \sin x \times (-\sin x)}{\cos^2 x}$$
$$= \dfrac{\cos^2 x + \sin^2 x}{\cos^2 x} = \dfrac{1}{\cos^2 x}.$$

La dérivée étant positive sur $\left[0;\dfrac{\pi}{2}\right[$, la fonction est croissante sur cet intervalle.

4. $\lim\limits_{x \to \frac{\pi}{2}^-} \tan x = \lim\limits_{x \to \frac{\pi}{2}^-} \dfrac{\sin x}{\cos x} = +\infty$.

5. On déduit de la question précédente que $\mathcal{T}$ admet une asymptote verticale d'équation $x = \dfrac{\pi}{2}$.

On a par ailleurs $\tan\dfrac{\pi}{4} = \dfrac{\sin\dfrac{\pi}{4}}{\cos\dfrac{\pi}{4}} = 1$.

12 Équation trigonométrique et fonction tangente

1. $\tan\dfrac{\pi}{3} = \dfrac{\sin\dfrac{\pi}{3}}{\cos\dfrac{\pi}{3}} = \dfrac{\dfrac{\sqrt{3}}{2}}{\dfrac{1}{2}} = \sqrt{3}$; $\tan\dfrac{\pi}{6} = \dfrac{\sin\dfrac{\pi}{6}}{\cos\dfrac{\pi}{6}} = \dfrac{\dfrac{1}{2}}{\dfrac{\sqrt{3}}{2}} = \dfrac{1}{\sqrt{3}} = \dfrac{\sqrt{3}}{3}$;

$\tan\dfrac{\pi}{4} = \dfrac{\sin\dfrac{\pi}{4}}{\cos\dfrac{\pi}{4}} = \dfrac{\dfrac{\sqrt{2}}{2}}{\dfrac{\sqrt{2}}{2}} = 1$.

2. $\tan(a+b) = \dfrac{\sin(a+b)}{\cos(a+b)} = \dfrac{\sin a \cos b + \sin b \cos a}{\cos a \cos b - \sin a \sin b} = \dfrac{\tan a + \tan b}{1 - \tan a \tan b}$ (on divise numérateur et dénominateur par $\cos a \cos b$).

3. $\dfrac{\sin a}{\cos a} = \dfrac{\sin b}{\cos b} \Leftrightarrow \sin a \cos b = \sin b \cos a \Leftrightarrow \sin a \cos b - \sin b \cos a = 0$
$\Leftrightarrow \sin(a-b) = 0 \Leftrightarrow a - b = k\pi, k \in \mathbb{Z}$.

Remarque : cette propriété est une conséquence de la π-périodicité de la fonction tangente (voir exercice 11).

4. $1-\sqrt{3}\tan x = 0 \Leftrightarrow \tan x = \dfrac{1}{\sqrt{3}} = \tan\dfrac{\pi}{6}$ et comme la fonction tangente est π-périodique, il faut avoir $x \neq \dfrac{\pi}{6}\,[\pi]$.

 Comme souvent, les calculs préalables (question **1.**) ont de fortes chances de servir plus loin.

D'après la question **1.**, $\dfrac{\sqrt{3}+\tan x}{1-\sqrt{3}\tan x} = 1 \Leftrightarrow \dfrac{\tan\dfrac{\pi}{3}+\tan x}{1-\tan\dfrac{\pi}{3}\tan x} = \tan\dfrac{\pi}{4}$.

D'après la question **2.**, $\dfrac{\tan\dfrac{\pi}{3}+\tan x}{1-\tan\dfrac{\pi}{3}\tan x} = \tan\dfrac{\pi}{4} \Leftrightarrow \tan\left(x+\dfrac{\pi}{3}\right) = \tan\dfrac{\pi}{4}$.

D'après la question **3.**,
$\tan\left(x+\dfrac{\pi}{3}\right) = \tan\dfrac{\pi}{4} \Leftrightarrow x+\dfrac{\pi}{3} = \dfrac{\pi}{4}+k\pi \Leftrightarrow x = \dfrac{\pi}{4}-\dfrac{\pi}{3}+k\pi \Leftrightarrow x = -\dfrac{\pi}{12}+k\pi$.

L'ensemble des solutions de l'équation est donc $\left\{\dfrac{-\pi}{12}+k\pi \mid k\in\mathbb{Z}\right\}$.

13 ▸ Optimisation de fonction en sinus et cosinus

Remarquons tout d'abord que pour tout $x\in\,]-\pi;\pi[$, $1+\cos x \neq 0$.

Méthode 1

1.
$\sin x - \cos x = \sqrt{2}\left(\dfrac{\sqrt{2}}{2}\sin x - \dfrac{\sqrt{2}}{2}\cos x\right) = \sqrt{2}\left(\sin\dfrac{\pi}{4}\sin x - \cos\dfrac{\pi}{4}\cos x\right) = -\sqrt{2}\cos\left(x+\dfrac{\pi}{4}\right).$

2. Donc $\sin x - \cos x = 1 \Leftrightarrow \cos\left(x+\dfrac{\pi}{4}\right) = -\dfrac{\sqrt{2}}{2} = \cos\left(\dfrac{3\pi}{4}\right) = \cos\left(-\dfrac{3\pi}{4}\right)$.

L'équation est équivalente à $x+\dfrac{\pi}{4} = \dfrac{3\pi}{4}+2k\pi$ ou $x+\dfrac{\pi}{4} = \dfrac{-3\pi}{4}+2k\pi$ où $k\in\mathbb{Z}$.

Soit $x = \dfrac{\pi}{2}+2k\pi$ ou $x = -\pi+2k\pi$. Dans $]-\pi;\pi[$, la seule solution est $x = \dfrac{\pi}{2}$.

3. Pour tout $x\in\,]-\pi;\pi[$, $g'(x) = \dfrac{6(\sin x - \cos x - 1)}{(1+\cos x)^2}$.

4. D'après la question **2.**, sur $]-\pi;\pi[$, $g'(x) = 0 \Leftrightarrow \sin x - \cos x - 1 = 0 \Leftrightarrow x = \dfrac{\pi}{2}$.

Or $g'\left(\dfrac{\pi}{4}\right) = \dfrac{-6}{\left(1+\dfrac{\sqrt{2}}{2}\right)^2} < 0$ et $g'\left(\dfrac{3\pi}{4}\right) = \dfrac{6(\sqrt{2}-1)}{\left(1-\dfrac{\sqrt{2}}{2}\right)^2} > 0$

donc on a le tableau de variations suivant :

x	$-\pi$		$\dfrac{\pi}{4}$		$\dfrac{\pi}{2}$		π
$g'(x)$			$-$		0	$+$	
g		↘		↘	2	↗	

5. Donc le minimum de g est atteint en $\dfrac{\pi}{2}$.

 Ici l'exercice demande de faire l'étude de la fonction, ce n'est pas toujours le cas dans les exercices d'optimisation : il faut parfois y penser soi-même.

Méthode 2

1. $g(x) = \dfrac{2\dfrac{1-t^2}{1+t^2} - 6\dfrac{2t}{1+t^2} + 8}{1 + \dfrac{1-t^2}{1+t^2}} = \dfrac{2 - 2t^2 - 12t + 8 + 8t^2}{2} = 3t^2 - 6t + 5 = f(t).$

2. $f'(t) = 6t - 6$, donc le minimum de f est atteint en $t = 1$.

3. $\tan\dfrac{x}{2} = 1 \Leftrightarrow \sin\dfrac{x}{2} = \cos\dfrac{x}{2}$ ce qui nous donne l'unique solution dans $]-\pi; \pi[$ $\dfrac{x}{2} = \dfrac{\pi}{4} \Leftrightarrow x = \dfrac{\pi}{2}$. La fonction tangente est croissante sur $\left]-\dfrac{\pi}{2}; \dfrac{\pi}{2}\right[$ donc les variations de f sont les mêmes que celles de g et donc le minimum de g est atteint en $\dfrac{\pi}{2}$.

 Nous voyons bien ici que le changement de variable proposé dans cette méthode simplifie grandement les calculs !

14 ▸ Arc cosinus et Arc sinus

a. $\arccos\left(\dfrac{1}{2}\right) = \dfrac{\pi}{3}$;

b. $\arcsin\left(\dfrac{\sqrt{3}}{2}\right) = \dfrac{\pi}{3}$;

c. $\arccos(0) = \dfrac{\pi}{2}$;

d. $\arcsin\left(\dfrac{\sqrt{2}}{2}\right) = \dfrac{\pi}{4}$.

 Il faut impérativement connaître les valeurs remarquables des sinus et cosinus !

15 ▸ Factorisation et trigonométrie

$\cos^3 x + \sin^3 x = 1 \Leftrightarrow \cos^3 x + \sin^3 x = \cos^2 x + \sin^2 x \Leftrightarrow \cos^2 x(1 - \cos x) + \sin^2 x(1 - \sin x) = 0$.
Comme la somme de deux nombres positifs est nulle si, et seulement si, ces deux nombres sont nuls :
$\cos^3 x + \sin^3 x = 1 \Leftrightarrow \cos^2 x(1 - \cos x) = 0$ et $\sin^2 x(1 - \sin x) = 0$.
Il y a 4 cas :
- $\cos^2 x = 0$ et $\sin^2 x = 0$ qui est impossible ;
- $\cos^2 x = 0$ et $\sin x = 1$, soit $x = \dfrac{\pi}{2}\,[2\pi]$;
- $\cos x = 1$ et $\sin^2 x = 0$, soit $x = 0\,[2\pi]$;
- $\cos x = 1$ et $\sin x = 1$ qui est impossible.

L'ensemble des solutions est donc $\{2k\pi\,/\,k \in \mathbb{Z}\} \cup \left\{\dfrac{\pi}{2} + 2k\pi\,/\,k \in \mathbb{Z}\right\}$.

 Attention à bien faire la disjonction des cas pour ne pas oublier de solution.

CHAPITRE 7

Intégration d'une fonction continue sur un intervalle

COURS

202	**I.**	Primitives
203	**II.**	Intégration sur un intervalle fermé borné
205	POST BAC	Intégration par parties

MÉTHODES ET STRATÉGIES

206	**1**	Déterminer une primitive
207	**2**	Majorer ou minorer une intégrale
207	**3**	Calculer l'aire d'un domaine limité par deux courbes
209	**4**	Étudier une fonction définie par une intégrale

SUJETS DE TYPE BAC

210	**Sujet 1**	Encadrement d'une intégrale
211	**Sujet 2**	Valeur approchée de e
212	**Sujet 3**	Calcul d'aire de domaines délimités par deux courbes
212	**Sujet 4**	Valeur approchée de ln 2
214	**Sujet 5**	Quelques calculs de limites
215	**Sujet 6**	Étude d'une fonction définie par une intégrale

SUJETS D'APPROFONDISSEMENT

216	**Sujet 7**	Étude de la « série harmonique alternée »
216	**Sujet 8**	Étude d'une famille de fonctions polynômiales
217	**Sujet 9**	Étude d'une fonction définie par une intégrale
218	**Sujet 10**	Étude d'une suite définie par une intégrale
218	**Sujet 11**	POST BAC Intégrations par parties
219	**Sujet 12**	POST BAC Calcul d'une intégrale
219	**Sujet 13**	POST BAC Étude de suites définies par des intégrales

CORRIGÉS

220	**Sujets 1 à 6**
226	**Sujets 7 à 13**

COURS

Intégration d'une fonction continue sur un intervalle

I. Primitives

1. Définition et existence

Définition Soit f une fonction définie sur un intervalle I. Une **primitive** de f sur I est une fonction dérivable sur I dont la fonction dérivée est f.

Théorème Toute fonction continue sur un intervalle admet une primitive.

Propositions

➡ Soit f une fonction continue sur un intervalle I et F une primitive de f sur I. La fonction G est une primitive de f sur I si, et seulement si, il existe un réel k tel que $G = F + k$.

➡ Soit f une fonction continue sur un intervalle I. Soit x_0 dans I et y_0 un réel quelconque, il existe une unique primitive G de f sur I telle que $G(x_0) = y_0$.

2. Primitives des fonctions usuelles

Fonction	Une primitive	Domaine de validité
$x \mapsto a$ (a réel)	$x \mapsto ax$	$\mathbb{R}$
$x \mapsto x^n$ ($n \in \mathbb{Z}\setminus\{0;-1\}$)	$x \mapsto \dfrac{x^{n+1}}{n+1}$	$\mathbb{R}$ si $n > 0$, $]-\infty;0[$ et $]0;+\infty[$ si $n \leq 0$
$x \mapsto \dfrac{1}{x}$	$x \mapsto \ln x$	$]0;+\infty[$
$x \mapsto \dfrac{1}{\sqrt{x}}$	$x \mapsto 2\sqrt{x}$	$]0;+\infty[$
$x \mapsto e^x$	$x \mapsto e^x$	$\mathbb{R}$
$x \mapsto \cos x$	$x \mapsto \sin x$	$\mathbb{R}$
$x \mapsto \sin x$	$x \mapsto -\cos x$	$\mathbb{R}$

3. Primitives de fonctions composées

Soit u et v deux fonctions continues sur un intervalle I.

Fonction	Une primitive	Domaine de validité
au' (a réel)	au	I
$u' + v'$	$u + v$	I
$u'u^n$ ($n \in \mathbb{Z} \setminus \{-1\}$)	$\dfrac{u^{n+1}}{n+1}$	I si $n > 0$ sur tout intervalle où $u(x) \neq 0$, si $n \leq 0$
$\dfrac{u'}{u}$	$\ln u$	sur tout intervalle où u est strictement positive
$\dfrac{u'}{\sqrt{u}}$	$2\sqrt{u}$	sur tout intervalle où u est strictement positive
$u'e^u$	e^u	I

II. Intégration sur un intervalle fermé borné

1. Définition et interprétation graphique

Définition Soit f une fonction continue sur un intervalle I, F une primitive de f sur I. Soit a et b deux réels appartenant à I. L'intégrale de f entre a et b est le nombre réel, noté $\int_a^b f(t)\,dt$, défini par :
$$\int_a^b f(t)\,dt = \left[F(t)\right]_a^b = F(b) - F(a).$$

Interprétation graphique Le plan est rapporté à un repère orthogonal $(O\,;\,\vec{i},\,\vec{j})$.
Soit I et J deux points du plan tels que $\vec{i} = \overrightarrow{OI}$ et $\vec{j} = \overrightarrow{OJ}$. On appelle **unité d'aire** le nombre réel égal à l'aire du rectangle OIKJ où $\overrightarrow{OK} = \vec{i} + \vec{j}$.
Soit a et b deux réels tels que $a \leq b$ et une fonction f définie et continue sur $[a\,;b]$. On note $\mathcal{C}_f$ la courbe représentative de f dans le repère $(O\,;\,\vec{i},\,\vec{j})$.

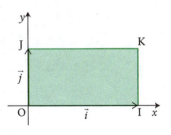

Soit $\mathcal{D}$ le domaine du plan compris entre les droites d'équations $x = a$ et $x = b$, l'axe des abscisses et la courbe $\mathcal{C}_f$.

- Si f est positive sur $[a\,;b]$, l'aire de $\mathcal{D}$ en unités d'aire est égale à $\int_a^b f(t)\,dt$.

- Si f est négative sur $[a\,;b]$, l'aire de $\mathcal{D}$ en unités d'aire est égale à $-\int_a^b f(t)\,dt$.

Proposition Soit f une fonction continue sur un intervalle I et a un réel de I. Alors la fonction g définie sur I par $g(x) = \int_a^x f(t)\,dt$ est la primitive de f sur I qui s'annule en a.

2. Propriétés de l'intégrale

Proposition Soit f une fonction définie sur un intervalle I. Soit a, b et c trois réels de I.

- Alors $\int_a^a f(t)\,dt = 0$ et $\int_a^b f(t)\,dt = -\int_b^a f(t)\,dt$.
- Relation de Chasles : $\int_a^c f(t)\,dt = \int_a^b f(t)\,dt + \int_b^c f(t)\,dt$.

Proposition Linéarité de l'intégrale : soit f et g deux fonctions continues sur un intervalle I et λ un réel. Soit a et b deux réels de I. Alors :

- $\int_a^b \bigl(f(t)+g(t)\bigr)\,dt = \int_a^b f(t)\,dt + \int_a^b g(t)\,dt$.
- $\int_a^b \lambda f(t)\,dt = \lambda \int_a^b f(t)\,dt$.

Proposition Positivité de l'intégrale : soit a et b deux nombres réels tels que $a \leq b$. Soit f et g deux fonctions continues sur $[a;b]$.

- Si $f(t) \geq 0$ pour tout $t \in [a;b]$ alors $\int_a^b f(t)\,dt \geq 0$.
- Si $f(t) \geq g(t)$ pour tout $t \in [a;b]$ alors $\int_a^b f(t)\,dt \geq \int_a^b g(t)\,dt$.

3. Valeur moyenne

- Soit a et b deux nombres réels tels que $a < b$ et f une fonction continue sur $[a;b]$. La **valeur moyenne** de f sur $[a;b]$ est le nombre réel μ défini par :

$$\mu = \frac{1}{b-a}\int_a^b f(t)\,dt.$$

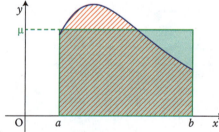

- Dans le cas d'une fonction positive, la valeur moyenne de la fonction est le réel μ tel que l'aire du rectangle de hauteur μ et de base $b-a$ soit égale à l'aire du domaine sous la courbe.

Intégration par parties

> Voir les exercices 12, 13, 14 et 15.

Théorème Soit a et b deux réels. Soit u et v deux fonctions dérivables et à dérivées continues sur l'intervalle $[a\,;b]$. Alors :
$$\int_a^b u'(x)v(x)\,\mathrm{d}x = \bigl[u(x)v(x)\bigr]_a^b - \int_a^b u(x)v'(x)\,\mathrm{d}x.$$

Démonstration Les fonctions u et v sont dérivables sur $[a\,;b]$. Donc pour tout réel x dans $[a\,;b]$: $(uv)'(x) = u'(x)v(x) + u(x)v'(x)$. Ainsi, par linéarité de l'intégrale :
$$\bigl[u(x)v(x)\bigr]_a^b = \int_a^b (uv)'(x)\,\mathrm{d}x$$
$$= \int_a^b \bigl(u'(x)v(x) + u(x)v'(x)\bigr)\,\mathrm{d}x$$
$$= \int_a^b u'(x)v(x)\,\mathrm{d}x + \int_a^b u(x)v'(x)\,\mathrm{d}x$$

D'où l'égalité souhaitée.

Remarque Ce résultat est utilisé pour intégrer des produits. En effet, il n'existe aucune formule donnant une primitive d'un produit, sauf sur des cas particuliers tels que $u'\mathrm{e}^u$, $u'u^n$ etc. Cela permet ainsi de déterminer des primitives de $x \mapsto x\ln x$ ou de $x \mapsto x\mathrm{e}^x$.

Exemple On veut déterminer la valeur de l'intégrale $I = \int_0^{\frac{\pi}{2}} x\cos x\,\mathrm{d}x$.

Posons $\begin{cases} u'(x) = \cos x \\ v(x) = x \end{cases}$ alors $\begin{cases} u(x) = \sin x \\ v'(x) = 1 \end{cases}$.

Les fonctions u et v sont dérivables et leurs dérivées sont continues. Donc par intégration par parties :
$$I = \int_0^{\frac{\pi}{2}} v(x)u'(x)\,\mathrm{d}x = \bigl[v(x)u(x)\bigr]_0^{\frac{\pi}{2}} - \int_0^{\frac{\pi}{2}} v'(x)u(x)\,\mathrm{d}x$$
$$= \bigl[x\sin x\bigr]_0^{\frac{\pi}{2}} - \int_0^{\frac{\pi}{2}} \sin x\,\mathrm{d}x$$
$$= \frac{\pi}{2} - \bigl[-\cos x\bigr]_0^{\frac{\pi}{2}} = \frac{\pi}{2} - (0 - (-1)) = \frac{\pi}{2} - 1.$$

Remarque La difficulté de l'intégration par parties est de savoir déterminer quelles fonctions doivent jouer le rôle de u' et de v. Ceci est une question d'habitude et d'entraînement. En général, on choisit pour v la fonction ln, une fonction polynôme, la fonction exp ou une fonction trigonométrique par ordre décroissant de priorité. De plus, il faut être très attentif quant au maniement du signe « moins » et des parenthèses. Les erreurs sont très courantes.

MÉTHODES ET STRATÉGIES

1 Déterminer une primitive

> Tous les exercices mettent en œuvre cette méthode.

Méthode
On veut déterminer une primitive d'une fonction f.

> **Étape 1 :** justifier l'existence de la primitive.

> **Étape 2 :** voir si la fonction f est une somme et/ou un produit par un réel de fonctions usuelles.

> **Étape 3 :** sinon, reconnaître une fonction u, un réel k et un entier n différent de -1 tels que la fonction puisse s'écrire $ku'u^n$ ou $k\dfrac{u'}{u}$ ou $ku'e^u$.
Calculer alors u' et le réel k et en déduire la primitive cherchée.

Exemple
Déterminer les primitives des fonctions suivantes :
$f(x) = 5x^3 + \dfrac{3}{x}$ pour tout $x \in\ ]0\,;+\infty[$ et $g(x) = \dfrac{x}{(1+x^2)^3}$ pour tout $x \in \mathbb{R}$.

Application

> **Étape 1 :** f est somme et produit par des réels de fonctions usuelles. Elle admet donc une primitive.
La fonction g est un quotient de fonctions continues sur $\mathbb{R}$. Elle est donc continue sur $\mathbb{R}$ et admet une primitive.

> **Étape 2 :** une primitive de f est, par exemple la fonction $F : x \mapsto \dfrac{5x^4}{4} + 3\ln x$.

> **Étape 3 :** la fonction g n'est par une fonction usuelle. Transformons l'écriture de g.
Soit $x \in\ ]0\,;+\infty[$, posons $u(x) = 1+x^2$, u est dérivable et $u'(x) = 2x$.
Ainsi, pour tout $x \in \mathbb{R}$: $g(x) = \dfrac{1}{2}(2x)(1+x^2)^{-3} = \dfrac{1}{2}u'(x)(u(x))^{-3}$.

Par conséquent, g admet comme primitive la fonction :
$$G : x \mapsto \dfrac{1}{2}\dfrac{(u(x))^{-2}}{-2} = -\dfrac{1}{4(1+x^2)^2}.$$

2 ▶ Majorer ou minorer une intégrale

> Voir les exercices 1, 2, 3, 5, 6,7, 8, 9, 11, 14 et 15 mettant en œuvre cette méthode.

Méthode
Pour de nombreuses fonctions continues, on ne sait pas déterminer explicitement de primitive. Mais en utilisant les propriétés d'ordre de l'intégrale, on est capable de majorer et minorer une intégrale pour en obtenir une valeur approchée.

▶ **Étape 1** : pour ce faire, on majore ou on minore la fonction intégrée sur l'intervalle d'intégration par une fonction dont on sait déterminer une primitive.

▶ **Étape 2** : puis on utilise la positivité de l'intégrale.

Exemple
Pour tout entier naturel n, on pose $I_n = \int_0^1 \dfrac{x^n}{1+x^2}\,dx$. Démontrer que $0 \leq I_n \leq \dfrac{1}{n+1}$.

Qu'en déduire quant à la convergence de la suite (I_n) ?

Application
▶ **Étape 1** : soit n un entier naturel et x un réel compris entre 0 et 1. Alors $1 + x^2 \geq 1$. Ainsi, x étant positif :
$$0 \leq \dfrac{x^n}{1+x^2} \leq x^n.$$

▶ **Étape 2** : donc par positivité de l'intégrale :
$$0 \leq I_n = \int_0^1 \dfrac{x^n}{1+x^2}\,dx \leq \int_0^1 x^n\,dx.$$

Or $\int_0^1 x^n\,dx = \left[\dfrac{x^{n+1}}{n+1}\right]_0^1 = \dfrac{1}{n+1}$, par conséquent, $0 \leq I_n \leq \dfrac{1}{n+1}$.

Comme $\lim\limits_{n \to +\infty} \dfrac{1}{n+1} = 0$, d'après le théorème dit « des gendarmes », la suite (I_n) converge vers 0.

3 ▶ Calculer l'aire d'un domaine limité par deux courbes

> Voir les exercices 4 et 5 mettant en œuvre cette méthode.

Méthode
Soit a et b deux réels tels que $a < b$. Soit f et g deux fonctions définies et continues sur l'intervalle $[a\,;b]$, $\mathcal{C}$ et $\mathcal{C}'$ leurs courbes respectives dans le plan muni d'un repère orthogonal dont on connaît les unités graphiques. Comment calculer l'aire, en cm², du domaine $\mathcal{D}$ du plan limité par les courbes $\mathcal{C}$ et $\mathcal{C}'$ et les droites d'équations $x = a$ et $x = b$?

> **Étape 1 :** on cherche le signe de la fonction $f-g$ sur l'intervalle $[a;b]$.

> **Étape 2 :** on calcule l'aire $\mathcal{A}$ du domaine $\mathcal{D}$, en unités d'aire :

• si $f-g \geq 0$ sur $[a;b]$: $\mathcal{A} = \int_a^b (f(x)-g(x))\mathrm{d}x$;

• si $f-g$ n'est pas de signe constant sur $[a;b]$, on partage l'intervalle $[a;b]$ en sous-intervalles sur lesquels $f-g$ est de signe constant.

> **Étape 3 :** on obtient l'aire en cm² en multipliant $\mathcal{A}$ par l'unité d'aire évaluée en cm².

Exemple

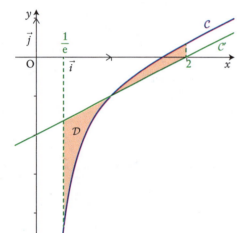

Considérons les fonctions f et g définies sur $]0;+\infty[$ par :
$$f(x) = x-2+\frac{\ln(x)}{x} \text{ et } g(x) = x-2.$$
Soient $\mathcal{C}$ et $\mathcal{C}'$ leurs courbes représentatives dans le repère orthogonal ci-contre (unités graphiques : 2 cm sur l'axe des abscisses, 1 cm sur l'axe des ordonnées).

Calculer l'aire $\mathcal{A}$, en cm², du domaine $\mathcal{D}$ du plan limité par les courbes $\mathcal{C}$ et $\mathcal{C}'$ et les droites d'équations $x = \dfrac{1}{e}$ et $x = 2$.

Application

> **Étape 1 :** soit $x > 0$, $f(x) - g(x) = \left(x - 2 + \dfrac{\ln x}{x}\right) - (x-2) = \dfrac{\ln x}{x}$.

Ainsi, $f(x) - g(x) \leq 0$ pour tout $x \in]0;1]$ et $f(x) - g(x) \geq 0$ pour tout $x \geq 1$.

> **Étape 2 :** on partage ainsi l'intervalle $\left[\dfrac{1}{e};2\right]$ en deux intervalles $\left[\dfrac{1}{e};1\right]$ et $[1;2]$.

L'aire $\mathcal{A}$ en unités d'aire, est :
$$\mathcal{A} = \int_{\frac{1}{e}}^{1} -(f(x)-g(x))\mathrm{d}x + \int_1^2 (f(x)-g(x))\mathrm{d}x = \int_{\frac{1}{e}}^{1} -\frac{\ln x}{x}\mathrm{d}x + \int_1^2 \frac{\ln x}{x}\mathrm{d}x.$$

Or $x \mapsto \dfrac{\ln x}{x}$ est de la forme $u'u$ où $u : x \mapsto \ln x$. Ainsi, en unités d'aire :
$$\mathcal{A} = \left[-\frac{1}{2}(\ln x)^2\right]_{\frac{1}{e}}^{1} + \left[\frac{1}{2}(\ln x)^2\right]_1^2 = \frac{1}{2} + \frac{(\ln 2)^2}{2}.$$

> **Étape 2 :** comme une unité d'aire est égale à 2 cm², l'aire vaut $1 + (\ln 2)^2$ cm².

Intégration d'une fonction continue sur un intervalle **MÉTHODES ET STRATÉGIES**

 Étudier une fonction définie par une intégrale

> Voir les exercices 7 et 10 mettant en œuvre cette méthode.

Méthode
Soit f une fonction définie et continue sur un intervalle I et a un réel de I.
Considérons une fonction g définie pour tout x dans I par une expression contenant $\int_a^x f(t)\,dt$.

Il est fréquent de ne pas savoir expliciter l'intégrale, et donc la fonction g, car l'on ne connaît pas nécessairement de primitive de f. Néanmoins on peut étudier les variations de la fonction g. Pour cela, dériver g en se rappelant que $x \mapsto \int_a^x f(t)\,dt$ est une primitive de f.

Exemple
Étudier les variations de la fonction g définie sur $]0\,;+\infty[$ par :
$$g(x) = \frac{1}{x}\int_0^x e^{-t^2}\,dt.$$

Application
La fonction g est dérivable sur $]0\,;+\infty[$ comme produit de fonctions dérivables et pour tout réel $x>0$:
$$g'(x) = -\frac{1}{x^2}\int_0^x e^{-t^2}\,dt + \frac{1}{x}\left(e^{-x^2}\right) = -\frac{1}{x^2}\left(\int_0^x e^{-t^2}\,dt - xe^{-x^2}\right) = -\frac{1}{x^2}h(x).$$
où, pour tout $x \in\,]0\,;+\infty[$, $h(x) = \int_0^x e^{-t^2}\,dt - xe^{-x^2}$.

Ainsi $g'(x)$ est du signe de $-h(x)$ pour tout réel x strictement positif.
La fonction h est dérivable sur $[0\,;+\infty[$ comme produit et somme de fonctions dérivables et pour tout $x>0$: $h'(x) = e^{-x^2} - e^{-x^2} + 2x^2 e^{-x^2} = 2x^2 e^{-x^2} > 0$.
La fonction h est donc strictement croissante sur $[0\,;+\infty[$ et $h(0)=0$. Donc pour tout réel, $x>0$, $h(x)$ est strictement positif. Par conséquent, pour tout réel $x>0$, $g'(x)<0$.
La fonction g est donc strictement décroissante sur $]0\,;+\infty[$.

SUJETS DE TYPE BAC

1 — Encadrement d'une intégrale

30 min

Cet exercice aborde une technique très classique d'étude de signe de fonctions en étudiant les variations de ces fonctions. On y apprend à majorer et minorer une intégrale par des intégrales de fonctions dont on sait déterminer une primitive.

> Voir les méthodes et stratégies 1 et 2.

Soit les fonctions f et g définies sur $\mathbb{R}$ par : $f(x) = \ln(e^x + 1)$ et $g(x) = \ln(1 + e^{-x})$.

On se propose de calculer une valeur approchée de l'intégrale $\int_2^4 f(x)\,dx$.

1. Démontrer que, pour tout réel $x \geq 0$, on a : $x - \dfrac{x^2}{2} \leq \ln(1+x) \leq x$.

Pour cela, on pourra étudier sur $[0\,;+\infty[$ les deux fonctions $h_1 : x \mapsto x - \ln(1+x)$ et $h_2 : x \mapsto x - \dfrac{x^2}{2} - \ln(1+x)$.

2. Utiliser les inégalités précédentes pour démontrer que pour tout réel x,
$$e^{-x} - \dfrac{e^{-2x}}{2} \leq g(x) \leq e^{-x}.$$
Puis que $x + e^{-x} - \dfrac{e^{-2x}}{2} \leq f(x) \leq x + e^{-x}$.

3. Utiliser les inégalités de la question précédente pour montrer que :
$$0 \leq \int_2^4 (x + e^{-x})\,dx - \int_2^4 f(x)\,dx \leq \int_2^4 \dfrac{e^{-2x}}{2}\,dx.$$

4. En déduire une valeur approchée à 10^{-2} près de $\int_2^4 f(x)\,dx$.

2 Valeur approchée de e

30 min

Cet exercice utilise, joint au calcul intégral, des notions vues aux chapitres 1 et 2 : raisonnement par récurrence, usage de n!, théorèmes de convergence de suites, usage du symbole Σ. Cet exercice comporte une partie algorithme comme dans beaucoup d'exercices du bac.

> Voir les méthodes et stratégies 1 et 2.

Soit (u_n) une suite définie par $u_0 = \int_0^1 e^t dt$ et pour tout entier naturel n non nul :

$$u_n = \frac{1}{n!}\int_0^1 (1-t)^n e^t dt.$$

1. Calculer u_0.

2. Pour tout entier naturel n, calculer la dérivée de la fonction f définie sur $[0\,;1]$ par $f(t) = (1-t)^{n+1} e^t$, puis calculer $u_{n+1} - u_n$.

En déduire que $u_n = e - \sum_{p=0}^{n} \frac{1}{p!}$.

3. Démontrer que pour tout entier naturel n non nul $0 \leq u_n \leq \dfrac{e}{n!}$.

En déduire que $\displaystyle\lim_{n \to +\infty} \sum_{p=0}^{n} \frac{1}{p!} = e$.

4. On sait que $e \leq 3$. On donne l'algorithme ci-dessous :

```
Variables
    S est un nombre réel, F est un nombre entier
Initialisation
    affecter à S la valeur 1
    affecter à F la valeur 1
    affecter à n la valeur 0
Traitement
    TANT QUE 3/F ⩾ 0,001
        affecter à n la valeur n+1
        affecter à F la valeur F×n
        affecter à S la valeur S + 1/F
    FIN TANT QUE
Sortie
    afficher S
```

Donner un encadrement de S d'amplitude 10^{-3}. Donner une interprétation de ce résultat.

3 ▶ Calcul d'aire de domaines délimités par deux courbes

20 min

Cet exercice n'offre aucune difficulté. Il permet seulement de s'assurer que l'on sait calculer l'aire d'un domaine après avoir au préalable déterminé le signe d'une fonction correctement choisie.

> Voir les méthodes et stratégies 1 et 3.

Calculer l'aire, en unités d'aire, des domaines $\mathcal{D}_1$ et $\mathcal{D}_2$ représentés ci-dessous.

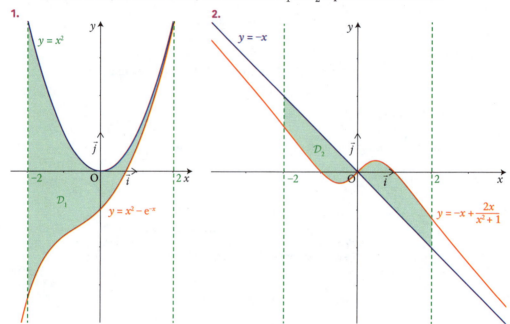

4 ▶ Valeur approchée de ln 2

50 min

Par la méthode dite des rectangles, on encadre de plus en plus finement l'aire d'un domaine compris entre une courbe et l'axe des abscisses. Cet exercice comprend une partie algorithmique comme dans beaucoup d'exercices du bac.

> Voir les méthodes et stratégies 1, 2 et 3.

On considère la fonction inverse f définie sur $\mathbb{R}^*$ par $f(x) = \dfrac{1}{x}$.
On note $\mathcal{C}$ la courbe représentative de la fonction f dans un repère orthogonal.
On note $\mathcal{D}$ le domaine compris entre l'axe des abscisses, la courbe $\mathcal{C}$ et les droites d'équations $x = 1$ et $x = 2$. Soit $\mathcal{A}$ l'aire de ce domaine.

1. Déterminer la valeur exacte en unités d'aire de l'aire $\mathcal{A}$ du domaine $\mathcal{D}$.
Le but est de déterminer une valeur approchée de $\ln 2$ en approchant l'aire du domaine $\mathcal{D}$. Pour cela on calcule une somme d'aire de rectangles.

2. Dans cette question, on découpe l'intervalle $[1\,;2]$ en cinq intervalles de même longueur :

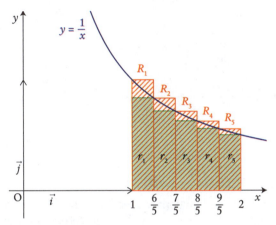

Sur l'intervalle $\left[1\,;\dfrac{6}{5}\right]$, on construit deux rectangles R_1 et r_1 de hauteur respective $f(1)$ et $f\left(\dfrac{6}{5}\right)$.

De la même façon, pour $i \in \{2\,;3\,;4\,;5\}$, on construit sur les intervalles $\left[1+\dfrac{i-1}{5}\,;1+\dfrac{i}{5}\right]$ deux rectangles R_i et r_i de hauteur respective $f\left(1+\dfrac{i-1}{5}\right)$ et $f\left(1+\dfrac{i}{5}\right)$.

En additionnant les aires des rectangles r_1, r_2, r_3, r_4 et r_5 d'une part et les aires des rectangles R_1, R_2, R_3, R_4 et R_5, démontrer que :
$$\dfrac{1}{6}+\dfrac{1}{7}+\dfrac{1}{8}+\dfrac{1}{9}+\dfrac{1}{10} < \mathcal{A} < \dfrac{1}{5}+\dfrac{1}{6}+\dfrac{1}{7}+\dfrac{1}{8}+\dfrac{1}{9}$$

Puis donner un encadrement de $\ln 2$ d'amplitude inférieure à 10^{-1}.

3. Soit n un entier naturel non nul.

a. Démontrer que pour tout entier k compris entre 0 et $n-1$ et tout x dans $\left]1+\dfrac{k}{n}\,;1+\dfrac{k+1}{n}\right[$:
$$\dfrac{1}{n+k+1} < \int_{1+\frac{k}{n}}^{1+\frac{k+1}{n}} f(x)\,\mathrm{d}x < \dfrac{1}{n+k}.$$

b. En s'inspirant de la construction de la question **2.**, justifier que :
$$\sum_{k=1}^{n}\dfrac{1}{n+k} < \mathcal{A} < \sum_{k=0}^{n-1}\dfrac{1}{n+k}.$$

c. Puis démontrer que $0 \leqslant \ln 2 - \displaystyle\sum_{k=1}^{n}\dfrac{1}{n+k} < \dfrac{1}{2n}.$

4. On donne l'algorithme ci-dessous :

```
Variables
    S est un nombre réel, k est un nombre entier
Initialisation
    Affecter à S la valeur 0
Traitement
    Pour k variant de 1 à 1000
        affecter à S la valeur S + 1/(1000+k)
    fin pour
Sortie
    Afficher S
```

Donner un encadrement de S d'amplitude 10^{-4}. Donner une interprétation de ce résultat.

5 Quelques calculs de limites

45 min

Cet exercice permet de se familiariser avec les techniques de majoration et de minoration d'intégrales. Dans les inégalités à démontrer, interviennent plusieurs variables qui ne jouent pas le même rôle. Il s'agit d'être particulièrement attentif au nom de la variable d'intégration.
Les trois questions sont indépendantes.

> Voir les méthodes et stratégies 1 et 2.

1. Pour $x \geqslant 1$, établir $\int_x^{2x} e^{-t^2}\,dt \leqslant e^{-x} - e^{-2x}$.

En déduire la limite de $\int_x^{2x} e^{-t^2}\,dt$ lorsque x tend vers $+\infty$.

2. Montrer que, pour tout $t \geqslant 0$, $\dfrac{1}{\sqrt{(t+1)^3+1}} \leqslant \int_t^{t+1} \dfrac{dx}{\sqrt{x^3+1}} \leqslant \dfrac{1}{\sqrt{t^3+1}}$.

En déduire la limite de $\int_t^{t+1} \dfrac{dx}{\sqrt{x^3+1}}$ lorsque t tend vers $+\infty$.

3. Montrer que pour tout $x \in \,]0\,;+\infty[$ et pour tout $u \in [0\,;x]$, $\dfrac{1}{e^x+1} \leqslant \dfrac{1}{e^u+1} \leqslant \dfrac{1}{2}$.

Établir alors que, pour tout réel x strictement positif, on a $\dfrac{1}{e^x+1} \leqslant \dfrac{2}{x^2}\int_0^x \dfrac{u}{e^u+1}\,du < \dfrac{1}{2}$.

Déterminer alors la limite de $\dfrac{2}{x^2}\int_0^x \dfrac{u}{e^u+1}\,du$ lorsque x tend vers 0.

6 Étude d'une fonction définie par une intégrale

45 min

Cet exercice est une étude de fonction classique : étude de variations, calculs de limites aux bornes de son ensemble de définition. Mais il s'agit d'une fonction dont la variable est aux bornes d'une intégrale.
Il faut une vigilance toute particulière pour ne pas confondre les différentes sortes de variables : variable de la fonction et variable d'intégration.

> Voir les méthodes et stratégies 1, 2 et 4.

Soit f la fonction définie sur $\mathbb{R}$ par :
$$f(x) = \int_x^{2x} \frac{1}{1+t^2}\,dt.$$

1. La fonction f est dérivable sur $\mathbb{R}$. Montrer que pour tout x dans $\mathbb{R}$:
$$f'(x) = \frac{2}{1+4x^2} - \frac{1}{1+x^2}.$$

À cet effet, on pourra faire intervenir une primitive G de $x \mapsto \dfrac{1}{1+x^2}$ sans chercher à calculer G.
Étudier les variations de f.

2. Pour tout réel $x > 0$, calculer $\int_x^{2x} \dfrac{1}{t^2}\,dt$, puis montrer que pour tout $x > 0$, $0 \leq f(x) \leq \dfrac{1}{2x}$.
En déduire la limite de f en $+\infty$.

3. Après avoir justifié que pour tout $t \geq 0$, $(t+1)^2 \geq t^2 + 1$, démontrer que pour tout réel x :
$$\frac{1}{x+1} - \frac{1}{2x+1} \leq f(x).$$

En déduire, à l'aide de la majoration obtenue à la question **2.**, la limite de $xf(x)$ lorsque x tend vers $+\infty$.

SUJETS D'APPROFONDISSEMENT

Étude de la « série harmonique alternée »

30 min

On étudie une suite à l'aide du calcul intégral. Il faut bien connaître la notion de suite géométrique et savoir majorer une intégrale.

> Voir les méthodes et stratégies 1 et 2.

Soit n un entier naturel non nul et t un réel dans $[0\,;1]$, on considère le nombre réel $S_n = \sum_{p=1}^{n} \frac{(-1)^{p-1}}{p}$. La suite (S_n) est dite série harmonique alternée.

1. Soit p un entier naturel plus grand ou égal à 2, calculer $\int_0^1 t^{p-1}\,dt$.

2. En déduire que pour tout entier naturel n non nul $S_n = \int_0^1 \frac{1-(-t)^n}{1+t}\,dt$.
Puis que $-\dfrac{1}{n+1} \leq S_n - \ln 2 \leq \dfrac{1}{n+1}$.

3. Conclure quant à la convergence de la suite (S_n).

Étude d'une famille de fonctions polynômiales

60 min

Cet exercice est difficile et très complet. Il demande de l'initiative, de l'audace et met en œuvre des techniques calculatoires multiples (factorisation, puissance, utilisation du symbole Σ, calcul de sommes). Mais tous les théorèmes nécessaires à sa résolution sont abordés en Première et Terminale (théorème des valeurs intermédiaires, raisonnement par récurrence...).

> Voir les méthodes et stratégies 1 et 2.

On considère, pour tout $n \in \mathbb{N}^*$, la fonction polynôme $P_n : [0\,;+\infty[\to \mathbb{R}$ définie par :
$$PP_n(x) = \sum_{k=1}^{2n} \frac{(-1)^k x^k}{k} = -x + \frac{x^2}{2} + \ldots + -\frac{x^{2n-1}}{2n-1} + \frac{x^{2n}}{2n}.$$

1. Étude des fonctions polynômiales P_n.
Dans cette partie, n désigne un entier naturel non nul.

a. Démontrer que pour tout $x \in [0\,;+\infty[$, $P'_n(x) = \dfrac{x^{2n}-1}{x+1}$ où P'_n désigne la dérivée de P_n.

b. Établir les variations de P_n sur $[0\,;+\infty[$.

c. Démontrer que $P_n(1) < 0$.

d. Démontrer que pour tout x positif :
$$P_{n+1}(x) = P_n(x) + x^{2n+1}\left(-\frac{1}{2n+1} + \frac{x}{2n+2}\right).$$
En déduire que $P_n(2) \geq 0$.

e. Démontrer que l'équation $P_n(x) = 0$, d'inconnue $x \in [1\,;+\infty[$, admet une solution et une seule notée x_n et que $1 < x_n \leq 2$.

2. Limite de la suite (x_n).

a. Établir, pour tout $n \in \mathbb{N}^*$ et tout $x \in [0\,;+\infty[$:
$$P_n(x) = \int_0^x \frac{t^{2n}-1}{t+1}\,dt.$$

b. En déduire que, pour tout $n \in \mathbb{N}^*$, $\int_1^{x_n} \frac{t^{2n}-1}{t+1}\,dt = \int_0^1 \frac{1-t^{2n}}{t+1}\,dt$.

c. Démontrer, pour tout $n \in \mathbb{N}^*$ et tout $t \in [1\,;+\infty[$, que $t^{2n}-1 \geq n(t^2-1)$.

d. En déduire, pour tout $n \in \mathbb{N}^*$, que $\int_1^{x_n} \frac{t^{2n}-1}{t+1}\,dt \geq \frac{n}{2}(x_n-1)^2$, puis $0 < x_n - 1 \leq \frac{\sqrt{2\ln 2}}{\sqrt{n}}$.

e. Conclure quant à la convergence et à la limite de la suite (x_n).

9 ▶ Étude d'une fonction définie par une intégrale 45 min

Dans cet exercice on étudie les variations d'une fonction dont la variable est aux bornes d'une intégrale. On revient sur des techniques et des théorèmes abordés aux **chapitres 3 et 4**.

> Voir les méthodes et stratégies 2 et 4.

On considère l'application f définie sur $]0\,;+\infty[$ par $f(t) = t\ln(t) - t$.
On considère l'application G définie pour tout $x \in]1\,;+\infty[$ par $G(x) = \frac{1}{2}\int_{x-1}^{x+1} f(t)\,dt$.

1. La fonction G est deux fois dérivable. Démontrer que pour tout $x \in]1\,;+\infty[$:
$$G'(x) = \frac{1}{2}(f(x+1) - f(x-1)) \text{ et } G''(x) = \frac{1}{2}(\ln(x+1) - \ln(x-1)).$$
À cet effet, on pourra faire intervenir une primitive F de f sans chercher à calculer F.

2. a. Montrer que G' est strictement croissante sur $]1\,;+\infty[$.

b. Vérifier que $G'(2) > 0$.

c. Montrer que l'équation $G'(x) = 0$ d'inconnue $x \in]1\,;+\infty[$, admet une solution et une seule notée α, et que $\alpha < 2$.

d. En déduire les variations de G.

10 Étude d'une suite définie par une intégrale

45 min

On étudie la monotonie et la convergence d'une suite définie par une intégrale. On y aborde les techniques classiques de majoration et de minoration d'intégrales. Cet exercice permet en outre de revenir sur l'inégalité des accroissements finis abordée dans la rubrique post bac du chapitre 4.

> Voir les méthodes et stratégies 1 et 2.

On veut étudier la suite (I_n) définie pour tout entier naturel n par :
$$I_n = \int_0^1 t^n \sqrt{1+t}\, dt.$$

1. Étudier la monotonie de la suite (I_n).

2. Grâce à un encadrement de $\sqrt{1+t}$ sur $[0\,;1]$, démontrer que pour tout entier naturel n non nul : $\dfrac{1}{n+1} \leq I_n \leq \dfrac{\sqrt{2}}{n+1}$.

Qu'en conclure quant à la convergence de (I_n) ?

3. En utilisant l'inégalité des accroissements finis, vérifier que pour tout t de $[0\,;1]$,
$$0 \leq \sqrt{2} - \sqrt{1+t} \leq \frac{1}{2}(1-t).$$

4. En déduire que pour tout entier naturel n non nul : $\dfrac{\sqrt{2}}{n+1} - \dfrac{1}{(n+1)^2} \leq I_n \leq \dfrac{\sqrt{2}}{n+1}$.

Déterminer alors la limite de la suite (nI_n).

11 Intégrations par parties

70 min

Cet exercice est un entraînement au calcul d'intégrale s'effectuant à l'aide d'intégration par parties.

> Voir la méthode et stratégie 1.

1. À l'aide d'une intégration par parties, calculer les intégrales suivantes :
$$I_1 = \int_1^e x \ln x\, dx\,; \quad I_2 = \int_0^1 t e^t\, dt\,; \quad I_3 = \int_2^4 \ln t\, dt\,; \quad I_4 = \int_{-1}^0 (3u+1)e^{-u}\, du.$$

2. À l'aide de deux intégrations par parties successives, calculer les intégrales suivantes :
$$J_1 = \int_1^e t^2 (\ln t)^2\, dt\,;\ J_2 = \int_{\ln 2}^1 (x^2-1)e^{2x}\, dx.$$

12 Calcul d'une intégrale

Encore une intégration par parties... La méthode présentée ici est quelque peu élaborée mais très classique.

> Voir la méthode et stratégie 1.

Considérons l'intégrale $K = \int_{\frac{\pi}{2}}^{\pi} e^{2x} \sin x \, dx$.

À l'aide de deux intégrations par parties successives, démontrer que $K = e^{2\pi} - 2e^{\pi} - 4K$. En déduire la valeur de K.

13 Étude de suites définies par des intégrales

On étudie, en majorant et en minorant des intégrales, la convergence de deux suites (I_n) et (J_n) puis une intégration par parties permet de déterminer la limite de la suite (nI_n).

> Voir les méthodes et stratégies 1 et 2.

On considère les suites (I_n) et (J_n) définies pour tout entier naturel n par :
$$I_n = \int_0^1 \frac{e^{-nx}}{1+x} dx \text{ et } J_n = \int_0^1 \frac{e^{-nx}}{(1+x)^2} dx.$$

1. Montrer que pour tout réel $x \geq 0$ et tout n entier naturel :
$$e^{-nx} \geq e^{-(n+1)x}.$$
Puis étudier le sens de variation de la suite (I_n).

2. a. Montrer que pour tout entier $n \geq 0$ et pour tout nombre réel x de l'intervalle $[0;1]$:
$$0 \leq \frac{e^{-nx}}{(1+x)^2} \leq \frac{e^{-nx}}{1+x} \leq e^{-nx}.$$

b. Montrer que les suites (I_n) et (J_n) sont convergentes et déterminer leurs limites.

3. Montrer, en effectuant une intégration par parties, que pour tout entier $n \geq 1$:
$$I_n = \frac{1}{n}\left(1 - \frac{e^{-n}}{2} - J_n\right).$$
En déduire la limite de la suite (nI_n).

CORRIGÉS

1. Encadrement d'une intégrale

1. h_1 et h_2 sont dérivables sur $[0\,;+\infty[$ comme composées et sommes de fonctions dérivables. Soit $x \geq 0$:

$$h_1'(x) = 1 - \frac{1}{1+x} = \frac{x}{1+x} \text{ et } h_2'(x) = 1 - x - \frac{1}{1+x} = \frac{(1-x)(1+x)-1}{1+x} = -\frac{x^2}{1+x}.$$

Comme x est positif, $h_1'(x) \geq 0$ et $h_2'(x) \leq 0$.

Pour cette question, on peut se référer à la méthode et stratégie 2 du **chapitre 4**.

Par conséquent, h_1 est croissante et h_2 est décroissante sur $[0\,;+\infty[$.
Or, $h_1(0) = 0 - \ln(1) = 0$ et $h_2(0) = 0 - \ln(1) = 0$, ainsi pour tout x positif : $h_2(x) \leq 0 \leq h_1(x)$.
Ce qui donne $x - \frac{x^2}{2} - \ln(1+x) \leq 0 \leq x - \ln(1+x)$, puis $x - \frac{x^2}{2} \leq \ln(1+x) \leq x$.

2. Soit x un réel. Le réel e^{-x} est positif, donc d'après la double inégalité précédente :

$$e^{-x} - \frac{(e^{-x})^2}{2} \leq \ln(1+e^{-x}) \leq e^{-x}.$$

On obtient donc $e^{-x} - \frac{e^{-2x}}{2} \leq g(x) \leq e^{-x}$.
Or pour tout réel x,
$$f(x) = \ln(e^x + 1) = \ln(e^x(1+e^{-x})) = \ln(e^x) + \ln(1+e^{-x}) = x + g(x).$$
Ainsi d'après l'inégalité ci-dessus, $x + e^{-x} - \frac{e^{-2x}}{2} \leq f(x) \leq x + e^{-x}$.
Ainsi pour tout réel x, en retranchant à chacune des expressions ci-dessus $x + e^{-x}$, on obtient $-\frac{e^{-2x}}{2} \leq f(x) - (x + e^{-x}) \leq 0$.
Puis en prenant l'opposé : $0 \leq x + e^{-x} - f(x) \leq \frac{e^{-2x}}{2}$.

3. Ainsi par positivité et linéarité de l'intégrale :

$$0 \leq \int_2^4 (x + e^{-x})\,dx - \int_2^4 f(x)\,dx \leq \int_2^4 \frac{e^{-2x}}{2}\,dx.$$

4. Or $\int_2^4 \frac{e^{-2x}}{2}\,dx = \left[-\frac{e^{-2x}}{4}\right]_2^4 = -\frac{e^{-8}}{4} - \left(-\frac{e^{-4}}{4}\right) = \frac{1}{4e^4} - \frac{1}{4e^8} = \frac{e^4 - 1}{4e^8} \leq 0{,}005$. Donc :

$$-0{,}005 + \int_2^4 (x + e^{-x})\,dx \leq \int_2^4 f(x)\,dx \leq \int_2^4 (x + e^{-x})\,dx.$$

De plus $\int_2^4 (x + e^{-x})\,dx = \left[\frac{x^2}{2} - e^{-x}\right]_2^4 = (8 - e^{-4}) - (2 - e^{-2}) = 6 + \frac{1}{e^2} - \frac{1}{e^4}$. Donc :

$$6{,}117 \leq \int_2^4 (x + e^{-x})\,dx \leq 6{,}118.$$

Ainsi $6{,}112 \leq \int_2^4 f(x)\,dx \leq 6{,}118$. Donc $\int_2^4 f(x)\,dx \approx 6{,}11$ à 10^{-2} près.

2 Valeur approchée de e

1. $u_0 = \int_0^1 e^t \, dt = \left[e^t\right]_0^1 = e^1 - e^0 = e - 1.$

2. Soit $n \in \mathbb{N}^*$ et $t \in [0;1]$, $f'(t) = -(n+1)(1-t)^n e^t + (1-t)^{n+1} e^t$. Alors :

$$u_{n+1} - u_n = \frac{1}{(n+1)!} \int_0^1 (1-t)^{n+1} e^t \, dt - \frac{1}{n!} \int_0^1 (1-t)^n e^t \, dt$$

$$= \frac{1}{(n+1)!} \left(\int_0^1 \left((1-t)^{n+1} e^t - (n+1)(1-t)^n e^t\right) dt \right)$$

$$= \frac{1}{(n+1)!} \int_0^1 f'(t) \, dt$$

$$= \frac{1}{(n+1)!} \left[f(t)\right]_0^1 = \frac{1}{(n+1)!} \left(f(1) - f(0)\right) = -\frac{1}{(n+1)!}.$$

Si $n = 0$, pour tout $t \in [0;1]$, $f(t) = (1-t) e^t$ ainsi $f'(t) = -t e^t$. Un calcul analogue au précédent donne :

$$u_1 - u_0 = \int_0^1 (1-t) e^t \, dt - \int_0^1 e^t \, dt = \int_0^1 -t e^t \, dt$$

$$= \int_0^1 f'(t) \, dt = f(1) - f(0) = -1 = -\frac{1}{1!}.$$

Ainsi pour tout $n \in \mathbb{N}$, $u_{n+1} - u_n = -\frac{1}{(n+1)!}$ (1).

Démontrons par récurrence que pour tout $n \in \mathbb{N}$, $u_n = e - \sum_{p=0}^{n} \frac{1}{p!}$.

On a $u_0 = e - 1 = e - \sum_{p=0}^{0} \frac{1}{p!}$. Donc la propriété est vraie au rang 0.

Soit un entier naturel n. Supposons que $u_n = e - \sum_{p=0}^{n} \frac{1}{p!}$. Alors, en utilisant l'égalité (1),

$$u_{n+1} = -\frac{1}{(n+1)!} + u_n = -\frac{1}{(n+1)!} + e - \sum_{p=0}^{n} \frac{1}{p!}$$

$$= e - \left(\sum_{p=0}^{n} \frac{1}{p!} + \frac{1}{(n+1)!} \right) = e - \sum_{p=0}^{n+1} \frac{1}{p!}.$$

Finalement pour tout $n \in \mathbb{N}$, $u_n = e - \sum_{p=0}^{n} \frac{1}{p!}$ (2).

3. Soit n un entier naturel non nul et t un réel compris entre 0 et 1. Alors : $0 \leq 1 - t \leq 1$ puis $0 \leq (1-t)^n \leq 1$. De plus $e^t > 0$.

 On utilise ici la croissance de la fonction $x \mapsto x^n$ sur $[0;+\infty[$, n étant un entier naturel non nul.

Ainsi $0 \leq u_n = \frac{1}{n!} \int_0^1 (1-t)^n e^t \, dt \leq \frac{1}{n!} \int_0^1 e^t \, dt.$

Or $\int_0^1 e^t \, dt = u_0 = e - 1 \leq e$, donc pour tout entier naturel n non nul, $0 \leq u_n \leq \frac{e}{n!}$, cette inégalité restant vraie pour $n = 0$.

Comme d'après (2) $\sum_{p=0}^{n} \frac{1}{p!} = e - u_n$, on a $e - \frac{1}{n!} \leq \sum_{p=0}^{n} \frac{1}{p!} \leq e$.

Or $\lim_{n \to +\infty} e - \frac{e}{n!} = e$, donc d'après le théorème dit « des gendarmes », on obtient :

$$\lim_{n \to +\infty} \sum_{p=0}^{n} \frac{1}{p!} = e.$$

4. En programmant l'algorithme proposé, on obtient : $2{,}718 \leq S \leq 2{,}719$.

Or S est une valeur de $\sum_{p=0}^{n} \frac{1}{p!}$ pour un certain entier naturel n tel que $\frac{3}{n!} \leq 0{,}001$. Et $e < 3$ donc $0 \leq e - S < 0{,}001$. Ce qui donne : $S \leq e \leq S + 0{,}001$, puis $2{,}718 \leq e \leq 2{,}72$. Ainsi $e \approx 2{,}72$ à 10^{-1} près.

3 Calcul d'aire de domaines délimités par deux courbes

1. Soit f et g les fonctions définies sur $\mathbb{R}$ par $f(x) = x^2$ et $g(x) = x^2 - e^{-x}$. Pour tout réel x, $f(x) > g(x)$ car $e^{-x} > 0$. Ainsi l'aire de $\mathcal{D}_1$, en unités d'aire, est égale à :

$$\int_{-2}^{2} (f(x) - g(x)) dx = \int_{-2}^{2} e^{-x} dx = \left[-e^{-x}\right]_{-2}^{2} = -e^{-2} - \left(-e^{-(-2)}\right) = e^2 - e^{-2}.$$

2. Soit h et i les fonctions définies sur $\mathbb{R}$ par $h(x) = -x$ et $i(x) = -x + \frac{2x}{x^2 + 1}$.

Pour tout $x \in \mathbb{R}$, $i(x) - h(x) = \frac{2x}{x^2 + 1}$ est du signe de x. Donc $i(x) \geq h(x)$, pour tout $x \geq 0$ et $i(x) \leq h(x)$, pour tout $x \leq 0$.

Ainsi l'aire de $\mathcal{D}_2$ en unités d'aire, est égale à :

$$\int_{-2}^{0} (h(x) - i(x)) dx + \int_{0}^{2} (i(x) - h(x)) dx = \int_{-2}^{0} -\frac{2x}{x^2 + 1} dx + \int_{0}^{2} \frac{2x}{x^2 + 1} dx$$

$$= -\left[\ln(x^2 + 1)\right]_{-2}^{0} + \left[\ln(x^2 + 1)\right]_{0}^{2}$$

$$= -(-\ln 5) + \ln 5$$

$$= 2\ln 5.$$

4 Valeur approchée de ln 2

1. Sur $[1 ; 2]$, la fonction inverse est positive donc, en unités d'aire :

$$\mathcal{A} = \int_{1}^{2} \frac{1}{x} dx = [\ln x]_{1}^{2} = \ln 2.$$

2. Le domaine $\mathcal{D}$ est strictement inclus dans la réunion des rectangles R_1, R_2, R_3, R_4 et R_5 et il contient strictement la réunion des rectangles r_1, r_2, r_3, r_4 et r_5. Ainsi :

$$\sum_{i=1}^{5} \text{aire}(r_i) < \mathcal{A} < \sum_{i=1}^{5} \text{aire}(R_i).$$

7 Intégration d'une fonction continue sur un intervalle   CORRIGÉS

Or pour tout $i \in \{1;\ldots;5\}$, $\text{aire}(R_i) = \dfrac{1}{5}f\left(1+\dfrac{i-1}{5}\right) = \dfrac{1}{5} \times \dfrac{5}{4+i} = \dfrac{1}{4+i}$

et $\text{aire}(r_i) = \dfrac{1}{5}f\left(1+\dfrac{i}{5}\right) = \dfrac{1}{5} \times \dfrac{5}{5+i} = \dfrac{1}{5+i}$. Donc :

$$\dfrac{1}{6}+\dfrac{1}{7}+\dfrac{1}{8}+\dfrac{1}{9}+\dfrac{1}{10} < \mathcal{A} < \dfrac{1}{5}+\dfrac{1}{6}+\dfrac{1}{7}+\dfrac{1}{8}+\dfrac{1}{9}.$$

Ce qui donne $\dfrac{1627}{2520} < \ln 2 < \dfrac{1879}{2520}$ avec $\dfrac{1879}{2520} - \dfrac{1627}{2520} = \dfrac{1}{10}$.

3. a. Soit k un entier compris entre 0 et $n-1$ et x dans $\left]1+\dfrac{k}{n}\,;\,1+\dfrac{k+1}{n}\right[$. La fonction f étant strictement décroissante sur $]0\,;\,+\infty[$, $\dfrac{1}{1+\dfrac{k+1}{n}} < f(x) < \dfrac{1}{1+\dfrac{k}{n}}$.

Ainsi :

$$\int_{1+\frac{k}{n}}^{1+\frac{k+1}{n}} \dfrac{1}{1+\dfrac{k+1}{n}}\,\mathrm{d}x < \int_{1+\frac{k}{n}}^{1+\frac{k+1}{n}} f(x)\,\mathrm{d}x < \int_{1+\frac{k}{n}}^{1+\frac{k+1}{n}} \dfrac{1}{1+\dfrac{k}{n}}\,\mathrm{d}x$$

$$\dfrac{1}{1+\dfrac{k+1}{n}}\big[x\big]_{1+\frac{k}{n}}^{1+\frac{k+1}{n}} < \int_{1+\frac{k}{n}}^{1+\frac{k+1}{n}} f(x)\,\mathrm{d}x < \dfrac{1}{1+\dfrac{k}{n}}\big[x\big]_{1+\frac{k}{n}}^{1+\frac{k+1}{n}}$$

$$\dfrac{1}{1+\dfrac{k+1}{n}}\left(1+\dfrac{k+1}{n}-\left(1+\dfrac{k}{n}\right)\right) < \int_{1+\frac{k}{n}}^{1+\frac{k+1}{n}} f(x)\,\mathrm{d}x < \dfrac{1}{1+\dfrac{k}{n}}\left(1+\dfrac{k+1}{n}-\left(1+\dfrac{k}{n}\right)\right)$$

$$\dfrac{1}{n+k+1} < \int_{1+\frac{k}{n}}^{1+\frac{k+1}{n}} f(x)\,\mathrm{d}x < \dfrac{1}{n+k}.$$

b. Or, d'après la relation de Chasles :

$$\mathcal{A} = \sum_{k=0}^{n-1} \int_{1+\frac{k}{n}}^{1+\frac{k+1}{n}} f(x)\,\mathrm{d}x.$$

 Développons $\mathcal{A} = \displaystyle\sum_{k=0}^{n-1} \int_{1+\frac{k}{n}}^{1+\frac{k+1}{n}} f(x)\,\mathrm{d}x = \int_{1}^{1+\frac{1}{n}} f(x)\,\mathrm{d}x + \int_{1+\frac{1}{n}}^{1+\frac{2}{n}} f(x)\,\mathrm{d}x + \ldots + \int_{1+\frac{n-1}{n}}^{2} f(x)\,\mathrm{d}x$.

On applique alors la double inégalité montrée à la question précédente à chaque intégrale de la somme.

Ainsi :

$$\sum_{k=0}^{n-1} \dfrac{1}{n+k+1} < \mathcal{A} < \sum_{k=0}^{n-1} \dfrac{1}{n+k}.$$

Remarquons que $\displaystyle\sum_{k=0}^{n-1} \dfrac{1}{n+k+1} = \dfrac{1}{n+1} + \dfrac{1}{n+2} + \ldots + \dfrac{1}{2n} = \sum_{k=1}^{n} \dfrac{1}{n+k}$. Donc :

$$\sum_{k=1}^{n} \dfrac{1}{n+k} < \mathcal{A} < \sum_{k=0}^{n-1} \dfrac{1}{n+k}.$$

c. Or $A = \ln 2$, ainsi $0 < \ln 2 - \sum\limits_{k=1}^{n} \dfrac{1}{n+k} < \sum\limits_{k=0}^{n-1} \dfrac{1}{n+k} - \sum\limits_{k=1}^{n} \dfrac{1}{n+k}$.

Donc $0 < \ln 2 - \sum\limits_{k=1}^{n} \dfrac{1}{n+k} < \left(\dfrac{1}{n} + \sum\limits_{k=1}^{n-1} \dfrac{1}{n+k}\right) - \left(\sum\limits_{k=1}^{n-1} \dfrac{1}{n+k} + \dfrac{1}{2n}\right)$.

Ce qui donne $0 < \ln 2 - \sum\limits_{k=1}^{n} \dfrac{1}{n+k} < \dfrac{1}{n} - \dfrac{1}{2n} = \dfrac{1}{2n}$.

On obtient $0{,}6926 < S < 0{,}6927$.

4. Or $S = \sum\limits_{k=1}^{1000} \dfrac{1}{1000+k}$, donc $0 < \ln 2 - S < \dfrac{1}{2000}$ puis $S < \ln 2 < S + 0{,}0005$.

Ainsi $0{,}6926 < \ln 2 < 0{,}6932$, on obtient ainsi une valeur approchée de $\ln 2$:
$$\ln 2 \approx 0{,}693 \text{ à } 10^{-3} \text{ près.}$$

5 Quelques calculs de limites

1. Soit $x \geq 1$ et $t \geq x$. Alors $t \geq 1$ donc $t^2 \geq t$ puis $-t^2 \leq -t$. Enfin par croissance de l'exponentielle, $e^{-t^2} \leq e^{-t}$. Comme $2x \geq x$, par positivité de l'intégrale :
$$\int_x^{2x} e^{-t^2}\, dt \leq \int_x^{2x} e^{-t}\, dt.$$

Or $\int_x^{2x} e^{-t}\, dt = \left[-e^{-t}\right]_x^{2x} = -e^{-2x} - (-e^{-x}) = e^{-x} - e^{-2x}$. On obtient bien :
$$\int_x^{2x} e^{-t^2}\, dt \leq e^{-x} - e^{-2x}.$$

De plus $e^{-t^2} > 0$ quelque soit le réel t et $1 < x < 2x$. Donc $\int_x^{2x} e^{-t^2}\, dt > 0$.

En outre $\lim\limits_{x \to +\infty} (e^{-x} - e^{-2x}) = 0$. Donc d'après le théorème dit « des gendarmes » :
$$\lim\limits_{x \to +\infty} \int_x^{2x} e^{-t^2}\, dt = 0.$$

2. Soit $t \geq 0$ et $x \in [t\,;\,t+1]$, alors, les fonctions racine et $x \mapsto x^3$ étant croissantes :
$$0 < \sqrt{t^3+1} \leq \sqrt{x^3+1} \leq \sqrt{(t+1)^3+1}.$$

La fonction inverse étant décroissante sur $]0\,;\,+\infty[$:
$$\dfrac{1}{\sqrt{(t+1)^3+1}} \leq \dfrac{1}{\sqrt{(x+1)^3+1}} \leq \dfrac{1}{\sqrt{t^3+1}}.$$

Donc par positivité de l'intégrale :
$$\int_t^{t+1} \dfrac{1}{\sqrt{(t+1)^3+1}}\, dx \leq \int_t^{t+1} \dfrac{1}{\sqrt{(x+1)^3+1}}\, dx \leq \int_t^{t+1} \dfrac{1}{\sqrt{t^3+1}}\, dx.$$

Or :
$$\int_t^{t+1} \dfrac{1}{\sqrt{(t+1)^3+1}}\, dx = \left[\dfrac{x}{\sqrt{(t+1)^3+1}}\right]_t^{t+1} = \dfrac{(t+1)-t}{\sqrt{(t+1)^3+1}} = \dfrac{1}{\sqrt{(t+1)^3+1}}$$

$$\int_t^{t+1} \dfrac{1}{\sqrt{t^3+1}}\, dx = \left[\dfrac{x}{\sqrt{t^3+1}}\right]_t^{t+1} = \dfrac{(t+1)-t}{\sqrt{t^3+1}} = \dfrac{1}{\sqrt{t^3+1}}.$$

On obtient donc :
$$\frac{1}{\sqrt{(t+1)^3+1}} \leq \int_t^{t+1} \frac{1}{\sqrt{(x+1)^3+1}} \, dx \leq \frac{1}{\sqrt{t^3+1}}.$$

Or $\lim\limits_{t \to +\infty} \frac{1}{\sqrt{(t+1)^3+1}} = 0$ et $\lim\limits_{t \to +\infty} \frac{1}{\sqrt{t^3+1}} = 0$.

Donc d'après le théorème dit des « gendarmes » :
$$\lim\limits_{t \to +\infty} \int_t^{t+1} \frac{1}{\sqrt{(x+1)^3+1}} \, dx = 0.$$

3. Soit $x > 0$ et $u \in [0; x]$, la fonction exponentielle est croissante et $e^0 = 1$ donc :
$$2 \leq e^u + 1 \leq e^x + 1.$$

La fonction inverse étant décroissante sur $]0; +\infty[$: $\frac{1}{e^x+1} \leq \frac{1}{e^u+1} \leq \frac{1}{2}$.

Or $u \geq 0$ donc $\frac{u}{e^x+1} \leq \frac{u}{e^u+1} \leq \frac{u}{2}$.

En multipliant chaque terme par $\frac{2}{x^2} > 0$, et par linéarité et positivité de l'intégrale, on obtient :
$$\frac{2}{x^2(e^x+1)} \int_0^x u \, du \leq \frac{2}{x^2} \int_0^x \frac{u}{e^u+1} \, du \leq \frac{1}{x^2} \int_0^x u \, du.$$

Or $\int_0^x u \, du = \left[\frac{u^2}{2}\right]_0^x = \frac{x^2}{2}$, ainsi $\frac{1}{e^x+1} \leq \frac{2}{x^2} \int_0^x \frac{u}{e^u+1} \, du \leq \frac{1}{2}$.

Or $\lim\limits_{x \to 0} \frac{1}{e^x+1} = \frac{1}{2}$, donc d'après le théorème dit « des gendarmes » :
$$\lim\limits_{x \to 0} \frac{2}{x^2} \int_0^x \frac{u}{e^u+1} \, du = \frac{1}{2}.$$

6 Étude d'une fonction définie par une intégrale

1. La fonction $x \mapsto \frac{1}{1+x^2}$ étant continue, elle admet des primitives. Soit G une de ses primitives. Alors pour tout réel x, $f(x) = G(2x) - G(x)$ et
$$f'(x) = 2G'(2x) - G'(x) = \frac{2}{1+(2x)^2} - \frac{1}{1+x^2} = \frac{2}{1+4x^2} - \frac{1}{1+x^2}.$$

Se rappeler que la dérivée de $x \mapsto f(ax+b)$ est $x \mapsto af'(ax+b)$, f étant une fonction dérivable. Puis que la dérivée d'une primitive d'une fonction est cette fonction elle-même.

2. Soit $x > 0$,
$$\int_x^{2x} \frac{1}{t^2} \, dt = \left[-\frac{1}{t}\right]_x^{2x} = -\frac{1}{2x} - \left(-\frac{1}{x}\right) = \frac{1}{x} - \frac{1}{2x} = \frac{1}{2x}.$$

Or pour tout réel t, $0 \leq \frac{1}{1+t^2} \leq \frac{1}{t^2}$.

« Plus on divise par un nombre grand plus le résultat est petit ». Autrement dit, la fonction inverse est décroissante sur $]-\infty; 0[$ et sur $]0; +\infty[$.

Donc par positivité de l'intégrale, $0 \leq f(x) \leq \int_x^{2x} \frac{1}{t^2} dt$, puis d'après l'égalité précédente, $0 \leq f(x) \leq \frac{1}{2x}$, quelque soit le réel $x > 0$.

Or $\lim\limits_{x \to +\infty} \frac{1}{2x} = 0$. Donc par théorème d'encadrement, $\lim\limits_{x \to +\infty} f(x) = 0$.

3. Soit t un réel positif. $(1+t)^2 = 1 + 2t + t^2$. Donc $(1+t)^2 \geq 1 + t^2$.
Ainsi pour tout réel x positif et par positivité de l'intégrale :
$$f(x) \geq \int_x^{2x} \frac{1}{(1+t)^2} dt.$$

 Ici aussi, on utilise la décroissance de la fonction inverse sur $]0\,;+\infty[$.

Or $\int_x^{2x} \frac{1}{(1+t)^2} dt = \left[-\frac{1}{1+t}\right]_x^{2x} = -\frac{1}{1+2x} - \left(-\frac{1}{1+x}\right) = \frac{1}{1+x} - \frac{1}{1+2x}$.

D'où l'inégalité souhaitée.
En utilisant l'inégalité montrée à la question 2., on obtient :
$$\frac{x}{x+1} - \frac{x}{2x+1} \leq x f(x) \leq \frac{1}{2}.$$

Or $\frac{x}{x+1} = \frac{1}{1+\frac{1}{x}}$, $\frac{x}{2x+1} = \frac{1}{2+\frac{1}{x}}$ et $\lim\limits_{x \to 0} \frac{1}{x} = 0$. Donc par sommes et quotients de limites :
$$\lim\limits_{x \to +\infty} \frac{x}{x+1} - \frac{x}{2x+1} = 1 - \frac{1}{2} = \frac{1}{2}.$$

Ainsi le théorème d'encadrement permet de conclure que $\lim\limits_{x \to +\infty} x f(x) = \frac{1}{2}$.

7 Étude de la « série harmonique alternée »

1. Comme p est un entier naturel plus grand ou égal à 2 alors $p - 1 > 0$ donc :
$$\int_0^1 t^{p-1} dt = \left[\frac{t^p}{p}\right]_0^1 = \frac{1}{p}.$$

2. Soit n un entier naturel non nul. D'après l'égalité ci-dessus et par linéarité de l'intégrale, on a :
$$S_n = \sum_{p=1}^n \frac{(-1)^{p-1}}{p} = 1 + \sum_{p=2}^n (-1)^{p-1} \int_0^1 t^{p-1} dt = 1 + \sum_{p=2}^n \int_0^1 (-t)^{p-1} dt.$$

Or $\int_0^1 dt = [t]_0^1 = 1$, donc par linéarité de l'intégrale :
$$S_n = \int_0^1 \left(\sum_{p=2}^n (-t)^{p-1} + 1\right) dt.$$

Or $t \neq -1$, donc :
$$\sum_{p=2}^n (-t)^{p-1} + 1 = -t \frac{1-(-t)^{n-1}}{1+t} + 1 = \frac{-t - (-t)^n + 1 + t}{1+t} = \frac{1-(-t)^n}{1+t}.$$

7 Intégration d'une fonction continue sur un intervalle — CORRIGÉS

Par conséquent $S_n = \int_0^1 \dfrac{1-(-t)^n}{1+t}\,dt$.

Ainsi :
$$S_n = \int_0^1 \dfrac{1-(-t)^n}{1+t}\,dt$$
$$= \int_0^1 \dfrac{dt}{1+t} - \int_0^1 \dfrac{(-t)^n}{1+t}\,dt$$
$$= \left[\ln(1+t)\right]_0^1 + (-1)^{n+1}\int_0^1 \dfrac{t^n}{1+t}\,dt$$
$$= \ln 2 + (-1)^{n+1}\int_0^1 \dfrac{t^n}{1+t}\,dt.$$

Par conséquent $S_n - \ln 2 = (-1)^{n+1}\int_0^1 \dfrac{t^n}{1+t}\,dt$.

Comme $(-1)^{n+1}$ est égal à 1 ou -1 et que l'intégrale est positive :
$$-\int_0^1 \dfrac{t^n}{1+t}\,dt \leq S_n - \ln 2 \leq \int_0^1 \dfrac{t^n}{1+t}\,dt.$$

 Retenir que $-1 \leq (-1)^n \leq 1$, pour tout entier n.

Or pour tout réel $t \in [0\,;1]$, $0 \leq \dfrac{t^n}{1+t} \leq t^n$. Ainsi $0 \leq \int_0^1 \dfrac{t^n}{1+t}\,dt \leq \int_0^1 t^n\,dt$.

Or $\int_0^1 t^n\,dt = \left[\dfrac{t^{n+1}}{n+1}\right]_0^1 = \dfrac{1}{n+1}$, on obtient bien $-\dfrac{1}{n+1} \leq S_n - \ln 2 \leq \dfrac{1}{n+1}$.

3. Comme la suite de terme général $\dfrac{1}{n+1}$ converge vers 0, le théorème dit « des gendarmes » permet de conclure que (S_n) converge vers $\ln 2$.

8 Étude d'une famille de fonctions polynômiales

1. a. Soit n un entier naturel non nul et x un réel positif :
$$P_n'(x) = -1 + \sum_{k=2}^{2n}(-1)^k x^{k-1} = -1 - \sum_{k=2}^{2n}(-x)^{k-1}.$$

 $P_n(x) = -x + \sum_{k=2}^{2n}\dfrac{(-1)^k x^k}{k} = -x + \sum_{k=2}^{2n} u_k(x)$ où $u_k(x) = \dfrac{(-1)^k x^k}{k}$ et $u_k'(x) = (-1)^k x^{k-1}$.

Puis on utilise que la dérivée d'une somme est la somme des dérivées.

Or $\sum_{k=2}^{2n}(-x)^{k-1}$ est la somme des termes consécutifs de la suite géométrique de raison $-x \neq 1$ et de premier terme $-x$. Ainsi :
$$P_n'(x) = -1 + x\left(\dfrac{1-(-x)^{2n-1}}{1-(-x)}\right) = \dfrac{-1-x+x+x^{2n}}{x+1} = \dfrac{x^{2n}-1}{x+1}.$$

$(-x)^{2n-1} = (-1)^{2n-1} x^{2n-1}$. Or $2n-1$ est impair donc $(-1)^{2n-1} = -1$.

b. Soit $x \geq 0$, $P'_n(x) > 0 \Leftrightarrow x^{2n} > 1 \Leftrightarrow x > 1$ et $P'_n(x) = 0 \Leftrightarrow x = 1$.
Ainsi P_n est strictement décroissante sur $[0\,;1]$ et strictement croissante sur $[1\,;+\infty[$.

c. $P_n(0) = 0$ et P_n est strictement décroissante sur $[0\,;1]$ donc $P_n(1) < P_n(0)$ ainsi $P_n(1) < 0$.

d. $P_{n+1}(x) = P_n(x) + \dfrac{(-1)^{2n+1} x^{2n+1}}{2n+1} + \dfrac{(-1)^{2n+2} x^{2n+2}}{2n+2}$

$= P_n(x) - \dfrac{x^{2n+1}}{2n+1} + \dfrac{x^{2n+2}}{2n+2}$

$= P_n(x) + x^{2n+1}\left(-\dfrac{1}{2n+1} + \dfrac{x}{2n+2}\right).$

Démontrons alors par récurrence que pour tout n entier naturel non nul, $P_n(2) \geq 0$.
$P_1(2) = -2 + \dfrac{4}{2} = 0$ donc la propriété est vraie au rang $n = 1$.
Supposons que pour un certain n non nul, $P_n(2) \geq 0$. Alors :

$$P_{n+1}(2) = P_n(2) + 2^{2n+1}\left(-\dfrac{1}{2n+1} + \dfrac{2}{2n+2}\right) = P_n(2) + 2^{2n+1}\left(\dfrac{n}{(2n+1)(n+1)}\right).$$

Donc $P_{n+1}(2) \geq 0$.
Ainsi $P_n(2) \geq 0$ pour tout entier naturel n non nul.

e. La fonction P_n est continue et strictement croissante sur $[1\,;+\infty[$, $P_n(1) < 0$ et $P_n(2) \geq 0$. D'après un corollaire du théorème des valeurs intermédiaires, l'équation $P_n(x) = 0$ possède une unique solution dans l'intervalle $]1\,;2]$.
De plus pour tout $x > 2$, $P_n(x) > P_n(2) \geq 0$. Donc l'équation $P_n(x) = 0$ ne possède pas de solution dans $]2\,;+\infty[$. Ainsi, l'équation $P_n(x) = 0$ possède une solution et une seule dans $[1\,;+\infty[$, notée x_n et $1 < x_n \leq 2$.

2. a. Soit $n \in \mathbb{N}^*$ et $x \in [0\,;+\infty[$. Comme $P_n(0) = 0$:

$$P_n(x) = \int_0^x P'_n(t)\,dt = \int_0^x \dfrac{t^{2n}-1}{t+1}\,dt.$$

 P_n est la primitive de P'_n qui s'annule en 0.

b. $\int_1^{x_n} \dfrac{t^{2n}-1}{t+1}\,dt - \int_0^1 \dfrac{1-t^{2n}}{t+1}\,dt = \int_1^{x_n} \dfrac{t^{2n}-1}{t+1}\,dt + \int_0^1 \dfrac{t^{2n}-1}{t+1}\,dt = \int_0^{x_n} \dfrac{t^{2n}-1}{t+1}\,dt = P_n(x_n) = 0$

car x_n est solution de l'équation $P_n(x) = 0$. Ainsi :

$$\int_1^{x_n} \dfrac{t^{2n}-1}{t+1}\,dt = \int_0^1 \dfrac{1-t^{2n}}{t+1}\,dt.$$

c. Soit $n \in \mathbb{N}^*$. Pour tout $t \geq 1$, posons $g(t) = t^{2n} - 1 - n(t^2 - 1)$. g est dérivable et pour tout $t \geq 1$, $g'(t) = 2nt^{2n-1} - 2nt = 2nt(t^{2n-2} - 1)$.
Or $t \geq 1$, donc $g'(t) \geq 0$. Ainsi g est croissante sur $[1\,;+\infty[$ et $g(1) = 0$. Donc g est positive sur $[1\,;+\infty[$. Ainsi pour tout $t \in [1\,;+\infty[$, $t^{2n} - 1 \geq n(t^2 - 1)$.

d. Soit $n \in \mathbb{N}^*$ et $t \geq 1$. Alors $\dfrac{t^{2n}-1}{t+1} \geq \dfrac{n(t^2-1)}{t+1} = n(t-1).$

Donc par positivité de l'intégrale :
$$\int_1^{x_n} \frac{t^{2n}-1}{t+1}\,dt \geq \int_1^{x_n} n(t-1)\,dt = \left[\frac{n(t-1)^2}{2}\right]_1^{x_n} = \frac{n}{2}(x_n-1)^2. \quad (1)$$

Or pour tout $t \geq 0$, $\frac{1-t^{2n}}{1+t} \leq \frac{1}{1+t}$. Ainsi en utilisant la question **2. b.**, on obtient :
$$\int_1^{x_n} \frac{t^{2n}-1}{t+1}\,dt = \int_0^1 \frac{1-t^{2n}}{1+t}\,dt \leq \int_0^1 \frac{1}{1+t}\,dt = \left[\ln(1+t)\right]_0^1 = \ln 2. \quad (2)$$

Ainsi de (1) et (2), on déduit : $\frac{n}{2}(x_n-1)^2 \leq \ln 2$ puis $(x_n-1)^2 \leq \frac{2\ln 2}{n}$.

Comme $x_n > 1$, on obtient alors $0 < x_n - 1 \leq \frac{\sqrt{2\ln 2}}{\sqrt{n}}$.

e. $\lim\limits_{n \to +\infty} \frac{\sqrt{2\ln 2}}{\sqrt{n}} = 0$. Ainsi d'après le théorème dit « des gendarmes », (x_n) converge et $\lim\limits_{n \to +\infty} x_n = 1$.

9 Étude d'une fonction définie par une intégrale

1. Soit F une primitive de f définie sur $]0\,;+\infty[$. Alors pour tout réel $x > 1$:
$$G(x) = \frac{1}{2}\bigl(F(x+1) - F(x-1)\bigr).$$

Comme G est deux fois dérivable sur $]1\,;+\infty[$, pour tout réel $x > 1$,
$$G'(x) = \frac{1}{2}\bigl(F'(x+1) - F'(x-1)\bigr) = \frac{1}{2}\bigl(f(x+1) - f(x-1)\bigr) \text{ et } G''(x) = \frac{1}{2}\bigl(f'(x+1) - f'(x-1)\bigr).$$

Or pour tout réel $t > 0$, $f'(t) = \ln t + t \times \frac{1}{t} - 1 = \ln t$. Donc :
$$G''(x) = \frac{1}{2}\bigl(\ln(x+1) - \ln(x-1)\bigr).$$

2. a. Soit x un réel strictement plus grand que 1, $x+1 > x-1$ et la fonction logarithme est strictement croissante donc $G''(x) > 0$. Ainsi G' est strictement croissante sur $]1\,;+\infty[$.

b. $G'(2) = \frac{1}{2}\bigl(f(3) - f(1)\bigr) = \frac{1}{2}(3\ln 3 - 3 + 1) = \frac{1}{2}(3\ln 3 - 2) > 0$ car $\ln 3 > 1$ ($1 = \ln e$ et $e < 3$).

c. Par croissance comparée, $\lim\limits_{t \to 0} f(t) = 0$. Donc comme f est une fonction continue, par composée de limites, $\lim\limits_{x \to 1} f(x-1) = 0$. Ainsi $\lim\limits_{x \to 1} G'(x) = \frac{1}{2} f(2) = \frac{1}{2}(2\ln 2 - 2) = \ln 2 - 1 > 0$ car $2 < e$.

Or G' est continue et strictement croissante sur $]1\,;+\infty[$. Donc d'après un corollaire du théorème des valeurs intermédiaires. L'équation $G'(x) = 0$ possède une unique solution notée α sur $]1\,;+\infty[$ et $\alpha < 2$.

d. G' est strictement croissante sur $[1\,;+\infty[$ et $G'(\alpha) = 0$. Donc G' est strictement négative sur $]1\,;\alpha[$ et strictement positive sur $]\alpha\,;+\infty[$.

Ainsi G est strictement décroissante sur $]1\,;\alpha]$ et strictement croissante sur $[\alpha\,;+\infty[$.

10 ▶ Étude d'une suite définie par une intégrale

1. Soit n un entier naturel non nul, par linéarité de l'intégrale :
$$I_{n+1} - I_n = \int_0^1 t^{n+1}\sqrt{1+t}\,dt - \int_0^1 t^n\sqrt{1+t}\,dt = \int_0^1 t^n(t-1)\sqrt{1+t}\,dt.$$

Or pour tout réel t appartenant à $[0;1]$, $t^n(t-1)\sqrt{1+t} \leq 0$. Donc par positivité de l'intégrale : $I_{n+1} - I_n \leq 0$. La suite (I_n) est donc décroissante.

2. Pour tout réel t dans $[0;1]$, la fonction racine étant croissante, $1 \leq \sqrt{1+t} \leq \sqrt{2}$. Donc pour tout entier naturel n non nul, par positivité et linéarité de l'intégrale :
$$\int_0^1 t^n\,dt \leq I_n \leq \sqrt{2}\int_0^1 t^n\,dt.$$

Or $\int_0^1 t^n\,dt = \left[\dfrac{t^{n+1}}{n+1}\right]_0^1 = \dfrac{1}{n+1}$. D'où la double inégalité souhaitée.

Or $\lim\limits_{n \to +\infty} \dfrac{1}{n+1} = 0$. D'après le théorème dit des « gendarmes », (I_n) est donc convergente et sa limite est 0.

3. Considérons la fonction φ définie sur $[0;1]$ par $\varphi(t) = \sqrt{1+t}$. φ est dérivable et $\varphi'(t) = \dfrac{1}{2\sqrt{1+t}}$. Or $0 \leq t \leq 1$ donc $1 \leq \sqrt{1+t} \leq \sqrt{2}$. Ainsi $0 \leq \varphi'(t) \leq \dfrac{1}{2}$.

D'après l'inégalité des accroissements finis, pour tout t dans $[0;1]$:
$$0 \leq \varphi(1) - \varphi(t) \leq \dfrac{1}{2}(1-t).$$

Or $\varphi(1) = \sqrt{2}$ donc $0 \leq \sqrt{2} - \sqrt{1+t} \leq \dfrac{1}{2}(1-t)$.

On peut démontrer cette inégalité sans utiliser l'inégalité des accroissements finis mais en étudiant le signe de la fonction $t \mapsto \sqrt{2} - \sqrt{1+t} - \dfrac{1}{2}(1-t)$.

4. Soit n un entier naturel non nul et t un réel de $[0;1]$. $t^n \geq 0$ et d'après l'inégalité ci-dessus : $\sqrt{2} - \dfrac{1}{2}(1-t) \leq \sqrt{1+t} \leq \sqrt{2}$. Donc par positivité et linéarité de l'intégrale :
$$\sqrt{2}\int_0^1 t^n\,dt - \dfrac{1}{2}\int_0^1 (1-t)t^n\,dt \leq I_n \leq \sqrt{2}\int_0^1 t^n\,dt.$$

D'une part $\int_0^1 t^n\,dt = \left[\dfrac{t^{n+1}}{n+1}\right]_0^1 = \dfrac{1}{n+1}$, d'autre part :

$\dfrac{1}{2}\int_0^1 (1-t)t^n\,dt = \dfrac{1}{2}\int_0^1 (t^n - t^{n+1})\,dt = \dfrac{1}{2}\left[\dfrac{t^{n+1}}{n+1} - \dfrac{t^{n+2}}{n+2}\right]_0^1 = \dfrac{1}{2}\left(\dfrac{1}{n+1} - \dfrac{1}{n+2}\right) = \dfrac{1}{2(n+1)(n+2)}.$

Or $2(n+2) > n+1$, donc $\dfrac{1}{2}\int_0^1 (1-t)t^n\,dt < \dfrac{1}{(n+1)^2}$. Ainsi :
$$\sqrt{2}\int_0^1 t^n\,dt - \dfrac{1}{2}\int_0^1 (1-t)t^n\,dt \geq \dfrac{\sqrt{2}}{n+1} - \dfrac{1}{(n+1)^2}.$$

Donc $\dfrac{\sqrt{2}}{n+1} - \dfrac{1}{(n+1)^2} \leq I_n \leq \dfrac{\sqrt{2}}{n+1}$. Ce qui donne, n étant un entier naturel :

$$\dfrac{n\sqrt{2}}{n+1} - \dfrac{n}{(n+1)^2} \leq nI_n \leq \dfrac{n\sqrt{2}}{n+1}.$$

Or $\dfrac{n}{n+1} = \dfrac{1}{1+\dfrac{1}{n}}$, $\dfrac{n}{(n+1)^2} = \dfrac{1}{n\left(1+\dfrac{1}{n}\right)^2}$ et $\lim\limits_{n \to +\infty} \dfrac{1}{n} = 0$, donc par quotient et somme de limites :

$$\lim\limits_{n \to +\infty} \dfrac{n\sqrt{2}}{n+1} = \sqrt{2} \text{ et } \lim\limits_{n \to +\infty} \dfrac{n\sqrt{2}}{n+1} - \dfrac{n}{(n+1)^2} = \sqrt{2}.$$

Par conséquent, d'après le théorème dit des « gendarmes », $\lim\limits_{n \to +\infty} nI_n = \sqrt{2}$.

11 ▸ Intégrations par parties

1. • Calcul de I_1.

Posons $\begin{cases} u'(x) = x \\ v(x) = \ln x \end{cases}$ puis $\begin{cases} u(x) = \dfrac{x^2}{2} \\ v'(x) = \dfrac{1}{x} \end{cases}$. Les fonctions u et v sont dérivables et leurs dérivées sont continues. Par intégration par parties, on obtient :

$$I_1 = \int_1^e u'(x)v(x)\,dx = \left[u(x)v(x)\right]_1^e - \int_1^e u(x)v'(x)\,dx$$

$$= \left[\dfrac{x^2}{2}\ln x\right]_1^e - \int_1^e \dfrac{x^2}{2} \times \dfrac{1}{x}\,dx$$

$$= \dfrac{e^2}{2}\ln e - \dfrac{1^2}{2}\ln 1 - \int_1^e \dfrac{x}{2}\,dx$$

$$= \dfrac{e^2}{2} - \left[\dfrac{x^2}{4}\right]_1^e = \dfrac{e^2}{2} - \left(\dfrac{e^2}{4} - \dfrac{1}{4}\right) = \dfrac{e^2+1}{4}.$$

• Calcul de I_2.

Posons $\begin{cases} u'(t) = e^t \\ v(t) = t \end{cases}$ puis $\begin{cases} u(t) = e^t \\ v'(t) = 1 \end{cases}$. Les fonctions u et v sont dérivables et leurs dérivées sont continues. Par intégration par parties, on obtient :

$$I_2 = \int_0^1 u'(t)v(t)\,dt = \left[u(t)v(t)\right]_0^1 - \int_0^1 u(t)v'(t)\,dt$$

$$= \left[te^t\right]_0^1 - \int_0^1 e^t\,dt$$

$$= e - 0 - \left[e^t\right]_0^1$$

$$= e - (e-1) = 1.$$

- On trouve $I_3 = 6\ln 2 - 2$ en effectuant une intégration par parties avec $\begin{cases} u'(t) = 1 \\ v(t) = \ln t \end{cases}$ et $\begin{cases} u(t) = t \\ v'(t) = \dfrac{1}{t} \end{cases}.$

- On trouve $I_4 = e - 4$ en effectuant une intégration par parties avec $\begin{cases} w'(u) = e^{-u} \\ z(u) = 3u+1 \end{cases}$ et $\begin{cases} w(u) = -e^{-u} \\ z'(u) = 3 \end{cases}.$

2. • Calcul de J_1.

Posons $\begin{cases} u'(t) = t^2 \\ v(t) = (\ln t)^2 \end{cases}$ puis $\begin{cases} u(t) = \dfrac{t^3}{3} \\ v'(t) = \dfrac{2\ln t}{t} \end{cases}$. Les fonctions u et v sont dérivables et leurs dérivées sont continues. Par intégration par parties, on obtient :

$$J_1 = \int_1^e u'(t)v(t)\,dt = \left[u(t)v(t)\right]_1^e - \int_1^e u(t)v'(t)\,dt$$

$$= \left[\dfrac{t^3}{3}(\ln t)^2\right]_1^e - \int_1^e \dfrac{t^3}{3} \times \dfrac{2\ln t}{t}\,dt$$

$$= \dfrac{e^3}{3} - \dfrac{2}{3}\int_1^e t^2 \ln t\,dt = \dfrac{e^3}{3} - \dfrac{2}{3}\int_1^e u'(t)w(t)\,dt.$$

où $w(t) = \ln t$. w est une fonction dérivable et sa dérivée $w' : t \mapsto \dfrac{1}{t}$ est continue. Par une nouvelle intégration par parties, on obtient :

$$J_1 = \dfrac{e^3}{3} - \dfrac{2}{3}\left(\left[u(t)w(t)\right]_1^e - \int_1^e u(t)w'(t)\,dt\right)$$

$$= \dfrac{e^3}{3} - \dfrac{2}{3}\left(\left[\dfrac{t^3}{3}\ln t\right]_1^e - \int_1^e \dfrac{t^3}{3} \times \dfrac{1}{t}\,dt\right)$$

$$= \dfrac{e^3}{3} - \dfrac{2}{3}\left(\dfrac{e^3}{3} - \dfrac{1}{3}\int_1^e t^2\,dt\right)$$

$$= \dfrac{e^3}{3} - \dfrac{2e^3}{9} + \dfrac{2}{9}\left[\dfrac{t^3}{3}\right]_1^e$$

$$= \dfrac{e^3}{3} - \dfrac{2e^3}{9} + \dfrac{2e^3}{27} - \dfrac{2}{27} = \dfrac{5e^3 - 2}{27}.$$

- On trouve $J_2 = 1 - 2(\ln 2)^2 + 2\ln 2 - \dfrac{e^2}{4}$ en effectuant une intégration par parties avec $\begin{cases} u'(x) = e^{2x} \\ v(x) = x^2 - 1 \end{cases}$ et $\begin{cases} u(x) = \dfrac{1}{2}e^{2x} \\ v'(x) = 2x \end{cases}$, puis une nouvelle intégration par parties avec $\begin{cases} u'(x) = e^{2x} \\ w(x) = x \end{cases}$ et $\begin{cases} u(x) = \dfrac{1}{2}e^{2x} \\ w'(x) = 1 \end{cases}.$

12 ▸ Calcul d'une intégrale

Posons $\begin{cases} u'(x) = \sin x \\ v(x) = e^{2x} \end{cases}$ puis $\begin{cases} u(x) = -\cos x \\ v'(x) = 2e^{2x} \end{cases}$. Les fonctions u et v sont dérivables sur $\mathbb{R}$ et leurs dérivées sont continues. Donc par intégration par parties :

$$K = \int_{\frac{\pi}{2}}^{\pi} u'(x)v(x)\,\mathrm{d}x = \left[u(x)v(x)\right]_{\frac{\pi}{2}}^{\pi} - \int_{\frac{\pi}{2}}^{\pi} u(x)v'(x)\,\mathrm{d}x$$

$$= \left[-\cos x\,e^{2x}\right]_{\frac{\pi}{2}}^{\pi} + 2\int_{\frac{\pi}{2}}^{\pi} \cos x\,e^{2x}\,\mathrm{d}x$$

$$= e^{2\pi} + 2\int_{\frac{\pi}{2}}^{\pi} w'(x)v(x)\,\mathrm{d}x.$$

où $w(x) = \sin(x)$. Les fonctions w et w' sont continues. Donc par intégration par parties :

$$K = e^{2\pi} + 2\left(\left[w(x)v(x)\right]_{\frac{\pi}{2}}^{\pi} - \int_{\frac{\pi}{2}}^{\pi} w(x)v'(x)\,\mathrm{d}x\right)$$

$$= e^{2\pi} + 2\left(\left[\sin x\,e^{2x}\right]_{\frac{\pi}{2}}^{\pi} - \int_{\frac{\pi}{2}}^{\pi} 2\sin x\,e^{2x}\,\mathrm{d}x\right)$$

$$= e^{2\pi} - 2e^{\pi} - 4K.$$

Ainsi $5K = e^{2\pi} - 2e^{\pi}$, donc $K = \dfrac{e^{2\pi} - 2e^{\pi}}{5}$.

13 ▸ Étude de suites définies par des intégrales

1. Soit n un entier naturel et x un réel positif, $-(n+1)x \leq -nx$. Donc par croissance de la fonction exponentielle : $e^{-nx} \geq e^{-(n+1)x}$.

Or $I_{n+1} - I_n = \int_0^1 \dfrac{e^{-(n+1)x}}{1+x}\,\mathrm{d}x - \int_0^1 \dfrac{e^{-nx}}{1+x}\,\mathrm{d}x = \int_0^1 \dfrac{e^{-(n+1)x} - e^{-nx}}{1+x}\,\mathrm{d}x$ et pour tout réel x dans $[0\,;1]$, $\dfrac{e^{-(n+1)x} - e^{-nx}}{1+x} \leq 0$. Donc par positivité de l'intégrale : $I_{n+1} - I_n \leq 0$. La suite (I_n) est donc décroissante.

2. a. Soit n un entier naturel et x un réel de $[0\,;1]$. Alors $1 + x \geq 1$ donc $(1+x)^2 \geq 1 + x \geq 1$. De plus $e^{-nx} \geq 0$. Ainsi, la fonction inverse étant décroissante sur $]0\,;+\infty[$:

$$0 \leq \dfrac{e^{-nx}}{(1+x)^2} \leq \dfrac{e^{-nx}}{1+x} \leq e^{-nx}.$$

b. Par positivité de l'intégrale, on obtient pour tout entier naturel n :

$$0 \leq J_n \leq I_n \leq \int_0^1 e^{-nx}\,\mathrm{d}x.$$

Or $\int_0^1 e^{-nx}\,\mathrm{d}x = \left[-\dfrac{e^{-nx}}{n}\right]_0^1 = -\dfrac{e^{-n}}{n} - \left(-\dfrac{1}{n}\right) = \dfrac{1-e^{-n}}{n}$. Or $e^{-n} > 0$, donc $1 - e^{-n} < 1$ et :

$$0 \leq J_n \leq I_n \leq \dfrac{1}{n}.$$

Comme $\lim\limits_{n\to+\infty} \dfrac{1}{n} = 0$, d'après le théorème des gendarmes, (I_n) et (J_n) convergent toutes les deux vers 0.

3. Soit n un entier naturel non nul. Posons $\begin{cases} u'(x) = e^{-nx} \\ v(x) = \dfrac{1}{1+x} \end{cases}$ puis $\begin{cases} u(x) = -\dfrac{e^{-nx}}{n} \\ v'(x) = -\dfrac{1}{(1+x)^2} \end{cases}$.

Les fonctions u et v sont dérivables et leurs dérivées sont continues. Par intégration par parties, on obtient :

$$I_n = \left[-\dfrac{e^{-nx}}{n(1+x)} \right]_0^1 - \dfrac{1}{n}\int_0^1 \dfrac{e^{-nx}}{(1+x)^2}dx = \left(-\dfrac{e^{-n}}{2n} - \left(-\dfrac{1}{n}\right)\right) - \dfrac{1}{n}J_n = \dfrac{1}{n}\left(1 - \dfrac{e^{-n}}{2} - J_n\right).$$

Ainsi pour tout entier naturel n non nul, $nI_n = 1 - \dfrac{e^{-n}}{2} - J_n$.

Or d'après la question **2. b.**, $\lim\limits_{n\to+\infty} J_n = 0$. De plus $\lim\limits_{n\to+\infty} -n = -\infty$ et $\lim\limits_{x\to-\infty} e^x = 0$ donc, par composition de limites : $\lim\limits_{n\to+\infty} e^{-n} = 0$.

Par conséquent : $\lim\limits_{n\to+\infty} nI_n = 1$.

Analyse SUJETS DE SYNTHÈSE

SUJETS DE SYNTHÈSE

Étude d'une fonction et limite d'une intégrale

45 min

Ce problème très complet mêle dans la première partie fonctions logarithme et exponentielle et demande d'utiliser les principaux théorèmes du programme d'analyse de Terminale S.

> Voir les chapitres 3, 4, 5 et 7 dont la méthode et stratégie 2 du chapitre 5.

Partie A

1. Soit la fonction g définie sur $]0\,;+\infty[$ par $g(x) = x\ln x + e^x - 1$.

a. Calculer $g'(x)$ et $g''(x)$. Étudier les variations de g'.
En déduire que g' s'annule une seule fois sur $]0\,;+\infty[$ pour une valeur que l'on désignera par α. Montrer que $0{,}1 < \alpha < 0{,}2$.
Préciser le signe de $g'(x)$ suivant les valeurs de x positif.

b. Étudier les variations de g et construire son tableau de variations.
En déduire que g s'annule une seule fois sur $]0\,;+\infty[$ pour une valeur que l'on désignera par β. Montrer que $0{,}3 < \beta < 0{,}4$.
Par la suite on admettra que $\beta \approx 0{,}31$.
Préciser le signe de $g(x)$ suivant les valeurs de x positif.

2. Soit la fonction f de la variable réelle x définie sur $[0\,;+\infty[$ par :
$$f(x) = (1-e^{-x})\ln x \text{ si } x > 0 \text{ et } f(0) = 0.$$

a. Montrer que la fonction f est continue en 0.
La fonction f est-elle dérivable en 0 ?
Calculer $f'(x)$ pour $x > 0$ et montrer que $f'(x) = \dfrac{e^{-x}}{x} g(x)$.

b. Étudier les variations de f. Calculer $\lim\limits_{x \to +\infty} f(x)$.
Construire le tableau de variations de f.

c. Construire la courbe $\mathcal{C}$ représentative de f dans un repère orthonormé en précisant la tangente en O.

Partie B

1. Montrer que pour tout réel $x > 0$, $1 - x \leq e^{-x} \leq 1 - x + \dfrac{x^2}{2}$.
En déduire un encadrement de $f(x)$ pour tout x de l'intervalle $[0\,;1]$.

2. Pour n entier strictement positif, déterminer la fonction dérivée de la fonction
$$x \mapsto \frac{x^{n+1}}{n+1}\left(\ln x - \frac{1}{n+1}\right)$$
En déduire le calcul pour $0 < a < 1$ des intégrales $\displaystyle\int_a^1 x \ln x \, dx$ et $\displaystyle\int_a^1 x^2 \ln x \, dx$.

3. Donner alors un encadrement de l'intégrale $I(a) = \displaystyle\int_a^1 f(x) \, dx$.

Déterminer un encadrement de $\lim\limits_{a \to 0} I(a)$ et donner une interprétation géométrique de cette limite.

235

2 ▸ Suite de fonctions et d'intégrales

45 min

On étudie dans ce problème une suite de fonctions f_n dont les variations dépendent de la parité de n. On étudie ensuite la convergence d'une suite d'intégrales à l'aide d'outils qu'il est important de maîtriser à ce niveau.

> Voir les chapitres 4, 5 et 7 dont la méthode et stratégie 2 du chapitre 7.

On considère la famille de fonctions (f_n) définies sur $]-1;+\infty[$ pour tout $n \in \mathbb{N}$ par :
$$f_n(x) = x^n \ln(1+x).$$

1. Soit n appartenant à $\mathbb{N}^*$. Étude des fonctions f_n.

a. On note h_n la fonction définie sur $]-1;+\infty[$ par $h_n(x) = n\ln(1+x) + \dfrac{x}{1+x}$.
Étudier le sens de variation de la fonction h_n sur $]-1;+\infty[$.
Calculer $h_n(0)$ puis en déduire le signe de h_n sur $]-1;+\infty[$.

b. Montrer que f_1 est dérivable sur $]-1;+\infty[$ et calculer f_1'.
En déduire les variations de f_1 sur $]-1;+\infty[$.

c. Dans cette question, n est supposé supérieur ou égal à 2.
Montrer que f_n est dérivable sur $]-1;+\infty[$ et calculer f_n'. En déduire les variations de f_n sur $]-1;+\infty[$ (on sera amené à discuter suivant la parité de n).
Déterminer les limites de f_n aux bornes du domaine de définition.

2. On considère la suite (I_n) définie pour tout $n \in \mathbb{N}^*$ par :
$$I_n = \int_0^1 f_n(x)\,\mathrm{d}x.$$

a. On définit les fonctions U et V sur $]-1;+\infty[$ par $U(x) = (1+x)\ln(1+x)$ et $V(x) = (1+x)^2\ln(1+x)$.
Pour $x > -1$, calculer $U'(x)$ et $V'(x)$.
En déduire $\int_0^1 \ln(1+x)\,\mathrm{d}x$, $\int_0^1 (1+x)\ln(1+x)\,\mathrm{d}x$ et enfin I_1.

b. Montrer que la suite (I_n) est monotone.
Justifier la convergence de la suite (I_n) (on ne demande pas sa limite).

c. Démontrer que pour tout $n \in \mathbb{N}^*$ et pour tout $x \in [0;1]$, $0 \leq f_n(x) \leq x^n \ln 2$, puis que pour tout $n \in \mathbb{N}^*$, $0 \leq I_n \leq \dfrac{\ln 2}{n+1}$.
En déduire la limite de la suite (I_n).

3 ▸ Approximations de ln(1+ a) par des polynômes

50 min

La suite étudiée est une suite d'intégrales. On étudie tout d'abord un cas particulier auquel on pourra se ramener lors de l'étude du cas général.

> Voir les chapitres 5 et 7 dont la méthode et stratégie 2 du chapitre 7.

Soit $a \in [0;+\infty[$.
On note $I_0(a) = \int_0^a \dfrac{1}{1+t}\,\mathrm{d}t$ et, pour $k \in \mathbb{N}^*$, on pose $I_k(a) = \int_0^a \dfrac{(a-t)^k}{(1+t)^{k+1}}\,\mathrm{d}t$.

1. Calculer $I_0(a)$ en fonction de a.

2. Déterminer $I_0(a) + I_1(a)$, sans calculer $I_1(a)$.
En déduire $I_1(a)$ en fonction de a.

3. Soit k un entier strictement positif.
On note u_k la fonction définie sur $[0\,;+\infty[$ par $u_k(x) = \left(\dfrac{a-x}{1+x}\right)^{k+1}$.
Déterminer la fonction dérivée u'_k de la fonction u_k.
En déduire que $I_{k+1}(a) + I_k(a) = \dfrac{a^{k+1}}{k+1}$.

4. Soit P le polynôme défini sur $\mathbb{R}$ par $P(x) = \dfrac{1}{5}x^5 - \dfrac{1}{4}x^4 + \dfrac{1}{3}x^3 - \dfrac{1}{2}x^2 + x$.
Démontrer en calculant $I_2(a)$, $I_3(a)$ et $I_4(a)$ que $I_5(a) = P(a) - \ln(1+a)$.

5. Soit $J(a) = \int_0^a (a-t)^5\,\mathrm{d}t$. Calculer $J(a)$.

6. a. Démontrer que pour tout $t \in [0\,;a]$, $\dfrac{(a-t)^5}{(1+t)^6} \leq (a-t)^5$.

b. En déduire que pour tout $a \in [0\,;+\infty[$, $0 \leq P(a) - \ln(1+a) \leq \dfrac{a^6}{6}$.

7. Déterminer, en justifiant votre réponse, un intervalle sur lequel $P(a)$ est une valeur approchée de $\ln(1+a)$ à 10^{-3} près.

8. Plus généralement, pour tout entier k strictement positif, on définit sur $\mathbb{R}$ le polynôme P_k par $P_k(x) = \sum_{i=1}^{k} \dfrac{(-1)^{k+i}}{i} x^i$.
Démontrer que pour tout $a \in [0\,;+\infty[$:
$$I_k(a) = P_k(a) + (-1)^k \ln(1+a) \quad \text{et} \quad \left|P_k(a) + (-1)^k \ln(1+a)\right| \leq \dfrac{a^{k+1}}{k+1}.$$

 Moyennes arithmétique, géométrique et harmonique 50 min

Il s'agit ici de comparer différentes moyennes en utilisant l'outil différentiel et l'outil intégral. En bonus, on obtient la limite de $\sqrt[n]{n!}$ lorsque n tend vers l'infini.

> Voir les chapitres 2 et 7 dont la méthode et stratégie 3 du chapitre 2.

Partie A
Pour tout réel $x > 0$, on pose $f(x) = x - 1 - \ln x$ et on note $\mathcal{C}$ la courbe représentative de la fonction f dans un repère orthonormal du plan.

1. Étudier les variations de la fonction f et donner ses limites en 0 et en $+\infty$.

2. Soit h un nombre réel tel que $0 < h \leq 1$.

a. Démontrer que la fonction $L : x \mapsto x(\ln x - 1)$ est une primitive de la fonction $\ln$.
En déduire l'aire $A(h)$ du domaine D_h formé des points de coordonnées $(x\,;y)$ vérifiant les inégalités $h \leq x \leq 1$ et $0 \leq y \leq f(x)$.

b. Calculer la limite de $A(h)$ quand h tend vers 0 par valeurs positives.

c. Interpréter graphiquement ce résultat.

3. De l'étude de f, déduire que pour tout $x > 0$, on a l'inégalité (1) : $\ln x \leq x - 1$.

Partie B

Soit n un entier supérieur ou égal à 2. Pour tout réel positif x, $\sqrt[n]{x}$ est le nombre positif a tel que $a^n = x$. On donne n nombres réels strictement positifs $a_1, a_2, \ldots, a_n$ et on pose :

$$u = \frac{1}{n}(a_1 + a_2 + \ldots + a_n) \; ; \quad v = \sqrt[n]{a_1 a_2 \ldots a_n} \; ; \quad \frac{1}{w} = \frac{1}{n}\left(\frac{1}{a_1} + \frac{1}{a_2} + \ldots + \frac{1}{a_n}\right).$$

Les nombres u, v et w sont respectivement les moyennes arithmétique, géométrique et harmonique des n nombres $a_1, a_2, \ldots, a_n$.

1. a. En appliquant l'inégalité (1) successivement pour $x = \dfrac{a_1}{u}$, $x = \dfrac{a_2}{u}$, …, $x = \dfrac{a_n}{u}$, et en combinant les n inégalités obtenues, montrer que $v \leqslant u$ (2).

b. Dans quel cas a-t-on $v = u$?

2. a. En remplaçant dans (2) les n nombres $a_1, a_2, \ldots, a_n$ par leurs inverses, prouver que $w \leqslant v$ (3).

b. Dans quel cas a-t-on $w = v$?

3. a. En appliquant l'inégalité (2), montrer que, pour tout entier $n > 0$, on a l'inégalité :
$$\sqrt[n]{n!} \leqslant \frac{n+1}{2}.$$

b. Montrer que $\displaystyle\sum_{k=1}^{n} \frac{1}{k} \leqslant 1 + \int_1^n \frac{1}{x}\,dx$.

c. En déduire que, pour tout $n > 0$, on a l'inégalité $\dfrac{n}{1 + \ln n} \leqslant \sqrt[n]{n!}$. Que peut-on en conclure ?

5 Limites de suites de fonctions

45 min

Cet exercice peu calculatoire demande beaucoup d'attention, notamment lorsqu'il s'agit d'encadrer les termes d'une suite de manière à en déterminer la limite.

> Voir les chapitres 2 et 3 dont la méthode et stratégie 3 du chapitre 2.

Soit n un entier naturel non nul. On considère la fonction f_n de $\mathbb{R}$ vers $\mathbb{R}$ définie par :
$$f_n(x) = x + \ldots + x^{n-1} + x^n = \sum_{i=1}^{n} x^i.$$

1. Donner la définition d'une fonction strictement croissante sur un intervalle I de $\mathbb{R}$.

2. Démontrer que la fonction f_n est strictement croissante sur l'intervalle $[0\,;+\infty[$.

3. Démontrer que l'équation $f_n(x) = 1$ a une solution unique a_n dans l'intervalle $[0\,;+\infty[$. Vérifier que $0 < a_n \leqslant 1$. On ne demande pas de déterminer a_n.

4. Dans la suite de l'exercice, on étudie la suite (a_n).

a. Démontrer que pour tout entier naturel n non nul :
$$f_{n+1}(a_n) - f_{n+1}(a_{n+1}) = a_n^{n+1}.$$

b. Déterminer le sens de variation de la suite (a_n).
En déduire que la suite (a_n) est convergente.

5. On désigne par ℓ la limite de la suite (a_n).

a. Démontrer que pour tout nombre a différent de 1, $f_n(a) = a\dfrac{1-a^n}{1-a}$.

238

b. Vérifier que $f_n\left(\dfrac{1}{2}\right) < 1$. Démontrer que $\dfrac{1}{2} \leq \ell < 1$.

c. Vérifier que $f_n(\ell) \leq f_n(a_n)$.
Déduire de la question **5. a.** la limite, en fonction de ℓ, de la suite de terme général $f_n(\ell)$.

d. Démontrer que $\dfrac{\ell}{1-\ell} \leq 1$.
Déterminer ℓ.

6. On considère la fonction f définie sur $[0\,;1[$ par $f(x) = \dfrac{x}{1-x}$.

a. Soit un réel $x \in [0\,;1[$, montrer que $\lim\limits_{n \to +\infty} f_n(x) = f(x)$.

b. Démontrer que $f(x) = 1 \Leftrightarrow x = \ell$.

Montrer que $\lim\limits_{n \to +\infty}\left(\lim\limits_{x \to \ell} f_n(x)\right) = \lim\limits_{x \to \ell}\left(\lim\limits_{n \to +\infty} f_n(x)\right)$.

c. Trouver une suite de fonctions g_n telles que :
$$\lim\limits_{n \to +\infty}\left(\lim\limits_{x \to 0} g_n(x)\right) \neq \lim\limits_{x \to 0}\left(\lim\limits_{n \to +\infty} g_n(x)\right).$$

Somme des inverses des carrés d'entiers naturels

60 min

La résolution de cet exercice demande une certaine technicité et constitue un bon entraînement compte tenu des attendus de l'enseignement scientifique supérieur. Dans tous les cas, votre travail sera récompensé par le résultat obtenu : la valeur imprévisible de la limite de la somme $1 + \dfrac{1}{4} + \dfrac{1}{9} + \ldots + \dfrac{1}{n^2} \ldots$

> Voir les chapitres 6 et 7 dont la rubrique post bac du chapitre 7.

Étude de la suite (S_n) définie pour $n \geq 1$ par $S_n = \sum\limits_{k=1}^{n} \dfrac{1}{k^2} = 1 + \dfrac{1}{4} + \dfrac{1}{9} + \ldots + \dfrac{1}{n^2}$.

On définit, pour tout entier naturel k, les expressions suivantes :
$$I_k = \int_0^{\frac{\pi}{2}} \cos^{2k}(t)\,\mathrm{d}t \quad \text{et} \quad J_k = \int_0^{\frac{\pi}{2}} t^2 \cos^{2k}(t)\,\mathrm{d}t.$$

1. On étudie la convergence de la suite (q_k) de terme général $\dfrac{J_k}{I_k}$.

a. Démontrer qu'il existe un unique réel α de l'intervalle $\left[0\,;\dfrac{\pi}{2}\right]$ tel que $\cos\alpha = \dfrac{2}{\pi}$.

b. Établir que pour tout réel t tel que $0 \leq t \leq \dfrac{\pi}{2}$, on a $t \leq \dfrac{\pi}{2}\sin t$.

c. En déduire l'inégalité suivante pour tout entier naturel k :
$$0 \leq J_k \leq \dfrac{\pi^2}{4}(I_k - I_{k+1}).$$

d. Exprimer I_{k+1} en fonction de I_k en intégrant par parties I_{k+1} (on pourra poser $u'(t) = \cos t$ et $v(t) = \cos^{2k+1}(t)$ dans l'intégration par parties).

e. Déduire des résultats précédents que la suite (q_k) converge vers 0.

2. Convergence et limite de la suite (S_n).

a. Soit k un entier naturel non nul, on considère les fonctions g et h définies pour tout réel t par : $g(t) = t\cos^{2k}(t)$ et $h(t) = t^2 \sin t \cos^{2k-1}(t)$.

Calculer $g'(t)$, en déduire que $I_k - 2k\int_0^{\frac{\pi}{2}} t\sin t \cos^{2k-1}(t)\,dt = 0$.

Calculer $h'(t)$, en déduire que :
$$\int_0^{\frac{\pi}{2}} 2t\sin t \cos^{2k-1}(t)\,dt + \int_0^{\frac{\pi}{2}} t^2\left(\cos^{2k}(t) - (2k-1)\sin^2(t)\cos^{2k-2}(t)\right)dt = 0$$

puis que $\int_0^{\frac{\pi}{2}} 2t\sin t \cos^{2k-1}(t)\,dt = (2k-1)J_{k-1} - 2kJ_k$.

b. Exprimer alors I_k en fonction de J_k et J_{k-1}.
En déduire la relation suivante : $q_{k-1} - q_k = \dfrac{1}{2k^2}$.

c. Soit n un entier naturel non nul. Exprimer S_n en fonction de q_n.

d. Calculer J_0 et I_0 puis déterminer la limite S de la suite (S_n).

7 Variations d'une suite de fonctions

60 min

Voici un exercice d'applications du théorème des valeurs intermédiaires à l'étude des variations d'une famille de fonctions dépendant d'un paramètre réel $k > 0$.

> Voir les chapitres 3 et 5.

On considère la fonction f définie sur $\mathbb{R}$ par $f(x) = xe^x$.

1. Étudier les variations et les limites de f en $-\infty$ et en $+\infty$.

2. Soit k un réel strictement positif et différent de 1 et soit f_k la fonction définie sur $\mathbb{R}$ par $f_k(x) = e^{-x} + \dfrac{x^2}{2k\ln k}$.

a. Montrer que la fonction f_k est dérivable sur $\mathbb{R}$ et que pour tout $x \in \mathbb{R}$:
$$f_k'(x) = \dfrac{f(x) - k\ln k}{k\ln k}\,e^{-x}.$$

b. On suppose $k > 1$. Résoudre dans $\mathbb{R}$ l'équation $f(x) = k\ln k$.

c. Déterminer les variations de la fonction f_k dans chacun des cas suivants :
- $k > 1$;
- $\dfrac{1}{e} < k < 1$;
- $k = \dfrac{1}{e}$;
- $0 < k < \dfrac{1}{e}$.

d. Tracer dans un repère du plan les courbes représentatives de fonctions illustrant les 4 cas précédents.

CORRIGÉS

1 ▶ Étude d'une fonction et limite d'une intégrale

Partie A

1. a. Pour tout $x > 0$, $g'(x) = \ln x + 1 + e^x$ et $g''(x) = \dfrac{1}{x} + e^x$; donc $g''(x) > 0$ et g' est strictement croissante sur $]0\,;+\infty[$.

On a $\lim\limits_{x \to 0} \ln x = -\infty$ et $\lim\limits_{x \to 0} e^x = 0$ donc $\lim\limits_{x \to 0} g'(x) = -\infty$;

$\lim\limits_{x \to +\infty} \ln x = +\infty$ et $\lim\limits_{x \to +\infty} e^x = +\infty$ donc $\lim\limits_{x \to +\infty} g'(x) = +\infty$.

De plus, la fonction g' est continue et strictement croissante sur $]0\,;+\infty[$, d'après un corollaire du théorème des valeurs intermédiaires, g' s'annule une seule fois sur $]0\,;+\infty[$ pour une valeur que l'on désignera par α.

La fonction g' est strictement croissante, or $g'(0{,}1) \approx -0{,}20$ et $g'(0{,}2) \approx 0{,}61$ donc $0{,}1 < \alpha < 0{,}2$.

Ainsi, si $x \in \,]0\,;\alpha[$ alors $g'(x) < 0$ et si $x > \alpha$ alors $g'(x) > 0$.

b. On en déduit que la fonction g est strictement décroissante sur $]0\,;\alpha]$ et strictement croissante sur $[\alpha\,;+\infty[$.

Par croissances comparées, $\lim\limits_{x \to 0} x \ln x = 0$ donc $\lim\limits_{x \to 0} g(x) = 0$. De plus $\lim\limits_{x \to +\infty} g(x) = +\infty$.

x	0		α		$+\infty$
Signe de $g'(x)$		$-$	0	$+$	
Variations de g	0	↘	$g(\alpha)$	↗	$+\infty$

On a $\lim\limits_{x \to 0} g(x) = 0$ et g strictement décroissante sur $]0\,;\alpha]$ donc $g(\alpha) < 0$ et g ne s'annule pas sur $]0\,;\alpha]$. La fonction g est continue et strictement croissante sur $]\alpha\,;+\infty[$, d'après un corollaire du théorème des valeurs intermédiaires, g s'annule une seule fois sur $]\alpha\,;+\infty[$ pour une valeur que l'on désignera par β. On en déduit que g s'annule une seule fois sur $]0\,;+\infty[$.

Comme $g(0{,}3) \approx -0{,}01$ et $g(0{,}4) \approx 0{,}13$ et g est strictement croissante sur $]\alpha\,;+\infty[$, alors $0{,}3 < \beta < 0{,}4$.

Ainsi, si $x \in \,]0\,;\beta[$ alors $g(x) < 0$ et si $x > \beta$ alors $g(x) > 0$.

2. a. On a, pour tout $x > 0$, $f(x) = \dfrac{1 - e^{-x}}{x} \times x \ln x$, $\lim\limits_{x \to 0} x \ln x = 0$ et $\lim\limits_{x \to 0} -\dfrac{e^{-x} - 1}{x} = 1$ (limite du taux d'accroissement en zéro de $x \mapsto e^{-x}$).

Donc $\lim\limits_{x \to 0} f(x) = 0 = f(0)$: la fonction f est continue en 0.

D'autre part, pour tout $x > 0$, $\dfrac{f(x)}{x} = \dfrac{1 - e^{-x}}{x} \times \ln x$ avec $\lim\limits_{x \to 0} \dfrac{1 - e^{-x}}{x} = 1$ et $\lim\limits_{x \to 0} \ln x = -\infty$

donc $\lim\limits_{x \to 0} \dfrac{f(x)}{x} = -\infty$ et f n'est pas dérivable en 0.

Pour tout $x > 0$, $f'(x) = e^{-x} \ln x + \dfrac{1 - e^{-x}}{x} = \dfrac{e^{-x}}{x} g(x)$.

241

b. Les fonctions f' et g sont donc de même signe : la fonction f est strictement décroissante sur $]0\,;\beta]$ et strictement croissante sur $[\beta\,;+\infty[$.
On a $\lim\limits_{x\to+\infty} e^{-x}=0$ et $\lim\limits_{x\to+\infty} \ln x=+\infty$ donc $\lim\limits_{x\to+\infty} f(x)=+\infty$.

x	0		β		$+\infty$
Signe de $f'(x)$		$-$	0	$+$	
Variations de f	0	↘	$f(\beta)$	↗	$+\infty$

c. On a de plus $\lim\limits_{x\to 0} \dfrac{f(x)}{x}=-\infty$ donc la courbe $\mathcal{C}$ admet une demi-tangente verticale à l'origine.

> On rappelle que le coefficient directeur d'une tangente éventuelle en un point est, lorsque celle-ci existe, la limite du taux d'accroissement en ce point.

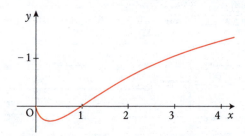

Partie B

1. On a pour tout réel $t>0$, $0\leq e^{-t}\leq 1$, donc pour tout réel $u>0$:
$$0\leq \int_0^u e^{-t}\,dt \leq [t]_0^u.$$

> Attention ! On ne peut « intégrer » une inégalité sans changer son sens que si les bornes d'intégrations sont croissantes.

D'où $0\leq \left[-e^{-t}\right]_0^u \leq u$, soit $0\leq -e^{-u}+1\leq u$ et enfin $1-u\leq e^{-u}\leq 1$.
Donc, pour tout réel $x>0$, $\int_0^x (1-u)\,du \leq \int_0^x e^{-u}\,du \leq [u]_0^x$,
soit $x-\dfrac{x^2}{2}\leq -e^{-x}+1\leq x$ et enfin $1-x\leq e^{-x}\leq 1-x+\dfrac{x^2}{2}$.
Ainsi, pour tout $x>0$, $x-\dfrac{x^2}{2}\leq 1-e^{-x}\leq x$, puis pour tout $x\in[0\,;1]$, comme $\ln x<0$, on a
$x\ln x\leq f(x)\leq x\ln x-\dfrac{1}{2}x^2\ln x$.

2. La fonction $F_n : x \mapsto \dfrac{x^{n+1}}{n+1}\left(\ln x - \dfrac{1}{n+1}\right)$ est dérivable sur $]0;+\infty[$ et pour tout réel $x>0$,

$F'(x) = x^n\left(\ln x - \dfrac{1}{n+1}\right) + \dfrac{x^n}{n+1} = x^n \ln x.$

On en déduit que, pour $0<a<1$:

$$\int_a^1 x \ln x \, dx = \left[\dfrac{x^2}{2}\left(\ln x - \dfrac{1}{2}\right)\right]_a^1 = -\dfrac{a^2}{2}\ln a - \dfrac{1}{4} + \dfrac{1}{4}a^2$$

$$\int_a^1 x^2 \ln x \, dx = \left[\dfrac{x^3}{3}\left(\ln x - \dfrac{1}{3}\right)\right]_a^1 = -\dfrac{a^3}{3}\ln a - \dfrac{1}{9} + \dfrac{1}{9}a^3.$$

3. On en déduit que pour $0<a<1$:

$$-\dfrac{a^2}{2}\ln a - \dfrac{1}{4} + \dfrac{1}{4}a^2 \leqslant I(a) \leqslant -\dfrac{a^2}{2}\ln a - \dfrac{1}{4} + \dfrac{1}{4}a^2 + \dfrac{1}{2}\left(\dfrac{a^3}{3}\ln a + \dfrac{1}{9} - \dfrac{1}{9}a^3\right)$$

$$-\dfrac{a^2}{2}\ln a - \dfrac{1}{4} + \dfrac{1}{4}a^2 \leqslant I(a) \leqslant \dfrac{a^3}{6}\ln a - \dfrac{a^2}{2}\ln a - \dfrac{a^3}{18} + \dfrac{a^2}{4} - \dfrac{7}{36}.$$

Or, $\displaystyle\lim_{a\to 0} a\ln a = 0$ donc $-\dfrac{1}{4} \leqslant \displaystyle\lim_{a\to 0} I(a) \leqslant -\dfrac{7}{36}.$

L'aire du domaine situé entre les droites d'équations $x=0$ et $x=1$, la droite des abscisses et la courbe $\mathcal{C}$ est comprise, en unités d'aire, entre $\dfrac{7}{36}$ et $\dfrac{1}{4}$.

 On interprète souvent une intégrale en termes d'aires.

2 Suite de fonctions et d'intégrales

1. a. Pour tout $x>-1$ on a $h'_n(x) = \dfrac{n(x+1)+1}{(1+x)^2}$, $x+1>0$ et $n>0$ d'où $h'_n(x)>0$.

La fonction h_n est donc strictement croissante sur $]-1;+\infty[$.
De plus $h_n(0) = 0$ donc $h_n < 0$ sur $]-1;0[$ et $h_n > 0$ sur $]0;+\infty[$.

b. Étude du cas particulier $n=1$.
La fonction f_1 est dérivable en tant que produit de fonctions dérivables sur $]-1;+\infty[$ et pour tout $x>-1$ on a $f'_1(x) = \ln(1+x) + \dfrac{x}{1+x} = h_1(x)$.
Donc d'après la question **1.**, f_1 est strictement décroissante sur $]-1;0]$ et strictement croissante sur $[0;+\infty[$.

c. Soit $n \in \mathbb{N}^*\setminus\{1\}$, la fonction f_n est dérivable en tant que produit de fonctions dérivables sur $]-1;+\infty[$ et pour tout $x>-1$ on a :

$$f'_n(x) = nx^{n-1}\ln(1+x) + \dfrac{x^n}{1+x} = x^{n-1}h_n(x).$$

Donc si n est impair, f'_n est du signe de h'_n ; ainsi d'après la question **1.**, f_n est strictement décroissante sur $]-1;0]$ et strictement croissante sur $[0;+\infty[$.
D'autre part, si n est pair, f'_n est du signe de h'_n sur $]0;+\infty[$ et du signe de $-h'_n$ sur $]-1;0[$, il en résulte que f_n est strictement croissante sur $]-1;+\infty[$.

On a $\displaystyle\lim_{x\to -1}\ln(1+x) = -\infty$ donc pour n impair, $\displaystyle\lim_{x\to -1} f_n(x) = +\infty$, et pour n pair, $\displaystyle\lim_{x\to -1} f_n(x) = -\infty$.
De plus, on a $\displaystyle\lim_{x\to +\infty} f_n(x) = +\infty$.

2. a. Pour tout $x > -1$, $U'(x) = \ln(x+1) + 1$ et $V'(x) = 2(x+1)\ln(x+1) + x + 1$ donc
$\int_0^1 \ln(1+x)dx = [U(x) - x]_0^1$, et $\int_0^1 (1+x)\ln(1+x)dx = \left[\dfrac{V(x) - \dfrac{1}{2}x^2 - x}{2}\right]_0^1$ d'où $I = 2\ln 2 - 1$
et $J = 2\ln 2 - \dfrac{3}{4}$.

Or, $I_1 = \int_0^1 x\ln(1+x)dx$, donc $I_1 = J - I$ et $I_1 = \dfrac{1}{4}$.

b. Pour tout $n \in \mathbb{N}^*$, $I_{n+1} - I_n = \int_0^1 (x-1)x^n \ln(1+x)dx$.

Or pour tout $x \in [0;1]$, $x - 1 \leq 0$, $x^n \geq 0$ et $\ln(1+x) \geq 0$ donc, d'après la positivité de l'intégrale, $\int_0^1 (x-1)x^n \ln(1+x)dx \leq 0$ et la suite (I_n) est décroissante.

On a également, pour tout $x \in [0;1]$, $x^n \ln(1+x) \geq 0$ donc $I_n \geq 0$.
La suite (I_n) est décroissante et minorée par 0, donc elle converge.

 On rappelle que cela ne permet pas de déterminer la limite de la suite.

c. Soit $n \in \mathbb{N}^*$, pour tout $x \in [0;1]$, $0 \leq \ln(1+x) \leq \ln 2$ et $x^n \geq 0$, donc $0 \leq f_n(x) \leq x^n \ln 2$.
On en déduit que $0 \leq I_n \leq \ln 2 \int_0^1 x^n dx$.

Or $\int_0^1 x^n dx = \left[\dfrac{x^{n+1}}{n+1}\right]_0^1 = \dfrac{1}{n+1}$ donc $0 \leq I_n \leq \dfrac{\ln 2}{n+1}$.

On a $\lim\limits_{n \to +\infty} \dfrac{\ln 2}{n+1} = 0$, donc d'après un théorème d'encadrement sur les limites :
$$\lim_{n \to +\infty} I_n = 0.$$

3 Approximations de ln(1+ a) par des polynômes

1. On a $\int_0^a \dfrac{1}{1+t}dt = [\ln(1+t)]_0^a$ donc $I_0(a) = \ln(1+a)$.

2. On a $\int_0^a \dfrac{1}{1+t}dt + \int_0^a \dfrac{a-t}{(1+t)^2}dt = \int_0^a \left(\dfrac{1}{1+t} + \dfrac{a-t}{(1+t)^2}\right)dt$

et $\dfrac{1}{1+t} + \dfrac{a-t}{(1+t)^2} = \dfrac{1+t+a-t}{(1+t)^2} = \dfrac{1+a}{(1+t)^2}$

donc $I_0(a) + I_1(a) = \int_0^a \dfrac{1+a}{(1+t)^2}dt = \left[-\dfrac{1+a}{1+t}\right]_0^a = -1 + 1 + a$ d'où $I_0(a) + I_1(a) = a$.

On en déduit que $I_1(a) = a - \ln(1+a)$.

3. Soit k un entier strictement positif. On a pour $x \geq 0$:
$$u'_k(x) = (k+1) \times \dfrac{-(1+x) - (a-x)}{(1+x)^2}\left(\dfrac{a-x}{1+x}\right)^k = -(k+1)(a+1)\dfrac{(a-t)^k}{(1+t)^{k+2}}.$$

D'où $\int_0^a \frac{(a-t)^{k+1}}{(1+t)^{k+2}}\,dt + \int_0^a \frac{(a-t)^k}{(1+t)^{k+1}}\,dt = \int_0^a \frac{(a-t)^{k+1} + (a-t)^k(1+t)}{(1+t)^{k+2}}\,dt$

$$= \int_0^a \frac{(a-t)^k(a-t+1+t)}{(1+t)^{k+2}}\,dt.$$

Donc, $I_{k+1}(a) + I_k(a) = \int_0^a \frac{(a-t)^k(a+1)}{(1+t)^{k+2}}\,dt$ puis d'après ce qui précède :

$I_{k+1}(a) + I_k(a) = \left[-\frac{1}{k+1} u_k(t)\right]_0^a$ soit $I_{k+1}(a) + I_k(a) = \frac{a^{k+1}}{k+1}$.

4. On en déduit que $I_2(a) + I_1(a) = \frac{a^2}{2}$ et donc $I_2(a) = \frac{a^2}{2} - a + \ln(1+a)$.

De même $I_3(a) = \frac{a^3}{3} - I_2(a) = \frac{a^3}{3} - \frac{a^2}{2} + a - \ln(1+a)$;

$I_4(a) = \frac{a^4}{4} - I_3(a) = \frac{a^4}{4} - \frac{a^3}{3} + \frac{a^2}{2} - a + \ln(1+a)$ et finalement :

$$I_5(a) = \frac{a^5}{5} - I_4(a) = \frac{a^5}{5} - \frac{a^4}{4} + \frac{a^3}{3} - \frac{a^2}{2} + a - \ln(1+a),$$

ou encore $I_5(a) = P(a) - \ln(1+a)$.

5. On a $\int_0^a (a-t)^5\,dt = \left[-\frac{1}{6}(a-t)^6\right]_0^a$ donc $J(a) = \frac{a^6}{6}$.

6. a. Pour tout $t \in [0;a]$, $(1+t)^6 \geq 1$ et $(a-t)^5 \geq 0$ donc $\frac{1}{(1+t)^6} \leq 1$ puis $\frac{(a-t)^5}{(1+t)^6} \leq (a-t)^5$.

b. On en déduit que pour tout $a \in [0;+\infty[$, $0 \leq I_5(a) \leq J(a)$ soit $0 \leq P(a) - \ln(1+a) \leq \frac{a^6}{6}$.

7. On a $\frac{a^6}{6} \leq 10^{-3} \Leftrightarrow 6\ln a \leq \ln(6 \times 10^{-3})$ soit $\ln a \leq \frac{\ln(6 \times 10^{-3})}{6}$ puis $0 < a \leq e^{\frac{\ln(6 \times 10^{-3})}{6}}$.

Or $0,42 < e^{\frac{\ln(6 \times 10^{-3})}{6}} < 0,43$ donc si $a \in [0;0,42[$ alors $P(a)$ est une valeur approchée de $\ln(1+a)$ à 10^{-3} près.

8. Soit $a \geq 0$, démontrons tout d'abord par récurrence que $I_k(a) = P_k(a) + (-1)^k \ln(1+a)$.
On a $I_1(a) = a - \ln(1+a)$ et $P_1(a) + (-1)^1 \ln(1+a) = a - \ln(1+a)$. L'égalité est donc vérifiée pour $k=1$.
Supposons que pour un entier $k \geq 1$, $I_k(a) = P_k(a) + (-1)^k \ln(1+a)$, alors :

$I_{k+1}(a) = \frac{a^{k+1}}{k+1} - I_k(a)$

$= \frac{a^{k+1}}{k+1} - P_k(a) - (-1)^k \ln(1+a)$

$= \frac{a^{k+1}}{k+1} - \sum_{i=1}^{k} \frac{(-1)^{k+i}}{i} a^i - (-1)^k \ln(1+a)$

$= \frac{a^{k+1}}{k+1} + \sum_{i=1}^{k} \frac{(-1)^{k+1+i}}{i} a^i + (-1)^{k+1} \ln(1+a)$

$$I_{k+1}(a) = \frac{(-1)^{2(k+1)}}{k+1}a^{k+1} + \sum_{i=1}^{k}\frac{(-1)^{k+1+i}}{i}a^i + (-1)^{k+1}\ln(1+a)$$

$$= \sum_{i=1}^{k+1}\frac{(-1)^{k+1+i}}{i}a^i + (-1)^{k+1}\ln(1+a).$$

On en déduit que pour tout entier $k \geq 1$, $I_k(a) = P_k(a) + (-1)^k \ln(1+a)$.
Ensuite, pour tout $t \in [0;a]$, $(1+t)^{k+1} \geq 1$ et $(a-t)^k \geq 0$ donc $\frac{1}{(1+t)^{k+1}} \leq 1$
puis $\frac{(a-t)^k}{(1+t)^{k+1}} \leq (a-t)^k$.
On en déduit que pour tout $a \in [0;+\infty[$, $0 \leq I_k(a) \leq \int_0^a (a-t)^k \, dt$ soit $0 \leq I_k(a) \leq \frac{a^{k+1}}{k+1}$.

On a alors pour tout $a \in [0;+\infty[$, $\left|P_k(a) + (-1)^k \ln(1+a)\right| \leq \frac{a^{k+1}}{k+1}$.

4 Moyennes arithmétique, géométrique et harmonique

Partie A

1. La fonction f est dérivable sur $]0;+\infty[$ et pour tout $x > 0$, $f'(x) = 1 - \frac{1}{x} = \frac{x-1}{x}$.
Or $x > 0$, donc f' est du signe de $x-1$, donc f est strictement décroissante sur $]0;1]$ et strictement croissante sur $[1;+\infty[$ avec $f(1) = 0$.
De plus, $\lim_{x \to 0} \ln x = -\infty$ donc $\lim_{x \to 0} f(x) = +\infty$, et, pour tout $x > 0$, $f(x) = x\left(1 - \frac{\ln x}{x}\right) - 1$,
avec $\lim_{x \to +\infty} \frac{\ln x}{x} = 0$, donc $\lim_{x \to +\infty} f(x) = +\infty$.

2. a. Pour tout réel $x > 0$, $L'(x) = \ln x - 1 + x \times \frac{1}{x} = \ln x$, d'où le résultat.
La fonction f admet pour minimum 0 donc elle est positive et :
$$A(h) = \int_h^1 f(x)\,dx.$$

Il faut s'assurer que la représentation graphique de f est au-dessus de l'axe des abscisses.

Ainsi, $A(h) = \left[\frac{x^2}{2} - x - x\ln x + x\right]_h^1$ d'où $A(h) = \frac{1}{2} - \frac{h^2}{2} + h\ln h$.
b. On sait que $\lim_{x \to +\infty} \frac{\ln x}{x} = 0$; en posant $x = \frac{1}{h}$ pour $h > 0$, on a $h\ln h = -\frac{\ln x}{x}$ et $\lim_{h \to 0} \frac{1}{h} = +\infty$
donc $\lim_{h \to 0} h\ln h = 0$ puis $\lim_{h \to 0} A(h) = \frac{1}{2}$.
c. Cela signifie que l'aire sous la courbe de f entre les droites d'équations $x = 0$ et $x = 1$ vaut $\frac{1}{2}$.
3. On a vu que la fonction f est positive donc, pour tout $x > 0$, $\ln x \leq x - 1$ (1).

Partie B

1. a. Pour tout entier i compris entre 1 et n, $\frac{a_i}{u} > 0$ donc d'après (1) : $\ln \frac{a_i}{u} \leq \frac{a_i}{u} - 1$.

En sommant ces inégalités, on obtient $\sum_{i=1}^{n} \ln \frac{a_i}{u} \leq \sum_{i=1}^{n} \frac{a_i}{u} - n$, d'où :
$$\frac{1}{n}\sum_{i=1}^{n} \ln \frac{a_i}{u} \leq \frac{1}{n}\sum_{i=1}^{n} \frac{a_i}{u} - 1.$$

On remarque que $\sum_{i=1}^{n} 1 = n$.

Or, $\sum_{i=1}^{n} \frac{a_i}{u} = \frac{1}{u}\sum_{i=1}^{n} a_i = n$ donc $\frac{1}{n}\sum_{i=1}^{n} \frac{a_i}{u} - 1 = 0$ et $\frac{1}{n}\sum_{i=1}^{n} \ln \frac{a_i}{u} \leq 0$.

Et, pour tout $x > 0$, $\ln \sqrt[n]{x} = \frac{1}{n}\ln x$, pour tout $a > 0$ et $b > 0$, $\ln(ab) = \ln a + \ln b$,

donc $\sum_{i=1}^{n} \ln \frac{a_i}{u} = \ln(a_1 a_2 \ldots a_n) - n\ln u$ ainsi $\frac{1}{n}\sum_{i=1}^{n} \ln \frac{a_i}{u} = \ln v - \ln u$.

Pour tout $x > 0$, $\left(\sqrt[n]{x}\right)^n = x$ donc $n\ln\sqrt[n]{x} = x$ et $\ln\sqrt[n]{x} = \frac{1}{n}\ln x$.

Finalement, $\ln v - \ln u \leq 0$, ce qui entraîne, la fonction $\ln$ étant croissante, que $v \leq u$.

b. On a $v = u$ si, et seulement si, $\ln v - \ln u = 0$, soit :
$$\sum_{i=1}^{n} \ln \frac{a_i}{u} = 0.$$

Or, pour tout entier i compris entre 1 et n, $a_i \leq u$ donc $\ln \frac{a_i}{u} \leq 0$, ainsi :
$$\sum_{i=1}^{n} \ln \frac{a_i}{u} = 0 \Leftrightarrow \text{pour tout entier } i \text{ compris entre 1 et } n, \ln \frac{a_i}{u} = 0.$$

On a donc $v = u$ si, et seulement si, pour tout entier i compris entre 1 et n, $a_i = u$.
Ou encore $v = u \Leftrightarrow a_1 = a_2 = \ldots = a_n$.

2. a. De même, en remplaçant dans (2) les n nombres $a_1, a_2, \ldots, a_n$ par leurs inverses :
$$\sqrt[n]{\frac{1}{a_1} \times \frac{1}{a_2} \times \ldots \times \frac{1}{a_n}} \leq \frac{1}{n}\left(\frac{1}{a_1} + \frac{1}{a_2} + \ldots + \frac{1}{a_n}\right) \text{ d'où } \frac{1}{v} \leq \frac{1}{w} \text{ puis } w \leq v.$$

b. D'après la question **1. b.** on a $w = v$ si, et seulement si, $\frac{1}{a_1} = \frac{1}{a_2} = \ldots = \frac{1}{a_n}$.
Ou encore $w = v \Leftrightarrow a_1 = a_2 = \ldots = a_n$.

3. a. Soit n un entier non nul. En appliquant l'inégalité (2) à $a_i = i$ pour tout i compris entre 1 et n, on obtient $\sqrt[n]{n!} \leq \frac{1}{n}(1 + 2 + \ldots + n)$.

Or, $1 + 2 + \ldots + n = \frac{n(n+1)}{2}$ donc $\sqrt[n]{n!} \leq \frac{n+1}{2}$.

b. D'après la positivité de l'intégrale, on a pour tout entier k compris entre 1 et $n - 1$:
$$\int_{k}^{k+1} \frac{1}{k+1} dx \leq \int_{k}^{k+1} \frac{1}{x} dx \text{ et } \int_{k}^{k+1} \frac{1}{k+1} dx = \frac{1}{k+1} \text{ donc } \frac{1}{k+1} \leq \int_{k}^{k+1} \frac{1}{x} dx$$

Et, en sommant ces inégalités :
$$\frac{1}{2} + \frac{1}{3} + \ldots + \frac{1}{n} \leq \int_{1}^{2} \frac{1}{x} dx + \int_{2}^{3} \frac{1}{x} dx + \ldots + \int_{n-1}^{n} \frac{1}{x} dx.$$

Ainsi, en ajoutant 1 à chaque membre et en utilisant la relation de Chasles pour les intégrales :
$$\sum_{k=1}^{n}\frac{1}{k}\leqslant 1+\int_{1}^{n}\frac{1}{x}\,dx.$$

c. En appliquant l'inégalité (3) à $a_i = i$ pour tout i compris entre 1 et n, on obtient, $\dfrac{n}{w}\geqslant\dfrac{n}{v}$ avec $\dfrac{n}{w}=\sum_{k=1}^{n}\dfrac{1}{k}$ et $\dfrac{n}{v}=\dfrac{n}{\sqrt[n]{n!}}$ d'où, en utilisant l'inégalité montrée précédemment :
$$\frac{n}{\sqrt[n]{n!}}\leqslant\sum_{k=1}^{n}\frac{1}{k}\leqslant 1+\int_{1}^{n}\frac{1}{x}\,dx.$$

Ou encore, pour tout $n > 0$, $\dfrac{n}{\sqrt[n]{n!}}\leqslant\sum_{k=1}^{n}\dfrac{1}{k}\leqslant 1+\ln n.$

Finalement, pour tout $n > 0$, $\dfrac{n}{1+\ln n}\leqslant\sqrt[n]{n!}.$

D'autre part, pour tout $n > 0$, $\dfrac{n}{1+\ln n}=\dfrac{n}{\ln n}\left(\dfrac{1}{\frac{1}{\ln n}+1}\right)$, $\lim\limits_{n\to+\infty}\dfrac{n}{\ln n}=+\infty$ et $\lim\limits_{n\to+\infty}\dfrac{1}{\ln n}=0$ donc $\lim\limits_{n\to+\infty}\dfrac{n}{1+\ln n}=+\infty.$

Ainsi par comparaison $\lim\limits_{n\to+\infty}\sqrt[n]{n!}=+\infty.$

Limites de suites de fonctions

1. Une fonction f définie sur un intervalle I de $\mathbb{R}$ est strictement croissante si, et seulement si, pour tout réel a et tout réel b de l'intervalle I tels que $a < b$ on a $f(a) < f(b)$.

2. Soit i un entier compris entre 1 et n.
Pour tout réel $a > 0$ et tout réel $b > 0$, tels que $a < b$, on a $a^i < b^i$ et donc :
$$\sum_{i=1}^{n}a^i<\sum_{i=1}^{n}b^i.$$
La fonction f_n est donc strictement croissante sur l'intervalle $[0\,;+\infty[$.

> On peut évidemment dériver la fonction f_n, mais ce n'est pas ce que semble préconiser l'énoncé.

3. La fonction f_n est continue et strictement croissante sur $[0\,;+\infty[$ avec $f_n(0) = 0$ et $\lim\limits_{x\to+\infty}f_n(x)=+\infty$ (sommes de limites). D'après une conséquence du théorème des valeurs intermédiaires, il existe un unique réel positif a_n tel que $f_n(a_n) = 1$.
De plus, $f_n(1) = n$ et $n \geqslant 1$ donc $0 \leqslant a_n \leqslant 1$, et comme $f_n(0) \neq 1$, $0 < a_n \leqslant 1$.

4. a. Pour tout entier naturel n non nul, $f_{n+1}(a_{n+1}) = 1$ (car a_{n+1} est la solution positive de l'équation $f_{n+1}(x) = 1$), donc :
$$f_{n+1}(a_n)-f_{n+1}(a_{n+1})=\sum_{i=1}^{n+1}a_n^i-1=a_n^{n+1}+\sum_{i=1}^{n}a_n^i-1.$$
Or, $f_n(a_n) = 1$ donc $f_{n+1}(a_n)-f_{n+1}(a_{n+1})=a_n^{n+1}+1-1=a_n^{n+1}.$

b. On en déduit que pour tout $n \in \mathbb{N}^*$, $f_{n+1}(a_n) > f_{n+1}(a_{n+1})$ et donc que $a_n > a_{n+1}$ puisque la fonction f_{n+1} est strictement croissante. Ainsi, la suite (a_n) est décroissante.
La suite (a_n) est décroissante et minorée par 0 donc elle converge.

5. a. La somme des n premiers termes de la suite géométrique de raison a et de premier terme a donne immédiatement, pour $a \neq 1$, $f_n(a) = a\dfrac{1-a^n}{1-a}$.

b. On a $f_n\left(\dfrac{1}{2}\right) = \dfrac{1}{2} \times \dfrac{1-\left(\dfrac{1}{2}\right)^n}{\dfrac{1}{2}} = 1 - \dfrac{1}{2^n}$ et $\dfrac{1}{2^n} > 0$ d'où $f_n\left(\dfrac{1}{2}\right) < 1$.

On a donc $f_n\left(\dfrac{1}{2}\right) < f_n(a_n)$ d'où $a_n > \dfrac{1}{2}$, la fonction f_n étant strictement croissante.

 Il faut garder à l'esprit l'égalité $f_n(a_n) = 1$ qui définit la suite (a_n).

Ainsi, pour tout entier $n \geq 2$, $\dfrac{1}{2} < a_n < a_2 < a_1$ avec $a_1 = 1$ car $f_1(1) = 1$.

On en déduit que $\dfrac{1}{2} \leq \ell \leq a_2 < 1$.

c. On sait que toute suite décroissante et convergente est minorée par sa limite, donc $a_n \geq \ell$ et, la fonction f_n étant croissante, $f_n(a_n) \geq f_n(\ell)$.
On a, puisque $\ell \neq 1$, $f_n(\ell) = \ell\dfrac{1-\ell^n}{1-\ell}$ et, puisque $0 \leq \ell < 1$, $\lim\limits_{n\to+\infty} \ell^n = 0$,
donc $\lim\limits_{n\to+\infty} f_n(\ell) = \dfrac{\ell}{1-\ell}$.

d. On a $f_n(\ell) \leq f_n(a_n)$ et $f_n(a_n) = 1$ donc $f_n(\ell) \leq 1$ puis $\lim\limits_{n\to+\infty} f_n(\ell) \leq 1$ soit $\dfrac{\ell}{1-\ell} \leq 1$.
On a $\dfrac{1}{2} \leq \ell < 1$ donc $0 < 1 - \ell \leq \dfrac{1}{2}$ puis $\dfrac{1}{1-\ell} \geq 2$ donc $\dfrac{\ell}{1-\ell} \geq 1$.
On déduit des deux dernières inégalités démontrées que $\dfrac{\ell}{1-\ell} = 1$ soit $\ell = 1 - \ell$ et finalement $\ell = \dfrac{1}{2}$.

6. a. Soit un réel $x \in [0;1[$, $f_n(x) = x\dfrac{1-x^n}{1-x}$ (voir question **5.**) et $\lim\limits_{n\to+\infty} x^n = 0$ donc $\lim\limits_{n\to+\infty} x\dfrac{1-x^n}{1-x} = \dfrac{x}{1-x}$ soit $\lim\limits_{n\to+\infty} f_n(x) = f(x)$.

b. Pour tout $x \in [0;1[$, $f(x) = 1 \Leftrightarrow x = 1-x \Leftrightarrow x = \dfrac{1}{2}$.

On a d'une part, $\lim\limits_{x\to\ell} x\dfrac{1-x^n}{1-x} = \dfrac{1}{2}\dfrac{1-\left(\dfrac{1}{2}\right)^n}{1-\dfrac{1}{2}} = 1-\left(\dfrac{1}{2}\right)^n$ et $\lim\limits_{n\to+\infty} 1-\left(\dfrac{1}{2}\right)^n = 1$

donc $\lim\limits_{n\to+\infty}\left(\lim\limits_{x\to\ell} f_n(x)\right) = 1$.

D'autre part, pour tout $x \in [0;1[$, $\lim\limits_{n\to+\infty} f_n(x) = f(x)$ et $\lim\limits_{x\to\ell} f(x) = \dfrac{\ell}{1-\ell} = 1$.

On a donc montré que $\lim\limits_{n\to+\infty}\left(\lim\limits_{x\to\ell} f_n(x)\right) = \lim\limits_{x\to\ell}\left(\lim\limits_{n\to+\infty} f_n(x)\right)$.

c. Il suffit de considérer la fonction $g_n : x \mapsto \dfrac{nx}{1+nx}$.

D'une part, $\lim\limits_{x\to 0} \dfrac{nx}{1+nx} = 0$ donc $\lim\limits_{n\to+\infty}\left(\lim\limits_{x\to 0} g_n(x)\right) = 0$.

D'autre part, $\lim\limits_{n\to+\infty}\dfrac{nx}{1+nx}=1$ donc $\lim\limits_{x\to 0}\left(\lim\limits_{n\to+\infty}g_n(x)\right)=1$.

Finalement $\lim\limits_{n\to+\infty}\left(\lim\limits_{x\to 0}g_n(x)\right)\neq\lim\limits_{x\to 0}\left(\lim\limits_{n\to+\infty}g_n(x)\right)$.

6 Somme des inverses des carrés d'entiers naturels.

1. a. On a $0\leqslant\dfrac{2}{\pi}\leqslant 1$ et la fonction cosinus est une fonction continue et strictement décroissante de $\left[0\,;\,\dfrac{\pi}{2}\right]$ dans $[0\,;1]$ donc, d'après un corollaire du théorème des valeurs intermédiaires, il existe un unique réel α de l'intervalle $\left[0\,;\,\dfrac{\pi}{2}\right]$ tel que $\cos\alpha=\dfrac{2}{\pi}$.

b. Notons h la fonction définie sur $\left[0\,;\,\dfrac{\pi}{2}\right]$ par $h(t)=\dfrac{\pi}{2}\sin t-t$.

h est dérivable et pour tout $t\in\left[0\,;\,\dfrac{\pi}{2}\right]$, $h'(t)=\dfrac{\pi}{2}\cos t-1$.

Or, $\dfrac{\pi}{2}\cos t-1=0 \Leftrightarrow \cos t=\dfrac{2}{\pi} \Leftrightarrow t=\alpha$ et la fonction cosinus est décroissante sur $\left[0\,;\,\dfrac{\pi}{2}\right]$, donc si $0\leqslant t\leqslant\alpha$, $\cos t\geqslant\dfrac{2}{\pi}$ et si $\alpha\leqslant t\leqslant\dfrac{\pi}{2}$, $\cos t\leqslant\dfrac{2}{\pi}$. Ainsi, si $0\leqslant t\leqslant\alpha$, $h'(t)\geqslant 0$ et si $\alpha\leqslant t\leqslant\dfrac{\pi}{2}$, $h'(t)\leqslant 0$ et la fonction h est croissante sur $[0\,;\alpha]$ et décroissante sur $\left[\alpha\,;\,\dfrac{\pi}{2}\right]$.

Or, $h(0)=0$ et $h\left(\dfrac{\pi}{2}\right)=0$ donc la fonction h est positive sur $\left[0\,;\,\dfrac{\pi}{2}\right]$ d'où, pour tout nombre réel t tel que $0\leqslant t\leqslant\dfrac{\pi}{2}$, $t\leqslant\dfrac{\pi}{2}\sin t$.

c. Pour tout entier naturel k et tout nombre réel t tel que $0\leqslant t\leqslant\dfrac{\pi}{2}$, on a donc :
$0\leqslant t^2\leqslant\dfrac{\pi^2}{4}\sin^2(t)$, puis $0\leqslant t^2\cos^{2k}(t)\leqslant\cos^{2k}(t)\dfrac{\pi^2}{4}\sin^2(t)$ (car $\cos^{2k}(t)\geqslant 0$).

 On multiplie par un même nombre positif les membres d'une inégalité, cela ne change pas son sens.

Ainsi, d'après la positivité de l'intégrale, $0\leqslant J_k\leqslant\dfrac{\pi^2}{4}\displaystyle\int_0^{\frac{\pi}{2}}\cos^{2k}(t)\sin^2(t)\,dt$.

Or, $\cos^{2k}(t)\sin^2(t)=\cos^{2k}(t)(1-\cos^2(t))=\cos^{2k}(t)-\cos^{2k+2}(t)$,

donc, d'après la linéarité de l'intégrale, $0\leqslant J_k\leqslant\dfrac{\pi^2}{4}(I_k-I_{k+1})$.

d. Pour tout entier naturel k, $I_{k+1}=\displaystyle\int_0^{\frac{\pi}{2}}\cos t\cos^{2k+1}(t)\,dt$, en intégrant par parties :

$$I_{k+1}=\left[\sin t\cos^{2k+1}(t)\right]_0^{\frac{\pi}{2}}+(2k+1)\int_0^{\frac{\pi}{2}}\sin t\sin t\cos^{2k}(t)\,dt.$$

Donc $I_{k+1}=(2k+1)\displaystyle\int_0^{\frac{\pi}{2}}(1-\cos^2(t))\cos^{2k}(t)\,dt$, car $\left[\sin t\cos^{2k+1}(t)\right]_0^{\frac{\pi}{2}}=0$.

Ainsi $I_{k+1}=(2k+1)(I_k-I_{k+1})$ d'où $(2k+2)I_{k+1}=(2k+1)I_k$ et finalement $I_{k+1}=\dfrac{2k+1}{2k+2}I_k$.

e. Soit un entier naturel k, des résultats précédents, on déduit que :
$$0 \leq J_k \leq \frac{\pi^2}{4}\left(I_k - \frac{2k+1}{2k+2}I_k\right).$$
Or, $1 - \frac{2k+1}{2k+2} = \frac{1}{2k+2}$ donc $0 \leq J_k \leq \frac{\pi^2}{4} \times \frac{I_k}{2k+2}$ puis $0 \leq q_k \leq \frac{\pi^2}{4} \times \frac{1}{2k+2}$.

Ainsi, puisque $\lim\limits_{k \to +\infty} \frac{\pi^2}{4} \times \frac{1}{2k+2} = 0$ et d'après le théorème des gendarmes, la suite (q_k) converge vers 0.

2. a. Pour tout réel t, on a $g'(t) = \cos^{2k}(t) - 2kt\sin t \cos^{2k-1}(t)$ donc
$$\int_0^{\frac{\pi}{2}} g'(t)dt = \int_0^{\frac{\pi}{2}} \left(\cos^{2k}(t) - 2kt\sin t \cos^{2k-1}(t)\right)dt \text{ soit } [g(t)]_0^{\frac{\pi}{2}} = I_k - 2k\int_0^{\frac{\pi}{2}} t\sin t \cos^{2k-1}(t)dt.$$

Or, $g\left(\frac{\pi}{2}\right) = g(0) = 0$ donc on a $I_k - 2k\int_0^{\frac{\pi}{2}} t\sin t \cos^{2k-1}(t)dt = 0$.

Pour tout réel t, on a :
$$h'(t) = 2t\sin t \cos^{2k-1}(t) + t^2(\cos^{2k}(t) - (2k-1)\sin^2(t)\cos^{2k-2}(t)).$$

donc $[h(t)]_0^{\frac{\pi}{2}} = \int_0^{\frac{\pi}{2}} 2t\sin t \cos^{2k-1}(t)dt + \int_0^{\frac{\pi}{2}} t^2\left(\cos^{2k}(t) - (2k-1)\sin^2(t)\cos^{2k-2}(t)\right)dt.$

Or, $h\left(\frac{\pi}{2}\right) = h(0) = 0$ donc :
$$\int_0^{\frac{\pi}{2}} 2t\sin(t)\cos^{2k-1}(t)dt + \int_0^{\frac{\pi}{2}} t^2\left(\cos^{2k}(t) - (2k-1)\sin^2(t)\cos^{2k-2}(t)\right)dt = 0.$$

De plus, pour tout réel t, on a $\sin^2(t)\cos^{2k-2}(t) = (1 - \cos^2(t))\cos^{2k-2}(t)$, donc $\sin^2(t)\cos^{2k-2}(t) = \cos^{2k-2}(t) - \cos^{2k}(t)$ et :
$$\int_0^{\frac{\pi}{2}} 2t\sin t \cos^{2k-1}(t)dt = \int_0^{\frac{\pi}{2}} t^2\left((2k-1)\cos^{2k-2}(t) - 2k\cos^{2k}(t)\right)dt$$

puis
$$\int_0^{\frac{\pi}{2}} 2t\sin t \cos^{2k-1}(t)dt = (2k-1)J_{k-1} - 2kJ_k.$$

b. On en déduit que pour k entier, $k \geq 1$, $-\frac{I_k}{k} + (2k-1)J_{k-1} - 2kJ_k = 0$.

Puis $1 = -2k^2\frac{J_k}{I_k} + k(2k-1)\frac{J_{k-1}}{I_k}$.

Donc $1 = -2k^2\frac{J_k}{I_k} + \frac{2k}{2k-1}k(2k-1)\frac{J_{k-1}}{I_{k-1}}$ et $1 = -2k^2\frac{J_k}{I_k} + 2k^2\frac{J_{k-1}}{I_{k-1}}$.

Finalement, on a bien $q_{k-1} - q_k = \frac{1}{2k^2}$.

c. Pour tout $n \in \mathbb{N}^*$, $S_n = \frac{1}{1^2} + \frac{1}{2^2} + \ldots + \frac{1}{n^2}$, donc :

$S_n = 2[(q_0 - q_1) + (q_1 - q_2) + \ldots + (q_{n-1} - q_n)]$, soit $S_n = 2(q_0 - q_n)$.

d. On a $J_0 = \int_0^{\frac{\pi}{2}} t^2 dt$ donc $J_0 = \left[\frac{t^3}{3}\right]_0^{\frac{\pi}{2}} = \frac{\pi^3}{24}$, $I_0 = \int_0^{\frac{\pi}{2}} dt = \frac{\pi}{2}$ donc $q_0 = \frac{\pi^2}{12}$.

Ainsi, pour tout $n \in \mathbb{N}^*$, $S_n = \frac{\pi^2}{6} - 2q_n$ et, puisque $\lim\limits_{n \to +\infty} q_n = 0$ on a $\lim\limits_{n \to +\infty} S_n = \frac{\pi^2}{6}$.

7 Variations d'une suite de fonctions

1. Pour tout $x \in \mathbb{R}, f'(x) = (x+1)e^x$ et $e^x > 0$ donc $f'(x)$ est du signe de $x+1$: la fonction f est strictement décroissante sur $]-\infty; -1]$ et strictement croissante sur $[-1; +\infty[$.
La fonction f admet pour limite 0 en $-\infty$ (croissance comparée) et pour limite $+\infty$ en $+\infty$ (produit de fonctions de limite $+\infty$).

2. a. Pour tout $x \in \mathbb{R}, f'_k(x) = -e^{-x} + \dfrac{2x}{2k\ln k}$ d'où $f'_k(x) = e^{-x}\left(-1 + \dfrac{xe^x}{k\ln k}\right)$
soit $f'_k(x) = \dfrac{f(x) - k\ln k}{k\ln k} e^{-x}$.

b. On suppose que $k > 1$, on remarque que $f(\ln k) = \ln k \times e^{\ln k} = k\ln k$, donc $\ln k$ est une solution et $k\ln k > 0$.
D'autre part, si $x < 0$ alors $f(x) < 0$ et la fonction f est strictement croissante sur $[0; +\infty[$ donc, puisque $k\ln k > 0$, l'équation $f(x) = k\ln k$ admet pour unique solution $\ln k$.

c. Remarquons tout d'abord que si $k > 1$, le signe de $f'_k(x)$ est celui de $f(x) - k\ln k$ et que si $0 < k < 1$, alors $k\ln k < 0$ et le signe de $f'_k(x)$ est celui de $-(f(x) - k\ln k)$.
• Si $k > 1$, le signe de $f'_k(x)$ est celui de $f(x) - k\ln k$ qui est positif si, et seulement si, $x > \ln k$ d'après les variations de f. Ainsi, la fonction f_k est décroissante sur $]-\infty; \ln k]$ et croissante sur $[\ln k; +\infty[$.
• Si $\dfrac{1}{e} < k < 1$, l'équation $f(x) = k\ln k$ admet 2 solutions $\alpha < -1$ et $\ln k > -1$: la fonction f_k est décroissante sur $]-\infty; \alpha]$, croissante sur $[\alpha; \ln k]$ et décroissante sur $[\ln k; +\infty[$.
• Si $k = \dfrac{1}{e}$, f ayant pour minimum $-\dfrac{1}{e}$, la fonction f_k est décroissante sur $\mathbb{R}$.
• Si $0 < k < \dfrac{1}{e}$, l'équation $f(x) = k\ln k$ admet deux solutions $\alpha \in]-1; 0[$ et $\ln k < -1$: la fonction f_k est décroissante sur $]-\infty; \ln k]$, croissante sur $[\ln k; \alpha]$ et décroissante sur $[\alpha; +\infty[$.

d. On a tracé ci-après les courbes représentatives des fonctions f_e, $f_{0,7}$, $f_{1/e}$ et $f_{0,05}$ respectivement en noir, vert, rouge et bleu :

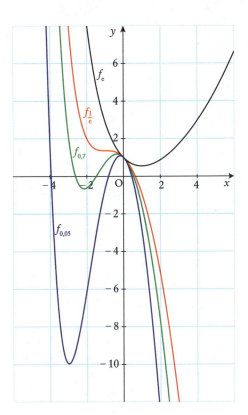

Géométrie

257	**CHAPITRE 8**	Nombres complexes
285	**CHAPITRE 9**	Positions relatives de droites et de plans
313	**CHAPITRE 10**	Géométrie vectorielle
343	**CHAPITRE 11**	Produit scalaire
373	**SUJETS DE SYNTHÈSE**	
377	**CORRIGÉS**	

CHAPITRE 8

Nombres complexes

COURS

258	**I.**	Ensemble des nombres complexes
259	**II.**	Opérations sur les nombres complexes
260	**III.**	Application des nombres complexes à la résolution des équations du second degré
260	POST BAC	Formules d'Euler
261	POST BAC	Rotations

MÉTHODES ET STRATÉGIES

262	**1**	Mettre un nombre complexe sous forme exponentielle
263	**2**	Effectuer la somme de fonctions sinusoïdales
264	**3**	Résoudre des équations
265	**4**	Montrer qu'un triangle est équilatéral

SUJETS DE TYPE BAC

266	**Sujet 1**	Formes algébriques et trigonométriques
266	**Sujet 2**	Équations complexes
266	**Sujet 3**	Factorisation de polynômes complexes
267	**Sujet 4**	Puissances des nombres complexes
267	**Sujet 5**	Fonctions sinusoïdales
267	**Sujet 6**	Configuration sur une hyperbole
268	**Sujet 7**	Une application complexe

SUJETS D'APPROFONDISSEMENT

269	**Sujet 8**	POST BAC Reconnaître un cosinus avec la formule d'Euler
269	**Sujet 9**	POST BAC Transformation des $\cos(px)$ et $\sin(px)$
269	**Sujet 10**	Triangle isocèle rectangle
270	**Sujet 11**	Problème d'alignement
270	**Sujet 12**	Nombres complexes et géométrie
271	**Sujet 13**	POST BAC Rotations et nombres complexes
272	**Sujet 14**	POST BAC Racines carrées de nombres complexes

CORRIGÉS

273	**Sujets 1 à 7**
278	**Sujets 8 à 14**

COURS

Nombres complexes

I. Ensemble des nombres complexes

1. Définitions

- On note i un nombre (imaginaire) tel que $i^2 = -1$.
- On appelle **nombre complexe** tout nombre qui s'écrit $z = x + iy$, où x et y sont des nombres réels.

x s'appelle la **partie réelle** de z notée Re(z) ;
y s'appelle la **partie imaginaire** de z notée Im(z).

- Les nombres de la forme $z = iy$ avec y réel, sont appelés **imaginaires purs**.
- L'ensemble des nombres complexes se note $\mathbb{C}$.

Remarque $\mathbb{R} \subset \mathbb{C}$.

2. Représentation géométrique

- Dans le plan muni d'un repère orthonormé direct , le point M (ou le vecteur $\overrightarrow{OM}$) de coordonnées $(x; y)$ est dit d'**affixe** $z = x + iy$.
- Étant donné un nombre complexe $z = x + iy$, le point M (ou le vecteur $\overrightarrow{OM}$) de coordonnées $(x; y)$ est appelé **image** du nombre complexe z.

3. Forme trigonométrique

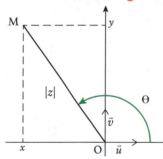

- Si le point M est tel que $OM = r$ et $(\vec{u}; \overrightarrow{OM}) = \theta \ [2\pi]$ on dit que r est le **module** de z, noté $|z|$, et que θ est un **argument** de z, noté arg(z) (donné à 2π près).

Remarque $|z| = 0$ si et seulement si $z = 0$.

- L'écriture $z = x + iy$ est dite **forme algébrique** de z.
L'écriture $z = r(\cos\theta + i\sin\theta)$ est dite **forme trigonométrique** de z.
Pour $z = x + iy$, on a :

$$\begin{cases} |z| = \sqrt{x^2 + y^2} \\ \cos\theta = \dfrac{x}{\sqrt{x^2+y^2}} \\ \sin\theta = \dfrac{y}{\sqrt{x^2+y^2}} \end{cases} \Leftrightarrow \begin{cases} x = |z|\cos\theta \\ y = |z|\sin\theta \end{cases}$$

Ces formules permettent de passer d'une forme à l'autre.

II. Opérations sur les nombres complexes

1. Somme, produit, inverse
Les règles de calcul dans $\mathbb{C}$ sont les mêmes que dans $\mathbb{R}$, avec $i^2 = -1$:
- $(x+iy) + (x'+iy') = (x+x') + i(y+y')$;
- $(x+iy)(x'+iy') = (xx'-yy') + i(xy'+yx')$;
- $\dfrac{1}{x+iy} = \dfrac{x-iy}{x^2+y^2}$, pour $(x\,;y) \neq (0\,;0)$.

Remarques
- Si A et B sont des points du plan d'affixes respectives z_A et z_B, alors $z_B - z_A$ est l'affixe du vecteur $\overrightarrow{AB}$.
- Si $\vec{u}$ un vecteur d'affixe z et k un nombre réel, alors kz est l'affixe du vecteur $k\vec{u}$.

2. Conjugué
On appelle **conjugué** du nombre complexe $z = x+iy$ le nombre $\bar{z} = x-iy$.
Les images ponctuelles de deux nombres complexes conjugués sont symétriques par rapport à l'axe des abscisses.

Propriétés
Pour tous nombres complexes z et z' on a :
- $\bar{\bar{z}} = z$;
- $\overline{z+z'} = \bar{z}+\bar{z}'$; $\overline{zz'} = \bar{z}\bar{z}'$; si $z \neq 0$, $\overline{\left(\dfrac{1}{z}\right)} = \dfrac{1}{\bar{z}}$ et $\overline{\left(\dfrac{z'}{z}\right)} = \dfrac{\bar{z}'}{\bar{z}}$;
- $\text{Re}(z) = \dfrac{1}{2}(z+\bar{z})$ et $\text{Im}(z) = \dfrac{1}{2i}(z-\bar{z})$; $z \in \mathbb{R} \Leftrightarrow z = \bar{z}$;
- si $z = x+iy$ (x et y réels) alors $z\bar{z} = |z|^2 = x^2+y^2$;
- si $z = x+iy \neq 0$, alors $\dfrac{1}{z} = \dfrac{\bar{z}}{|z|^2} = \dfrac{x-iy}{x^2+y^2}$ et $\dfrac{z'}{z} = \dfrac{z'\bar{z}}{|z|^2}$.

Remarque Pour avoir la forme algébrique d'un quotient, on multiplie numérateur et dénominateur par le conjugué du dénominateur.

Exemple $\dfrac{1+i}{2-i} = \dfrac{(1+i)(2+i)}{(2-i)(2+i)} = \dfrac{1+3i}{5} = \dfrac{1}{5}+\dfrac{3}{5}i$.

3. Propriétés du module et des arguments
Soient z et z' des nombres complexes, $z' \neq 0$.
- $|z+z'| \leq |z| + |z'|$
- $\begin{cases} |-z| = |z| \\ \arg(-z) = \arg(z) + \pi \; [2\pi] \end{cases}$ $\begin{cases} |\bar{z}| = |z| \\ \arg(\bar{z}) = -\arg(z) \; [2\pi] \end{cases}$
- $\begin{cases} |z \times z'| = |z| \times |z'| \\ \arg(z \times z') = \arg(z) + \arg(z') \; [2\pi] \end{cases}$
- $\begin{cases} \left|\dfrac{z}{z'}\right| = \dfrac{|z|}{|z'|} \\ \arg\left(\dfrac{z}{z'}\right) = \arg(z) - \arg(z') \; [2\pi] \end{cases}$

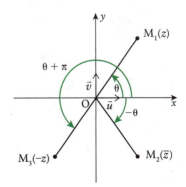

4. Notation exponentielle

Tout nombre complexe z se met sous la forme $z = re^{i\theta}$, où $r = |z|$ et $\theta = \arg(z)[2\pi]$.
Cette forme s'appelle la **forme exponentielle** de z.
Avec cette notation, les règles de calcul sur les complexes se traduisent comme les règles de calcul sur les puissances.
Soient $z = re^{i\theta}$ et $z' = r'e^{i\theta'}$ deux nombres complexes.
$zz' = rr'e^{i(\theta+\theta')}$; $\dfrac{1}{z} = \dfrac{1}{r}e^{-i\theta}$, si $z \neq 0$; $\dfrac{z}{z'} = \dfrac{r}{r'}e^{i(\theta-\theta')}$, si $z' \neq 0$.

III. Application des nombres complexes à la résolution des équations du second degré

Toute équation du second degré, de la forme $az^2 + bz + c = 0$, avec a, b et c des nombres réels ($a \neq 0$), admet des solutions dans $\mathbb{C}$ suivant le signe du discriminant de l'équation :
$\Delta = b^2 - 4ac$.

- Si $\Delta = 0$, l'équation admet une solution réelle $z = \dfrac{-b}{2a}$.

- Si $\Delta > 0$, l'équation admet deux solutions réelles $\dfrac{-b+\sqrt{\Delta}}{2a}$ et $\dfrac{-b-\sqrt{\Delta}}{2a}$.

- Si $\Delta < 0$, l'équation admet **deux solutions complexes conjuguées**, $\dfrac{-b+i\sqrt{|\Delta|}}{2a}$ et $\dfrac{-b-i\sqrt{|\Delta|}}{2a}$.

POST BAC

Formules d'Euler

> Voir les exercices 8 et 9.

Nouvelle définition des fonctions sinus et cosinus

Ces définitions, qui ne sont pas au programme de Terminale S, sont néanmoins accessibles et sont très utiles dans de nombreux exercices.
On a vu la forme trigonométrique $z = r(\cos\theta + i\sin\theta)$ et la forme exponentielle $z = re^{i\theta}$ d'un nombre complexe z quelconque et on en déduit la définition suivante.

Définition On définit l'exponentielle des nombres imaginaires purs par :
$e^{i\theta} = \cos\theta + i\sin\theta$ pour tout θ réel.

On obtient alors la proposition suivante, plus connue sous le nom de **formules d'Euler**, qui nous donne une nouvelle définition, non géométrique, des fonctions sinus et cosinus.

Proposition $\cos\theta = \dfrac{e^{i\theta} + e^{-i\theta}}{2}$ et $\sin\theta = \dfrac{e^{i\theta} - e^{-i\theta}}{2i}$.

Démonstration : $e^{i\theta} + e^{-i\theta} = 2\cos\theta$ et $e^{i\theta} - e^{-i\theta} = 2i\sin\theta$.

Rotations

> Voir l'exercice 13.

Utilisation des nombres complexes pour définir une transformation du plan, la rotation

Cette transformation du plan n'est plus au programme de Terminale S mais les annales du bac sont pleines d'exercices qui les utilisent et elles seront couramment utilisées en classes préparatoires.

On va étudier l'application f définie de $\mathbb{C}$ dans $\mathbb{C}$ qui à un nombre complexe z associe $z' = e^{i\theta} z + b$ où $\theta \in]0\,;2\pi[$ et $b \in \mathbb{C}$.

Proposition L'application f possède un unique point fixe $\omega = f(\omega)$.

Démonstration : $\omega = f(\omega) \Leftrightarrow \omega = e^{i\theta}\omega + b \Leftrightarrow \omega(1 - e^{i\theta}) = b \Leftrightarrow \omega = \dfrac{b}{1 - e^{i\theta}}$.

Proposition Soient Ω un point du plan d'affixe ω, M un point du plan d'affixe z et M' le point du plan d'affixe $f(z)$, alors :
$$(\overrightarrow{\Omega M}, \overrightarrow{\Omega M'}) = \theta \; [2\pi] \text{ et } \Omega M = \Omega M'.$$

Démonstration : À 2π près :
$$(\overrightarrow{\Omega M}, \overrightarrow{\Omega M'}) = (\overrightarrow{\Omega M}, \vec{u}) + (\vec{u}, \overrightarrow{\Omega M'})$$
$$= -\arg(z - \omega) + \arg(z' - \omega)$$
$$= \arg\left(\dfrac{z' - \omega}{z - \omega}\right)$$
$$= \arg\left(\dfrac{z' - \omega'}{z - \omega}\right), \text{ car } \omega' = f(\omega) = \omega.$$

donc $(\overrightarrow{\Omega M}, \overrightarrow{\Omega M'}) = \arg\left(\dfrac{e^{i\theta} z - b - e^{i\theta}\omega + b}{z - \omega}\right) = \arg\left(\dfrac{e^{i\theta}(z - \omega)}{z - \omega}\right) = \arg(e^{i\theta}) = \theta.$

De plus $\dfrac{\Omega M'}{\Omega M} = \left|\dfrac{z' - \omega}{z - \omega}\right| = |e^{i\theta}| = 1.$

Définition On définit dans le plan $\mathcal{P}$ la rotation de centre $\Omega \in \mathcal{P}$ et d'angle $\theta \in]0\,;2\pi[$ comme étant l'application de $\mathcal{P}$ dans $\mathcal{P}$ qui au point M de $\mathcal{P}$ d'affixe z associe le point M' d'affixe $z' = e^{i\theta} z + b$ où Ω est le point d'affixe $\omega = \dfrac{b}{1 - e^{i\theta}}$.

Interprétation géométrique :

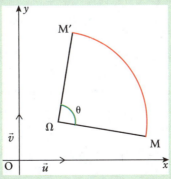

MÉTHODES ET STRATÉGIES

1 Mettre un nombre complexe sous forme exponentielle

> Voir les exercices 2, 3, 7 et 14.

Méthode

> **Étape 1 :** soit le nombre complexe est sous forme algébrique et on utilise les formules :
$$|z| = \sqrt{x^2+y^2} \ ; \ \cos\theta = \frac{x}{\sqrt{x^2+y^2}} \text{ et } \sin\theta = \frac{y}{\sqrt{x^2+y^2}}.$$
On espère alors reconnaître des sinus et cosinus d'angles connus.

 Si on connaît le cosinus, seul le signe du sinus, c'est-à-dire celui de y, est nécessaire pour connaître l'angle.

> **Étape 2 :** soit le nombre complexe est sous forme de produit ou quotient de nombres complexes dont on sait déterminer les modules et arguments.
On écrit alors ces nombres sous forme exponentielle et on utilise les propriétés des modules et arguments.

> **Étape 3 :** soit le nombre complexe est sous forme de quotient de nombres complexes dont on ne sait pas déterminer les arguments, on multiplie alors numérateur et dénominateur par le conjugué du dénominateur pour se ramener à une forme algébrique et revenir à l'étape 1.

Exemple

Mettre sous forme exponentielle les nombres complexes suivants :
$z_1 = 1 - \sqrt{3}i \ ; \ z_2 = -\frac{1}{\sqrt{3}} + \frac{1}{3}i \ ; \ z_3 = z_1 + 3z_2 \ ; \ z_4 = z_1^2 z_2^2 \ ; \ z_5 = \frac{z_1}{z_3} \ ; \ z_6 = \frac{\sqrt{3}-1+(\sqrt{3}+1)i}{\sqrt{3}+1+(\sqrt{3}-1)i}.$

Application

> **Étape 1 :** $z_1 = 2e^{-i\frac{\pi}{3}} \ ; \ z_2 = \frac{2}{3}e^{i\frac{5\pi}{6}} \ ;$

$z_3 = 1 - \sqrt{3}i - \sqrt{3}+i = (1-\sqrt{3})(1+i) = (\sqrt{3}-1)e^{i\pi}\sqrt{2}e^{i\frac{\pi}{4}} = (\sqrt{6}-\sqrt{2})e^{i\frac{5\pi}{4}}.$

 L'argument d'un réel négatif est π.

Remarque Rien ne permet de déterminer le module et l'argument de z_3 à l'aide de ceux de z_1 et z_2.

> **Étape 2 :** $|z_4| = |z_1|^2 \times |z_2|^2 = 4 \times \frac{4}{9} = \frac{16}{9}.$
À 2π près, $\arg(z_4) = 2\arg(z_1) + 2\arg(z_2) = \frac{-2\pi}{3} + \frac{10\pi}{6} = \pi.$

 $\arg(z^2) = 2\arg(z)[2\pi].$

D'où $z_4 = \dfrac{16}{9}e^{i\pi}$ (soit $z_4 = -\dfrac{16}{9}$).

$|z_5| = \dfrac{|z_1|}{|z_3|} = \dfrac{2}{\sqrt{6}-\sqrt{2}} = \dfrac{\sqrt{6}+\sqrt{2}}{2}$. À 2π près, $\arg(z_5) = \arg(z_1) - \arg(z_3) = \dfrac{-\pi}{3} - \dfrac{5\pi}{4} = \dfrac{-19\pi}{12}$.

Or $\dfrac{-19\pi}{12} + 2\pi = \dfrac{5\pi}{12}$. D'où $z_5 = \dfrac{\sqrt{6}+\sqrt{2}}{2} e^{i\frac{5\pi}{12}}$.

Remarque L'écriture sous forme algébrique de $\dfrac{z_1}{z_3}$ ne nous aurait pas permis de trouver l'argument de z_5 (à moins de connaître par cœur $\cos\dfrac{5\pi}{12}$!).

> **Étape 3 :** On ne reconnaît pas les arguments du numérateur et du dénominateur de z_6.

$z_6 = \dfrac{\sqrt{3}-1+(\sqrt{3}+1)i}{\sqrt{3}+1+(\sqrt{3}-1)i} = \dfrac{(\sqrt{3}-1+(\sqrt{3}+1)i)(\sqrt{3}+1-(\sqrt{3}-1)i)}{(\sqrt{3}+1)^2+(\sqrt{3}-1)^2} = \dfrac{4+4\sqrt{3}i}{8} = e^{i\frac{\pi}{3}}$.

2 ▶ Effectuer la somme de fonctions sinusoïdales

> Voir l'exercice 8.

Méthode
Une fonction sinusoïdale est de la forme $f(t) = A\cos(\omega t + \varphi)$ où A, ω et φ sont des réels.
On peut aussi écrire $f(t) = A\operatorname{Re}(e^{(\omega t + \varphi)i})$.
Soient $u_1 : t \mapsto A_1\cos(\omega t + \varphi_1)$ et $u_2 : t \mapsto A_2\cos(\omega t + \varphi_2)$ deux fonctions sinusoïdales.
Alors la fonction $u = u_1 + u_2$ est une fonction sinusoïdale.

 Pour montrer que la fonction $u = u_1 + u_2$ est une fonction sinusoïdale, on exprime u_1 et u_2 comme parties réelles de nombres complexes et on utilise les propriétés des nombres complexes.

$u_1(t) + u_2(t) = A_1\cos(\omega t + \varphi_1) + A_2\cos(\omega t + \varphi_2) = \operatorname{Re}\!\left(A_1 e^{i(\omega t + \varphi_1)} + A_2 e^{i(\omega t + \varphi_1)}\right)$
$= \operatorname{Re}\!\left(e^{i\omega t}\left(A_1 e^{i\varphi_1} + A_2 e^{i\varphi_2}\right)\right)$.

En notant $A_1 e^{i\varphi_1} + A_2 e^{i\varphi_2} = A e^{i\varphi}$ où $A = |A_1 e^{i\varphi_1} + A_2 e^{i\varphi_2}|$ et $\varphi = \arg(A_1 e^{i\varphi_1} + A_2 e^{i\varphi_2})$, on a :
$u_1(t) + u_2(t) = \operatorname{Re}(Ae^{i(\omega t + \varphi)}) = A\cos(\omega t + \varphi)$.

Exemple
Mettre la fonction $u : t \mapsto \cos\!\left(\omega t + \dfrac{\pi}{2}\right) + \sin\!\left(\omega t + \dfrac{\pi}{3}\right)$ sous la forme $u(t) = A\cos(\omega t + \varphi)$.

Application
Remarquons tout d'abord que $\sin\!\left(\omega t + \dfrac{\pi}{3}\right) = \cos\!\left(\omega t + \dfrac{\pi}{3} - \dfrac{\pi}{2}\right) = \cos\!\left(\omega t - \dfrac{\pi}{6}\right)$.

On a donc $u(t) = \cos\!\left(\omega t + \dfrac{\pi}{2}\right) + \cos\!\left(\omega t - \dfrac{\pi}{6}\right) = \operatorname{Re}\!\left(e^{i\omega t}\left(e^{i\frac{\pi}{2}} + e^{-i\frac{\pi}{6}}\right)\right)$.

Or, $e^{i\frac{\pi}{2}} + e^{-i\frac{\pi}{6}} = i + \dfrac{\sqrt{3}}{2} - \dfrac{1}{2}i = \dfrac{\sqrt{3}}{2} + \dfrac{1}{2}i = e^{i\frac{\pi}{6}}$ donc $u(t) = \operatorname{Re}\!\left(e^{i\omega t}e^{i\frac{\pi}{6}}\right) = \cos\!\left(\omega t + \dfrac{\pi}{6}\right)$.

3 Résoudre des équations

> Voir les exercices 6 et 9.

Résoudre l'équation $P(z) = 0$ où P est un polynôme à coefficients réels.

Méthode

> **Étape 1 :** chercher des racines « évidentes » et factoriser P jusqu'à se ramener à un produit de polynômes de degré au plus 2.
Lorsque l'on a trouvé une racine α, on factorise $P(z)$ par $(z-\alpha)$, on a $P(z) = (z-\alpha)Q(z)$ où l'on détermine les coefficients du polynôme $Q(z)$ par identification.
Remarque Les racines « évidentes » sont 0, 1, −1, 2, parfois i ou −i, mais généralement le sujet suggère ces valeurs.

> **Étape 2 :** chercher les racines des polynômes de degré 2 à l'aide des formules du cours.

> **Étape 3 :** conclure.

Exemple
Soit $P(z) = z^4 + 2z^3 + 6z^2 + 2z + 5$.
a. Montrer que i est solution de l'équation $P(z) = 0$; en déduire une factorisation de P.
b. Trouver une autre solution de l'équation $P(z) = 0$, et factoriser P en un produit de deux polynômes de degré 2.
c. Résoudre l'équation $P(z) = 0$ dans l'ensemble des nombres complexes.

Application

> **Étape 1. a.** $P(\mathrm{i}) = \mathrm{i}^4 + 2\mathrm{i}^3 + 6\mathrm{i}^2 + 2\mathrm{i} + 5 = 1 - 2\mathrm{i} - 6 + 2\mathrm{i} + 5 = 0$.
On a la factorisation :
$$P(z) = (z - \mathrm{i})(az^3 + bz^2 + cz + d).$$
On a donc $z^4 + 2z^3 + 6z^2 + 2z + 5 = az^4 + (b - a\mathrm{i})z^3 + (c - b\mathrm{i})z^2 + (d - c\mathrm{i})z - d\mathrm{i}$.
Par identification, on a : $a = 1$; $b = 2 + \mathrm{i}$; $c = 5 + 2\mathrm{i}$; $d = 5\mathrm{i}$.
b. $\overline{\mathrm{i}} = -\mathrm{i}$ est une autre solution : $P(-\mathrm{i}) = 0$.
En effet, si α est solution complexe non réelle de $P(z) = 0$, alors $\overline{\alpha}$ est également solution.
$P(z) = (z - \mathrm{i})(z^3 + (2 + \mathrm{i})z^2 + (5 + 2\mathrm{i})z + 5\mathrm{i}) = (z - \mathrm{i})(z + \mathrm{i})(ez^2 + fz + g)$.
Par identification : $e = 1$; $f = 2$; $g = 5$.
Donc $P(z) = (z^2 + 1)(z^2 + 2z + 5)$.

> **Étape 2. c.** $z^2 + 2z + 5$ a pour discriminant $\Delta = -16$.
Les solutions de l'équation $z^2 + 2z + 5 = 0$ sont donc : $z_1 = -1 + 2\mathrm{i}$ et $z_2 = -1 - 2\mathrm{i}$.

> **Étape 3.** Les solutions de l'équation $P(z) = 0$ sont donc : $\{\mathrm{i}\,;\,-\mathrm{i}\,;\,-1 + 2\mathrm{i}\,;\,-1 - 2\mathrm{i}\}$.

4 — Montrer qu'un triangle est équilatéral

> Voir les exercices 6 et 13.

Méthode

On effectue le quotient $\dfrac{z_C - z_A}{z_B - z_A}$. On doit le trouver égal à $e^{i\frac{\pi}{3}}$ si le triangle est direct, à $e^{-i\frac{\pi}{3}}$ sinon.

On conclut, en remarquant que :

$\left|\dfrac{z_C - z_A}{z_B - z_A}\right| = \dfrac{AC}{AB}$ donc $AB = AC$ et $\arg\left(\dfrac{z_C - z_A}{z_B - z_A}\right) = (\overrightarrow{AB}\,;\overrightarrow{AC})$ $[2\pi]$

donc $(\overrightarrow{AB}\,;\overrightarrow{AC}) = \pm\dfrac{\pi}{3} + 2k\pi$.

Le triangle est donc équilatéral.

Exemple

Dans un repère orthonormé direct, on considère les points A, B et C d'affixes respectives : $z_A = 1$; $z_B = -\dfrac{1}{2} + \dfrac{\sqrt{3}}{2}i$; $z_C = -\dfrac{1}{2} - \dfrac{\sqrt{3}}{2}i$.

Montrer que ABC est un triangle équilatéral.

Application

$$\dfrac{z_C - z_A}{z_B - z_A} = \dfrac{-\dfrac{1}{2} - \dfrac{\sqrt{3}}{2}i - 1}{-\dfrac{1}{2} + \dfrac{\sqrt{3}}{2}i - 1} = \dfrac{\left(-\dfrac{3}{2} - \dfrac{\sqrt{3}}{2}i\right)\left(-\dfrac{3}{2} - \dfrac{\sqrt{3}}{2}i\right)}{\left(-\dfrac{3}{2} + \dfrac{\sqrt{3}}{2}i\right)\left(-\dfrac{3}{2} - \dfrac{\sqrt{3}}{2}i\right)} = \dfrac{\dfrac{3}{2} + \dfrac{3\sqrt{3}}{2}i}{3} = \dfrac{1}{2} + \dfrac{\sqrt{3}}{2}i = e^{i\frac{\pi}{3}}.$$

$\left|\dfrac{z_C - z_A}{z_B - z_A}\right| = \dfrac{AC}{AB}$ donc $AB = AC$ et $\arg\left(\dfrac{z_C - z_A}{z_B - z_A}\right) = (\overrightarrow{AB}\,;\overrightarrow{AC})$ $[2\pi]$

donc $(\overrightarrow{AB}\,;\overrightarrow{AC}) = \dfrac{\pi}{3} + 2k\pi$.

Le triangle est donc équilatéral.

SUJETS DE TYPE BAC

1 — Formes algébriques et trigonométriques

10 min

Cet exercice, qui utilise les relations sur les arguments et modules des produits de nombres complexes, nous permet de trouver des valeurs particulières nouvelles de sinus et de cosinus.

> Voir la méthode et stratégie 1.

Soient $z_1 = 1 + i$ et $z_2 = \sqrt{3} - i$.

1. Calculer les modules et arguments de z_1 et z_2.

2. Donner la forme algébrique et la forme exponentielle du produit $z_1 z_2$.

3. En déduire les valeurs exactes de $\cos\left(\dfrac{\pi}{12}\right)$ et de $\sin\left(\dfrac{\pi}{12}\right)$.

2 — Équations complexes

15 min

Cet exercice, très classique, consiste en la résolution d'équations complexes du second degré, à maîtriser absolument !

Résoudre dans $\mathbb{C}$ les équations suivantes :

a. $2z^2 - 3z + 4 = 0$

b. $\dfrac{3}{2}z^2 + z + \dfrac{1}{6} = 0$

c. $z^2 + 3z + 1 = 0$

d. $5z^2 - 3z = 0$

3 — Factorisation de polynômes complexes

15 min

On résout ici une équation complexe du troisième degré après en avoir trouvé une racine particulière.

> Voir la méthode et stratégie 3.

On cherche à résoudre dans $\mathbb{C}$ l'équation $E : z^3 + (16 - 2i)z^2 + (100 - 32i)z - 200i = 0$.

1. Montrer que E admet une solution imaginaire pure z_0 que l'on déterminera.

2. Déterminer trois réels a, b et c tels que E s'écrive : $(z - z_0)(az^2 + bz + c) = 0$.

3. Résoudre E.

Nombres complexes SUJETS DE TYPE BAC

4 ▸ Puissances des nombres complexes
 20 min

Cet exercice nous permet de voir des méthodes classiques de calcul dans l'ensemble des nombres complexes : on utilise la forme exponentielle d'un nombre complexe pour calculer facilement ses puissances.

> ▸ Voir la méthode et stratégie 1.

1. Soient $z = \sqrt{3} + i$ et n un nombre entier relatif.
Déterminer n pour que z^n soit un nombre complexe imaginaire pur.

2. Montrer que $(-1 + i)^{11} = 32 + 32i$.

5 ▸ Fonctions sinusoïdales
 10 min

Cet exercice, particulièrement intéressant, met en œuvre une méthode très souvent utilisée en sciences physiques, matière qui utilise beaucoup les nombres complexes.

> ▸ Voir la méthode et stratégie 2.

Mettre la fonction $f : t \mapsto \sin\left(\omega t - \dfrac{\pi}{3}\right) + \sin\left(\omega t + \dfrac{5\pi}{6}\right)$ sous la forme $f(t) = A \sin(\omega t + \varphi)$
où A est un réel positif et $\varphi \in [0\,;2\pi]$.

6 ▸ Configuration sur une hyperbole
 25 min

Dans cet exercice, l'utilisation des nombres complexes permet aisément de transformer un problème géométrique en un problème analytique plus facile à traiter.

> ▸ Voir les méthodes et stratégies 3 et 4.

On se place dans le plan muni d'un repère orthonormé direct.
On considère l'hyperbole $\mathcal{H}$ d'équation $y = \dfrac{1}{x}$, et le cercle $\mathcal{C}$ de centre Ω d'affixe $1 + i$ et de rayon $2\sqrt{2}$.

1. a. Montrer qu'un point M d'affixe z appartient à $\mathcal{H}$ et $\mathcal{C}$ si, et seulement si, il existe un réel non nul x tel que : $z = x + \dfrac{i}{x}$ et $x^4 - 2x^3 - 6x^2 - 2x + 1 = 0$.

b. Montrer qu'il existe des réels a, b et c tels que :
$x^4 - 2x^3 - 6x^2 - 2x + 1 = (x-a)^2(x^2 + bx + c)$.

c. Déduire de ce qui précède que le cercle $\mathcal{C}$ intercepte l'hyperbole $\mathcal{H}$ en trois points A, B et C d'affixes $z_A = -1 - i$; $z_B = (2 + \sqrt{3}) + i(2 - \sqrt{3})$ et $z_C = (2 - \sqrt{3}) + i(2 + \sqrt{3})$.

2. a. Calculer $\dfrac{z_C - z_A}{z_B - z_A}$.

b. En déduire la nature du triangle ABC.

7. Une application complexe

Cet exercice assez complet sur les nombres complexes est un des classiques du bac. Il nous permet une très bonne révision de l'ensemble du chapitre.

Le plan est rapporté au repère orthonormé $(O\,;\vec{u},\vec{v})$. L'unité graphique est 3 cm.
On appelle f l'application qui à tout point M d'affixe z du plan associe le point M' d'affixe z' tel que :
$$z' = \frac{(3+4i)z + 5\bar{z}}{6}.$$

1. On considère les points A, B et C du plan d'affixes respectives :
$z_A = 1 + 2i$; $z_B = 1$ et $z_C = 3i$.
Déterminer les formes algébriques des affixes des points A', B' et C', images respectives de A, B et C par f.
Placer les points A, B, C, A', B' et C'.

2. On pose $z = x + iy$ (avec x et y réels).
Déterminer la partie réelle et la partie imaginaire de z' en fonction de x et y.

3. Montrer que l'ensemble des points M invariants par f (c'est-à-dire tels que $z' = z$) est la droite $\mathcal{D}$ d'équation $y = \frac{1}{2}x$.
Tracer $\mathcal{D}$. Que constate-t-on ?

4. Soient M un point quelconque du plan et M' son image par f. Montrer que M' appartient à la droite $\mathcal{D}$.

5. a. Montrer que pour tout nombre complexe z, $\dfrac{z'-z}{z_A} = \dfrac{z+\bar{z}}{6} + i\dfrac{z-\bar{z}}{3}$.
En déduire que le nombre $\dfrac{z'-z}{z_A}$ est réel.

b. En déduire que si M' ≠ M, les droites (OA) et (MM') sont parallèles.

6. a. Un point quelconque N étant donné, comment construire son image N' par f ?
On étudiera les deux cas, suivant que N appartient ou non à $\mathcal{D}$.

b. Effectuer la construction sur la figure pour un point quelconque n'appartenant pas à $\mathcal{D}$.

SUJETS D'APPROFONDISSEMENT

8. Reconnaître un cosinus avec la formule d'Euler

⏱ 15 min

Cet exercice met en œuvre l'encadré post bac sur les formules d'Euler. Il fait partie des exercices qui peuvent être posés au bac, mais dans lesquels les étapes seront détaillées.

> Voir la méthode et stratégie 2.

Soient p, q et r trois nombres réels de l'intervalle $[0\,;2\pi]$.

1. Montrer que $e^{ip} + e^{iq} = 2\cos\left(\dfrac{p-q}{2}\right)e^{i\frac{p+q}{2}}$.

2. Déterminer le module et un argument du nombre complexe $z = 1 + \cos r + i\sin r$ (pour $r \neq \pi$).

9. Transformation des cos (px) et sin (px)

⏱ 25 min

Cet exercice, qui met en œuvre l'encadré post bac sur les formules d'Euler, nous donne une méthode qui permet d'établir de nouvelles relations trigonométriques qu'il est bon de savoir obtenir dans un grand nombre de problèmes.

> Voir la méthode et stratégie 3.

Le but de cet exercice est de transformer $\cos(px)$ et $\sin(px)$ en une somme de termes en puissances de $\cos x$ et $\sin x$.
Soient p et q deux nombres entiers naturels.

1. Calculer $(\cos x + i\sin x)^2$.

2. En remarquant que $e^{2ix} = \left(e^{ix}\right)^2$ déduire de la question précédente des expressions de $\cos(2x)$ et $\sin(2x)$ en fonction de $\cos x$ et $\sin x$.

3. De même, montrer les formules suivantes :
$$\begin{cases} \sin 3x = \cos^3 x - 3\cos x \sin^2 x \\ \cos 3x = 3\cos^2 x \sin x - \sin^3 x \end{cases}$$

4. Établir des expressions de $\cos(4x)$ et $\sin(4x)$ en fonction de $\cos x$ et $\sin x$.

10. Triangle isocèle rectangle

⏱ 15 min

Dans cet exercice de géométrie, l'utilisation des nombres complexes, bien que non demandée dans l'énoncé, permet de simplifier grandement la résolution.

Soit MNP un triangle. On appelle A le milieu de [MN].
B et C sont des points extérieurs au triangle MNP, tels que PNB et MPC sont rectangles isocèles en B et C respectivement.
Montrer que ABC est un triangle rectangle isocèle en A.

Problème d'alignement

20 min

Cet exercice, « à cheval » sur les chapitres de géométrie et des nombres complexes, nous permet de bien comprendre l'utilité des nombres complexes en tant qu'affixes de points du plan.

On considère le plan complexe $\mathcal{P}$ rapporté à un repère orthonormal direct $(O;\vec{u},\vec{v})$, unité graphique 4 cm. À tout nombre complexe z on associe les points :
M d'affixe z ; M' d'affixe $z+i$; M'' d'affixe iz.

1. Pour quel nombre z les points O et M' sont-ils confondus ?
Pour quel nombre z les points M' et M'' sont-ils confondus ?

2. On suppose que z est distinct de 0, de $-i$ et de $\dfrac{1-i}{2}$.

Montrer que les points O, M' et M'' sont alignés si, et seulement si, $\dfrac{z+i}{iz}$ est un nombre réel.

3. Le nombre complexe z étant non nul, on pose $z = x + iy$, avec x et y réels.
Calculer la partie imaginaire de $\dfrac{z+i}{iz}$ en fonction de x et y.

4. Déterminer et représenter l'ensemble $\mathcal{C}$ des points M tels que O, M' et M'' soient alignés et deux à deux distincts.

5. En prenant $z = \dfrac{-1}{4} - \dfrac{2+\sqrt{3}}{4}i$, sans calculer $\sqrt{3}$, placer exactement dans $\mathcal{P}$ les points M, M' et M'' en utilisant uniquement la règle et le compas et en laissant bien apparentes les traces de construction.

 Nombres complexes et géométrie

20 min

Cet exercice, à la portée d'un bon élève de terminal, apporte des compléments sur les transformations du plan sans être hors-programme. Il fait partie des exercices qui peuvent être posés au bac si les élèves sont suffisamment guidés tout au long de l'exercice.

On considère le plan complexe $\mathcal{P}$ rapporté à un repère orthonormal direct $(O;\vec{u},\vec{v})$, unité graphique 2 cm.
Soit f l'application qui à tout point M de $\mathcal{P}$ d'affixe le nombre complexe z associe le point M' d'affixe $z' = \dfrac{z+1}{z-3}$.
On définit les points A$(-1;0)$, B$(3;0)$ et C$(1;2)$ du plan $\mathcal{P}$.

1. Déterminer l'ensemble de définition D_f de f et les images A' et C' par f des points A et C.

2. Déterminer l'ensemble Inv(f) égal à l'ensemble des points de $\mathcal{P}$ invariants par f (c'est-à-dire les points M de $\mathcal{P}$ tels que $f(M) = M$).

3. Déterminer l'ensemble $\mathcal{D}$ des points M de $\mathcal{P}$ d'affixes z tels que $|z'| = 1$.

4. Placer sur un graphique les points A, B, C, A', C' puis les ensembles Inv(f) et $\mathcal{D}$.

5. Déterminer l'ensemble des images des points M de $\mathcal{D}$.

6. Le nombre complexe z étant différent de 3, on pose $z = x + iy$ et $z' = x' + iy'$ avec x, x', y et y' réels.

a. Déterminer x' et y' en fonction de x et y.

b. Déterminer l'ensemble $\mathcal{E}$ des points M de $\mathcal{P}$ tels que z' réel.

c. Déterminer l'ensemble $\mathcal{F}$ des points M de $\mathcal{P}$ tels que z' imaginaire pur.

13 Rotations et nombres complexes

55 min

Ce problème, qui met en œuvre l'encadré post bac sur les rotations, nous permet également de travailler sur les nombres complexes, notamment sur les expressions trigonométriques.

> Voir la méthode et stratégie 4.

Le plan complexe est muni d'un repère orthonormal $(O; \vec{u}, \vec{v})$, unité graphique : 2 cm. On considère les points A, B et C d'affixes respectives : $z_A = -1 + i\sqrt{3}$; $z_B = -1 - i\sqrt{3}$ et $z_C = 2$.

1. a. Exprimer les affixes des points A, B et C sous forme exponentielle.

b. Placer les points A, B et C sur un dessin.

2. a. Montrer que les points A, B et C forment un triangle équilatéral.

b. Déterminer le centre et le rayon du cercle Γ_1 circonscrit au triangle ABC.

3. a. Établir que l'ensemble Γ_2 des points d'affixe z qui vérifient $2(z + \bar{z}) + z\bar{z} = 0$ est un cercle de centre Ω d'affixe -2. Préciser son rayon. Construire Γ_2.

b. Vérifier (par le calcul) que A et B sont des éléments de Γ_2.

4. On appelle r la rotation de centre A, et d'angle $\dfrac{\pi}{3}$.

a. Quelles sont les images des points A et B par la rotation r ?

Construire l'image Ω' du point Ω, et l'image C_1 du point C par la rotation r, puis calculer leurs affixes.

b. Déterminer l'image du cercle Γ_2 par la rotation r.

5. Soit R une rotation. Pour tout point M d'affixe z, on note M' l'image du point M par la rotation R, et z' l'affixe de M'.
On a : $z' = az + b$, avec a et b des nombres complexes vérifiant $|a| = 1$ et $a \neq 1$.
On suppose que R transforme le cercle Γ_2 en le cercle Γ_1.

a. Quelle est l'image du point Ω par R ? En déduire une relation entre a et b.

b. Déterminer en fonction de a l'affixe du point C', image du point C par la rotation R.

c. En déduire que le point C' appartient à un cercle fixe que l'on déterminera. Vérifier que ce cercle passe par C_1.

14 Racines carrées de nombres complexes

25 min

Les « racines carrées » des nombres complexes ne sont pas au programme de Terminale S mais peuvent, dans certains cas, être facilement calculées par un élève de Terminale. Cet exercice nous montre les deux méthodes les plus classiques pour les obtenir.

> Voir la méthode et stratégie 1.

Soient $a = 2 + 2i\sqrt{3}$ et $b = -3 - 4i$ deux nombres complexes. Le but de cet exercice est de déterminer les nombres complexes z tels que z^2 soit égal à a (respectivement à b). Ces nombres seront des « racines carrées » de a et b.

1. Déterminer le module et un argument de a puis les solutions de $z^2 = a$.

2. Pour $z = x + iy$ avec x et y réels, calculer z^2 et $|z^2|$ en fonction de x et y, en déduire un système de trois équations en x et y équivalent à $z^2 = b$, puis les solutions de $z^2 = b$.

8 Nombres complexes CORRIGÉS

CORRIGÉS

1 Formes algébriques et trigonométriques

1. $|z_1| = \sqrt{1^2 + 1^2} = \sqrt{2}$ et $z_1 = \sqrt{2}\left(\dfrac{\sqrt{2}}{2} + i\dfrac{\sqrt{2}}{2}\right) = \sqrt{2}e^{i\frac{\pi}{4}}$.

$|z_2| = \sqrt{\sqrt{3}^2 + (-1)^2} = 2$ et $z_2 = 2\left(\dfrac{\sqrt{3}}{2} - i\dfrac{1}{2}\right) = 2e^{-i\frac{\pi}{6}}$.

2. $z_1 z_2 = \sqrt{2}\left(\dfrac{\sqrt{2}}{2} + i\dfrac{\sqrt{2}}{2}\right) \times 2\left(\dfrac{\sqrt{3}}{2} - i\dfrac{1}{2}\right) = (\sqrt{3}+1) + i(\sqrt{3}-1)$

et $z_1 z_2 = \sqrt{2}e^{i\frac{\pi}{4}} \times 2e^{-i\frac{\pi}{6}} = 2\sqrt{2}e^{i\frac{\pi}{12}}$.

> On a bien évidemment multiplié les expressions algébriques pour obtenir la forme algébrique et multiplié les formes exponentielles pour obtenir la forme exponentielle.

3. On en déduit donc : $\cos\left(\dfrac{\pi}{12}\right) = \dfrac{\sqrt{3}+1}{2\sqrt{2}} = \dfrac{\sqrt{6}+\sqrt{2}}{4}$ et $\sin\left(\dfrac{\pi}{12}\right) = \dfrac{\sqrt{6}-\sqrt{2}}{4}$.

2 Équations complexes

1. $\Delta = (-3)^2 - 4 \times 2 \times 4 = 9 - 32 = -23 = (i\sqrt{23})^2$

donc $z_1 = \dfrac{3 - i\sqrt{23}}{4}$ et $z_2 = \dfrac{3 + i\sqrt{23}}{4}$.

2. $\Delta = 1^2 - 4 \times \dfrac{3}{2} \times \dfrac{1}{6} = 1 - 1 = 0$ donc $z = \dfrac{-1}{3}$.

3. $\Delta = 3^2 - 4 = 9 - 4 = 5 = (\sqrt{5})^2$ (ne pas oublier que $\mathbb{R} \subset \mathbb{C}$),

donc $z_1 = \dfrac{-3 - \sqrt{5}}{2}$ et $z_2 = \dfrac{-3 + \sqrt{5}}{2}$.

4. $5z^2 - 3z = 0 \Leftrightarrow z(5z - 3) = 0$ donc $z_1 = 0$ et $z_2 = \dfrac{3}{5}$.

> Ne pas oublier que la factorisation est toujours d'actualité et qu'il n'est pas toujours nécessaire d'avoir recours au discriminant.

3 Factorisation de polynômes complexes

1. Pour $z = iy$, on obtient :
$-iy^3 - (16 - 2i)y^2 + i(100 - 32i)y - 200i = 0$, et donc :
$$\begin{cases} 16y^2 - 32y = 0 & (1) \\ y^3 - 2y^2 - 100y + 200 = 0 & (2) \end{cases}$$

Or l'équation (1) admet deux solutions, 0 et 2, mais 0 n'est pas solution de l'équation (2) alors que 2 vérifie (2), donc $z_0 = 2i$ est la solution imaginaire pure recherchée.

2. On obtient, par identification, $a = 1$, $b = 16$ et $c = 100$.

273

Cette méthode de factorisation est bien sûr générale, même si au bac vous serez toujours guidés comme dans cet exercice.

3. On cherche les solutions de l'équation $z^2 + 16z + 100 = 0$.
On a $\Delta = 16^2 - 4 \times 1 \times 100 = 16(16-25) = (12i)^2$.
Donc les solutions de cette équation sont :
$$z_1 = \frac{-16+12i}{2} = -2(4-3i) \text{ et } z_2 = \frac{-16-12i}{2} = -2(4+3i).$$
Enfin les solutions de E sont : $2i$, $-2(4+3i)$ et $-2(4-3i)$.

4 ▸ Puissances des nombres complexes

1. $z = \sqrt{3} + i = 2e^{i\frac{\pi}{6}}$ donc $z^n = 2^n e^{ni\frac{\pi}{6}}$.

 Il est toujours plus facile de calculer les puissances des nombres complexes quand ils sont sous forme exponentielle.

Or $e^{ni\frac{\pi}{6}}$ est imaginaire pur si, et seulement si, $n\frac{\pi}{6} = \frac{\pi}{2} + k\pi$ ce qui équivaut à $\frac{n}{6} = \frac{1}{2} + k$ et donc à $n = 3 + 6k$.
Donc z^n est un nombre complexe imaginaire pur, si et seulement si, $n = 3+6k$ où k est un entier relatif quelconque.

2. $-1 + i = \sqrt{2} e^{i\frac{3\pi}{4}}$ donc, en élevant à la puissance 11, on obtient :
$$(-1+i)^{11} = (\sqrt{2})^{11} e^{i\frac{33\pi}{4}} = (\sqrt{2})^{11} e^{i\frac{\pi}{4}} = (\sqrt{2})^{11}\left(\frac{\sqrt{2}}{2}(1+i)\right), \text{ en effet } \frac{33}{4} = 8 + \frac{1}{4}.$$
Donc $(-1+i)^{11} = \frac{(\sqrt{2})^{12}}{2}(1+i) = \frac{2^6}{2}(1+i) = 32 + 32i$.

5 ▸ Fonctions sinusoïdales

$$\sin\left(\omega t - \frac{\pi}{3}\right) + \sin\left(\omega t + \frac{5\pi}{6}\right) = \text{Im}\left(e^{i\left(\omega t - \frac{\pi}{3}\right)} + e^{i\left(\omega t + \frac{5\pi}{6}\right)}\right) = \text{Im}\left(e^{i\omega t}\left(e^{-i\frac{\pi}{3}} + e^{i\frac{5\pi}{6}}\right)\right).$$

 Ne pas oublier que $\sin a = \text{Im}(e^{ia})$.

$$e^{-i\frac{\pi}{3}} + e^{i\frac{5\pi}{6}} = \frac{1}{2} - \frac{\sqrt{3}}{2}i - \frac{\sqrt{3}}{2} + \frac{1}{2}i = \left(\frac{1}{2} - \frac{\sqrt{3}}{2}\right)(1+i)$$

$$= \left(\frac{\sqrt{3}}{2} - \frac{1}{2}\right)e^{i\pi}\sqrt{2}e^{i\frac{\pi}{4}}$$

$$= \left(\frac{\sqrt{6}}{2} - \frac{\sqrt{2}}{2}\right)e^{i\frac{5\pi}{4}}.$$

$\frac{1}{2} - \frac{\sqrt{3}}{2} < 0$ donc $\frac{1}{2} - \frac{\sqrt{3}}{2} = \left(\frac{\sqrt{3}}{2} - \frac{1}{2}\right)e^{i\pi}$.

On a donc :
$$\sin\left(\omega t - \frac{\pi}{3}\right) + \sin\left(\omega t + \frac{5\pi}{6}\right) = \operatorname{Im}\left(e^{i\omega t}\left(\frac{\sqrt{6}}{2} - \frac{\sqrt{2}}{2}\right)e^{i\frac{5\pi}{4}}\right)$$
$$= \left(\frac{\sqrt{6}}{2} - \frac{\sqrt{2}}{2}\right)\sin\left(\omega t + \frac{5\pi}{4}\right).$$

6 ▶ Configuration sur une hyperbole

1. a. Le point M d'affixe $z = x + iy$ appartient à $\mathcal{H}$ si, et seulement si, $x \neq 0$ et $y = \frac{1}{x}$.
Un tel point M de $\mathcal{H}$ appartient à $\mathcal{C}$ si, et seulement si, $\Omega M = 2\sqrt{2}$, ce qui équivaut à :
$$\left|x + \frac{i}{x} - 1 - i\right|^2 = 8.$$
Or $\left|x + \frac{i}{x} - 1 - i\right|^2 = 8 \Leftrightarrow \left(x + \frac{i}{x} - 1 - i\right)\overline{\left(x + \frac{i}{x} - 1 - i\right)} = 8$
$$\Leftrightarrow \left(x - 1 + \left(\frac{1}{x} - 1\right)i\right)\left(x - 1 - \left(\frac{1}{x} - 1\right)i\right) = 8$$
$$\Leftrightarrow x^2 - 2x - 6 - \frac{2}{x} + \frac{1}{x^2} = 0$$
$$\Leftrightarrow x^4 - 2x^3 - 6x^2 - 2x + 1 = 0.$$

b. -1 est solution évidente de $x^4 - 2x^3 - 6x^2 - 2x + 1 = 0$.
On a donc $x^4 - 2x^3 - 6x^2 - 2x + 1 = (x+1)(x^3 + \alpha x^2 + \beta x + \gamma)$.
Par identification, on trouve : $\gamma = 1$, $\beta = -3$ et $\alpha = -3$.
Ainsi, on a $x^4 - 2x^3 - 6x^2 - 2x + 1 = (x+1)(x^3 - 3x^2 - 3x + 1)$.
-1 est solution évidente de $x^3 - 3x^2 - 3x + 1 = 0$.
On a donc $x^3 - 3x^2 - 3x + 1 = (x+1)(x^2 + bx + c)$.
Par identification, on trouve : $c = 1$ et $b = -4$.

 Chercher directement a, b et c par identification s'avère difficile, c'est pourquoi il vaut mieux chercher d'abord des factorisations évidentes.

Finalement, on a $x^4 - 2x^3 - 6x^2 - 2x + 1 = (x+1)^2(x^2 - 4x + 1)$.
c. Un point M d'affixe z appartient à $\mathcal{C} \cap \mathcal{H}$ si, et seulement si, $z = x + \frac{i}{x}$ avec x solution de $(x+1)^2(x^2 - 4x + 1) = 0$, donc $x \in \{-1; 2 - \sqrt{3}; 2 + \sqrt{3}\}$.
On a donc trois points d'intersection :
• A d'affixe $z_A = -1 - i$;
• B d'affixe $z_B = (2 + \sqrt{3}) + \frac{i}{2 + \sqrt{3}}$,
soit $z_B = (2 + \sqrt{3}) + i\frac{2 - \sqrt{3}}{(2+\sqrt{3})(2-\sqrt{3})} = (2 + \sqrt{3}) + i(2 - \sqrt{3})$;

• C d'affixe $z_C = (2-\sqrt{3}) + \dfrac{i}{2-\sqrt{3}}$,

soit $z_C = (2-\sqrt{3}) + i\dfrac{2+\sqrt{3}}{(2-\sqrt{3})(2+\sqrt{3})} = (2-\sqrt{3}) + i(2+\sqrt{3})$.

2. a. $\dfrac{z_C - z_A}{z_B - z_A} = \dfrac{3-\sqrt{3}+i(3+\sqrt{3})}{3+\sqrt{3}+i(3-\sqrt{3})}$

$= \dfrac{(3-\sqrt{3}+i(3+\sqrt{3}))(3+\sqrt{3}-i(3-\sqrt{3}))}{(3+\sqrt{3}+i(3-\sqrt{3}))(3+\sqrt{3}-i(3-\sqrt{3}))}$

$= \dfrac{2(3-\sqrt{3})(3+\sqrt{3})+i((3+\sqrt{3})^2-(3-\sqrt{3})^2)}{(3+\sqrt{3})^2+(3-\sqrt{3})^2}$

$= \dfrac{1+i\sqrt{3}}{2}$

$= e^{i\frac{\pi}{3}}$.

b. On a $\left|\dfrac{z_C-z_A}{z_B-z_A}\right| = 1$, donc $AB = AC$ et $\arg\left(\dfrac{z_C-z_A}{z_B-z_A}\right) = \dfrac{\pi}{3}\ [2\pi]$, soit $(\overrightarrow{AB};\overrightarrow{AC}) = \dfrac{\pi}{3}\ [2\pi]$.

On en déduit que le triangle ABC est équilatéral direct.

7 ▸ Une application complexe

1. $z_{A'} = 0$; $z_{B'} = \dfrac{4}{3} + \dfrac{2}{3}i$; $z_{C'} = -2 - i$.

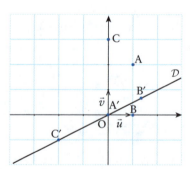

2. $z' = \dfrac{(3+4i)(x+iy)+5(x-iy)}{6} = \dfrac{3x-4y+5x+i(3y+4x-5y)}{6}$

soit $z' = \dfrac{8x-4y}{6} + i\dfrac{4x-2y}{6}$.

D'où $\operatorname{Re}(z') = \dfrac{4x-2y}{3}$ et $\operatorname{Im}(z') = \dfrac{2x-y}{3}$.

3. $z = z' \Leftrightarrow z = \dfrac{(3+4\mathrm{i})z + 5\overline{z}}{6} \Leftrightarrow \begin{cases} x = \dfrac{4x-2y}{3} \\ y = \dfrac{2x-y}{3} \end{cases} \Leftrightarrow y = \dfrac{1}{2}x.$

On constate que A′, B′ et C′ sont trois points de $\mathcal{D}$.

4. Si on note $z = x + \mathrm{i}y$ l'affixe de M, on a vu que l'affixe de M′ s'écrit :
$z' = \dfrac{4x-2y}{3} + \mathrm{i}\dfrac{2x-y}{3}.$

On a donc $\mathrm{Im}(z') = \dfrac{1}{2}\mathrm{Re}(z')$. On en déduit que M′ appartient à la droite $\mathcal{D}$.

5. a. $\dfrac{z'-z}{z_A} = \dfrac{(3+4\mathrm{i})z + 5\overline{z} - 6z}{6(1+2\mathrm{i})} = \dfrac{((-3+4\mathrm{i})z + 5\overline{z})(1-2\mathrm{i})}{6(1+4)} = \dfrac{(-3+6\mathrm{i}+4\mathrm{i}+8)z + (5-10\mathrm{i})\overline{z}}{6 \times 5}$

$\dfrac{z'-z}{z_A} = \dfrac{(1+2\mathrm{i})z + (1-2\mathrm{i})\overline{z}}{6} = \dfrac{z+\overline{z}}{6} + \mathrm{i}\dfrac{z-\overline{z}}{3}.$

On sait que $z + \overline{z} = 2\mathrm{Re}(z)$ et $z - \overline{z} = 2\mathrm{i} \times \mathrm{Im}(z)$.

On en déduit que $\dfrac{z'-z}{z_A} = \dfrac{\mathrm{Re}(z)}{3} + \mathrm{i}\dfrac{2\mathrm{i} \times \mathrm{Im}(z)}{3} = \dfrac{\mathrm{Re}(z) - 2\mathrm{Im}(z)}{3}.$

C'est un nombre réel.

b. Si M′ ≠ M, on a vu que $\dfrac{z'-z}{z_A} \in \mathbb{R}^*$. On a donc : $z - z' = kz_A$ où $k \in \mathbb{R}^*$ et ainsi $\overrightarrow{MM'} = k\overrightarrow{OA}$, ce qui équivaut à dire que les droites (OA) et (MM′) sont parallèles.

6. a. On a vu à la question 3. que la droite $\mathcal{D}$ est l'ensemble des points invariants. Si N est sur $\mathcal{D}$, son image N′ par f est donc confondue avec N.
Si N n'est pas sur $\mathcal{D}$, en notant N′ son image par f, on a vu à la question précédente que (OA) et (NN′) sont parallèles, et on a vu à la question 4. que N′ est sur $\mathcal{D}$.
On construit donc le point N′ comme l'intersection de $\mathcal{D}$ et de la parallèle à (OA) passant par N.

b.

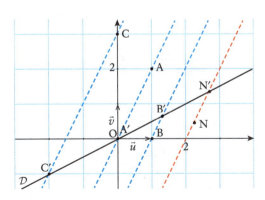

8. Reconnaître un cosinus avec la formule d'Euler

1. $e^{ip} + e^{iq} = \left(e^{i\frac{p-q}{2}} + e^{-i\frac{p-q}{2}}\right) e^{i\frac{p+q}{2}} = 2\cos\left(\frac{p-q}{2}\right) e^{i\frac{p+q}{2}}$.

> Il faut impérativement penser à factoriser de manière symétrique entre e^{ip} et e^{iq} comme le suggère le résultat.

2. $z = 1 + \cos r + i \sin r = 1 + e^{ir} = \left(e^{-i\frac{r}{2}} + e^{i\frac{r}{2}}\right) e^{i\frac{r}{2}} = 2\cos\left(\frac{r}{2}\right) e^{i\frac{r}{2}}$.

Si $r \in [0; \pi[$, $\frac{r}{2} \in \left[0; \frac{\pi}{2}\right[$ et $\cos\left(\frac{r}{2}\right) > 0$, donc $|z| = 2\cos\left(\frac{r}{2}\right)$ et $\arg(z) = \frac{r}{2} [2\pi]$.

Si $r \in]\pi; 2\pi]$, $\frac{r}{2} \in \left]\frac{\pi}{2}; \pi\right]$ et $\cos\left(\frac{r}{2}\right) < 0$, donc $|z| = -2\cos\left(\frac{r}{2}\right)$ et $\arg(z) = \frac{r}{2} + \pi [2\pi]$.

> Ne pas oublier que $e^{i \times 0} = 1$, que l'argument d'un nombre réel négatif est π, à 2π près, et que $\arg(-z) = \arg(z) + \pi [2\pi]$.

9. Transformation des cos (px) et sin (px)

1. $(\cos x + i \sin x)^2 = \cos^2 x - \sin^2 x + 2i \cos x \sin x$.

> Il faut impérativement connaître sans hésitation les identités remarquables.

2. $\cos(2x) + i\sin(2x) = e^{2ix} = \left(e^{ix}\right)^2 = (\cos x + i \sin x)^2 = \cos^2 x - \sin^2 x + 2i \cos x \sin x$.
Donc, en identifiant les parties réelles et imaginaires, on obtient :
$\begin{cases} \cos(2x) = \cos^2 x - \sin^2 x \\ \sin(2x) = 2\cos x \sin x \end{cases}$

3. $\cos(3x) + i\sin(3x) = e^{3ix} = \left(e^{ix}\right)^3 = (\cos x + i\sin x)^3$
$\cos(3x) + i\sin(3x) = \cos^3 x + 3i\cos^2 x \sin x - 3\cos x \sin^2 x - i\sin^3 x$
Donc, en identifiant les parties réelles et imaginaires, on obtient bien le résultat demandé.

> On développe $(a+b)^3$ en écrivant : $(a+b)^3 = (a^2 + 2ab + b^2)(a+b)$.

4. $\cos(4x) + i\sin(4x) = e^{4ix} = \left(e^{ix}\right)^4 = (\cos x + i\sin x)^4$
$= \cos^4 x + 4i\cos^3 x \sin x - 6\cos^2 x \sin^2 x - 4i\cos x \sin^3 x + \sin^4 x$.
Donc $\begin{cases} \cos(4x) = \cos^4 x - 6\cos^2 x \sin^2 x + \sin^4 x \\ \sin(4x) = 4\cos^3 x \sin x - 4\cos x \sin^3 x \end{cases}$

> $(a+b)^4 = (a+b)^2 (a+b)^2$.

10 Triangle isocèle rectangle

On se place dans un repère orthonormé direct, tel que l'affixe de M soit 0 et celle de N soit 1. On note z_P l'affixe de P.

 On peut également se placer dans un repère quelconque et appeler z_M, z_N et z_P les affixes respectives de M, N et P, mais les calculs seront beaucoup plus longs et compliqués !

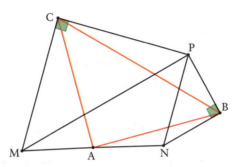

A étant le milieu de [MN], il a pour affixe $z_A = \dfrac{1}{2}$.

Le triangle PNB étant rectangle isocèle en B, extérieur au triangle MNP, on a :
$\dfrac{z_N - z_B}{z_P - z_B} = i$, soit $z_B = \dfrac{z_N - iz_P}{1-i} = \dfrac{1 - iz_P}{1-i}$.

Le triangle MPC étant rectangle isocèle en C, extérieur au triangle MNP, on a :
$\dfrac{z_P - z_C}{z_M - z_C} = i$, soit $z_C = \dfrac{z_P - iz_M}{1-i} = \dfrac{z_P}{1-i}$.

MNP étant supposé direct, $1 + i - 2iz_P \neq 0$ et donc :
$\dfrac{z_C - z_A}{z_B - z_A} = \dfrac{\dfrac{z_P}{1-i} - \dfrac{1}{2}}{\dfrac{1-iz_P}{1-i} - \dfrac{1}{2}} = \dfrac{2z_P - 1 + i}{1 + i - 2iz_P} = \dfrac{i(-2iz_P + i + 1)}{1 + i - 2iz_P} = i.$

$\left|\dfrac{z_C - z_A}{z_B - z_A}\right| = \dfrac{AC}{AB}$ donc $AB = AC$ et le triangle est isocèle en A.

$\arg\left(\dfrac{z_C - z_A}{z_B - z_A}\right) = (\overrightarrow{AB} ; \overrightarrow{AC}) \ [2\pi]$,

donc $(\overrightarrow{AB} ; \overrightarrow{AC}) = \dfrac{\pi}{2} + 2k\pi$ et le triangle est rectangle en A.

11 Problème d'alignement

1. Pour $z = -i$, les points O et M sont confondus.

On a $z + i = iz \Leftrightarrow z(1 - i) = -i \Leftrightarrow z = -\dfrac{i}{1-i} = \dfrac{-i(1+i)}{(1-i)(1+i)} = \dfrac{1-i}{2}$.

Donc les points M′ et M″ sont confondus pour $z = \dfrac{1-i}{2}$.

2. Les points O, M′ et M″ sont alignés si, et seulement si, $(\overrightarrow{OM''}, \overrightarrow{OM'}) = 0\,[\pi]$, ou encore :
$(\vec{u}, \overrightarrow{OM'}) - (\vec{u}, \overrightarrow{OM''}) = 0\,[\pi] \Leftrightarrow \arg(z+i) - \arg(iz) = 0\,[\pi]$
$$\Leftrightarrow \arg\left(\frac{z+i}{iz}\right) = 0\,[\pi].$$
Ce qui équivaut à $\dfrac{z+i}{iz}$ est un nombre réel.

3. $\dfrac{z+i}{iz} = \dfrac{x+i(y+1)}{ix-y} = \dfrac{(x+i(y+1))(ix+y)}{-x^2-y^2} = \dfrac{x}{x^2+y^2} - i\dfrac{x^2+y^2+y}{x^2+y^2}$.

Donc la partie imaginaire de $\dfrac{z+i}{iz}$ est $-\dfrac{x^2+y^2+y}{x^2+y^2}$.

4. Les points O, M′ et M″ sont alignés si, et seulement si, $\dfrac{z+i}{iz}$ est un nombre réel, c'est-à-dire si, et seulement si, la partie imaginaire de $\dfrac{z+i}{iz}$ est nulle.
Comme z est non nul, c'est équivalent à :
$-\dfrac{x^2+y^2+y}{x^2+y^2} = 0 \Leftrightarrow x^2+y^2+y = 0 \Leftrightarrow x^2 + \left(y+\dfrac{1}{2}\right)^2 = \dfrac{1}{4}$.

Donc $\mathcal{C}$ est le cercle de centre $\Omega\left(0\,;\dfrac{-1}{2}\right)$ et de rayon $\dfrac{1}{2}$ privé des points O, A d'affixe $-i$ et B d'affixe $\dfrac{1-i}{2}$ car O, M′ et M″ sont deux à deux distincts.

5. $z = \dfrac{-1}{4} - \dfrac{2+\sqrt{3}}{4}i$ donc $z' = z+i = \dfrac{-1}{4} + \dfrac{2-\sqrt{3}}{4}i$ et $z'' = iz = \dfrac{2+\sqrt{3}}{4} - \dfrac{i}{4}$.

Les coordonnées de $M\left(\dfrac{-1}{4}\,;\dfrac{2+\sqrt{3}}{4}\right)$ vérifient l'équation de $\mathcal{C}$, donc M est le point du cercle $\mathcal{C}$ d'abscisse $-\dfrac{1}{4}$ et d'ordonnée négative ;

M′ est le point d'abscisse $-\dfrac{1}{4}$ et d'ordonnée celle de M plus 1 ;

O, M′ et M″ sont alignés avec M″ d'ordonnée $-\dfrac{1}{4}$.

 Pensez à bien respecter l'unité graphique.

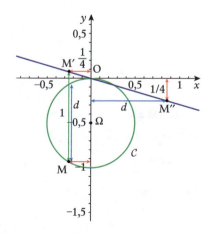

12 Nombres complexes et géométrie

1. D_f est le plan $\mathcal{P}$ privé du point B.
$z_{A'} = 0$ donc A' et O sont confondus.
$z_{C'} = \dfrac{1+2i+1}{1+2i-3} = \dfrac{2+2i}{-2+2i} = \dfrac{1+i}{-1+i} = \dfrac{(1+i)(-1-i)}{(-1+i)(-1-i)} = \dfrac{-2i}{2} = -i$, donc C'(0; –1).

2. $f(M) = M$ équivaut à $z' = z = \dfrac{z+1}{z-3} \Leftrightarrow z^2 - 3z = z + 1 \Leftrightarrow z^2 - 4z - 1 = 0$.
$\Delta = 16 + 4 = 20$, donc l'équation a comme racines :
$z = \dfrac{4+2\sqrt{5}}{2} = 2+\sqrt{5}$ et $z = \dfrac{4-2\sqrt{5}}{2} = 2-\sqrt{5}$.
Donc Inv$(f) = \left\{ I\left(2+\sqrt{5}\,;0\right), J\left(2-\sqrt{5}\,;0\right) \right\}$.

3. $|z'| = 1 \Leftrightarrow |z+1| = |z-3| \Leftrightarrow AM = BM$, donc $\mathcal{D}$ est la médiatrice du segment [AB].

 La médiatrice d'un segment est la droite égale à l'ensemble des points équidistants des extrémités du segment.

4.

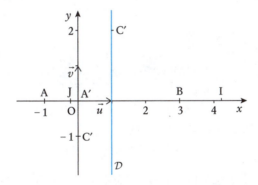

5. $M \in \mathcal{D}$ équivaut à $|z'| = 1$, c'est-à-dire M' est un point du cercle de centre O et de rayon 1.

6. a. $z' = x' + iy' = \dfrac{z+1}{z-3} = \dfrac{x+1+iy}{x-3+iy} = \dfrac{(x+1+iy)(x-3-iy)}{(x-3+iy)(x-3-iy)} = \dfrac{(x^2-2x-3+y^2)-4iy}{(x-3)^2+y^2}$.

Donc $\begin{cases} x' = \dfrac{x^2-2x-3+y^2}{(x-3)^2+y^2} \\ y' = \dfrac{-4y}{(x-3)^2+y^2} \end{cases}$

b. z' réel pour $y = 0$ donc $\mathcal{E}$ est l'axe des abscisses privé du point B puisque z est différent de 3.

c. z' imaginaire pur pour $0 = x^2 - 2x - 3 + y^2 = (x-1)^2 + y^2 - 4$ donc $\mathcal{F}$ est le cercle de centre K(1;0) et de rayon 2, privé du point B puisque z est différent de 3.

13 ▸ Rotations et nombres complexes

1. a. $z_A = -1+i\sqrt{3} = 2e^{\frac{2i\pi}{3}}$, $z_B = -1-i\sqrt{3} = 2e^{-\frac{2i\pi}{3}}$ et $z_C = 2e^{0\times i}$.

b.

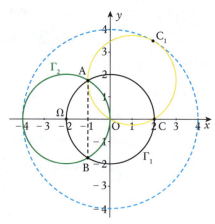

2. a. $\dfrac{z_C - z_A}{z_B - z_A} = \dfrac{3-i\sqrt{3}}{-2i\sqrt{3}} = \dfrac{\sqrt{3}}{2}i + \dfrac{1}{2}$.

On a donc $\dfrac{AC}{AB} = \left|\dfrac{z_C - z_A}{z_B - z_A}\right| = 1$ et $(\overrightarrow{AB}\,;\,\overrightarrow{AC}) = \arg\left(\dfrac{z_C - z_A}{z_B - z_A}\right)\ [2\pi]$

donc $(\overrightarrow{AB}\,;\,\overrightarrow{AC}) = \dfrac{\pi}{3}\ [2\pi]$.

Le triangle ABC est donc équilatéral direct.

b. Grâce aux formes exponentielles des affixes de A, B et C, on constate que $|z_A| = |z_B| = |z_C| = 2$.

Le cercle circonscrit au triangle ABC est donc le cercle de centre O et de rayon 2.

3. a. $\Gamma_2 = \{M(z) \,/\, 2(z+\overline{z}) + z\overline{z} = 0\}$.

Soit M un point du plan d'affixe $z = x + iy$, où x et y sont des nombres réels.
$M \in \Gamma_2$ si, et seulement si, $4x + x^2 + y^2 = 0$, donc si, et seulement si, $(x+2)^2 + y^2 = 4$.
On reconnaît l'équation du cercle de centre Ω d'affixe -2 et de rayon 2.

b. $\Omega A = |z_A - z_\Omega| = |1 + i\sqrt{3}| = 2$ et $\Omega B = |z_B - z_\Omega| = |1 - i\sqrt{3}| = 2$.

A et B sont donc des points de Γ_2.

4. a. A étant le centre de la rotation, il est invariant par r.

La rotation est de centre A et d'angle $\dfrac{\pi}{3}$ donc l'image B′ de B est telle que le triangle ABB′ soit équilatéral direct. L'image de B par r est donc le point C.
On a $\Omega O = \Omega A = OA = 2$ donc le triangle $OA\Omega$ est équilatéral.
La position des points montre qu'il est direct.
L'image de Ω par r est donc le point O.
Soit C_1 l'image du point C par la rotation r.

On a $z_{C_1} = e^{i\frac{\pi}{3}}(z_C - z_A) + z_A = 2 + 2i\sqrt{3}$.

b. L'image du cercle Γ_2 par la rotation r est le cercle de centre l'image de Ω (c'est donc O) et de rayon 2 (passant par A et C). C'est Γ_1.

5. a. Ω est le centre du cercle Γ_2, son image par R est donc le centre du cercle Γ_1 c'est le point O.
On en déduit que $0 = a \times (-2) + b$ donc que $b = 2a$.

b. $z_{C'} = az_C + b = 2a + b = 4a$.

c. $|z_{C'}| = |4a| = 4|a| = 4$.
Le point C' appartient donc au cercle de centre O et de rayon 4.
$|z_{C_1}| = |2 + 2i\sqrt{3}| = \sqrt{4+12} = 4$.
Le point C_1 appartient lui aussi au cercle de centre O et de rayon 4.

14 Racines carrées de nombres complexes

1. $|a| = \sqrt{4+12} = 4$ et $\cos\theta = \dfrac{2}{4} = \dfrac{1}{2} = \cos\left(\dfrac{\pi}{3}\right) = \cos\left(-\dfrac{\pi}{3}\right)$ et comme $\sin\theta > 0$,

on a : $a = 4e^{i\frac{\pi}{3}}$.

Les solutions de $z^2 = a$ sont donc les nombres $z_1 = 2e^{i\frac{\pi}{6}}$ et $z_2 = -2e^{i\frac{\pi}{6}}$.

2. $z^2 = x^2 - y^2 + 2ixy$, $|z^2| = |z|^2 = x^2 + y^2$ et donc $z^2 = b$ est équivalent à :

$$\begin{cases} x^2 - y^2 = -3 \\ 2xy = -4 \\ x^2 + y^2 = \sqrt{9+16} = 5 \end{cases}$$

 Remarquons tout d'abord que les calculs des modules et arguments de b ne donnent pas des valeurs facilement exploitables, c'est pourquoi nous changeons de méthode.

La somme des lignes 1 et 3 du système donne $2x^2 = 2$ et donc $x = 1$ ou $x = -1$.

La ligne 2 du système donne alors $y = \dfrac{-2}{x}$ et donc $y = -2$ ou $y = 2$.

 Attention qu'il n'y ait que deux solutions car pour un x ne correspond qu'un seul y.

Les solutions de $z^2 = b$ sont alors $z = -1 + 2i$ et $z = 1 - 2i$.

CHAPITRE 9

Positions relatives de droites et de plans

COURS

- 286 **I.** Incidence
- 287 **II.** Parallélisme
- 287 **III.** Orthogonalité
- 288 POST BAC Projections orthogonales

MÉTHODES ET STRATÉGIES

- 290 **1** Résoudre des problèmes d'intersection
- 292 **2** Montrer que deux droites sont orthogonales

SUJETS DE TYPE BAC

- 293 **Sujet 1** Incidence dans un cube
- 294 **Sujet 2** Droites parallèles
- 294 **Sujet 3** Incidence dans un tétraèdre
- 295 **Sujet 4** Intersection de plans
- 295 **Sujet 5** Positions relatives de trois plans
- 296 **Sujet 6** Section d'une pyramide
- 296 **Sujet 7** Tétraèdre particulier

SUJETS D'APPROFONDISSEMENT

- 297 **Sujet 8** Diagonale du cube
- 297 **Sujet 9** Section de tétraèdre
- 298 **Sujet 10** Section d'un cube par un plan
- 298 **Sujet 11** Points alignés dans un cube
- 299 **Sujet 12** POST BAC Théorème des trois perpendiculaires
- 299 **Sujet 13** POST BAC Hauteur d'une pyramide
- 300 **Sujet 14** POST BAC Angle droite-plan

CORRIGÉS

- 301 **Sujets 1 à 7**
- 306 **Sujets 8 à 13**

Positions relatives de droites et de plans

I. Incidence

1. Positions relatives de deux droites
Deux droites de l'espace sont :
- soit coplanaires, elles sont alors sécantes ou parallèles ;
- soit non coplanaires.

Exemples

Droites coplanaires

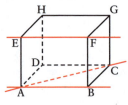

(AB) et (AC) sont sécantes ;
(AB) et (EF) sont parallèles.

Droites non coplanaires

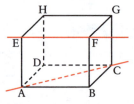

(EF) et (AC) ne sont pas coplanaires.

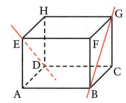

(BG) et (ED) ne sont pas coplanaires.

Attention ! Des droites n'ayant aucun point commun ne sont pas nécessairement strictement parallèles (elles sont soit coplanaires et strictement parallèles, soit non coplanaires).

2. Positions relatives de deux plans
Deux plans distincts de l'espace ont :
- soit un point commun, ils sont alors **sécants** selon une droite ;
- soit aucun point commun, ils sont alors **parallèles**.

Exemples

Plans sécants

(ABC) et (ADH) sont sécants selon (AD).

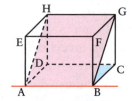

(ABC) et (ABG) sont sécants selon (AB).

Plans parallèles

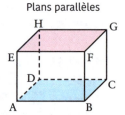

(ABC) et (EFG) sont parallèles.

II. Parallélisme

1. Parallélisme entre droites

Théorème Deux droites parallèles à une même troisième sont parallèles entre elles.

Théorème Si deux plans sont parallèles, alors tout plan qui coupe l'un coupe l'autre et leurs droites d'intersections sont parallèles.

Théorème du toit Soient $\mathcal{D}_1$ et $\mathcal{D}_2$ deux droites parallèles, $\mathcal{P}_1$ un plan contenant $\mathcal{D}_1$ et $\mathcal{P}_2$ un plan contenant $\mathcal{D}_2$. Si $\mathcal{P}_1$ et $\mathcal{P}_2$ sont sécants, alors leur droite d'intersection est parallèle à $\mathcal{D}_1$ et $\mathcal{D}_2$.

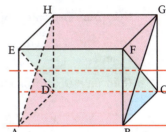

Exemple
(AB) et (DC) sont parallèles. La droite d'intersection de (ABH) et (CDE) leur est parallèle.

2. Parallélisme entre plans

Théorème Deux plans parallèles à un même troisième sont parallèles.

Théorème Si deux droites sécantes d'un plan sont parallèles à deux droites sécantes d'un autre plan, alors les deux plans sont parallèles.

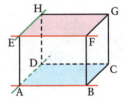

Exemple
(EH) et (EF) sont sécantes, parallèles à (AD) et (AB) respectivement. Les plans (EFH) et (ABD) sont donc parallèles.

3. Parallélisme entre droite et plan

Théorème Si deux droites sont parallèles, alors tout plan qui contient l'une est parallèle à l'autre.

III. Orthogonalité

1. Orthogonalité de deux droites de l'espace

Définition Deux droites $\mathcal{D}_1$ et $\mathcal{D}_2$ de l'espace sont **orthogonales** si leurs parallèles menées par un point quelconque sont perpendiculaires.

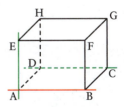

Exemple
(DC) et (EA) sont orthogonales, car (DC) est parallèle à (AB) qui est perpendiculaire à (AE).

2. Orthogonalité d'une droite et d'un plan

Définition Une droite est orthogonale à un plan si elle est orthogonale à deux droites sécantes de ce plan.

Théorème Si une droite est orthogonale à un plan, alors elle est orthogonale à toutes les droites de ce plan.

Théorème Deux plans orthogonaux à une même droite sont parallèles.

Théorème Si deux droites sont parallèles, tout plan orthogonal à l'une est orthogonal à l'autre.

Théorème Deux droites orthogonales à un même plan sont parallèles.

3. Plans perpendiculaires

Définition Deux plans sont **perpendiculaires** si l'un contient une droite orthogonale à l'autre.

Projections orthogonales

> Voir les exercices 12 et 13.

On utilise la notion d'orthogonalité dans l'espace pour définir les projections orthogonales. Ces définitions ne sont pas au programme de Terminale S mais se comprennent intuitivement à partir de la définition de l'orthogonalité entre une droite et un plan.

Projection orthogonale sur un plan

Définition Soient $\mathcal{P}$ un plan et A un point extérieur à $\mathcal{P}$. On définit le point H, projeté orthogonal du point A sur le plan $\mathcal{P}$ comme étant le point de $\mathcal{P}$ tel que la droite (AH) soit orthogonale au plan $\mathcal{P}$.

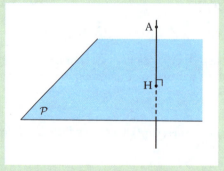

Proposition Si H est le projeté orthogonal sur le plan $\mathcal{P}$ du point A extérieur à $\mathcal{P}$, alors la distance AH est la plus petite des distances entre A et un point quelconque de $\mathcal{P}$. Cette distance est appelée distance de A à $\mathcal{P}$.

Positions relatives de droites et de plans **COURS**

Projection orthogonale sur une droite

Définition Soient d une droite et A un point extérieur à d. On définit le point H, projeté orthogonal du point A sur la droite d comme étant le point de d tel que la droite (AH) soit perpendiculaire à la droite d.

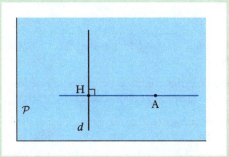

Proposition Si H est le projeté orthogonal sur la droite d du point A extérieur à d, alors la distance AH est la plus petite des distances entre A et un point quelconque de d. Cette distance est appelée distance de A à d.

Remarque Un point et une droite sont toujours coplanaires.

MÉTHODES ET STRATÉGIES

1 Résoudre des problèmes d'intersection

> Voir les exercices 3, 6, 9 et 10 mettant en œuvre cette méthode.

Méthode

Pour déterminer la section d'un polyèdre par un plan $\mathcal{P}$, on cherche l'intersection du plan avec chaque face du polyèdre.

> **Étape 1 :** on identifie un point commun au plan et à une face $\mathcal{F}$ du polyèdre.
(Lors de cette étape, le point apparaît clairement.)

> **Étape 2 :** on cherche une droite de $\mathcal{P}$ coplanaire avec une droite du plan contenant $\mathcal{F}$.
• Si elles sont sécantes, on obtient un point d'intersection. (Il se peut qu'il faille prolonger une arête du polyèdre pour faire apparaître ce point d'intersection.)
On relie alors les deux points, et l'on obtient la droite d'intersection de $\mathcal{P}$ et du plan contenant $\mathcal{F}$.
• Si elles sont parallèles, on applique le théorème du toit : la droite d'intersection de $\mathcal{P}$ et du plan contenant $\mathcal{F}$ est parallèle à ces deux droites et passe par le point identifié à l'étape 1.

> **Étape 3 :** on met en évidence le segment de $\mathcal{F}$ qui appartient à la droite d'intersection déterminée.
On fait ainsi apparaître de nouveaux points sur les arêtes de $\mathcal{F}$ qui vont servir (étape 1) pour déterminer l'intersection du plan $\mathcal{P}$ avec une autre face...

Exemple

Dans un tétraèdre ABCD, M est un point du segment [AB], Δ est une droite du plan (BCD).
Tracer la section du tétraèdre par le plan $\mathcal{P}$ passant par M et contenant Δ dans les cas suivants :

a. Δ n'est parallèle ni à (BC), ni à (BD) ;

b. Δ est parallèle à (BD).

Application

a. Étape 1 : le point M est un point commun à $\mathcal{P}$ et à la face ABC.

Étape 2 : (BC) et Δ sont sécantes dans le plan (BCD) en N.
L'intersection de (ABC) avec le plan $\mathcal{P}$ est la droite (MN).

Étape 3 : la droite (MN) intercepte (AC) en M_1.
L'intersection de $\mathcal{P}$ et de la face ABC est donc le segment $[MM_1]$.

Étape 1 : le point M est commun à $\mathcal{P}$ et à la face ABD.

Étape 2 : (BD) et Δ sont sécantes dans le plan (BCD) en S.
L'intersection de (ABD) avec le plan $\mathcal{P}$ est la droite (MS).

Positions relatives de droites et de plans MÉTHODES ET STRATÉGIES

Étape 3 : la droite (MS) intercepte (AD) en M_2.
L'intersection de $\mathcal{P}$ et de la face ABD est donc le segment $[MM_2]$.

Les points M_1 et M_2 sont communs à $\mathcal{P}$ et à la face ACD.
L'intersection de $\mathcal{P}$ et de la face ACD est le segment $[M_1M_2]$.

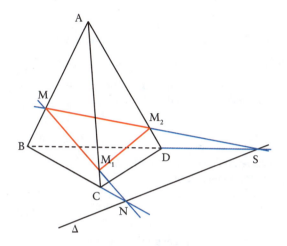

b. Comme précédemment, l'intersection de $\mathcal{P}$ et de la face ABC est le segment $[MM_1]$.

Étape 1 : le point M est commun à $\mathcal{P}$ et à la face ABD.

Étape 2 : la droite Δ étant parallèle à (BD), la droite d'intersection de (ABD) avec le plan $\mathcal{P}$ est la parallèle à Δ (d'après le théorème du toit), passant par M.

Étape 3 : cette droite intercepte (AD) en M_2.
L'intersection de $\mathcal{P}$ et de la face ABD est le segment $[MM_2]$.
Les points M_1 et M_2 sont communs à $\mathcal{P}$ et à la face ACD.
L'intersection de $\mathcal{P}$ et de la face ACD est donc le segment $[M_1M_2]$.

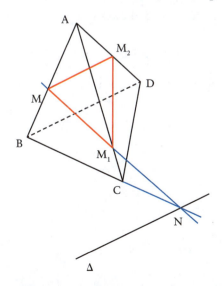

291

2 Montrer que deux droites sont orthogonales

> Voir les exercices 7, 8, 11, 12 et 13 mettant en œuvre cette méthode.

Méthode
On veut montrer que deux droites $\mathcal{D}_1$ et $\mathcal{D}_2$ sont orthogonales.

> **Étape 1 :** on trouve un plan $\mathcal{P}_1$ contenant $\mathcal{D}_1$ et orthogonal à $\mathcal{D}_2$.

> **Étape 2 :** on applique le théorème suivant : si une droite est orthogonale à un plan, alors elle est orthogonale à toutes les droites de ce plan.

Exemple
Dans un tétraèdre ABCD :
- le triangle BCD est rectangle en B ;
- la droite (AC) est orthogonale au plan (BCD).

Montrer que toutes les faces du tétraèdre sont des triangles rectangles.

Application
- La face BCD est un triangle rectangle par hypothèse.
- Pour les faces ACD et ABC :

> **Étapes 1 et 2 :** la droite (AC) étant orthogonale au plan (BCD), elle est orthogonale à toutes les droites de ce plan, en particulier à (CD) et à (BC).
Les triangles ACD et ABC sont donc rectangles en C.

- Pour la face ABD :

> **Étape 1 :** le triangle BCD étant rectangle en B, la droite (BD) est orthogonale à la droite (BC).
La droite (AC) étant orthogonale au plan (BCD), elle est orthogonale à toutes les droites de ce plan, en particulier (BD).
Ainsi, (BD) est orthogonale à deux droites sécantes du plan (ABC), elle est donc orthogonale à ce plan.

> **Étape 2 :** la droite (BD) est orthogonale à toutes les droites du plan (ABC), en particulier (AB).
La face ABD est donc un triangle rectangle en B.

9 Positions relatives de droites et de plans — SUJETS DE TYPE BAC

SUJETS DE TYPE BAC

1 Incidence dans un cube

⏱ 25 min

Cet exercice permet de vérifier ses connaissances de base sur l'incidence. Il permet également de s'habituer à voir dans l'espace et s'assurer que l'on a bien compris les définitions de ce cours un peu délicat pour beaucoup d'élèves.

Voici une représentation d'un cube ABCDEFGH :

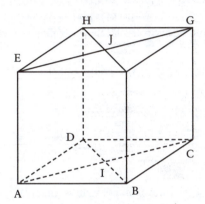

On définit les points I, centre du carré ABCD, et J, centre du carré EFGH.
Préciser la position relative et l'intersection éventuelle des éléments suivants :

a. les plans (EHD) et (ADE) ;
b. les plans (HCG) et (EFC) ;
c. les plans (HGE) et (ABF) ;
d. les plans (BCH) et (EBC) ;
e. les plans (BCH) et (AEC) ;
f. les plans (AEG) et (HDB) ;
g. la droite (FD) et le plan (AEH) ;
h. la droite (HF) et le plan (EFG) ;
i. la droite (HB) et le plan (ACG) ;
j. la droite (EG) et le plan (ABC) ;
k. la droite (EG) et le plan (BDF) ;
l. la droite (AB) et le plan (EFC) ;
m. la droite (IJ) et le plan (ABC) ;
n. les droites (HF) et (GE) ;
o. les droites (AE) et (BF) ;
p. les droites (HD) et (EF) ;
q. les droites (AB) et (AC) ;
r. les droites (AB) et (HG) ;
s. les droites (AB) et (EG) ;
t. les droites (AG) et (HB).

Droites parallèles
20 min

Cet exercice utilise les techniques de base à maîtriser pour aborder tout exercice sur l'incidence.

Dans un tétraèdre ABCD on considère les points :
- I milieu de [AB] ;
- J milieu de [AC] ;
- K un point du segment [AD] qui n'en est ni une extrémité ni le milieu ;
- M le point d'intersection de la droite (BD) avec le plan (IJK) ;
- N le point d'intersection de la droite (CD) avec le plan (IJK).

1. Faire une figure.

2. Montrer que les droites (MN) et (BC) sont parallèles.

 Incidence dans un tétraèdre
25 min

Dans cet exercice, on construit les intersections de plans et de droites.

> Voir la méthode et stratégie 1.

Soit ABCD un tétraèdre. On définit E un point du segment [AB] différent des extrémités A et B, puis F un point du segment [AD] différent des extrémités A et D, et tels que les droites (EF) et (BD) soient non parallèles.

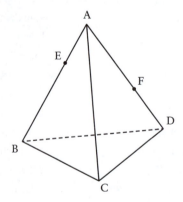

Donner la position relative des éléments qui suivent et tracer leur éventuelle intersection :

a. les droites (BD) et (EF) ;

b. la droite (EF) et le plan (BCD) ;

c. les droites (BC) et (EF) ;

d. les plans (BCD) et (EFC).

4 — Intersection de plans

10 min

Cet exercice utilise le fameux « théorème du toit », incontournable dans les problèmes sur l'incidence.

Soient ABCD un carré de centre I et E un point de l'espace non inclus dans le plan (ABC) tel que la droite (EI) soit orthogonale au plan (ABC).

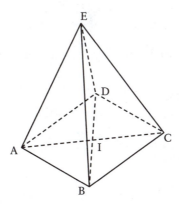

Quelle est l'intersection des plans (ABE) et (CDE) ?

5 — Positions relatives de trois plans

20 min

Le but de cet exercice est d'étudier les différentes positions relatives de trois plans de l'espace. Après avoir fait cet exercice on ne devrait plus oublier certains cas auxquels on ne pense pas toujours quand on travaille dans l'espace et non plus dans le plan.

On note S l'ensemble constitué des points éventuels qui sont dans l'intersection des trois plans $\mathcal{P}$, $\mathcal{Q}$ et $\mathcal{R}$.
Dessiner chacune des quatre situations définies ci-dessous et préciser ensuite l'ensemble S.

a. Le plan $\mathcal{R}$ est sécant aux deux plans $\mathcal{P}$ et $\mathcal{Q}$ qui sont strictement parallèles entre eux.

b. Les deux plans $\mathcal{Q}$ et $\mathcal{R}$ sont sécants suivant une droite d, elle-même sécante au plan $\mathcal{P}$.

c. Les trois plans $\mathcal{P}$, $\mathcal{Q}$ et $\mathcal{R}$ sont sécants suivant une même droite d.

d. Les trois plans $\mathcal{P}$, $\mathcal{Q}$ et $\mathcal{R}$ sont sécants deux à deux suivant trois droites strictement parallèles.

Section d'une pyramide   15 min

Cet exercice nécessite une bonne vision dans l'espace. Il est indispensable de faire un dessin en faisant attention à ne pas prendre des points qui donneraient des cas particuliers.

> Voir la méthode et stratégie 1.

On considère une pyramide SABCD dont la base ABCD est un parallélogramme, une droite Δ contenue dans le plan (ABC), parallèle à (BC) et un point M de l'arête [SA], différent des extrémités.
Tracer la section de la pyramide par le plan passant par M et contenant Δ.

 Tétraèdre particulier   20 min

Cet exercice de géométrie dans l'espace utilise les théorèmes de géométrie dans le plan.

> Voir la méthode et stratégie 2.

On considère un cube ABCDEFGH, d'arêtes de longueur 1.

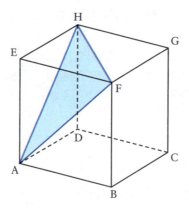

On donne les définitions suivantes :
• un tétraèdre est dit de type 1 si ses faces ont même aire ;
• il est dit de type 2 si les arêtes opposées sont orthogonales deux à deux ;
• il est dit de type 3 s'il est à la fois de type 1 et de type 2.

Préciser de quel type est le tétraèdre EAFH.

SUJETS D'APPROFONDISSEMENT

8. Diagonale du cube

Cet exercice est un grand classique qui utilise la plupart des théorèmes du cours sur l'incidence et qui exercera votre vision dans l'espace (dessin recommandé).

> Voir la méthode et stratégie 2.

On considère un cube ABCDEFGH.

1. Montrer que les plans (AHC) et (BEG) sont parallèles.

2. Montrer que la droite (DF) est orthogonale à ces deux plans.

9. Section de tétraèdre

Voici un exercice à l'énoncé tout simple mais qui nécessite une très bonne vision dans l'espace. Il faut beaucoup de rigueur pour ne pas oublier certains cas particuliers.

> Voir la méthode et stratégie 1.

Dans un tétraèdre ABCD, I est un point de la face ABC, J est un point de la face ACD et K est un point de la face ABD.
On suppose que le plan (IJK) n'est pas parallèle au plan (BCD).
On veut tracer la section du tétraèdre par le plan (IJK).

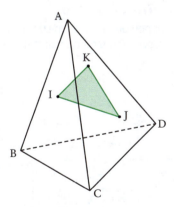

1. Tracer les droites d'intersection du plan (BCD) avec les plans (AIJ), (AIK) et (IJK).

2. En déduire la section demandée.

Section d'un cube par un plan
30 min

Cet exercice a pour but de bien faire comprendre comment mener un problème de section d'un polyèdre par un plan. Il nécessite l'introduction de points hors de la figure, ce qui ne semble pas toujours naturel.

> Voir la méthode et stratégie 1.

Soit un cube ABCDEFGH et trois points I, J et K tels que :
$$\vec{EI} = \frac{2}{3}\vec{EH},\ \vec{AJ} = \frac{2}{3}\vec{AB} \text{ et } \vec{FK} = \frac{1}{4}\vec{FG}.$$

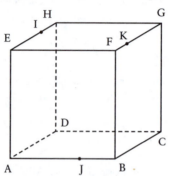

Déterminer l'intersection du cube par le plan (IJK).

 Points alignés dans un cube
35 min

Cet exercice ne doit effrayer personne, car si on suit bien le déroulé des questions, on se rend compte que l'on peut mener à bien un tel exercice.

> Voir la méthode et stratégie 2.

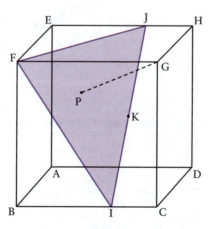

Sur la figure ci-dessus on a représenté le cube ABCDEFGH d'arête 1.

On définit les points supplémentaires suivants :
- I et J tels que $\vec{BI} = \frac{2}{3}\vec{BC}$ et $\vec{EJ} = \frac{2}{3}\vec{EH}$;
- K milieu de [IJ] ;
- P le point du plan (FIJ) tel que la droite (PG) soit orthogonale au plan (FIJ).

1. Démontrer que le triangle FIJ est isocèle en F.
2. En déduire que les droites (FK) et (IJ) sont orthogonales.
3. Montrer de même que les droites (GK) et (IJ) sont orthogonales.
4. Démontrer que la droite (IJ) est orthogonale au plan (FGK).
5. Démontrer que la droite (IJ) est orthogonale au plan (FGP).
6. Montrer que les points F, G, K et P sont coplanaires.
7. En déduire que les points F, P et K sont alignés.

Théorème des trois perpendiculaires

Cet exercice, qui met en œuvre l'encadré post bac sur les projections orthogonales, est surtout l'occasion d'utiliser et de bien comprendre les résultats sur les droites orthogonales à un plan ou à une droite, dans l'espace.

15 min

> Voir la méthode et stratégie 2.

Soit d une droite contenue dans un plan $\mathcal{P}$. Un point A extérieur à $\mathcal{P}$ se projette orthogonalement en B sur $\mathcal{P}$. On note C le projeté orthogonal de B sur d.
Démontrer que les droites (AC) et d sont perpendiculaires.

Hauteur d'une pyramide

Cet exercice met en œuvre l'encadré post bac sur les projections orthogonales et nous rappelle que les résultats vus les années précédentes peuvent toujours être utiles, même au bac !

15 min

> Voir la méthode et stratégie 2.

Soit ABCDE une pyramide régulière de base le carré ABCD et dont toutes les arêtes ont pour longueur 2.
On définit le point H projeté orthogonal de E sur le plan (ABC).
Quelle est la longueur EH ?

14 ▶ Angle droite-plan

15 min

Cet exercice met en œuvre l'encadré post bac sur la définition de l'angle formé par une droite sécante avec un plan, ainsi que sur les fonctions réciproques des fonctions trigonométriques (Arc sinus et Arc cosinus étudiées au chapitre 6).

Soit ABCDEFGH un cube dont les côtés mesurent 1 et dont voici une représentation :

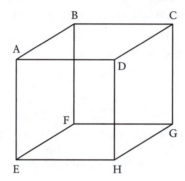

Déterminer une mesure exacte de l'angle aigu formé par la droite (AG) et le plan (EFG).

9 Positions relatives de droites et de plans CORRIGÉS

CORRIGÉS

1 Incidence dans un cube

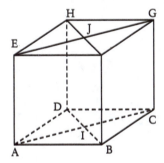

a. Les plans (EHD) et (ADE) sont confondus.
b. Les plans (HCG) et (EFC) sont sécants selon la droite (DC).
c. Les plans (HGE) et (ABF) sont perpendiculaires et sécants selon la droite (EF).
d. Les plans (BCH) et (EBC) sont confondus.
e. Les plans (BCH) et (AEC) sont sécants selon la droite (EC).
f. Les plans (AEG) et (HDB) sont perpendiculaires et sécants selon la droite (IJ).
g. La droite (FD) et le plan (AEH) sont sécants en D.
h. La droite (HF) est incluse dans le plan (EFG).
i. La droite (HB) est sécante avec le plan (ACG) en K milieu de [IJ].
j. La droite (EG) est parallèle au plan (ABC).
k. La droite (EG) est orthogonale au plan (BDF) et sécante en J.
l. La droite (AB) est parallèle au plan (EFC).
m. La droite (IJ) est orthogonale au plan (ABC) et sécante en I.
n. Les droites (HF) et (GE) sont orthogonales et sécantes en J.
o. Les droites (AE) et (BF) sont parallèles.
p. Les droites (HD) et (EF) sont orthogonales et non coplanaires.
q. Les droites (AB) et (AC) sont sécantes en A.
r. Les droites (AB) et (HG) sont parallèles.
s. Les droites (AB) et (EG) sont non coplanaires.
t. Les droites (AG) et (HB) sont sécantes en K milieu de [IJ].

2 Droites parallèles

1. D'après le théorème des milieux, dans un triangle, la droite joignant les milieux de deux côtés est parallèle au troisième côté ; de plus une droite passant par le milieu d'un côté et parallèle à un second côté coupe le troisième côté en son milieu.
On en déduit que les droites (IJ) et (BC) sont parallèles, et que les droites (IK) et (BD) ainsi que les droites (JK) et (CD) ne sont pas parallèles.

Les droites (IK) et (BD) sont coplanaires (dans le plan (ABD)), non parallèles. Elles sont sécantes en un point de la droite (BD) et du plan (IJK) : c'est le point M.
Les droites (JK) et (CD) sont coplanaires (dans le plan (ACD)), non parallèles. Elles sont sécantes en un point de la droite (CD) et du plan (IJK) : c'est le point N.

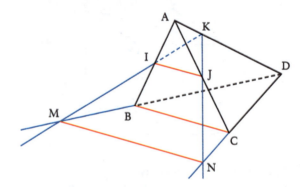

2. Le plan (BCD) contient les droites (MN) et (BC). Le plan (IJK) contient la droite (MN) et la droite (IJ) parallèle à (BC).
Les plans (BCD) et (IJK) étant sécants en (MN), le théorème du toit donne :
Les droites (BC) et (MN) sont parallèles.

3 ▸ Incidence dans un tétraèdre

a. Les droites (BD) et (EF) se coupent en un point I puisqu'elles sont coplanaires et non parallèles.

b. La droite (EF) et le plan (BCD) se coupent en ce même point I.

c. Les droites (BC) et (EF) sont non coplanaires (sinon le point C serait dans le plan (BEF), c'est-à-dire (ABD) et les points A, B, C, et D seraient coplanaires). Donc les droites (BC) et (EF) n'ont pas d'intersection.

d. Les plans (BCD) et (EFC) se coupent selon la droite (IC).

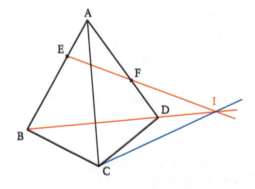

Connaître deux points communs à deux plans permet d'affirmer que la droite passant par ces deux points est tout entière dans leur intersection.

4 ▶ Intersection de plans

Le point E est commun aux plans (ABE) et (CDE). Les droites (AB) et (CD) sont parallèles, donc d'après le théorème du toit, les plans (ABE) et (CDE) se coupent selon la droite d parallèle aux droites (AB) et (CD) et passant par le point E.

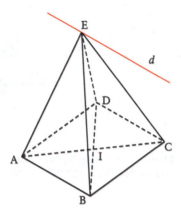

 Attention ! Ce n'est pas parce que la figure dessinée est une pyramide que l'on s'y restreint. Il ne fallait donc surtout pas donner comme réponse le point E seulement !

5 ▶ Positions relatives de trois plans

a. S est l'ensemble vide.

b. S est l'ensemble $\{A\}$.

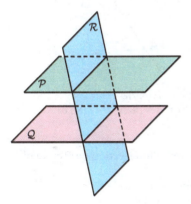
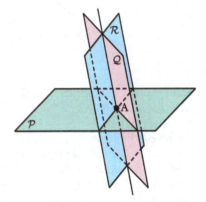

303

c. S est la droite d.

d. S est l'ensemble vide.

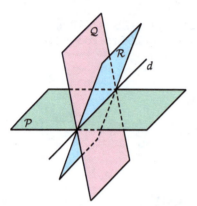 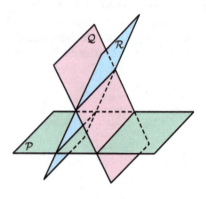

 Cet exercice liste toutes les positions relatives de trois plans : pensez à vous y référer quand vous rencontrez ce genre de problématique pour ne pas oublier certains cas.

6 ▸ Section d'une pyramide

Notons $\mathcal{P}$ le plan passant par M et contenant la droite Δ.

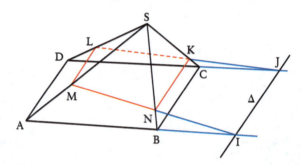

Soit I le point d'intersection de Δ et (AB) (dans le plan (ABC)).
M et I sont des points de (SAB) et de $\mathcal{P}$. L'intersection des plans $\mathcal{P}$ et (SAB) est donc la droite (MI).
On note N l'intersection de (MI) et de (SB).
Δ est parallèle à (BC) donc, d'après le théorème du toit, l'intersection de $\mathcal{P}$ et du plan (SBC) est parallèle à Δ, de plus elle passe par N.
On note K l'intersection de cette droite avec la droite (SC).
Soit J l'intersection des droites Δ et (CD) (dans le plan (SCD)).
K et J sont des points de (SCD) et de $\mathcal{P}$. L'intersection des plans $\mathcal{P}$ et (SCD) est donc la droite (KJ).

On note L l'intersection des droites (KJ) et (SD).
L et M sont des points de (SAD) et de $\mathcal{P}$. L'intersection de $\mathcal{P}$ et de (SAD) est donc (LM).
Remarque : d'après le théorème du toit, on a (LM) parallèle à (AD).
La section de la pyramide par le plan $\mathcal{P}$ est le quadrilatère MNKL.

 Penser à utiliser de la couleur pour bien faire apparaître les divers éléments, notamment quand il s'agit du résultat recherché qu'il faut différencier des données.

7 Tétraèdre particulier

Les trois faces AEF, AEH et FEH ont une aire égale à $\frac{1}{2}$.
Calculons l'aire de la face AFH.
Notons tout d'abord que AFH est un triangle équilatéral de côté $\sqrt{2}$.

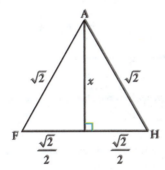

Le théorème de Pythagore donne : $x^2 + \frac{1}{2} = 2$, donc $x^2 = \frac{3}{2}$ soit $x = \sqrt{\frac{3}{2}}$.

 Ne pas oublier que tous les plans particuliers d'une figure dans l'espace peuvent être représentés à part et que l'on peut y appliquer tous les résultats connus de la géométrie plane.

Ce qui implique : aire de AFH $= x \times \frac{\sqrt{2}}{2} = \sqrt{\frac{3}{2}} \times \frac{\sqrt{2}}{2} = \frac{\sqrt{3}}{2}$.
L'aire de la face AFH n'est donc pas égale à l'aire de la face AEH et le tétraèdre EAFH n'est ni de type 1, ni de type 3.
Ensuite, la droite (AE) est orthogonale au plan (FEH) et est donc orthogonale à toute droite de ce plan.
En particulier, l'arête [AE] est orthogonale à l'arête [HF].
De même, la droite (EH) est orthogonale au plan (AEF) et donc l'arête [EH] est orthogonale à l'arête [AF].
Enfin, la droite (EF) est orthogonale au plan (AEH) et donc l'arête [EF] est orthogonale à l'arête [AH].
En résumé, les arêtes opposées du tétraèdre EAFH sont deux à deux orthogonales et donc le tétraèdre EAFH est de type 2.

8 ▶ Diagonale du cube

1. Les droites (HG) et (AB) sont parallèles, donc les droites (AH) et (BG) sont coplanaires et non sécantes car (ADH) parallèle à (BCG). Ainsi les droites (AH) et (BG) sont parallèles.

En raisonnant de même, on montre que les droites (HC) et (EB) sont parallèles.

Les plans (AHC) et (BEG) sont donc parallèles d'après le théorème suivant : si deux droites sécantes d'un plan sont parallèles à deux droites sécantes d'un autre plan, alors les plans sont parallèles.

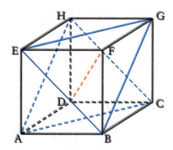

 Il ne faut pas se contenter d'avoir le bon raisonnement : il faut citer les théorèmes utilisés pour justifier ses résultats.

2. Les droites (EG) et (HF) sont les diagonales du carré EFGH, elles sont donc orthogonales.

La droite (DH) est orthogonale aux droites (EH) et (HG), elle est donc orthogonale au plan (EHG), et par suite à la droite (EG) contenue dans ce plan.

Ainsi, la droite (EG) est orthogonale à deux droites sécantes du plan (DHF), elle est orthogonale à ce plan, et en particulier à la droite (DF).

Les droites (BG) et (CF) sont les diagonales du carré BCGF, elles sont donc orthogonales.

La droite (DC) est orthogonale aux droites (CG) et (CB), elle est donc orthogonale au plan (BCG), et par suite à la droite (BG) contenue dans ce plan.

Ainsi, la droite (BG) est orthogonale à deux droites sécantes du plan (DFC), elle est orthogonale à ce plan, et en particulier à la droite (DF).

La droite (DF) est orthogonale à deux droites sécantes du plan (EBG), elle lui est donc orthogonale, ainsi qu'au plan (AHC).

9 ▶ Section de tétraèdre

1. • (AI) est une droite du plan (AIJ) et du plan (ABC). Elle est sécante à (BC) en I', point de (AIJ) et de (BCD).

(AJ) est une droite de (AIJ) et du plan (ACD). Elle est sécante à (CD) en J', point de (AIJ) et de (BCD).

L'intersection des plans (BCD) et (AIJ) est la droite (I'J').

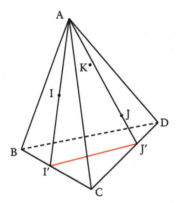

- (AK) est une droite de (AIK) et de (ABD). Elle est sécante à (BD) en K′, point de (AIK) et de (BCD).
L'intersection des plans (BCD) et (AIK) est la droite (I′K′).

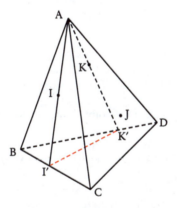

- (IJ) et (I′J′) sont des droites du plan (AIJ).
Premier cas : (IJ) et (I′J′) sont sécantes en M, point de (IJK) et de (BCD).
(JK) et (J′K′) sont des droites du plan (AJK). Si elles sont sécantes en N, point de (IJK) et de (BCD) alors l'intersection de (IJK) et de (BCD) est la droite (MN).
Sinon, elles sont parallèles et l'intersection de (IJK) et de (BCD) est leur parallèle passant par M.

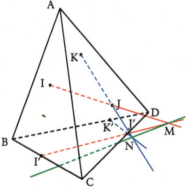

Deuxième cas : (IJ) et (I′J′) sont parallèles.
On considère alors l'intersection N de (JK) et de (J′K′), qui ne sont pas parallèles car sinon (IJK) et (BCD) seraient parallèles. L'intersection de (IJK) et de (BCD) est la parallèle à (IJ) passant par N.

2. • La droite (MN) est coplanaire avec les droites (BC) et (CD) dans le plan (BCD).

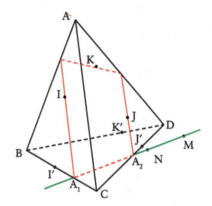

Si (MN) et (BC) sont sécantes, leur point d'intersection A_1 appartient à (IJK) et à (ABC).
L'intersection de (IJK) avec (ABC) est (A_1I).
Si elles sont parallèles, l'intersection de (IJK) avec (ABC) est la parallèle à (MN) passant par I.
Si (MN) et (CD) sont sécantes, leur point d'intersection A_2 appartient à (IJK) et à (ACD).
L'intersection de (IJK) et de (ACD) est (A_2J).
Si elles sont parallèles, l'intersection de (IJK) avec (ACD) est la parallèle à (MN) passant par J.
Il reste à relier le point d'intersection de (A_1I) avec (AB) à celui de (A_2J) avec (AD) (ces deux points appartenant à (IJK) et à (ABD)).

10 ▶ Section d'un cube par un plan

La section du cube par le plan (IJK) est un polygone que l'on va déterminer.
On trace [IK] en rouge qui est l'intersection du plan (IJK) avec la face EFGH.
On cherche l'intersection de (IJK) avec la face ABFE. Pour cela, on détermine l'intersection de la droite (IK) avec la droite (EF) sécantes dans le plan (EFG). On note L leur point d'intersection. Comme L appartient à (IK) alors L est dans le plan (IJK).
Comme L appartient à (EF), alors L appartient au plan (EFB) contenant la face ABFE.
On trace la droite (JL) qui coupe [FB] en M. Comme M appartient à (JL), alors M appartient à (IJK).
Ainsi [JM] et [KM] constituent les intersections du plan (IJK) avec les faces ABFE et BCGF.

On réitère cette opération pour la face gauche ADHE et la face ABCD.
On détermine l'intersection de la droite (MJ) avec la droite (AE) sécantes dans le plan (ABF). On note N leur point d'intersection.
Comme N appartient à (MJ) alors N appartient à (IJK) et comme N appartient à (AE), alors N appartient au plan (EAD) contenant la face ADHE. On trace alors la droite (NI) qui coupe [AD] en O.
Comme O appartient à (NI), alors O appartient à (IJK).
Ainsi [OI] et [OJ] constituent les intersections du plan (IJK) avec les faces ADHE et ABCD. On trace ces segments en rouge et en pointillé car ces segments sont sur des faces cachées.

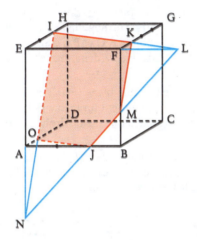

Conclusion : la section du cube ABCDEFGH par le plan (IJK) est le pentagone IKMJO.

 On peut remarquer que les droites (OJ) et (IK) sont parallèles. En effet les plans (ABC) et (EFG) étant parallèles, les droites d'intersection de ces plans avec le plan (IJK) sont parallèles. Il en est de même des droites (KM) et (OI). Ce qui permet de déterminer la section plus rapidement.

11 Points alignés dans un cube

1. $EJ = \frac{2}{3}$, donc $FJ^2 = 1 + \left(\frac{2}{3}\right)^2 = \frac{13}{9}$ car EFJ rectangle en E.

De même, FBI rectangle en B et $BI = \frac{2}{3}$, donne $FI^2 = 1 + \left(\frac{2}{3}\right)^2 = \frac{13}{9}$.

On a donc bien FJ = FI et donc le triangle FIJ est isocèle en F.

2. K étant le milieu de [IJ], la droite (FK) est la médiane du triangle FIJ. Ce triangle étant isocèle, (FK) en est aussi une hauteur, elle est donc perpendiculaire à (IJ). Par conséquent les droites (FK) et (IJ) sont bien orthogonales.

309

3. $JH = \frac{1}{3} = IC$, donc $GJ^2 = 1 + \left(\frac{1}{3}\right)^2 = \frac{10}{9} = GI^2$. On a donc bien $GJ = GI$ et donc le triangle GIJ est isocèle en G. Donc la droite (GK) est la médiane du triangle isocèle GIJ, et (GK) en est aussi une hauteur. D'où les droites (GK) et (IJ) sont orthogonales.

4. La droite (IJ) est orthogonale aux droites (FK) et (GK) qui sont sécantes dans le plan (FGK), elle est donc bien orthogonale à ce plan.

 On rappelle que si une droite $\mathcal{D}$ est orthogonale à deux droites **non parallèles** d'un plan $\mathcal{P}$, alors $\mathcal{D}$ est orthogonale à $\mathcal{P}$.

5. La droite (PG) est orthogonale au plan (FIJ) donc à toute droite de ce plan, en particulier à la droite (IJ). De même (IJ) est orthogonale au plan (FGK), donc en particulier (IJ) est orthogonale à (FG). Les points F, G et P n'étant pas alignés, ils définissent un plan (FGP). La droite (IJ), orthogonale à deux droites sécantes de ce plan, est donc orthogonale au plan (FGP).

6. On vient de démontrer que les deux plans (FGK) et (FGP) sont orthogonaux à la droite (IJ). Or ces deux plans contiennent un même point F et il n'existe qu'un plan contenant un point F et orthogonal à une même droite (IJ) donnée, donc F, G, K et P sont coplanaires.

7. On sait que la droite (IJ) est orthogonale à (FP), or (IJ) est orthogonale à (FK). Et comme les points F, P, G et K sont coplanaires, les droites (FP) et (FK) sont confondues. Autrement dit, les points F, P et K sont alignés.

12 ▸ Théorème des trois perpendiculaires

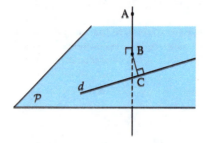

La droite (AB) est orthogonale au plan $\mathcal{P}$, donc à toute droite de ce plan, donc en particulier à la droite d.

Si B = C, alors (AC) = (AB), donc d est orthogonale à la droite (AC).

Sinon, comme la droite (BC) est également orthogonale à la droite d, alors la droite d est orthogonale au plan (ABC). Donc d est orthogonale à toutes les droites du plan (ABC), dont en particulier à la droite (AC).

13 ▸ Hauteur d'une pyramide

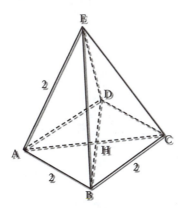

Par raison de symétrie, E se projette en H intersection des diagonales du carré ABCD, donc les droites (AH) et (BH) sont perpendiculaires.
On peut donc appliquer le théorème de Pythagore dans le triangle AHB isocèle et rectangle en H et on obtient :
$AH^2 + HB^2 = AB^2 = 4$ et donc $AH = \sqrt{2}$.
Or H est le projeté orthogonal de E sur le plan (ABC), donc la droite (EH) est orthogonale au plan (ABC), donc à toute droite de ce plan, en particulier (EH) est perpendiculaire à (AH).
On peut donc appliquer le théorème de Pythagore dans le triangle AHE rectangle en H et on obtient :
$AH^2 + HE^2 = AE^2 = 4$ et donc $EH = \sqrt{4-2} = \sqrt{2}$.

14 ▸ Angle droite-plan

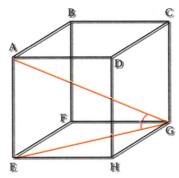

L'angle aigu formé par la droite (AG) et le plan (EFG) est l'angle $\widehat{AEG}$ car A se projette orthogonalement sur le plan (EFG) en E.
Dans le triangle AEG rectangle en E on a $AG = \sqrt{1+2} = \sqrt{3}$.
Alors $\sin(\widehat{AGE}) = \dfrac{AE}{AG} = \dfrac{1}{\sqrt{3}} = \dfrac{\sqrt{3}}{3}$ et donc $\widehat{AEG} = \operatorname{Arcsin}\left(\dfrac{\sqrt{3}}{3}\right)$.

CHAPITRE 10

Géométrie vectorielle

COURS

- 314   I.   Vecteurs de l'espace
- 314   II.   Repérage
- 316   **POST BAC**   Déterminant dans le plan et dans l'espace
- 317   **POST BAC**   Changement de repère

MÉTHODES ET STRATÉGIES

- 318   1   Déterminer l'intersection de deux droites dans l'espace
- 320   2   Choisir un repère adapté
- 321   3   Montrer que des points sont coplanaires

SUJETS DE TYPE BAC

- 323   **Sujet 1**   Colinéarité et alignement
- 323   **Sujet 2**   Coplanarité
- 323   **Sujet 3**   Parallélogramme
- 324   **Sujet 4**   Représentations paramétriques de droites
- 324   **Sujet 5**   Plan défini par un point et une droite
- 324   **Sujet 6**   Droites parallèles
- 325   **Sujet 7**   Relation vectorielle dans un pavé
- 325   **Sujet 8**   Incidence dans le cube
- 325   **Sujet 9**   Intersection de trois plans
- 326   **Sujet 10**   Étude d'une configuration

SUJETS D'APPROFONDISSEMENT

- 326   **Sujet 11**   Droites concourantes
- 326   **Sujet 12**   Distance d'un point à une droite
- 327   **Sujet 13**   Position relative d'une droite et d'un plan
- 327   **Sujet 14**   Équations de plans
- 327   **Sujet 15**   Parallélisme entre deux plans
- 328   **Sujet 16**   Droites coplanaires
- 328   **Sujet 17**   **POST BAC** Aire d'un parallélogramme
- 328   **Sujet 18**   **POST BAC** Déterminant et équation de droite
- 329   **Sujet 19**   **POST BAC** Déterminant et coplanarité
- 329   **Sujet 20**   **POST BAC** Changement de repère

CORRIGÉS

- 330   **Sujets 1 à 10**
- 336   **Sujets 11 à 20**

COURS

Géométrie vectorielle

 I. Vecteurs de l'espace

On étend à l'espace la notion de vecteur et les opérations associées (somme et produit par un réel).

1. Vecteurs colinéaires

Définition Deux vecteurs $\vec{u}$ et $\vec{v}$ sont **colinéaires** s'il existe un réel k tel que $\vec{u} = k\vec{v}$ ou $\vec{v} = k\vec{u}$.

Théorème Une droite est définie par un point et un vecteur non nul (appelé **vecteur directeur** de la droite).
Tous les vecteurs directeurs d'une même droite sont colinéaires.

Théorème Un plan est défini par un point et deux vecteurs non colinéaires.
On dit que ces vecteurs **dirigent** le plan.

Théorème Deux plans dirigés par le même couple de vecteurs sont parallèles.

2. Vecteurs coplanaires

Définition Soient $\vec{u}$, $\vec{v}$ et $\vec{w}$ des vecteurs de l'espace et O, A, B et C des points tels que $\vec{u} = \overrightarrow{OA}$, $\vec{v} = \overrightarrow{OB}$ et $\vec{w} = \overrightarrow{OC}$. Les vecteurs $\vec{u}$, $\vec{v}$ et $\vec{w}$ sont dits **coplanaires** si les points O, A, B et C appartiennent à un même plan.

Théorème Les vecteurs $\vec{u}$, $\vec{v}$ et $\vec{w}$ sont coplanaires si, et seulement si, l'un est nul, ou il existe deux réels a et b tels que $\vec{u} = a\vec{v} + b\vec{w}$.

Théorème Un plan dirigé par $\vec{u}$ et $\vec{v}$ et une droite dirigée par $\vec{w}$ sont parallèles si, et seulement si, les vecteurs $\vec{u}$, $\vec{v}$ et $\vec{w}$ sont coplanaires. Dans le cas contraire, la droite et le plan sont sécants en un unique point.

3. Vecteurs orthogonaux

Définition Soient $\vec{u}$ et $\vec{v}$ des vecteurs de l'espace, et A, B et C des points tels que $\vec{u} = \overrightarrow{AB}$ et $\vec{v} = \overrightarrow{AC}$. Les vecteurs $\vec{u}$ et $\vec{v}$ sont dits **orthogonaux** si les droites (AB) et (AC) sont perpendiculaires.

 II. Repérage

1. Repère de l'espace

Définitions

- On munit l'espace d'un **repère** par la donnée d'un point O et de trois vecteurs non coplanaires $\vec{i}$, $\vec{j}$ et $\vec{k}$.

- Le repère est dit **orthogonal** si les vecteurs $\vec{i}, \vec{j}$ et $\vec{k}$ sont deux à deux orthogonaux.
- Le repère est dit **orthonormé** s'il est orthogonal et si $\|\vec{i}\|=\|\vec{j}\|=\|\vec{k}\|=1$.

Théorème L'espace étant muni d'un repère $R = (O\,;\vec{i},\vec{j},\vec{k})$, pour tout point M il existe un unique triplet de réels $(x\,;y\,;z)$ tel que $\overrightarrow{OM} = x\vec{i}+y\vec{j}+z\vec{k}$.

Le triplet $(x\,;y\,;z)$ s'appelle triplet de **coordonnées** de M dans le repère R.
x s'appelle l'**abscisse**, y l'**ordonnée** et z la **cote** de M dans R.
Pour tout vecteur $\vec{u} = \overrightarrow{OM}$ on appelle **coordonnées** de $\vec{u}$ dans la **base** $(\vec{i}\,;\vec{j}\,;\vec{k})$ le triplet $(x\,;y\,;z)$ de coordonnées de M dans R.

Propriétés Dans un repère $(O\,;\vec{i},\vec{j},\vec{k})$, on considère le point A de coordonnées $(x_A\,;y_A\,;z_A)$, le point B de coordonnées $(x_B\,;y_B\,;z_B)$, le vecteur $\vec{u}$ de coordonnées $(x_0\,;y_0\,;z_0)$, et un réel λ.
- le vecteur $\overrightarrow{AB}$ a pour coordonnées $(x_B-x_A\,;y_B-y_A\,;z_B-z_A)$;
- le milieu I de [AB] a pour coordonnées $\left(\dfrac{x_A+x_B}{2}\,;\dfrac{y_A+y_B}{2}\,;\dfrac{z_A+z_B}{2}\right)$;
- le vecteur $\lambda\vec{u}$ a pour coordonnées $(\lambda x_0\,;\lambda y_0\,;\lambda z_0)$.

2. Colinéarité

Théorème Deux vecteurs sont colinéaires si, et seulement si, dans un repère quelconque, leurs coordonnées sont proportionnelles.
Trois points de l'espace A, B et C sont alignés si, et seulement si, dans un repère de l'espace, les coordonnées de $\overrightarrow{AB}$ et $\overrightarrow{AC}$ sont proportionnelles.

3. Représentations paramétriques d'une droite et d'un plan

- Dans un repère $(O\,;\vec{i},\vec{j},\vec{k})$, la droite passant par A de coordonnées $(x_A\,;y_A\,;z_A)$, dirigée par $\vec{u}$ de coordonnées $(x_0\,;y_0\,;z_0)$ est l'ensemble des points M de coordonnées $(x\,;y\,;z)$ telles qu'il existe un réel λ tel que :
$$\begin{cases} x = x_A + \lambda x_0 \\ y = y_A + \lambda y_0 \\ z = z_A + \lambda z_0 \end{cases}$$
Ce système s'appelle une **représentation paramétrique** de la droite.

- Dans un repère $(O\,;\vec{i},\vec{j},\vec{k})$, le plan passant par A de coordonnées $(x_A\,;y_A\,;z_A)$, dirigé par $\vec{u}$ et $\vec{v}$ de coordonnées respectives $(x_0\,;y_0\,;z_0)$ et $(x_1\,;y_1\,;z_1)$ est l'ensemble des points M de coordonnées $(x\,;y\,;z)$ telles qu'il existe deux réels λ et μ tels que :
$$\begin{cases} x = x_A + \lambda x_0 + \mu x_1 \\ y = y_A + \lambda y_0 + \mu y_1 \\ z = z_A + \lambda z_0 + \mu z_1 \end{cases}$$
Ce système s'appelle une **représentation paramétrique** du plan.

Remarque Il n'y a pas unicité de la représentation paramétrique d'un plan ou d'une droite.

Déterminant dans le plan et dans l'espace

> Voir les exercices 17, 18 et 19.

Cette notion n'est pas au programme de Terminale S mais elle facilite grand nombre d'exercices de géométrie.

Définition Soient $R = (O\,;\vec{i},\vec{j})$ un repère orthonormé du plan et $\vec{u}$ et $\vec{v}$ deux vecteurs de coordonnées $(x\,;y)$ et $(x'\,;y')$ respectivement dans R. On définit alors le **déterminant** de $\vec{u}$ et $\vec{v}$ comme étant le nombre réel noté $\det(\vec{u}\,;\vec{v})$ tel que $\det(\vec{u}\,;\vec{v}) = xy' - yx'$.

On note également $\det(\vec{u}\,;\vec{v}) = \begin{vmatrix} x & x' \\ y & y' \end{vmatrix}$.

On obtient alors la très utile proposition suivante :

Proposition $\det(\vec{u}\,;\vec{v}) = 0$ si, et seulement si, les vecteurs $\vec{u}$ et $\vec{v}$ sont colinéaires.

Définition Soient $R = (O\,;\vec{i},\vec{j},\vec{k})$ un repère orthonormé de l'espace et $\vec{u}, \vec{v}$ et $\vec{w}$ trois vecteurs de coordonnées $(x\,;y\,;z)$, $(x'\,;y'\,;z')$ et $(x''\,;y''\,;z'')$ respectivement dans R. On définit alors le déterminant de $\vec{u}, \vec{v}$ et $\vec{w}$ comme étant le nombre réel noté $\det(\vec{u}\,;\vec{v}\,;\vec{w})$ tel que $\det(\vec{u}\,;\vec{v}\,;\vec{w}) = x'' \begin{vmatrix} y & y' \\ z & z' \end{vmatrix} - y'' \begin{vmatrix} x & x' \\ z & z' \end{vmatrix} + z'' \begin{vmatrix} x & x' \\ y & y' \end{vmatrix}$.

On note également : $\det(\vec{u}\,;\vec{v}\,;\vec{w}) = \begin{vmatrix} x & x' & x'' \\ y & y' & y'' \\ z & z' & z'' \end{vmatrix}$.

On obtient alors la proposition fondamentale suivante :

Proposition $\det(\vec{u}\,;\vec{v}\,;\vec{w}) = 0$ si, et seulement si, les vecteurs $\vec{u}, \vec{v}$ et $\vec{w}$ sont coplanaires.

Changement de repère

> Voir l'exercice 20.

Cette notion, qui n'est pas au programme de Terminale S, est fréquemment utilisée dans l'enseignement supérieur tant en mathématique qu'en sciences physiques et en sciences de l'ingénieur.

Définition Soient $R \equiv (O; \vec{i}, \vec{j}, \vec{k})$ et $R' \equiv (O'; \vec{i'}, \vec{j'}, \vec{k'})$ deux repères de l'espace. Si un point M a pour coordonnées $(x; y; z)$ dans le repère R et $(x'; y'; z')$ dans le repère R', alors l'expression de $(x; y; z)$ en fonction de $(x'; y'; z')$ est appelée formule de changement de coordonnées.

Méthode d'obtention d'une formule de changement de coordonnées

Pour obtenir l'expression de $(x; y; z)$ en fonction de $(x'; y'; z')$ nous allons écrire l'expression d'un même vecteur dans les bases $(\vec{i}, \vec{j}, \vec{k})$ et $(\vec{i'}, \vec{j'}, \vec{k'})$.

Soient $(x_{O'}; y_{O'}; z_{O'})$ les coordonnées du point O' dans le repère $(O; \vec{i}, \vec{j}, \vec{k})$, $(a; b; c)$ les coordonnées de $\vec{i'}$ dans la base $(\vec{i}; \vec{j}; \vec{k})$, $(a'; b'; c')$ les coordonnées de $\vec{j'}$ dans la base $(\vec{i}; \vec{j}; \vec{k})$ et $(a''; b''; c'')$ les coordonnées de $\vec{k'}$ dans la base $(\vec{i}; \vec{j}; \vec{k})$.

Si un point M a pour coordonnées $(x; y; z)$ dans le repère R et $(x'; y'; z')$ dans le repère R' alors on a :
$$\overrightarrow{OM} = x\vec{i} + y\vec{j} + z\vec{k} = \overrightarrow{OO'} + \overrightarrow{O'M} = x_{O'}\vec{i} + y_{O'}\vec{j} + z_{O'}\vec{k} + x'\vec{i'} + y'\vec{j'} + z'\vec{k'}$$
et donc :
$$(x - x_{O'})\vec{i} + (y - y_{O'})\vec{j} + (z - z_{O'})\vec{k} = x'(a\vec{i} + b\vec{j} + c\vec{k}) + y'(a'\vec{i} + b'\vec{j} + c'\vec{k}) + z'(a''\vec{i} + b''\vec{j} + c''\vec{k})$$
ou encore :
$$(x - x_{O'})\vec{i} + (y - y_{O'})\vec{j} + (z - z_{O'})\vec{k} = (ax' + a'y' + a''z')\vec{i} + (bx' + b'y' + b''z')\vec{j} + (cx' + c'y' + c''z')\vec{k}$$
et donc en identifiant les coefficients de $\vec{i}, \vec{j}$ et $\vec{k}$ on obtient :
$$\begin{cases} x = x_{O'} + ax' + a'y' + a''z' \\ y = y_{O'} + bx' + b'y' + b''z' \\ z = z_{O'} + cx' + c'y' + c''z' \end{cases}$$

MÉTHODES ET STRATÉGIES

Déterminer l'intersection de deux droites dans l'espace

> Voir les exercices 10 et 11 mettant en œuvre cette méthode.

Méthode

Dans un repère, deux droites sont déterminées par leurs représentations paramétriques : $\mathcal{D}_1 \begin{cases} x = x_1 + a_1 t \\ y = y_1 + b_1 t \\ z = z_1 + c_1 t \end{cases}$ et $\mathcal{D}_2 \begin{cases} x = x_2 + a_2 t \\ y = y_2 + b_2 t \\ z = z_2 + c_2 t \end{cases}$.

On veut déterminer l'intersection des droites $\mathcal{D}_1$ et $\mathcal{D}_2$.

> **Étape 1 :** des représentations paramétriques, on déduit que $\mathcal{D}_1$ et $\mathcal{D}_2$ sont dirigées par les vecteurs $\vec{u_1}(a_1; b_1; c_1)$ et $\vec{u_2}(a_2; b_2; c_2)$ respectivement. On étudie l'éventuel parallélisme des droites en vérifiant la colinéarité de $\vec{u_1}$ et $\vec{u_2}$.

> **Étape 2 :** si les droites sont parallèles, on étudie, par exemple, l'appartenance du point $M_1(x_1; y_1; z_1)$ de $\mathcal{D}_1$ à la droite $\mathcal{D}_2$. Pour cela, on remplace x, y et z par x_1, y_1 et z_1 dans les équations de $\mathcal{D}_2$, obtenant trois équations d'inconnue t. Si la valeur obtenue pour t est la même dans chaque équation, le point M_1 appartient à $\mathcal{D}_2$ et les droites sont confondues ; sinon il ne lui appartient pas, et les droites sont strictement parallèles.

> **Étape 3 :** si les droites ne sont pas parallèles, on cherche s'il existe un point dont les coordonnées vérifient les deux représentations paramétriques. C'est-à-dire s'il existe un couple de paramètres $(\alpha; \beta)$ tel que $\begin{cases} x_1 + a_1 \alpha = x_2 + a_2 \beta \\ y_1 + b_1 \alpha = y_2 + b_2 \beta \\ z_1 + c_1 \alpha = z_2 + c_2 \beta \end{cases}$.

À l'aide de deux équations, on trouve les valeurs des deux paramètres. On vérifie si ces valeurs sont solutions de la troisième équation.
Si elles le sont, on remplace dans un système d'équations paramétriques le paramètre par la valeur trouvée qui lui correspond et on obtient les coordonnées du point d'intersection.
Si elles ne le sont pas, les droites ne sont pas sécantes.

Exemple

On considère les droites $\mathcal{D}_1$, $\mathcal{D}_2$ et $\mathcal{D}_3$ de représentations paramétriques :

$\mathcal{D}_1 \begin{cases} x = 2 - t \\ y = 1 + \frac{1}{2}t \\ z = -\frac{3}{2}t \end{cases}$, $\mathcal{D}_2 \begin{cases} x = 2t \\ y = -\frac{1}{2} - t \\ z = -\frac{1}{2} + 3t \end{cases}$ et $\mathcal{D}_3 \begin{cases} x = -\frac{1}{3} + t \\ y = -\frac{2}{3} \\ z = 2 - 3t \end{cases}$

Déterminer les positions relatives de ces droites 2 à 2.

Application

> **Étape 1 :** des vecteurs directeurs de $\mathcal{D}_1$, $\mathcal{D}_2$ et $\mathcal{D}_3$ sont $\vec{u_1}\left(-1;\frac{1}{2};-\frac{3}{2}\right)$, $\vec{u_2}(2;-1;3)$ et $\vec{u_3}(1;0;-3)$.
$\vec{u_2} = -2\vec{u_1}$, les droites $\mathcal{D}_1$ et $\mathcal{D}_2$ sont donc parallèles.
$\vec{u_3}$ n'étant ni colinéaire à $\vec{u_1}$, ni à $\vec{u_2}$, $\mathcal{D}_3$ n'est pas parallèle aux autres droites.

> **Étape 2**
• Étude de la position relative de $\mathcal{D}_1$ et $\mathcal{D}_2$.
On considère le point M(2 ; 1 ; 0) de $\mathcal{D}_1$.

Si M appartient à $\mathcal{D}_2$, alors il existe un réel t tel que : $\begin{cases} 2 = 2t \\ 1 = -\frac{1}{2} - t \\ 0 = -\frac{1}{2} + 3t \end{cases}$.

Ces égalités étant clairement incompatibles, on en déduit que M n'appartient pas à $\mathcal{D}_2$ et par suite que les droites $\mathcal{D}_1$ et $\mathcal{D}_2$ sont strictement parallèles.

> **Étape 3**
• Étude de la position relative de $\mathcal{D}_1$ et $\mathcal{D}_3$.
On va noter u le paramètre dans la représentation paramétrique de $\mathcal{D}_3$.

On résout le système (S) : $\begin{cases} 2 - t = -\frac{1}{3} + u \\ 1 + \frac{1}{2}t = -\frac{2}{3} \\ -\frac{3}{2}t = 2 - 3u \end{cases}$

Le système constitué de la première et de la deuxième équation donne :
$\begin{cases} u = \frac{7}{3} - t \\ t = \frac{-10}{3} \end{cases} \Leftrightarrow \begin{cases} u = \frac{17}{3} \\ t = \frac{-10}{3} \end{cases}$

Ces valeurs ne vérifient pas la troisième égalité du système.
$\mathcal{D}_1$ et $\mathcal{D}_3$ ne sont pas coplanaires (ni parallèles, ni sécantes).

• Étude de la position relative de $\mathcal{D}_2$ et $\mathcal{D}_3$.
On va noter u le paramètre dans la représentation paramétrique de $\mathcal{D}_3$.

On résout le système (S') : $\begin{cases} 2t = -\frac{1}{3} + u \\ -\frac{1}{2} - t = -\frac{2}{3} \\ -\frac{1}{2} + 3t = 2 - 3u \end{cases}$

Le système constitué de la première et de la deuxième équation donne :
$\begin{cases} u = \frac{1}{3} + 2t \\ t = \frac{1}{6} \end{cases} \Leftrightarrow \begin{cases} u = \frac{2}{3} \\ t = \frac{1}{6} \end{cases}$

Ces valeurs vérifient la troisième égalité du système.

$\mathcal{D}_2$ et $\mathcal{D}_3$ s'interceptent en $B\left(\dfrac{1}{3}\,;-\dfrac{2}{3}\,;0\right)$ (obtenu en remplaçant le paramètre par $\dfrac{2}{3}$ dans les équations de la représentation paramétrique de $\mathcal{D}_3$).

2 Choisir un repère adapté

> Voir les exercices 7 et 10 mettant en œuvre cette méthode.

Méthode
Pour résoudre un problème d'incidence (montrer que des points sont alignés ou coplanaires, que des droites sont parallèles ou orthogonales, etc.), on peut fixer un repère et faire une démonstration « analytique » (c'est-à-dire en utilisant les coordonnées).

> **Étape 1 :** on réalise une figure pour visualiser le repère le mieux adapté.
Remarque Il existe souvent plusieurs repères permettant de résoudre un problème. Il faut prendre celui qui conduira aux calculs les plus simples.

> **Étape 2 :** on exprime les coordonnées des points de la figure dans le repère choisi.

> **Étape 3 :** on utilise les résultats de géométrie analytique pour montrer le résultat attendu.

Attention ! Pour calculer des distances ou utiliser le produit scalaire (voir le chapitre 11), le repère doit impérativement être orthonormé.

Exemple
Dans un cube ABCDEFGH, on appelle I le centre de gravité du triangle ACH. Montrer que I est sur la droite (DF).

Application
> **Étape 1 :**

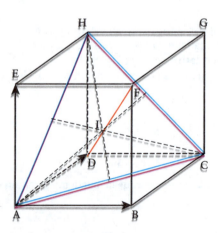

On se place dans le repère $\left(A\,;\overrightarrow{AB},\overrightarrow{AD},\overrightarrow{AE}\right)$.

Géométrie vectorielle MÉTHODES ET STRATÉGIES

> **Étape 2 :** le point A a pour coordonnées $(0;0;0)$, $C(1;1;0)$, $F(1;0;1)$, $D(0;1;0)$ et $H(0;1;1)$.

> **Étape 3 :** soit M le milieu de [AC]. M a pour coordonnées $\left(\frac{1}{2};\frac{1}{2};0\right)$.

Notons $(x_I;y_I;z_I)$ les coordonnées de I. Le centre de gravité étant situé aux $\frac{2}{3}$ de chaque médiane en partant du sommet, on a : $\overrightarrow{HI} = \frac{2}{3}\overrightarrow{HM}$.

On en déduit $\begin{cases} x_I = \frac{2}{3} \times \frac{1}{2} \\ y_I - 1 = \frac{2}{3} \times \left(-\frac{1}{2}\right) \\ z_I - 1 = \frac{2}{3} \times (-1) \end{cases}$ donc $\begin{cases} x_I = \frac{1}{3} \\ y_I = \frac{2}{3} \\ z_I = \frac{1}{3} \end{cases}$.

Le vecteur $\overrightarrow{DI}$ a pour coordonnées $\left(\frac{1}{3};-\frac{1}{3};\frac{1}{3}\right)$ et le vecteur $\overrightarrow{DF}$ a pour coordonnées $(1;-1;1)$.
On en déduit que $\overrightarrow{DF} = 3\overrightarrow{DI}$. Les vecteurs $\overrightarrow{DF}$ et $\overrightarrow{DI}$ sont donc colinéaires. Les points D, F et I sont bien alignés.

3 Montrer que des points sont coplanaires

> Voir les exercices 2 et 14 mettant en œuvre cette méthode.

Méthode
Pour montrer que quatre points A, B, C et D sont coplanaires, on peut procéder vectoriellement ou analytiquement.

■ **Méthode vectorielle**
Cette méthode consiste à établir une relation entre les vecteurs formés par les points A, B, C et D ; par exemple montrer qu'il existe deux réels a et b tels que $\overrightarrow{AD} = a\overrightarrow{AB} + b\overrightarrow{AC}$.
On utilise pour cela la relation de Chasles et les propriétés de la figure.
Pour déterminer correctement l'origine des vecteurs que l'on va utiliser, une figure est indispensable.

■ **Méthode analytique**
Cette méthode consiste à choisir un repère et à travailler avec les coordonnées.

> **Étape 1 :** on détermine les coordonnées des points dans le repère choisi.

> **Étape 2 :** on détermine l'équation du plan passant par trois des points, et on montre que le quatrième point appartient à ce plan.

Attention ! Comme on utilise le produit scalaire pour déterminer l'équation d'un plan, le repère doit être orthonormé.

Exemple

Dans un cube ABCDEFGH, on appelle I le centre du carré ADHE, J le centre du carré ABCD, et K le milieu de [IJ].
Montrer que K appartient au plan (ADG).

Application

■ **Méthode vectorielle**

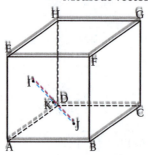

Compte tenu de la construction des points I et J, on choisit le point A comme « origine » des vecteurs dont on veut montrer la coplanarité.

 Toute la difficulté des démonstrations vectorielles réside dans le « bon choix » des points à utiliser. La figure est alors indispensable.

K étant le milieu de [IJ], on a : $\overrightarrow{AK} = \frac{1}{2}\overrightarrow{AI} + \frac{1}{2}\overrightarrow{AJ}$.
I étant le milieu de [AH], J celui de [AC], on a :
$$\overrightarrow{AK} = \frac{1}{4}\overrightarrow{AH} + \frac{1}{4}\overrightarrow{AC}.$$

La relation de Chasles donne :
$$\overrightarrow{AK} = \frac{1}{4}(\overrightarrow{AD} + \overrightarrow{DH}) + \frac{1}{4}(\overrightarrow{AD} + \overrightarrow{DC}) = \frac{1}{2}\overrightarrow{AD} + \frac{1}{4}(\overrightarrow{DH} + \overrightarrow{DC}) = \frac{1}{2}\overrightarrow{AD} + \frac{1}{4}\overrightarrow{DG}$$
$$\overrightarrow{AK} = \frac{1}{2}\overrightarrow{AD} + \frac{1}{4}(\overrightarrow{DA} + \overrightarrow{AG}) = \frac{1}{4}\overrightarrow{AD} + \frac{1}{4}\overrightarrow{AG}.$$

On en déduit que $\overrightarrow{AK}$, $\overrightarrow{AD}$ et $\overrightarrow{AG}$ sont coplanaires et donc que K appartient au plan (ADG).

■ **Méthode analytique**

▶ **Étape 1 :** on se place dans le repère $(A\,;\overrightarrow{AB},\overrightarrow{AD},\overrightarrow{AE})$ et on obtient les coordonnées suivantes : $A(0\,;0\,;0)$, $D(0\,;1\,;0)$, $G(1\,;1\,;1)$, $H(0\,;1\,;1)$ et $C(1\,;1\,;0)$.
I, milieu de [AH], a pour coordonnées $\left(0\,;\frac{1}{2}\,;\frac{1}{2}\right)$; J, milieu de [AC], $\left(\frac{1}{2}\,;\frac{1}{2}\,;0\right)$ et K, milieu de [IJ], $\left(\frac{1}{4}\,;\frac{1}{2}\,;\frac{1}{4}\right)$.

 Pour déterminer l'équation d'un plan passant par trois points donnés, on se réfère au chapitre 11, méthode et stratégie 3.

Soit $\vec{n}(a\,;b\,;c)$ un vecteur normal au plan (ADG). On a : $\begin{cases} \vec{n}\cdot\overrightarrow{AD}=0 \\ \vec{n}\cdot\overrightarrow{AG}=0 \end{cases} \Leftrightarrow \begin{cases} b=0 \\ a+b+c=0 \end{cases}$

En prenant $a = 1$, on a $c = -1$. L'équation du plan est de la forme $x - z + d = 0$.
Ce plan passant par l'origine A du repère, on a $d = 0$.
L'équation du plan (ADG) est $x - z = 0$.
Les coordonnées de K vérifiant cette égalité, on en déduit que K est dans le plan (ADG).

 La méthode vectorielle est souvent plus rapide, à condition de choisir les bons « chemins » lors de la relation de Chasles, sinon on « tourne en rond » et on perd du temps !

SUJETS DE TYPE BAC

1. Colinéarité et alignement

Dans cet exercice, on fait le lien entre colinéarité et alignement afin d'obtenir une méthode très rapide permettant de vérifier l'alignement de trois points.

15 min

Soit $(O\,;\vec{i},\vec{j},\vec{k})$ un repère de l'espace. Soient $\vec{u}(1\,;3\,;5)$, $\vec{v}(2\,;4\,;6)$ et $\vec{w}(1\,;2\,;3)$ trois vecteurs.
On considère les points $A(1\,;2\,;3)$, $B(2\,;1\,;0)$, $C(3\,;0\,;2)$ et $D(3\,;0\,;-3)$.

1. Déterminer, parmi les vecteurs $\vec{u}$, $\vec{v}$ et $\vec{w}$, lesquels sont colinéaires.
2. Les points A, B et C sont-ils alignés ?
3. Même question pour les points A, B et D.

2. Coplanarité

Un des buts de cet exercice est de donner une méthode permettant de savoir si trois vecteurs sont coplanaires. Cette méthode est ensuite utilisée pour vérifier rapidement la coplanarité de quatre points.

15 min

> Voir la méthode et stratégie 3.

Soient $(O\,;\vec{i},\vec{j},\vec{k})$ un repère de l'espace et $\vec{a}(2\,;1\,;3)$, $\vec{b}(1\,;0\,;-1)$, $\vec{c}(-1\,;2\,;1)$ et $\vec{d}(0\,;-1\,;-5)$ quatre vecteurs. On considère les points $A(1\,;1\,;1)$, $B(3\,;2\,;4)$, $C(2\,;1\,;0)$, $D(0\,;3\,;2)$ et $E(1\,;0\,;-4)$.

1. Les vecteurs $\vec{a}$, $\vec{b}$ et $\vec{c}$ sont-ils coplanaires ?
2. Même question pour les vecteurs $\vec{a}$, $\vec{b}$ et $\vec{d}$.
3. Les points A, B, C et D sont-ils coplanaires ?
4. Même question pour les points A, B, C et E.

3. Parallélogramme

Les vecteurs sont un très bon outil pour repérer des points dans l'espace. De plus, utilisés avec discernement, ils permettent aisément de vérifier des propriétés telles que le parallélisme ou l'alignement.

15 min

Soit $(O\,;\vec{i},\vec{j},\vec{k})$ un repère de l'espace. On définit $A(1\,;0\,;1)$, $B(-2\,;1\,;3)$, $C(3\,;2\,;-1)$ et $D(10\,;1\,;-6)$ quatre points.

1. Déterminer les coordonnées du point I milieu du segment [AC].
2. Montrer que B, I et D sont alignés.
3. Déterminer d'au moins deux façons le point E tel que ABCE soit un parallélogramme.

Représentations paramétriques de droites

Les représentations paramétriques de droites sont, dans l'espace, la façon la plus simple de déterminer des droites. Il faut donc absolument savoir maîtriser parfaitement cet outil, employé qui plus est dans presque tous les sujets de géométrie au bac.

Soit $(O;\vec{i},\vec{j},\vec{k})$ un repère de l'espace. On définit $\vec{u}(5;-1;1)$ un vecteur et $A(3;0;2)$, $B(-2;1;0)$, $C(-7;2;-2)$ et $D(8;-1;2)$ quatre points.

1. Déterminer une représentation paramétrique de la droite d passant par C et dirigée par $\vec{u}$.

2. Déterminer une représentation paramétrique de la droite (AB).

3. Les points C et D sont-ils sur la droite (AB) ?

4. Déterminer une représentation paramétrique de la droite d' passant par A et parallèle à (DB).

5. La droite d' est-elle parallèle à la droite d ?

 Plan défini par un point et une droite

Cet exercice demande de savoir utiliser des représentations paramétriques et des équations cartésiennes de plans, et de savoir passer de l'une à l'autre : il faut souvent choisir soi-même la représentation la plus adaptée au problème et être donc habitué à manipuler ces deux concepts.

Soit $(O;\vec{i},\vec{j},\vec{k})$ un repère de l'espace. On définit les trois points $A(0;1;2)$, $B(-1;0;1)$ et $C(1;1;0)$.

1. Déterminer une représentation paramétrique de la droite d passant par A et dirigée par le vecteur $\vec{BC}$.

2. Déterminer l'intersection de d et du plan d'équation $z = 0$.

3. Déterminer une équation cartésienne du plan $\mathcal{P}$ contenant d et passant par O.

 Droites parallèles

Cet exercice vous servira de guide dans la recherche d'une méthode originale pour vérifier le parallélisme entre deux droites. Saurez-vous la trouver ?

On considère l'espace muni d'un repère orthonormé $(O;\vec{i},\vec{j},\vec{k})$.

Soient les points $A(2;2;-4)$, $B(3;3;-6)$, $C(1;2;-3)$ et $D\left(\dfrac{3}{2};3;\dfrac{-9}{2}\right)$.

1. Trouver une équation « évidente » du plan (ABC).

2. Montrer que les points A, B, C et D sont coplanaires.

3. Montrer que les points O, A et B sont alignés, ainsi que les points O, C et D.
4. Déterminer les longueurs OA, OB, OC et OD.
5. Montrer de deux manières différentes que les droites (AC) et (BD) sont parallèles.

7 Relation vectorielle dans un pavé

Pour résoudre un exercice de géométrie, la méthode analytique (qui utilise les coordonnées), souvent préférée par les élèves, n'est pas toujours la plus rapide ! Il ne faut cependant pas la dénigrer car elle permet, quand on n'a pas d'idée, d'arriver sûrement au résultat uniquement par le calcul.

> Voir la méthode et stratégie 2.

Soit ABCDEFGH un pavé. Soient I le milieu de [AH] et J le milieu de [BG].
Montrer de deux manières différentes que $\vec{IJ} = \vec{AB}$.

8 Incidence dans le cube

L'outil du calcul vectoriel permet de résoudre des problèmes d'incidence plus facilement que des considérations uniquement géométriques comme celles rencontrées dans le chapitre 9.

On considère un cube ABCDEFGH.
M est le milieu de [AB], I le milieu de [EF] et J le milieu de [HG].
Montrer que la droite (HM) est parallèle au plan (IJC).

9 Intersection de trois plans

Cet exercice propose la résolution d'un système d'équations linéaires. Il y a plusieurs façons de l'aborder : de manière purement analytique ou un peu plus géométrique. Le corrigé détaille ces deux façons de résoudre le problème posé.

On considère trois plans $\mathcal{P}$, $\mathcal{Q}$ et $\mathcal{R}$ dont les équations sont données ci-dessous.
$\mathcal{P} : 2x - y + 3z - 1 = 0$, $\mathcal{Q} : 3x + 2y - z + 2 = 0$ et $\mathcal{R} : x - 3y + 2z - 3 = 0$.
Montrer que ces trois plans se coupent en un unique point A que l'on déterminera.

Étude d'une configuration

Voici un exercice type de géométrie vectorielle qu'il faut absolument savoir résoudre dans le temps imparti avant de prétendre être prêt pour le bac.

▶ Voir les méthodes et stratégies 1 et 2.

On considère un cube ABCDEFGH. On définit les points suivants : M est le milieu de [AE], N le milieu de [CG], I est tel que $\vec{AI} = \frac{1}{3}\vec{AB}$ et J est tel que $\vec{BJ} = \frac{2}{3}\vec{BC}$.

Montrer que les droites (MI), (NJ) et (BF) sont concourantes (c'est-à-dire ont un unique point commun).

SUJETS D'APPROFONDISSEMENT

 Droites concourantes

L'intérêt principal de cet exercice réside dans le fait que les deux droites qui interviennent sont définies chacune en fonction d'un paramètre. Cette particularité entraîne des calculs algébriques à effectuer avec soin. Ne perdez pas non plus de vue les différentes positions relatives de deux droites dans l'espace !

▶ Voir la méthode et stratégie 1.

Soit $(O\,;\vec{i},\vec{j},\vec{k})$ un repère de l'espace.
On considère deux nombres réels a et b et les deux droites d et d' définies par :
$d : \begin{cases} x - z - a = 0 \\ y + 3z + 1 = 0 \end{cases}$ et $d' : \begin{cases} x + 2y - 2b = 0 \\ 3x + 3y + 2z - 7 = 0 \end{cases}$

1. Donner des représentations paramétriques des droites d et d'.

2. Montrer que d et d' ne sont pas parallèles.

3. Donner une condition nécessaire et suffisante sur a et b pour que les droites d et d' soient sécantes.

12 ▶ **Distance d'un point à une droite**

Qu'est-ce que la distance d'un point à une droite ? La réponse dans cet exercice qui permet de comprendre cette notion et donne une méthode de calcul.

Soit $(O\,;\vec{i},\vec{j},\vec{k})$ un repère orthonormé de l'espace.
On définit les points A(5 ; 3 ; 2), B(0 ; 1 ; 0) et C(−1 ; 0 ; 0).

1. Déterminer une représentation paramétrique de la droite (BC).

2. Déterminer le point H de (BC) tel que la distance AH soit la plus petite des distances AM pour M parcourant (BC).

3. Montrer que le triangle AHB est rectangle en H (H est le projeté orthogonal sur la droite (BC) du point A) et calculer la distance AH (qui est égale à la distance de A à (BC)).

13 Position relative d'une droite et d'un plan

Cet exercice pourrait être posé au bac, mais seulement dans une version plus guidée. Il est cependant intéressant de s'essayer à le résoudre sans trop d'indications, si l'on veut gagner en autonomie et affiner sa préparation.

Soit $(O\,;\vec{i},\vec{j},\vec{k})$ un repère de l'espace. On définit A(1;1;1) et B(2;1;0) deux points et $\vec{a}(2;-1;1), \vec{b}(1;3;-1), \vec{c}(-1;2;0)$ et $\vec{d}(4;-9;5)$ quatre vecteurs.
Soient $\mathcal{P}$ le plan passant par A et dirigé par les deux vecteurs $\vec{a}$ et $\vec{b}$, $\mathcal{D}$ la droite passant par B et dirigée par $\vec{c}$ puis $\mathcal{D}'$ la droite passant par B et dirigée par $\vec{d}$.

1. Déterminer si $\mathcal{P}$ et $\mathcal{D}$ sont parallèles ou sécants. Dans le cas du parallélisme, on précisera s'il est strict ou si $\mathcal{D}$ est incluse dans $\mathcal{P}$. On déterminera l'intersection de $\mathcal{P}$ et $\mathcal{D}$ dans le cas où ils seraient sécants.

2. Même question pour $\mathcal{P}$ et $\mathcal{D}'$.

14 Équations de plans

Le but de cet exercice est de réfléchir à différentes méthodes géométriques afin de s'assurer que l'on maîtrise et que l'on a assimilé la totalité du cours de géométrie vectorielle.

> Voir la méthode et stratégie 3.

Soit $(O\,;\vec{i},\vec{j},\vec{k})$ un repère de l'espace.
On définit A(−2;1;2), B(1;1;0), C(3;−2;1) et D(2;−1;2) quatre points.
1. Déterminer une représentation paramétrique du plan (ABC).
2. Déterminer de deux manières différentes si le point D est dans le plan (ABC).

15 Parallélisme entre deux plans

Le but de cet exercice est d'obtenir, via un exemple, une méthode générale permettant de savoir si deux plans $\mathcal{P}$ et $\mathcal{P}'$ sont parallèles.

Soit $(O\,;\vec{i},\vec{j},\vec{k})$ un repère de l'espace.
On considère $\vec{a}(1;2;0), \vec{b}(2;-1;1), \vec{c}(3;1;1)$ et $\vec{d}(-1;3;-1)$ quatre vecteurs de l'espace puis les deux points A(2;1;1) et B(0;1;2).
Soient $\mathcal{P}$ le plan passant par A et dirigé par $\vec{a}$ et $\vec{b}$ et $\mathcal{P}'$ le plan passant par B et dirigé par $\vec{c}$ et $\vec{d}$.

1. Déterminer des représentations paramétriques des plans $\mathcal{P}$ et $\mathcal{P}'$.

2. Déterminer les points C et D tels que $\vec{BC} = \vec{a}$ et $\vec{BD} = \vec{b}$.
3. Les points C et D sont-ils dans $\mathcal{P}'$?
4. Que peut-on en conclure ?

16 ▸ Droites coplanaires

Cet exercice est l'équivalent du précédent mais cette fois-ci pour la coplanarité de deux droites.

Soit $(O\,;\vec{i},\vec{j},\vec{k})$ un repère de l'espace.

1. On considère deux points $A(1\,;0\,;1)$ et $A'(-1\,;1\,;0)$ et deux vecteurs $\vec{u}(1\,;-2\,;3)$ et $\vec{u}'(2\,;1\,;1)$. On définit alors la droite d passant par A et dirigée par $\vec{u}$ et d' la droite passant par A' et dirigée par $\vec{u}'$.
Les droites d et d' sont-elles coplanaires ?
2. Même question avec les points $A(1\,;0\,;5)$ et $A'(-1\,;1\,;-2)$, et les vecteurs $\vec{u}(1\,;-2\,;5)$ et $\vec{u}'(2\,;1\,;5)$.

17 ▸ Aire d'un parallélogramme

Cet exercice fait aussi appel à des notions étudiées les années précédentes et permet de les revoir tout en utilisant le nouvel outil « déterminant ».

Soit $(O\,;\vec{i},\vec{j})$ un repère orthonormé du plan.
On définit les vecteurs non nuls $\vec{u}(x\,;y)$ et $\vec{v}(x'\,;y')$.

1. Montrer que $\sin(\vec{u},\vec{v}) = \dfrac{xy' - x'y}{\|\vec{u}\|\,\|\vec{v}\|}$.
2. En déduire que l'aire d'un parallélogramme ABCD est $\mathcal{A} = |\det(\vec{AB},\vec{AD})|$.

18 ▸ Déterminant et équation de droite

Cet exercice, qui met en œuvre l'encadré post bac sur le déterminant dans le plan, nous donne diverses méthodes pour obtenir des équations de droites particulières du plan.

Soit $(O\,;\vec{i},\vec{j})$ un repère orthonormé du plan.
On définit les points $A(1\,;3)$ et $B(-1\,;0)$.

1. Utiliser la notion de déterminant pour déterminer une équation de la droite (AB).
2. Déterminer une équation de la droite d passant par O et parallèle à (AB).
3. Déterminer, à l'aide de théorème de Pythagore, une équation de la droite d' passant par A et perpendiculaire à (AB).

19 Déterminant et coplanarité

Cet exercice, qui met en œuvre l'encadré post bac sur le déterminant dans l'espace, nous entraîne à utiliser ce nouvel outil qui est très efficace, en particulier pour trouver rapidement des équations de plans.

Soit $(O\,;\vec{i},\vec{j},\vec{k})$ un repère orthonormé de l'espace.
On définit les points A(1;1;0), B(2;2;3), C(1;0;3), D(0;1;1) et E(2;3;0).

1. Utiliser la notion de déterminant pour voir si les points A, B, C et D sont coplanaires.
2. Même question pour les points A, B, C et E.
3. Donner une équation du plan (ABC).

20 Changement de repère

Cet exercice nous donne un exemple concret d'utilisation de l'encadré post bac sur les formules de changement de coordonnées.

Soit $R = (O\,;\vec{i},\vec{j},\vec{k})$ un repère orthonormé de l'espace.
On considère les points A(1;1;1), B(2;0;3) et C(0;2;1).
Soient les vecteurs $\vec{i'} = \dfrac{\vec{i}+\vec{j}+\vec{k}}{\sqrt{3}}$, $\vec{j'} = \dfrac{\vec{i}-\vec{j}}{\sqrt{2}}$ et $\vec{k'} = \dfrac{\vec{i}+\vec{j}-2\vec{k}}{\sqrt{6}}$.

1. Montrer que $R' = (A\,;\vec{i'},\vec{j'},\vec{k'})$ est un repère orthonormé de l'espace.
2. Déterminer les coordonnées de B et C dans le repère R'.

CORRIGÉS

1 Colinéarité et alignement

1. S'il existe un coefficient de proportionnalité entre $\vec{u}$ et $\vec{v}$, alors il doit être à la fois égal à 2 à cause des premières coordonnées et à $\dfrac{4}{3}$ à cause des deuxièmes coordonnées. Donc $\vec{v}$ et $\vec{u}$ ne sont pas colinéaires.
$\vec{v} = 2\vec{w}$ donc ces deux vecteurs sont colinéaires.
$\vec{v}$ et $\vec{w}$ étant colinéaires alors que $\vec{v}$ est non colinéaire à $\vec{u}$, on a immédiatement que $\vec{u}$ et $\vec{w}$ ne sont pas colinéaires.

2. Les coordonnées de $\overrightarrow{AB}(1\,;-1\,;-3)$ et $\overrightarrow{AC}(2\,;-2\,;-1)$ n'étant pas proportionnelles, les vecteurs $\overrightarrow{AB}$ et $\overrightarrow{AC}$ ne sont pas colinéaires. On en déduit que les points A, B et C ne sont pas alignés.

> 💡 Une autre méthode souvent utilisée par les élèves est de déterminer une représentation paramétrique de la droite (AB), par exemple, puis de regarder si le point C la vérifie ou non : c'est bien sûr une méthode qui fonctionne mais qui est beaucoup plus longue et donc à éviter au bac.

3. $\overrightarrow{AD}(2\,;-2\,;-6)$, donc $\overrightarrow{AB} = \dfrac{1}{2}\overrightarrow{AD}$, donc les points A, B et D sont alignés.

2 Coplanarité

1. Si $\vec{c} = x\vec{a} + y\vec{b}$ alors x et y vérifient le système suivant : $\begin{cases} 2x + y = -1 \\ x = 2 \\ 3x - y = 1 \end{cases}$

Les deux premières lignes donnent immédiatement $x = 2$ et $y = -5$.
Or ces deux valeurs ne vérifient pas la troisième équation, donc ce système est incompatible. Les vecteurs $\vec{a}$, $\vec{b}$ et $\vec{c}$ ne sont donc pas coplanaires.

2. On procède de même et on obtient le système $\begin{cases} 2x + y = 0 \\ x = -1 \\ 3x - y = -5 \end{cases}$

Soit, avec les deux premières lignes, $x = -1$ et $y = 2$.
Cette fois-ci ces deux valeurs vérifient bien la troisième équation et on obtient $\vec{d} = -\vec{a} + 2\vec{b}$, donc les vecteurs $\vec{a}$, $\vec{b}$ et $\vec{d}$ sont coplanaires.

3. On remarque que $\overrightarrow{AB} = \vec{a}$, $\overrightarrow{AC} = \vec{b}$ et $\overrightarrow{AD} = \vec{c}$ donc la question **1.** nous donne immédiatement la non coplanarité des points A, B, C et D.

> 💡 Les élèves sont tentés de déterminer une équation du plan (ABC) par exemple puis de regarder si les coordonnées du point D la vérifient ou non. C'est encore une méthode qui fonctionne mais qui est plus longue si on n'a pas déjà l'équation de (ABC).

4. On a de plus $\overrightarrow{AE} = \vec{d}$ donc la question **2.** nous donne immédiatement la coplanarité des points A, B, C et E.

3 Parallélogramme

1. Les coordonnées de I sont $\begin{cases} x_I = \dfrac{x_A + x_C}{2} = 2 \\ y_I = \dfrac{y_A + y_C}{2} = 1 \\ z_I = \dfrac{z_A + z_C}{2} = 0 \end{cases}$.

2. $\vec{BI}(4;0;-3)$ et $\vec{BD}(12;0;-9)$ donc $\vec{BD} = 3\vec{BI}$. Les points B, I et D sont donc bien alignés.

3. Si ABCE est un parallélogramme, alors I est le milieu de [BE]. On a alors :
$\begin{cases} x_I = \dfrac{x_B + x_E}{2} = 2 \\ y_I = \dfrac{y_B + y_E}{2} = 1 \\ z_I = \dfrac{z_B + z_E}{2} = 0 \end{cases}$ et donc $\begin{cases} x_E = 4 - x_B = 6 \\ y_E = 2 - y_B = 1 \\ z_E = 0 - z_B = -3 \end{cases}$.

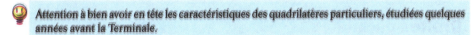
Attention à bien avoir en tête les caractéristiques des quadrilatères particuliers, étudiées quelques années avant la Terminale.

Autre méthode : si ABCE est un parallélogramme, alors $\vec{AB} = \vec{EC}$ c'est-à-dire :
$\begin{cases} -3 = x_C - x_E \\ 1 = y_C - y_E \\ 2 = z_C - z_E \end{cases}$ et donc $\begin{cases} x_E = 3 + x_C = 6 \\ y_E = -1 + y_C = 1 \\ z_E = -2 + z_C = -3 \end{cases}$.

4 Représentations paramétriques de droites

1. $d : \begin{cases} x = -7 + 5t \\ y = 2 - t \\ z = -2 + t \end{cases}$ où t est un réel quelconque.

2. $\vec{AB}(-5;1;-2)$ donc $(AB) : \begin{cases} x = 3 - 5t \\ y = t \\ z = 2 - 2t \end{cases}$ où t est un réel quelconque.

3. Si C est sur (AB), alors cela sera le point de paramètre t tel que $t = y_C = 2$.
Or $x_C = -7 = 3 - 5 \times 2$ et $z_C = -2 = 2 - 2 \times 2$ donc le point C est bien sur (AB).
Si D est sur (AB), alors $t = y_D = -1$. Or $x_D = 8 = 3 - 5 \times (-1)$ mais $z_D = 2 \neq 2 - 2 \times (-1)$ donc le point D n'est pas sur (AB).

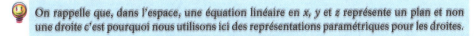
On rappelle que, dans l'espace, une équation linéaire en x, y et z représente un plan et non une droite c'est pourquoi nous utilisons ici des représentations paramétriques pour les droites.

4. $\vec{BD}(10;-2;2)$ donc $d' : \begin{cases} x = 3 + 10t \\ y = -2t \\ z = 2 + 2t \end{cases}$ où t est un réel quelconque.

5. $\vec{BD} = 2\vec{u}$ donc la droite d' est parallèle à la droite d.

5. Plan défini par un point et une droite

1. $\vec{BC}(2;1;-1)$ donc $d : \begin{cases} x = 2t \\ y = 1+t \\ z = 2-t \end{cases}$ où t est un nombre réel quelconque.

2. Si $z = 0$, alors $t = 2$ et donc le point D intersection de d et du plan d'équation $z = 0$ a pour coordonnées : D$(4;3;0)$.

3. Comme $\mathcal{P}$ contient d, alors il contient A. Donc $\mathcal{P}$ est le plan passant par O et dirigé par $\vec{BC}$ et $\vec{OA}$ (ces deux vecteurs n'étant pas colinéaires). Il admet donc pour représentation paramétrique :
$\begin{cases} x = 2t \\ y = t+t' \\ z = -t+2t' \end{cases}$ avec t et t' des réels quelconques.

Les deux premières équations donnent $t = \frac{1}{2}x$ et $t' = y - \frac{1}{2}x$. En replongeant ces valeurs dans la troisième équation, on obtient une équation cartésienne de $\mathcal{P}$: $3x - 4y + 2z = 0$.

6. Droites parallèles

1. Les coordonnées assez particulières des points A, B et C nous donnent, de manière évidente, que le plan (ABC) admet pour équation $x + y + z = 0$.

2. Les coordonnées de D vérifient l'équation du plan (ABC) donc les points A, B, C et D sont bien coplanaires.

> Ici nous avons obtenu une équation du plan (ABC) très simplement : il est donc logique de l'utiliser pour vérifier la coplanarité de A, B, C, et D plutôt que d'utiliser la méthode de l'exercice 2.

3. On a $\vec{OA} = \frac{2}{3}\vec{OB}$ et $\vec{OC} = \frac{2}{3}\vec{OD}$, d'où le résultat.

> On retrouve que les points A, B, C et D sont coplanaires car les droites (AB) et (CD) sont sécantes en O.

4. $OA = \sqrt{4+4+16} = \sqrt{24} = 2\sqrt{6}$, $OB = \sqrt{9+9+36} = \sqrt{54} = 3\sqrt{6}$, $OC = \sqrt{1+4+9} = \sqrt{14}$ et $OD = \sqrt{\frac{9+36+81}{4}} = \frac{\sqrt{126}}{2} = \frac{3\sqrt{14}}{2}$.

5. Méthode 1 : d'après la question 3., O, A et B sont alignés dans cet ordre et O, C et D sont alignés dans cet ordre. D'après la question 4. : $\frac{OA}{OB} = \frac{2}{3} = \frac{OC}{OD}$ donc, d'après le théorème de Thalès, les droites (AC) et (BD) sont parallèles.

Méthode 2 : $\vec{AC}(-1;0;1)$ et $\vec{BD}\left(\frac{-3}{2};0;\frac{3}{2}\right)$ donc $\vec{AC} = \frac{2}{3}\vec{BD}$. Les droites (AC) et (BD) sont donc parallèles.

7 ▸ Relation vectorielle dans un pavé

Méthode géométrique
$\vec{IJ} = \vec{IA} + \vec{AB} + \vec{BJ} = \frac{1}{2}\vec{HA} + \vec{AB} + \frac{1}{2}\vec{BG} = \vec{AB}$, car $\vec{AH} = \vec{BG}$.

 Ne pas oublier la célèbre relation de Chasles !

Méthode analytique

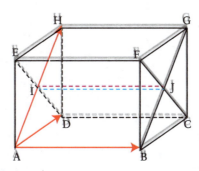

Dans le repère $(A\,;\vec{AB},\vec{AD},\vec{AH})$:
• le milieu I de [AH] a pour coordonnées $\left(0\,;0\,;\frac{1}{2}\right)$ car $\vec{AI} = \frac{1}{2}\vec{AH}$;
• le milieu J de [BG] a pour coordonnées $\left(1\,;0\,;\frac{1}{2}\right)$ car $\vec{AJ} = \vec{AB} + \frac{1}{2}\vec{BG} = \vec{AB} + \frac{1}{2}\vec{AH}$.
Le vecteur $\vec{IJ}$ a alors pour coordonnées $(1\,;0\,;0)$, il est donc égal à $\vec{AB}$.

8 ▸ Incidence dans le cube

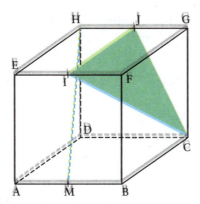

On a $\vec{JI} = \vec{HE}$ et $\vec{JC} = \vec{JG} + \vec{GC} = \vec{EI} + \vec{IM} = \vec{EM}$.
Ainsi $\vec{JI} + \vec{JC} = \vec{HE} + \vec{EM} = \vec{HM}$.
D'autre part, $\vec{JI} + \vec{JC} = \vec{JI} + \vec{JG} + \vec{GC} = \vec{JI} + \vec{IF} + \vec{FB} = \vec{JB}$.

On en déduit que B est un point du plan (IJC) et que $\overrightarrow{HM} = \overrightarrow{JB}$ donc (HM) et (JB) sont parallèles.
On en déduit que (HM) est parallèle au plan (IJC) en utilisant le théorème suivant : lorsqu'une droite est parallèle à une droite quelconque d'un plan, elle est parallèle à ce plan.

9 Intersection de trois plans

Méthode analytique
Soit le système S suivant :
$$\begin{cases} 2x - y + 3z - 1 = 0 & (1) \\ 3x + 2y - z + 2 = 0 & (2) \\ x - 3y + 2z - 3 = 0 & (3) \end{cases}$$
Éliminons z : en calculant (1) + (2) − (3) on obtient l'équation $x + y + 1 = 0$ (4).
Remplaçons alors dans les équations (1) et (2) y par $-x - 1$. On obtient :
$$S \Leftrightarrow \begin{cases} 3x + 3z = 0 \\ x - z = 0 \\ y = -1 - x \end{cases}$$
ce qui donne $x = z = 0$ et $y = -1$.
Conclusion A(0 ; −1 ; 0) est l'unique point d'intersection des trois plans.

Méthode géométrique
Soit d la droite d'intersection des plans $\mathcal{P}$ et $\mathcal{Q}$. En posant $z = t$, on montre facilement que d admet la représentation paramétrique suivante :
$$\begin{cases} x = \dfrac{-5}{7}t \\ y = \dfrac{11}{7}t - 1 \\ z = t \end{cases} \text{ avec } t \text{ un réel quelconque.}$$
On obtient alors l'intersection des 3 plans en cherchant l'intersection de d et de $\mathcal{R}$, ce qui est facile car il suffit de « plonger » la paramétrisation de d dans l'équation de $\mathcal{R}$:
$$\dfrac{-5}{7}t - 3\left(\dfrac{11}{7}t - 1\right) + 2t - 3 = 0.$$
On obtient $t = 0$ comme unique solution et donc comme unique point d'intersection le point A(0 ; −1 ; 0).

10 ▶ Étude d'une configuration

On se place dans le repère $(A\,;\overrightarrow{AB},\overrightarrow{AD},\overrightarrow{AE})$.

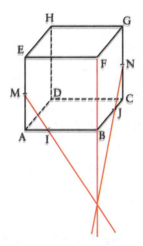

> Un bon dessin aide à choisir un repère adapté au problème.

On a $M\left(0\,;0\,;\dfrac{1}{2}\right)$, $N\left(1\,;1\,;\dfrac{1}{2}\right)$, $I\left(\dfrac{1}{3}\,;0\,;0\right)$ et $J\left(1\,;\dfrac{2}{3}\,;0\right)$.

Une représentation paramétrique de la droite (MI) est :

$$\begin{cases} x = \dfrac{1}{3}t \\ y = 0 \\ z = \dfrac{1}{2} - \dfrac{1}{2}t \end{cases} \text{ avec } t \text{ un réel quelconque.}$$

Une représentation paramétrique de la droite (NJ) est :

$$\begin{cases} x = 1 \\ y = 1 - \dfrac{1}{3}u \\ z = \dfrac{1}{2} - \dfrac{1}{2}u \end{cases} \text{ avec } u \text{ un réel quelconque.}$$

Si (MI) et (NJ) ont un point d'intersection, ses coordonnées vérifient les deux systèmes :

$$\begin{cases} \dfrac{1}{3}t = 1 \\ 0 = 1 - \dfrac{1}{3}u \\ \dfrac{1}{2} - \dfrac{1}{2}t = \dfrac{1}{2} - \dfrac{1}{2}u \end{cases}$$

Ce qui donne $u = t = 3$. On en déduit que (MI) et (NJ) s'interceptent en $K(1\,;0\,;-1)$.

Or $\vec{FB}$ et $\vec{BK}$ ont pour coordonnées $(0\,;0\,;-1)$, ainsi $\vec{FB} = \vec{BK}$, donc K est un point de (FB).

Conclusion : les droites (MI), (NJ) et (BF) sont concourantes en K.

11 Droites concourantes

1. En posant $z = t$ dans les équations de d, on obtient :

$$d : \begin{cases} x = a + t \\ y = -1 - 3t \\ z = t \end{cases} \text{ où } t \text{ est un réel quelconque.}$$

En posant $y = t'$ dans les équations de d', on obtient :

$$d' : \begin{cases} x = 2b - 2t' \\ y = t' \\ z = \dfrac{7 - 6b}{2} + \dfrac{3}{2}t' \end{cases} \text{ où } t' \text{ est un réel quelconque.}$$

💡 Le choix de la coordonnée prise comme paramètre est *a priori* arbitraire mais en pratique on prend celle qui donnera les calculs les plus simples pour l'obtention des deux autres coordonnées en fonction de ce paramètre.

2. $\vec{u}(1\,;-3\,;1)$ et $\vec{u'}\left(-2\,;1\,;\dfrac{3}{2}\right)$ sont des vecteurs directeurs respectifs de d et d'. Or ces vecteurs ne sont pas colinéaires, donc d et d' ne sont pas parallèles.

3. Les droites d et d' sont sécantes si, et seulement si, il existe t et t' tels que :

$$\begin{cases} a + t = 2b - 2t' \\ -1 - 3t = t' \\ t = \dfrac{7 - 6b}{2} + \dfrac{3}{2}t' \end{cases}$$

💡 Attention ! Dans l'espace, deux droites ne sont pas forcément parallèles ou sécantes !

Les deux premières équations donnent $-1 - 3t = t'$ et $a + t = 2b - 2(-1 - 3t) = 2b + 2 + 6t$

d'où $t = \dfrac{a - 2b - 2}{5}$ et $t' = \dfrac{-3a + 6b + 1}{5}$.

En remplaçant t et t' dans la troisième équation $t = \dfrac{7 - 6b}{2} + \dfrac{3}{2}t'$, on obtient

$$\dfrac{a - 2b - 2}{5} = \dfrac{7 - 6b}{2} + \dfrac{3}{2} \times \dfrac{-3a + 6b + 1}{5}$$

ce qui après mise au même dénominateur et simplification nous donne la condition nécessaire et suffisante recherchée : $11a + 8b - 42 = 0$.

12 Distance d'un point à une droite

1. Une représentation paramétrique de la droite (BC) est : $\begin{cases} x = t \\ y = 1 + t. \\ z = 0 \end{cases}$

2. Si le point M est un élément de (BC) alors il existe t réel tel que $M(t;t+1;0)$. Soit la fonction f définie par $f(t) = AM^2 = (t-5)^2 + (t+1-3)^2 + 2^2 = 2t^2 - 14t + 33$.

 Si AM est minimum en H, alors AM^2 l'est également en H et les calculs sont plus simples sans la racine carrée !

On dérive la fonction f, soit $f'(t) = 4t - 14$, donc $f(t)$ admet un minimum pour $t = \dfrac{7}{2}$, donc H a pour coordonnées $\left(\dfrac{7}{2};\dfrac{9}{2};0\right)$.

3. $\overrightarrow{AH}\left(\dfrac{-3}{2};\dfrac{3}{2};-2\right)$, $\overrightarrow{BH}\left(\dfrac{7}{2};\dfrac{7}{2};0\right)$ et $\overrightarrow{AB}(-5;-2;-2)$,

donc $BH^2 + AH^2 = \dfrac{49}{2} + \dfrac{9}{2} + 4 = 33 = AB^2$, donc AHB est rectangle en H.

On obtient $AH = \dfrac{\sqrt{34}}{2}$, ce qui représente la distance de A à (BC).

 La distance d'un point A à une droite d est la plus petite des distances entre un point de d et le point A.

13 ▶ Position relative d'une droite et d'un plan

1. Si $\vec{c} = x\vec{a} + y\vec{b}$ alors x et y vérifient le système suivant : $\begin{cases} 2x + y = -1 \\ -x + 3y = 2 \\ x - y = 0 \end{cases}$

Les deux dernières lignes donnent immédiatement $x = y = 1$.
Or ces deux valeurs ne vérifient pas la première équation, donc ce système est incompatible et les vecteurs $\vec{a}$, $\vec{b}$ et $\vec{c}$ ne sont pas coplanaires. On en déduit que $\mathcal{P}$ et $\mathcal{D}$ sont sécants en un point $C(x;y;z)$.

Or C est élément de $\mathcal{P}$ donc il existe deux réels a et b tels que : $\begin{cases} x = 1 + 2a + b \\ y = 1 - a + 3b \\ z = 1 + a - b \end{cases}$

La dernière équation donne $b = 1 + a - z$ et en remplaçant cette valeur de b dans la deuxième équation on obtient $a = \dfrac{1}{2}(y + 3z - 4)$ et donc $b = \dfrac{1}{2}(y + z - 2)$.

En remplaçant cette fois-ci ces deux valeurs de a et b dans la première équation du système, on obtient une équation cartésienne du plan $\mathcal{P}$ vérifiée par les coordonnées du point C : $-2x + 3y + 7z - 8 = 0$.

Or C est également élément de $\mathcal{D}$ donc il existe un réel c tel que $\begin{cases} x = 2 - c \\ y = 1 + 2c \\ z = 0 \end{cases}$. En replongeant ces valeurs dans l'équation du plan $\mathcal{P}$ obtenue précédemment, on obtient $c = \dfrac{9}{8}$ et donc C a pour coordonnées $\left(\dfrac{7}{8};\dfrac{13}{4};0\right)$.

2. Si $\vec{d} = x\vec{a} + y\vec{b}$ alors x et y vérifient le système suivant : $\begin{cases} 2x + y = 4 \\ -x + 3y = -9 \\ x - y = 5 \end{cases}$

Les deux dernières lignes donnent $x = 3$ et $y = -2$. Cette fois-ci ces deux valeurs vérifient bien la première équation et on obtient donc $\vec{d} = 3\vec{a} - 2\vec{b}$. Les vecteurs $\vec{a}$, $\vec{b}$ et $\vec{d}$ sont coplanaires et donc le plan $\mathcal{P}$ est parallèle à la droite $\mathcal{D}'$.
De plus les coordonnées de B ne vérifient pas l'équation de $\mathcal{P}$ donc $\mathcal{D}'$ est strictement parallèle à $\mathcal{P}$.

Une droite parallèle à un plan est soit totalement incluse dans le plan, soit strictement parallèle. Donc vérifier qu'un point de la droite est (ou non) dans le plan est suffisant pour le généraliser aux autres points.

14 ▶ Équations de plans

1. $\overrightarrow{AB}(3\,;0\,;-2)$ et $\overrightarrow{AC}(5\,;-3\,;-1)$ donc (ABC) a pour représentation paramétrique :
$$\begin{cases} x = -2 + 3t + 5t' \\ y = 1 - 3t' \\ z = 2 - 2t - t' \end{cases}$$ où t et t' sont deux nombres réels quelconques.

2. Méthode 1

Si D est dans (ABC), alors on a $\begin{cases} 2 = -2 + 3t + 5t' \\ -1 = 1 - 3t' \\ 2 = 2 - 2t - t' \end{cases}$ et donc $\begin{cases} 4 = 3t + 5t' \\ -2 = -3t' \\ 0 = -2t - t' \end{cases}$, ce qui donne

$\begin{cases} 4 = 3t + 5t' \\ t' = \dfrac{2}{3} \\ t = \dfrac{-1}{3} \end{cases}$

Or $4 \neq 3 \times \left(\dfrac{-1}{3}\right) + 5 \times \dfrac{2}{3}$ donc le point D n'est pas dans (ABC).

Méthode 2
Nous allons déterminer une équation cartésienne du plan (ABC) puis voir si les coordonnées de D la vérifient.

De la représentation paramétrique de $\mathcal{P}$ on déduit $\begin{cases} x = -2 + 3t + 5t' \\ t' = \dfrac{1-y}{3} \\ t = \dfrac{2 - t' - z}{2} = \dfrac{5 + y - 3z}{6} \end{cases}$ et donc en

replongeant les valeurs obtenues pour t et t' dans la première équation, on obtient une équation cartésienne de (ABC) : $6x + 7y + 9z = 13$. Cette équation n'est pas vérifiée par D, donc le point D n'est pas dans (ABC).

Ces deux méthodes sont à peu près équivalentes en quantité de calculs : il n'y a pas de raison *a priori* d'en privilégier une par rapport à l'autre. On peut également montrer qu'il n'existe pas deux réels a et b tels que $\overrightarrow{AD} = a\overrightarrow{AB} + b\overrightarrow{AC}$.

15 Parallélisme entre deux plans

1. $\mathcal{P} : \begin{cases} x = 2 + t + 2t' \\ y = 1 + 2t - t' \\ z = 1 + t' \end{cases}$ où t et t' sont deux nombres réels quelconques.

$\mathcal{P}' : \begin{cases} x = 3t - t' \\ y = 1 + t + 3t' \\ z = 2 + t - t' \end{cases}$ où t et t' sont deux nombres réels quelconques.

> Les paramètres t et t' sont « muets », puisqu'ils sont quelconques dans ces équations. On pourrait donc prendre n'importe quelle lettre pour les représenter et, bien sûr, on pourrait choisir des lettres différentes pour $\mathcal{P}$ et pour $\mathcal{P}'$.

2. Si $\overrightarrow{BC} = \vec{a}$ alors $\begin{cases} x_C - 0 = 1 \\ y_C - 1 = 2 \\ z_C - 2 = 0 \end{cases}$ donc $C(1\,;3\,;2)$.

De même, si $\overrightarrow{BD} = \vec{b}$ alors $\begin{cases} x_D - 0 = 2 \\ y_D - 1 = -1 \\ z_D - 2 = 1 \end{cases}$ donc $D(2\,;0\,;3)$.

3. Le point C est dans $\mathcal{P}'$ s'il existe t et t' tels que $\begin{cases} 1 = 3t - t' \\ 3 = 1 + t + 3t' \\ 2 = 2 + t - t' \end{cases}$ c'est-à-dire $\begin{cases} 1 = 3t - t' \\ 2 = t + 3t' \\ 0 = t - t' \end{cases}$.

Les deuxième et troisième équations donnent $t = t' = \frac{1}{2}$. Or $1 = 3 \times \frac{1}{2} - \frac{1}{2}$, donc le point C est dans $\mathcal{P}'$.

De même, D est dans $\mathcal{P}'$ s'il existe t et t' tels que $\begin{cases} 2 = 3t - t' \\ 0 = 1 + t + 3t' \\ 3 = 2 + t - t' \end{cases}$ et donc $\begin{cases} 2 = 3t - t' \\ -1 = t + 3t' \\ 1 = t - t' \end{cases}$.

Les deuxième et troisième équations donnent $t = \frac{1}{2}$ et $t' = \frac{-1}{2}$. Or $2 = 3 \times \frac{1}{2} + \frac{1}{2}$, donc le point D est dans $\mathcal{P}'$.

4. On peut donc également définir $\mathcal{P}'$ comme étant le plan passant par B et dirigé par les vecteurs $\vec{a}$ et $\vec{b}$ qui dirigent $\mathcal{P}$, donc $\mathcal{P}$ et $\mathcal{P}'$ sont deux plans parallèles.

16 Droites coplanaires

1. $\vec{u}(1\,;-2\,;3)$ et $\vec{u}'(2\,;1\,;1)$ ne sont pas colinéaires, donc d et d' ne sont pas parallèles. Les droites d et d' sont donc coplanaires si, et seulement si, A' est élément du plan $\mathcal{P}$ passant par A et dirigé par $\vec{u}$ et $\vec{u}'$.

> Il faut bien avoir en tête les trois positions relatives possibles entre deux droites : parallèles, sécantes ou non coplanaires.

Or $\mathcal{P}$ admet pour représentation paramétrique : $\begin{cases} x = 1 + t + 2t' \\ y = -2t + t' \\ z = 1 + 3t + t' \end{cases}$, où t et t' sont deux réels quelconques, donc A' est élément du plan $\mathcal{P}$ si, et seulement si, on peut trouver un couple $(t\,;t')$ solution du système $\begin{cases} -1 = 1 + t + 2t' \\ 1 = -2t + t' \\ 0 = 1 + 3t + t' \end{cases}$.

Pour éliminer t' dans ces équations, soustrayons les deux dernières équations à la première, on obtient $-2 = 0$, donc ce système est incompatible. Le point A' n'est pas élément de $\mathcal{P}$, donc les droites d et d' ne sont pas coplanaires.

2. $\vec{u}(1\,;-2\,;5)$ et $\vec{u'}(2\,;1\,;5)$ ne sont pas colinéaires, donc d et d' ne sont pas parallèles. Les droites d et d' sont donc coplanaires si, et seulement si, A' est élément du plan $\mathcal{P}$ passant par A et dirigé par $\vec{u}$ et $\vec{u'}$.

Or $\mathcal{P}$ admet pour représentation paramétrique : $\begin{cases} x = 1 + t + 2t' \\ y = -2t + t' \\ z = 5 + 5t + 5t' \end{cases}$, où t et t' sont deux réels quelconques, donc A' est élément du plan $\mathcal{P}$ si, et seulement si, on peut trouver un couple $(t\,;t')$ solution du système $\begin{cases} -1 = 1 + t + 2t' \\ 1 = -2t + t' \\ -2 = 5 + 5t + 5t' \end{cases}$ c'est-à-dire $\begin{cases} t = -2 - 2t' \\ t' = 1 + 2(-2 - 2t') \\ 5(t + t') = -7 \end{cases}$.

Des deux premières équations on obtient $t = \dfrac{-4}{5}$ et $t' = \dfrac{-3}{5}$, valeurs qui vérifient la troisième équation.
Les droites d et d' sont donc coplanaires.

17 **Aire d'un parallélogramme**

1. $\sin(\vec{u},\vec{v}) = \sin((\vec{i},\vec{v}) - (\vec{i},\vec{u}))$
$= \sin(\vec{i},\vec{v})\cos(\vec{i},\vec{u}) - \sin(\vec{i},\vec{u})\cos(\vec{i},\vec{v})$
$= \dfrac{y'x - yx'}{\|\vec{v}\|\,\|\vec{u}\|}$
$= \dfrac{\det(\vec{u},\vec{v})}{\|\vec{u}\|\,\|\vec{v}\|}$.

💡 On rappelle que dans un repère orthonormé $(O\,;\vec{i},\vec{j})$, $\vec{u} = \|\vec{u}\|(\cos(\vec{i},\vec{u})\vec{i} + \sin(\vec{i},\vec{u})\vec{j})$ et que $\sin(a - b) = \sin a \cos b - \sin b \cos a$.

2. Soit H le pied de la hauteur issue de D dans le parallélogramme ABCD,
$\mathcal{A} = AB \times DH$
$= AB \times AD \times |\sin(\overrightarrow{AB},\overrightarrow{AD})|$
$= |\det(\overrightarrow{AB},\overrightarrow{AD})|$.

18 ▶ Déterminant et équation de droite

1. On a $\vec{AB}(-2\,;-3)$. $M(x\,;y)$ est un élément de la droite (AB) si, et seulement si, A, B et M sont alignés. Donc une équation de la droite (AB) est :

dét$(\vec{AB},\vec{AM})=0$, soit $\begin{vmatrix} -2 & x-1 \\ -3 & y-3 \end{vmatrix} = -2(y-3)+3(x-1)=0$ ou encore $3x-2y+3=0$.

💡 Voici la façon la plus rapide d'obtenir une équation de droite dans le plan.

2. d admet pour équation : dét$(\vec{AB},\vec{OM})=0$, soit $\begin{vmatrix} -2 & x \\ -3 & y \end{vmatrix} = -2y+3x=0$.

3. Le théorème de Pythagore dans le triangle ABM rectangle en A donne :
$AB^2+AM^2=BM^2$, soit $13+(x-1)^2+(y-3)^2=y^2+(x+1)^2$, ce qui équivaut à :
$13+x^2-2x+1+y^2-6y+9=y^2+x^2+2x+1$.
Une équation de la droite d' est $2x+3y-11=0$.

19 ▶ Déterminant et coplanarité

1. dét$(\vec{AB},\vec{AC},\vec{AD}) = \begin{vmatrix} 1 & 0 & -1 \\ 1 & -1 & 0 \\ 3 & 3 & 1 \end{vmatrix}$

$= -1 \times \begin{vmatrix} 1 & -1 \\ 3 & 3 \end{vmatrix} - 0 \times \begin{vmatrix} 1 & 0 \\ 3 & 3 \end{vmatrix} + 1 \times \begin{vmatrix} 1 & 0 \\ 1 & -1 \end{vmatrix} = -7 \neq 0$

donc les points A, B, C et D ne sont pas coplanaires.

2. dét$(\vec{AB},\vec{AC},\vec{AE}) = \begin{vmatrix} 1 & 0 & 1 \\ 1 & -1 & 2 \\ 3 & 3 & 0 \end{vmatrix} = 1 \times \begin{vmatrix} 1 & -1 \\ 3 & 3 \end{vmatrix} - 2 \times \begin{vmatrix} 1 & 0 \\ 3 & 3 \end{vmatrix} = 0$

donc les points A, B, C et E sont coplanaires.

3. $M(x\,;y\,;z)$ est un élément du plan (ABC) si, et seulement si, $\vec{AB}$, $\vec{AC}$ et $\vec{AM}$ sont coplanaires donc dét$(\vec{AB},\vec{AC},\vec{AM})=0$.

Or dét$(\vec{AB},\vec{AC},\vec{AM}) = \begin{vmatrix} 1 & 0 & x-1 \\ 1 & -1 & y-1 \\ 3 & 3 & z \end{vmatrix} = 6x-3y-z-3$.

Donc $6x-3y-z-3=0$ est une équation du plan (ABC).

💡 Voici la façon la plus rapide d'obtenir une équation de plan dans l'espace !

20 Changement de repère

1. $\|\vec{i'}\|=\|\vec{j'}\|=\|\vec{k'}\|=1$ et $\vec{i'}\cdot\vec{j'}=\vec{i'}\cdot\vec{k'}=\vec{k'}\cdot\vec{j'}=0$ donc R' est bien un repère orthonormé.

2. Nous noterons $(x'\,;y'\,;z')$ les coordonnées dans le repère R' du vecteur $\overrightarrow{AB}$. On a alors :

$$\overrightarrow{AB} = \vec{i} - \vec{j} + 2\vec{k} = x'\vec{i'} + y'\vec{j'} + z'\vec{k'}$$

$$= x'\frac{\vec{i}+\vec{j}+\vec{k}}{\sqrt{3}} + y'\frac{\vec{i}-\vec{j}}{\sqrt{2}} + z'\frac{\vec{i}+\vec{j}-2\vec{k}}{\sqrt{6}}$$

$$= \left(\frac{x'}{\sqrt{3}}+\frac{y'}{\sqrt{2}}+\frac{z'}{\sqrt{6}}\right)\vec{i} + \left(\frac{x'}{\sqrt{3}}-\frac{y'}{\sqrt{2}}+\frac{z'}{\sqrt{6}}\right)\vec{j} + \left(\frac{x'}{\sqrt{3}}-\frac{2z'}{\sqrt{6}}\right)\vec{k}.$$

Par identification on obtient le système :

$$\begin{cases} \dfrac{x'}{\sqrt{3}}+\dfrac{y'}{\sqrt{2}}+\dfrac{z'}{\sqrt{6}}=1 & (1) \\ \dfrac{x'}{\sqrt{3}}-\dfrac{y'}{\sqrt{2}}+\dfrac{z'}{\sqrt{6}}=-1 & (2) \\ \dfrac{x'}{\sqrt{3}}-\dfrac{2z'}{\sqrt{6}}=2 & (3) \end{cases}$$

$(1)-(2)\Rightarrow y'=\sqrt{2}\,;(1)-(3)\Rightarrow z'=\dfrac{-2\sqrt{6}}{3}\,;(3)\Rightarrow x'=\dfrac{2\sqrt{3}}{3}.$

Donc $B\left(\dfrac{2\sqrt{3}}{3}\,;\sqrt{2}\,;\dfrac{-2\sqrt{6}}{3}\right)_{R'}.$

 Quand il est question de plusieurs repères, il faut impérativement préciser dans lequel on est en train de donner les coordonnées.

Pour le point C on a immédiatement le résultat car $\overrightarrow{AC}=-\vec{i}+\vec{j}=-\sqrt{2}\vec{j'}$ et donc : $C\left(0\,;-\sqrt{2}\,;0\right)_{R'}.$

CHAPITRE 11
Produit scalaire

COURS

344	I.	Produit scalaire de deux vecteurs de l'espace
344	II.	Orthogonalité
346	POST BAC	Produit vectoriel

MÉTHODES ET STRATÉGIES

347	1	Déterminer l'intersection d'une droite et d'un plan
348	2	Déterminer l'intersection de deux plans
349	3	Déterminer l'équation cartésienne d'un plan (ABC)
350	4	Déterminer la position relative de droites et de plans

SUJETS DE TYPE BAC

352	Sujet 1	Droite orthogonale à un plan
352	Sujet 2	Équations de plans
353	Sujet 3	Repère orthonormé
353	Sujet 4	Positions relatives de deux plans
353	Sujet 5	Caractérisation d'un triangle
354	Sujet 6	Distance d'un point à une droite
354	Sujet 7	Équation d'un plan particulier
354	Sujet 8	Positions relatives de deux plans
355	Sujet 9	Intersection de trois plans
355	Sujet 10	Distance d'un point à un plan

SUJETS D'APPROFONDISSEMENT

356	Sujet 11	Perpendiculaire commune à deux droites
356	Sujet 12	Droite d'Euler
356	Sujet 13	Angle entre deux plans
357	Sujet 14	Plans passant par une même droite
357	Sujet 15 POST BAC	Distance d'un point à un plan
358	Sujet 16 POST BAC	Distance d'un point à une droite
358	Sujet 17 POST BAC	Produit vectoriel et équations de plan
358	Sujet 18 POST BAC	Caractérisations par le produit vectoriel
359	Sujet 19 POST BAC	Intersection d'une sphère et d'un plan
359	Sujet 20 POST BAC	Positions relatives d'objets dans l'espace

CORRIGÉS

360	**Sujets 1 à 10**
365	**Sujets 11 à 20**

COURS

Produit scalaire

I. Produit scalaire de deux vecteurs de l'espace

1. Définition

Soient $\vec{u}$ et $\vec{v}$ des vecteurs, A, B et C trois points de l'espace tels que $\overrightarrow{AB} = \vec{u}$ et $\overrightarrow{AC} = \vec{v}$.
Le **produit scalaire** dans l'espace des vecteurs $\vec{u}$ et $\vec{v}$ est le produit scalaire des vecteurs $\vec{u}$ et $\vec{v}$ dans un plan contenant A, B et C. On retrouve donc :
- si $\vec{u}$ et $\vec{v}$ sont non nuls, $\vec{u} \cdot \vec{v} = \|\vec{u}\| \times \|\vec{v}\| \cos(\vec{u}; \vec{v})$;
- si $\vec{u} = \vec{0}$ ou $\vec{v} = \vec{0}$ alors $\vec{u} \cdot \vec{v} = 0$.

2. Propriétés

■ Soient $\vec{u}$ et $\vec{v}$ deux vecteurs de l'espace, a et b des réels.
- $\vec{u} \cdot \vec{v} = \dfrac{1}{2}\left(\|\vec{u}+\vec{v}\|^2 - \|\vec{u}\|^2 - \|\vec{v}\|^2\right)$
- $\vec{u} \cdot \vec{v} = \vec{v} \cdot \vec{u}$
- $(a\vec{u} + b\vec{v}) \cdot \vec{w} = a(\vec{u} \cdot \vec{w}) + b(\vec{v} \cdot \vec{w})$

■ **Théorème** Dans un repère orthonormé de l'espace, si $\vec{u}$ et $\vec{v}$ sont des vecteurs de coordonnées respectives $(x; y; z)$ et $(x'; y'; z')$, alors : $\vec{u} \cdot \vec{v} = xx' + yy' + zz'$.

II. Orthogonalité

1. Lien entre produit scalaire et orthogonalité

■ **Théorème** Deux vecteurs $\vec{u}$ et $\vec{v}$ sont orthogonaux si, et seulement si, leur produit scalaire est nul.

■ Dans un repère orthonormé de l'espace, si $\vec{u}$ et $\vec{v}$ sont des vecteurs de coordonnées respectives $(x; y; z)$ et $(x'; y'; z')$, alors $\vec{u}$ et $\vec{v}$ sont orthogonaux si, et seulement si, $xx' + yy' + zz' = 0$.

2. Vecteur normal à un plan

■ Soit $\mathcal{P}$ un plan de l'espace.

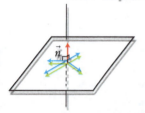

Définition Un vecteur dont la direction est orthogonale à $\mathcal{P}$ est appelé **vecteur normal** à $\mathcal{P}$.

Théorème Un vecteur normal à $\mathcal{P}$ est orthogonal à tous les vecteurs qui dirigent $\mathcal{P}$.

Théorème Deux vecteurs normaux à $\mathcal{P}$ sont colinéaires.

Remarque Soit $\vec{n}$ un vecteur normal à $\mathcal{P}$. Toute droite admettant $\vec{n}$ pour vecteur directeur est orthogonale à $\mathcal{P}$.

Théorème Soit $\vec{n}$ un vecteur normal à $\mathcal{P}$. Toute droite admettant un vecteur directeur orthogonal à $\vec{n}$ est parallèle à $\mathcal{P}$.

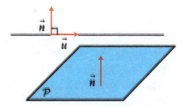

— Soient $\mathcal{P}$ et $\mathcal{P}'$ deux plans de vecteurs normaux respectifs $\vec{n}$ et $\vec{n'}$.

Théorème $\mathcal{P}$ et $\mathcal{P}'$ sont parallèles si, et seulement si, $\vec{n}$ et $\vec{n'}$ sont colinéaires.

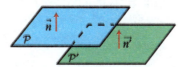

Théorème $\mathcal{P}$ et $\mathcal{P}'$ sont perpendiculaires si, et seulement si, $\vec{n}$ et $\vec{n'}$ sont orthogonaux.

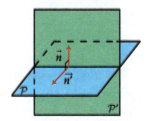

Théorème Lorsque deux plans sont perpendiculaires, toute droite orthogonale à l'un est parallèle à l'autre.

3. Équation cartésienne d'un plan

Théorème Si dans un repère orthonormé le vecteur $\vec{n}$ de coordonnées $(a\,;b\,;c)$ est un vecteur normal à un plan $\mathcal{P}$, alors il existe un réel d tel que pour tout point M du plan $\mathcal{P}$ de coordonnées $(x\,;y\,;z)$ on ait : $ax + by + cz + d = 0$.

Réciproquement : si a, b, c et d désignent des réels tels que $(a\,;b\,;c) \neq (0\,;0\,;0)$, dans un repère orthonormé l'ensemble des points M de coordonnées $(x\,;y\,;z)$ telles que $ax + by + cz + d = 0$ est un plan qui admet pour vecteur normal $\vec{n}$ de coordonnées $(a\,;b\,;c)$.

Définition Une telle équation est appelée **équation cartésienne du plan**.

Théorème Soient $\mathcal{P}$ et $\mathcal{P}'$ des plans d'équations cartésiennes $ax + by + cz + d = 0$ et $a'x + b'y + c'z + d' = 0$ respectivement.
Les plans $\mathcal{P}$ et $\mathcal{P}'$ sont parallèles si, et seulement si, les triplets $(a\,;b\,;c)$ et $(a'\,;b'\,;c')$ sont proportionnels. De plus, si $(a\,;b\,;c\,;d)$ et $(a'\,;b'\,;c'\,;d')$ sont proportionnels, les plans $\mathcal{P}$ et $\mathcal{P}'$ sont confondus.

Produit vectoriel

▸ Voir les exercices 16, 17 et 18.

Cette notion n'est pas au programme de Terminale S, mais elle facilite un grand nombre d'exercices de géométrie. Elle est également très utilisée en sciences physiques et sciences de l'ingénieur. Elle permet d'obtenir très simplement les coordonnées d'un vecteur orthogonal à deux vecteurs quelconques dans un repère orthonormé (très utile pour déterminer les coordonnées d'un vecteur normal à un plan...).

Définition Soit $R = (O\,;\vec{i},\vec{j},\vec{k})$ un repère orthonormé et $\vec{u}$ et $\vec{v}$ deux vecteurs de coordonnées $(x\,;y\,;z)$ et $(x'\,;y'\,;z')$ respectivement dans R. On définit alors le vecteur $\vec{w}$ que l'on notera $\vec{u} \wedge \vec{v}$ et que l'on appellera **produit vectoriel** de $\vec{u}$ et $\vec{v}$ comme étant le vecteur ayant pour coordonnées $(yz' - y'z\,;x'z - xz'\,;xy' - x'y)$ dans le repère R.

Remarque Avec les notations du déterminant définies au chapitre précédent, on peut écrire :

$$\vec{u} \wedge \vec{v} = \begin{vmatrix} y & y' \\ z & z' \end{vmatrix} \vec{i} - \begin{vmatrix} x & x' \\ z & z' \end{vmatrix} \vec{j} + \begin{vmatrix} x & x' \\ y & y' \end{vmatrix} \vec{k}.$$

On obtient alors les très utiles propositions suivantes :

Propositions
- Si $\vec{w} = \vec{u} \wedge \vec{v}$ alors $\vec{w}$ est orthogonal aux vecteurs $\vec{u}$ et $\vec{v}$.
- $\vec{u} \wedge \vec{v} = \vec{0}$ si, et seulement si, les vecteurs $\vec{u}$ et $\vec{v}$ sont colinéaires.
- Si les vecteurs $\vec{u}$ et $\vec{v}$ ne sont pas colinéaires, alors tous les vecteurs qui sont orthogonaux à $\vec{u}$ et $\vec{v}$ sont colinéaires à $\vec{u} \wedge \vec{v}$.

Conséquence Étant donnés deux vecteurs $\vec{u}$ et $\vec{v}$ orthogonaux, pour tout point A de l'espace, $(A\,;\vec{u},\vec{v},\vec{u} \wedge \vec{v})$ forme un repère orthogonal de l'espace.

MÉTHODES ET STRATÉGIES

Déterminer l'intersection d'une droite et d'un plan

▸ Voir les exercices 1, 2, 6, 10, 11, 15 et 16 mettant en œuvre cette méthode.

Dans un repère orthonormé, une droite $\mathcal{D}$ est déterminée par une représentation paramétrique : $\begin{cases} x = x_0 + \alpha t \\ y = y_0 + \beta t \\ z = z_0 + \gamma t \end{cases}$; un plan $\mathcal{P}$ par une équation cartésienne : $ax + by + cz + d = 0$.

On cherche l'intersection de la droite $\mathcal{D}$ et du plan $\mathcal{P}$.

Méthode

▸ **Étape 1 :** on vérifie si $\mathcal{D}$ est parallèle à $\mathcal{P}$, en faisant le produit scalaire du vecteur directeur de $\mathcal{D}$ donné par les coefficients devant le paramètre dans la représentation paramétrique de $\mathcal{D}$: $\vec{u}(\alpha\,;\beta\,;\gamma)$ avec le vecteur normal à $\mathcal{P}$ donné par les coefficients devant les coordonnées dans l'équation cartésienne de $\mathcal{P}$: $\vec{n}(a\,;b\,;c)$.
• Si le produit scalaire est nul, la droite $\mathcal{D}$ est parallèle au plan $\mathcal{P}$.
On vérifie alors si un point de $\mathcal{D}$ est aussi dans $\mathcal{P}$, par exemple celui donné en prenant le paramètre égal à 0 : $M_0(x_0\,;y_0\,;z_0)$.
Si tel est le cas, la droite est incluse dans le plan ; sinon l'intersection est vide.
• Si le produit scalaire n'est pas nul, la droite et le plan sont sécants en un unique point que l'on détermine aux étapes suivantes.

▸ **Étape 2 :** on remplace les expressions de x, y et z dans l'équation du plan $\mathcal{P}$ par les coordonnées d'un point M de $\mathcal{D}$ fonctions du paramètre t.
On obtient ainsi une équation du premier degré d'inconnue t.

▸ **Étape 3 :** on résout l'équation (qui a une solution puisque la droite n'est pas parallèle au plan).

▸ **Étape 4 :** on remplace t par la valeur trouvée dans le système d'équations paramétriques de la droite $\mathcal{D}$, on obtient ainsi les coordonnées du point d'intersection.

Exemple

Déterminer l'intersection du plan $\mathcal{P}$ d'équation $2x - y + 3z + 1 = 0$ avec la droite $\mathcal{D}$ de représentation paramétrique : $\begin{cases} x = 1 - t \\ y = -3 + 2t \\ z = t \end{cases}$.

Application

▸ **Étape 1 :** le vecteur $\vec{u}(-1\,;2\,;1)$ dirige la droite $\mathcal{D}$; le vecteur $\vec{n}(2\,;-1\,;3)$ est normal au plan $\mathcal{P}$.
$\vec{u} \cdot \vec{n} = -1 \neq 0$ donc, les vecteurs $\vec{u}$ et $\vec{n}$ n'étant pas orthogonaux, la droite $\mathcal{D}$ et le plan $\mathcal{P}$ sont sécants en un unique point A.

▶ **Étape 2 :** les coordonnées de A vérifient les équations de $\mathcal{D}$ et de $\mathcal{P}$.
On a donc $2(1-t) - (-3+2t) + 3t + 1 = 0$.

▶ **Étape 3 :** on en déduit que $t = 6$.

▶ **Étape 4 :** le point A a pour coordonnées $(-5 ; 9 ; 6)$.

Déterminer l'intersection de deux plans

▶ Voir les exercices 2, 4, 9 et 14 mettant en œuvre cette méthode.

Dans un repère orthonormé, on donne deux plans $\mathcal{P}$ et $\mathcal{Q}$ d'équations cartésiennes respectives $ax + by + cz + d = 0$ et $\alpha x + \beta y + \gamma z + \delta = 0$.

Méthode

▶ **Étape 1 :** on détermine si les plans sont parallèles en regardant si leurs vecteurs normaux $\vec{n}(a ; b ; c)$ et $\vec{u}(\alpha ; \beta ; \gamma)$ sont colinéaires.
• Si les vecteurs sont colinéaires, les plans sont parallèles.
On regarde si les coefficients des deux équations cartésiennes sont proportionnels.
Si tel est le cas, les plans sont confondus ; sinon, ils sont strictement parallèles et l'intersection est vide.
• Si les vecteurs ne sont pas colinéaires, on passe aux étapes suivantes.

▶ **Étape 2 :** on écrit un système avec les deux équations.

▶ **Étape 3 :** on fixe l'une des coordonnées comme paramètre. On exprime les deux autres à l'aide de ce paramètre. On obtient ainsi une représentation paramétrique de la droite d'intersection.
Si la résolution du système conduit à un résultat impossible, c'est que l'on a pris comme paramètre une coordonnée qui doit être constante. Il faut choisir une autre coordonnée comme paramètre.

Exemple

Déterminer l'intersection des plans $\mathcal{P}$ d'équation $2x - 3y - z + 1 = 0$ avec le plan $\mathcal{Q}$ d'équation $x + y - 2z + 4 = 0$.

Application

▶ **Étape 1 :** le vecteur $\vec{n}(2 ; -3 ; -1)$ est normal à $\mathcal{P}$; le vecteur $\vec{u}(1 ; 1 ; -2)$ est normal à $\mathcal{Q}$.
Les coordonnées de $\vec{n}$ et $\vec{u}$ ne sont clairement pas proportionnelles, les plans ne sont donc pas parallèles. Ils s'interceptent suivant une droite $\mathcal{D}$.

▶ **Étape 2 :** les points de $\mathcal{D}$ vérifient les deux équations : $\begin{cases} 2x - 3y - z + 1 = 0 \\ x + y - 2z + 4 = 0 \end{cases}$

▶ **Étape 3 :** On fixe z comme paramètre (que l'on note t). Les points de $\mathcal{D}$ vérifient donc :

$$\begin{cases} 2x-3y-t+1=0 \\ x+y-2t+4=0 \\ z=t \end{cases} \Leftrightarrow \begin{cases} 2(-y+2t-4)-3y-t+1=0 \\ x=-y+2t-4 \\ z=t \end{cases} \Leftrightarrow \begin{cases} y=-\dfrac{7}{5}+\dfrac{3}{5}t \\ x=-\dfrac{13}{5}+\dfrac{7}{5}t \\ z=t \end{cases}$$

Une représentation paramétrique de $\mathcal{D}$ est : $\begin{cases} x=-\dfrac{13}{5}+\dfrac{7}{5}t \\ y=-\dfrac{7}{5}+\dfrac{3}{5}t \\ z=t \end{cases}$

Déterminer l'équation cartésienne d'un plan (ABC)

▶ Voir les exercices 10 et 17 mettant en œuvre cette méthode.

Méthode

Dans un repère orthonormé, on cherche l'équation du plan passant par trois points donnés A, B et C.

▶ **Étape 1 :** on s'assure que les points ne sont pas alignés en vérifiant que les vecteurs $\overrightarrow{AB}$ et $\overrightarrow{AC}$ ne sont pas colinéaires.

▶ **Étape 2 :** on note $\vec{n}(a\,;b\,;c)$ un vecteur normal au plan, donc orthogonal aux vecteurs $\overrightarrow{AB}$ et $\overrightarrow{AC}$.

$\begin{cases} \vec{n}\cdot\overrightarrow{AB}=0 \\ \vec{n}\cdot\overrightarrow{AC}=0 \end{cases}$ donne un système de 2 équations à 3 inconnues a, b et c.

▶ **Étape 3 :** on donne une valeur numérique à l'une des inconnues. On obtient ainsi un système de deux équations à deux inconnues que l'on résout, déterminant ainsi a, b et c. Si la résolution du système conduit à un résultat impossible, c'est que l'on a fixé une coordonnée qui doit être nulle. Il faut en fixer une autre.

▶ **Étape 4 :** l'équation du plan (ABC) est de la forme $ax+by+cz+d=0$. Il reste à déterminer d en remplaçant x, y et z par les coordonnées du point A, par exemple.

Exemple

Déterminer l'équation du plan passant par les points $A(2\,;-1\,;0)$, $B(1\,;-1\,;1)$ et $C(0\,;2\,;1)$.

Application

▶ **Étape 1 :** les vecteurs $\overrightarrow{AB}(-1\,;0\,;1)$ et $\overrightarrow{AC}(-2\,;3\,;1)$ n'ont clairement pas des coordonnées proportionnelles, ils ne sont donc pas colinéaires. Les points A, B et C n'étant pas alignés, ils définissent bien un plan.

> **Étape 2 :** on note $\vec{n}(a;b;c)$ un vecteur normal au plan (ABC).
$$\begin{cases} \vec{n} \cdot \overrightarrow{AB}=0 \\ \vec{n} \cdot \overrightarrow{AC}=0 \end{cases} \Leftrightarrow \begin{cases} -a+c=0 \\ -2a+3b+c=0 \end{cases}$$

> **Étape 3 :** on fixe $a=1$. On obtient : $\begin{cases} a=1 \\ b=\dfrac{1}{3} \\ c=1 \end{cases}$.

> **Étape 4 :** l'équation du plan est de la forme $x+\dfrac{1}{3}y+z+d=0$.
A étant un point du plan, on a $2-\dfrac{1}{3}+d=0$ donc $d=-\dfrac{5}{3}$.
Une équation du plan (ABC) est : $x+\dfrac{1}{3}y+z-\dfrac{5}{3}=0$.
Une autre (avec des coefficients entiers !) est : $3x+y+3z-5=0$.

 Pour s'assurer du résultat, on vérifie toujours que les coordonnées de A, B et C satisfont l'équation.

4. Déterminer la position relative de droites et de plans

> Voir les exercices 1, 4, 8 et 9 mettant en œuvre cette méthode.

Dans un repère orthonormé, deux droites sont déterminées par leurs représentations paramétriques :
$$\mathcal{D}_1 : \begin{cases} x=x_1+\alpha_1 t \\ y=y_1+\beta_1 t \\ z=z_1+\gamma_1 t \end{cases} \text{ et } \mathcal{D}_2 : \begin{cases} x=x_2+\alpha_2 t \\ y=y_2+\beta_2 t \\ z=z_2+\gamma_2 t \end{cases} ;$$
deux plans par leurs équations cartésiennes :
$\mathcal{P}_1 : a_1x+b_1y+c_1z+d_1=0$ et $\mathcal{P}_2 : a_2x+b_2y+c_2z+d_2=0$.
On en déduit que $\mathcal{D}_1$ et $\mathcal{D}_2$ sont dirigées par les vecteurs $\vec{u_1}(\alpha_1;\beta_1;\gamma_1)$ et $\vec{u_2}(\alpha_2;\beta_2;\gamma_2)$ respectivement, et que $\mathcal{P}_1$ et $\mathcal{P}_2$ ont pour vecteurs normaux $\vec{n_1}(a_1;b_1;c_1)$ et $\vec{n_2}(a_2;b_2;c_2)$ respectivement.

Méthode

> **Étape 1 :** pour montrer que $\mathcal{D}_1$ et $\mathcal{D}_2$ sont parallèles, on vérifie que $\vec{u_1}$ et $\vec{u_2}$ sont colinéaires (coordonnées proportionnelles).

> **Étape 2 :** pour montrer que $\mathcal{D}_1$ et $\mathcal{D}_2$ sont orthogonales, on vérifie que $\vec{u_1} \cdot \vec{u_2}=0$.

> **Étape 3 :** pour montrer que $\mathcal{P}_1$ et $\mathcal{P}_2$ sont parallèles, on vérifie que $\vec{n_1}$ et $\vec{n_2}$ sont colinéaires.

> **Étape 4 :** pour montrer que $\mathcal{P}_1$ et $\mathcal{P}_2$ sont perpendiculaires, on vérifie que $\vec{n_1} \cdot \vec{n_2}=0$.

> **Étape 5 :** pour montrer que $\mathcal{D}_1$ est parallèle à $\mathcal{P}_1$, on vérifie que $\vec{u_1} \cdot \vec{n_1} = 0$.

> **Étape 6 :** pour montrer que $\mathcal{D}_1$ est orthogonale à $\mathcal{P}_1$, on vérifie que $\vec{u_1}$ et $\vec{n_1}$ sont colinéaires.

Exemple
On considère les droites $\mathcal{D}_1$ et $\mathcal{D}_2$ de représentations paramétriques respectives :
$$\begin{cases} x = -t \\ y = 3 + 2t \\ z = 1 \end{cases} \text{ et } \begin{cases} x = 2 + 4t \\ y = 1 + 2t, \\ z = 3 - t \end{cases}$$
et les plans $\mathcal{P}_1$ et $\mathcal{P}_2$ d'équations : $2x - 4y = 0$ et $2x + y - 2z + 3 = 0$.
Déterminer les positions relatives de ces droites et plans.

Application
$\mathcal{D}_1$ est dirigée par $\vec{u_1}\,(-1\,;2\,;0)$; $\mathcal{D}_2$ est dirigée par $\vec{u_2}\,(4\,;2\,;-1)$.
$\mathcal{P}_1$ a pour vecteur normal $\vec{n_1}\,(2\,;-4\,;0)$ et $\mathcal{P}_2$ a pour vecteur normal $\vec{n_2}\,(2\,;1\,;-2)$.

> **Étapes 1 et 2 :** $\vec{u_1} \cdot \vec{u_2} = 0$ donc les droites $\mathcal{D}_1$ et $\mathcal{D}_2$ sont orthogonales.

> **Étapes 3 et 4 :** $\vec{n_1} \cdot \vec{n_2} = 0$ donc les plans $\mathcal{P}_1$ et $\mathcal{P}_2$ sont perpendiculaires.

> **Étapes 5 et 6 :** $\vec{n_1} = -2\vec{u_1}$ donc $\mathcal{D}_1$ est orthogonale à $\mathcal{P}_1$.
$\vec{u_1} \cdot \vec{n_2} = 0$ donc $\mathcal{D}_1$ est parallèle à $\mathcal{P}_2$. Le point $A_1(0\,;3\,;1)$ appartient à $\mathcal{D}_1$ mais n'appartient pas à $\mathcal{P}_2$.
$\mathcal{D}_1$ est donc strictement parallèle à $\mathcal{P}_2$.

 Ce résultat illustre le théorème suivant : « lorsque 2 plans sont perpendiculaires, une droite orthogonale à l'un est parallèle à l'autre ».

$\vec{u_2} \cdot \vec{n_1} = 0$ donc $\mathcal{D}_2$ est parallèle à $\mathcal{P}_1$. Le point $A_2(2\,;1\,;3)$ appartient à $\mathcal{D}_2$ et à $\mathcal{P}_1$ la droite $\mathcal{D}_2$ est donc incluse dans $\mathcal{P}_1$.
$\vec{u_2}$ et $\vec{n_2}$ ne sont ni colinéaires, ni orthogonaux. La droite $\mathcal{D}_2$ et le plan $\mathcal{P}_2$ sont donc sécants, non orthogonaux.

 Ce résultat montre que lorsque deux plans sont perpendiculaires, une droite parallèle à l'un n'a pas *a priori* de position particulière par rapport à l'autre.

SUJETS DE TYPE BAC

1 — Droite orthogonale à un plan

25 min

Cet exercice est une bonne illustration de ce qu'il faut absolument savoir sur l'orthogonalité dans l'espace.

> Voir les méthodes et stratégies 1 et 4.

Soit $(O\,;\vec{i},\vec{j},\vec{k})$ un repère orthonormé de l'espace. Soient $\vec{u}(1\,;-1\,;0)$, $\vec{v}(2\,;0\,;-1)$ et $\vec{w}(1\,;1\,;1)$ trois vecteurs et $A(1\,;0\,;0)$ et $B(3\,;4\,;3)$ deux points.
On considère le plan $\mathcal{P}$ passant par le point A et dirigé par les vecteurs $\vec{u}$ et $\vec{v}$, et la droite d passant par B et dirigée par $\vec{w}$.

1. Déterminer une équation cartésienne du plan $\mathcal{P}$.
2. Déterminer une représentation paramétrique de la droite d.
3. Montrer que d et $\mathcal{P}$ se coupent en un point C que l'on déterminera.
4. Montrer que le triangle ABC est rectangle en C.
5. La droite d est-elle orthogonale au plan $\mathcal{P}$?

2 — Équations de plans

35 min

Cet exercice nous permet de voir les principales méthodes d'obtention d'équations cartésiennes de plans qu'il faut maîtriser impérativement pour le bac.

> Voir les méthodes et stratégies 1 et 2.

Soit $(O\,;\vec{i},\vec{j},\vec{k})$ un repère orthonormé de l'espace.
On considère le plan $\mathcal{P}$ admettant pour représentation paramétrique $\begin{cases} x = -1 + 2\lambda + \mu \\ y = 1 - 2\lambda + \mu \\ z = 1 + \lambda - \mu \end{cases}$,
où λ et μ sont des réels quelconques, la droite d admettant la représentation paramétrique $\begin{cases} x = 1 + t \\ y = -4 - 2t \\ z = 6 + t \end{cases}$, où t est un réel quelconque et d' la droite intersection des plans $\mathcal{P}'$ d'équation $2x - 2 = 3y$ et $\mathcal{P}''$ d'équation $2y = z - 2$.

1. Déterminer une équation cartésienne de $\mathcal{P}$.
2. Déterminer les coordonnées du point I d'intersection de d et $\mathcal{P}$.
3. Déterminer une représentation paramétrique de la droite d'.
4. Déterminer une équation cartésienne du plan $\mathcal{Q}$ contenant d et parallèle à la droite d'.
5. Déterminer une équation cartésienne du plan $\mathcal{Q}'$ orthogonal à d et passant par le point $J(1\,;0\,;2)$.

3 Repère orthonormé

Cet exercice a pour but d'aider à bien comprendre les notions de repères orthogonaux et de repères orthonormés de l'espace.

15 min

Soient $R = (O\,;\vec{i},\vec{j},\vec{k})$ un repère orthonormé de l'espace, $(\alpha\,;\beta)$ un couple de réels et $(a\,;b\,;c)$ un triplet de réels strictement positifs.

Soient $\vec{i'} = \dfrac{\alpha \vec{i} + \beta \vec{j} + \vec{k}}{a}$, $\vec{j'} = \dfrac{2\vec{i} + \vec{j} - 2\vec{k}}{b}$ et $\vec{k'} = \dfrac{7\vec{i} + 8\vec{j} + 11\vec{k}}{c}$.

1. Déterminer le couple $(\alpha\,;\beta)$ pour que $R' = (O\,;\vec{i'},\vec{j'},\vec{k'})$ soit un repère orthogonal de l'espace.

2. Déterminer a, b et c pour que R' soit un repère orthonormé.

4 Positions relatives de deux plans

Cet exercice permet d'utiliser les différentes façons de caractériser des plans ou des droites dans l'espace (équation cartésienne, représentation paramétrique, vecteur normal ou directeur) et de vérifier que l'on est capable de passer d'une représentation à une autre.

15 min

> Voir les méthodes et stratégies 2 et 4.

Soit $(O\,;\vec{i},\vec{j},\vec{k})$ un repère orthonormé de l'espace.

On considère les plans $\mathcal{P} : 2x - y + 3z = 5$, $\mathcal{P}' : 4x - 2y + 6z = 7$ et $\mathcal{P}'' : -x + y + z = -3$.

1. Montrer que les plans $\mathcal{P}$ et $\mathcal{P}'$ sont strictement parallèles.

2. Montrer que les plans $\mathcal{P}'$ et $\mathcal{P}''$ sont perpendiculaires et déterminer leur droite d'intersection.

5 Caractérisation d'un triangle

Cet exercice est là pour nous rappeler que le produit scalaire ne sert pas uniquement à caractériser des angles droits mais qu'il est également un outil pour mesurer tous les angles dans le plan ou dans l'espace.

15 min

Soit $(O\,;\vec{i},\vec{j},\vec{k})$ un repère orthonormé de l'espace.

On considère $A(\sqrt{2}\,;0\,;0)$, $B(0\,;1\,;0)$ et $C(0\,;1\,;1)$ trois points de l'espace.

Déterminer les longueurs des côtés ainsi que les angles du triangle ABC.

6 ▸ Distance d'un point à une droite   15 min

Nous avons déjà rencontré ce genre d'exercice dans le chapitre précédent et nous allons voir qu'avec les nouveaux outils de ce chapitre nous pouvons gagner en efficacité.

> Voir la méthode et stratégie 1 du chapitre 11 et le sujet 12 du chapitre 10.

Soit $(O\,;\vec{i},\vec{j},\vec{k})$ un repère orthonormé de l'espace. Soient M($-1\,;1\,;3$) un point et d une droite de représentation paramétrique $\begin{cases} x = 1 + 2t \\ y = 2 - t \\ z = 2 + 2t \end{cases}$, où t est un réel quelconque.

1. Déterminer une équation du plan $\mathcal{P}$ orthogonal à d et passant par M.
2. Déterminer les coordonnées du point H intersection de la droite d et du plan $\mathcal{P}$.
3. Calculer la longueur MH qui représente la distance de M à d.

7 ▸ Équation d'un plan particulier   15 min

Voici un exercice qui serait sans doute donné au bac da façon plus accompagnée, mais qu'il est intéressant de chercher sans indication, afin de mettre à l'épreuve ses connaissances et sa réelle compréhension du cours de géométrie.

Soit $(O\,;\vec{i},\vec{j},\vec{k})$ un repère orthonormé de l'espace.
Soient le plan $\mathcal{P}$ d'équation cartésienne $x - y + 2z + 4 = 0$ et la droite d d'équations $\begin{cases} 2x - y + 2z + 4 = 0 \\ x - y - z + 1 = 0 \end{cases}$.
Déterminer une équation cartésienne du plan $\mathcal{P}'$ perpendiculaire au plan $\mathcal{P}$ et contenant la droite d.

8 ▸ Positions relatives de deux plans   15 min

Cet exercice sur la position de deux plans se singularise par la présence d'un paramètre dans une des équations, ce qui entraîne une discussion en fonction de celui-ci.

> Voir la méthode et stratégie 4.

Soient $(O\,;\vec{i},\vec{j},\vec{k})$ un repère orthonormé de l'espace et a un réel.
On considère les deux plans $\mathcal{P}$ et $\mathcal{P}'$ dont les équations sont données ci-dessous.
$\mathcal{P}: x + 3y - z + 1 = 0\,;\ \mathcal{P}': 2x + 6y + az + 5 = 0$.

1. Comment choisir a pour avoir $\mathcal{P}$ et $\mathcal{P}'$ perpendiculaires ?
2. Comment choisir a pour avoir $\mathcal{P}$ et $\mathcal{P}'$ parallèles ? Les plans $\mathcal{P}$ et $\mathcal{P}'$ sont-ils alors confondus ?

9 Intersection de trois plans

25 min

Voici un exercice qui mêle géométrie et résolution de système linéaire et qui demande un minimum de réflexion si on veut le résoudre sans trop perdre de temps.

> Voir les méthodes et stratégies 2 et 4.

Soit $(O\,;\vec{i},\vec{j},\vec{k})$ un repère orthonormé de l'espace.
On considère les plans $\mathcal{P}: x+y-z+1=0$, $\mathcal{P}': 2x-y+z+2=0$ et $\mathcal{P}'': x-2y-z=0$.

1. Les plans $\mathcal{P}$ et $\mathcal{P}'$ sont-ils perpendiculaires ?
2. Les plans $\mathcal{P}$ et $\mathcal{P}''$ sont-ils perpendiculaires ?
3. Les plans $\mathcal{P}'$ et $\mathcal{P}''$ sont-ils perpendiculaires ?
4. Déterminer les coordonnées du point A intersection des trois plans $\mathcal{P}$, $\mathcal{P}'$ et $\mathcal{P}''$.

10 Distance d'un point à un plan

25 min

Cet exercice aborde un sujet hors programme en s'appuyant uniquement sur des notions exigibles du cours : c'est donc un exercice qui pourrait faire l'objet d'un bon sujet de bac...

> Voir les méthodes et stratégies 1 et 3.

Dans un repère orthonormé de l'espace, on considère les points :

$A(1\,;-1\,;2)$, $B(0\,;1\,;3)$, $C\left(\dfrac{1}{2}\,;-1\,;0\right)$ et $D(1\,;1\,;1)$.

1. a. Montrer que les points A, B et C définissent un plan $\mathcal{P}$.

b. Déterminer une équation cartésienne du plan $\mathcal{P}$.

c. Montrer que le point D n'appartient pas au plan $\mathcal{P}$.

2. a. Donner une représentation paramétrique de la droite Δ passant par le point D et orthogonale au plan $\mathcal{P}$.

b. Déterminer les coordonnées du point I, intersection de Δ et de $\mathcal{P}$.

c. Calculer la longueur DI. C'est la distance de D à $\mathcal{P}$.

SUJETS D'APPROFONDISSEMENT

11 Perpendiculaire commune à deux droites

25 min

Cet exercice nous donne une méthode permettant de trouver une droite orthogonale à deux droites données de l'espace. Ce genre d'exercice peut être posé au bac à condition d'être suffisamment guidé, comme c'est le cas ici.

> Voir la méthode et stratégie 1.

Dans un repère orthonormé de l'espace, on considère les droites $\mathcal{D}_1 : \begin{cases} x = t \\ y = 0 \\ z = 1+t \end{cases}$, où t est un réel quelconque et $\mathcal{D}_2 : \begin{cases} x = 1-t \\ y = t \\ z = 1 \end{cases}$, où t est un réel quelconque.

On veut déterminer la perpendiculaire commune à $\mathcal{D}_1$ et $\mathcal{D}_2$.
On note $\vec{u_1}$ un vecteur directeur de $\mathcal{D}_1$ et $\vec{u_2}$ un vecteur directeur de $\mathcal{D}_2$.

1. Déterminer les coordonnées d'un vecteur directeur $\vec{n}$ d'une droite orthogonale à $\mathcal{D}_1$ et à $\mathcal{D}_2$.

2. Déterminer une représentation paramétrique du plan $\mathcal{P}$, contenant $\mathcal{D}_1$, admettant $\vec{u_1}$ et $\vec{n}$ comme vecteurs directeurs.

3. Trouver l'intersection M de $\mathcal{P}$ et de $\mathcal{D}_2$.

4. Répondre au problème posé.

12 Droite d'Euler

20 min

Cet exercice doit sa relative difficulté au fait qu'il nécessite d'utiliser la relation de Chasles en introduisant des points judicieusement choisis. Il permet de revoir les fondamentaux de la géométrie vectorielle du plan.

Soit un triangle ABC. On note O le centre du cercle circonscrit à ce triangle, H le point du plan défini par $\vec{OH} = \vec{OA} + \vec{OB} + \vec{OC}$ et G le point du plan tel que $\vec{GA} + \vec{GB} + \vec{GC} = \vec{0}$.

1. Démontrer que H est l'orthocentre du triangle ABC.

2. Démontrer que G est le centre de gravité du triangle ABC (intersection des médianes).

3. Démontrer que les points O, H et G sont sur une même droite, appelée droite d'Euler.

13 Angle entre deux plans

35 min

Cet exercice nous permet de définir et de calculer l'angle aigu formé par deux plans non parallèles.

Soit $(O; \vec{i}, \vec{j}, \vec{k})$ un repère orthonormé de l'espace.

Soient $\mathcal{P}$ et $\mathcal{P}'$ les plans de l'espace d'équations cartésiennes :
$\mathcal{P} : \sqrt{2}x + z - 7 = 0$ et $\mathcal{P}' : y + \sqrt{3}z - 3 = 0$.

1. Déterminer des vecteurs normaux aux plans $\mathcal{P}$ et $\mathcal{P}'$ que l'on nommera respectivement $\vec{n}$ et $\vec{n'}$.

2. Justifier que ces deux plans sont non parallèles.

3. Déterminer une représentation paramétrique de la droite Δ intersection des plans $\mathcal{P}$ et $\mathcal{P}'$.

4. Soit d (respectivement d') une droite de $\mathcal{P}$ (respectivement de $\mathcal{P}'$) orthogonale à Δ. Déterminer des vecteurs directeurs respectifs $\vec{u}$ et $\vec{u'}$ des droites d et d'.

5. Déterminer l'angle aigu formé par $\vec{u}$ et $\vec{u'}$: c'est l'angle aigu formé par les deux plans $\mathcal{P}$ et $\mathcal{P}'$.

6. Montrer que l'angle aigu formé par $\vec{n}$ et $\vec{n'}$ est égal à l'angle aigu formé par $\vec{u}$ et $\vec{u'}$ puis retrouver ainsi la valeur de l'angle aigu formé par les deux plans $\mathcal{P}$ et $\mathcal{P}'$.

 Plans passant par une même droite

30 min

Cet exercice est particulièrement intéressant car il mêle géométrie et résolution d'une équation polynômiale du troisième degré.

> Voir la méthode et stratégie 2.

Soient $(O ; \vec{i}, \vec{j}, \vec{k})$ un repère orthonormé de l'espace et t un nombre réel.
On définit le plan $\mathcal{P}$ d'équation $x + ty - z + 1 = 0$, le plan $\mathcal{P}'$ d'équation $(t+1)x + 3y + 4z - 2 = 0$ et le plan $\mathcal{P}''$ d'équation $y + (2t+4)z - (2t+2) = 0$.
Déterminer une valeur de t pour laquelle ces trois plans contiennent une même droite d.

15 Distance d'un point à un plan

25 min

Cet exercice, qui met en œuvre l'encadré post bac sur le projeté orthogonal (voir le chapitre 9), est placé dans ce chapitre car nous disposons maintenant des équations cartésiennes des plans et pouvons voir, ainsi, une méthode simple pour calculer la distance d'un point à un plan.

> Voir la méthode et stratégie 1.

Soit $R = (O ; \vec{i}, \vec{j}, \vec{k})$ un repère orthonormé de l'espace.
Le but de cet exercice est de calculer la distance du point $M(-1; 2; 1)$ au plan $\mathcal{P}$ admettant pour équation : $-x + y - 2z - 7 = 0$.

1. Déterminer une représentation paramétrique de la droite d orthogonale à $\mathcal{P}$ et passant par le point M.

2. Déterminer le point H intersection de $\mathcal{P}$ et de d.

3. En déduire la distance de M à $\mathcal{P}$.

16 — Distance d'un point à une droite

40 min

Cet exercice met en œuvre l'encadré post bac sur le projeté orthogonal (voir le chapitre 9) ainsi que celui sur le produit vectoriel.

> Voir la méthode et stratégie 1.

Soit $R = (O\,;\vec{i}, \vec{j}, \vec{k})$ un repère orthonormé de l'espace.
Soient $\mathcal{P}_1$ et $\mathcal{P}_2$ deux plans d'équations cartésiennes respectives $x + y - 2z - 1 = 0$ et $2x - y + z + 1 = 0$.
Le but de cet exercice est de calculer la distance du point $M(1\,;3\,;-2)$ à la droite d intersection des plans $\mathcal{P}_1$ et $\mathcal{P}_2$.

1. Déterminer deux vecteurs normaux aux plans $\mathcal{P}_1$ et $\mathcal{P}_2$ puis calculer $\vec{u}$ leur produit vectoriel.

2. Justifier que $\vec{u}$ est un vecteur directeur de d.

3. Déterminer une équation du plan $\mathcal{P}$ passant par M et orthogonal à d.

4. Déterminer le point H intersection de $\mathcal{P}$ et de d.

5. Calculer MH, distance de M à d.

17 — Produit vectoriel et équations de plan

25 min

Cet exercice met en œuvre l'encadré post bac sur le produit vectoriel.

> Voir la méthode et stratégie 3.

Soit $(O\,;\vec{i}, \vec{j}, \vec{k})$ un repère orthonormé de l'espace.
On considère les points $A(1\,;2\,;3)$, $B(3\,;-2\,;1)$ et $C(5\,;0\,;-4)$.

1. Déterminer une équation du plan $\mathcal{P}$ passant par A et admettant pour vecteur normal le vecteur $\vec{n}(4\,;5\,;6)$.

2. Déterminer une équation du plan $\mathcal{P}'$ passant par A et parallèle au plan d'équation cartésienne : $3x - 2y + 4z - 5 = 0$.

3. Montrer que les points A, B et C définissent un plan $\mathcal{P}''$.

4. Déterminer de deux façons différentes un vecteur normal au plan $\mathcal{P}''$ puis en déduire une équation cartésienne de ce plan.

18 — Caractérisations par le produit vectoriel

15 min

Cet exercice qui met en œuvre l'encadré post bac sur le produit vectoriel montre l'utilité du produit vectoriel pour caractériser l'alignement et la coplanarité.

Soient A, B et C trois points de l'espace.

1. Déterminer l'ensemble des points M de l'espace tels que $\overrightarrow{AM} \wedge \overrightarrow{AB} = \vec{0}$.

2. Déterminer l'ensemble des points M de l'espace tels que $(\overrightarrow{AB} \wedge \overrightarrow{AC}) \cdot \overrightarrow{AM} = 0$.

11 Produit scalaire — SUJETS D'APPROFONDISSEMENT

19 Intersection d'une sphère et d'un plan

25 min

Cet exercice utilise la notion de sphère qui n'est pas explicitement au programme de Terminale S mais qui se comprend intuitivement par généralisation de la notion de cercle. Il met également en œuvre l'encadré post bac sur le projeté orthogonal (voir le chapitre 9).

Soit r un réel strictement positif.
On définit une sphère de centre A et de rayon r comme étant l'ensemble des points M de l'espace tels que AM = r.
Soit l'ensemble $\mathcal{S}$ d'équation cartésienne $x^2 + y^2 + z^2 - 2x + 4y + 4z + 5 = 0$ et un plan $\mathcal{P}$ d'équation $x - 2y + 2z + 1 = 0$ dans un repère orthonormé $(O\,;\vec{i},\vec{j},\vec{k})$.

1. Mettre l'équation de $\mathcal{S}$ sous la forme $(x-a)^2 + (y-b)^2 + (z-c)^2 = r^2$ et en déduire que $\mathcal{S}$ est une sphère dont on déterminera le centre A et le rayon r.

2. Déterminer le projeté orthogonal H de A sur $\mathcal{P}$.

3. Justifier que l'intersection de $\mathcal{S}$ et de $\mathcal{P}$ est un cercle $\mathcal{C}$ de centre H.

4. Déterminer r' le rayon de $\mathcal{C}$.

20 Positions relatives d'objets dans l'espace

50 min

Cet exercice utilise la distance d'un point à un plan (voir exercices 10 et 15) et la définition des sphères donnée dans l'exercice 19.

Soit $(O\,;\vec{i},\vec{j},\vec{k})$ un repère orthonormé de l'espace. On considère les points A(3;1;2), B(1;4;2) et C(1;9;0). On définit le plan $\mathcal{P}$ passant par A et de vecteur normal $\vec{n}(1;-4;1)$, la droite d passant par B et dirigée par $\vec{u}(1;1;3)$ et la sphère $\mathcal{S}$ de centre C et passant par A.

1. Montrer que la droite d est strictement parallèle au plan $\mathcal{P}$.

2. Calculer la distance du point C au plan $\mathcal{P}$.

3. Déterminer le rayon de la sphère et en déduire l'intersection de $\mathcal{P}$ et de $\mathcal{S}$.

4. Déterminer une représentation paramétrique de d et une équation cartésienne de $\mathcal{S}$, puis en déduire l'intersection de d avec $\mathcal{S}$.

CORRIGÉS

1 Droite orthogonale à un plan

1. Soit la représentation paramétrique de $\mathcal{P}$ suivante : $\begin{cases} x = 1+t+2t' \\ y = -t \\ z = -t' \end{cases}$, où t et t' sont des réels quelconques.

On obtient immédiatement que $x+y+2z-1=0$ est une équation cartésienne du plan $\mathcal{P}$.

2. $\begin{cases} x = 3+t \\ y = 4+t \\ z = 3+t \end{cases}$, où t est un réel quelconque, est une représentation paramétrique de la droite d.

3. En insérant les coordonnées de la représentation paramétrique de la droite d dans l'équation cartésienne du plan $\mathcal{P}$, on obtient $(3+t)+(4+t)+2(3+t)-1=0$, soit l'unique valeur $t=-3$. On en conclut que d et $\mathcal{P}$ se coupent au point C(0 ; 1 ; 0).

4. $\overrightarrow{AC}(-1\,;1\,;0)$ et $\overrightarrow{BC}(-3\,;-3\,;-3)$ donc $\overrightarrow{AC}\cdot\overrightarrow{BC}=0$, ce qui montre que le triangle ABC est bien rectangle en C.

> 💡 On aurait pu prendre le vecteur $\vec{w}$ au lieu de $\overrightarrow{BC}$ puisque B et C sont sur d qui est dirigée par $\vec{w}$.

5. $\vec{u}\cdot\vec{w}=0$ mais $\vec{v}\cdot\vec{w}=3\neq 0$ donc la droite d n'est pas orthogonale au plan $\mathcal{P}$.

> 💡 Attention à ne pas répondre trop vite et ne pas se laisser influencer par la question précédente : une droite est orthogonale à un plan si elle est orthogonale à toutes les droites de ce plan (ou de manière équivalente à deux droites non parallèles de ce plan). L'équation cartésienne de $\mathcal{P}$ donne également le vecteur $\vec{n}(1\,;1\,;2)$ normal à $\mathcal{P}$ et $\vec{n}\cdot\vec{w}\neq 0$.

2 Équations de plans

1. On détermine λ et μ en fonction de x, y et z dans deux des équations, puis on remplace les valeurs obtenues dans l'équation restante :

$\begin{cases} \mu = x+1-2\lambda \\ y = 1-2\lambda+x+1-2\lambda \\ z = 1+\lambda-\mu \end{cases}$, ce qui donne  $\begin{cases} \mu = x+1-2\lambda \\ \lambda = \dfrac{x-y+2}{4} \\ z = 1+\dfrac{x-y+2}{4}-\left(x+1-2\dfrac{x-y+2}{4}\right) \end{cases}$

On obtient une équation cartésienne de $\mathcal{P}$: $x+3y+4z-6=0$.

2. On plonge les coordonnées d'un point quelconque de d exprimées à l'aide du paramètre t dans l'équation de $\mathcal{P}$ obtenue à la question précédente et on obtient :
$(1+t)+3(-4-2t)+4(6+t)-6=0$, soit $t=7$.
Le point d'intersection de $\mathcal{P}$ et d est alors I(8 ; −18 ; 13).

3. Déterminons deux points A et B de d'.

Si $y_A = 0$, alors $x_A = 1$ et $z_A = 2$ donc A(1 ; 0 ; 2).
Si $y_B = 2$, alors $x_B = 4$ et $z_B = 6$ donc B(4 ; 2 ; 6).

$\vec{AB}(3 ; 2 ; 4)$, donc d' admet pour représentation paramétrique : $\begin{cases} x = 1 + 3t \\ y = 2t \\ z = 2 + 4t \end{cases}$, où t est un réel quelconque.

Autre méthode : la droite d' admet pour système d'équations cartésiennes $\begin{cases} 2x - 2 = 3y \\ 2y = z - 2 \end{cases}$.

En fixant l'une des coordonnées (par exemple y) égale au paramètre t, on obtient :
$\begin{cases} x = \dfrac{3t+2}{2} \\ y = t \\ z = 2 + 2t \end{cases}$

On rappelle que, dans l'espace, les plans sont définis par **1** équation cartésienne ou bien par une représentation paramétrique avec **2** paramètres, alors que les droites le sont par un système de **2** équations cartésiennes ou bien une représentation paramétrique avec **1** paramètre.

4. Le plan $\mathcal{Q}$ passe par C(1 ; −4 ; 6) car il contient d et il est dirigé par $\vec{u}(1 ; -2 ; 1)$ vecteur directeur de d et par $\vec{AB}(3 ; 2 ; 4)$ vecteur directeur de la droite d'.
Les vecteurs $\vec{u}$ et $\vec{AB}$ étant non colinéaires, on obtient la représentation paramétrique suivante de $\mathcal{Q}$: $\begin{cases} x = 1 + t + 3t' \\ y = -4 - 2t + 2t' \\ z = 6 + t + 4t' \end{cases}$, où t et t' sont des réels quelconques,

ce qui nous conduit (en procédant comme à la question **1.**) à l'équation cartésienne de $\mathcal{Q}$: $10x + y - 8z + 42 = 0$.

5. La droite d admet le vecteur de coordonnées $(1 ; -2 ; 1)$ pour vecteur directeur, donc $x - 2y + z + k = 0$ est la forme générale des équations cartésiennes des plans orthogonaux à d. Or $\mathcal{Q}'$ passe par le point J(1 ; 0 ; 2) donc $k + 3 = 0$ et donc $x - 2y + z - 3 = 0$ est une équation cartésienne de $\mathcal{Q}'$.

3 Repère orthonormé

1. $\vec{k'} \cdot \vec{j'} = \dfrac{14 + 8 - 22}{bc} = 0$ donc il reste à vérifier que $\vec{i'} \cdot \vec{j'} = \vec{i'} \cdot \vec{k'} = 0$ pour que R' soit un repère orthogonal.

Or $\vec{i'} \cdot \vec{j'} = \vec{i'} \cdot \vec{k'} = 0 \Leftrightarrow \begin{cases} 2\alpha + \beta - 2 = 0 \\ 7\alpha + 8\beta + 11 = 0 \end{cases}$

$\Leftrightarrow \begin{cases} \beta = 2 - 2\alpha \\ 7\alpha + 16 - 16\alpha + 11 = 0 \end{cases}$

$\Leftrightarrow \begin{cases} \alpha = 3 \\ \beta = -4 \end{cases}$

2. $\|\vec{i'}\| = \|\vec{j'}\| = \|\vec{k'}\| = 1$ équivaut à $a = \sqrt{26}$, $b = 3$ et $c = 3\sqrt{26}$.

4 Positions relatives de deux plans

1. $\vec{n}(2;-1;3)$ est un vecteur normal au plan $\mathcal{P}$ et $\vec{n'}(4;-2;6)$ est un vecteur normal au plan $\mathcal{P'}$. Or $\vec{n}$ et $\vec{n'}$ sont colinéaires, donc les plans $\mathcal{P}$ et $\mathcal{P'}$ sont bien parallèles.
De plus $\vec{n'} = 2\vec{n}$ et $7 \neq 2 \times 5$ donc les plans ne sont pas confondus.

Les vecteurs normaux à des plans sont les meilleurs outils pour caractériser les directions de ces plans, tout comme les vecteurs directeurs pour les droites.

2. $\vec{n''}(-1;1;1)$ est un vecteur normal au plan $\mathcal{P''}$. Or $\vec{n'} \cdot \vec{n''} = -4-2+6 = 0$, donc les plans $\mathcal{P'}$ et $\mathcal{P''}$ sont bien perpendiculaires. Leur droite d'intersection a pour système d'équations cartésiennes : $\begin{cases} 4x-2y+6z = 7 \\ -x+y+z = -3 \end{cases}$.
En fixant l'une des coordonnées (par exemple x) égale au paramètre t, on obtient :
$\begin{cases} x = t \\ -2y+6z = 7-4t \\ y+z = -3+t \end{cases}$, soit $\begin{cases} x = t \\ y = \dfrac{-25}{8} + \dfrac{5t}{4} \\ z = \dfrac{1}{8} - \dfrac{t}{4} \end{cases}$, où t est un réel quelconque.

5 Caractérisation d'un triangle

$\vec{AB}(-\sqrt{2};1;0)$, $\vec{AC}(-\sqrt{2};1;1)$ et $\vec{BC}(0;0;1)$ donc :
$AB = \sqrt{2+1} = \sqrt{3}$, $AC = \sqrt{2+1+1} = 2$ et $BC = 1$.
$\vec{AB} \cdot \vec{AC} = \|\vec{AB}\| \times \|\vec{AC}\| \times \cos(\widehat{BAC}) = 3$ donc $\cos(\widehat{BAC}) = \dfrac{3}{2\sqrt{3}} = \dfrac{\sqrt{3}}{2}$, donc $\widehat{BAC} = \dfrac{\pi}{6}$.
$\vec{BA} \cdot \vec{BC} = \|\vec{BA}\| \times \|\vec{BC}\| \times \cos(\widehat{ABC}) = 0$ donc $\cos(\widehat{ABC}) = 0$, donc $\widehat{ABC} = \dfrac{\pi}{2}$.
$\vec{CA} \cdot \vec{CB} = \|\vec{CA}\| \times \|\vec{CB}\| \times \cos(\widehat{ACB}) = 1$ donc $\cos(\widehat{ACB}) = \dfrac{1}{2}$, donc $\widehat{ACB} = \dfrac{\pi}{3}$.

Ici tous les angles ont des sinus et cosinus connus. Quand ce n'est pas le cas, on utilise soit la calculatrice soit le complément post bac du chapitre 6 pour déterminer les angles recherchés.

Remarque : on constate que le triangle ABC est rectangle en B (car $AC^2 = AB^2 + BC^2$).
Connaissant $\widehat{BAC}$, on déduit ensuite $\widehat{ACB} = \dfrac{\pi}{2} - \dfrac{\pi}{6} = \dfrac{\pi}{3}$.

6 Distance d'un point à une droite

1. $\vec{u}(2;-1;2)$ est un vecteur directeur de d, c'est donc un vecteur normal à $\mathcal{P}$ qui a alors une équation cartésienne de la forme : $2x-y+2z+a = 0$.
Or M est élément du plan $\mathcal{P}$, donc $-2-1+6+a = 0$.
Finalement $\mathcal{P}$ a pour équation $2x-y+2z-3 = 0$.

2. Le point H appartient à d, donc il existe un réel t tel que ses coordonnées soient $(1+2t; 2-t; 2+2t)$. Elles vérifient l'équation de $\mathcal{P}$ et donc $2+4t-2+t+4+4t=3$, soit $t = \dfrac{-1}{9}$ et $H\left(\dfrac{7}{9}; \dfrac{19}{9}; \dfrac{16}{9}\right)$.

 H est le projeté orthogonal de M sur d (voir l'encadré post bac du chapitre 9).

3. $\overrightarrow{MH}\left(\dfrac{16}{9}; \dfrac{10}{9}; \dfrac{-11}{9}\right)$ donc $MH = \sqrt{\dfrac{256+100+121}{81}} = \sqrt{\dfrac{477}{81}} = \sqrt{\dfrac{53}{9}} = \dfrac{\sqrt{53}}{3}$ ce qui est égal à la distance de M à d.

7 Équation d'un plan particulier

On considère les plans $\mathcal{P}_1$ d'équation cartésienne $2x-y+2z+4=0$ et $\mathcal{P}_2$ d'équation cartésienne $x-y-z+1=0$. Comme la droite d est l'intersection de ces deux plans, tout vecteur directeur $\vec{u}$ de d est orthogonal au vecteur $\vec{n_1}(2;-1;2)$ normal à $\mathcal{P}_1$ et au vecteur $\vec{n_2}(1;-1;-1)$ normal à $\mathcal{P}_2$.

Ainsi, si $\vec{u}$ a pour coordonnées $(a;b;c)$, alors on a : $\begin{cases} 2a-b+2c=0 \\ a-b-c=0 \end{cases}$.

En prenant $c=1$ on trouve $\vec{u}(-3;-4;1)$.

Le plan $\mathcal{P}'$ est perpendiculaire au plan $\mathcal{P}$, donc il admet le vecteur $\vec{n}(1;-1;2)$ normal à $\mathcal{P}$ comme vecteur directeur. Or $\vec{u}$ et $\vec{n}$ sont non colinéaires, donc le plan $\mathcal{P}'$ admet comme autre vecteur directeur le vecteur directeur $\vec{u}$ de la droite d.

On cherche le point A de d de cote $z=1$. On note ses coordonnées $(x;y;1)$, elles vérifient $\begin{cases} 2x-y+6=0 \\ x-y=0 \end{cases}$ soit $x=y=-6$ donc $A(-6;-6;1)$.

Le plan $\mathcal{P}'$ admet donc une représentation paramétrique de la forme : $\begin{cases} x=-6-3t+t' \\ y=-6-4t-t' \\ z=1+t+2t' \end{cases}$,

où t et t' sont des réels quelconques.

En calculant $x-y$ on obtient : $x-y = t+2t' = z-1$, donc finalement on obtient une équation de $\mathcal{P}'$: $-x+y+z-1=0$.

8 Positions relatives de deux plans

1. Les vecteurs $\vec{n}(1;3;-1)$ et $\vec{n'}(2;6;a)$ sont des vecteurs normaux aux plans $\mathcal{P}$ et $\mathcal{P}'$ respectivement.
$\vec{n}\cdot\vec{n'} = 20-a$, donc $\mathcal{P}$ et $\mathcal{P}'$ sont perpendiculaires si, et seulement si, $a=20$.

2. On voit immédiatement, en regardant les deux premières coordonnées, que $\vec{n}$ et $\vec{n'}$ sont deux vecteurs colinéaires si, et seulement si, $2\vec{n}=\vec{n'}$ et donc que $\mathcal{P}$ et $\mathcal{P}'$ sont parallèles si, et seulement si, $a=-2$.

Or $A(0;0;1)$ est un point de $\mathcal{P}$ dont les coordonnées ne vérifient pas l'équation $2x+6y-2z+5=0$, c'est-à-dire que A n'est pas élément de $\mathcal{P}'$. Donc les plans $\mathcal{P}$ et $\mathcal{P}'$ ne sont pas confondus : ils sont strictement parallèles.

9 ▶ Intersection de trois plans

1. $\vec{n}(1;1;-1)$ et $\vec{n'}(2;-1;1)$ sont des vecteurs normaux aux plans $\mathcal{P}$ et $\mathcal{P}'$ respectivement.
$\vec{n}\cdot\vec{n'}=0$, donc $\mathcal{P}$ et $\mathcal{P}'$ sont perpendiculaires.
2. $\vec{n''}(1;-2;-1)$ est un vecteur normal au plan $\mathcal{P}''$.
$\vec{n}\cdot\vec{n''}=0$, donc $\mathcal{P}$ et $\mathcal{P}''$ sont perpendiculaires.
3. $\vec{n'}\cdot\vec{n''}=3\neq 0$, donc $\mathcal{P}'$ et $\mathcal{P}''$ ne sont pas perpendiculaires.

On n'a pas non plus $\mathcal{P}'$ et $\mathcal{P}''$ parallèles, ce qui montre que, dans l'espace, deux plans perpendiculaires à un même troisième ne sont pas nécessairement parallèles.

4. Les coordonnées de A vérifient les équations des trois plans. Si l'on somme les équations des plans $\mathcal{P}$ et $\mathcal{P}'$ on obtient immédiatement $x=-1$. Si on remplace cette valeur de x dans les équations des plans $\mathcal{P}$ et $\mathcal{P}''$ on obtient alors $\begin{cases} y-z=0 \\ -2y-z-1=0 \end{cases}$
ce qui implique $y=z=\dfrac{-1}{3}$.
Conclusion, A a pour coordonnées $\left(-1;\dfrac{-1}{3};\dfrac{-1}{3}\right)$.

10 ▶ Distance d'un point à un plan

1. a. Les vecteurs $\overrightarrow{AB}(-1;2;1)$ et $\overrightarrow{AC}\left(-\dfrac{1}{2};0;-2\right)$ n'ayant pas des coordonnées proportionnelles, ils ne sont pas colinéaires.
Les points A, B et C ne sont donc pas alignés, ils définissent alors un plan.
b. Soit $\vec{n}(a;b;c)$ un vecteur normal au plan $\mathcal{P}$.

On a : $\begin{cases} \vec{n}\cdot\overrightarrow{AB}=0 \\ \vec{n}\cdot\overrightarrow{AC}=0 \end{cases} \Leftrightarrow \begin{cases} -a+2b+c=0 \\ -\dfrac{1}{2}a-2c=0 \end{cases} \Leftrightarrow \begin{cases} c=-\dfrac{1}{4}a \\ b=\dfrac{5}{8}a \end{cases}$

En prenant $a=8$, on a $b=5$ et $c=-2$.
L'équation de $\mathcal{P}$ est de la forme $8x+5y-2z+d=0$.
Le point B appartenant à $\mathcal{P}$, on a $5-6+d=0$, donc $d=1$.
L'équation de $\mathcal{P}$ est donc $8x+5y-2z+1=0$.
c. Les coordonnées de D ne vérifient pas l'équation de $\mathcal{P}$. Le point D n'est donc pas dans le plan $\mathcal{P}$.
2. a. La droite Δ étant orthogonale au plan $\mathcal{P}$, elle est dirigée par $\vec{n}(8;5;-2)$. Une représentation paramétrique de Δ est : $\begin{cases} x=1+8t \\ y=1+5t \\ z=1-2t \end{cases}$, où t est un réel quelconque.

b. Les coordonnées $(x;y;z)$ du point I vérifient :
$\begin{cases} 8x+5y-2z+1=0 \\ x=1+8t \\ y=1+5t \\ z=1-2t \end{cases}$

On a donc : $8(1+8t) + 5(1+5t) - 2(1-2t) + 1 = 0$, donc $t = -\dfrac{4}{31}$, et par suite
$I\left(-\dfrac{1}{31};\dfrac{11}{31};\dfrac{39}{31}\right)$.

c. Le repère étant orthonormé : $DI = \sqrt{\left(-\dfrac{1}{31}-1\right)^2 + \left(\dfrac{11}{31}-1\right)^2 + \left(\dfrac{39}{31}-1\right)^2} = \dfrac{4\sqrt{93}}{31}$.

11 Perpendiculaire commune à deux droites

1. $\mathcal{D}_1$ est dirigée par $\vec{u_1}(1;0;1)$ et $\mathcal{D}_2$ est dirigée par $\vec{u_2}(-1;1;0)$.
Les coordonnées d'un vecteur $\vec{n}(a;b;c)$ orthogonal à $\vec{u_1}$ et $\vec{u_2}$ sont telles que :
$\begin{cases} \vec{n}\cdot\vec{u_1}=0 \\ \vec{n}\cdot\vec{u_2}=0 \end{cases}$, soit $\begin{cases} a+c=0 \\ -a+b=0 \end{cases}$. On prend $a=1$, il vient $\begin{cases} a=1 \\ b=1 \\ c=-1 \end{cases}$, donc $\vec{n}(1;1;-1)$.

2. Le plan $\mathcal{P}$ est dirigé par $\vec{u_1}$ et $\vec{n}$ et contient le point de $\mathcal{D}_1$ de coordonnées $(0;0;1)$.
Il admet donc pour représentation paramétrique $\begin{cases} x=\lambda+\mu \\ y=\mu \\ z=1+\lambda-\mu \end{cases}$, où λ et μ sont des réels quelconques.

3. Les coordonnées du point M, intersection de $\mathcal{P}$ et de $\mathcal{D}_2$, vérifient :
$\begin{cases} x=\lambda+\mu=1-t \\ y=\mu=t \\ z=1+\lambda-\mu=1 \end{cases}$

Ce système donne $\begin{cases} \lambda+\mu+t=1 \\ \mu=t \\ \lambda=\mu \end{cases}$ qui équivaut à $\lambda=\mu=t=\dfrac{1}{3}$.

Le point M a donc pour coordonnées $\left(\dfrac{2}{3};\dfrac{1}{3};1\right)$.

4. La perpendiculaire commune à $\mathcal{D}_1$ et $\mathcal{D}_2$ est la droite passant par M et dirigée par $\vec{n}$.

Elle admet pour représentation paramétrique $\begin{cases} x=\dfrac{2}{3}+t \\ y=\dfrac{1}{3}+t \\ z=1-t \end{cases}$, où t est un réel quelconque.

12 Droite d'Euler

1. Pour montrer que H est l'orthocentre du triangle ABC, commençons par montrer que H appartient à la hauteur du triangle ABC issue de A, autrement dit commençons par montrer que $\vec{AH}\cdot\vec{BC}=0$.
Or $\vec{AH}\cdot\vec{BC}=(\vec{AO}+\vec{OH})\cdot\vec{BC}=(\vec{AO}+\vec{OA}+\vec{OB}+\vec{OC})\cdot\vec{BC}=(\vec{OB}+\vec{OC})\cdot(\vec{BO}+\vec{OC})$,
donc $\vec{AH}\cdot\vec{BC}=(\vec{OC}+\vec{OB})\cdot(\vec{OC}-\vec{OB})=(\vec{OC}\cdot\vec{OC})-(\vec{OB}\cdot\vec{OB})=OC^2-OB^2=0$
car $OB=OC$ par définition de O. Donc H appartient à la hauteur du triangle ABC, issue de A.

Par un raisonnement analogue, on montre que H appartient à la hauteur du triangle ABC, issue de B.
Par conséquent, H est le point de concours de deux hauteurs du triangle ABC : H est bien l'orthocentre de ABC.

2. Pour montrer que G est le centre de gravité du triangle ABC, commençons par montrer que G appartient à la médiane du triangle ABC issue de A.
Notons A', B' et C' les milieux respectifs des segments [BC], [AC] et [AB].
$\vec{0} = \vec{GA} + \vec{GB} + \vec{GC} = \vec{GA'} + \vec{A'A} + \vec{GA'} + \vec{A'B} + \vec{GA'} + \vec{A'C} = 3\vec{GA'} + \vec{A'A}$ car A' milieu de [BC] implique $\vec{A'B} + \vec{A'C} = \vec{0}$.
Autrement dit, les vecteurs $\vec{GA'}$ et $\vec{A'A}$ sont colinéaires : les points G, A' et A sont donc alignés. Comme (A'A) désigne la médiane du triangle ABC issue de A, on en déduit que $G \in (A'A)$.
Par un raisonnement analogue, on montre que G appartient à la médiane du triangle ABC issue de B, et par conséquent, G appartient à deux médianes du triangle ABC : G est le centre de gravité de ABC.

3. Par définition $\vec{OH} = \vec{OA} + \vec{OB} + \vec{OC}$ donc, en utilisant la relation de Chasles, on obtient : $\vec{OH} = \vec{OG} + \vec{GA} + \vec{OG} + \vec{GB} + \vec{OG} + \vec{GC} = 3\vec{OG} + \vec{GA} + \vec{GB} + \vec{GC} = 3\vec{OG}$
car $\vec{GA} + \vec{GB} + \vec{GC} = \vec{0}$.
Ainsi, la colinéarité des vecteurs $\vec{OH}$ et $\vec{OG}$ prouve l'alignement des points O, H et G.

Autrement dit, dans un triangle, l'orthocentre, le centre de gravité et le centre du cercle circonscrit sont 3 points alignés (ou confondus dans certains cas particuliers).

13 ▸ Angle entre deux plans

1. $\vec{n}(\sqrt{2}\,;0\,;1)$ est un vecteur normal à $\mathcal{P}$ et $\vec{n'}(0\,;1\,;\sqrt{3})$ est un vecteur normal à $\mathcal{P'}$.

2. $\vec{n}$ et $\vec{n'}$ sont non colinéaires, donc les plans $\mathcal{P}$ et $\mathcal{P'}$ sont non parallèles.

3. En posant $x = t$ dans les équations des plans $\mathcal{P}$ et $\mathcal{P'}$ on obtient directement une représentation paramétrique de la droite Δ intersection des plans $\mathcal{P}$ et $\mathcal{P'}$ de la forme :
$$\begin{cases} x = t \\ y = 3 - 7\sqrt{3} + \sqrt{6}t, \text{ où } t \text{ est un réel quelconque.} \\ z = 7 - \sqrt{2}t \end{cases}$$

4. Si $\vec{u}(a\,;b\,;c)$ est un vecteur directeur de d alors $\vec{u}$ est orthogonal à $\vec{n}$ car d est dans $\mathcal{P}$ et $\vec{u}$ est orthogonal à $\vec{v}(1\,;\sqrt{6}\,;-\sqrt{2})$ qui dirige Δ.
On a alors :
$$\begin{cases} a\sqrt{2} + c = 0 \\ a + \sqrt{6}b - \sqrt{2}c = 0 \end{cases} \Leftrightarrow \begin{cases} c = -a\sqrt{2} \\ a + \sqrt{6}b + 2a = 0 \end{cases} \Leftrightarrow \begin{cases} c = -a\sqrt{2} \\ b = \dfrac{-3a}{\sqrt{6}} = \dfrac{-\sqrt{6}a}{2} \end{cases}$$

donc $\vec{u}\left(1\,;\dfrac{-\sqrt{6}}{2}\,;-\sqrt{2}\right)$ convient.
De même on trouve $\vec{u'}(4\sqrt{2}\,;-\sqrt{3}\,;1)$.

5. Soit θ l'angle aigu formé par $\vec{u}$ et $\vec{u'}$.
On a $|\vec{u}\cdot\vec{u'}| = \|\vec{u}\| \times \|\vec{u'}\|\cos\theta$ avec $\vec{u}\cdot\vec{u'} = 4\sqrt{2} + \dfrac{3\sqrt{2}}{2} - \sqrt{2} = \dfrac{9\sqrt{2}}{2}$
et $\|\vec{u}\| \times \|\vec{u'}\|\cos\theta = \dfrac{3\sqrt{2}}{2} \times 6 \times \cos\theta = 9\sqrt{2}\cos\theta$.
Donc $\cos\theta = \dfrac{1}{2}$, soit $\theta = \dfrac{\pi}{3}$ puisque nous cherchons un angle aigu non orienté.

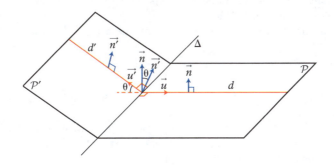

6. $(\vec{n}\,;\vec{n'}) = (\vec{n}\,;\vec{u}) + (\vec{u}\,;\vec{u'}) + (\vec{u'}\,;\vec{n'})$ [2π].
Or $(\vec{n}\,;\vec{u}) = (\vec{u'}\,;\vec{n'}) = \dfrac{\pi}{2}$ donc $(\vec{n}\,;\vec{n'}) = (\vec{u}\,;\vec{u'})$ [π].
L'angle aigu formé par $\vec{n}$ et $\vec{n'}$ est donc bien le même que celui formé par $\vec{u}$ et $\vec{u'}$.
Or $|\vec{n}\cdot\vec{n'}| = \sqrt{3} = \|\vec{n}\|\times\|\vec{n'}\|\cos\theta = \sqrt{3}\times 2\times \cos\theta$.
Donc on retrouve bien $\cos\theta = \dfrac{1}{2}$ soit $\theta = \dfrac{\pi}{3}$.

14 ▸ Plans passant par une même droite

Si les trois plans sont sécants selon une droite d, alors celle-ci est dirigée par un vecteur $\vec{u}(a\,;b\,;c)$ non nul qui est orthogonal aux trois vecteurs $\vec{n_1}(1\,;t\,;-1)$, $\vec{n_2}(t+1\,;3\,;4)$ et $\vec{n_3}(0\,;1\,;2t+4)$ normaux respectivement à $\mathcal{P}$, $\mathcal{P'}$ et $\mathcal{P''}$.

On a alors : $\begin{cases} a+bt-c=0 \\ (t+1)a+3b+4c=0 \\ b+(2t+4)c=0 \end{cases} \Leftrightarrow \begin{cases} b=-(2t+4)c \\ a=[(2t+4)t+1]c \\ (t+1)a+3b+4c=0 \end{cases}$.

Ce qui donne $c[(t+1)(2t^2+4t+1) - 3(2t+4) + 4] = 0$.
Or $c \neq 0$ car sinon $a = b = c = 0$ ce qui est impossible car $\vec{u} \neq \vec{0}$.
On a donc $(t+1)(2t^2+4t+1) - 3(2t+4) + 4 = 0 \Leftrightarrow 2t^3 + 6t^2 - t - 7 = 0$.

 Cette équation étant du troisième degré, nous aurons *toujours* au bac une solution évidente, sans quoi nous ne saurions pas la résoudre avec les outils de Terminale.

Or 1 est une racine évidente de cette équation polynômiale du troisième degré.

En remplaçant t par 1, l'intersection des trois plans conduit à la résolution du système :
$\begin{cases} x+y-z+1=0 \\ 2x+3y+4z-2=0 \\ y+6z-4=0 \end{cases}$

La première et la troisième équation donnent le système suivant : $\begin{cases} x=-5+7u \\ y=4-6u \\ z=u \end{cases}$, où u est un réel quelconque.

Ces expressions de x, y, et z en fonction d'un paramètre u vérifient la deuxième égalité du système pour toute valeur de u.

Ainsi, les trois plans s'interceptent bien suivant une droite dont une représentation paramétrique est $\begin{cases} x=-5+7t \\ y=4-6t \\ z=t \end{cases}$, où t est un réel quelconque.

On demandait une valeur de t pour laquelle les trois plans ont une droite commune, $t=1$ convient.

Si on veut chercher toutes les solutions du problème posé, il faut résoudre l'équation $2t^3+6t^2-t-7=0$. 1 étant racine, cette équation s'écrit donc : $(t-1)(\alpha t^2+\beta t+\gamma)=0$. Par identification on obtient $(\alpha;\beta;\gamma)=(2;8;7)$.

Or $2t^2+8t+7=0$ a pour discriminant $\Delta=8$ et comme racines $t_1=-2-\dfrac{\sqrt{2}}{2}$ et $t_2=-2+\dfrac{\sqrt{2}}{2}$.

L'ensemble des valeurs de t possibles est donc $\left\{1;-2-\dfrac{\sqrt{2}}{2};-2+\dfrac{\sqrt{2}}{2}\right\}$.

En résolvant les systèmes $\begin{cases} x+ty-z+1=0 \\ (t+1)x+3y+4z-2=0 \\ y+(2t+4)z-(2t+2)=0 \end{cases}$ formés en remplaçant t par t_1 et t_2, on constate qu'ils n'admettent pas de solution.

Dans ces cas, les plans s'interceptent suivant des droites strictement parallèles.

$t=1$ est donc l'unique solution du problème posé.

15 ▸ Distance d'un point à un plan

1. $\vec{n}(-1;1;-2)$ est un vecteur normal au plan $\mathcal{P}$ donc un vecteur directeur de d. On en déduit une représentation paramétrique de d : $\begin{cases} x=-1-t \\ y=2+t \\ z=1-2t \end{cases}$, où t est un réel quelconque.

2. Le point H a des coordonnées de la forme $(-1-t;2+t;1-2t)$, où t est un réel, car il appartient à d. Ces coordonnées vérifient également l'équation de $\mathcal{P}$, donc $1+t+2+t-2+4t-7=0$ et donc $t=1$.

On a donc H$(-2;3;-1)$. H est le projeté orthogonal de M sur $\mathcal{P}$.

3. La distance de M à $\mathcal{P}$ est égale à MH. Or $\overrightarrow{MH}(-1;1;-2)$, donc la distance de M à $\mathcal{P}$ vaut $\sqrt{6}$.

Produit scalaire **CORRIGÉS**

16 ▸ Distance d'un point à une droite

1. $\vec{n_1}(1;1;-2)$ et $\vec{n_2}(2;-1;1)$ sont deux vecteurs normaux respectivement aux plans $\mathcal{P}_1$ et $\mathcal{P}_2$. On a alors :

$$\vec{u} = \vec{n_1} \wedge \vec{n_2} = \begin{vmatrix} 1 & -1 \\ -2 & 1 \end{vmatrix} \vec{i} - \begin{vmatrix} 1 & 2 \\ -2 & 1 \end{vmatrix} \vec{j} + \begin{vmatrix} 1 & 2 \\ 1 & -1 \end{vmatrix} \vec{k} = -\vec{i} - 5\vec{j} - 3\vec{k}$$

Soit $\vec{u}(-1;-5;-3)$.

2. $\vec{n_1}$ est orthogonal à tout vecteur directeur de $\mathcal{P}_1$ en particulier à tout vecteur directeur de d. Il en est de même pour $\vec{n_2}$. Or $\vec{u}$ est orthogonal à $\vec{n_1}$ et $\vec{n_2}$, c'est donc bien un vecteur directeur de d.

3. $\vec{u}$ est un vecteur directeur de d, c'est donc un vecteur normal de $\mathcal{P}$ qui a donc une équation cartésienne de la forme : $x + 5y + 3z = a$.

 Si $\vec{u}$ est vecteur directeur alors $-\vec{u}$ l'est également.

Or M est élément du plan $\mathcal{P}$, donc $a = 1 + 5 \times 3 + 3 \times (-2) = 10$.
Finalement $\mathcal{P} : x + 5y + 3z - 10 = 0$.

4. Soit $A(1;y;z)$ un point de d. On a alors : $\begin{cases} 1+y-2z-1=0 \\ 2-y+z+1=0 \end{cases}$, donc $A(1;6;3)$ et d admet alors pour représentation paramétrique : $\begin{cases} x=1+t \\ y=6+5t \\ z=3+3t \end{cases}$, où t est un réel quelconque.

Alors $H(1+t;6+5t;3+3t)$ est un point de $\mathcal{P}$ et donc $1+t+30+25t+9+9t=10$, soit $t = \dfrac{-6}{7}$ et $H\left(\dfrac{1}{7};\dfrac{12}{7};\dfrac{3}{7}\right)$.

5. $\overrightarrow{MH}\left(\dfrac{-6}{7};\dfrac{-9}{7};\dfrac{17}{7}\right)$ donc $MH = \sqrt{\dfrac{36+81+289}{49}} = \sqrt{\dfrac{406}{49}} = \sqrt{\dfrac{58}{7}}$ ce qui est égal à la distance de M à d.

17 ▸ Produit vectoriel et équations de plans

1. Une équation de $\mathcal{P}$ est de la forme $4x + 5y + 6z = a$ et comme le plan passe par A, $a = 4 + 10 + 18 = 32$. Donc $\mathcal{P}$ admet comme équation $4x + 5y + 6z - 32 = 0$.

2. $\mathcal{P}'$ est parallèle au plan d'équation cartésienne $3x - 2y + 4z - 5 = 0$, donc il admet pour équation $3x - 2y + 4z = b$ et comme il passe par A, on a $b = 3 - 4 + 12 = 11$, donc $\mathcal{P}' : 3x - 2y + 4z - 11 = 0$.

3. Les vecteurs $\overrightarrow{AB}(2;-4;-2)$ et $\overrightarrow{AC}(4;-2;-7)$ ne sont pas colinéaires car leurs coordonnées ne sont pas proportionnelles. Les points A, B et C ne sont donc pas alignés et définissent bien un plan.

4. $\mathcal{P}''$ passe par A, B et C, donc il admet pour vecteur normal $\vec{n} = \overrightarrow{AB} \wedge \overrightarrow{AC}$.
Avec $\overrightarrow{AB}(2;-4;-2)$ et $\overrightarrow{AC}(4;-2;-7)$, on a $\vec{n}(24;6;12)$.

 Le vecteur $\vec{n}$ étant non nul, on retrouve bien que $\overrightarrow{AB}$ et $\overrightarrow{AC}$ ne sont pas colinéaires.

On peut aussi chercher $\vec{n}(a;b;c)$ tel que $\vec{n}\cdot\overrightarrow{AB}=\vec{n}\cdot\overrightarrow{AC}=0$. On obtient alors :
$$\begin{cases} 2a-4b-2c=0 \\ 4a-2b-7c=0 \end{cases}$$
et donc en prenant $b=1$ on arrive à :
$$\begin{cases} a-c=2 \\ 4a-7c=2 \end{cases} \Leftrightarrow \begin{cases} a=2+c \\ -7c=2-4(2+c)=-6-4c \end{cases} \Leftrightarrow \begin{cases} a=2+c=4 \\ c=2 \end{cases}$$
On obtient $\vec{n}(4;1;2)$ qui est bien colinéaire au vecteur trouvé par l'autre méthode.

 On remarque que l'utilisation du produit vectoriel donne plus rapidement le résultat.

On a alors $\mathcal{P}'' : 4x+y+2z=c$ car tout vecteur colinéaire à $\vec{n}$ est encore un vecteur normal à $\mathcal{P}''$. Or le plan $\mathcal{P}''$ passe par A donc : $c=4+2+6=12$ et donc $\mathcal{P}'' : 4x+y+2z-12=0$.

18 ▸ Caractérisations par le produit vectoriel

1. $\overrightarrow{AM}\wedge\overrightarrow{AB}=\vec{0}$ équivaut à $\overrightarrow{AM}$ et $\overrightarrow{AB}$ colinéaires, donc l'ensemble des points M de l'espace tels que $\overrightarrow{AM}\wedge\overrightarrow{AB}=\vec{0}$ est la droite (AB).

2. Si $\overrightarrow{AB}$ et $\overrightarrow{AC}$ sont colinéaires, alors $\overrightarrow{AB}\wedge\overrightarrow{AC}=\vec{0}$ et tous les points M de l'espace vérifient $(\overrightarrow{AB}\wedge\overrightarrow{AC})\cdot\overrightarrow{AM}=0$.
Sinon $\vec{n}=\overrightarrow{AB}\wedge\overrightarrow{AC}$ est un vecteur normal au plan défini par A, B et C. $(\overrightarrow{AB}\wedge\overrightarrow{AC})\cdot\overrightarrow{AM}=0$ signifie que les vecteurs $\overrightarrow{AM}$ et $\vec{n}$ sont orthogonaux, donc que M est dans le plan (ABC).

 Ceci est une méthode générale pour déterminer une équation d'un plan défini par 3 points A, B et C.

19 ▸ Intersection d'une sphère et d'un plan

1. On a $x^2+y^2+z^2-2x+4y+4z+5=0$ équivaut à $(x-1)^2+(y+2)^2+(z+2)^2=2^2$, donc $\mathcal{S}$ est la sphère de centre A(1;-2;-2) et le rayon $r=2$.

2. Soit d la droite passant par A et dirigée par $\vec{n}(1;-2;2)$ vecteur normal à $\mathcal{P}$. d admet pour représentation paramétrique $\begin{cases} x=1+t \\ y=-2-2t \\ z=-2+2t \end{cases}$, où t est un réel quelconque, donc H$(1+t;-2-2t;-2+2t)$ est un point de $\mathcal{P}$ ce qui donne $1+t+4+4t-4+4t+1=0$, soit $t=\dfrac{-2}{9}$.

On obtient H$\left(\dfrac{7}{9};\dfrac{-14}{9};\dfrac{-22}{9}\right)$.

3. Plutôt que calculer les coordonnées du vecteur $\overrightarrow{AH}$ pour en déduire sa norme on peut remarquer que la représentation paramétrique de d nous permet d'obtenir directement que $AH=\sqrt{t^2+4t^2+4t^2}=3|t|=\dfrac{2}{3}$, or $\dfrac{2}{3}<r$ donc l'intersection de $\mathcal{S}$ et de $\mathcal{P}$ est bien un cercle $\mathcal{C}$ de centre H (représenté ci-après).

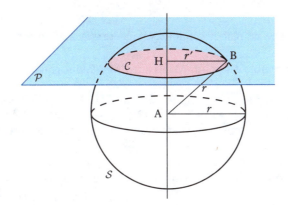

Dans le triangle AHB, rectangle en H, où B est un point quelconque de $\mathcal{C}$, le théorème de Pythagore donne $AH^2 + HB^2 = AB^2$, d'où $HB^2 = 2^2 - \left(\dfrac{2}{3}\right)^2 = \dfrac{32}{9}$.
Dans le plan $\mathcal{P}$ cela caractérise un cercle de centre H.

4. Le résultat précédent donne directement $r' = \dfrac{4\sqrt{2}}{3}$.

20 ▶ Positions relatives d'objets dans l'espace

1. $\vec{n} \cdot \vec{u} = 0$, donc la droite d est parallèle au plan $\mathcal{P}$. $\vec{n}$ étant un vecteur normal au plan $\mathcal{P}$, celui-ci admet une équation cartésienne du type $x - 4y + z = a$ et comme les coordonnées de A vérifient cette équation $a = 1$. Les coordonnées de B ne vérifiant pas $x - 4y + z - 1 = 0$, la droite d est bien strictement parallèle au plan $\mathcal{P}$.
Autre méthode : $\overrightarrow{AB}(-2\,;3\,;0)$ donc $\overrightarrow{AB} \cdot \vec{n} \neq 0$, donc B n'est pas un point de $\mathcal{P}$.

 Cette méthode est bien plus rapide mais on la gardera uniquement dans les cas où nous n'aurons pas besoin d'une équation de $\mathcal{P}$, ce qui n'est pas le cas dans la suite de cet exercice.

2. Soit H le projeté orthogonal de C sur $\mathcal{P}$. (CH) est la droite passant par C et dirigée par $\vec{n}$, elle admet donc la représentation paramétrique : $\begin{cases} x = 1 + t \\ y = 9 - 4t \\ z = t \end{cases}$, où t est un réel quelconque.
Le point H $(1 + t\,;9 - 4t\,;t)$ est un point de $\mathcal{P}$, donc $1 + t - 4(9 - 4t) + t = 1$, donc $t = 2$.
On a alors $CH = \sqrt{t^2 + 16t^2 + t^2} = t\sqrt{18} = 6\sqrt{2}$, c'est la distance du point C au plan $\mathcal{P}$.

3. Soit R le rayon de la sphère. $R = AC = \sqrt{4 + 64 + 4} = 6\sqrt{2}$ ce qui correspond à la distance de C (centre de la sphère) à $\mathcal{P}$. Donc l'intersection de $\mathcal{P}$ et de $\mathcal{S}$ est réduite au point A (le plan est alors dit tangent à la sphère).

4. $\begin{cases} x = 1+t \\ y = 4+t \\ z = 2+3t \end{cases}$, où t est un réel quelconque, est une représentation paramétrique de d et comme $\mathcal{S}$ est l'ensemble des points M tels que CM = R, une équation cartésienne de $\mathcal{S}$ est : $(x-1)^2 + (y-9)^2 + z^2 = 72$.

Soit M appartenant à l'intersection de d avec $\mathcal{S}$. M$(1+t\,;\,4+t\,;\,2+3t)$ est un point de $\mathcal{S}$, on a donc $(1+t-1)^2 + (4+t-9)^2 + (2+3t)^2 = 72$ et donc $11t^2 + 2t - 43 = 0$. Le discriminant $\Delta = 1896$ étant strictement positif, on obtient deux valeurs de t : $\dfrac{-1-\sqrt{474}}{11}$ et $\dfrac{-1+\sqrt{474}}{11}$.

Donc l'intersection de d avec $\mathcal{S}$ est composée des deux points correspondants :
$M_1\left(\dfrac{10-\sqrt{474}}{11}\,;\,\dfrac{43-\sqrt{474}}{11}\,;\,\dfrac{19-3\sqrt{474}}{11}\right)$ et $M_2\left(\dfrac{10+\sqrt{474}}{11}\,;\,\dfrac{43+\sqrt{474}}{11}\,;\,\dfrac{19+3\sqrt{474}}{11}\right)$.

SUJETS DE SYNTHÈSE

1 QCM

Les principales notions de géométrie dans l'espace sont testées au travers de cet exercice.

25 min

> Voir les chapitres 9, 10 et 11.

Dans ce QCM, chaque question admet une seule réponse exacte.

Dans l'espace muni d'un repère orthonormal $(O\,;\vec{i},\vec{j},\vec{k})$, on donne quatre points : A(1;2;−1), B(−3;−2;3), C(0;−2;−3) et D(1;1;1).

1. Soit les vecteurs $\vec{u}(-1\,;2\,;1)$ et $\vec{v}(2\,;-1\,;1)$.

a. Les points A, B et C sont alignés et $\vec{u}$ est un vecteur normal à la droite (AB).

b. Les points A, B et C sont alignés et $\vec{v}$ est un vecteur normal à la droite (AB).

c. Les points A, B et C sont non alignés et $\vec{u}$ est un vecteur normal au plan (ABC).

d. Les points A, B et C sont non alignés et $\vec{v}$ est un vecteur normal au plan (ABC).

2. Soient $\mathcal{P}$ le plan dont une équation est $x+y-z+2=0$ et d la droite passant par A et dirigée par le vecteur $\overrightarrow{DC}$.

a. $\mathcal{P}$ est perpendiculaire au plan (ABC) et orthogonal à la droite d.

b. $\mathcal{P}$ n'est ni perpendiculaire au plan (ABC) ni orthogonal à la droite d.

c. $\mathcal{P}$ est perpendiculaire au plan (ABC) mais pas orthogonal à la droite d.

d. $\mathcal{P}$ est orthogonal à la droite d mais pas perpendiculaire au plan (ABC).

3. On considère l'ensemble $\mathcal{E}$ des points M de l'espace qui vérifient :
$$\left\|\overrightarrow{MA}-\overrightarrow{MB}+2\overrightarrow{MC}\right\|=12.$$

a. L'ensemble $\mathcal{E}$ est une droite.

b. L'ensemble $\mathcal{E}$ est un cercle.

c. L'ensemble $\mathcal{E}$ est un plan.

d. L'ensemble $\mathcal{E}$ est une sphère.

2 Parallélogramme dans un cube

Ce problème très complet demande d'utiliser la quasi totalité du programme de géométrie de Terminale S et permet ainsi une révision générale de ces chapitres.

80 min

> Voir les chapitres 9, 10 et 11.

On considère un cube ABCDEFGH d'arêtes de longueur 1.

On se place dans le repère orthonormal $(A\,;\overrightarrow{AB},\overrightarrow{AD},\overrightarrow{AE})$.

On considère les points $I\left(1\,;\dfrac{1}{3}\,;0\right)$, $J\left(0\,;\dfrac{2}{3}\,;1\right)$, $K\left(\dfrac{3}{4}\,;0\,;1\right)$ et $L(a\,;1\,;0)$ où a est un nombre réel appartenant à l'intervalle [0 ; 1].

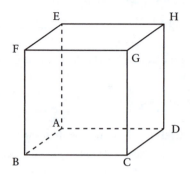

Les parties A et B sont indépendantes.

Partie A

1. Déterminer une représentation paramétrique de la droite (IJ).

2. Déterminer une représentation paramétrique de la droite (KL).

3. Déterminer pour quelles valeurs de a les droites (IJ) et (KL) sont sécantes.

Partie B

Dans la suite de l'exercice, on pose $a = \dfrac{1}{4}$.

1. Démontrer que le quadrilatère IKJL est un parallélogramme.

2. Faire apparaître sur un graphique l'intersection du plan (IJK) avec les faces du cube ABCDEFGH.

3. On désigne par M le point d'intersection du plan (IJK) et de la droite (BF) et par N le point d'intersection du plan (IJK) et de la droite (DH).
Le but de cette question est de déterminer les coordonnées des points M et N.

a. Prouver que le vecteur $\vec{n}$ de coordonnées $(8\,;9\,;5)$ est un vecteur normal au plan (IJK).

b. En déduire que le plan (IJK) a pour équation $8x + 9y + 5z - 11 = 0$.

c. En déduire les coordonnées des points M et N.

3 Tétraèdre régulier

60 min

Ce problème permet de généraliser à l'espace des notions étudiées dans le plan. Les méthodes utilisées couvrent tous les chapitres de géométrie vus cette année.

> Voir les chapitres 9, 10 et 11.

Soit a un réel ($a > 0$) et OABC un tétraèdre tel que :
• OAB, OAC et OBC sont des triangles rectangles en O ;
• OA = OB = OC = a.
On appelle :
• I le pied de la hauteur issue de C du triangle ABC ;
• H le pied de la hauteur issue de O du triangle OIC ;
• D le point de l'espace défini par $\vec{HO} = \vec{OD}$.

L'espace est rapporté au repère orthonormal $\left(O\,;\dfrac{1}{a}\vec{OA},\dfrac{1}{a}\vec{OB},\dfrac{1}{a}\vec{OC}\right)$.

1. Question préliminaire : montrer que l'ensemble des points équidistants de deux points distincts M et N est un plan (qui sera appelé plan médiateur du segment [MN]).

2. Démontrer que le point H a pour coordonnées $\left(\dfrac{a}{3}\,;\dfrac{a}{3}\,;\dfrac{a}{3}\right)$, puis que le point H est le centre du cercle circonscrit au triangle ABC.

3. Démontrer que le tétraèdre ABCD est régulier.

4. Soit G le point équidistant des points A, B, C et D (G est alors le centre de la sphère circonscrite au tétraèdre ABCD). Démontrer, à l'aide de la question préliminaire, que G est un point de la droite (OH) puis calculer ses coordonnées.

Intersection d'un plan et d'une pyramide

60 min

Ce problème d'incidence dans l'espace fait également appel aux vecteurs et au produit scalaire, ce qui en fait un parfait exercice de révisions sur la globalité du programme de géométrie.

> Voir les chapitres 9, 10 et 11.

Dans l'espace muni du repère orthonormal $(O\,;\vec{i},\vec{j},\vec{k})$, on considère les points suivants :
A(4 ; 0 ; 0), B(2 ; 4 ; 0), C(0 ; 6 ; 0), S(0 ; 0 ; 4), E(6 ; 0 ; 0) et F(0 ; 8 ; 0).

1. Réaliser une figure comportant les points définis dans l'exercice que l'on complétera au fur et à mesure.

2. Démontrer que E est le point d'intersection des droites (BC) et (OA).

3. On admettra que F est le point d'intersection des droites (AB) et (OC).

a. Vérifier que le vecteur $\vec{n}(4\,;3\,;6)$ est un vecteur normal au plan (SEF).
En déduire une équation cartésienne de ce plan.

b. Calculer les coordonnées du point A' vérifiant $4\overrightarrow{OA'} = \overrightarrow{OA} + 3\overrightarrow{OS}$.

c. On considère le plan $\mathcal{P}$ parallèle au plan (SEF) passant par A'.
Vérifier qu'une équation cartésienne de $\mathcal{P}$ est $4x + 3y + 6z - 22 = 0$.

4. Le plan $\mathcal{P}$ coupe les arêtes [SO], [SA], [SB] et [SC] de la pyramide SOABC respectivement aux points O', A', B' et C'.

a. Déterminer les coordonnées du point O'.

b. Vérifier que le point C' a pour coordonnées $\left(0\,;2\,;\dfrac{8}{3}\right)$.

c. Déterminer les coordonnées du point B'.

5. Vérifier que O'A'B'C' est un parallélogramme.

Hauteur dans un tétraèdre
60 min

Ce problème est basé sur l'étude de la distance dans l'espace entre un point et un plan. C'est l'occasion d'utiliser les principales notions de géométrie dans l'espace étudiées en Terminale S.

> Voir les chapitres 10 et 11.

L'espace est rapporté à un repère orthonormal $(O\,;\vec{i},\vec{j},\vec{k})$.
Les points A, B et C ont pour coordonnées respectives : A(3 ; −2 ; 2), B(6 ; 1 ; 5) et C(6 ; −2 ; −1).

Partie A

1. Montrer que le triangle ABC est un triangle rectangle.

2. Soit $\mathcal{P}$ le plan d'équation cartésienne $x + y + z - 3 = 0$.
Montrer que $\mathcal{P}$ est orthogonal à la droite (AB) et passe par A.

3. Soit $\mathcal{P}'$ le plan orthogonal à la droite (AC) et passant par le point A.
Déterminer une équation cartésienne de $\mathcal{P}'$.

4. Déterminer une représentation paramétrique de la droite d'intersection des plans $\mathcal{P}$ et $\mathcal{P}'$.

Partie B

1. Soit D le point de coordonnées (0 ; 4 ; −1).
Montrer que la droite (AD) est orthogonale au plan (ABC).

2. Calculer le volume du tétraèdre ABCD.
(On rappelle que le volume d'un tétraèdre est égal à $\dfrac{bh}{3}$, où b désigne l'aire d'une face et h la distance à cette face du sommet n'y appartenant pas.)

3. Montrer que l'angle géométrique $\widehat{BDC}$ a pour mesure $\dfrac{\pi}{4}$ radian.

4. a. Calculer l'aire du triangle BDC.

b. En déduire la distance du point A au plan (BCD).

Partie C

1. Déterminer une équation cartésienne du plan (BCD).

2. Retrouver la distance du point A au plan (BCD) en utilisant la méthode de l'exercice 15 du chapitre 11.

CORRIGÉS

1 ▶ QCM

1. Réponse d.
Le vecteur $\vec{AB}$ a pour coordonnées $(-4;-4;4)$ et $\vec{AC}$ a pour coordonnées $(-1;-4;-2)$. S'il existe un réel k tel que $\vec{AC}=k\vec{AB}$, alors nécessairement $-1=-4k$ et $-4=-4k$, donc on a à la fois $k=\dfrac{1}{4}$ et $k=1$, ce qui est impossible. Donc les deux vecteurs $\vec{AB}$ et $\vec{AC}$ sont non colinéaires et donc les points A, B et C sont non alignés.
Les points A, B et C définissent donc un plan et :
$\vec{v}\cdot\vec{AB} = 2\times(-4)-1\times(-4)+1\times 4 = 0$
$\vec{v}\cdot\vec{AC} = 2\times(-1)-1\times(-4)+1\times(-2) = 0$
donc $\vec{v}$ est orthogonal à deux vecteurs non colinéaires du plan (ABC), il est bien normal à ce plan.

2. Réponse c.
$\vec{n}(1;1;-1)$ est un vecteur normal au plan $\mathcal{P}$ et le vecteur $\vec{v}$ est normal au plan (ABC), or $\vec{v}\cdot\vec{n}=2\times 1-1\times 1+1\times(-1)=0$ donc $\vec{v}$ et $\vec{n}$ sont orthogonaux et donc les plans $\mathcal{P}$ et (ABC) sont perpendiculaires.
De plus $\vec{DC}$ a pour coordonnées $(1;3;4)$ et $\vec{DC}\cdot\vec{n}=1\times 1+3\times 1+4\times(-1)=0$ donc $\mathcal{P}$ et d sont parallèles, d'où $\mathcal{P}$ n'est pas orthogonal à d.

3. Réponse d.
Si le point M a pour coordonnées $(x;y;z)$ alors le vecteur $\vec{MA}-\vec{MB}+2\vec{MC}$ a pour coordonnées $(4-2x;-2y;-10-2z)$ et donc :
$\|\vec{MA}-\vec{MB}+2\vec{MC}\|=12 \Leftrightarrow 4\left((2-x)^2+(-y)^2+(-5-z)^2\right)=12^2$
$\Leftrightarrow (2-x)^2+y^2+(-5-z)^2=36.$

$\mathcal{E}$ est donc la sphère de centre G et de rayon $R=6$, où les coordonnées du point G sont $(2;0;-5)$.

2 ▶ Parallélogramme dans un cube

Partie A

1. Le point I a pour coordonnées $\left(1;\dfrac{1}{3};0\right)$ et le vecteur $\vec{IJ}$ a pour coordonnées $\left(-1;\dfrac{1}{3};1\right)$.
Une représentation paramétrique de la droite (IJ) est donc :
$\begin{cases} x=1-t \\ y=\dfrac{1}{3}+\dfrac{t}{3}, t\in\mathbb{R} \\ z=t \end{cases}$

2. Le point K a pour coordonnées $\left(\dfrac{3}{4};0;1\right)$ et le vecteur $\overrightarrow{KL}$ a pour coordonnées $\left(a-\dfrac{3}{4};1;-1\right)$. Une représentation paramétrique de la droite (KL) est donc :

$$\begin{cases} x=\dfrac{3}{4}+t'\left(a-\dfrac{3}{4}\right) \\ y=t' \\ z=1-t' \end{cases}, t' \in \mathbb{R}$$

3. Soient $M\left(1-t;\dfrac{1}{3}+\dfrac{t}{3};t\right), t \in \mathbb{R}$ un point de la droite (IJ) et $M'\left(\dfrac{3}{4}+t'\left(a-\dfrac{3}{4}\right);t';1-t'\right)$, $t' \in \mathbb{R}$, un point de la droite (KL).

$$M=M' \Leftrightarrow \begin{cases} 1-t=\dfrac{3}{4}+t'\left(a-\dfrac{3}{4}\right) \\ \dfrac{1}{3}+\dfrac{t}{3}=t' \\ t=1-t' \end{cases} \Leftrightarrow \begin{cases} t=1-t' \\ 1-(1-t')=\dfrac{3}{4}+t'\left(a-\dfrac{3}{4}\right) \\ \dfrac{1}{3}+\dfrac{1-t'}{3}=t' \end{cases} \Leftrightarrow \begin{cases} t'=\dfrac{1}{2} \\ t=\dfrac{1}{2} \\ a=\dfrac{1}{4} \end{cases}$$

Si $a \neq \dfrac{1}{4}$, le système précédent n'a pas de solution, ou encore les droites (IJ) et (KL) n'ont aucun point commun.

Si $a = \dfrac{1}{4}$, la résolution précédente s'écrit plus simplement $M = M' \Leftrightarrow t = t' = \dfrac{1}{2}$. Dans ce cas, les droites (IJ) et (KL) ont en commun le point obtenu quand $t = \dfrac{1}{2}$ ou $t' = \dfrac{1}{2}$, à savoir le point Ω de coordonnées $\left(\dfrac{1}{2};\dfrac{1}{2};\dfrac{1}{2}\right)$.

En résumé, les droites (IJ) et (KL) sont sécantes en un point Ω si, et seulement si, $a = \dfrac{1}{4}$.

Partie B

1. Le vecteur $\overrightarrow{IK}$ a pour coordonnées $\left(\dfrac{-1}{4};\dfrac{-1}{3};1\right)$, de même que le vecteur $\overrightarrow{LJ}$. Ainsi, $\overrightarrow{IK} = \overrightarrow{LJ}$ et donc le quadrilatère IKJL est un parallélogramme.

2. Intersection du plan (IJK) avec les faces du cube ABCDEFGH :

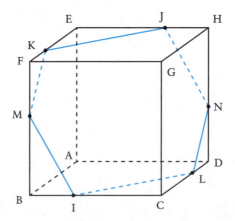

3. a. Les vecteurs $\vec{IJ}$ et $\vec{IK}$ sont deux vecteurs non colinéaires du plan IJK. Pour vérifier que le vecteur non nul $\vec{n}$ est un vecteur normal au plan (IJK), il suffit de vérifier que le vecteur $\vec{n}$ est orthogonal aux vecteurs $\vec{IJ}$ et $\vec{IK}$.

$\vec{n} \cdot \vec{IJ} = -8 + \dfrac{9}{3} + 5 = 0$ et $\vec{n} \cdot \vec{IK} = \dfrac{-8}{4} - \dfrac{9}{3} + 5 = 0$.

Donc le vecteur $\vec{n}\,(8\,;9\,;5)$ est un vecteur normal au plan (IJK).

b. Le plan (IJK) est le plan passant par le point $I\left(1\,;\dfrac{1}{3}\,;0\right)$ et de vecteur normal $\vec{n}(8\,;9\,;5)$.

Une équation cartésienne du plan (IJK) est donc $8(x-1) + 9\left(y - \dfrac{1}{3}\right) + 5z = 0$ ou encore :
$8x + 9y + 5z - 11 = 0$.

c. Puisque M ∈ (BF), les coordonnées de M sont de la forme $(1\,;0\,;z_M)$.

Puis, $M \in (IJK) \Leftrightarrow 8 \times 1 + 9 \times 0 + 5z_M - 11 = 0 \Leftrightarrow z_M = \dfrac{3}{5}$.

De même, puisque N ∈ (DH), les coordonnées de N sont de la forme $(0\,;1\,;z_N)$.

Puis, $N \in (IJK) \Leftrightarrow 8 \times 0 + 9 \times 1 + 5z_N - 11 = 0 \Leftrightarrow z_N = \dfrac{2}{5}$.

On a donc : $M\left(1\,;0\,;\dfrac{3}{5}\right)$ et $N\left(0\,;1\,;\dfrac{2}{5}\right)$.

3 ▶ Tétraèdre régulier

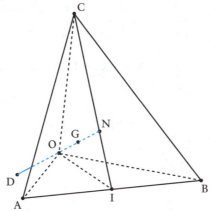

1. Si M et N sont deux points distincts de coordonnées respectives $(x_M\,;y_M\,;z_M)$ et $(x_N\,;y_N\,;z_N)$, alors les points de coordonnées $(x\,;y\,;z)$ sont équidistants de M et N si et seulement si :

$(x - x_M)^2 + (y - y_M)^2 + (z - z_M)^2 = (x - x_N)^2 + (y - y_N)^2 + (z - z_N)^2$

$\Leftrightarrow -2x \times x_M + x_M^2 - 2y \times y_M + y_M^2 - 2z \times z_M + z_M^2$
$\qquad = -2x \times x_N + x_N^2 - 2y \times y_N + y_N^2 - 2z \times z_N + z_N^2$

$\Leftrightarrow -2x(x_M - x_N) - 2y(y_M - y_N) - 2z(z_M - z_N)$
$\qquad + x_M^2 + y_M^2 + z_M^2 - x_N^2 - y_N^2 - z_N^2 = 0$.

Donc l'ensemble des points équidistants des deux points M et N est bien un plan.

2. OAB, OAC et OBC sont des triangles rectangles en O donc $AC^2 = OA^2 + OC^2 = 2a^2$ et de même $BC^2 = OB^2 + OC^2 = 2a^2$ et $AB^2 = OA^2 + OB^2 = 2a^2$ donc $AB = AC = BC$, le triangle ABC est équilatéral.

I est le pied de la hauteur issue de O dans le triangle OAB isocèle en O donc I est le milieu de [AB] et I a pour coordonnées $\left(\dfrac{a}{2}; \dfrac{a}{2}; 0\right)$.

Soit $(x; y; z)$ les coordonnées du point H. Le vecteur $\vec{IC}$ a pour coordonnées $\left(\dfrac{-a}{2}; \dfrac{-a}{2}; a\right)$. $\vec{OH}$ est orthogonal à $\vec{IC}$ donc $\dfrac{-a}{2}x - \dfrac{a}{2}y + az = 0$ soit $x + y - 2z = 0$.

H appartient à (IC) donc il existe un réel k tel que $\vec{CH} = k\vec{CI}$, soit :

$$\begin{cases} x = k\dfrac{a}{2} \\ y = k\dfrac{a}{2} \\ z - a = -ka \end{cases} \text{ donc } \begin{cases} x = k\dfrac{a}{2} \\ y = k\dfrac{a}{2} \\ z = a - ka \end{cases}.$$

Or $x + y - 2z = 0$, donc $k\dfrac{a}{2} + k\dfrac{a}{2} - 2(a - ka) = 0$ soit $ka - 2a + 2ka = 0$, ou encore $3ka = 2a$.

On obtient $k = \dfrac{2}{3}$, car $a \neq 0$, donc en remplaçant dans $\begin{cases} x = k\dfrac{a}{2} \\ y = k\dfrac{a}{2} \\ z = a - ka \end{cases}$, le point H a pour coordonnées $\left(\dfrac{a}{3}; \dfrac{a}{3}; \dfrac{a}{3}\right)$. Or $A(a; 0; 0)$, $B(0; a; 0)$ et $C(0; 0; a)$ donc :

$\|\vec{HA}\| = \|\vec{HB}\| = \|\vec{HC}\| = \sqrt{\left(\dfrac{2a}{3}\right)^2 + \left(\dfrac{-a}{3}\right)^2 + \left(\dfrac{-a}{3}\right)^2} = \dfrac{a\sqrt{6}}{3}$

donc H est équidistant des points A, B et C, et H est bien est le centre du cercle circonscrit au triangle ABC.

3. $\vec{HO} = \vec{OD}$ donc D a pour coordonnées $\left(\dfrac{-a}{3}; \dfrac{-a}{3}; \dfrac{-a}{3}\right)$.

On a vu que $AB^2 = AC^2 = BC^2 = 2a^2$. D'autre part :

$BD^2 = \left(-\dfrac{a}{3}\right)^2 + \left(-\dfrac{a}{3} - a\right)^2 + \left(-\dfrac{a}{3}\right)^2 = 2a^2$;

$AD^2 = \left(-\dfrac{a}{3} - a\right)^2 + \left(-\dfrac{a}{3}\right)^2 + \left(-\dfrac{a}{3}\right)^2 = 2a^2$;

$CD^2 = \left(-\dfrac{a}{3}\right)^2 + \left(-\dfrac{a}{3}\right)^2 + \left(-\dfrac{a}{3} - a\right)^2 = 2a^2$.

On en déduit que $AB = AC = AD = BC = BD = CD$, donc le tétraèdre ABCD est régulier.

4. Le point G est le centre de la sphère circonscrite au tétraèdre ABCD donc $GA = GB$ donc G appartient au plan médiateur $\mathcal{P}_1$ du segment [AB], de même G appartient au plan médiateur $\mathcal{P}_2$ du segment [AC] donc à la droite Δ intersection de ces deux plans. $OA = OB$ donc $O \in \mathcal{P}_1$ de plus $OA = OC$ donc $O \in \mathcal{P}_2$ donc à leur intersection Δ.

H est le centre du cercle circonscrit au triangle équilatéral ABC donc $HA = HB$ et $HA = HC$ donc $H \in \mathcal{P}_1$ et $H \in \mathcal{P}_2$ donc à leur intersection Δ et comme $O \neq H$ alors $\Delta = (OH)$.

G appartient donc à (OH).

Soit $(x;y;z)$ les coordonnées de G. $\overrightarrow{OH}$ a pour coordonnées $\left(\dfrac{a}{3};\dfrac{a}{3};\dfrac{a}{3}\right)$ et G appartient à (OH) donc il existe un réel k tel que $\overrightarrow{OG} = k\overrightarrow{OH}$ soit $\begin{cases} x = k\dfrac{a}{3} \\ y = k\dfrac{a}{3} \\ z = k\dfrac{a}{3} \end{cases}$

G est le centre de la sphère circonscrite au tétraèdre ABCD donc GA=GD, donc :
$$\left(k\dfrac{a}{3}-a\right)^2+\left(k\dfrac{a}{3}\right)^2+\left(k\dfrac{a}{3}\right)^2 = \left(k\dfrac{a}{3}+\dfrac{a}{3}\right)^2+\left(k\dfrac{a}{3}+\dfrac{a}{3}\right)^2+\left(k\dfrac{a}{3}+\dfrac{a}{3}\right)^2.$$

Ainsi $(k-3)^2+k^2+k^2=3(k+1)^2 \Leftrightarrow 3k^2-6k+9=3k^2+6k+3$ donc $12k=6$, soit $k=\dfrac{1}{2}$, donc G a pour coordonnées $\left(\dfrac{a}{6};\dfrac{a}{6};\dfrac{a}{6}\right)$.

4 ▸ Intersection d'un plan et d'une pyramide

1. Figure :

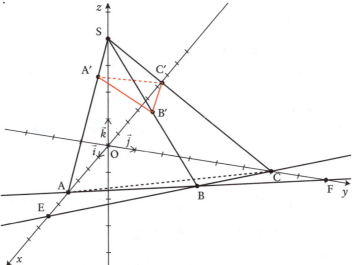

2. $\overrightarrow{OE} = 6\vec{i} = \dfrac{3}{2}\overrightarrow{OA}$ donc $E \in (OA)$.

$\overrightarrow{EB}$ a pour coordonnées $(-4;4;0)$ et $\overrightarrow{BC}$ a pour coordonnées $(-2;2;0)$ donc $\overrightarrow{EB} = 2\overrightarrow{BC}$, soit $E \in (BC)$.

E est donc bien le point d'intersection des droites (OA) et (BC).

3. a. $\overrightarrow{SE}$ a pour coordonnées $(6;0;-4)$ donc $\vec{n}\cdot\overrightarrow{SE} = 4\times 6+3\times 0+6\times(-4) = 0$.
$\overrightarrow{SF}$ a pour coordonnées $(0;8;-4)$ donc : $\vec{n}\cdot\overrightarrow{SF} = 4\times 0+3\times 8+6\times(-4) = 0$.
Donc $\vec{n}$ est orthogonal à $\overrightarrow{SE}$ et à $\overrightarrow{SF}$, or (SE) et (SF) sont sécantes, donc $\vec{n}$ est un vecteur normal au plan (SEF).
Une équation de ce plan est donc de la forme : $4x+3y+6z+d=0$.

Or E ∈ (SEF) donc $4\times 6+0+0+d=0$ donc $d=-24$.
(SEF) a donc pour équation : $4x+3y+6z-24=0$.

b. $4\overrightarrow{OA'}=\overrightarrow{OA}+3\overrightarrow{OS}$ donne : $4x_{A'}=4$; $4y_{A'}=0$ et $4z_{A'}=3\times 4$, donc A' a pour coordonnées $(1;0;3)$.

c. $\mathcal{P}$ est parallèle à (SEF) donc a une équation de la forme : $4x+3y+6z+d'=0$.
Or A' ∈ $\mathcal{P}$ donc $4\times 1+3\times 0+6\times 3+d'=0$ soit $d'=-22$.
$\mathcal{P}$ a donc pour équation : $4x+3y+6z-22=0$.

4. a. O' ∈ (SO), or les points de (SO) ont des coordonnées de la forme $(0;0;z)$.
De plus O' ∈ $\mathcal{P}$ donc $6z-22=0$ soit $z=\dfrac{11}{3}$ donc O' a pour coordonnées $\left(0;0;\dfrac{11}{3}\right)$.

b. C' ∈ (SC) donc $\overrightarrow{SC'}=k\overrightarrow{SC}$. Or $\overrightarrow{SC}$ a pour coordonnées $(0;6;-4)$ donc C' a pour coordonnées $\begin{cases} x=0 \\ y=6k \\ z=-4k+4 \end{cases}$ avec $k\in\mathbb{R}$.

C' ∈ $\mathcal{P}$ donc $4\times 0+3\times 6k+6\times(-4k+4)-22=0$, soit $-6k+2=0$ d'où $k=\dfrac{1}{3}$.

Donc en remplaçant k par $\dfrac{1}{3}$ dans les coordonnées de C', on obtient que C' a pour coordonnées $\left(0;2;\dfrac{8}{3}\right)$.

c. B' ∈ (SB) donc $\overrightarrow{SB'}=k\overrightarrow{SB}$. Or $\overrightarrow{SB}$ a pour coordonnées $(2;4;-4)$ donc B' a pour coordonnées $\begin{cases} x=2k \\ y=4k \\ z=-4k+4 \end{cases}$ avec $k\in\mathbb{R}$.

B' ∈ $\mathcal{P}$ donc $4\times 2k+3\times 4k+6\times(-4k+4)-22=0$, soit $-4k+2=0$ d'où $k=\dfrac{1}{2}$.

Donc en remplaçant k par $\dfrac{1}{2}$ dans les coordonnées de B', on obtient que B' a pour coordonnées $(1;2;2)$.

5. O' a pour coordonnées $\left(0;0;\dfrac{11}{3}\right)$; A' a pour coordonnées $(1;0;3)$ donc $\overrightarrow{O'A'}$ a pour coordonnées $\left(1;0;\dfrac{-2}{3}\right)$. Le point C' a pour coordonnées $\left(0;2;\dfrac{8}{3}\right)$, B' a pour coordonnées $(1;2;2)$ donc $\overrightarrow{C'B'}$ a pour coordonnées $\left(1;0;\dfrac{-2}{3}\right)$.

On a $\overrightarrow{O'A'}=\overrightarrow{C'B'}$ donc O'A'B'C' est un parallélogramme.

5 Hauteur dans un tétraèdre

Partie A

1. Les vecteurs $\vec{AB}$ et $\vec{AC}$ ont pour coordonnées respectives $(3;3;3)$ et $(3;0;-3)$.
On a donc $\vec{AB}\cdot\vec{AC}=0$, le triangle ABC est donc rectangle en A.

2. Les coordonnées du point A vérifient l'équation de $\mathcal{P}$, donc $\mathcal{P}$ passe par A.
D'après l'équation cartésienne de $\mathcal{P}$, le vecteur de coordonnées $(1;1;1)$ est normal à $\mathcal{P}$. Il est colinéaire au vecteur $\vec{AB}$, donc $\mathcal{P}$ est orthogonal à la droite (AB).

3. $\mathcal{P}'$ est orthogonal à la droite (AC), il admet donc le vecteur $\vec{AC}$ pour vecteur normal, et a une équation de la forme : $3x-3z+d=0$. $\mathcal{P}'$ passant par le point A, on en déduit que $d=-3$.
Une équation cartésienne de $\mathcal{P}'$ est : $x-z-1=0$.

4. Les droites (AB) et (AC), respectivement orthogonales à $\mathcal{P}$ et $\mathcal{P}'$, n'étant pas parallèles, les plans $\mathcal{P}$ et $\mathcal{P}'$ sont sécants.

$M(x;y;z)\in\mathcal{P}\cap\mathcal{P}' \Leftrightarrow \begin{cases}x+y+z-3=0\\x-z-1=0\end{cases} \Leftrightarrow \begin{cases}x=1+t\\y=2-2t\\z=t\end{cases}$.

Partie B

1. $\vec{AD}$ a pour coordonnées $(-3;6;-3)$. On a $\vec{AD}\cdot\vec{AB}=0$ et $\vec{AD}\cdot\vec{AC}=0$. Ainsi (AD) est orthogonale à deux droites sécantes du plan (ABC), elle est donc orthogonale à ce plan.

2. Le repère étant orthonormé, on a $AB=\sqrt{3^2+3^2+3^2}=3\sqrt{3}$, $AC=\sqrt{3^2+(-3)^2}=3\sqrt{2}$
et $AD=\sqrt{(-3)^2+6^2+(-3)^2}=3\sqrt{6}$.
Le triangle ABC étant rectangle en A, $\mathcal{A}(ABC)=\dfrac{AC\times AB}{2}=\dfrac{9\sqrt{6}}{2}$.
La droite (AD) étant orthogonale au plan ABC, on a : $V=\dfrac{1}{3}\mathcal{A}(ABC)\times AD=27$.

3. Dans le triangle BCD, en notant θ l'angle $\widehat{BDC}$, on a $\vec{DB}\cdot\vec{DC}=DB\times DC\times\cos\theta$.
Comme $\vec{DB}$ et $\vec{DC}$ ont pour coordonnées respectives $(6;-3;6)$ et $(6;-6;0)$, on a :
$\cos\theta = \dfrac{6\times 6+3\times 6+0}{\sqrt{6^2+(-3)^2+6^2}\times\sqrt{6^2+(-6)^2+0}}=\dfrac{1}{\sqrt{2}}$, on a donc $\theta=\dfrac{\pi}{4}$ radian.

4. a. $\mathcal{A}(BCD)=\dfrac{BD\times DC\times\sin\theta}{2}=27$.

b. Comme $V=\dfrac{1}{3}\mathcal{A}(BCD)\times d(A,(BCD))=27$, on en déduit que $d(A,(BCD))=3$.

Partie C

1. Soit $\vec{n}$ de coordonnées $(a;b;c)$ normal au plan (BCD). On a :
$\begin{cases}\vec{n}\cdot\vec{DB}=0\\\vec{n}\cdot\vec{DC}=0\end{cases} \Leftrightarrow \begin{cases}6a-3b+6c=0\\6a-6b=0\end{cases} \Leftrightarrow \begin{cases}a=b\\a+2c=0\end{cases}$

Prenons arbitrairement $a=b=2$, alors $c=-1$.
Le plan (BCD) a une équation de la forme : $2x+2y-z+d=0$; comme B lui appartient, on en déduit que $d=-9$.
Une équation du plan (BCD) est donc : $2x+2y-z-9=0$.

2. $\vec{n}(2\,;2\,;-1)$ est un vecteur normal au plan (BCD) donc un vecteur directeur de la droite passant par A et orthogonale à (BCD). Cette droite admet donc une paramétrisation de la forme :
$$\begin{cases} x = 3+2t \\ y = -2+2t \\ z = 2-t \end{cases}$$ où t est un réel quelconque.

Soit H le point d'intersection de cette droite et du plan (BCD) (H est alors le projeté orthogonal de A sur (BCD)).
Donc les coordonnées de H$(3+2t;-2+2t;2-t)$ vérifient également l'équation de (BCD), donc $6+4t-4+4t-2+t-9=0$ et donc $t=1$.
On a donc H$(5;0;1)$.
La distance de A à (BCD) est égale à AH. Or $\overrightarrow{AH}(2;2;-1)$, donc on retrouve bien que $d(A;(BCD)) = \sqrt{2^2+2^2+(-1)^2} = 3$.

Statistiques et probabilités

387	**CHAPITRE 12**	Probabilités conditionnelles
419	**CHAPITRE 13**	Lois continues de probabilité
441	**CHAPITRE 14**	Échantillonnage et estimation
457	**SUJETS DE SYNTHÈSE**	
461	**CORRIGÉS**	

CHAPITRE 12

Probabilités conditionnelles

COURS

388	**I.**	Conditionnement
389	**II.**	Indépendance
389	POST BAC	Combinaisons et arrangements

MÉTHODES ET STRATÉGIES

390	**1**	Utiliser un arbre pour changer un conditionnement
392	**2**	Passer d'un tableau à un arbre (et réciproquement)
393	**3**	Répéter une expérience aléatoire
394	**4**	Déterminer la limite d'une suite de probabilités

SUJETS DE TYPE BAC

397	**Sujet 1**	Échantillons sanguins
397	**Sujet 2**	Pièces d'atelier défectueuses
398	**Sujet 3**	Sacs de billes
399	**Sujet 4**	Jeu de cartes
399	**Sujet 5**	Boules blanches, boules noires
399	**Sujet 6**	Tests d'huile d'olive
400	**Sujet 7**	Tirages dans deux urnes
400	**Sujet 8**	Probabilité d'avoir un as
400	**Sujet 9**	Probabilités au basket
401	**Sujet 10**	Lancer de jeton et de dé

SUJETS D'APPROFONDISSEMENT

401	**Sujet 11**	Rentabilité d'un bateau de pêche
402	**Sujet 12**	Ajuster une probabilité
402	**Sujet 13**	Trouver la bonne clé
403	**Sujet 14**	Conformité d'une puce électronique
403	**Sujet 15**	Pile ou face et jeu de dés
404	**Sujet 16**	Probabilités et suites
404	**Sujet 17**	Résultats du bac
405	**Sujet 18** POST BAC	Jeu de cartes
405	**Sujet 19** POST BAC	Nombre d'itinéraires
406	**Sujet 20** POST BAC	Probabilités et combinaison

CORRIGÉS

407	**Sujets 1 à 10**
411	**Sujets 11 à 20**

Probabilités conditionnelles

I. Conditionnement

1. Probabilité conditionnelle

Dans l'étude d'une expérience, ou d'un phénomène aléatoire, soit Ω l'univers associé muni d'une probabilité P et soient A et B des événements.
On suppose $P(B) \neq 0$.

Définition La probabilité que l'événement A se réalise **sachant que** l'événement B est réalisé est définie par : $P_B(A) = \dfrac{P(A \cap B)}{P(B)}$.

$P_B(A)$ se lit : « probabilité de A sachant B ».

Remarque On établit la formule de Bayes :
si $P(A) \neq 0$, $P(A \cap B) = P_B(A) \times P(B) = P_A(B) \times P(A)$ donc :
$$P_B(A) = \dfrac{P_A(B) \times P(A)}{P(B)}.$$

Propriété La « probabilité conditionnelle » est une probabilité, elle vérifie notamment pour tout événement A :
$$0 \leq P_B(A) \leq 1 \text{ et } P_B(A) + P_B(\overline{A}) = 1.$$

Le « conditionnement » consiste à changer d'univers : on se place dans l'univers constitué des éventualités de B.

2. Arbre de probabilités

- On note sur chaque « branche » la probabilité conditionnelle correspondante.
- La probabilité d'un « chemin » (suite de « branches ») s'obtient en multipliant les probabilités de chaque « branche ».
- Une « branche » relie deux « nœuds » ; la somme des probabilités affectées aux branches issues d'un même nœud vaut 1.

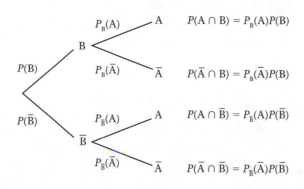

II. Indépendance

Définition On dit que A et B sont **indépendants** lorsque $P(A \cap B) = P(A) \times P(B)$.

Théorème Si A et B sont deux événements indépendants de probabilités non nulles, alors $P_B(A) = P(A)$ et $P_A(B) = P(B)$.

Remarque En pratique, on peut se trouver dans deux situations :
• ou bien la loi de probabilité est connue et on cherche à savoir si deux événements A et B sont indépendants ; on doit alors vérifier par des calculs si l'égalité $P(A \cap B) = P(A) \times P(B)$ est vraie ;
• ou bien on sait que les événements sont indépendants, et on utilise l'égalité $P(A \cap B) = P(A) \times P(B)$ dans les calculs pour déterminer d'autres probabilités.

Combinaisons et arrangements

> Voir les exercices 18, 19 et 20.

Les notions d'arrangements et de combinaisons ne sont pas au programme de Terminale S mais elles facilitent un grand nombre d'exercices, notamment en probabilités, et elles sont fréquemment utilisées par la suite.

▬ **Proposition** Si E est un ensemble composé de n éléments, alors il existe $n!$ **permutations** des éléments de E (c'est-à-dire $n!$ façons d'ordonner les éléments de E).

▬ **Définition** Un **arrangement** de p éléments d'un ensemble E est une p-liste d'éléments distincts de E (c'est-à-dire un ensemble ordonné de p éléments distincts de E).

Exemple Si $E = \{1, 2, 3, 4\}$ alors $(1, 2, 3)$ et $(2, 3, 1)$ sont deux arrangements à 3 éléments de E.

Proposition Si E est un ensemble composé de n éléments, alors le nombre d'arrangements de p éléments de E, $1 \leq p \leq n$, est égal à $A_n^p = \dfrac{n!}{(n-p)!}$.

▬ **Définition** Une **combinaison** de p éléments d'un ensemble E est une partie à p éléments de E.

Remarque Dans une combinaison, il n'y a pas de notion d'ordre, contrairement à un arrangement.

Exemple Si $E = \{1, 2, 3, 4\}$ alors $\{1, 2, 3\}$ est la seule combinaison de 3 éléments de E contenant 1, 2 et 3 (la combinaison $\{2, 3, 1\}$ est égale à la combinaison $\{1, 2, 3\}$).

Proposition Si E est un ensemble composé de n éléments, alors le nombre de combinaisons de p éléments de E, $1 \leq p \leq n$, noté $\binom{n}{p}$ ou C_n^p, est égal à :

$$\binom{n}{p} = C_n^p = \frac{A_n^p}{p!} = \frac{n!}{p!(n-p)!}.$$

MÉTHODES ET STRATÉGIES

 Utiliser un arbre pour changer un conditionnement

> Voir les exercices 6, 14, 15 et 17 mettant en œuvre cette méthode.

Méthode
Dans une population, on étudie deux événements A et B, l'un étant connu « conditionné » par l'autre : on connaît $P(B)$, $P_B(A)$ et $P_{\overline{B}}(A)$.
On veut « changer le conditionnement » : déterminer $P_A(B)$.

> **Étape 1 :** on représente un arbre de probabilités qui traduit les données de l'énoncé.

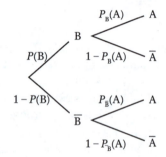

> **Étape 2 :** on calcule la probabilité de A, $P(A)$, en utilisant la formule dite « des probabilités totales » : $P(A) = P(A \cap B) + P(A \cap \overline{B}) = P_B(A) \times P(B) + P_{\overline{B}}(A) \times P(\overline{B})$.

> **Étape 3 :** on obtient alors $P_A(B)$ en utilisant la définition :
$$P_A(B) = \frac{P(A \cap B)}{P(A)} = \frac{P_B(A) \times P(B)}{P(A)}.$$

Exemple
Le parc informatique d'une entreprise compte 3 types d'ordinateurs : 43 % sont des ordinateurs fixes, 51 % des ordinateurs portables, les autres sont des *netbook*.
Pendant 2 ans, le service informatique a répertorié les interventions selon la nature des ordinateurs : 39 % des ordinateurs fixes ont nécessité au moins une intervention, 58 % des ordinateurs portables et 67 % des *netbook*.
Un ordinateur arrive au service informatique. Quelle est la probabilité qu'il s'agisse d'un *netbook* ?

Application
> **Étape 1 :** on appelle :
F l'événement « l'ordinateur est fixe » ;
M l'événement « l'ordinateur est un portable » ;
N l'événement « l'ordinateur est un *netbook* » ;

R l'événement « l'ordinateur a nécessité au moins une réparation ».
On cherche $P_R(N)$.

 Le conditionnement est ici implicite : « l'ordinateur arrive au service informatique » signifie que l'on sait qu'il nécessite une réparation, donc que l'on doit conditionner par rapport à R.

Les données de l'énoncé permettent de construire l'arbre suivant :

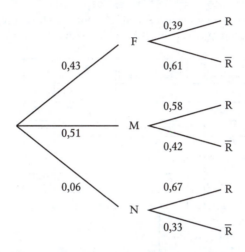

 Un ordinateur ne pouvant être simultanément de plusieurs types, on a bien une partition de l'univers et $P(N) = 1 - (P(F) + P(M))$.

> **Étape 2 :** on détermine $P(R)$ en « suivant » les branches de l'arbre qui conduisent à l'événement R, puis en appliquant la formule des probabilités totales :
$P(R \cap F) = P_F(R) \times P(F) = 0{,}39 \times 0{,}43 = 0{,}1677$;
$P(R \cap M) = P_M(R) \times P(M) = 0{,}58 \times 0{,}51 = 0{,}2958$;
$P(R \cap N) = P_N(R) \times P(N) = 0{,}67 \times 0{,}06 = 0{,}0402$;
$P(R) = P(R \cap F) + P(R \cap M) + P(R \cap N) = 0{,}5037$.

> **Étape 3 :** $P_R(N) = \dfrac{P(R \cap N)}{P(R)} = \dfrac{0{,}0402}{0{,}5037} \approx 0{,}0798$.

 Dans un même exercice, pensez à toujours donner le même nombre de chiffres significatifs.

2. Passer d'un tableau à un arbre (et réciproquement)

> Voir les exercices 1 et 2 mettant en œuvre cette méthode.

Méthode
Quand des données sont sous forme d'effectifs, il peut être plus simple de les représenter dans un tableau, et il faut être capable d'en déduire un arbre de probabilités.

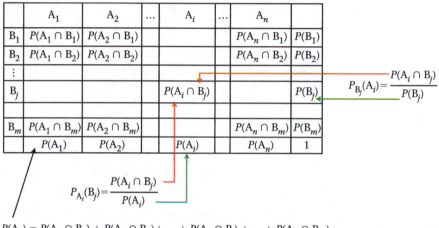

$P(A_1) = P(A_1 \cap B_1) + P(A_1 \cap B_2) + \ldots + P(A_1 \cap B_j) + \ldots + P(A_1 \cap B_m)$

Exemple
Dans un établissement scolaire, une étude a été réalisée visant à établir un lien entre la latéralisation (droitier, gaucher, ambidextre) et les études scientifiques.
Les résultats sont les suivants :
- les séries scientifiques comptent 147 élèves ; les autres séries en comptent 362 ;
- parmi les élèves de S, il y a 4 ambidextres et 46 gauchers ;
- parmi les élèves des autres sections, il y a 5 ambidextres et 127 gauchers.

Traduire ces données à l'aide d'un tableau, puis tracer l'arbre de probabilités qui donne le conditionnement selon la série.
Un élève est en S. Quelle est la probabilité qu'il soit gaucher ?

Application

	Élèves droitiers	Élèves gauchers	Élèves ambidextres	Total
Élèves en S	147 − 46 − 4 = 97	46	4	147
Élèves pas en S	362 − 127 − 5 = 230	127	5	362
Total	97 + 230 = 327	46 + 127 = 173	4 + 5 = 9	147 + 362 = 509

Remarque En rouge, les données de l'énoncé ; en vert, les résultats obtenus par déduction.
On note :
S l'événement : « l'élève est en S » ;
D l'événement : « l'élève est droitier » ;
G l'événement : « l'élève est gaucher » ;
A l'événement : « l'élève est ambidextre ».

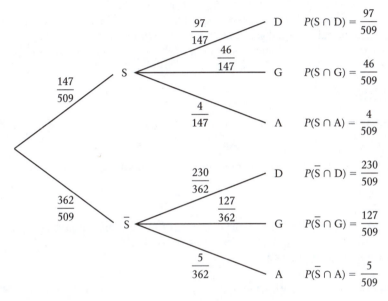

« Un élève est en S » signifie que l'on conditionne par rapport à l'événement S. La probabilité qu'il soit gaucher est alors : $P_S(G) = \dfrac{46}{147}$.

3 Répéter une expérience aléatoire

> Voir l'exercice 16 mettant en œuvre cette méthode.

Méthode
On répète n fois de façon indépendante une expérience aléatoire, ayant une issue A de probabilité p. Les questions relatives à cette situation sont systématiquement les mêmes.

> **Étape 1 :** on demande de donner la probabilité d'obtenir l'issue A à chacune des n expériences.
Les expériences étant indépendantes et la probabilité d'avoir l'issue A lors d'une expérience étant p, la probabilité d'obtenir l'issue A à chacune des n expériences est p^n.

> **Étape 2 :** on demande de calculer la probabilité qu'il y ait au moins une fois l'issue A. L'événement contraire est « il n'y a jamais l'issue A » ; l'événement « l'issue n'est pas A » pour une expérience étant $1 - p$ et les expériences étant indépendantes, la probabilité qu'il y ait au moins une fois l'issue A est $1 - (1-p)^n$.

> **Étape 3 :** on demande de déterminer le nombre minimum de fois où il faut faire l'expérience (trouver n) afin que la probabilité d'avoir au moins une fois A soit supérieure à une probabilité donnée (très grande).
Il faut ici résoudre une inéquation qui fait intervenir le logarithme.

Exemple
Dans un village, une loterie est organisée toutes les semaines. Un nombre parmi 10 est tiré au sort. Chaque participant ne peut jouer qu'un seul numéro.
Quelle est la probabilité qu'un joueur gagne toutes les semaines pendant 5 semaines ?
Quelle est la probabilité qu'il gagne au moins une fois au bout de n semaines ?
Combien de fois devra-t-il jouer pour que la probabilité qu'il gagne au moins une fois soit supérieure à 0,99 ?

Application

> **Étape 1 :** chaque semaine, la probabilité de gagner à la loterie est de $\dfrac{1}{10}$, celle de perdre est $\dfrac{9}{10}$.
La probabilité qu'un joueur gagne toutes les semaines pendant 5 semaines est $\left(\dfrac{1}{10}\right)^5 = 0,00001$.

> **Étape 2 :** la probabilité qu'il gagne au moins 1 fois en n semaines est $1-\left(\dfrac{9}{10}\right)^n$.

> **Étape 3 :** on veut $1-\left(\dfrac{9}{10}\right)^n \geq 0,99$.

Cela équivaut à $\left(\dfrac{9}{10}\right)^n \leq 0,01$. La fonction logarithme népérien étant croissante sur son domaine, n doit vérifier $n\ln(0,9) \leq \ln(0,01)$.
Il faut donc $n \geq 44$.

4 Déterminer la limite d'une suite de probabilités

> Voir les exercices 11 et 16 mettant en œuvre cette méthode.

On effectue successivement des expériences aléatoires ayant deux issues A et $\overline{A}$, l'issue à l'étape n influant sur l'issue à l'étape $n+1$.
On note A_n l'événement « issue A à la n-ième étape » et $p_n = P(A_n)$.

> **Étape 1 :** on construit l'arbre qui explicite le passage de la n-ième à la $(n+1)$-ième étape.

Probabilités conditionnelles **MÉTHODES ET STRATÉGIES**

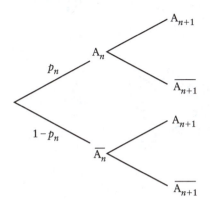

> **Étape 2 :** les données de l'énoncé permettent de trouver une relation de récurrence qui donne p_{n+1} à l'aide de p_n, sachant que l'on a :

$p_{n+1} = P_{A_n}(A_{n+1}) \times P(A_n) + P_{\overline{A_n}}(A_{n+1}) \times P(\overline{A_n}) = P_{A_n}(A_{n+1}) \times p_n + P_{\overline{A_n}}(A_{n+1}) \times (1 - p_n)$.

> **Étape 3 :** on étudie la suite (p_n).

Exemple

Dans un village, une loterie est organisée toutes les semaines. Un nombre parmi 10 est tiré au sort. Chaque participant ne peut jouer qu'un seul numéro, mais s'il perd, il conserve son billet pour la semaine suivante et joue en plus un autre numéro ; s'il gagne, il joue normalement un numéro la semaine suivante. Un billet ne peut pas être gardé plus d'une semaine.
Jean-Pierre participe toutes les semaines à cette loterie.
On note p_n la probabilité qu'il gagne la n-ième semaine ($n > 0$).
a. Que vaut p_1 ?
b. Exprimer pour tout entier n non nul p_{n+1} à l'aide de p_n.
c. On considère la suite (u_n) telle que pour tout entier n non nul : $u_n = p_n - \dfrac{2}{11}$.
Montrer que (u_n) est une suite géométrique.
En déduire l'expression de p_n à l'aide de n, puis la limite de la suite (p_n) (voir les méthodes et stratégies du chapitre 2).

Application

a. $p_1 = \dfrac{1}{10}$.

b.
> **Étape 1 :** on note A_n l'événement « il gagne la n-ième semaine » ; on a $p_n = P(A_n)$.

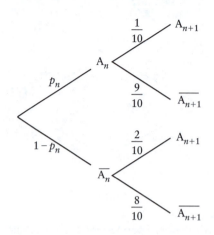

> **Étape 2 :** $p_{n+1} = \dfrac{1}{10} \times p_n + \dfrac{2}{10} \times (1-p_n) = \dfrac{2}{10} - \dfrac{1}{10}p_n.$

c.
> **Étape 3 :** $u_{n+1} = p_{n+1} - \dfrac{2}{11} = \dfrac{2}{10} - \dfrac{1}{10}p_n - \dfrac{2}{11} = \dfrac{2}{110} - \dfrac{1}{10}\left(u_n + \dfrac{2}{11}\right) = -\dfrac{1}{10}u_n.$

La suite (u_n) est donc géométrique, de raison $-\dfrac{1}{10}$, de terme initial $u_1 = p_1 - \dfrac{2}{11} = -\dfrac{9}{110}.$

💡 Attention ! La suite (u_n) est définie pour $n \geq 1$, donc $u_n = -\dfrac{9}{110} \times \left(-\dfrac{1}{10}\right)^{n-1}.$

Pour tout entier n non nul : $p_n = u_n + \dfrac{2}{11} = -\dfrac{9}{110} \times \left(-\dfrac{1}{10}\right)^{n-1} + \dfrac{2}{11}.$

Comme $\left|-\dfrac{1}{10}\right| < 1$, $\lim\limits_{n \to +\infty} \left(-\dfrac{1}{10}\right)^n = 0$, donc $\lim\limits_{n \to +\infty} p_n = \dfrac{2}{11}.$

Probabilités conditionnelles SUJETS DE TYPE BAC

SUJETS DE TYPE BAC

1. Échantillons sanguins

 20 min

Dans cet exercice, il s'agit de lire des données statistiques dans un tableau à deux dimensions pour en déduire des probabilités et déterminer l'indépendance des deux caractères qui y sont étudiés.

> Voir la méthode et stratégie 2.

Dans une population de 10 000 personnes, on collecte le groupe sanguin ainsi que le rhésus de chaque personne. Ces données sont récapitulées dans le tableau suivant :

Groupe / Rhésus	A	B	AB	O	Total
Positif (P)	3 270	810	415	3 600	8 095
Négatif (N)	720	190	95	900	1 905
Total	3 990	1 000	510	4 500	10 000

Parmi ces 10 000 personnes, on en tire une au hasard (il y a équiprobabilité).

1. Quelle est la probabilité que cette personne soit du groupe O ?
2. Quelle est la probabilité que cette personne soit rhésus positif ?
3. Quelle est la probabilité que cette personne soit O positif ?
4. Les événements « être du groupe O » et « être rhésus positif » sont-ils indépendants ?
5. Quelle est la probabilité qu'une personne soit du groupe A sachant qu'elle est rhésus négatif ?

2. Pièces d'atelier défectueuses

 25 min

L'utilisation d'un arbre décrivant la loi de probabilité simplifie parfois grandement la compréhension d'un problème. En voici un exemple avec cet exercice classique de contrôle de la qualité de production de deux entreprises.

> Voir la méthode et stratégie 2.

Deux ateliers, notés A et B, d'une même entreprise produisent chaque jour respectivement 1 000 et 800 pièces d'un même modèle.
2 % des pièces produites par l'atelier A et 3 % des pièces produites par l'atelier B sont défectueuses.

1. Compléter le tableau suivant qui décrit la production journalière.

	Nombre de pièces défectueuses	Nombre de pièces non défectueuses	Total
Nombre de pièces produites par l'atelier A			
Nombre de pièces produites par l'atelier B			
Total			1 800

2. Un jour donné, on choisit au hasard une pièce parmi les 1 800 pièces produites par les deux ateliers.
On est dans une situation d'équiprobabilité. On considère les événements suivants :
A : « la pièce choisie provient de l'atelier A » ;
B : « la pièce choisie provient de l'atelier B » ;
D : « la pièce choisie est défectueuse » ;
$\overline{D}$: « la pièce choisie n'est pas défectueuse ».
Déterminer à l'aide du tableau précédent les probabilités suivantes :

a. $P(D)$, $P(A \cap D)$ et $P_D(A)$.

b. $P(\overline{D})$, $P(B \cap \overline{D})$ et $P_{\overline{D}}(B)$.

3 Sacs de billes

20 min

De nombreux exercices avec des tirages aléatoires conditionnels peuvent être modélisés par ce problème de « sac de billes ». Peu importe d'ailleurs qu'il s'agisse de billes tirées d'un sac : les techniques abordées ici pourront être aisément réemployées dans d'autres cas similaires...

Marc-Antoine possède 4 sacs de billes. Chacun des trois premiers sacs A, B, et C est rempli à moitié de billes rouges et à moitié de billes blanches, tandis que le sac D contient un tiers de billes rouges et deux tiers de billes blanches. Marc-Antoine choisit un sac au hasard et tire avec remise 3 billes de ce sac.

1. Sachant que Marc-Antoine a sélectionné le sac C, calculer la probabilité qu'il obtienne en tout deux billes rouges et une bille blanche.

2. Calculer la probabilité que Marc-Antoine obtienne en tout 3 billes blanches.

3. Finalement, Marc-Antoine tire en tout 2 billes rouges et une bille blanche. Calculer la probabilité que ces billes proviennent du sac D.

12 Probabilités conditionnelles — SUJETS DE TYPE BAC

4 Jeu de cartes

15 min

Voici un exercice mêlant combinatoire et probabilité, ce qui le rend intéressant mais aussi relativement délicat à traiter. L'exemple des cartes tirées d'un jeu est souvent un exemple très formateur…

On tire au hasard, successivement et sans remise 2 cartes dans un jeu de 32 cartes.

1. Quelle est la probabilité pour que la première carte tirée soit un pique et la deuxième un cœur ?

2. Quelle est la probabilité pour que la première carte tirée soit un pique et la deuxième un as ?

5 Boules blanches, boules noires

15 min

Il n'est pas toujours évident de trouver la loi de probabilité sous-jacente dans un problème concret. L'utilisation d'un arbre de probabilités facilite souvent cette tâche. En voici la preuve dans cet exercice de tirage de différentes boules, où l'accent est mis sur la différence entre les tirages avec et sans remise.

Une urne contient 6 boules : 4 blanches et 2 noires.

1. On effectue au hasard deux tirages avec remise. Quelle est la probabilité pour que la première boule tirée soit blanche et que la seconde boule tirée soit noire ?

2. On effectue au hasard deux tirages sans remise. Quelle est alors la probabilité pour que la première boule tirée soit blanche et que la seconde boule tirée soit noire ?

6 Tests d'huile d'olive

20 min

La difficulté d'un exercice de probabilités réside souvent dans la bonne compréhension de son énoncé. Cet exercice, un peu plus complexe que le précédent, permet ainsi de s'entraîner à bien comprendre un énoncé et à le traduire en un problème mathématique.

> Voir la méthode et stratégie 1.

Un fabriquant d'huile d'olive emploie trois testeurs A, B et C qui goûtent les lots d'olives avant de les envoyer au pressoir.
On a les données suivantes :
(1) un lot d'olives est contrôlé par un et un seul testeur ;
(2) 20 % des lots sont contrôlés par A, 30 % des lots le sont par B et 50 % par C ;
(3) A rejette un lot sur 20, B rejette un lot sur 30 et C en rejette un sur 40.
Quelle est la probabilité pour qu'un lot d'olive soit accepté ?

7 **Tirages dans deux urnes**   20 min

Dans cet exercice classique de tirage de boules de couleurs dans des urnes, la difficulté majeure réside dans le bon choix de la méthode à appliquer. Une fois bien comprise, cette méthode pourra être appliquée à de nombreux cas similaires.

Deux urnes U_1 et U_2 contiennent chacune 3 boules vertes et 2 boules jaunes.
Calculer, dans chacun des deux cas suivants, la probabilité de tirer deux boules vertes.
a. On tire simultanément une boule de chaque urne.
b. On tire une boule de U_1, que l'on met dans U_2, puis on tire une boule de U_2.

8 **Probabilité d'avoir un as**   15 min

Voici un exercice typique des problèmes de probabilités liés aux jeux de cartes. Il demande, comme le précédent, de la réflexion et une bonne compréhension du texte pour savoir quoi calculer avant de se lancer.

On tire une carte au hasard dans un jeu de 32 cartes. S'il s'agit d'un as, on le remet dans le jeu, sinon on ne remet pas la carte en jeu.
On tire ensuite une seconde carte au hasard.
Quelle est la probabilité pour que la deuxième carte soit un as ?

9 **Probabilités au basket**   15 min

L'originalité de cet exercice est qu'il se termine par une question ouverte qui permettra de vérifier une bonne compréhension d'ensemble du problème étudié. Faire preuve de recul dans un exercice est une qualité appréciée et fort utile...

Un basketteur réussit en moyenne 8 lancers francs sur 10. On suppose les résultats de deux lancers consécutifs indépendants.
1. S'il tire deux fois, quelle est la probabilité qu'il marque :
a. deux fois ?
b. une seule fois ?
c. aucune fois ?
2. Que peut-on vérifier ?

12 Probabilités conditionnelles **SUJETS D'APPROFONDISSEMENT**

10 Lancer de jeton et de dé

25 min

Voici un exercice de lancers simultanés dont les questions sont enchaînées dans un ordre qu'on retrouve dans bien d'autres exercices.

Un jeton est marqué du chiffre 1 sur une face et du chiffre 2 sur l'autre face.
Un dé parfaitement équilibré est marqué du chiffre 1 sur trois faces, du chiffre 2 sur deux faces et du chiffre 3 sur une face.
On lance simultanément le jeton et le dé et on lit le chiffre a sur le jeton et le chiffre b sur le dé.

1. Déterminer l'ensemble des couples (a, b) possibles.
2. Calculer la probabilité de chacun des événements élémentaires.
3. Quelle est la probabilité de l'événement A : « $a = b$ » ?
4. Quelle est la probabilité de l'événement B : « $a < b$ » ?

SUJETS D'APPROFONDISSEMENT

11 Rentabilité d'un bateau de pêche

35 min

Dans cet exercice sur les probabilités conditionnelles, l'utilisation d'une suite géométrique permet d'étudier un phénomène aléatoire pour un grand nombre d'occurrences.

> Voir la méthode et stratégie 4.

Un patron de chalutier fait une étude sur la rentabilité de son bateau. Il constate que si pendant un mois il ne ramène pas assez de poissons pour rentabiliser ses sorties, alors la probabilité qu'il en soit de même le mois suivant est de $\frac{1}{5}$ et que dans le cas contraire la probabilité qu'il ne ramène pas assez de poissons le mois suivant est deux fois plus élevée.
Notons, pour n entier naturel non nul, les événements :
A_n : « il n'a pas pêché assez de poissons le mois n » ;
B_n : « il a pêché suffisamment de poissons le mois n ».
On pose $p_n = P(A_n)$ et $q_n = P(B_n)$ et on donne $p_1 = \frac{1}{2}$.

1. Donner les probabilités de A_{n+1} sachant A_n, puis de A_{n+1} sachant B_n.
2. Déterminer $P(A_{n+1} \cap A_n)$ en fonction de p_n puis $P(A_{n+1} \cap B_n)$ en fonction de q_n.
3. En déduire une relation entre p_n et p_{n+1}.
4. On définit une suite (u_n) par : $u_n = p_n - \frac{1}{3}$ pour tout n entier naturel non nul.
a. Montrer que la suite (u_n) est géométrique de raison r que l'on déterminera.
b. En déduire u_n en fonction de n.
c. Déterminer la limite de p_n quand n tend vers l'infini et interpréter ce résultat.

Ajuster une probabilité
40 min

Cet exercice de probabilités nécessite une étude de fonction et demande de bien prendre en compte l'ensemble de définition de la fonction considérée par rapport au problème donné.

On considère un jeu qui consiste à tirer successivement et sans remise deux jetons d'un sac qui contient dix jetons dont sept portent le numéro 1 et trois le numéro 2.
On définit les événements suivants :
A : « le joueur tire deux jetons portant le numéro 1 » ;
B : « le joueur tire deux jetons portant le numéro 2 » ;
C : « le joueur tire deux jetons portant des numéros différents ».

1. Déterminer les probabilités des événements A, B et C.

2. On ajoute maintenant des jetons portant le numéro 2. On note n le nombre total de jetons dans le sac.

a. Calculer la probabilité p_n de l'événement C.

b. Étudier les variations de la fonction f définie pour $x \geq 10$ par $f(x) = \dfrac{x-7}{x(x-1)}$ et en déduire qu'elle admet un unique maximum sur $[10\,;+\infty[$ atteint en un nombre x_M dont on donnera un encadrement d'amplitude 1.

c. En déduire la valeur maximale de la probabilité p_n.

 Trouver la bonne clé
55 min

Voici un exercice complet sur les probabilités conditionnelles où la notion d'indépendance des événements est au cœur de tout le problème.

Dans un lycée, un concierge a trois trousseaux de clés :
• le premier trousseau de clés qui ouvrent les portails compte 2 clés ;
• le second trousseau de clés qui ouvrent des salles compte 3 clés ;
• le troisième trousseau de clés qui ouvrent des armoires compte 4 clés.
Il confie ses trousseaux à un professeur qui ne distingue pas les clés sur un même trousseau mais connaît l'utilité de chaque trousseau.
Le professeur doit franchir un portail, ouvrir une salle de classe et une armoire pour récupérer un ordinateur.
Il choisit sur chaque trousseau une clé au hasard. Quand ce n'est pas la bonne, il la sort du trousseau, et en essaie une autre, ainsi de suite jusqu'à ce qu'il trouve la bonne.

1. Calculer la probabilité des événements suivants :
A : « il trouve les bonnes clés du premier coup » ;
B : « il ne trouve aucune bonne clé du premier coup » ;
C : « il trouve au moins une bonne clé du premier coup » ;
D : « il essaie 4 clés (les bonnes comprises) ».

2. Les événements suivants sont-ils indépendants :
• « le professeur n'ouvre pas le portail du premier coup » et « le professeur essaie 4 clés » ;

- « le professeur ouvre l'armoire en deux tentatives » et « le professeur essaie 4 clés » ;
- « le professeur ouvre la classe en deux tentatives » et « le professeur essaie 4 clés ».

14 Conformité d'une puce électronique

25 min

Voici un exercice complet sur les probabilités conditionnelles où l'utilisation d'un arbre décrivant le phénomène permettra de répondre plus facilement aux questions.

> Voir la méthode et stratégie 1.

Une société de composants électroniques fabrique en très grande quantité un certain type de puce. Une puce est conforme si sa masse exprimée en grammes appartient à l'intervalle [1,2 ; 1,3].
La probabilité qu'une puce soit conforme est 0,98. On choisit une puce au hasard dans la production. On note :
A l'événement « la puce est conforme » ;
B l'événement « la puce est refusée ».
On contrôle toutes les puces. Le mécanisme de contrôle est tel que :
- une puce conforme est acceptée avec une probabilité de 0,98 ;
- une puce qui n'est pas conforme est refusée avec une probabilité de 0,99.
On prélève une puce au hasard.

1. La puce étant conforme, calculer la probabilité qu'elle soit refusée.

2. Calculer la probabilité que la puce soit conforme et refusée.

3. Calculer la probabilité que la puce soit non conforme et refusée.

4. En déduire :

a. la probabilité que la puce soit refusée ;

b. la probabilité que la puce soit conforme, sachant qu'elle est refusée.

15 Pile ou face et jeu de dés

20 min

Cet exercice utilise la notion de variable aléatoire étudiée en Première et revue au chapitre 13.

> Voir la méthode et stratégie 1 du chapitre 12 et le chapitre 13.

On lance une pièce de monnaie. Si l'on obtient « face » on jette un dé ; si l'on obtient « pile » on lance à nouveau la pièce de monnaie. On suppose que la pièce et le dé sont tous les deux équilibrés, et que les jets sont indépendants.

1. Décrire explicitement l'univers Ω lié à cette expérience. Les éléments de Ω sont-ils équiprobables ?

2. On associe le nombre 1 à « face » et le nombre 2 à « pile ». On définit les variables aléatoires :
X = nombre obtenu au premier lancer (pièce uniquement) ;

Y = nombre obtenu au deuxième lancer (pièce ou dé).

a. Calculer $P(X = 1)$;

b. Calculer $P(Y = 2)$;

c. Calculer $P_{(Y=2)}(X = 1)$.

 Probabilités et suites 30 min

Cet exercice mêle les probabilités et les suites numériques : c'est un grand classique des problèmes du bac qui demande à la fois de maîtriser le cours sur les probabilités conditionnelles et de savoir faire un calcul de limite.

> Voir les méthodes et stratégies 3 et 4.

Un sac contient trois pièces bien équilibrées indiscernables au toucher. Deux d'entre elles sont normales, la troisième est truquée : elle possède deux côtés « face ».

1. On tire une pièce au hasard, et on effectue un lancer de cette pièce.

a. Quelle est la probabilité d'avoir tiré la pièce truquée ?

b. Sachant que la pièce est truquée, quelle est la probabilité d'obtenir « face » ?

c. Calculer la probabilité d'obtenir « face ».

2. On recommence l'expérience, mais on effectue cette fois-ci, une fois la pièce choisie, n lancers successifs indépendants.
On note F_n l'événement « on obtient face pour les n lancers ».

a. Montrer que $P(F_n) = \dfrac{1}{3}\left(1 + \left(\dfrac{1}{2}\right)^{n-1}\right)$.

b. Sachant que l'on a obtenu « face » pour les n lancers, quelle est la probabilité d'avoir tiré la pièce truquée ?

c. Calculer la limite, quand n tend vers l'infini, de cette probabilité et commenter le résultat obtenu.

 Résultats du bac 30 min

Voici un exercice très complet sur les probabilités conditionnelles qui devrait plaire particulièrement aux futurs candidats !

> Voir la méthode et stratégie 1.

Avant le baccalauréat, on estime que les trois quarts des candidats révisent, et qu'un candidat a neuf chances sur dix d'être admis s'il a révisé, et deux chances sur dix s'il n'a pas révisé.
Après le baccalauréat, tous les reçus font les fiers en prétendant qu'ils n'avaient pas révisé et les collés crient à l'injustice et affirment avoir travaillé jour et nuit…
On rencontre au hasard un candidat après l'examen.

On note respectivement A, R et M les événements : « le candidat est admis », « le candidat a révisé » et « le candidat est un menteur ».
On remarquera qu'un menteur est soit un admis qui a révisé, soit un collé qui n'a pas révisé.

1. Faire un arbre de probabilités traduisant les données de l'énoncé.
2. Quelle est la probabilité que le candidat rencontré soit admis et qu'il ait révisé ?
3. Quelle est la probabilité que le candidat soit collé et qu'il n'ait pas révisé ?
4. Quelle est la probabilité que le candidat soit admis ?
5. Quelle est la probabilité d'avoir affaire à un menteur ?
6. a. Sachant que le candidat est admis, quelle est la probabilité que ce soit un menteur ?
b. Sachant que le candidat est collé, quelle est la probabilité que ce soit un menteur ?
c. Y a-t-il plus de chances d'avoir affaire à un menteur si le candidat est admis ou si le candidat est collé ?
d. Peut-on dire que le fait d'être un menteur augmente les chances d'être reçu ?

18 Jeu de cartes

15 min

Cet exercice, qui met en œuvre l'encadré post bac sur la combinatoire, montre la grande utilité de la notion de « combinaison » dans des cas concrets.

On considère un jeu de 32 cartes. De combien de façons peut-on choisir 3 cartes qui soient :

a. des as ?
b. de même valeur ?
c. 3 cœurs ?
d. de 3 valeurs différentes ?

19 Nombre d'itinéraires

20 min

Voici un exercice pratique qui met en œuvre l'encadré post bac sur la combinatoire et qui a pour but de bien faire comprendre la différence entre les notions d'« arrangement » et de « combinaison ».

Pour aller du chalet jusqu'au sommet, un randonneur peut emprunter 5 sentiers différents. Combien y a-t-il d'itinéraires aller-retour possibles si :

a. les 5 choix sont possibles, à l'aller comme au retour ?
b. le randonneur ne veut pas prendre le même trajet à l'aller et au retour ?
c. l'aller et le retour ne se font pas par le même chemin mais on ne tient pas compte de quel chemin est pris pour l'aller et lequel est pris pour le retour ?

20 Probabilités et combinaison

35 min

Cet exercice assez complet sur les probabilités conditionnelles met en œuvre l'incontournable encadré post bac sur les combinaisons.

Une urne contient huit boules noires et quatre boules blanches.
On tire successivement et sans remise trois boules dans cette urne.

1. Calculer la probabilité de tirer dans l'ordre :

a. une blanche, puis une noire, puis une blanche ;

b. deux blanches, puis une noire ;

c. une noire, puis deux blanches.

2. Déterminer la probabilité de tirer une noire et deux blanches, dans n'importe quel ordre :

a. en utilisant la question 1. ;

b. directement.

12 Probabilités conditionnelles — CORRIGÉS

CORRIGÉS

1 ▶ Échantillons sanguins

1. $P(O) = 0{,}45$.

2. $P(P) = 0{,}8095$.

3. $P(O \cap P) = 0{,}36$.

4. Les événements « être du groupe O » et « être rhésus positif » ne sont pas indépendants car : $P(O) \times P(P) \neq P(O \cap P)$.

💡 On a $P(O) \times P(P) \approx P(O \cap P)$ mais cela ne suffit pas pour avoir l'indépendance : il faut une égalité.

5. $P_N(A) = \dfrac{720}{1\,905} \approx 0{,}378$.

2 ▶ Pièces d'atelier défectueuses

1. Tableau complété :

	Nombre de pièces défectueuses	Nombre de pièces non défectueuses	Total
Nombre de pièces produites par l'atelier A	$0{,}02 \times 1\,000 = 20$	980	1 000
Nombre de pièces produites par l'atelier B	$0{,}03 \times 800 = 24$	776	800
Total	44	1 756	1 800

2. On obtient :

a. $P(D) = \dfrac{44}{1\,800} \approx 0{,}024$; $P(A \cap D) = \dfrac{20}{1\,800} \approx 0{,}011$ et $P_D(A) = \dfrac{20}{44} \approx 0{,}455$.

b. $P(\overline{D}) = \dfrac{1\,756}{1\,800} \approx 0{,}976$; $P(B \cap \overline{D}) = \dfrac{776}{1\,800} \approx 0{,}431$ et $P_{\overline{D}}(B) = \dfrac{776}{1\,756} \approx 0{,}442$.

💡 On retrouve bien : $P(A \cap D) = P_D(A) \times P(D)$ et $P(B \cap \overline{D}) = P_{\overline{D}}(B) \times P(\overline{D})$.

3 ▶ Sacs de billes

1. $P(2 \text{ rouges et } 1 \text{ blanche du sac C}) = P(R, R, B) + P(R, B, R) + P(B, R, R)$
$$= 3 \times \left(\dfrac{1}{2}\right)^3 = \dfrac{3}{8}.$$

2. $P(3 \text{ blanches}) = P(\text{sac A et 3 blanches}) + P(\text{sac B et 3 blanches}) + P(\text{sac C et 3 blanches}) + P(\text{sac D et 3 blanches})$

$= P(3 \text{ blanches sachant sac A}) \times P(\text{sac A}) + P(3 \text{ blanches sachant sac B}) \times P(\text{sac B}) + P(3 \text{ blanches sachant sac C}) \times P(\text{sac C}) + P(3 \text{ blanches sachant sac D}) \times P(\text{sac D})$

$= 3 \times \left(\dfrac{1}{2}\right)^3 \times \dfrac{1}{4} + \left(\dfrac{2}{3}\right)^3 \times \dfrac{1}{4} \approx 0{,}168.$

3.
$P(\text{sac D sachant 2 rouges et 1 blanche}) = \dfrac{P(2 \text{ rouges et 1 blanche sachant sac D}) \times P(\text{sac D})}{P(2 \text{ rouges et 1 blanche})}$

$= \dfrac{\left(\dfrac{1}{3}\right)^2 \times \dfrac{2}{3} \times \dfrac{1}{4}}{\left(\dfrac{1}{3}\right)^2 \times \dfrac{2}{3} \times \dfrac{1}{4} + 3 \times \left(\dfrac{1}{2}\right)^3 \times \dfrac{1}{4}} \approx 0{,}165.$

4 Jeu de cartes

1. Notons A l'événement « la première carte tirée est un pique » et B l'événement « la seconde carte tirée est un cœur ».

> Il est souvent préférable de donner des noms aux événements pour alléger les écritures et montrer au correcteur votre compréhension du problème.

Nous devons calculer $P(A \cap B)$ et pour cela nous allons utiliser la formule $P(A \cap B) = P(A) \times P_A(B)$.

Les tirages étant effectués au hasard, les événements élémentaires sont équiprobables, et donc $P(A) = \dfrac{8}{32} = \dfrac{1}{4}$.

$P_A(B)$ est la probabilité de tirer un cœur sachant que la première carte tirée est un pique. Lorsque la première carte tirée est un pique, il reste 31 cartes dans le paquet, dont 8 « cœurs », donc $P_A(B) = \dfrac{8}{31}$.

La probabilité recherchée est donc : $P(A \cap B) = P(A) \times P_A(B) = \dfrac{1}{4} \times \dfrac{8}{31} = \dfrac{2}{31}$.

2. La difficulté de cette question réside dans le fait que la première carte tirée peut être un as ce qui nécessite une disjonction de cas.

Notons alors C l'événement « la première carte tirée est l'as de pique » et D l'événement « la seconde carte tirée est un as ».

$P(A \cap D) = P(C \cap D) + P(A \cap \overline{C} \cap D) = \dfrac{1}{32} \times \dfrac{3}{31} + \dfrac{7}{32} \times \dfrac{4}{31} = \dfrac{1}{32}.$

5 Boules blanches, boules noires

1. Notons A l'événement « la première boule tirée est blanche » et B l'événement « la seconde boule tirée est noire ».
Nous devons calculer $P(A \cap B)$.

Les tirages étant avec remise, ils sont indépendants.
Nous avons donc $P(A \cap B) = P(A) \times P(B)$.
Or $P(A) = \dfrac{4}{6} = \dfrac{2}{3}$ et $P(B) = \dfrac{2}{6} = \dfrac{1}{3}$.
La probabilité recherchée est donc $P(A \cap B) = P(A) \times P(B) = \dfrac{2}{3} \times \dfrac{1}{3} = \dfrac{2}{9}$.

2. Les tirages sont ici sans remise, on va utiliser un arbre pour décrire la situation et calculer les probabilités :

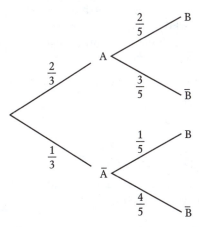

On a : $P(A \cap B) = \dfrac{2}{3} \times \dfrac{2}{5} = \dfrac{4}{15}$.

6 ▶ Tests d'huile d'olive

Notons A l'événement « le lot est contrôlé par A », B l'événement « le lot est contrôlé par B » et C l'événement « le lot est contrôlé par C ».
Soit D l'événement : « le lot est accepté ». Nous devons calculer $P(D)$ mais comme la donnée (3) concerne les lots rejetés, nous allons d'abord calculer $P(\overline{D})$.

La réalisation peut, ici aussi, être facilitée par un arbre de probabilités.

Or d'après la donnée (1) : $P(\overline{D}) = P(A) \times P_A(\overline{D}) + P(B) \times P_B(\overline{D}) + P(C) \times P_C(\overline{D})$;
d'après la donnée (2) : $P(A) = 0{,}2$; $P(B) = 0{,}3$ et $P(C) = 0{,}5$;
d'après la donnée (3) : $P_A(\overline{D}) = \dfrac{1}{20}$; $P_B(\overline{D}) = \dfrac{1}{30}$ et $P_C(\overline{D}) = \dfrac{1}{40}$.
La probabilité recherchée est donc :
$P(D) = 1 - P(\overline{D}) = 1 - \left(0{,}2 \times \dfrac{1}{20} + 0{,}3 \times \dfrac{1}{30} + 0{,}5 \times \dfrac{1}{40} \right) = 1 - 0{,}0325 = 0{,}9675 = 96{,}75\,\%$.

7 ▸ Tirages dans deux urnes

Notons V_1 l'événement « on tire une boule verte dans U_1 »
et V_2 l'événement « on tire une boule verte dans U_2 ».
Nous devons calculer $P(V_1 \cap V_2)$.

a. V_1 et V_2 étant indépendants $P(V_1 \cap V_2) = P(V_1) \times P(V_2) = \dfrac{3}{5} \times \dfrac{3}{5} = \dfrac{9}{25}$.

b. Si on tire une boule blanche de U_1, que l'on met dans U_2, puis que l'on tire une boule de U_2 on ne pourra pas avoir deux boules vertes. Le seul cas favorable est donc quand on commence par tirer une boule verte de U_1. Le tirage effectué dans U_2 dépend de ce qui s'est passé dans U_1 : il s'agit bien ici d'une probabilité conditionnelle.
On a alors : $P(V_1 \cap V_2) = P_{V_1}(V_2) \times P(V_1)$.
Or $P(V_1) = \dfrac{3}{5}$ et $P_{V_1}(V_2) = \dfrac{4}{6}$ car on a ajouté une boule verte dans U_2.
Finalement : $P(V_1 \cap V_2) = \dfrac{4}{6} \times \dfrac{3}{5} = \dfrac{2}{5}$.

8 ▸ Probabilité d'avoir un as

Notons A l'événement « la première carte tirée est un as »
et B l'événement « la deuxième carte tirée est un as ».
Nous devons calculer $P(B)$.
$P(B) = P(B \cap A) + P(B \cap \overline{A})$.
Or $P(B \cap A) = P(A) \times P_A(B)$ et $P(B \cap \overline{A}) = P(\overline{A}) \times P_{\overline{A}}(B)$, donc on obtient :
$P(B) = P(A) \times P_A(B) + P(\overline{A}) \times P_{\overline{A}}(B) = \dfrac{4}{32} \times \dfrac{4}{32} + \dfrac{28}{32} \times \dfrac{4}{31} = \dfrac{255}{1984} \approx 0{,}129$.

9 ▸ Probabilités au basket

La probabilité de réussir un lancer franc est $p = 0{,}8$.

1. Soit n le nombre de succès sur 2 lancers.

a. $P(n=2) = 0{,}8^2 = 0{,}64$.

b. $P(n=1) = 0{,}8 \times 0{,}2 \times 2 = 0{,}32$ car il peut réussir le premier ou le second lancer.

c. $P(n=0) = 0{,}2^2 = 0{,}04$.

2. $P(n=2) + P(n=1) + P(n=0) = 1$: ce qui est logique puisque nous avons ici toutes les possibilités !

10 ▸ Lancer de jeton et de dé

1. Couples possibles : (1, 1), (1, 2), (1, 3), (2, 1), (2, 2) et (2, 3).

2. $P(a=1) = P(a=2) = \dfrac{1}{2}$.

$P(b=1) = \dfrac{1}{2}$, $P(b=2) = \dfrac{1}{3}$ et $P(b=3) = \dfrac{1}{6}$.

Étant donné que les résultats du jeton et du dé sont indépendants, nous avons :

$P(1,1) = P(a=1) \times P(b=1) = \dfrac{1}{2} \times \dfrac{1}{2} = \dfrac{1}{4}$ et de même, $P(2,1) = \dfrac{1}{2} \times \dfrac{1}{2} = \dfrac{1}{4}$;

$P(1,2) = P(2,2) = \dfrac{1}{2} \times \dfrac{1}{3} = \dfrac{1}{6}$ et $P(1,3) = P(2,3) = \dfrac{1}{2} \times \dfrac{1}{6} = \dfrac{1}{12}$.

 Attention à ne pas oublier de préciser l'indépendance avant de multiplier les probabilités : cela fait la différence entre une bonne et une très bonne copie !

3. $P(A) = P(1,1) + P(2,2) = \dfrac{5}{12}$.

4. $P(B) = P(1,2) + P(1,3) + P(2,3) = \dfrac{1}{3}$.

11 ▶ Rentabilité d'un bateau de pêche

1. Le texte se traduit immédiatement par : $P_{A_n}(A_{n+1}) = \dfrac{1}{5}$ et $P_{B_n}(A_{n+1}) = \dfrac{2}{5}$.

2. $P(A_{n+1} \cap A_n) = P_{A_n}(A_{n+1}) \times P(A_n) = \dfrac{p_n}{5}$ et $P(A_{n+1} \cap B_n) = P_{B_n}(A_{n+1}) \times P(B_n) = \dfrac{2q_n}{5}$.

3. Les événements A_n et B_n étant contraires l'un de l'autre, ils forment une partition de l'univers, ce qui nous permet d'utiliser la formule des probabilités totales et d'obtenir :

$P(A_{n+1}) = P(A_{n+1} \cap A_n) + P(A_{n+1} \cap B_n) = \dfrac{p_n}{5} + \dfrac{2q_n}{5}$.

Or A_n et B_n étant contraires, $q_n = 1 - p_n$ et donc :

$p_{n+1} = P(A_{n+1}) = \dfrac{p_n}{5} + \dfrac{2(1-p_n)}{5} = \dfrac{2}{5} - \dfrac{p_n}{5}$, pour tout n non nul.

4. a. $u_{n+1} = p_{n+1} - \dfrac{1}{3} = \dfrac{2}{5} - \dfrac{p_n}{5} - \dfrac{1}{3} = -\dfrac{p_n}{5} + \dfrac{1}{15} = \dfrac{-1}{5}\left(p_n - \dfrac{1}{3}\right) = \dfrac{-1}{5}u_n$, donc la suite (u_n) est géométrique de raison $r = \dfrac{-1}{5}$.

b. $u_1 = p_1 - \dfrac{1}{3} = \dfrac{1}{2} - \dfrac{1}{3} = \dfrac{1}{6}$, donc pour tout n non nul : $u_n = \dfrac{1}{6}\left(\dfrac{-1}{5}\right)^{n-1}$.

c. $p_n = u_n + \dfrac{1}{3} = \dfrac{1}{6}\left(\dfrac{-1}{5}\right)^{n-1} + \dfrac{1}{3}$, donc $\lim\limits_{n \to +\infty} p_n = \dfrac{1}{3}$ car $|r| = \dfrac{1}{5} < 1$.

On en déduit qu'au bout d'un certain temps, la probabilité d'avoir un mois déficitaire devient très proche de $\dfrac{1}{3}$ et donc qu'en moyenne un mois sur trois sera déficitaire.

12 ▶ Ajuster une probabilité

1. Un arbre nous donne facilement les réponses :

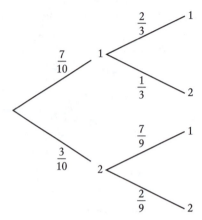

Donc $P(A) = \dfrac{7}{10} \times \dfrac{2}{3} = \dfrac{7}{15}$, $P(B) = \dfrac{3}{10} \times \dfrac{2}{9} = \dfrac{1}{15}$ et $P(C) = \dfrac{7}{10} \times \dfrac{1}{3} + \dfrac{3}{10} \times \dfrac{7}{9} = \dfrac{7}{30} + \dfrac{7}{30} = \dfrac{7}{15}$.

 On a aussi $P(C) = 1 - (P(A) + P(B))$.

2. a. En utilisant un arbre analogue au précédent on trouve :
$p_n = \dfrac{7}{n} \times \dfrac{n-7}{n-1} + \dfrac{n-7}{n} \times \dfrac{7}{n-1} = \dfrac{7(n-7)}{n(n-1)} + \dfrac{7(n-7)}{n(n-1)} = \dfrac{14(n-7)}{n(n-1)}$.

b. La fonction f est dérivable sur $[10\,;+\infty[$ et
$f'(x) = \dfrac{x(x-1) - (x-7)(2x-1)}{(x(x-1))^2} = \dfrac{-x^2 + 14x - 7}{(x(x-1))^2}$, qui est du signe de $g(x) = -x^2 + 14x - 7$.

Or $\Delta = 14^2 - 4 \times 7 = 168 = 4 \times 42$, donc il y a deux racines :
$x_1 = \dfrac{-14 - 2\sqrt{42}}{-2} = 7 + \sqrt{42} > 10$ et $x_2 = \dfrac{-14 + 2\sqrt{42}}{-2} = 7 - \sqrt{42} < 10$.

De plus $\lim\limits_{x \to +\infty} f(x) = \lim\limits_{x \to +\infty} \dfrac{x-7}{x(x-1)} = 0$ donc on obtient les variations de f :

x	10		$7+\sqrt{42}$		$+\infty$
$f'(x)$		+	0	−	
f	$\dfrac{1}{30}$	↗	M	↘	0

On en déduit que f admet un unique maximum sur $[10\,;+\infty[$ atteint en $x_M = 7+\sqrt{42}$ avec $13 < x_M < 14$.

c. $p_n = 14f(n)$ avec n entier et $14f(13) = 14 \times \dfrac{13-7}{13 \times 12} = \dfrac{7}{13}$ et $14f(14) = 14 \times \dfrac{14-7}{14 \times 13} = \dfrac{7}{13}$, donc le maximum recherché est $\dfrac{7}{13}$.

13 ▶ Trouver la bonne clé

1. On va utiliser l'indépendance de deux événements concernant deux trousseaux différents résultant du fait que « le professeur connaît l'utilité de chaque trousseau ».
« Le professeur ne distingue pas les clés sur un même trousseau » signifie que sur chaque trousseau il y a équiprobabilité sur le choix des clés.
Sur le premier trousseau, il a 1 chance sur 2 de trouver la bonne clé du premier coup, sur le deuxième, 1 chance sur trois, sur le troisième, 1 chance sur 4.
• De l'indépendance du choix sur chaque trousseau on en déduit :
$P(A) = \dfrac{1}{2} \times \dfrac{1}{3} \times \dfrac{1}{4} = \dfrac{1}{24}$.
• Sur le même principe que précédemment, avec les événements contraires, on a :
$P(B) = \dfrac{1}{2} \times \dfrac{2}{3} \times \dfrac{3}{4} = \dfrac{1}{4}$.
• L'événement $\overline{C}$ est l'événement « il ne trouve aucune bonne clé du premier coup »,
donc $\overline{C} = B$ et $P(C) = 1 - P(B) = \dfrac{3}{4}$.

> Dans un exercice de calcul de probabilités, quand on doit déterminer une probabilité d'un événement commençant par « au moins un… », on calcule systématiquement la probabilité du complémentaire qui est « aucun… ».

• On va raisonner ici par **disjonction de cas**.
S'il utilise 4 clés, c'est qu'il en a trouvé 2 du premier coup, et qu'il s'est trompé une fois sur l'un des trousseaux.
La probabilité qu'il se trompe 1 fois sur le premier trousseau, puis qu'il trouve directement les autres est : $\dfrac{1}{2} \times \dfrac{1}{3} \times \dfrac{1}{4} = \dfrac{1}{24}$.
La probabilité qu'il se trompe 1 fois sur le deuxième trousseau, et qu'il trouve directement les autres est : $\dfrac{1}{2} \times \dfrac{2}{3} \times \dfrac{1}{2} \times \dfrac{1}{4} = \dfrac{1}{24}$.

> Sur le second trousseau, il se trompe quand il a les 3 clés, il en sort une, et trouve la bonne sur les 2 qui restent.

La probabilité qu'il se trompe 1 fois sur le troisième trousseau, et qu'il trouve directement les autres est : $\dfrac{1}{2} \times \dfrac{1}{3} \times \dfrac{3}{4} \times \dfrac{1}{3} = \dfrac{1}{24}$.

> Sur le troisième trousseau, il se trompe quand il a les 4 clés, il en sort une, et trouve la bonne sur les 3 qui restent.

Finalement : $P(D) = 3 \times \dfrac{1}{24} = \dfrac{1}{8}$.

2. On cherche à établir l'indépendance d'événements. Notons E l'événement « le professeur n'ouvre pas le portail du premier coup ».
$P(E) = \dfrac{1}{2}$.
La probabilité que le professeur ait essayé 4 clés est $P(D) = \dfrac{1}{8}$.

Ne pas ouvrir le portail du premier coup **et** essayer 4 clés revient à ne pas ouvrir le portail du premier coup (et forcément au second puisqu'il n'y a que 2 clés de portail), mais ouvrir les deux autres du premier coup. La probabilité est : $P(E \cap D) = \dfrac{1}{2} \times \dfrac{1}{3} \times \dfrac{1}{4} = \dfrac{1}{24}$.
On a : $P(E \cap D) \neq P(E) \times P(D)$, les deux événements ne sont donc pas indépendants.

 Ce résultat était prévisible, mais seul le calcul peut le justifier.

Notons F l'événement : « le professeur ouvre l'armoire en deux tentatives ».
$P(F) = \dfrac{3}{4} \times \dfrac{1}{3} = \dfrac{1}{4}$.
La probabilité que le professeur ait essayé 4 clés est $P(D) = \dfrac{1}{8}$.
Ouvrir l'armoire en deux coups **et** essayer 4 clés revient à ouvrir l'armoire en 2 coups, et les deux autres du premier coup. La probabilité est : $P(F \cap D) = \dfrac{1}{2} \times \dfrac{1}{3} \times \dfrac{3}{4} \times \dfrac{1}{3} = \dfrac{1}{24}$.
On a : $P(F \cap D) \neq P(F) \times P(D)$, les deux événements ne sont donc pas indépendants.

 Cette fois encore, le résultat était prévisible.

Notons G l'événement : « le professeur ouvre la classe en deux tentatives ».
$P(G) = \dfrac{2}{3} \times \dfrac{1}{2} = \dfrac{1}{3}$.
La probabilité que le professeur ait essayé 4 clés est $P(D) = \dfrac{1}{8}$.
Ouvrir la classe en deux coups et essayer 4 clés revient à ouvrir la classe en 2 coups, et les deux autres du premier coup. La probabilité est : $P(G \cap D) = \dfrac{1}{2} \times \dfrac{2}{3} \times \dfrac{1}{2} \times \dfrac{1}{4} = \dfrac{1}{24}$.
On a : $P(G \cap D) = P(G) \times P(D)$, les deux événements sont donc indépendants.

 Ce résultat n'était pas prévisible (bien au contraire !). Ce sont les valeurs numériques qui y conduisent.

14 ▸ Conformité d'une puce électronique

L'énoncé se traduit par : $P(A) = 0{,}98$; $P_A(\overline{B}) = 0{,}98$; $P_{\overline{A}}(B) = 0{,}99$.
D'où l'arbre de probabilités :

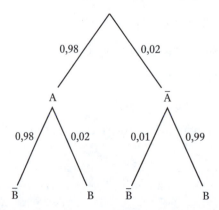

1. $P_A(B) = 1 - P_A(\overline{B}) = 0{,}02$.

2. $P(A \cap B) = P(A) \times P_A(B) = 0{,}98 \times 0{,}02 = 0{,}0196$.

3. $P(\overline{A} \cap B) = P(\overline{A}) \times P_{\overline{A}}(B) = 0{,}02 \times 0{,}99 = 0{,}0198$.

4. a. $P(B) = P(A \cap B) + P(\overline{A} \cap B) = 0{,}0196 + 0{,}0198 = 0{,}0394$.

b. $P_B(A) = \dfrac{P(A \cap B)}{P(B)} = \dfrac{0{,}0196}{0{,}0394} \approx 0{,}4975$.

15 ▸ Pile ou face et jeu de dés

1. L'univers Ω est constitué de couples. Le premier résultat est soit « pile » soit « face » ; le second est un chiffre entre 1 et 6 si le premier est « face », c'est « face » ou « pile » sinon :
$\Omega = \{(P\,;P)\,;(P\,;F)\,;(F\,;1)\,;(F\,;2)\,;(F\,;3)\,;(F\,;4)\,;(F\,;5)\,;(F\,;6)\}$.

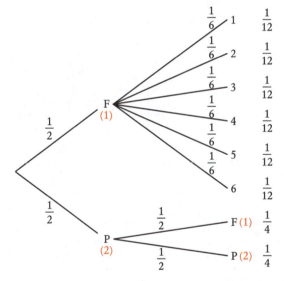

Comme on le voit sur l'arbre, chaque issue n'ayant pas la même probabilité, il n'y a pas équiprobabilité.

2. a. $P(X = 1) = \dfrac{1}{2}$.

b. $P(Y = 2) = P_{(X=1)}(Y = 2) P(X = 1) + P_{(X=2)}(Y = 2) P(X = 2) = \dfrac{1}{6} \times \dfrac{1}{2} + \dfrac{1}{2} \times \dfrac{1}{2} = \dfrac{1}{3}$.

c. $P_{(Y=2)}(X = 1) = \dfrac{P(X = 1 \text{ et } Y = 2)}{P(Y = 2)} = \dfrac{P_{(X=1)}(Y = 2) P(X = 1)}{P(Y = 2)} = \dfrac{\frac{1}{6} \times \frac{1}{2}}{\frac{1}{3}} = \dfrac{1}{4}$.

16 ▶ Probabilités et suites

On note T l'événement « la pièce est truquée », et F l'événement « on obtient le côté face ».

1. a. Comme il y a une pièce truquée sur les trois : $P(T) = \dfrac{1}{3}$.

b. Sachant que la pièce truquée a deux côtés « face », on a : $P_T(F) = 1$.

c. $P(F) = P_T(F) \times P(T) + P_{\overline{T}}(F) \times P(\overline{T}) = 1 \times \dfrac{1}{3} + \dfrac{1}{2} \times \dfrac{2}{3} = \dfrac{2}{3}$.

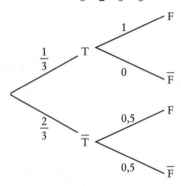

2. a. $P(F_n) = P_T(F_n) \times P(T) + P_{\overline{T}}(F_n) \times P(\overline{T}) = 1 \times \dfrac{1}{3} + \left(\dfrac{1}{2}\right)^n \times \dfrac{2}{3} = \dfrac{1}{3}\left(1 + \left(\dfrac{1}{2}\right)^{n-1}\right)$.

💡 On a $P_{\overline{T}}(F_n) = \left(\dfrac{1}{2}\right)^n$ car les jets sont indépendants.

b. $P_{F_n}(T) = \dfrac{P(F_n \cap T)}{P(F_n)} = \dfrac{P_T(F_n) \times P(T)}{P(F_n)} = \dfrac{1 \times \dfrac{1}{3}}{\dfrac{1}{3}\left(1 + \left(\dfrac{1}{2}\right)^{n-1}\right)} = \dfrac{1}{1 + \left(\dfrac{1}{2}\right)^{n-1}}$.

c. $\lim\limits_{n \to +\infty} P_{F_n}(T) = \lim\limits_{n \to +\infty} \dfrac{1}{1 + \left(\dfrac{1}{2}\right)^{n-1}} = 1$ car $\lim\limits_{n \to +\infty} \left(\dfrac{1}{2}\right)^{n-1} = 0$.

Ce résultat était prévisible car si on n'obtient que des « face », la pièce est forcément truquée !

17 Résultats du bac

1.

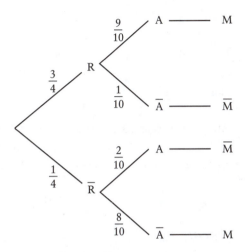

2. $P(A \cap R) = P_R(A) \times P(R) = \dfrac{9}{10} \times \dfrac{3}{4} = \dfrac{27}{40} = 0{,}675.$

3. $P(\overline{A} \cap \overline{R}) = P_{\overline{R}}(\overline{A}) \times P(\overline{R}) = \dfrac{8}{10} \times \dfrac{1}{4} = \dfrac{8}{40} = \dfrac{1}{5} = 0{,}2.$

4. $P(A) = P_{\overline{R}}(A) \times P(\overline{R}) + P_R(A) \times P(R) = \dfrac{2}{10} \times \dfrac{1}{4} + \dfrac{9}{10} \times \dfrac{3}{4} = \dfrac{29}{40} = 0{,}725.$

5. $P(M) = P(A \cap R) + P(\overline{A} \cap \overline{R}) = \dfrac{27}{40} + \dfrac{8}{40} = \dfrac{35}{40} = \dfrac{7}{8} = 0{,}875.$

6. a. $P_A(M) = \dfrac{P(A \cap M)}{P(A)} = \dfrac{P(A \cap R)}{P(A)} = \dfrac{\frac{27}{40}}{\frac{29}{40}} = \dfrac{27}{29} \approx 0{,}931.$

b. $P_{\overline{A}}(M) = \dfrac{P(\overline{A} \cap M)}{P(\overline{A})} = \dfrac{P(\overline{A} \cap \overline{R})}{P(\overline{A})} = \dfrac{\frac{8}{40}}{1 - \frac{29}{40}} = \dfrac{8}{11} \approx 0{,}727.$

c. $P_A(M) > P_{\overline{A}}(M)$ donc la probabilité d'avoir affaire à un menteur est plus grande si le candidat est admis que s'il est collé.

d. Pour répondre à cette question, il faut comparer $P_M(A)$ et $P(A)$:

$P_M(A) = \dfrac{P(A \cap M)}{P(M)} = \dfrac{P(A \cap R)}{P(M)} = \dfrac{\frac{27}{40}}{\frac{35}{40}} = \dfrac{27}{35} \approx 0{,}771$ et $P(A) = 0{,}725.$

Comme $P_M(A) > P(A)$, on en déduit que le fait d'être menteur augmente les chances d'être reçu (ce qui n'est pas très moral…).

18 Jeu de cartes

a. Il y a $\binom{4}{3} = 4$ façons d'avoir 3 as.

b. Il y a $8 \times \binom{4}{3} = 32$ façons d'avoir 3 cartes de même valeur.

c. Il y a $\binom{8}{3} = 56$ façons d'avoir 3 cœurs.

d. Il y a 8 valeurs différentes et on en prend 3, de $\binom{8}{3}$ façons. Pour chacune de ces valeurs il y a 4 choix possibles (4 couleurs). Il y a donc $4^3 \times \binom{8}{3} = 3\,584$ façons d'avoir 3 cartes de valeurs différentes.

19 Nombre d'itinéraires

a. Il y a $5^2 = 25$ itinéraires différents si les 5 choix sont possibles, à l'aller comme au retour.

b. Il y a $A_5^2 = 20$ itinéraires différents si le randonneur ne veut pas prendre le même trajet à l'aller et au retour.

c. Il y a $\binom{5}{2} = C_5^2 = 10$ itinéraires différents si l'aller et le retour ne se font pas par le même chemin mais si on ne tient pas compte de quel chemin est pris pour l'aller et pour le retour.

20 Probabilités et combinaison

1. a. $P(\text{une blanche, puis une noire, puis une blanche}) = \frac{4}{12} \times \frac{8}{11} \times \frac{3}{10} = \frac{4}{55} \approx 0{,}073$.

b. $P(\text{deux blanches, puis une noire}) = \frac{4}{12} \times \frac{3}{11} \times \frac{8}{10} = \frac{4}{55} \approx 0{,}073$.

c. $P(\text{une noire, puis deux blanches}) = \frac{8}{12} \times \frac{4}{11} \times \frac{3}{10} = \frac{4}{55} \approx 0{,}073$.

2. On note p la probabilité de tirer une noire et deux blanches, dans n'importe quel ordre.

a. Alors $p = 3 \times \frac{4}{55} = \frac{12}{55}$ car l'événement considéré est la réunion des trois événements disjoints de la question **1**.

b. $p = \dfrac{\binom{8}{1} \times \binom{4}{2}}{\binom{12}{3}} = \dfrac{8 \times 6}{220} = \dfrac{12}{55}$.

CHAPITRE 13

Lois continues de probabilité

COURS

420	**I.**	Lois à densité
421	**II.**	Lois normales
423	**POST BAC**	Variable aléatoire réelle continue

MÉTHODES ET STRATÉGIES

424	**1**	Utiliser une loi uniforme
426	**2**	Calculer des probabilités avec une loi normale
427	**3**	Résoudre une équation avec une variable aléatoire suivant une loi normale

SUJETS DE TYPE BAC

429	**Sujet 1**	Loi uniforme
429	**Sujet 2**	Loi normale
429	**Sujet 3**	Loi normale centrée réduite
430	**Sujet 4**	Loi exponentielle et durée de vie
430	**Sujet 5**	Attente à la photocopieuse
430	**Sujet 6**	Paramètre d'une loi exponentielle
431	**Sujet 7**	Temps d'attente à la caisse
431	**Sujet 8**	Qualité de l'eau de baignade
431	**Sujet 9**	Temps d'attente à un feu

SUJETS D'APPROFONDISSEMENT

432	**Sujet 10**	Le *Titanic*
433	**Sujet 11**	Loi uniforme et probabilités conditionnelles
433	**Sujet 12**	Densité de probabilité et loi exponentielle
434	**Sujet 13**	**POST BAC** Espérance de vie
434	**Sujet 14**	**POST BAC** Densité de probabilité

CORRIGÉS

435	**Sujets 1 à 9**
437	**Sujets 10 à 14**

COURS

Lois continues de probabilité

I. Lois à densité

1. Définitions

Dans l'étude d'une expérience (ou d'un phénomène) aléatoire, soit Ω l'univers associé muni d'une probabilité P.

▬ **Définition** Une **variable aléatoire** X est une application définie sur Ω, à valeurs dans un intervalle I de $\mathbb{R}$.

▬ On admet qu'il existe une fonction f appelée **densité de la loi** de X, telle que pour tout intervalle J inclus dans I, la probabilité de l'événement $\{X \in J\}$ soit (en unités d'aire) l'aire du domaine $\{M(x;y) / x \in J \text{ et } 0 \leq y \leq f(x)\}$.

▬ **Définition** Deux variables aléatoires X et Y sont dites **indépendantes** si, pour tous intervalles I et J, les événements $\{X \in I\}$ et $\{Y \in J\}$ sont indépendants, c'est-à-dire : $P(\{X \in I\} \cap \{Y \in J\}) = P(X \in I) \times P(Y \in J)$.

2. Loi uniforme sur [a ; b]

Soient a et b des réels tels que $a < b$.

▬ **Définition** On appelle **loi uniforme sur [a;b]**, la loi de probabilité admettant pour densité la fonction f définie sur $\mathbb{R}$ par :

$$f(x) = \begin{cases} \dfrac{1}{b-a} & \text{si } x \in [a;b] \\ 0 & \text{sinon} \end{cases}$$

Remarque La loi uniforme modélise le tirage au hasard d'un nombre dans $[a;b]$.

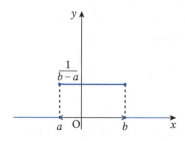

Courbe de la densité d'une loi uniforme

Théorème Soit X une variable aléatoire suivant une loi uniforme sur $[a;b]$. Si $[m;M]$ est un intervalle inclus dans $[a;b]$, alors $P(X \in [m ; M]) = \dfrac{M-m}{b-a}$.

▬ **Définition** On appelle **espérance** d'une variable aléatoire X à valeurs dans $[a;b]$ de densité f le nombre $E(X) = \displaystyle\int_a^b t\,f(t)\,\mathrm{d}t$.

Théorème L'espérance d'une variable aléatoire de loi uniforme dans $[a;b]$ est $\dfrac{a+b}{2}$.

3. Loi exponentielle

Définition On appelle **loi exponentielle de paramètre** λ (avec λ réel strictement positif) la loi de probabilité admettant pour densité la fonction f définie sur $\mathbb{R}$ par :

$$f(x) = \begin{cases} \lambda e^{-\lambda x} & \text{si } x \in \mathbb{R}^+ \\ 0 & \text{sinon} \end{cases}$$

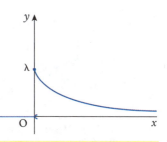

Courbe de la densité d'une loi exponentielle

Théorème Soit X une variable aléatoire suivant une loi exponentielle de paramètre λ.
• Si $[\alpha\,;\beta]$ est un intervalle de $\mathbb{R}^+$, alors :
$P(X \in [\alpha\,;\beta]) = e^{-\lambda\alpha} - e^{-\lambda\beta}$.
• Pour tout réel t de $[0\,;+\infty[$, $P(X \in [t\,;+\infty[) = e^{-\lambda t}$.

Remarque La loi exponentielle modélise une **durée de vie sans vieillissement**. Si T suit une loi exponentielle, alors pour tous les réels positifs t et h :
$P_{\{T \geq t\}}(T \geq t+h) = P(T \geq h)$.

Définition On appelle **espérance** d'une variable aléatoire à valeurs dans $[0\,;+\infty[$ de densité f le nombre $E(X) = \lim\limits_{x \to +\infty} \int_0^x t f(t) \, dt$.

Théorème L'espérance d'une variable aléatoire de loi exponentielle de paramètre λ est $\dfrac{1}{\lambda}$.

II. Lois normales

1. Théorème de Moivre Laplace

Théorème On donne un réel p de $]0\,;1[$. Pour tout entier n, X_n désigne une variable aléatoire suivant une loi binomiale $\mathcal{B}(n\,;p)$.

Alors pour tous réels a et b, $\lim\limits_{n \to +\infty} P\left(\dfrac{X_n - np}{\sqrt{np(1-p)}} \in [a\,;b]\right) = \int_a^b \dfrac{1}{\sqrt{2\pi}} e^{-\frac{1}{2}x^2} \, dx$.

Remarque $\dfrac{X_n - np}{\sqrt{np(1-p)}} = \dfrac{X_n - E(X_n)}{\sqrt{V(X_n)}}$, où $V(X_n)$ est la variance de la variable aléatoire X_n.

2. Loi normale centrée réduite $\mathcal{N}(0\,;1)$

Définition On appelle **loi normale centrée réduite**, notée $\mathcal{N}(0\,;1)$, la loi de probabilité admettant pour densité la fonction f définie sur $\mathbb{R}$ par : $f(x) = \dfrac{1}{\sqrt{2\pi}} e^{-\frac{1}{2}x^2}$.

Remarque On ne connaît pas de primitive de f, ainsi pour déterminer $P(X \in [\alpha\,;\beta])$ on utilise la calculatrice (voir la méthode et stratégie 2).

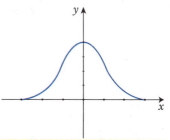

Courbe de la densité d'une loi normale centrée réduite

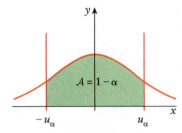

Théorème Pour tout $\alpha \in \,]0\,;1[$, il existe un unique réel positif u_α tel que : $P(-u_\alpha \leq T \leq u_\alpha) = 1 - \alpha$ où la variable aléatoire T suit une loi $\mathcal{N}(0\,;1)$.

Exemples Valeurs à connaître : $u_{0,05} \approx 1{,}96$ et $u_{0,01} \approx 2{,}58$.

Remarque On utilise la calculatrice pour obtenir $u\alpha$ (voir la méthode et stratégie 3).

■ **Définition** On appelle **espérance** d'une variable aléatoire à valeurs dans $\mathbb{R}$ de densité f le nombre $E(X) = \lim\limits_{x \to -\infty} \int_x^0 t\,f(t)\,\mathrm{d}t + \lim\limits_{y \to +\infty} \int_0^y t\,f(t)\,\mathrm{d}t$.

Théorème L'espérance d'une variable aléatoire de loi $\mathcal{N}(0\,;1)$ est 0.

■ **Définitions** On appelle **variance** d'une variable aléatoire le nombre :
$$V(X) = E\!\left((X - E(X))^2\right).$$
On appelle **écart type** le nombre $\sigma = \sqrt{V(X)}$.

Théorème La variance d'une variable aléatoire de loi $\mathcal{N}(0\,;1)$ est 1.

3. Loi normale $\mathcal{N}(\mu\,;\sigma^2)$

■ **Définition** Une variable aléatoire X suit une **loi normale de paramètres** $(\mu\,;\sigma^2)$, notée $\mathcal{N}(\mu\,;\sigma^2)$ si la variable aléatoire $T = \dfrac{X - \mu}{\sigma}$ suit une loi normale centrée réduite $\mathcal{N}(0\,;1)$.

■ **Théorème** L'espérance d'une variable aléatoire de loi $\mathcal{N}(\mu\,;\sigma^2)$ est μ, sa variance est σ^2, son écart type est σ.

Remarque Si une variable aléatoire X suit une loi normale de paramètres $(\mu\,;\sigma^2)$, pour déterminer $P(X \in [\alpha\,;\beta])$ et pour obtenir la valeur de a telle que $P(X \leq a) = p$ avec p un réel connu, on utilise la calculatrice.

Exemples Soit X une variable aléatoire de loi $\mathcal{N}(\mu\,;\sigma^2)$, il faut connaître les valeurs suivantes :
$P(\mu - \sigma \leq X \leq \mu + \sigma) = 0{,}68$;
$P(\mu - 2\sigma \leq X \leq \mu + 2\sigma) = 0{,}95$;
$P(\mu - 3\sigma \leq X \leq \mu + 3\sigma) = 0{,}997$.

Variable aléatoire réelle continue

> Voir les exercices 13 et 14.

Ces notions ne sont pas explicitement au programme de Terminale S mais elles apparaissent dans des cas particuliers étudiés pendant l'année de Terminale (lois uniforme, exponentielle et normale).

Introduction à la définition générale d'une loi à densité

■ **Définition** Soit X une variable aléatoire. On appelle **fonction de répartition** de X l'application F définie par :
$$F : \begin{cases} \mathbb{R} \to [0\,;1] \\ t \mapsto F(t) = P(X < t) \end{cases}$$

■ **Définition** On appelle **densité de probabilité** sur I, un intervalle de $\mathbb{R}$, toute fonction f définie et positive sur I vérifiant une des conditions suivantes, selon la nature de I :

• si $I = [a\,;b]$, $\int_a^b f(x)\mathrm{d}x$ existe et vaut 1 ;

• si $I = [a\,;+\infty[$, $\int_a^M f(x)\mathrm{d}x$ admet une limite quand M tend vers $+\infty$, et cette limite vaut 1 ;

• si $I =]-\infty\,;b]$, $\int_m^b f(x)\mathrm{d}x$ admet une limite quand m tend vers $-\infty$, et cette limite vaut 1 ;

• si $I = \mathbb{R}$, $\int_m^M f(x)\mathrm{d}x$ admet une limite quand m tend vers $-\infty$ et M vers $+\infty$, et cette limite vaut 1.

■ **Définition** Soient X une variable aléatoire continue prenant ses valeurs dans I, intervalle de $\mathbb{R}$, et f une densité de probabilité sur I. On dit que la loi de X admet f comme densité de probabilité, ou que la variable aléatoire X suit **la loi de densité** f, lorsque pour tout intervalle $[\alpha\,;\beta]$ de $\mathbb{R}$ inclus dans I, on a : $P(X \in [\alpha\,;\beta]) = \int_\alpha^\beta f(t)\mathrm{d}t$.

Il existe un lien direct entre la densité et la fonction de répartition (lorsque l'une des deux existe) :

Proposition Soit F_X la fonction de répartition de X. La densité f_X de X est la dérivée de la fonction de répartition : $f_X(x) = F'_X(x)$.

■ **Définitions** Soient X une variable aléatoire continue prenant ses valeurs dans I, intervalle de $\mathbb{R}$, et f sa densité de probabilité sur I.
On définit l'**espérance** (ou moyenne) de X, notée $E(X)$, et la **variance** de X, notée $V(X)$, les réels définis par :

• si $I = [a\,;b]$, $E(X) = \int_a^b x f(x)\mathrm{d}x$ et $V(X) = \int_a^b (x - E(X))^2 f(x)\mathrm{d}x$;

• si $I = [a\,;+\infty[$, $E(X) = \lim\limits_{M \to +\infty} \int_a^M x f(x)\mathrm{d}x$ et $V(X) = \lim\limits_{M \to +\infty} \int_a^M (x - E(X))^2 f(x)\mathrm{d}x$;

• si $I =]-\infty\,;b]$, $E(X) = \lim\limits_{m \to -\infty} \int_m^b x f(x)\mathrm{d}x$ et $V(X) = \lim\limits_{m \to -\infty} \int_m^b (x - E(X))^2 f(x)\mathrm{d}x$;

• si $I = \mathbb{R}$, $E(X) = \lim\limits_{M \to +\infty} \left(\lim\limits_{m \to -\infty} \int_m^M x f(x)\mathrm{d}x \right)$

et $V(X) = \lim\limits_{M \to +\infty} \left(\lim\limits_{m \to -\infty} \int_m^M (x - E(X))^2 f(x)\mathrm{d}x \right)$.

MÉTHODES ET STRATÉGIES

Utiliser une loi uniforme

> Voir les exercices 9 et 11 mettant en œuvre cette méthode.

Méthode

Une loi uniforme traduit le choix aléatoire d'un nombre dans un intervalle (ce que l'on appelle un nombre « pris au hasard »). Contrairement aux lois exponentielle et normale, une loi uniforme n'est pas toujours explicitée dans un sujet, la reconnaître est la principale difficulté.

> **Étape 1 :** il faut identifier une situation relevant d'une loi uniforme (temps d'attente, heure d'arrivée, positionnement sur un segment…) puis, en fonction des données de l'énoncé, définir une variable aléatoire X suivant une loi uniforme sur un intervalle $[a\,;b]$.

> **Étape 2 :** la variable aléatoire X étant posée, il s'agit de traduire les questions du sujet à l'aide de probabilités d'événements de la forme $\{m \leq X \leq M\}$ (avec éventuellement $m = -\infty$, soit $\{X \leq M\}$, ou $M = +\infty$, soit $\{m \leq X\}$).

> **Étape 3 :** il faut ensuite appliquer les résultats relatifs aux calculs de probabilités (indépendance, conditionnement, intersection, union…), ainsi que les règles propres aux variables aléatoires suivant une loi uniforme à savoir :
- si $M \leq a$ ou $b \leq m$, $P(m \leq X \leq M) = 0$;

- si $m \leq a \leq M \leq b$, $P(m \leq X \leq M) = \dfrac{M-a}{b-a}$;

- si $a \leq m \leq b \leq M$, $P(m \leq X \leq M) = \dfrac{b-m}{b-a}$;

- si $a \leq m \leq M \leq b$, $P(m \leq X \leq M) = \dfrac{M-m}{b-a}$.

13 Lois continues de probabilité — MÉTHODES ET STRATÉGIES

Exemple
Deux amis se sont donnés rendez-vous dans un café entre 17 h 30 et 18 h.
On suppose que leurs arrivées dans ce créneau sont aléatoires et indépendantes.
a. Quelle est la probabilité qu'ils arrivent tous les deux avant 17 h 45 ?
b. Quelle est la probabilité qu'au moins l'un des deux arrive avant 17 h 45 ?
c. Quelle est la probabilité qu'aucun des deux ne soit arrivé entre 17 h 40 et 17 h 50 ?

Application

> **Étape 1 :** appelons X et Y les instants d'arrivée des deux amis (exprimés en heures).

 Attention à l'unité de temps ! 30 min = 0,5 h.

L'énoncé nous permet d'affirmer que X et Y sont indépendantes et suivent une loi uniforme sur $[17,5\,;18]$.

> **Étape 2**

a. On doit déterminer $P(\{X \leq 17,75\} \cap \{Y \leq 17,75\})$.

b. On doit déterminer $P(\{X \leq 17,75\} \cup \{Y \leq 17,75\})$.

c. On doit déterminer $P\left(\left\{X \notin \left[17+\dfrac{40}{60}\,;17+\dfrac{50}{60}\right]\right\} \cap \left\{Y \notin \left[17+\dfrac{40}{60}\,;17+\dfrac{50}{60}\right]\right\}\right)$.

> **Étape 3**

a. Les variables aléatoires étant indépendantes, on a :

$$P(\{X \leq 17,75\} \cap \{Y \leq 17,75\}) = P(X \leq 17,75) \times P(Y \leq 17,75) = \left(\dfrac{17,75-17,5}{18-17,5}\right)^2 = \dfrac{1}{4} = 0,25.$$

b. Les règles de calcul de probabilités donnent :

$$P(\{X \leq 17,75\} \cup \{Y \leq 17,75\}) = P(\{X \leq 17,75\}) + P(\{Y \leq 17,75\}) - P(\{X \leq 17,75\} \cap \{Y \leq 17,75\}).$$

D'où $P(\{X \leq 17,75\} \cup \{Y \leq 17,75\}) = 2 \times \dfrac{17,75-17,5}{18-17,5} - \dfrac{1}{4} = \dfrac{3}{4} = 0,75.$

c. Du fait de l'indépendance des variables aléatoires X et Y, et de leur loi identique, on a :

$$P\left(\left\{X \notin \left[17+\dfrac{2}{3}\,;17+\dfrac{5}{6}\right]\right\} \cap \left\{Y \notin \left[17+\dfrac{2}{3}\,;17+\dfrac{5}{6}\right]\right\}\right) = \left(P\left(X \notin \left[17+\dfrac{2}{3}\,;17+\dfrac{5}{6}\right]\right)\right)^2.$$

Sachant que $P\left(X \notin \left[17+\dfrac{2}{3}\,;17+\dfrac{5}{6}\right]\right) = 1 - P\left(X \in \left[17+\dfrac{2}{3}\,;17+\dfrac{5}{6}\right]\right)$, on a :

$$P\left(X \notin \left[17+\dfrac{2}{3}\,;17+\dfrac{5}{6}\right]\right) = 1 - \dfrac{\dfrac{5}{6}-\dfrac{2}{3}}{18-17,5} = \dfrac{2}{3}.$$

Ainsi, $P\left(\left\{X \notin \left[17+\dfrac{40}{60}\,;17+\dfrac{50}{60}\right]\right\} \cap \left\{Y \notin \left[17+\dfrac{40}{60}\,;17+\dfrac{50}{60}\right]\right\}\right) = \dfrac{4}{9}.$

2 Calculer des probabilités avec une loi normale

> Voir les exercices 2, 3, 8 et 10 mettant en œuvre cette méthode.

Méthode

On ne sait pas déterminer une primitive de la densité d'une variable aléatoire X qui suit une loi normale. Pour calculer des probabilités sur cette variable aléatoire on utilise une calculatrice.

> **Étape 1 :** voici les étapes à suivre pour déterminer $P(X \in [\alpha\,;\beta])$ avec une calculatrice.

Texas Instruments	Casio
• Sélectionner le menu DISTR (touches 2nd VARS) • Choisir normalcdf ou normalFrèp • Saisir $\alpha, \beta, \mu, \sigma$)	• Sélectionner le menu STAT puis DIST (F5) puis NORM (F1) • Choisir Ncd, puis Var (F2) • Saisir α sur la ligne *lower*, β sur la ligne *upper*, σ sur la ligne σ et μ sur la ligne μ

 Attention ! Il faut entrer l'écart type σ et non la variance σ^2.

> **Étape 2 :** la calculatrice ne donne pas $P(X \leq \beta)$. Pour ce calcul, on peut :
• soit prendre -10^{99} pour α ;
• soit utiliser les propriétés de symétrie de la courbe de la densité de f.
Si $\beta \geq \mu$, $P(X \leq \beta) = P(X \leq \mu) + P(\mu \leq X \leq \beta) = 0{,}5 + P(\mu \leq X \leq \beta)$.

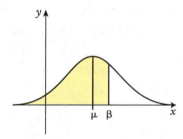

Si $\beta \leq \mu$, $P(X \leq \beta) = P(X \leq \mu) - P(\beta \leq X \leq \mu) = 0{,}5 - P(\beta \leq X \leq \mu)$.

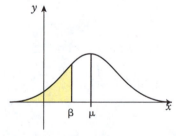

On fait de même pour déterminer $P(X \geq \alpha)$.

Exemple
Soit X une variable aléatoire suivant une loi $\mathcal{N}(20\,;25)$.

 Attention ! Le second paramètre est σ^2, et pas σ.

Calculer les probabilités suivantes :
a. $P(12 \leq X \leq 28)$.
b. $P(X \leq 28)$.
c. $P(X \geq 12)$.
d. Retrouver le résultat de la question **a.** à l'aide des valeurs trouvées aux questions **b.** et **c.**
e. $P_{\{X \geq 12\}}(X \leq 28)$.

Application

> **Étape 1**

a. $P(12 \leq X \leq 28) \approx 0{,}8904$.

> **Étape 2**

b. $P(X \leq 28) = P(X \leq 20) + P(20 \leq X \leq 28) \approx 0{,}5 + 0{,}4452 = 0{,}9452$.
c. $P(X \geq 12) = P(12 \leq X \leq 20) + P(X \geq 20) \approx 0{,}4452 + 0{,}5 = 0{,}9452$.
d. $P(12 \leq X \leq 28) = P(X \leq 28) - P(X \leq 12) = P(X \leq 28) - (1 - P(X > 12))$
$\approx 2 \times 0{,}9452 - 1 = 0{,}8904$.
e. $P_{\{X \geq 12\}}(X \leq 28) = \dfrac{P(12 \leq X \leq 28)}{P(X \geq 12)} \approx 0{,}9420$.

 ## Résoudre une équation avec une variable aléatoire suivant une loi normale

> Voir les exercices 3 et 10 mettant en œuvre cette méthode.

Méthode
Soit X une variable aléatoire suivant une loi normale $\mathcal{N}(\mu\,;\sigma^2)$ et p un réel donné dans $[0\,;1]$, il s'agit de déterminer a tel que $P(X \leq a) = p$.

> **Étape 1 :** on détermine à la calculatrice le réel a tel que $P(X \leq a) = p$.

Texas Instrument	Casio
• Sélectionner le menu DISTR • Choisir invNorm • Saisir p, μ, σ)	• Sélectionner le menu STAT puis DIST (F5) puis NORM (F1) • Choisir InvN, puis Var (F2) • Saisir p sur la ligne *area*, σ sur la ligne σ et μ sur la ligne μ

 Attention ! Il faut entrer l'écart type σ et non la variance σ^2.

> **Étape 2 :** si X suit une loi $\mathcal{N}(0\,;1)$, on sait que pour tout $\alpha \in\,]0\,;1[$, il existe un unique réel positif u_α tel que $P(-u_\alpha \leq X \leq u_\alpha) = 1 - \alpha$.

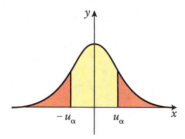

Pour déterminer $u\alpha$, on remarque que :
$$P(-u_\alpha \leq X \leq u_\alpha) = P(X \leq u_\alpha) - P(X \leq -u_\alpha)$$
$$= P(X \leq u_\alpha) - P(X \geq u_\alpha)$$
$$= P(X \leq u_\alpha) - (1 - P(X \leq u_\alpha))$$
$$= 2P(X \leq u_\alpha) - 1.$$

On cherche donc $u\alpha$ tel que $P(X \leq u_\alpha) = 1 - \dfrac{\alpha}{2}$.

Exemple

Soit X une variable aléatoire suivant une loi $\mathcal{N}(20\,;25)$.
Déterminer les valeurs de a telles que :
a. $P(X \leq a) = 0{,}99$;
b. $P(X \geq a) = 0{,}05$;
c. $P(20 - a \leq X \leq 20 + a) = 0{,}95$.

Application

> **Étape 1**

a. $P(X \leq a) = 0{,}99$ pour $a = 31{,}63$.
b. $P(X \geq a) = 0{,}05 \Leftrightarrow 1 - P(X \leq a) = 0{,}05 \Leftrightarrow P(X \leq a) = 0{,}95$, soit $a = 28{,}22$.

> **Étape 2**

c. $P(20 - a \leq X \leq 20 + a) = 0{,}95 \Leftrightarrow P(-a \leq X - 20 \leq a) = 0{,}95$

$$P(20 - a \leq X \leq 20 + a) = 0{,}95 \Leftrightarrow P\left(\dfrac{-a}{5} \leq \dfrac{X-20}{5} \leq \dfrac{a}{5}\right) = 0{,}95.$$

On sait que si X suit une loi $\mathcal{N}(20\,;25)$, alors $\dfrac{X-20}{5}$ suit une loi $\mathcal{N}(0\,;1)$.

On cherche donc u_α tel que $P(-u_\alpha \leq U \leq u_\alpha) = 0{,}95$ (où U suit une loi $\mathcal{N}(0\,;1)$).

On trouve $u_\alpha = \dfrac{a}{5} \approx 1{,}96$, soit $a \approx 9{,}80$.

SUJETS DE TYPE BAC

1. Loi uniforme

10 min

Voici réuni dans cet exercice tout ce qu'il faut savoir sur la densité d'une loi uniforme.

Soit une application f définie sur $\mathbb{R}$ par $\begin{cases} f(t) = \alpha & \text{si } t \in [-1\,;4] \\ f(t) = 0 & \text{sinon} \end{cases}$

1. Déterminer α pour que f soit la densité de probabilité d'une variable aléatoire X suivant une loi uniforme.

2. Calculer géométriquement $P(X < 2)$.

3. Déterminer l'espérance $E(X)$.

2. Loi normale

10 min

Voici un exercice très bref qui permet de vérifier que l'on sait utiliser sa calculatrice pour trouver les probabilités issues d'une loi normale.

> Voir la méthode et stratégie 2.

Lors d'un procès en attribution de paternité, un expert témoigne que la durée de la grossesse, en jours, c'est-à-dire le laps de temps entre la conception et la naissance de l'enfant, est de distribution approximativement normale avec paramètres $m = 270$ et $\sigma^2 = 100$. L'un des pères potentiels est en mesure de prouver son absence du pays pendant une période s'étendant entre le 290e et le 240e jour précédant l'accouchement. Quelle est la probabilité que la conception ait eu lieu à ce moment ?

3. Loi normale centrée réduite

15 min

Pour réussir cet exercice, il faut savoir passer d'une loi normale quelconque à la loi normale centrée réduite.

> Voir les méthodes et stratégies 2 et 3.

Une usine fabrique des barres de 2 m de long en moyenne. Soit X la longueur exacte d'une barre en mètres. On suppose que X suit une loi normale de paramètres $m = 2$ et $\sigma^2 = 0{,}01$.

1. Calculer la probabilité qu'une barre mesure entre 1,98 m et 2,02 m.

2. Déterminer un intervalle I centré en m tel que $P(X \in I) = 0{,}9$.

Loi exponentielle et durée de vie

20 min

Une loi exponentielle ne peut pas se « deviner », elle sera toujours donnée dans l'énoncé d'un exercice. On la retrouve dans des problèmes traitant de durées de vie dites « sans vieillissement » qu'elle caractérise, ce qu'il faut savoir redémontrer, comme dans cet exercice.

1. On dit que la durée de vie X d'un appareil est sans vieillissement lorsque la probabilité qu'il fonctionne encore au moins h unités de temps ne dépend pas du temps t_0 durant lequel il a déjà fonctionné.
Montrer qu'une variable aléatoire suivant une loi exponentielle vérifie cette propriété.

2. Soit X une variable aléatoire suivant une loi exponentielle de paramètre 0,005.
a. Calculer $P(X<100)$ et $P(X>100)$.
b. Déterminer la probabilité de $\{X>300\}$ en sachant que $\{X>100\}$.

 ## Attente à la photocopieuse

15 min

La principale difficulté de cet exercice est de traduire un problème concret à l'aide des notions mathématiques issues du cours de probabilités.

On suppose que la durée d'utilisation d'un photocopieur dans une entreprise, mesurée en minutes, est une variable aléatoire suivant une loi exponentielle de paramètre $\lambda = 0,1$.

1. Je dois faire une série de photocopies et quelqu'un passe juste avant moi. Avec quelle probabilité dois-je attendre :
a. plus de 10 minutes ?
b. entre 10 et 20 minutes ?

2. Cela fait 10 minutes que j'attends, quelle est la probabilité que j'attende 10 minutes de plus ?

 ## Paramètre d'une loi exponentielle

15 min

Dans cet exercice, il faut trouver le paramètre d'une loi exponentielle qui vérifie une condition donnée. Il faut pour cela connaître certaines propriétés du logarithme népérien.

> Voir le chapitre 5.

Soit X une variable aléatoire suivant une loi exponentielle de paramètre λ telle que $P(X \leq 3) = \dfrac{1}{4}$.

1. Quelle est la valeur de λ ?
2. Calculer la valeur exacte de $P(3 \leq X \leq 6)$.

13 Lois continues de probabilité SUJETS DE TYPE BAC

 Temps d'attente à la caisse 20 min

Cet exercice rassemble les questions les plus classiques sur les lois exponentielles.

On étudie le temps d'attente à la caisse d'un grand magasin et on considère que ce temps d'attente, mesuré en minutes, est modélisable par une variable aléatoire exponentielle de paramètre λ. On a mesuré un temps d'attente moyen de 10 min.

1. Calculer λ.

2. Quelle est la probabilité d'attendre plus de 10 min ?

3. Quelle est la probabilité d'attendre plus de 15 min ?

4. Quelle est la probabilité d'attendre au moins 15 min sachant que l'on a déjà attendu 5 min ?

 Qualité de l'eau de baignade 20 min

Il s'agit, dans cet exercice, de calculer des probabilités pour une variable aléatoire qui suit une loi normale. Il est important de savoir calculer des probabilités avec sa calculatrice, mais tout aussi important de visualiser le résultat sur la courbe de la densité.

> Voir la méthode et stratégie 2.

Un contrôle de qualité d'une eau de baignade consiste à mesurer le nombre de coliformes contenus dans 100 ml de cette eau. On désigne par X la variable aléatoire qui, à tout prélèvement au hasard de 100 ml d'eau, associe le nombre de coliformes contenus dans cette eau, exprimé en milliers.
On admet que cette variable aléatoire discrète X suit la loi normale de moyenne $m = 4,5$ et d'écart type $\sigma = 2,4$.

1. Déterminer la probabilité de l'événement $\{X > 4,5\}$.

2. Déterminer une approximation de la probabilité de l'événement $\{X > 8,5\}$.

3. Déterminer une approximation de la probabilité de l'événement $\{X > 8,5\}$ en sachant que $\{X > 4,5\}$.

4. Déterminer une approximation de la probabilité de l'événement $\{X < 4\}$.

 Temps d'attente à un feu 15 min

La principale difficulté de cet exercice est de savoir à quelle loi il se réfère.

> Voir la méthode et stratégie 1.

Lors de travaux, un feu bicolore a été installé. Le temps de passage, matérialisé par un feu orange clignotant, est de 1 min. Le temps d'attente, matérialisé par un feu rouge, est de 1 min 30 s.
Une voiture arrive au feu.

1. Quelle est la probabilité que le feu soit clignotant ?

2. On note *T* le temps d'attente au feu exprimé en secondes.

a. Exprimer la loi de *T*.

b. Quelle est la probabilité qu'un automobiliste attende moins de 15 s ?

SUJETS D'APPROFONDISSEMENT

Le *Titanic*

45 min

Cet exercice fait référence au programme de première S pour déterminer une loi discrète. Il utilise également le théorème de Moivre-Laplace rappelé dans le cours.

> Voir les méthodes et stratégies 2 et 3.

Un paquebot tout neuf (le *Titanic* !) quitte l'Europe à Queenstown, Irlande, le 11 avril 1912 à midi pour son voyage inaugural. Il doit traverser l'Atlantique sur 5 500 km et arriver à New-York, si tout se passe bien, le matin du 17 avril où une grande fête est déjà prévue ! Il était parti de Southampton la veille et avait fait escale à Cherbourg en fin de journée.

1. Le *Titanic* pouvait accueillir 3 000 passagers et on avait enregistré *R* réservations (indépendantes) pour le voyage inaugural.
Habituellement la probabilité d'annulation est de 0,2.
On note *X* le nombre de passagers présents à l'embarquement le jour du départ.
Déterminer la loi de *X* ainsi que son espérance *m* et sa variance σ^2.

2. Dans le cas *R* = 3 000, le théorème de Moivre-Laplace nous permet d'approcher *X* par une variable aléatoire *Y* suivant un loi normale $\mathcal{N}(m\,;\sigma^2)$. Calculer les probabilités des événements suivants :

a. $P(2\,370 \leq Y \leq 2\,430)$;

b. $P(2\,360 \leq Y)$;

c. $P(Y < 2\,000)$.

3. Est-il normal qu'il y ait eu seulement 1 300 passagers ?

4. Toujours dans le cas *R* = 3 000, déterminer le nombre *a* tel que :
$P(2\,400 - a < X < 2\,400 + a) = 0{,}95$.

5. Combien de réservations au plus peut-on enregistrer pour que la probabilité d'être en surcapacité (plus de 3 000 personnes au départ) soit inférieure à 0,05 ?

Loi uniforme et probabilités conditionnelles
40 min

Cet exercice sur une loi uniforme utilise le chapitre 12 sur les probabilités conditionnelles, et une situation classique d'équiprobabilité, pendant discret de la loi continue uniforme.

> Voir la méthode et stratégie 1 et le chapitre 12.

Nicole aimerait aller chez le coiffeur, mais n'arrive pas à se décider entre le coiffeur A (très bien mais un peu cher) et le coiffeur B (un peu moins bien mais moins cher). Elle décide de faire son choix à l'aide d'un dé équilibré. Si elle obtient un 5 ou un 6 elle va chez le coiffeur A, si elle obtient un 1, 2, 3 ou 4 elle opte pour le coiffeur B.
Supposons que le temps d'attente (en minutes) est une variable aléatoire uniforme sur [0 ; 30] chez le coiffeur A, et une variable aléatoire uniforme sur [0 ; 20] chez le coiffeur B. Calculer les probabilités suivantes :

a. la probabilité que Nicole attende plus de 25 min, sachant que le résultat du dé est 5 ;

b. la probabilité que Nicole attende moins de 15 min ;

c. la probabilité que Nicole ait lancé un 4, sachant qu'elle attend plus de 15 min.

 Densité de probabilité et loi exponentielle
50 min

Cet exercice fait un lien entre les lois de probabilité et le calcul des intégrales. Il nécessite d'avoir bien compris la notion de densité de probabilité.

> Voir le chapitre 7.

Soit X une variable aléatoire qui suit une loi exponentielle de paramètre λ et de densité f représentée par le schéma ci-dessous :

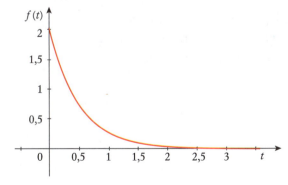

1. Déterminer graphiquement λ.

2. Schématiser $P\left(X < \dfrac{1}{2}\right)$ et $P(X > 1)$.

3. Calculer $P\left(X < \dfrac{1}{2}\right)$ et $P(X > 1)$ à l'aide d'intégrales.

4. On pose $g(x) = \int_0^x 2te^{-2t}\,dt$, pour tout réel x positif. Montrer qu'il existe trois nombres réels a, b et c tels que $g(x) = (ax+b)e^{-2x} + c$ que l'on déterminera.

5. En déduire la limite de $g(x) = \int_0^x 2te^{-2t}\,dt$ quand x tend vers $+\infty$.

6. Interpréter ce dernier résultat.

13 Espérance de vie

20 min

Cet exercice met en œuvre l'encadré post bac sur les lois continues à densité, ce qui nécessite de savoir intégrer correctement !

On suppose que la durée de vie d'un individu dans le monde est une variable aléatoire continue dont la densité de probabilité f est donnée par :
$$\begin{cases} f(t) = kt^2(100-t)^2 & \text{si } 0 \leq t \leq 100 \\ f(t) = 0 & \text{sinon} \end{cases}$$

1. Déterminer k pour que f soit effectivement une densité de probabilité.

2. Calculer l'espérance mathématique de la durée de vie d'un individu, puis son écart type.

3. Déterminer la probabilité pour qu'un individu meure entre 30 et 60 ans.

14 Densité de probabilité

20 min

Cet exercice met en œuvre l'encadré post bac sur les lois continues à densité.

Soit une application f définie sur $\mathbb{R}$ par $\begin{cases} f(t) = \alpha t^2 & \text{si } t \in [1\,;2] \\ f(t) = 0 & \text{sinon} \end{cases}$.

1. Déterminer α pour que f soit la densité de probabilité d'une variable aléatoire X.

2. Donner la fonction de répartition de X.

3. Calculer l'espérance $E(X)$ et la variance $V(X)$.

13 Lois continues de probabilité — CORRIGÉS

CORRIGÉS

1 Loi uniforme

1. $a = -1$, $b = 4$, donc $\alpha = \dfrac{1}{b-a} = \dfrac{1}{5}$.

2.

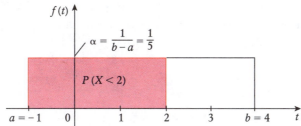

$P(X<2)$ correspond à l'aire du domaine coloré sous la courbe, soit $P(X<2) = 3 \times \dfrac{1}{5} = \dfrac{3}{5}$.

3. $E(X) = \dfrac{a+b}{2} = \dfrac{3}{2}$.

2 Loi normale

Soit X la variable aléatoire qui donne la durée de la grossesse. On veut calculer $P(240 \leq X \leq 290)$. Avec une calculatrice, on obtient $P(240 \leq X \leq 290) \approx 0{,}9759$.

3 Loi normale centrée réduite

1. On cherche $P(1{,}98 \leq X \leq 2{,}02)$.
La calculatrice donne $P(1{,}98 \leq X \leq 2{,}02) \approx 0{,}1585$.

2. Soit T la variable aléatoire définie par $T = \dfrac{X-2}{0{,}1}$. D'après le cours T suit une loi normale centrée réduite. Soit un intervalle $I = [2-a \,; 2+a]$ centré en m tel que $P(X \in I) = 0{,}9$.
$P(2-a \leq X \leq 2+a) = 0{,}9 \Leftrightarrow P(-10a \leq T \leq 10a) = 0{,}9$
$P(-10a \leq T \leq 10a) = 0{,}9 \Leftrightarrow 2P(T \leq 10a) - 1 = 0{,}9 \Leftrightarrow P(T \leq 10a) = 0{,}95$.
Donc $a \approx 0{,}165$, soit $I = [1{,}835 \,; 2{,}165]$.

4 Loi exponentielle et durée de vie

1. Soit X une variable aléatoire suivant une loi exponentielle de paramètre λ.
Soient t_0 et h des réels positifs.

$$P_{\{X \geq t_0\}}(X \geq t_0 + h) = \dfrac{P(\{X \geq t_0\} \cap \{X \geq t_0 + h\})}{P(X \geq t_0)} = \dfrac{P(X \geq t_0 + h)}{P(X \geq t_0)}.$$

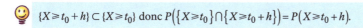

$\{X \geq t_0 + h\} \subset \{X \geq t_0\}$ donc $P(\{X \geq t_0\} \cap \{X \geq t_0 + h\}) = P(X \geq t_0 + h)$.

X suit une loi exponentielle de paramètre λ, donc pour tout réel positif t :
$$P(X \geqslant t) = 1 - P(0 \leqslant X \leqslant t) = 1 - \int_0^t \lambda e^{-\lambda x}\, dx = 1 - \left[-e^{-\lambda x}\right]_0^t = e^{-\lambda t}.$$
On a donc $P_{(X \geqslant t_0)}(X \geqslant t_0 + h) = \dfrac{e^{-\lambda(t_0+h)}}{e^{-\lambda t_0}} = e^{-\lambda h} = P(X \geqslant h)$.

2. a. $P(X < 100) = 1 - e^{-0,005 \times 100} = 1 - e^{-0,5}$ et $P(X > 100) = 1 - P(X \leqslant 100) = e^{-0,5}$.
b. La loi exponentielle modélise une durée de vie sans vieillissement, donc :
$P_{\{X>100\}}(X > 300) = P(X > 200) = 1 - P(X \leqslant 200) = e^{-0,005 \times 200} = \dfrac{1}{e}$.

5 ▸ Attente à la photocopieuse

1. a. $P(X \geqslant 10) = 1 - P(X \leqslant 10) = 1 - P(0 \leqslant X \leqslant 10) = 1 - (e^0 - e^{-1}) = e^{-1} \approx 0{,}368$.
b. $P(10 \leqslant X \leqslant 20) = e^{-1} - e^{-2} \approx 0{,}233$.
2. Une variable aléatoire suivant une loi exponentielle modélise une durée de vie sans vieillissement, on a donc $P_{\{X \geqslant 10\}}(X \geqslant 20) = P(X \geqslant 10) = \dfrac{1}{e}$.

6 ▸ Paramètre d'une loi exponentielle

1. $P(X \leqslant 3) = 1 - e^{-3\lambda} = \dfrac{1}{4}$, donc λ vérifie $e^{-3\lambda} = \dfrac{3}{4}$, soit $-3\lambda = \ln\dfrac{3}{4}$ donc $\lambda = \dfrac{1}{3}\ln\dfrac{4}{3}$
(car $-\ln t = \ln\dfrac{1}{t}$).

2. On a alors :
$P(3 \leqslant X \leqslant 6) = e^{-3 \times \frac{1}{3}\ln\frac{4}{3}} - e^{-6 \times \frac{1}{3}\ln\frac{4}{3}} = e^{\ln\frac{3}{4}} - e^{2\ln\frac{3}{4}} = e^{\ln\frac{3}{4}}\left(1 - e^{\ln\frac{3}{4}}\right) = \dfrac{3}{4}\left(1 - \dfrac{3}{4}\right) = \dfrac{3}{16}$.

7 ▸ Temps d'attente à la caisse

1. On sait que $E(X) = \dfrac{1}{\lambda} = 10$ donc $\lambda = 0{,}1$.

2. $P(X > 10) = e^{-0,1 \times 10} = \dfrac{1}{e} \approx 0{,}368$.

3. $P(X > 15) = e^{-0,1 \times 15} = e^{-1,5} \approx 0{,}223$.

4. Étant donné que X suit une loi exponentielle, la durée de vie est sans vieillissement, donc la probabilité d'attendre au moins 15 min sachant que l'on a déjà attendu 5 min est égale à la probabilité d'attendre au moins 10 min.
On a donc $P_{\{X>5\}}(X > 15) = P(X > 10) = \dfrac{1}{e}$.

8 ▸ Qualité de l'eau de baignade

1. $P(X > 4{,}5) = 0{,}5$.
2. $P(X > 8{,}5) = 1 - P(X < 8{,}5) = 1 - \left(P(X < 4{,}5) + P(4{,}5 \leqslant X < 8{,}5)\right)$
$P(X > 8{,}5) \approx 0{,}5 - 0{,}4522 \approx 0{,}0478 \approx 4{,}78\,\%$.

3. $= P_{\{X>4,5\}}(X>8,5) = \dfrac{P(\{X>8,5\} \cap \{X>4,5\})}{P(X>4,5)} = \dfrac{P(X>8,5)}{P(X>4,5)}$

$P_{\{X>4,5\}}(X>8,5) \approx \dfrac{0,0478}{0,5} \approx 0,0956 = 9,56\,\%$.

4. $P(X<4) = 0,5 - P(4<X<4,5) \approx 0,5 - 0,0825 \approx 0,4175 = 41,75\,\%$.

9 Temps d'attente à un feu

1. $P(\text{« le feu est clignotant »}) = \dfrac{\text{durée du clignotant (en s)}}{\text{durée d'un cycle (en s)}} = \dfrac{60}{150} = 0,4$.

2. a. On sait que T prend ses valeurs dans $[0\,;90]$.

Attention ! Il faut bien distinguer le cas où l'automobiliste arrive alors que le feu est clignotant, du cas où il arrive alors que le feu est rouge.

$P(T=0) = P(\text{« le feu est clignotant »}) = \dfrac{60}{150}$.

Lorsque l'automobiliste arrive alors que le feu est rouge, le temps d'attente U suit une loi uniforme sur $[0\,;90]$. On a donc, pour $t \in\,]0\,;90]$:

$P(T \in\,]0\,;t]) = P_{(\text{« le feu est rouge »})}(U \in [0\,;t]) \times P(\text{« le feu est rouge »}) = \dfrac{t}{90} \times \dfrac{90}{150} = \dfrac{t}{150}$.

b. $P(T \leqslant 15) = P(T=0) + P(T \in\,]0\,;15]) = \dfrac{60}{150} + \dfrac{15}{150} = \dfrac{75}{150} = 0,5$.

10 Le *Titanic*

1. Pour R réservations indépendantes, X suit une loi binomiale $B(n=R\,;p=0,8)$ avec $E(X) = 0,8R$ et $V(X) = 0,8 \times 0,2 \times R$.

2. Dans le cas $R = 3\,000$ (grand), on peut approcher X par une variable aléatoire Y normale $\mathcal{N}(2\,400, \sigma^2 = 480)$.

a. Avec une calculatrice on calcule $P(2\,370 \leqslant Y \leqslant 2\,430) \approx 0,8291$.

b. $P(2\,360 \leqslant Y) = P(2\,360 \leqslant Y \leqslant 2\,400) + P(2\,400 < Y)$
$P(2\,360 \leqslant Y) \approx 0,4661 + 0,5 \approx 0,9661$.

c. $P(Y < 2\,000) = P(Y \leqslant 2\,400) - P(2\,000 \leqslant Y < 2\,400) \approx 0$.

3. Il est donc pratiquement impossible qu'il n'y ait eu que 1 300 passagers présents. Il faut chercher d'autres causes à ces désistements : grève des mineurs, mauvais pressentiments, rumeurs de sabotage ou erreur dans le nombre de réservations…

4. Soient $R = 3\,000$ et a le nombre tel que $P(2\,400 - a < X < 2\,400 + a) = 0,95$.
Pour déterminer a, on cherche :

$P(2\,400 - a \leqslant Y \leqslant 2\,400 + a) = P\left(\dfrac{-a}{\sqrt{480}} \leqslant \dfrac{Y - 2\,400}{\sqrt{480}} \leqslant \dfrac{a}{\sqrt{480}}\right) = 0,95$.

D'après le cours, $\dfrac{Y - 2\,400}{\sqrt{480}}$ suit une loi normale centrée réduite et $\dfrac{a}{\sqrt{480}} = 1,96$, soit $a \approx 42,94$.
Comme a est entier, on a $a = 43$.

5. On cherche le nombre R de réservations tel que la probabilité d'être en surcapacité (plus de 3 000 personnes au départ) soit inférieure à 0,05, c'est-à-dire que l'on cherche R tel que $P(X > 3\,000) < 0{,}05$.

On a alors :
$$P\left(\frac{3\,000 - 0{,}8R}{\sqrt{0{,}8 \times 0{,}2 \times R}} \leq \frac{Y - 0{,}8R}{\sqrt{0{,}8 \times 0{,}2 \times R}}\right) = P\left(\frac{3\,000 - 0{,}8R}{0{,}4\sqrt{R}} \leq \frac{Y - 0{,}8R}{0{,}4\sqrt{R}}\right) < 0{,}05,$$

ce qui équivaut à $P\left(\dfrac{Y - 0{,}8R}{0{,}4\sqrt{R}} \leq \dfrac{3\,000 - 0{,}8R}{0{,}4\sqrt{R}}\right) > 0{,}95.$

La machine à calculer nous donne alors $\dfrac{3\,000 - 0{,}8R}{0{,}4\sqrt{R}} > 1{,}645,$

qui équivaut à $3\,000 - 0{,}8R > 0{,}658\sqrt{R}$.

On pose $x = \sqrt{R}$, on a alors $0{,}8x^2 + 0{,}658x - 3\,000 < 0$, ce qui est une inéquation du second degré en x. Or $x = \sqrt{R} \geq 0$, donc la résolution de l'inéquation précédente nous donne $x < 60{,}83$ et donc $x^2 < 3\,699{,}97$.

Le nombre entier R de réservations doit alors vérifier $R \leq 3\,699$.

11 Loi uniforme et probabilités conditionnelles

Soient T_A et T_B les variables aléatoires du temps d'attente chez les coiffeurs A et B respectivement.

T_A suit une loi uniforme sur $[0\,;30]$, T_B suit une loi uniforme sur $[0\,;20]$.

On note T la variable aléatoire du temps d'attente de Nicole, et D la variable aléatoire qui donne le résultat du dé.

a. $P_{\{D=5\}}(T \geq 25) = 1 - P(T_A \leq 25) = 1 - \dfrac{25}{30} = \dfrac{5}{30} = \dfrac{1}{6}$.

b. $\{1\,;2\,;3\,;4\,;5\,;6\} = \{5\,;6\} \cup \{1\,;2\,;3\,;4\}$ donc la formule des probabilités totales donne :
$$P(T \leq 15) = P_{(D \in \{5\,;6\})}(T \leq 15) \times P(D \in \{5\,;6\}) + P_{(D \in \{1\,;2\,;3\,;4\})}(T \leq 15) \times P(D \in \{1\,;2\,;3\,;4\})$$
$$= P(T_A \leq 15) \times P(D \in \{5\,;6\}) + P(T_B \leq 15) \times P(D \in \{1\,;2\,;3\,;4\})$$

donc $P(T \leq 15) = \dfrac{15}{30} \times \dfrac{2}{6} + \dfrac{15}{20} \times \dfrac{4}{6} = \dfrac{2}{3}.$

c. $P_{\{T \geq 15\}}(D = 4) = \dfrac{P(\{D = 4\} \cap \{T \geq 15\})}{P(T \geq 15)} = \dfrac{P_{\{D = 4\}}(T \geq 15) \times P(D = 4)}{P(T \geq 15)}.$

Donc $P_{\{T \geq 15\}}(D = 4) = \dfrac{(1 - P(T_B \leq 15)) \times P(D = 4)}{P(T \geq 15)} = \dfrac{\left(1 - \dfrac{15}{20}\right) \times \dfrac{1}{6}}{1 - \dfrac{2}{3}} = \dfrac{1}{8}.$

12 Densité de probabilité et loi exponentielle

1. On sait que, pour une loi exponentielle, la densité est une fonction f définie sur $\mathbb{R}$ de la forme $\begin{cases} f(t) = \lambda e^{-\lambda t} & \text{si } t \geq 0 \\ f(t) = 0 & \text{sinon} \end{cases}$

On a donc $\lambda = f(0)$, on lit sur le graphique $\lambda = 2$.

2. $P\left(X < \dfrac{1}{2}\right)$ est l'aire délimitée par l'axe des abscisses, la courbe, et les droites d'équations $x = 0$ et $x = 0{,}5$ colorée en vert sur le schéma ci-après.

$P(X>1)$ est l'aire délimitée par l'axe des abscisses, la courbe, et la droite d'équation $x = 1$ colorée en bleu.

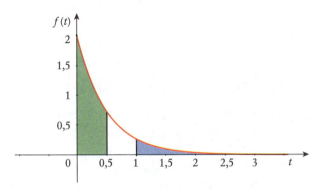

3. $P\left(X < \dfrac{1}{2}\right) = \int_0^{\frac{1}{2}} 2e^{-2t}\,dt = \left[-e^{-2t}\right]_0^{\frac{1}{2}} = 1 - \dfrac{1}{e}$.

$P(X > 1) = 1 - P(X \leq 1) = 1 - \int_0^1 2e^{-2t}\,dt = 1 - \left[-e^{-2t}\right]_0^1 = \dfrac{1}{e^2}$

4. Soit pour tout x positif $h(x) = (ax + b)e^{-2x}$.

On a $h'(x) = ae^{-2x} - 2(ax + b)e^{-2x}$ et $g'(x) = 2xe^{-2x}$.

$g'(x) = h'(x)$ si, et seulement si, $2x = -2ax + a - 2b$ et donc, par identification $\begin{cases} 2 = -2a \\ 0 = a - 2b \end{cases}$,

donc $a = -1$ et $b = \dfrac{-1}{2}$. On en déduit que $g(x) = \left(-x - \dfrac{1}{2}\right)e^{-2x} + c$ et comme $g(0) = 0$, on obtient $0 = -\dfrac{1}{2} + c$, donc $c = \dfrac{1}{2}$.

Finalement, $g(x) = \left(-x - \dfrac{1}{2}\right)e^{-2x} + \dfrac{1}{2}$.

5. On a alors $g(x) = \left(-x - \dfrac{1}{2}\right)e^{-2x} + \dfrac{1}{2}$ qui tend vers $\dfrac{1}{2}$ quand x tend vers $+\infty$ par croissances comparées.

6. On sait que $\dfrac{1}{\lambda} = E(X) = \lim\limits_{x \to +\infty} \int_0^x t\,f(t)\,dt = \lim\limits_{x \to +\infty} g(x) = \dfrac{1}{2}$, donc ce résultat est bien cohérent avec le cours !

13 ▸ Espérance de vie

1. Si f est effectivement une densité de probabilité, alors on doit avoir $\int_0^{100} f(t)\,dt = 1$.

Or $\int_0^{100} f(t)\,dt = \int_0^{100} kt^2(100-t)^2\,dt = \int_0^{100} 10^4 kt^2 - 200kt^3 + kt^4\,dt$

$\int_0^{100} f(t)\,dt = \left[\dfrac{10^4 kt^3}{3} - \dfrac{200kt^4}{4} + \dfrac{kt^5}{5}\right]_0^{100} = 10^{10}k\left(\dfrac{1}{3} - \dfrac{1}{2} + \dfrac{1}{5}\right) = \dfrac{10^9 k}{3}$.

On a $\dfrac{10^9 k}{3} = 1$, soit $k = 3 \times 10^{-9}$.

2. Espérance mathématique :

$$E(X) = \int_0^{100} tf(t)\,dt = 3\times 10^{-9} \int_0^{100} t^3(100-t)^2\,dt = 3\times 10^{-9}\left[\frac{10^4 t^4}{4} - \frac{200 t^5}{5} + \frac{t^6}{6}\right]_0^{100}$$

$$E(X) = 3\times 10^{-9} \times 10^{12}\left(\frac{1}{4} - \frac{2}{5} + \frac{1}{6}\right) = \frac{3\times 10^3}{60} = 50 \text{ ans.}$$

Écart type :

$$V(X) = \int_0^{100} (t - E(X))^2 f(t)\,dt \approx 357{,}14 \text{ donc } \sigma = \sqrt{V(X)} \approx 18{,}9.$$

3. La probabilité pour qu'un individu meure entre 30 et 60 ans est :

$$P(30 \leq X \leq 60) = 3\times 10^{-9} \int_{30}^{60} t^2 (100-t)^2\,dt \approx 0{,}52.$$

14 Densité de probabilité

1. On cherche α tel que $\int_1^2 f(t)\,dt = 1$, or $\int_1^2 f(t)\,dt = \left[\frac{\alpha t^3}{3}\right]_1^2 = \frac{7\alpha}{3}$, donc $\alpha = \frac{3}{7}$.

2. $F_X(x) = \begin{cases} 0 & \text{pour } x \leq 1 \\ \int_1^x f(t)\,dt = \dfrac{x^3 - 1}{7} & \text{pour } 1 \leq x \leq 2. \\ 1 & \text{pour } x \geq 2 \end{cases}$

3. $E(X) = \int_1^2 t\,\dfrac{3t^2}{7}\,dt = \dfrac{3}{7}\left[\dfrac{t^4}{4}\right]_1^2 = \dfrac{45}{28}.$

$$V(X) = \int_1^2 (t - E(X))^2 f(t)\,dt = \int_1^2 \left(t - \frac{45}{28}\right)^2 \frac{3t^2}{7}\,dt = \frac{291}{3920} \approx 0{,}07.$$

CHAPITRE 14

Échantillonnage et estimation

COURS

442	**I.**	Intervalle de fluctuation
442	**II.**	Intervalle de confiance
443	POST BAC	Estimation d'une moyenne

MÉTHODES ET STRATÉGIES

444	**1**	Déterminer si un échantillon est compatible avec un modèle
445	**2**	Estimer une proportion

SUJETS DE TYPE BAC

446	**Sujet 1**	Élections
446	**Sujet 2**	Estimation en biologie
446	**Sujet 3**	Estimation et production
447	**Sujet 4**	Au casino

SUJETS D'APPROFONDISSEMENT

447	**Sujet 5**	Enquête de satisfaction
447	**Sujet 6**	Proportion de gauchers
448	**Sujet 7**	Plongée sous-marine
448	**Sujet 8**	Jeu de hasard
448	**Sujet 9**	Comptage de poissons
449	**Sujet 10**	POST BAC Poids des sportifs
449	**Sujet 11**	POST BAC Notes d'examen
450	**Sujet 12**	POST BAC Statistiques en sciences physiques

CORRIGÉS

451	**Sujets 1 à 4**
452	**Sujets 5 à 12**

COURS

Échantillonnage et estimation

I. Intervalle de fluctuation

On considère dans une population un caractère dont la proportion p est supposée **connue**.
On prélève un échantillon de taille n dans la population, on veut savoir si cet échantillon est « représentatif ».

Théorème Si $n \geq 30$, $np \geq 5$ et $n(1-p) \geq 5$, alors la variable aléatoire F_n, qui à tout échantillon de taille n associe la fréquence de réalisation du caractère, suit approximativement une loi normale $\mathcal{N}\left(p\,;\dfrac{p(1-p)}{n}\right)$.

On a alors $P\left(F_n \in \left[p - 1{,}96\sqrt{\dfrac{p(1-p)}{n}}\,;\, p + 1{,}96\sqrt{\dfrac{p(1-p)}{n}}\right]\right) = 0{,}95$.

L'intervalle $\left[p - 1{,}96\sqrt{\dfrac{p(1-p)}{n}}\,;\, p + 1{,}96\sqrt{\dfrac{p(1-p)}{n}}\right]$ est **l'intervalle de fluctuation asymptotique au seuil de 95 %**.

Règle de décision Si la fréquence observée f dans un échantillon appartient à l'intervalle de fluctuation asymptotique au seuil de 95 %, on considère que l'échantillon est compatible avec le modèle.
Sinon, on considère que l'échantillon n'est pas compatible avec le modèle.

II. Intervalle de confiance

On considère dans une population un caractère dont la proportion p est **inconnue**.
Pour trouver une estimation de p, on prélève un échantillon de taille n dans la population et on détermine la fréquence f de réalisation du caractère dans l'échantillon.

Théorème Si $n \geq 30$, $nf \geq 5$ et $n(1-f) \geq 5$, dans 95 % des cas, p se situe dans l'intervalle $\left[f - \sqrt{\dfrac{1}{n}}\,;\, f + \sqrt{\dfrac{1}{n}}\right]$.

Cet intervalle s'appelle **intervalle de confiance** pour la proportion p **au niveau de confiance 0,95**.

Remarque Pour que l'amplitude de l'intervalle de confiance (qui est $\dfrac{2}{\sqrt{n}}$) soit de 5 %, il faudrait que la taille de l'échantillon n vérifie $\dfrac{2}{\sqrt{n}} = 0{,}05$ c'est-à-dire qu'il faudrait un échantillon d'au moins 1 600 individus.

Échantillonnage et estimation COURS

Estimation d'une moyenne

> Voir les exercices 10 à 12.

Le cours de Terminale S ne permet que l'estimation d'une proportion alors qu'il faut bien souvent estimer également des moyennes ou des écarts types. C'est pourquoi nous allons montrer comment obtenir des intervalles d'estimation de moyennes qui seront largement utilisés dans l'enseignement supérieur.

Méthodes d'obtention d'un intervalle de confiance pour l'estimation d'une moyenne

On considère une variable aléatoire X qui suit une loi normale sur une population de moyenne $\overline{x}$ inconnue et d'écart type σ (connu ou inconnu). On suppose que l'on a prélevé un échantillon de taille n sur lequel on a calculé la moyenne $\overline{x_e}$ et l'écart type σ_e.

Définition On définit des **estimations ponctuelles** $\hat{x}$ et $\hat{\sigma}$ respectivement de la moyenne et de l'écart type par $\hat{x} = \overline{x_e}$ et $\hat{\sigma} = \sqrt{\dfrac{n}{n-1}}\sigma_e$.

Le coefficient $\sqrt{\dfrac{n}{n-1}}$ s'appelle **correction de biais**.

Remarque Quand n est assez grand (en pratique quand n est plus grand que 30), la correction de biais est proche de 1 et donc $\hat{\sigma}$ est proche de σ_e.

Théorème Quand l'écart type σ est **connu**, alors dans 95 % des cas, la moyenne $\overline{x}$ se situe dans l'intervalle $\left[\overline{x_e} - 1{,}96\dfrac{\sigma}{\sqrt{n}} \,;\, \overline{x_e} + 1{,}96\dfrac{\sigma}{\sqrt{n}} \right]$.

Cet intervalle s'appelle **intervalle de confiance** pour la moyenne $\overline{x}$ au niveau de confiance 0,95.

Théorème Quand l'écart type σ est **inconnu** alors, dans 95 % des cas, la moyenne $\overline{x}$ se situe dans l'intervalle de confiance I défini par :

$$I = \left[\overline{x_e} - T_{n-1}\dfrac{\hat{\sigma}}{\sqrt{n}} \,;\, \overline{x_e} + T_{n-1}\dfrac{\hat{\sigma}}{\sqrt{n}} \right] = \left[\overline{x_e} - T_{n-1}\dfrac{\sigma_e}{\sqrt{n-1}} \,;\, \overline{x_e} + T_{n-1}\dfrac{\sigma_e}{\sqrt{n-1}} \right]$$

où les valeurs des T_n sont données dans le tableau suivant :

n	T_n	n	T_n	n	T_n	n	T_n	n	T_n
1	12,706	8	2,306	15	2,1315	22	2,0739	29	2,0452
2	4,3027	9	2,2622	16	2,1199	23	2,0687	30	2,0423
3	3,1824	10	2,2281	17	2,1098	24	2,0639	40	2,0211
4	2,7765	11	2,201	18	2,1009	25	2,0595	80	1,9901
5	2,5706	12	2,1788	19	2,093	26	2,0555	120	1,9799
6	2,4469	13	2,1604	20	2,086	27	2,0518	Infini	1,96
7	2,3646	14	2,1448	21	2,0796	28	2,0484		

MÉTHODES ET STRATÉGIES

1 Déterminer si un échantillon est compatible avec un modèle

> Voir les exercices 1 et 2 mettant en œuvre cette méthode.

Méthode
On considère, dans une population, un caractère dont la proportion p est connue.
Le terme de « population » est un terme générique en statistique. Il peut aussi bien traduire un groupe de personnes que des objets inanimés, voire virtuels.
On prélève un échantillon de taille n dans la population.
On veut savoir si la proportion d'individus possédant le caractère étudié est respectée dans cet échantillon « au seuil de 95 % ».

> **Étape 1 :** on vérifie que $n \geq 30$, $np \geq 5$ et $n(1-p) \geq 5$.

> **Étape 2 :** si c'est le cas, on détermine l'intervalle de fluctuation asymptotique au seuil de 95 % : $\left[p - 1{,}96\sqrt{\dfrac{p(1-p)}{n}} \,;\, p + 1{,}96\sqrt{\dfrac{p(1-p)}{n}} \right]$.

> **Étape 3 :** si elle n'est pas directement donnée, on calcule avec les données de l'énoncé la fréquence d'apparition du caractère dans l'échantillon (on parle de fréquence observée).
$$f_{\text{obs}} = \dfrac{\text{nombre d'individus de la population possédant le caractère}}{n}.$$

> **Étape 4 :** si la fréquence observée est dans l'intervalle de fluctuation, on conclut que l'échantillon est représentatif.
Sinon, on conclut que l'échantillon n'est pas représentatif.

Exemple
À l'occasion d'une campagne de don de sang, on constate que sur 251 donneurs, 126 sont du groupe O.
On sait qu'en France, le pourcentage de personnes de groupe O est de 42 %.
Peut-on estimer que la proportion de donneurs de groupe O, lors de cette campagne, est représentative de la répartition nationale ?

Application

> **Étape 1 :** $n = 251$; $p = 0{,}42$.
Les conditions $n \geq 30$, $np \geq 5$ et $n(1-p) \geq 5$ sont vérifiées.

> **Étape 2 :** l'intervalle de fluctuation asymptotique au seuil de 95 % est environ $[0{,}3589\,;0{,}4811]$.

> **Étape 3 :** environ 50,20 % des donneurs sont du groupe O.

> **Étape 4 :** cette valeur étant plus grande que la borne supérieure de l'intervalle de fluctuation, on peut raisonnablement penser (avec un risque de 5 %) qu'à l'occasion de cette campagne les donneurs du groupe O se sont d'avantage mobilisés que les autres !

14 Échantillonnage et estimation — MÉTHODES ET STRATÉGIES

2 Estimer une proportion

> Voir l'exercice 2 mettant en œuvre cette méthode.

Méthode

On considère, dans une population, un caractère dont la proportion p est inconnue. Pour trouver une estimation de p, on prélève un échantillon de taille n dans la population et on détermine la fréquence f de réalisation du caractère dans l'échantillon.

> **Étape 1 :** si elle n'est pas donnée, on calcule la fréquence de réalisation du caractère dans l'échantillon :

$$f = \frac{\text{nombre d'individus de la population possédant le caractère}}{n}.$$

> **Étape 2 :** on vérifie que $n \geq 30$, $nf \geq 5$, $n(1-f) \geq 5$. (Si ce n'est pas le cas, on ne peut pas faire l'exercice !).

> **Étape 3 :** on détermine l'intervalle de confiance pour la proportion p au niveau de confiance 95 % :

$$\left[f - \sqrt{\frac{1}{n}} \, ; \, f + \sqrt{\frac{1}{n}} \right].$$

> **Étape 4 :** dans 95 % des cas, p se situe dans cet intervalle.

Exemple

Avant une élection, on effectue un sondage sur 400 électeurs.
218 personnes sondées disent qu'elles voteront pour le sortant.
Le candidat sortant peut-il être serein ?

Application

> **Étape 1 :** $f = \dfrac{218}{400} = 0{,}545$, avec $n = 400$.

> **Étape 2 :** on a bien $n \geq 30$, $nf \geq 5$ et $n(1-f) \geq 5$.

> **Étape 3 :** l'intervalle de confiance au niveau de 95 % est $[0{,}495 \, ; 0{,}595]$.

> **Étape 4 :** avec une confiance de 95 %, le candidat peut espérer compter entre 49,5 % et 59,5 % de voix. Il peut raisonnablement être confiant, mais il n'est pas sûr d'obtenir la majorité.

SUJETS DE TYPE BAC

1. Élections

Cet exercice est un classique sur l'utilisation des intervalles de confiance pour les élections car il correspond réellement aux calculs effectués par les instituts de sondages.

> Voir la méthode et stratégie 1.

Deux candidats A et B sont en lice pour la prochaine élection.
Un sondage donne A gagnant avec 55 % des voix contre 45 % à son adversaire.

1. On suppose que 250 personnes ont été sondées. Construire l'intervalle de confiance pour la proportion de votants en faveur de A, au seuil de 95 %.

2. Même question, si on suppose maintenant que 1 000 personnes ont été interrogées.

3. Quelle interprétation peut-on donner à ces valeurs.

2. Estimation en biologie

Un des domaines de prédilection pour l'utilisation des intervalles de confiance est la biologie : un grand nombre de facteurs sont analysés de cette façon-là.

> Voir la méthode et stratégie 2.

Afin d'étudier l'influence de la température de l'air sur la fertilité des coqs, on les a séparés dans deux hangars maintenus, l'un à une température de 25 °C, l'autre à 15 °C. Les coqs issus des deux hangars ont ensuite été accouplés avec des poules issues d'une même batterie. On a compté le nombre d'œufs fertiles dans la ponte des poules, et on a obtenu :
• 4 998 œufs fertiles pour 5 646 œufs récoltés en tout dans le hangar le plus chauffé ;
• 5 834 œufs fertiles sur 6 221 œufs récoltés dans l'autre hangar.

1. Donner un intervalle de confiance de niveau 0,95 pour la proportion d'œufs fertiles pour chaque hangar.

2. Que pensez-vous de l'influence de la température sur la fertilité des œufs ?

3. Estimation et production

Voici un exercice typique sur l'utilisation des estimations de proportions dans des cas pratiques.

> Voir la méthode et stratégie 1.

Dans une fabrique de meubles, on contrôle les défauts de vernis de type « couleur non homogène ». En temps normal, on constate à peu près 20 % de ce type de défauts et on considère que cette proportion de meubles qui doivent être poncés et revernis est acceptable pour la rentabilité de la fabrique. Afin de savoir si la chaîne de production ne doit pas être révisée, on effectue un contrôle aléatoire de 500 meubles, on observe 26 % de défauts.

1. Combien y a-t-il de meubles qui ont un défaut ?

2. Faut-il s'inquiéter ?

4 ▸ Au casino

Cet exercice pratique est basé sur des faits réels comme dans grand nombre d'exercice du bac. Il met en œuvre le cours sur les estimations de proportions.

15 min

Dans un casino, sur une machine à sous qui fonctionne avec des mises de 1 €, on peut lire : taux de réversion 91,79 %. Un client du casino joue 200 € sur cette machine, sans remettre en jeu les sommes gagnées. Il gagne 156 €.
Peut-il considérer que l'affirmation sur la machine est fiable ?

SUJETS D'APPROFONDISSEMENT

5 ▸ Enquête de satisfaction

Cet exercice sur les intervalles de fluctuation demande également d'être capable de manipuler des inéquations.

15 min

Un opérateur téléphonique désire connaître la proportion de clients satisfaits parmi le grand nombre de ses abonnés. Pour cela, il interroge 1 000 abonnés choisis au hasard. Il constate que seulement 580 personnes sont satisfaites.
Il veut affiner ces résultats pour savoir s'ils sont vraiment fiables.
Combien d'abonnés supplémentaires, en supposant que la proportion calculée avec les 1 000 premiers soit la bonne, doit-on interroger pour que l'intervalle de fluctuation au niveau de confiance de 95 % ait une amplitude de 0,01 ?

6 ▸ Proportion de gauchers

Cet exercice met en œuvre le cours sur les intervalles de fluctuation afin de tester la compatibilité d'un échantillon avec le cas général.

10 min

Dans le monde, la proportion de gauchers est de 12 %.
Soit une classe de Terminale composée de 45 élèves, dont 5 gauchers.
Cette classe est-elle compatible avec le cas général ?

Plongée sous-marine
20 min

Cet exercice, qui met en œuvre le cours sur les intervalles de fluctuation, permet de déterminer l'influence d'un événement sur une situation donnée.

En plongée sous-marine, la profondeur des plongées des futurs pères influe sur le rapport de naissances filles-garçons.

1. Il naît habituellement 105 garçons pour 100 filles. Quelle est la fréquence p de garçons.

2. Sur un groupe de plongeurs amateurs, une étude a déterminé que parmi $n = 227$ enfants dont les pères plongeaient régulièrement, 109 sont des garçons.

a. Calculer à 10^{-3} près des bornes de l'intervalle de fluctuation de p au niveau de confiance 0,95.

b. Calculer la fréquence f des garçons et observer si elle appartient à l'intervalle de confiance au niveau de confiance 0,95.

3. Reprendre les questions **2. a.** et **b.** dans le cas d'un groupe de plongeurs professionnels, où il est né 132 enfants dont 46 garçons.

 Jeu de hasard
15 min

Cet exercice a pour but de vérifier si le hasard est quantifiable.

Lorsque l'on joue à un jeu de hasard où la probabilité de gagner est 0,35, est-il correct d'affirmer que : « dans plus de 95 % des cas, si je joue 900 fois, alors je vais gagner au moins 287 fois » ?

Comptage de poissons
35 min

Cet exercice demande d'étudier l'influence de la taille d'un échantillon sur l'intervalle de confiance d'une proportion.

On souhaite connaître le nombre de poissons vivants dans un lac clos. Pour cela, on prélève 500 poissons au hasard dans ce lac, on les marque puis on les relâche dans le lac. Quelques jours plus tard, on prélève à nouveau aléatoirement 500 poissons dans le lac. Parmi ces 500 poissons, on en compte 24 qui sont marqués.
On suppose que pendant la période d'étude le nombre N de poissons dans le lac est stable.

1. Quelles sont les proportions p de poissons marqués dans l'échantillon prélevé et p' de poissons marqués dans le lac ?

2. Donner, à 10^{-3} près, l'intervalle de confiance au niveau de 95 % de la proportion de poissons marqués dans le lac.

3. En déduire un encadrement de la proportion du nombre de poissons dans le lac, puis du nombre de poissons dans le lac.

4. On considère que la population de poissons est trop importante pour le lac (dimensions, ressources…) lorsqu'il y a plus de 50 000 poissons qui y vivent.
En supposant que la proportion p de poissons marqués reste la même dans un échantillon prélevé de plus grande taille, quelle devrait être cette taille pour que l'on puisse affirmer, au niveau de confiance de 95 %, que le lac n'est pas surpeuplé en poissons ?

10 Poids des sportifs

Cet exercice met en œuvre l'encadré post bac sur les estimations de moyennes.

20 min

Un médecin du sport fait une étude sur la masse, en kg, d'un groupe de sportifs de disciplines différentes, homme et femmes mélangés. L'écart type de cette population est supposé connu égal à 15.

1. La moyenne d'un échantillon aléatoire de 60 observations est égale à 80. Construire un intervalle de confiance à 95 % pour la moyenne de la population.

2. On effectue 60 observations supplémentaires, la moyenne de l'échantillon aléatoire de 120 observations est toujours 80. Construire un intervalle de confiance à 95 % pour la moyenne de la population.

3. Combien d'observations doit-on effectuer pour obtenir une marge d'erreur de 1 (c'est-à-dire un intervalle d'amplitude 2) au seuil de confiance de 95 % ?

11 Notes d'examen

Cet exercice met en œuvre l'encadré post bac sur les estimations de moyennes.

25 min

Une étude sur les notes d'une épreuve de français et d'une épreuve de sciences physiques lors d'un examen montre qu'elles suivent une loi normale.

1. La loi pour l'épreuve de français est $\mathcal{N}(\mu\,;3^2)$.
On considère l'échantillon suivant :
14,5 ; 9,3 ; 12,3 ; 10,4 ; 12,9 ; 10,2 ; 13,5 ; 14,2.

a. Construire un intervalle de confiance pour μ, au niveau de confiance 95 %.

b. Toujours au niveau de confiance 95 %, on souhaite obtenir une marge d'erreur pour μ inférieure ou égale à 0,5. Comment choisir la taille de l'échantillon (on suppose toujours $\sigma = 3$) ?

2. La loi pour l'épreuve de sciences physiques est $\mathcal{N}(\mu\,;\sigma^2)$, l'écart type σ est inconnu.
On considère l'échantillon suivant :
18,8 ; 11,2 ; 3,4 ; 8,6 ; 17,4 ; 7,7 ; 15,8 ; 12,5.
Construire un intervalle de confiance pour μ, au niveau de confiance 95 %.

12 Statistiques en sciences physiques

20 min

Cet exercice met en œuvre l'encadré post bac sur les estimations de moyennes.

Pour la mesure de la distance focale d'une lentille mince convergente, on peut utiliser la méthode de Bessel. Une série de mesures permet un traitement statistique. Soit f' la distance focale, en centimètres, mesurée lors de cette expérience. On obtient le tableau de mesures suivant :

f' (cm)	13,99	13,96	14,33	14,31	14,04	14,38	14,37

On fait l'hypothèse que l'échantillon est constitué de tirages qui suivent une loi normale d'espérance μ et d'écart type σ inconnu, $\mathcal{N}(\mu\,;\sigma^2)$.

Déterminer un encadrement de la distance focale moyenne de cette lentille mince convergente, au niveau de confiance de 95 %.

CORRIGÉS

1 ▸ Élections

1. On a $n = 250$ et $p = 0{,}55$, donc $n \geq 30$, $np \geq 5$ et $n(1-p) \geq 5$.
Donc :
$$I = \left[p - 1{,}96\sqrt{\frac{p(1-p)}{n}} \; ; \; p + 1{,}96\sqrt{\frac{p(1-p)}{n}} \right]$$
$$I = \left[0{,}55 - 1{,}96\sqrt{\frac{0{,}55 \times 0{,}45}{250}} \; ; \; 0{,}55 + 1{,}96\sqrt{\frac{0{,}55 \times 0{,}45}{250}} \right]$$
donc $I \approx [0{,}488 \; ; \; 0{,}612]$.

2. On a $n = 1\,000$, et toujours $n \geq 30$, $np \geq 5$ et $n(1-p) \geq 5$.
On obtient alors maintenant $I \approx [0{,}519 \; ; \; 0{,}581]$.

3. On peut donc conclure avec les résultats donnés que les 250 personnes sondées ne sont pas suffisantes pour affirmer avec une confiance au seuil de 95 % que A sera élu alors que 1 000 personnes sondées le sont.

2 ▸ Estimation en biologie

1. • Dans le hangar à 25 °C.
La fréquence empirique des œufs fertiles est $f = \dfrac{4\,998}{5\,646} \approx 0{,}885$.
On a $n = 5\,646$ et $f = 0{,}885$, donc $n \geq 30$, $nf \geq 5$ et $n(1-f) \geq 5$.
L'intervalle de confiance pour la proportion d'œufs fertiles au niveau 0,95 est donc :
$$I = \left[f - \sqrt{\frac{1}{n}} \; ; \; f + \sqrt{\frac{1}{n}} \right].$$
Ainsi $I = \left[0{,}885 - \sqrt{\dfrac{1}{5\,646}} \; ; \; 0{,}885 + \sqrt{\dfrac{1}{5\,646}} \right] \approx [0{,}872 \; ; \; 0{,}898]$.

• Dans le hangar à 15 °C.
La fréquence empirique des œufs fertiles est $f = \dfrac{5\,834}{6\,221} \approx 0{,}938$.
On a $n = 6\,221$ et $f = 0{,}938$, donc $n \geq 30$, $nf \geq 5$ et $n(1-f) \geq 5$.
L'intervalle de confiance de niveau 0,95 est donc :
$$\left[0{,}938 - \sqrt{\frac{1}{6\,221}} \; ; \; 0{,}938 + \sqrt{\frac{1}{6\,221}} \right] \approx [0{,}925 \; ; \; 0{,}950].$$

2. Les deux intervalles de confiance ont une intersection vide ; la proportion d'œufs fertiles est donc significativement plus basse pour les coqs maintenus à la température la plus haute.

3 ▸ Estimation et production

1. Nombre de meubles ayant un défaut : $500 \times 0{,}26 = 130$.

2. La proportion usuelle de meubles ayant le défaut étudié est $p = 0{,}2$.
On a $n = 500$ et $p = 0{,}2$, donc $n \geq 30$, $np \geq 5$ et $n(1-p) \geq 5$.
L'intervalle de fluctuation au seuil de 95 % correspondant à la proportion p est donc

$$I = \left[0{,}2 - 1{,}96\sqrt{\frac{0{,}2 \times (1-0{,}2)}{500}}\,;\, 0{,}2 + 1{,}96\sqrt{\frac{0{,}2 \times (1-0{,}2)}{500}}\right]$$

c'est-à-dire à peu près [0,165 ; 0,235].
Or 0,26 n'appartient pas à l'intervalle I, donc la proportion de meubles avec ce défaut est anormalement élevée.

4 ▸ Au casino

Le joueur joue 200 fois, donc $n = 200$, et la proportion théorique de gain est $p = 0{,}9179$.
On a bien $n \geq 30$, $np \geq 5$, $n(1-p) \geq 5$.
L'intervalle de fluctuation asymptotique au seuil de 95 % est environ [0,8799 ; 0,9559].

> 💡 La proportion étant donnée avec 4 chiffres significatifs, il doit en être de même des bornes de l'intervalle de fluctuation.

La part récupérée par le joueur est de $\dfrac{156}{200} = 0{,}78$.

Cette valeur n'appartenant pas à l'intervalle de fluctuation, le joueur peut accuser le casino de publicité mensongère !

5 ▸ Enquête de satisfaction

Soit a l'amplitude de l'intervalle de fluctuation au niveau de confiance de 95 %.
On a $a = 2 \times 1{,}96 \sqrt{\dfrac{0{,}58 \times 0{,}42}{n}}$ et donc :

$$a \leq 0{,}01 \Leftrightarrow \frac{2 \times 1{,}96}{0{,}01} \sqrt{0{,}58 \times 0{,}42} \leq \sqrt{n}$$

$$\Leftrightarrow 40\,000 \times (1{,}96)^2 \times 0{,}58 \times 0{,}42 \leq n$$

$$\Leftrightarrow 37\,432{,}6 \leq n.$$

Donc il faut au moins 37 433 personnes. Il reste alors 36 433 abonnés à sonder.

6 ▸ Proportion de gauchers

On a $n = 45$ et $p = 0{,}12$, donc $n \geq 30$, $np = 5{,}4 > 5$ et $n(1-p) \geq 5$.

$$I = \left[p - 1{,}96\sqrt{\frac{p(1-p)}{n}}\,;\, p + 1{,}96\sqrt{\frac{p(1-p)}{n}}\right] \approx [0{,}025\,;\, 0{,}215].$$

$\dfrac{5}{45} = \dfrac{1}{9} \approx 0{,}111 \in I$ donc cette classe est compatible avec le cas général.

7 — Plongée sous-marine

1. La fréquence de garçons est $p = \dfrac{105}{205} \approx 0{,}512$.

2. a. On a $n = 227$ et $p = 0{,}512$, donc $n \geqslant 30$, $np \geqslant 5$ et $n(1-p) \geqslant 5$, donc l'intervalle de fluctuation de p au niveau de confiance $0{,}95$ est, à 10^{-2} près :

$$I = \left[p - 1{,}96\sqrt{\dfrac{p(1-p)}{n}} \;;\; p + 1{,}96\sqrt{\dfrac{p(1-p)}{n}} \right] \approx [0{,}447\,;\,0{,}577].$$

b. La fréquence des garçons est $f = \dfrac{109}{227} \approx 0{,}480$ et elle reste (de peu) dans I.

3. Les conditions avec $n = 132$ sont encore remplies et l'intervalle de fluctuation de p au niveau de confiance $0{,}95$ est $I' \approx [0{,}427\,;\,0{,}597]$. Or $f' = \dfrac{46}{132} \approx 0{,}348 \notin I'$, donc cette fois-ci, il y a bien une influence sur le sexe des bébés pour les plongeurs professionnels.

8 — Jeu de hasard

Ici, $p = 0{,}35$ et $n = 900 > 30$, $np \geqslant 5$ et $n(1-p) \geqslant 5$ donc l'intervalle de fluctuation est :

$$I = \left[p - 1{,}96\sqrt{\dfrac{p(1-p)}{n}} \;;\; p + 1{,}96\sqrt{\dfrac{p(1-p)}{n}} \right]$$

$$I = \left[0{,}35 - 1{,}96\sqrt{\dfrac{0{,}35 \times 0{,}65}{900}} \;;\; 0{,}35 + 1{,}96\sqrt{\dfrac{0{,}35 \times 0{,}65}{900}} \right]$$

donc $I \approx [0{,}319\,;\,0{,}381]$.

Grâce à l'intervalle de confiance on peut dire combien on a, au moins, de chance de gagner : $0{,}319 \times 900 = 287{,}1$.

Et comme l'intervalle de confiance est fiable à 95 % on peut seulement affirmer que l'on va gagner au moins 287 fois, dans plus de 95 % des cas.

9 — Comptage de poissons

1. On a compté 24 poissons marqués sur l'échantillon de 500, $p = \dfrac{24}{500} = 0{,}048 = 4{,}8\,\%$, tandis que dans le lac, il y a en tout 500 poissons marqués soit $p' = \dfrac{500}{N}$.

2. L'intervalle de confiance au niveau de 95 % pour une proportion $p = 0{,}048$ dans un échantillon de taille $n = 500$ est :

$$I = \left[p - \sqrt{\dfrac{1}{n}} \;;\; p + \sqrt{\dfrac{1}{n}} \right]$$

$$I = \left[0{,}048 - \sqrt{\dfrac{1}{500}} \;;\; 0{,}048 + \sqrt{\dfrac{1}{500}} \right] \approx [0{,}003\,;\,0{,}093].$$

3. L'intervalle de confiance précédent est un encadrement pour la proportion p' dans la population complète (ici tout le lac), et donc on a :

$0,003 \leq p' \leq 0,093 \Leftrightarrow 0,003 \leq \dfrac{500}{N} \leq 0,093$

$\Leftrightarrow \dfrac{500}{0,093} \leq N \leq \dfrac{500}{0,003}$

$\Leftrightarrow 5\,376 \leq N \leq 166\,666$.

La proportion p' de poissons marqués dans le lac est comprise entre 0,3 % et 9,3 %, et le nombre de poissons est compris entre 5 376 et 166 666 (à un niveau de confiance de 95 %).

4. On cherche la taille n de l'échantillon de manière à pouvoir déterminer que $N' = 50\,000$ n'est pas dans l'intervalle de confiance.
Or $N' = 50\,000$ est dans l'intervalle de confiance si et seulement si :
$0,048 - \dfrac{1}{\sqrt{n}} \leq \dfrac{500}{50\,000} \leq 0,048 + \dfrac{1}{\sqrt{n}} \Leftrightarrow 0,048 - \dfrac{1}{\sqrt{n}} \leq 0,01 \leq 0,048 + \dfrac{1}{\sqrt{n}}$

$\Leftrightarrow 0,048 - \dfrac{1}{\sqrt{n}} \leq 0,01$

car $0,01 \leq 0,048 + \dfrac{1}{\sqrt{n}}$ pour tout n.

Donc $N' = 50\,000$ n'est pas dans l'intervalle de confiance si et seulement si :
$0,048 - \dfrac{1}{\sqrt{n}} \geq 0,01 \Leftrightarrow 0,048 - 0,01 \geq \dfrac{1}{\sqrt{n}} \Leftrightarrow \dfrac{1}{0,048 - 0,01} \leq \sqrt{n} \Leftrightarrow \dfrac{1}{(0,038)^2} \leq n$.

Or $\dfrac{1}{(0,038)^2} \approx 692,52$ donc il faudrait prélever un échantillon d'au moins 693 poissons.

10 Poids des sportifs

L'écart type de la population est supposé connu égal à 15.

1. L'échantillon est de taille $n = 60$; on peut supposer que c'est suffisant pour appliquer la formule du cours pour construire l'intervalle de confiance :
$I = \left[\overline{x_e} - 1,96 \dfrac{\sigma}{\sqrt{n}}\,;\,\overline{x_e} + 1,96 \dfrac{\sigma}{\sqrt{n}}\right] = \left[80 - 1,96 \dfrac{15}{\sqrt{60}}\,;\,80 + 1,96 \dfrac{15}{\sqrt{60}}\right] \approx [76,20\,;\,83,80]$.

2. On utilise maintenant $n = 120$:
$I = \left[80 - 1,96 \dfrac{15}{\sqrt{120}}\,;\,80 + 1,96 \dfrac{15}{\sqrt{120}}\right] \approx [77,32\,;\,82,68]$.

3. Soit n le nombre d'observations que l'on doit effectuer pour obtenir une marge d'erreur de 1 au seuil de confiance de 95 %. On a alors :
$1 = \dfrac{1,96 \times 15}{\sqrt{n}} \Leftrightarrow \sqrt{n} = 1,96 \times 15 \Leftrightarrow n = (1,96 \times 15)^2$.

Et comme n est un nombre entier, on obtient $n = 865$.

11 Notes d'examen

1. Pour l'échantillon 14,5 ; 9,3 ; 12,3 ; 10,4 ; 12,9 ; 10,2 ; 13,5 et 14,2 d'espérance μ, d'écart type $\sigma = 3$ qui suit une loi $\mathcal{N}(\mu\,;\,3^2)$.

a. Soit I un intervalle de confiance pour μ, au niveau de confiance 95 %.
La population suit une loi normale, donc on peut construire un intervalle de confiance avec un échantillon de taille $n = 8$.
L'écart type de la population est connu, donc on utilise la formule
$$I = \left[\overline{x_e} - 1{,}96 \frac{\sigma}{\sqrt{n}}\,;\, \overline{x_e} + 1{,}96 \frac{\sigma}{\sqrt{n}}\right].$$
On calcule la moyenne de l'échantillon, on obtient $\overline{x_e} \approx 12{,}16$.
On obtient l'intervalle $I = [10{,}52\,;\,14{,}68]$.

b. On veut déterminer n pour que $1{,}96 \frac{\sigma}{\sqrt{n}} = 0{,}5$.

On a $0{,}5 = \frac{1{,}96 \times 3}{\sqrt{n}} \Leftrightarrow \sqrt{n} = \frac{1{,}96 \times 3}{0{,}5} \Leftrightarrow n = (1{,}96 \times 6)^2$ et comme n est un nombre entier, on obtient $n = 139$.

2. Pour l'échantillon 18,8 ; 11,2 ; 3,4 ; 8,6 ; 17,4 ; 7,7 ; 15,8 et 12,5 qui suit une loi normale d'espérance μ et d'écart type σ inconnu, $\mathcal{N}(\mu\,;\,\sigma^2)$.
Soit I un intervalle de confiance pour μ, au niveau de confiance 95 %.
La population suit encore une loi normale, donc on peut construire un intervalle de confiance avec un échantillon de taille $n = 8$ mais l'écart type de la population étant inconnu, on calcule d'abord la moyenne d'échantillon, on obtient $\overline{x_e} \approx 11{,}92$, et l'écart type d'échantillon $\sigma_e \approx 4{,}93$. On a alors la formule suivante pour I :
$$I = \left[\overline{x_e} - T_{n-1} \frac{\sigma_e}{\sqrt{n-1}}\,;\, \overline{x_e} + T_{n-1} \frac{\sigma_e}{\sqrt{n-1}}\right] = \left[11{,}92 - 2{,}36 \frac{4{,}93}{\sqrt{7}}\,;\, 11{,}92 + 2{,}36 \frac{4{,}93}{\sqrt{7}}\right].$$
On obtient l'intervalle $I \approx [7{,}50\,;\,16{,}30]$.

12 Statistiques en sciences physiques

f' (cm)	13,99	13,96	14,33	14,31	14,04	14,38	14,37

La population suivant une loi normale, on peut construire un intervalle de confiance avec un échantillon de taille $n = 7$ mais l'écart type de la population étant inconnu, on calcule d'abord la moyenne d'échantillon, $\overline{x_e} \approx 14{,}20$, et l'écart type d'échantillon, $\sigma_e \approx 0{,}19$. On a alors la formule suivante pour I :
$$I = \left[\overline{x_e} - T_{n-1} \frac{\sigma_e}{\sqrt{n}}\,;\, \overline{x_e} + T_{n-1} \frac{\sigma_e}{\sqrt{n}}\right] = \left[14{,}2 - 2{,}45 \frac{0{,}19}{\sqrt{7}}\,;\, 14{,}2 + 2{,}45 \frac{0{,}19}{\sqrt{7}}\right].$$
On obtient l'intervalle $I = [14{,}02\,;\,14{,}38]$, et donc $14{,}02\,\text{cm} < f' < 14{,}38\,\text{cm}$, avec un niveau de confiance de 95 %.

SUJETS DE SYNTHÈSE

1 Dé pipé

60 min

Ce problème fait le lien entre les probabilités discrètes et le chapitre sur les intervalles de confiance. Cela en fait un très bon exercice de révision pour le bac.

> Voir les chapitres 12 et 14.

1. Dans un stand de tir, un tireur effectue des tirs successifs pour atteindre un ballon afin de le crever. À chacun de ces tirs, il a la probabilité 0,2 de crever le ballon. Le tireur s'arrête quand le ballon est crevé. Les tirs successifs sont supposés indépendants.

a. Quelle est la probabilité qu'au bout de deux tirs le ballon soit intact ?

b. Quelle est la probabilité que deux tirs suffisent pour crever le ballon ?

c. Quelle est la probabilité p_n que n tirs suffisent pour crever le ballon ?

d. Pour quelles valeurs de n a-t-on $p_n > 0,99$?

2. Ce tireur participe au jeu suivant.
Dans un premier temps il lance un dé cubique dont les faces sont numérotées de 1 à 6. Soit k le numéro de la face obtenue. Si $k < 5$, alors le tireur a droit à k tirs pour crever le ballon, sinon il n'a pas le droit de tirer.
Déterminer la probabilité de crever le ballon.

3. Le tireur décide de tester le dé afin de savoir s'il est bien équilibré ou s'il est pipé. Pour cela il lance 200 fois ce dé et il obtient le tableau suivant :

Face	1	2	3	4	5	6
Nombre de sorties de la face	37	29	31	32	30	41

a. Calculer les fréquences de sorties f_k observées pour chacune des faces.

b. Donner, pour chaque fréquence de sorties f_k observée, un intervalle de confiance au seuil de 95 %.

c. Peut-on considérer, avec une confiance de 95 %, que ce dé est pipé ?

2 Suites et probabilités

60 min

Cet exercice mêle le cours sur les suites et les problèmes d'estimation pour des lois discrètes. Cela fait partie des incontournables à maîtriser absolument en vue du bac.

> Voir les chapitres 2 et 12.

On désigne par n un entier naturel supérieur ou égal à 2.
On imagine n sac de jetons $S_1, S_2, \ldots, S_n$.
Au départ, le sac S_1 contient deux jetons noirs et un jeton blanc, et chacun des autres sacs contient un jeton noir et un jeton blanc.
On se propose d'étudier l'évolution des tirages successifs d'un jeton de ces sacs, effectués de la façon suivante :

457

• première étape : on tire au hasard un jeton de S_1 ;
• deuxième étape : on place ce jeton dans S_2 et on tire au hasard un jeton de S_2 ;
• troisième étape : après avoir placé dans S_3 le jeton sorti de S_2, on tire au hasard un jeton de S_3, et ainsi de suite.

Pour tout entier naturel k tel que $1 \leq k \leq n$, on note E_k l'événement : « le jeton sorti de S_k est blanc ».

1. a. Déterminer la probabilité de E_1, notée p_1 et les probabilités conditionnelles : $p_{E_1}(E_2)$ et $p_{\overline{E_1}}(E_2)$.
En déduire la probabilité de E_2, notée p_2.

b. Pour tout entier naturel k tel que $1 \leq k \leq n$, on note p_k la probabilité de E_k.
Justifier la relation de récurrence : $p_{k+1} = \frac{1}{3} p_k + \frac{1}{3}$.

2. Étude d'une suite (u_k).
On note (u_k) la suite définie par :
$$\begin{cases} u_1 = \frac{1}{3} \\ u_{k+1} = \frac{1}{3} u_k + \frac{1}{3} \quad \text{pour tout entier } k \geq 1 \end{cases}$$

a. On considère la suite (v_k) définie pour tout entier naturel k non nul par $v_k = u_k - \frac{1}{2}$.
Démontrer que (v_k) est une suite géométrique.

b. En déduire l'expression de u_k en fonction de k. Montrer que la suite (u_k) converge et préciser sa limite.

3. Dans cette question on suppose que $n = 10$.
Déterminer pour quelles valeurs de k on a : $0{,}499\,9 \leq p_k \leq 0{,}5$.

 Jeu de Mikado
60 min

Voici un exercice original qui demande de la réflexion tout en faisant appel aux méthodes classiques étudiées dans les trois chapitres de probabilités et statistiques.

> Voir les chapitres 12, 13 et 14.

Partie A
Une entreprise fabrique des baguettes de Mikado (pour le jeu du même nom).
On suppose que la variable aléatoire qui donne la longueur d'une baguette de Mikado en centimètres suit une loi normale d'espérance $\mu = 20$ et d'écart type $\sigma = 0{,}8$.
À la sortie de la première chaîne de production, les baguettes de Mikado sont mesurées. Pour la suite de la fabrication, celles dont la mesure est comprise entre 18,5 et 19,5 cm suivent la chaîne P (petits), celles dont la mesure est comprise entre 19,5 et 20,5 cm suivent la chaîne M (moyens), celles dont la mesure est comprise entre 20,5 et 21,5 cm suivent la chaîne G (grands), les autres sont détruites.

1. On prend une baguette de Mikado à la sortie de la première chaîne. Déterminer la probabilité que :

a. la baguette de Mikado suive la chaîne P ;

b. la baguette de Mikado suive la chaîne M ;

c. la baguette de Mikado suive la chaîne G ;

d. la baguette de Mikado soit détruite.

2. Un problème survient à l'entrée de la chaîne de tri, et les baguettes de Mikado des chaînes P et M sont mélangées. On suppose que les baguettes de Mikado se répartissent équitablement entre les chaînes M et P.

a. On prend au hasard une baguette de Mikado dans la chaîne M. Quelle est la probabilité qu'elle mesure réellement entre 19,5 et 20,5 cm ?

b. Après l'incident, on mesure en fin de production les baguettes de Mikado d'une boîte issue de la chaîne M.
Sur les 41 baguettes de Mikado de la boîte, 35 ont une taille moyenne.
À 95 %, que peut-on en déduire ?

Partie B

Le Mikado est un jeu d'adresse dont la première étape consiste à faire tomber des baguettes en bois sur une table. Faisons une version mathématique du Mikado et considérons que les baguettes sont des droites.

Le but de cette partie est de déterminer le nombre maximal de régions différentes que l'on peut obtenir avec n baguettes de Mikado.

Voici deux exemples, avec une puis deux baguettes, pour bien comprendre le problème :

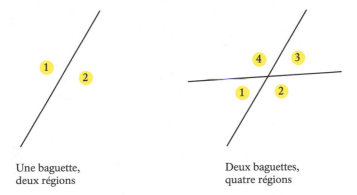

Une baguette, deux régions

Deux baguettes, quatre régions

1. Déterminer le nombre maximal de régions obtenues, schémas à l'appui, pour 3 puis 4 baguettes.

On remarque que si l'on rajoute à $n-1$ baguettes de Mikados une baguette de plus, on délimite n régions supplémentaires à condition que la dernière baguette soit placée non parallèlement aux $n-1$ précédentes.

2. Déterminer le nombre maximal de régions que l'on peut obtenir avec n baguettes.

3. Combien faut-il, au moins, de baguettes de Mikado pour avoir plus de 100 régions ?

Partie C

Une étude, pour 6 droites, en 2 000 lancers, a donné les résultats suivants :

Nb régions	12	13	14	15	16	17	18	19	20
Occurrences	26	214	334	506	436	289	178	16	1

Valentin veut savoir si sa façon de faire tomber les baguettes est conforme à ce modèle. Il fait alors un test et obtient, pour 6 droites, en 40 lancers, le tableau suivant :

Nb régions	12	13	14	15	16	17	18	19	20
Occurrences	0	3	5	12	10	8	2	0	0

1. Recopier et compléter les deux tableaux précédents en ajoutant une ligne avec les fréquences.

2. Calculer l'intervalle de fluctuation asymptotique au seuil de 95 % pour les fréquences correspondant aux nombres de régions 13, 15 et 17 et en déduire si l'échantillon de 40 lancers peut être représentatif.

CORRIGÉS

1 Dé pipé

 Attention à ne pas penser qu'il s'agit d'une loi binomiale même si les tirs sont successifs et indépendants car, une fois crevé, le ballon ne peut plus servir !

1. a. On note C_n l'événement « le ballon est crevé lors du n-ième tir », $\overline{C_n}$ l'événement contraire.
La probabilité qu'au bout de deux tirs le ballon soit intact est :
$p(\overline{C_1} \cap \overline{C_2}) = p(\overline{C_1})p(\overline{C_2}) = (0,8)^2 = 0,64$.

b. La probabilité que deux tirs suffisent pour crever le ballon est :
$1 - p(\overline{C_1} \cap \overline{C_2}) = 1 - 0,64 = 0,36$.

c. $p_n = 1 - p(\overline{C_1} \cap \overline{C_2} \cap ... \cap \overline{C_n}) = 1 - (0,8)^n$.

d. $p_n > 0,99 \Leftrightarrow 1 - 0,8^n > 0,9 \Leftrightarrow 0,01 > 0,8^n \Leftrightarrow n > \dfrac{\ln 0,01}{\ln 0,8}$,

or $\dfrac{\ln 0,01}{\ln 0,8} \approx 20,64$, donc on a $p_n > 0,99$ pour $n \geq 21$.

2. Envisageons tous les cas possibles :
- avec $k = 1$, on a $p_1 = p(C_1) = 0,2$;
- avec $k = 2$, on a $p_2 = p(C_1) + p(\overline{C_1} \cap C_2) = 0,2 + 0,8 \times 0,2$;
- avec $k = 3$, on a $p_3 = p(C_1) + p(\overline{C_1} \cap C_2) + p(\overline{C_1} \cap \overline{C_2} \cap C_3) = 0,2 + 0,8 \times 0,2 + 0,8^2 \times 0,2$;
- avec $k = 4$, on a $p_4 = p(C_1) + p(\overline{C_1} \cap C_2) + p(\overline{C_1} \cap \overline{C_2} \cap C_3) + p(\overline{C_1} \cap \overline{C_2} \cap \overline{C_3} \cap C_4)$
$= 0,2 + 0,8 \times 0,2 + 0,8^2 \times 0,2 + 0,8^3 \times 0,2$.

La probabilité totale est $\dfrac{1}{6}p_1 + \dfrac{1}{6}p_2 + \dfrac{1}{6}p_3 + \dfrac{1}{6}p_4 \approx 0,2731$.

3. a.

Face	1	2	3	4	5	6
Nombre de sorties de la face	37	29	31	32	30	41
Fréquence	0,185	0,145	0,155	0,160	0,150	0,205

b. $I_1 = \left[0,185 - \sqrt{\dfrac{1}{200}} \,;\, 0,185 + \sqrt{\dfrac{1}{200}}\right] \approx [0,11\,;0,26]$; $I_2 \approx [0,07\,;0,22]$;
$I_3 \approx [0,08\,;0,23]$; $I_4 \approx [0,09\,;0,23]$; $I_5 \approx [0,08\,;0,22]$; $I_6 \approx [0,13\,;0,28]$.

c. $\dfrac{1}{6}$ est élément de chacun des intervalles de confiance, donc on peut affirmer que le dé n'est pas pipé, avec une confiance de 95 %.

2 Suites et probabilités

1. a. $p_1 = \dfrac{1}{3}$; $p_{E_1}(E_2) = \dfrac{2}{3}$; $p_{\overline{E_1}}(E_2) = \dfrac{1}{3}$.

Donc $p_2 = p_{E_1}(E_2) \times p(E_1) + p_{\overline{E_1}}(E_2) \times p(\overline{E_1}) = \dfrac{2}{9} + \dfrac{2}{9} = \dfrac{4}{9}$.

b.

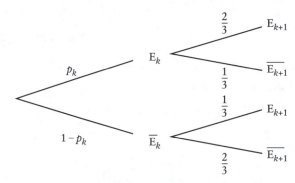

Pour tout entier naturel k tel que $1 \leq k \leq n$, on a :

$p_{k+1} = p_{E_k}(E_{k+1}) \times p(E_k) + p_{\overline{E_k}}(E_{k+1}) \times p(\overline{E_k}) = \dfrac{2}{3} p_k + \dfrac{1}{3}(1 - p_k) = \dfrac{1}{3} p_k + \dfrac{1}{3}$.

2. a. Soit k un entier naturel non nul. On a :

$v_{k+1} = u_{k+1} - \dfrac{1}{2} = \dfrac{1}{3} u_k + \dfrac{1}{3} - \dfrac{1}{2} = \dfrac{1}{3}\left(v_k + \dfrac{1}{2}\right) - \dfrac{1}{6} = \dfrac{1}{3} v_k$.

(v_k) est donc une suite de raison $\dfrac{1}{3}$ et de premier terme $v_1 = -\dfrac{1}{6}$.

b. Pour tout entier naturel k non nul, on a :

$v_k = -\dfrac{1}{6}\left(\dfrac{1}{3}\right)^{k-1}$ d'où $u_k = \dfrac{1}{2} - \dfrac{1}{6}\left(\dfrac{1}{3}\right)^{k-1}$.

La suite (v_k) étant géométrique de raison $\dfrac{1}{3} \in \,]-1\,;1[$, on a : $\lim\limits_{k \to +\infty} v_k = 0$.

On en déduit $\lim\limits_{k \to +\infty} u_k = \dfrac{1}{2}$.

3. On constate que la suite (p_k) n'est autre que la suite (u_k), on a donc :

$0{,}4999 \leq p_k \leq 0{,}5 \Leftrightarrow 0{,}4999 \leq \dfrac{1}{2} - \dfrac{1}{6}\left(\dfrac{1}{3}\right)^{k-1} \leq 0{,}5$

$\Leftrightarrow 0{,}0006 \geq \left(\dfrac{1}{3}\right)^{k-1} \geq 0$

$\Leftrightarrow \ln(0{,}0006) \geq (1-k)\ln 3$

On trouve, k étant un entier, que $k \geq 8$.

3 Jeu de Mikado

Partie A

1. On sait que la variable aléatoire X qui donne la taille d'un bâtonnet suit une loi normale de paramètres $(20\,;0{,}8^2)$. On détermine les probabilités demandées à l'aide de la calculatrice.

a. $P(18{,}5 \leq X \leq 19{,}5) \approx 0{,}236$.
b. $P(19{,}5 \leq X \leq 20{,}5) \approx 0{,}468$.
c. $P(20{,}5 \leq X \leq 21{,}5) \approx 0{,}236$.

 On retrouve bien sûr le résultat du **a.**, puisque les intervalles [18,5 ; 19,5] et [20,5 ; 21,5] sont symétriques par rapport à l'espérance.

d. $P(\{X \leq 18{,}5\} \cup \{21{,}5 \leq X\}) = 1 - P(18{,}5 \leq X \leq 21{,}5) \approx 1 - (2 \times 0{,}236 + 0{,}468) = 0{,}06$.

2. a. Il s'agit ici de déterminer la probabilité d'avoir un mikado de taille comprise entre 19,5 et 20,5 cm, sachant qu'il mesure entre 18,5 et 20,5 cm :

$$P_{(18{,}5 \leq X \leq 20{,}5)}(19{,}5 \leq X \leq 20{,}5) = \frac{P(19{,}5 \leq X \leq 20{,}5)}{P(18{,}5 \leq X \leq 20{,}5)} \approx \frac{0{,}468}{0{,}236 + 0{,}468} \approx 0{,}665.$$

b. On détermine l'intervalle de fluctuation asymptotique au seuil de 95 %, correspondant à la probabilité p déterminée dans la question précédente, pour un échantillon de taille $n = 41$:

$$I = \left[0{,}665 - 1{,}96\sqrt{\frac{0{,}665(1-0{,}665)}{41}}\,;\,0{,}665 + 1{,}96\sqrt{\frac{0{,}665(1-0{,}665)}{41}}\right]$$

soit $I \approx [0{,}521\,;0{,}809]$.

Cela signifie qu'après l'incident, la proportion dans une boîte de Mikado de baguettes de taille moyenne issues de la chaîne M est comprise à 95 % entre 0,521 et 0,809.
La proportion de baguettes de Mikado de taille moyenne dans la boîte testée est $\frac{35}{41} \approx 0{,}854$ qui n'appartient pas à I.

On peut donc conclure que la répartition des baguettes de Mikado petites et moyennes dans les chaînes P et M ne s'est pas faite équitablement, ou que cette boîte a été constituée de baguettes en partie triées.

Partie B

1. Le nombre maximal de régions obtenues pour 3 baguettes est de 7, pour 4 baguettes, il est de 11.

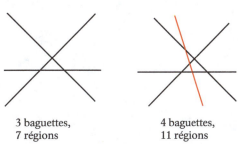

3 baguettes, 7 régions

4 baguettes, 11 régions

463

2. Soit $N(n)$ le nombre maximal de régions que l'on peut obtenir avec n baguettes.
$N(n) = 1+1+2+3+\ldots+n = 1+(1+2+\ldots+n) = 1+\dfrac{n(n+1)}{2}$.

3. $N(n) \geqslant 100 \Leftrightarrow 1+\dfrac{n(n+1)}{2} \geqslant 100 \Leftrightarrow n^2+n-198 \geqslant 0$.
On calcule $\Delta = 1+4\times 198 = 793$, l'équation $n^2+n-198=0$ a donc une racine positive $\dfrac{-1+\sqrt{793}}{2} \approx 13{,}6$. Il faut donc au moins 14 baguettes de Mikado pour avoir plus de 100 régions.

Partie C

1. Voici les deux tableaux complétés :

Nb régions	12	13	14	15	16	17	18	19	20
Occurrences	26	214	334	506	436	289	178	16	1
Fréquence	0,013	0,107	0,167	0,253	0,218	0,1445	0,089	0,008	0,0005

Nb régions	12	13	14	15	16	17	18	19	20
Occurrences	0	3	5	12	10	8	2	0	0
Fréquence	0	0,075	0,125	0,3	0,25	0,2	0,05	0	0

2. Soit $I_k = \left[f_k - 1{,}96\sqrt{\dfrac{f_k(1-f_k)}{n}} \; ; \; f_k + 1{,}96\sqrt{\dfrac{f_k(1-f_k)}{n}} \right]$ l'intervalle de fluctuation asymptotique au seuil de 95 % pour les fréquences f_k correspondant aux nombres k de régions 13, 15 et 17. On obtient :
$I_{13} \approx [0{,}011\,;0{,}203]$, $I_{15} \approx [0{,}118\,;0{,}388]$ et $I_{17} \approx [0{,}036\,;0{,}253]$.
On remarque que $0{,}075 \in I_{13}$; $0{,}3 \in I_{15}$ et $0{,}2 \in I_{17}$ donc l'échantillon de 40 lancers est représentatif.

Enseignement de spécialité

| 467 | **CHAPITRE 15** | Arithmétique et applications |
| 501 | **CHAPITRE 16** | Matrices, suites et applications |

CHAPITRE 15

Arithmétique et applications

COURS

468	**I.**	Divisibilité dans $\mathbb{Z}$
468	**II.**	Division euclidienne
469	**III.**	Congruence
469	**IV.**	Nombres premiers
470	**V.**	PGCD
470	**VI.**	Théorèmes de Bézout et de Gauss
471	POST BAC	Le petit théorème de Fermat • Les systèmes de numération • Le PPCM • Le chiffrement à clé publique RSA

MÉTHODES ET STRATÉGIES

474	**1**	Déterminer des coefficients de Bézout
475	**2**	Résoudre une équation diophantienne $ax + by = c$
476	**3**	Calculer le reste d'une division euclidienne à l'aide des congruences

SUJETS DE TYPE BAC

477	**Sujet 1**	Système de congruences
477	**Sujet 2**	Décomposition d'un nombre composé
478	**Sujet 3**	Message chiffré
479	**Sujet 4**	Somme des chiffres de l'écriture décimale d'un entier
480	**Sujet 5**	L'auberge d'Euler
480	**Sujet 6**	Inverse modulaire et application
481	**Sujet 7**	Étude d'un type d'équations diophantiennes de degré 2

SUJETS D'APPROFONDISSEMENT

482	**Sujet 8**	POST BAC Vrai-Faux
482	**Sujet 9**	PGCD de termes d'une suite
483	**Sujet 10**	Cube millésimé
484	**Sujet 11**	POST BAC Cryptographie à clé publique
485	**Sujet 12**	On trouve tout dans les puissances de 2 !

CORRIGÉS

487	**Sujets 1 à 7**
494	**Sujets 8 à 12**

Arithmétique et applications

I. Divisibilité dans $\mathbb{Z}$

1. Définitions
Soit a et b deux entiers relatifs.

- On dit que a **divise** b s'il existe un entier q tel que $b = aq$. On dit aussi que b est **divisible** par a, que a est un **diviseur** de b, ou que b est un **multiple** de a.

- Soit c un entier. On dit que c est une **combinaison linéaire entière** de a et de b s'il existe deux entiers m et n tels que $c = ma + nb$.

2. Propriétés
Soit a, b et c des entiers relatifs non nuls.

- Si a divise b et b divise c, alors a divise c.
- Si c divise a et b, alors c divise toute combinaison linéaire entière de a et de b.
- Si a divise b et si $b \neq 0$ alors $|a| \leq |b|$.
- Si a divise b et si b divise a alors $a = b$ ou $a = -b$.
- Si a divise b alors a divise tout multiple de b.

Conséquence Tout entier non nul possède un nombre fini de diviseurs.

3. Critères de divisibilité

- Un entier n est pair si, et seulement si, il existe un entier m tel que $n = 2m$.
Sinon, n est impair et il existe un entier m tel que $n = 2m + 1$.

- Un entier est divisible par 2 (respectivement 5) si, et seulement si, le dernier chiffre de son écriture décimale est pair (respectivement divisible par 5).

- Un entier est divisible par 4 (respectivement 25) si, et seulement si, les deux derniers chiffres de son écriture décimale forment un nombre divisible par 4 (respectivement divisible par 25).

- Un entier est divisible par 3 (respectivement par 9) si, et seulement si, la somme des chiffres de son écriture décimale est divisible par 3 (respectivement par 9).

- Un entier est divisible par 11 si, et seulement si, la différence entre la somme des chiffres de rangs pairs et la somme des chiffres de rangs impairs de son écriture décimale est divisible par 11.

II. Division euclidienne

1. Propriété
Soit a et b deux entiers naturels. Si b est non nul, alors il existe un unique entier naturel q tel que $qb \leq a < (q+1)b$.

Arithmétique et applications `COURS`

2. Théorème
Soit a un entier relatif et b un entier naturel non nul. Il existe un unique couple d'entiers naturels $(q\,;r)$ tels que $a = bq + r$ avec $0 \leqslant r < b$.

3. Définition
Soit a un entier relatif et b un entier naturel non nul. Effectuer la **division euclidienne** de a par b, c'est déterminer l'unique couple d'entiers naturels $(q\,;r)$ tels que $a = bq + r$ avec $0 \leqslant r < b$.
On dit que a est le **dividende**, b le **diviseur**, q le **quotient** et r le **reste** de la division euclidienne de a par b.

III. Congruence

1. Définition
Soit a et b deux entiers et soit n un entier naturel, $n \geqslant 2$. Les entiers a et b sont **congrus** modulo n si, et seulement si, ils ont même reste dans la division euclidienne par n.
On note : $a \equiv b\,[n]$, ou encore $a \equiv b \bmod n$.

2. Propriétés
Soit a, b, c et r des entiers et soit n un entier naturel, $n \geqslant 2$.
- Les entiers a et b sont congrus modulo n si, et seulement si, $b - a$ est un multiple de n.
- On a $a \equiv r\,[n]$ et $0 \leqslant r < n$ si, et seulement si, r est le reste de la division euclidienne de a par n.
- Si $a \equiv b\,[n]$ alors $b \equiv a\,[n]$, et si $a \equiv b\,[n]$ et $b \equiv c\,[n]$ alors $a \equiv c\,[n]$.

3. Compatibilité avec les opérations usuelles
Soit a, b, c et d des entiers et soit n un entier naturel, $n \geqslant 2$.
- Si $a \equiv b\,[n]$ et $c \equiv d\,[n]$ alors $a + c \equiv b + d\,[n]$ et $ac \equiv bd\,[n]$.
- Si k est un entier relatif et si $a \equiv b\,[n]$ alors $ka \equiv kb\,[n]$.
- Si p est un entier naturel et si $a \equiv b\,[n]$ alors $a^p \equiv b^p\,[n]$.

Remarque Les réciproques sont fausses, on a par exemple $2 \times 10 \equiv 2 \times 6\,[4]$ mais $10 \not\equiv 6\,[4]$.

IV. Nombres premiers

1. Définition
Un **nombre premier** est un entier naturel qui admet exactement deux diviseurs positifs : 1 et lui-même.

2. Propriétés
Soit n un entier naturel différent de 0 et de 1.
- L'entier naturel n admet au moins un diviseur premier.
- Si n n'est pas premier, n admet au moins un diviseur premier inférieur ou égal à $\sqrt{n}$.

469

3. Décomposition en produit de facteurs premiers

Tout entier naturel n différent de 0 et de 1 peut s'écrire comme produit de nombres premiers.
Cette décomposition en facteurs premiers est unique à l'ordre des facteurs près.

4. Application

Soit n un entier naturel différent de 0 et de 1 de décomposition en produit de facteurs premiers : $n = p_1^{a_1} p_2^{a_2} \dots p_k^{a_k}$.
Les diviseurs positifs de n sont les entiers $p_1^{b_1} p_2^{b_2} \dots p_k^{b_k}$, où $0 \leq b_i \leq a_i$ pour tout entier i compris entre 1 et k et son nombre de diviseurs est $(a_1 + 1)(a_2 + 1) \dots (a_k + 1)$.

V. PGCD

1. Définition

Soit a et b deux entiers relatifs dont au moins un est non nul. Le **plus grand diviseur commun** à a et à b est appelé **PGCD** de a et de b ; on le note $\text{PGCD}(a\,;b)$.

2. Propriétés

Soit a et b deux entiers relatifs dont au moins un est non nul et soit k un entier.
- $\text{PGCD}(a\,;b) = \text{PGCD}(a\,;a+kb)$.
- Pour tout $k \in \mathbb{N}^*$, $\text{PGCD}(ka\,;kb) = k\text{PGCD}(a\,;b)$.

3. Algorithme d'Euclide

Soit a et b deux entiers naturels non nuls.
On considère la suite d'entiers naturels $r_0, r_1, \dots, r_k$ telle que r_0 est le reste de la division euclidienne de a par b, r_1 est le reste de la division euclidienne de b par r_0 en continuant jusqu'à obtenir un reste nul.
Alors le dernier reste non nul est le PGCD de a et de b.

Remarque On peut déterminer le PGCD de deux entiers a et b à l'aide de leurs décompositions en produit de facteurs premiers ; le PGCD est alors le produit des facteurs premiers communs aux deux décompositions, chaque facteur étant affecté du plus petit des deux exposants.

4. Nombres premiers entre eux

Deux entiers relatifs non nuls sont premiers entre eux si, et seulement si, leur PGCD est 1.

Propriété Soit a et b deux entiers relatifs non nuls et soit d leur PGCD.
Si a' et b' sont les entiers tels que $a = da'$ et $b = db'$ alors on a $\text{PGCD}(a'\,;b') = 1$.

VI. Théorèmes de Bézout et de Gauss

1. Identité de Bézout

Soit a et b deux entiers relatifs non nuls et soit d leur PGCD.
Il existe deux entiers relatifs u et v tels que $au + bv = d$.

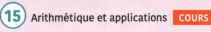

2. Théorème de Bézout

Soit a et b deux entiers relatifs non nuls.
Les entiers a et b sont premiers entre eux si, et seulement si, il existe deux entiers relatifs u et v tels que $au + bv = 1$.

3. Théorème de Gauss

Soit a, b et c des entiers relatifs non nuls.
Si a divise bc et si a et b sont premiers entre eux alors a divise c.

4. Conséquences

Soit a, b et c des entiers relatifs non nuls.
- Si a et b divisent c et sont premiers entre eux, alors ab divise c.
- Si p est un nombre premier qui divise ab alors p divise a ou p divise b.

Le petit théorème de Fermat

> Voir l'exercice 11.

Théorème Soit a un entier et p est un nombre premier ne divisant pas a, alors :
$$a^{p-1} \equiv 1\ [p].$$

Démonstration
Soit k un entier naturel compris entre 1 et $p-1$ alors, d'après le théorème de Gauss, p ne divise pas ka (sinon il diviserait k ou a, ce qui est impossible puisque $k < p$ et p ne divise pas a). Donc aucun élément de l'ensemble $\mathcal{M} = \{a\,;2a\,;3a\,;\ldots\,;(p-1)a\}$ n'est divisible par p.
Soit i et j deux entiers naturels compris entre 1 et $p-1$ tels que $i \leqslant j$ alors $0 \leqslant j - i \leqslant p - 1$ donc, d'après ce qui précède, $(j-i)a \not\equiv 0\ [p]$ et donc ia et ja n'admette pas le même reste dans la division euclidienne par p.
On en déduit que les $p-1$ éléments de $\mathcal{M}$ admettent $p-1$ restes différents dans la division euclidienne par p, c'est-à-dire les restes : $1, 2, \ldots, p-1$.
Ainsi $a \times 2a \times \ldots \times (p-1)a \equiv 1 \times 2 \times \ldots \times (p-1)\ [p]$,
soit $(p-1)!(a^{p-1} - 1) \equiv 0\ [p]$.
Finalement, p divise $(p-1)!(a^{p-1} - 1)$, et, comme p est premier avec $(p-1)!$, d'après le théorème de Gauss, p divise $a^{p-1} - 1$ et on a bien $a^{p-1} \equiv 1\ [p]$.

Corollaire Soit a un entier et p un nombre premier, alors $a^p \equiv a\ [p]$.

Démonstration
Si p divise a alors $a \equiv 0\ [p]$ et $a^p \equiv 0\ [p]$ donc on a $a^p \equiv a\ [p]$.
Si p ne divise pas a alors, d'après ce qui précède, $a^{p-1} \equiv 1\ [p]$ donc $a \times a^{p-1} \equiv a\ [p]$ soit $a^p \equiv a\ [p]$.

Les systèmes de numération

> Voir les exercices 8, 10, 11 et 12.

Écriture décimale
Tout entier naturel N peut s'écrire de manière unique sous la forme :
$N = a_n 10^n + a_{n-1} 10^{n-1} + \ldots + 10a_1 + a_0$ où a^i est un entier tel que $0 \leq a_i \leq 9$ pour tout i compris entre 0 et n. L'écriture décimale de N est $a_n a_{n-1} \ldots a_1 a_0$ et $a_0, a_1, \ldots, a_n$ sont les chiffres de N.

Écriture en base b
Soit b un entier naturel différent de 0 et de 1. Tout entier naturel N peut s'écrire de manière unique sous la forme $N = a_n b^n + a_{n-1} b^{n-1} + \ldots + a_1 b + a_0$ où a_i est un entier tel que $0 \leq a_i < b$ pour tout i compris entre 0 et n. L'écriture en base b de N est $\overline{a_n a_{n-1} \ldots a_1 a_0}^b$ et $a_0, a_1, \ldots a_n$ sont les chiffres de l'écriture en base b de N.

Remarque Si $b > 10$, on ajoute des symboles pour obtenir le nombre de chiffres nécessaires. Par exemple, en hexadécimal (base seize) on emploie les chiffres de 0 à 9 auxquels on ajoute les lettres de A à F pour les chiffres suivants.

Exemples de conversion d'un nombre d'une base dans une autre
Écrire le nombre $\overline{346}^8$ en base 10 est aisé : on a $\overline{346}^8 = 3 \times 8^2 + 4 \times 8 + 6 = 230$.
Pour écrire 467 en base 8, le procédé suivant se généralise facilement :
• on effectue la division euclidienne de 467 par la plus grande puissance de 8 inférieure ou égale à 467, soit 8^2 : on obtient $467 = 7 \times 8^2 + 19$;
• on procède de même avec 19 : $19 = 2 \times 8 + 3$;
• on en déduit que $467 = 7 \times 8^2 + 2 \times 8 + 3$ et donc que $467 = \overline{723}^8$.

Le PPCM

> Voir l'exercice 8.

Définition Soit a et b deux entiers relatifs non nuls. On appelle PPCM de a et b le **plus petit multiple commun** strictement positif de a et de b ; on le note $\text{PPCM}(a;b)$.

Propriété Soit a et b deux entiers naturels non nuls alors :
$$\text{PPCM}(a;b) \times \text{PGCD}(a;b) = ab.$$

Démonstration
Soit d le PGCD de a et de b et soit m leur PPCM. Notons a' et b' les entiers premiers entre eux tels que $a = da'$ et $b = db'$, alors $ab' = a'b$ donc ab' est un multiple commun à a et à b et donc $m \leq ab'$. D'autre part, il existe k et ℓ entiers tels que $m = ka = \ell b$, d'où $kda' = \ell db'$ puis $ka' = \ell b'$. Or a' et b' sont premiers entre eux, donc, d'après le théorème de Gauss, b' divise k : il existe un entier p tel que $k = pb'$. Finalement, $m = pb'a$ et donc $m \geq ab'$. On en déduit que $m = ab'$, puis que $md = ab$.

Le chiffrement à clé publique RSA

> Voir l'exercice 11.

Description

Le système RSA (inventé par Ronald Rivest, Adi Shamir et Leonard Adleman) est une méthode de chiffrement à clé publique (connue de tous), dont le déchiffrement nécessite une clé privée (connue seulement par le destinataire).
La sûreté de la méthode provient du fait que la multiplication de deux grands nombres premiers est assez rapide mais que la décomposition d'un entier de ce type en produit de facteurs premiers est très longue.
Soit donc deux (grands) nombres premiers p et q, soit $n = pq$ et $m = (p-1)(q-1)$.
Une clé publique est un couple $(e\,;n)$ tel que e soit un entier naturel premier avec m et une clé privée est un couple d'entiers $(d\,;m)$ tel que $de \equiv 1\,[m]$ et $1 \leq d < m$.
Soit un message à transmettre au détenteur de la clé publique $(e\,;n)$. On code ce message par un nombre A qui doit être inférieur à n (sinon le message est codé par plusieurs nombres), et on transmet le nombre $B \equiv A^e\,[n]$. Pour déchiffrer B, le récepteur utilise sa clé privée $(d\,;m)$ en calculant B^d qui donne A d'après le théorème suivant.

Théorème
Soit p et q deux nombres premiers impairs distincts.
On pose $n = pq$ et $m = (p-1)(q-1)$.
Alors pour tout entier naturel e premier avec m, il existe un entier naturel non nul d tel que $ed \equiv 1\,[m]$ et on a pour tout entier naturel A : $A^{ed} \equiv A\,[n]$.

Démonstration
Tout d'abord, d'après le théorème de Bézout, il existe deux entiers a et b tels que $ae + bm = 1$, il existe donc un entier a tel que $ae \equiv 1\,[m]$. Notons k un entier naturel tel que $a + km > 0$, on a $(a + km)e \equiv 1\,[m]$ car $kme \equiv 0\,[m]$ donc $d = a + km$ convient.
Ensuite, si $A \equiv 0\,[p]$ alors $A^{ed} \equiv 0\,[p]$ donc $A^{ed} \equiv A\,[p]$ et si $A \not\equiv 0\,[p]$ alors $A^{p-1} \equiv 1\,[p]$ (petit théorème de Fermat) puis $A^{(p-1)(q-1)} \equiv 1\,[p]$. Soit maintenant k tel que $de = 1 + km$ ($k > 0$ puisque $d > 0$) alors $A^{1+k(p-1)(q-1)} \equiv A\,[p]$ et on a encore $A^{ed} \equiv A\,[p]$.
On démontre de même que $A^{ed} \equiv A\,[q]$. Finalement, $A^{ed} - A$ est multiple des deux nombres premiers p et q, donc $A^{ed} - A$ est multiple de pq soit $A^{ed} \equiv A\,[n]$.

Application
On souhaite transmettre 1451 à une personne dont la clé publique est $(55\,;10961)$.
On a $1451^3 \equiv 7502\,[10961]$, $7502^3 \equiv 10717\,[10961]$, $10717^3 \equiv 7502\,[10961]$ et $7502^2 \equiv 6230\,[10961]$ donc $1451^{55} \equiv 6230 \times 1451\,[10961]$ (car $55 = (3^3)^2 + 1$) soit $1451^{55} \equiv 7866\,[10961]$. Et on transmet donc 7866.
La personne peut maintenant décrypter 7866 à l'aide de sa clé privée $(391\,;10752)$. En effet, $10961 = 97 \times 113$, $96 \times 112 = 10752$ et $55 \times 391 = 21505 = 2 \times 10752 + 1$.
On a $7866^2 \equiv 10072\,[10961]$, $10072^2 \equiv 1129\,[10961]$, $1129^2 \equiv 3165\,[10961]$, $3165^2 \equiv 9832\,[10961]$ et $9832^2 \equiv 3165\,[10961]$ donc $7866^{32} \equiv 3165\,[10961]$ et $3165^4 \equiv 3165\,[10961]$.
Ainsi, puisque $391 = 12 \times 32 + 7$, on a $7866^{391} \equiv 3165^3 \times 7866^7\,[10961]$ d'où $7866^{391} \equiv 1451\,[10961]$. C'est bien le numéro transmis.

MÉTHODES ET STRATÉGIES

1 ▸ Déterminer des coefficients de Bézout

> Voir les exercices 1, 5, 6 et 8 mettant en œuvre cette méthode.

Méthode

Soit deux entiers a et b premiers entre eux. On cherche à déterminer des coefficients u et v tels que $au + bv = 1$.

▸ **Étape 1 :** effectuer les divisions euclidiennes successives de l'algorithme d'Euclide : notons $r_0, r_1, ..., r_n$ les restes trouvés.

▸ **Étape 2 :** considérer la dernière division effectuée de reste non nul $r_n = 1$, $r_{n-2} = q \times r_{n-1} + r_n$ et en déduire r_n comme combinaison linéaire (entière) de r_{n-1} et r_{n-2}.

▸ **Étape 3 :** à l'aide de l'avant-dernière division euclidienne, exprimer r_{n-1} puis r_n comme combinaison linéaire de r_{n-2} et r_{n-3}.

▸ **Étape 4 :** poursuivre ainsi de proche en proche de manière à exprimer r_n en fonction de a et de b.

▸ **Étape 5 :** vérifier la relation trouvée.

Exemple

Le PGCD de 19 et 7 est 1. Déterminons les entiers u et v tels que : $19u + 7v = 1$.

Application

▸ **Étape 1 :** on a $19 = 2 \times 7 + 5$; $7 = 5 + 2$; $5 = 2 \times 2 + 1$; ici, on a $r_0 = 5$, $r_1 = 2$ et $r_2 = 1$.

▸ **Étape 2 :** on en déduit que $1 = 5 - 2 \times 2$.

▸ **Étape 3 :** on a $7 = 5 + 2$ donc $2 = 7 - 5$ puis $1 = 5 - 2 \times (7 - 5) = 3 \times 5 - 2 \times 7$.

▸ **Étape 4 :** alors $19 = 2 \times 7 + 5$ d'où $5 = 19 - 2 \times 7$ et $1 = 3 \times (19 - 2 \times 7) - 2 \times 7$ on en déduit que $3 \times 19 - 8 \times 7 = 1$.

▸ **Étape 5 :** on a $3 \times 19 - 8 \times 7 = 57 - 56 = 1$ et donc $19u + 7v = 1$ pour $u = 3$ et $v = -8$.

15 Arithmétique et applications **MÉTHODES ET STRATÉGIES**

 Résoudre une équation diophantienne $ax + by = c$

> Voir les exercices 1, 3, 5, 6 et 8 mettant en œuvre cette méthode.

Méthode
Soit a, b et c des entiers relatifs. Il s'agit de déterminer les couples d'entiers $(x;y)$ solutions de l'équation $ax + by = c$.

> **Étape 1 :** déterminer le PGCD d de a et de b : si d ne divise pas c, alors l'équation n'admet pas de solution, sinon on divise par d chacun des membres de l'égalité pour obtenir une équation de la forme $ax + by = c$ avec a et b premiers entre eux.
On suppose dorénavant que a et b sont premiers entre eux.

> **Étape 2 :** déterminer, à l'aide par exemple de l'algorithme d'Euclide, deux nombres u et v tels que $au + bv = 1$. On en déduit en multipliant par c, un couple solution $(x_0;y_0)$ de l'équation $ax + by = c$. On peut bien sûr déterminer ce couple directement.

> **Étape 3 :** montrer l'équivalence : $ax + by = c \Leftrightarrow a(x - x_0) = -b(y - y_0)$, utiliser le théorème de Gauss pour justifier que a divise $y - y_0$ et en déduire qu'il existe un entier k tel que $y = y_0 + ak$.

> **Étape 4 :** montrer, en utilisant cette égalité, que $x = x_0 - kb$.

> **Étape 5 :** montrer que réciproquement pour tout entier k, le couple $(x_0 - kb; y_0 + ak)$ est solution de l'équation $ax + by = c$.

> **Étape 6 :** conclure en donnant l'ensemble des solutions de l'équation.

Exemple
On cherche à déterminer les solutions entières de l'équation $8x + 12y = 28$.

Application

> **Étape 1 :** on a $8x + 12y = 28 \Leftrightarrow 2x + 3y = 7$.

> **Étape 2 :** on a $2 \times 2 + 3 \times 1 = 7$.

> **Étape 3 :** ainsi :
$2x + 3y = 7 \Leftrightarrow 2x + 3y = 2 \times 2 + 3 \times 1 \Leftrightarrow 2(x - 2) + 3(y - 1) = 0$.
Si $2(x - 2) + 3(y - 1) = 0$ alors 2 divise $3(y - 1)$; or 2 et 3 sont premiers entre eux, donc d'après le théorème de Gauss, 2 divise $y - 1$ et il existe un entier k tel que $y - 1 = 2k$, soit $y = 2k + 1$.

> **Étape 4 :** on a alors $2(x - 2) + 3 \times 2k = 0$, soit $x = -3k + 2$.

> **Étapes 5 et 6 :** réciproquement, si $x = -3k + 2$ et $y = 2k + 1$ alors $2x + 3y = -6k + 4 + 6k + 3$ d'où $2x + 3y = 7$.
L'ensemble des solutions de l'équation $2x + 3y = 7$ est l'ensemble des couples $(x;y)$ pour lesquels il existe un entier k tel que $x = 2 - 3k$ et $y = 2k + 1$.
On écrit encore que l'ensemble des solutions de l'équation $2x + 3y = 7$ est $\mathcal{E} = \{(2 - 3k; 2k + 1) / k \in \mathbb{Z}\}$.

3 Calculer le reste d'une division euclidienne à l'aide des congruences

> Voir les exercices 2, 3, 4, 6, 7, 8, 10, 11 et 12 mettant en œuvre cette méthode.

Méthode
Cette méthode s'avère très utile pour déterminer le reste d'une division euclidienne d'un nombre que l'on ne peut pas calculer effectivement.

> **Étape 1 :** penser à utiliser la compatibilité de la congruence avec l'addition, la multiplication et les puissances d'un entier.

> **Étape 2 :** déterminer les congruences de chacun des nombres ainsi isolés.

> **Étape 3 :** conclure en déterminant la divisibilité cherchée.

Exemple
On veut démontrer que pour tout entier naturel n, $7^{2n+1} + 9^n$ est divisible par 8.

Application
> **Étapes 1 et 2 :** on a $7^{2n+1} + 9^n = 7 \times 49^n + 9^n$ avec $7 \equiv -1\ [8]$, $49 \equiv 1\ [8]$ et $9 \equiv 1\ [8]$.

> **Étape 3 :** donc $7^{2n+1} + 9^n \equiv -1 \times 1^n + 1^n\ [8]$ donc $7^{2n+1} + 9^n \equiv -1 + 1\ [8]$ soit $7^{2n+1} + 9^n \equiv 0\ [8]$.

On en déduit que pour tout entier naturel n, $7^{2n+1} + 9^n$ est divisible par 8.

15 Arithmétique et applications — SUJETS DE TYPE BAC

SUJETS DE TYPE BAC

1 Système de congruences
45 min

Cet exercice demande tout d'abord de rappeler deux des plus importants théorèmes de ce chapitre et de démontrer l'un à partir de l'autre – démonstration exigible au bac. Le reste consiste en un exercice classique que l'on trouve dans bien des sujets.

> Voir les méthodes et stratégies 1 et 2.

Partie A. Questions de cours

1. Énoncer le théorème de Bézout et le théorème de Gauss.

2. Démontrer le théorème de Gauss en utilisant le théorème de Bézout.

Partie B

Il s'agit de résoudre dans $\mathbb{Z}$ le système $(S) \begin{cases} n \equiv 13\ [19] \\ n \equiv 6\ [12] \end{cases}$.

1. Justifier l'existence d'un couple $(u; v)$ d'entiers relatifs tels que $19u + 12v = 1$. (On ne demande pas dans cette question de donner un exemple d'un tel couple.)
Vérifier que, pour un tel couple, le nombre $N = 13 \times 12v + 6 \times 19u$ est une solution de (S).

2. a. Soit n_0 une solution de (S), vérifier que le système (S) équivaut à $\begin{cases} n \equiv n_0\ [19] \\ n \equiv n_0\ [12] \end{cases}$.

b. Démontrer que le système $\begin{cases} n \equiv n_0\ [19] \\ n \equiv n_0\ [12] \end{cases}$ équivaut à $n \equiv n_0\ [12 \times 19]$.

3. a. Trouver un couple $(u; v)$ solution de l'équation $19u + 12v = 1$ et calculer la valeur de N correspondante.

b. Déterminer l'ensemble des solutions de (S) (on pourra utiliser la question **2. b.**).

4. Un entier naturel n est tel que lorsqu'on le divise par 12 le reste est 6 et lorsqu'on le divise par 19 le reste est 13.
On divise n par $228 = 12 \times 19$. Quel est le reste r de cette division ?

2 Décomposition d'un nombre composé
45 min

Cet exercice très complet aborde les différentes manières de raisonner en arithmétique. Ces méthodes sont peu complexes mais inhabituelles pour un élève de lycée. Il est nécessaire de se familiariser avec ces types de raisonnement avant de considérer des exercices plus difficiles.

> Voir la méthode et stratégie 3.

Partie A

Soit N un entier naturel impair non premier. On suppose que $N = a^2 - b^2$ où a et b sont deux entiers naturels.

1. Montrer que a et b n'ont pas la même parité.

2. Montrer que N peut s'écrire comme un produit de deux entiers naturels p et q.

3. Quelle est la parité de p et de q ?

Partie B

On admet que 250 507 n'est pas premier. On se propose de chercher des couples d'entiers naturels (a ; b) vérifiant la relation (E) : $a^2 - 250\,507 = b^2$.

1. Soit X un entier naturel.

a. Donner dans un tableau les restes possibles de X modulo 9 ; puis ceux de X^2 modulo 9.

b. Sachant que $a^2 - 250\,507 = b^2$, déterminer les restes possibles modulo 9 de $a^2 - 250\,507$; en déduire les restes possibles modulo 9 de a^2.

c. Montrer que les restes possibles modulo 9 de a sont 1 et 8.

2. Justifier que si le couple (a ; b) vérifie la relation (E), alors $a \geqslant 501$.

Montrer qu'il n'existe pas de solution du type (501 ; b).

3. On suppose que le couple (a ; b) vérifie la relation (E).

a. Démontrer que a est congru à 503 ou à 505 modulo 9.

b. Déterminer le plus petit entier naturel k tel que le couple (505 + 9k ; b) soit solution de (E), puis donner le couple solution correspondant.

Partie C

1. Déduire des parties précédentes une écriture de 250 507 en un produit de deux facteurs.

2. Les deux facteurs sont-ils premiers entre eux ?

3. Cette écriture est-elle unique ?

 ## Message chiffré

 45 min

La difficulté de cet exercice consiste à comprendre les liens entre ses différentes parties. Il consiste par ailleurs en une bonne révision du programme d'arithmétique.

> Voir les méthodes et stratégies 2 et 3.

Partie A

On considère l'équation (E) : $25x - 108y = 1$ où x et y sont des entiers relatifs. Vérifier que le couple (13 ; 3) est solution de cette équation.

Déterminer l'ensemble des couples d'entiers relatifs solutions de l'équation (E).

Partie B

Dans cette partie, a désigne un entier naturel et les nombres c et g sont des entiers naturels vérifiant la relation $25g - 108c = 1$.

1. Soit x un entier naturel.

Démontrer que si $x \equiv a\,[7]$ et $x \equiv a\,[19]$, alors $x \equiv a\,[133]$.

Arithmétique et applications SUJETS DE TYPE BAC

2. a. On suppose que a n'est pas un multiple de 7 et on note r le reste de la division euclidienne de a par 7. En envisageant les différentes valeurs possibles de r, démontrer que $a^6 \equiv 1\ [7]$.
En déduire que $a^{108} \equiv 1\ [7]$ puis que $(a^{25})^g \equiv a\ [7]$.

b. On suppose que a est un multiple de 7.
Démontrer que $(a^{25})^g \equiv a\ [7]$.

c. On admet que pour tout entier naturel a, $(a^{25})^g \equiv a\ [19]$.
Déduire de ce qui précède que $(a^{25})^g \equiv a\ [133]$.

Partie C

On note $\mathcal{A}$ l'ensemble des entiers naturels a tels que : $1 \leq a \leq 26$.
Un message, constitué d'entiers appartenant à $\mathcal{A}$, est codé puis décodé.
La phase de codage consiste à associer à chaque entier a de $\mathcal{A}$ l'entier r tel que $a^{25} \equiv r\ [133]$ avec $0 \leq r < 133$.
La phase de décodage consiste à associer à r l'entier r_1 tel que $r^{13} \equiv r_1\ [133]$ avec $0 \leq r_1 < 133$.

1. Justifier que $r_1 \equiv a\ [133]$.

2. Un message codé conduit à la suite des trois entiers suivants : 128 ; 1 ; 59.
Décoder ce message.

 Somme des chiffres de l'écriture décimale d'un entier

30 min

Peut-on connaître la somme des chiffres de la somme des chiffres de la somme des chiffres qui constituent l'écriture décimale d'un nombre sans calculer ce nombre ? Oui, dans certains cas ! Et, comme vous pourrez le constater, en utilisant des méthodes importantes de ce chapitre.

> Voir la méthode et stratégie 3.

On cherche à déterminer la somme des chiffres de la somme des chiffres de la somme des chiffres de l'écriture décimale de 2013^{2013}.

1. Soit $n \in \mathbb{N}^*$. Déterminer les restes de la division euclidienne par 9 de 10^n et de $A = 2013^{2013}$.

2. On désigne par N un entier naturel, on appelle $S(N)$ la somme des chiffres de son écriture décimale.
Démontrer que $N \equiv S(N)\ [9]$.

3. En déduire que N est divisible par 9 si, et seulement si, $S(N)$ est divisible par 9.

4. On note $B = S(A)$, $C = S(B)$ et $D = S(C)$.
Démontrer que $D \equiv A\ [9]$.

5. En remarquant que $2013 < 10\,000$, majorer le nombre de chiffres de A.
Majorer alors B puis C.
Conclure.

5 L'auberge d'Euler

20 min

Cet exercice doit être considéré comme l'exercice type de ce chapitre. Il s'agit ici de résoudre une équation diophantienne (énoncée par Leonhard Euler) en tenant compte des contraintes sur les solutions.

> Voir les méthodes et stratégies 2 et 3.

Une troupe d'hommes, de femmes et d'enfants a dépensé 1 000 sous dans une auberge. Les adultes ont payé 19 sous chacun et les enfants 13.
Combien y avait-il d'enfants, sachant qu'ils étaient moins nombreux que les adultes ?

6 Inverse modulaire et application

50 min

Déterminer l'inverse d'un entier modulo un autre entier est souvent très utile comme vous pourrez le voir en résolvant ce problème.

> Voir les méthodes et stratégies 1, 2 et 3.

Soit $\mathcal{A}$ l'ensemble des entiers naturels de l'intervalle $[1\,;46]$.

1. On considère l'équation $(E) : 23x + 47y = 1$ où x et y sont des entiers relatifs.

a. Donner une solution particulière de (E).

b. Déterminer l'ensemble des couples $(x\,;y)$ solutions de (E).

c. En déduire qu'il existe un unique entier x appartenant à $\mathcal{A}$ tel que $23x \equiv 1\ [47]$.

2. Soient a et b deux entiers relatifs.

a. Montrer que si $ab \equiv 0\ [47]$ alors $a \equiv 0\ [47]$ ou $b \equiv 0\ [47]$.

b. En déduire que si $a^2 \equiv 1\ [47]$ alors $a \equiv 1\ [47]$ ou $a \equiv -1\ [47]$.

3. a. Montrer que, pour tout entier p de $\mathcal{A}$, il existe un entier relatif q tel que $p \times q \equiv 1\ [47]$.

b. Pour la suite, on admet que pour tout entier p de $\mathcal{A}$, il existe un unique entier, noté $\text{inv}(p)$, appartenant à $\mathcal{A}$ tel que $p \times \text{inv}(p) \equiv 1\ [47]$.
Par exemple :
- $\text{inv}(1) = 1$ car $1 \times 1 \equiv 1\ [47]$;
- $\text{inv}(2) = 24$ car $2 \times 24 \equiv 1\ [47]$;
- $\text{inv}(3) = 16$ car $3 \times 16 \equiv 1\ [47]$.

Quels sont les entiers p de $\mathcal{A}$ qui vérifient $p = \text{inv}(p)$?
Montrer que $46! \equiv -1\ [47]$.

7 Étude d'un type d'équations diophantiennes de degré 2

Cet exercice ne comporte pas de grosses difficultés ; son intérêt réside dans les raisonnements utilisés qui peuvent déconcerter un novice en arithmétique.

> Voir la méthode et stratégie 3.

Étant donné un entier naturel $n \geq 2$, on se propose d'étudier l'existence de trois entiers naturels x, y et z tels que $x^2 + y^2 + z^2 \equiv 2^n - 1 [2^n]$.

Partie A. Étude de deux cas particuliers

1. Dans cette question on suppose que $n = 2$. Montrer que 1, 3 et 5 satisfont à la condition précédente.

2. Dans cette question, on suppose que $n = 3$.

a. Soit m un entier naturel. Reproduire et compléter le tableau ci-dessous donnant le reste r de la division euclidienne de m par 8 et le reste R de la division euclidienne de m^2 par 8.

r	0	1	2	3	4	5	6	7
R								

b. Peut-on trouver trois entiers naturels x, y et z tels que $x^2 + y^2 + z^2 \equiv 7 [8]$?

Partie B. Étude du cas général où $n \geq 3$

Supposons qu'il existe trois entiers naturels x, y et z tels que $x^2 + y^2 + z^2 \equiv 2^n - 1 [2^n]$.

1. Justifier le fait que les trois entiers naturels x, y et z sont tous impairs ou que deux d'entre eux sont pairs.

2. On suppose que x et y sont pairs et que z est impair.
On pose alors $x = 2q$, $y = 2r$ et $z = 2s + 1$ où q, r et s sont des entiers naturels.

a. Montrer que $x^2 + y^2 + z^2 \equiv 1 [4]$

b. En déduire une contradiction.

3. On suppose que x, y et z sont impairs.

a. Prouver que, pour tout entier naturel k non nul, $k^2 + k$ est divisible par 2.

b. En déduire que $x^2 + y^2 + z^2 \equiv 3 [8]$.

c. Conclure.

SUJETS D'APPROFONDISSEMENT

8 ### Vrai-Faux
⏱ 30 min

Cet exercice balaie la plupart des notions rencontrées dans ce chapitre ainsi que les notions post bac de PPCM et d'écriture décimale. Il permet de s'assurer que ces notions sont bien assimilées.

> Voir les méthodes et stratégies 1, 2 et 3.

Pour chacune des sept propositions suivantes, indiquer si elle est vraie ou fausse et donner une démonstration de la réponse choisie.

a. Pour tout entier naturel n, 3 divise le nombre $2^{2n} - 1$.

b. Si un entier relatif x est solution de l'équation $x^2 + x \equiv 0[6]$ alors $x \equiv 0[3]$.

c. L'ensemble des couples d'entiers $(x;y)$ solutions de l'équation $12x - 5y = 3$ est l'ensemble des couples $(4 + 10k; 9 + 24k)$ où $k \in \mathbb{Z}$.

d. Il existe un seul couple $(a;b)$ de nombres entiers naturels tel que $a < b$ et tel que :
$$\text{PPCM}(a;b) - \text{PGCD}(a;b) = 1.$$

e. Deux entiers naturels M et N sont tels que M a pour écriture décimale abc et N a pour écriture décimale bca. Si l'entier M est divisible par 27 alors l'entier $M - N$ est aussi divisible par 27.

f. Soit n un entier naturel. On pose $a = 2n^3 + n + 3$ et $b = n^2 - 1$ et un logiciel de calcul formel donne : $2n^3 + n + 3 = (n+1)(2n^2 - 2n + 3)$.
Si n n'est pas un multiple de 3 alors a et b sont des multiples de 3 et ont pour PGCD $n+1$ ou $3(n+1)$.

g. On a $\sum_{i=1}^{4096} 2^i \equiv 0\ [7]$.

9 ### PGCD de termes d'une suite
⏱ 30 min

Cet exercice classique contient une question très difficile mais permet de déterminer le PGCD de deux nombres gigantesques !

1. Soit (U_n) la suite numérique définie pour tout $n \in \mathbb{N}$ par $U_n = 2^n - 1$.
Soit n un entier naturel, déterminer le PGCD de U_{n+1} et U_n.

2. Montrer que, pour tous entiers naturels n et p, $U_{n+p} = U_n(U_p + 1) + U_p$.
En déduire que $\text{PGCD}(U_{n+p}; U_p) = \text{PGCD}(U_n; U_p)$.

3. Soit a et b deux entiers naturels non nuls et r le reste de la division euclidienne de a par b et soit d le PGCD de a et de b.
Montrer, à l'aide de la question précédente, que $\text{PGCD}(U_a; U_b) = \text{PGCD}(U_b; U_r)$.
En déduire que $\text{PGCD}(U_a; U_b) = U_d$.

4. Déterminer le PGCD de $A = 2^{2013} - 1$ et de $B = 2^{2046} - 1$.
En déduire le PGCD de $2^A - 1$ et de $2^B - 1$.

15 Arithmétique et applications — SUJETS D'APPROFONDISSEMENT

10 Cube millésimé

50 min

Existe-t-il un entier dont le cube a pour derniers chiffres 2013 (en base dix) ? La méthode donnée dans cet exercice se généralise facilement pour trouver des cubes dont les quatre derniers chiffres forment un nombre premier avec 10. On pourra revoir la rubrique post bac relative aux systèmes de numération.

> Voir la méthode et stratégie 3.

1. Un logiciel de calcul formel donne :
$\text{Expand}\left[(x+1)^5\right] = x^5 + 5x^4 + 10x^3 + 10x^2 + 5x + 1$.
En utilisant ce développement montrer que si n est un entier naturel non nul et si x est un entier divisible par 5^n alors $(x+1)^5 - 1$ est divisible par 5^{n+1}.
En déduire que $2013^{500} \equiv 1\ [625]$.

2. Démontrer que $2013^{500} \equiv 1\ [16]$.
En déduire que $2013^{500} \equiv 1\ [10\,000]$.

3. Déterminer deux entiers naturels u et v tels que $3u = 1 + 500v$.

4. En déduire un entier naturel a tel que $a^3 \equiv 2013\ [10\,000]$.

5. Un calculateur donne :
$2013\^3 = 8\,157\,016\,197$; $6197\^5 = 9\,139\,185\,255\,143\,710\,757$;
$757\^{11} = 46\,779\,402\,942\,929\,633\,347\,037\,036\,568\,493$ et $2013\^2 = 4\,052\,169$.
En déduire un entier naturel b inférieur à 2000 tel que l'écriture décimale de b^3 se termine par 2013.

6. Soit x un entier naturel tel que l'écriture décimale de x^3 se termine par 2013.
Montrer que $x \equiv 7\ [10]$.

7. Expliquer pourquoi le tableau suivant permet de dire que le nombre b trouvé à la question **5.** est le plus petit entier naturel x tel que l'écriture décimale de x^3 se termine par 2013.

7	343		117	1601613
17	4913		217	10218313
27	19683		317	31855013
37	50653		417	72511713
47	103823		517	138188413
57	185193		617	234885113
67	300763		717	368601813
77	456533		817	545338513
87	658503		917	771095213
97	912673		1017	1051871913
			1117	1393668613
			1217	1802485313
			1317	2284322013

11 Cryptographie à clé publique

60 min

La maîtrise de ce genre d'exercice est indispensable pour appréhender sereinement toute question traitant de cryptographie. Les deux méthodes de chiffrement utilisées (RSA et Sac à dos facile) sont classiques : la première est d'ailleurs toujours utilisée pour assurer la sécurité de la circulation de certaines données sur internet. Cet exercice mêle les notions de RSA et de systèmes de numération et le petit théorème de Fermat (voir la rubrique post bac).

> Voir la méthode et stratégie 3.

Partie A

1. On considère les nombres premiers $p = 11$ et $q = 23$.
On note $n = pq$, $m = (p-1)(q-1)$, e et d les plus petits entiers supérieurs à 2 premiers avec m tels que $ed \equiv 1[m]$.
Calculer n et m et déterminer e et d.

2. Pour communiquer, Alan et Emmy utilise le chiffrement RSA.

a. Emmy envoie sa clé publique $(e\,;n)$ à Alan qui chiffre le message $M = 148$ à l'aide de la relation $M^e \equiv c[n]$ avec $0 \leqslant c < n$.
Déterminer c.

b. Alan chiffre de même un message M' par l'entier $c = 102$.
Déterminer M' en utilisant la clé privée $(d\,;n)$.
On utilisera le petit théorème de Fermat et les résultats suivants : $102^2 \equiv 31[253]$, $102^4 \equiv 202[253]$, $102^8 \equiv 71[253]$, $102^{16} \equiv 234[253]$, $102^{32} \equiv 108[253]$, $102^{64} \equiv 26[253]$ et $102^{128} \equiv 170[253]$.

Partie B

Pour recevoir des messages chiffrés, Alan utilise la méthode du sac à dos. Pour cela il génère la suite de nombre $S = (1\,;2\,;4\,;13)$, le nombre $C = 32$ et le nombre $k = 11$.
Il multiplie chacun des termes de la suite S par k et calcule le reste modulo C de chacun des nombres obtenus.
Il transmet alors à Emmy la clé publique $P = (a\,;b\,;c\,;d)$ formée des restes modulo C des termes de la suite $(k\,;2k\,;4k\,;13k)$.
Le tableau suivant, connu d'Alan et d'Emmy, fait correspondre à chaque entier compris entre 0 et 15, le quartet de bits correspondants :

0	1	2	3	4	5	6	7
0000	0001	0010	0011	0100	0101	0110	0111

8	9	10	11	12	13	14	15
1000	1001	1010	1011	1100	1101	1110	1111

Emmy chiffre un entier N compris entre 0 et 15 de la manière suivante : elle considère le quartet de bits $u_1 u_2 u_3 u_4$ qui correspond à N et calcule $N' = u_1 a + u_2 b + u_3 c + u_4 d$.

1. On appelle somme partielle d'une suite, la somme d'un ou plusieurs termes de cette suite (chacun étant utilisé au plus une fois).
Quels sont les termes de la suite $S = (1\,;2\,;4\,;13)$ dont la somme fait 16 ?

Arithmétique et applications SUJETS D'APPROFONDISSEMENT

Montrer que si l'on connaît la valeur d'une somme partielle s de S, alors on connaît les termes de la suite S utilisés pour l'obtenir.

2. a. Déterminer la suite $P = (a; b; c; d)$.

b. Donner le quartet correspondant à $N = 13$ et montrer que dans ce cas $N' = 48$.

3. Démontrer que $3t \equiv r\, [32] \Leftrightarrow 11r \equiv t\, [32]$.

4. Pour déchiffrer N', Alan utilise sa clé privée formée de la suite $S = (1; 2; 4; 13)$, du nombre $C = 32$ et du nombre $k = 11$.
Pour cela, il détermine le reste R de $3N'$ modulo 32 puis calcule le quartet de bits $v_1 v_2 v_3 v_4$ tel que $R = v_1 + 2v_2 + 4v_3 + 13v_4$; il détermine enfin N par lecture inverse du tableau donné ci-dessus. Vérifier qu'il retrouve bien $N = 13$.

5. Montrer plus généralement que $3N' \equiv u_1 + 2u_2 + 4u_4 + 13u_4\, [32]$.
Expliquer pourquoi cela permet à Alan de déchiffrer le message reçu.

 On trouve tout dans les puissances de 2 ! 60 min

On montre dans cet exercice qu'il existe une puissance de deux dont l'écriture décimale commence par 13579 ou même par n'importe quelle suite de chiffres ! Cet exercice demande une grande attention ; il montre en outre les liens qui existent entre l'arithmétique et l'analyse.

> Voir la méthode et stratégie 3.

1. Pour chaque entier a compris entre 1 et 10, donner la plus petite puissance entière de 2 dont l'écriture décimale commence par a. (Aucune justification n'est demandée.)

2. Montrer que pour tout $n \in \mathbb{N}^*$ et pour tout $m \in \mathbb{N}^*$ on a $2^n \neq 5^m$ et $\dfrac{\ln 2}{\ln 5} \neq \dfrac{m}{n}$.
On dit que $\dfrac{\ln 2}{\ln 5}$ est irrationnel.

3. Pour tout réel x, on note $E(x)$ la partie entière de x.
On pose $\alpha = \dfrac{\ln 2}{\ln 5}$ et on considère la suite (u_n) définie pour tout $n \in \mathbb{N}^*$ par $u_n = n\alpha - E(n\alpha)$.

a. Donner des valeurs arrondies au centième de u_1, u_2 et u_3.

b. Montrer que pour tout $n \in \mathbb{N}^*$, $u_n \in\,]0; 1[$.

c. Pourquoi les termes de cette suite sont-ils tous différents ?

d. Montrer qu'il existe deux termes de la suite u_n et u_m tels que : $0 < u_m - u_n < 0{,}1$.
On pourra partager l'intervalle $[0; 1]$ en 10 intervalles d'amplitude 0,1.
En déduire qu'il existe deux entiers naturels non nuls p et q tels que $0 < p\alpha - q < 0{,}1$ et montrer que pour ces entiers p et q, on a $1 < \dfrac{2^p}{5^q} < e^{0{,}1 \times \ln 5}$.

On admettra plus généralement que pour tout entier naturel non nul N, il existe deux entiers naturels non nuls p et q tels que : $1 < \dfrac{2^p}{5^q} < 1 + \dfrac{1}{N}$.

4. Soit N un entier naturel non nul et soit λ un réel tel que $1 < \lambda < 1 + \dfrac{1}{N}$.

a. Montrer qu'il existe un entier m tel que $\lambda^m > N$.

b. Soit m le plus petit entier naturel tel que $\lambda^m > N$.
Démontrer que $\lambda^m < N+1$.

5. Déduire de ce qui précède qu'il existe deux entiers naturels non nuls a et b tels que
$13\,579 < \dfrac{2^a}{5^b} < 13\,580$.

En déduire qu'il existe une puissance de deux dont l'écriture décimale commence par 13 579 (on ne demande pas de la déterminer).

6. Comment généraliser ce résultat ?

15 Arithmétique et applications CORRIGÉS

CORRIGÉS

1 Système de congruences

Partie A

1. et **2.** Voir le cours.

Partie B

1. D'après le théorème de Bézout, puisque 19 et 12 sont premiers entre eux, il existe un couple $(u ; v)$ d'entiers relatifs tels que $19u + 12v = 1$.

 Même si ce n'est pas demandé dans l'énoncé, exhiber une solution suffit à répondre à la question.

Si $N = 13 \times 12v + 6 \times 19u$ et $19u + 12v = 1$ alors $N \equiv 13 \times 12v\ [19]$ et $12v \equiv 1\ [19]$ d'où $N \equiv 13\ [19]$, et également $N \equiv 6 \times 19u\ [12]$ et $19u \equiv 1\ [12]$ d'où $N \equiv 6\ [12]$.
On en déduit que $13 \times 12v + 6 \times 19u$ est une solution de (S).

2. a. Soit n_0 une solution de (S) : $\begin{cases} n_0 \equiv 13\ [19] \\ n_0 \equiv 6\ [12] \end{cases}$.

On a donc par transitivité : $\begin{cases} n \equiv 13\ [19] \\ n \equiv 6\ [12] \end{cases} \Leftrightarrow \begin{cases} n \equiv n_0\ [19] \\ n \equiv n_0\ [12] \end{cases}$

b. On a $\begin{cases} n \equiv n_0\ [19] \\ n \equiv n_0\ [12] \end{cases}$ si, et seulement si, $n - n_0$ est divisible par 12 et par 19, ce qui équivaut, puisque 12 et 19 sont premiers entre eux, à $n - n_0$ est divisible par 12×19 (c'est une conséquence du théorème de Gauss).
Ainsi, $\begin{cases} n \equiv n_0\ [19] \\ n \equiv n_0\ [12] \end{cases} \Leftrightarrow n \equiv n_0\ [12 \times 19]$.

3. a. Déterminons un couple $(u ; v)$ à l'aide de l'algorithme d'Euclide :
$19 = 1 \times 12 + 7\ ;\ 12 = 1 \times 7 + 5\ ;\ 7 = 1 \times 5 + 2$ et $5 = 2 \times 2 + 1$.
Par suite :
$$1 = 5 - 2 \times 2$$
$$1 = 5 - 2 \times (7 - 5)$$
$$1 = 3 \times 5 - 2 \times 7$$
$$1 = 3 \times (12 - 7) - 2 \times 7$$
$$1 = 3 \times 12 - 5 \times 7$$
$$1 = 3 \times 12 - 5 \times (19 - 12)$$
$$1 = -5 \times 19 + 8 \times 12.$$

Le couple $(-5 ; 8)$ est donc solution de l'équation $19u + 12v = 1$.
On a pour $u = -5$ et $v = 8$, $N = 13 \times 12 \times 8 - 6 \times 19 \times 5 = 678$.

b. D'après les questions précédentes, $N = 678$ est une solution de (S) donc :
n est solution de (S) si, et seulement si, $n \equiv 678\ [12 \times 19]$.
Les entiers relatifs solutions de (S) sont donc les entiers $n = 678 + 228k$, $k \in \mathbb{Z}$.

4. Un entier naturel n tel que lorsqu'on le divise par 12 le reste est 6 et lorsqu'on le divise par 19 le reste est 13 est un élément de (S) donc, d'après ce qui précède : $n \equiv 678\ [228]$.
Or, $678 \equiv 222\ [228]$ et $0 \leqslant 222 < 228$ donc $r = 222$.

487

Décomposition d'un nombre composé

Partie A

1. Le nombre N est impair, soit $N \equiv 1\,[2]$. On a $a^2 = N + b^2$.
Si b est pair alors $b \equiv 0\,[2]$ donc $b^2 \equiv 0\,[2]$ puis $a^2 \equiv 1\,[2]$, donc a est impair (sinon a^2 serait pair).
De même, si b est impair, $b \equiv 1\,[2]$ donc $b^2 \equiv 1\,[2]$ puis $a^2 \equiv 0\,[2]$, donc a est pair (sinon a^2 serait impair).
Ainsi, a et b n'ont pas la même parité.

2. On a $N = (a-b)(a+b)$ avec $a > b$ (car $N > 0$) donc N est le produit des entiers naturels $p = a - b$ et $q = a + b$.

3. Les nombres p et q sont impairs, car sinon leur produit serait pair.

 On aurait pu également dire que la somme et la différence de deux nombres de parités différentes sont impaires.

Partie B

1. a. Les restes de X et de X^2 modulo 9 sont donnés dans le tableau suivant :

Reste de X modulo 9	0	1	2	3	4	5	6	7	8
Reste de X^2 modulo 9	0	1	4	0	7	7	0	4	1

b. Si $a^2 - 250\,507 = b^2$, les restes possibles modulo 9 de $a^2 - 250\,507$ sont donc 0, 1, 4 ou 7.
De plus, $250\,507 \equiv 1\,[9]$ et $a^2 = 250\,507 + b^2$ donc :
si $b^2 \equiv 0\,[9]$ alors $a^2 \equiv 1\,[9]$;
si $b^2 \equiv 1\,[9]$ alors $a^2 \equiv 2\,[9]$;
si $b^2 \equiv 4\,[9]$ alors $a^2 \equiv 5\,[9]$;
si $b^2 \equiv 7\,[9]$ alors $a^2 \equiv 8\,[9]$.
Ainsi, en utilisant le tableau précédent, on a forcément $a^2 \equiv 1\,[9]$.

c. Toujours d'après le tableau précédent, les restes possibles modulo 9 de a tels que $a^2 \equiv 1\,[9]$ sont 1 et 8.

2. Si le couple $(a\,;b)$ vérifie la relation (E), alors $a^2 = 250\,507 + b^2$, donc $a^2 > 250\,000$ d'où $a > 500$ ($500^2 = 250\,000$) soit $a \geqslant 501$.
En outre, $501^2 - 250\,507 = 494$ n'est pas le carré d'un entier naturel donc il n'existe pas de solution du type $(501\,;b)$.

3. a. On a $503 \equiv 8\,[9]$ et $505 \equiv 1\,[9]$ donc, d'après la question **1. c.**, a est congru à 503 ou à 505 modulo 9.
On en déduit d'après la question **2.** que si le couple $(a\,;b)$ vérifie la relation (E), alors $a \geqslant 503$.

b. Pour $k = 0$, $505^2 - 250\,507 = 4\,518$ n'est pas le carré d'un nombre entier.
Pour $k = 1$, $514^2 - 250\,507 = 13\,689 = 117^2$: le couple $(514\,;117)$ est solution de (E).

Partie C

1. On déduit de la question précédente que $250\,507 = 514^2 - 117^2$.
D'où $250\,507 = (514 - 117) \times (514 + 117)$, on a donc $250\,507 = 397 \times 631$.

2. Les entiers 397 et 631 sont des nombres premiers distincts, donc ils sont premiers entre eux.

3. Puisque les deux facteurs sont premiers, cette décomposition est unique si l'on ne considère que les décompositions en produits de facteurs premiers, sinon, il y a bien sûr la décomposition évidente : $250\,507 = 1 \times 250\,507$.

3 Message chiffré

Partie A
Soit l'équation $(E) : 25x - 108y = 1$ où x et y sont des entiers relatifs.
On a $25 \times 13 - 108 \times 3 = 325 - 324 = 1$, le couple $(13\,;3)$ est bien solution de l'équation $25x - 108y = 1$.
Si $(x\,;y)$ est solution de (E) alors $25x - 108y = 25 \times 13 - 108 \times 3$, d'où $25(x-13) = 108(y-3)$ avec 25 et 108 premiers entre eux.
Donc, d'après le théorème de Gauss, 108 divise $x - 13$.
Ainsi, il existe un entier k tel que $x - 13 = 108k$ puis tel que $25 \times 108k = 108(y-3)$, soit $y - 3 = 25k$.
Vérifions que, si k est un entier, alors $(13 + 108k\,;3 + 25k)$ est solution de (E).
On a $25(13 + 108k) - 108(3 + 25k) = 25 \times 13 - 108 \times 3 = 1$.

 Cette vérification est essentielle : par exemple, pour l'équation $25x^2 - 108y = 1$, il faut éliminer les entiers k pour lesquels $13 + 108k$ n'est pas un carré parfait.

Finalement, l'ensemble des couples d'entiers relatifs solutions de l'équation (E) est formé des couples $(13 + 108k\,;3 + 25k)$ où $k \in \mathbb{Z}$.

Partie B
1. Si $x \equiv a\,[7]$ alors $x - a$ est divisible par 7.
De même $x \equiv a\,[19]$ entraîne $x - a$ divisible par 19. Or 7 et 19 sont premiers entre eux donc $x - a$ divisible par $7 \times 19 = 133$, soit $x \equiv a\,[133]$.

 Ceci résulte du théorème de Gauss : si $x - a = 7n = 19m$, puisque 7 et 19 sont premiers entre eux, 7 divise m, il existe donc k entier tel que $x - a = 19 \times 7k$.

2. a. Si a n'est pas un multiple de 7, alors $r \in \{1,2,3,4,5,6\}$. Envisageons tous ces cas :
$1^6 \equiv 1\,[7]$;
$2^6 \equiv 8^2\,[7]$, or $8 \equiv 1\,[7]$, donc $2^6 \equiv 1\,[7]$;
$3^6 \equiv 9^3\,[7]$, donc $3^6 \equiv 2^3\,[7]$ puis $3^6 \equiv 1\,[7]$;
$4^6 \equiv (-3)^6\,[7]$, donc $4^6 \equiv 3^6\,[7]$ puis $4^6 \equiv 1\,[7]$;
$5^6 \equiv (-2)^6\,[7]$, donc $5^6 \equiv 2^6\,[7]$ puis $5^6 \equiv 1\,[7]$;
$6^6 \equiv (-1)^6\,[7]$, donc $6^6 \equiv 1\,[7]$.
Et, puisque $a \equiv r\,[7]$, on a $a^6 \equiv 1\,[7]$.
De plus $108 = 6 \times 18$ donc $a^{108} = (a^6)^{18}$ et $a^{108} \equiv 1^{18}\,[7]$.
On a donc $(a^{25})^g = a^{25g} = a^{1+108c} = a \times (a^{108})^c$ donc $(a^{25})^g \equiv a\,[7]$.

b. On suppose que $a \equiv 0\,[7]$, alors $(a^{25})^g \equiv 0\,[7]$ donc $(a^{25})^g \equiv a\,[7]$.

c. On admet que pour tout entier naturel a, $(a^{25})^g \equiv a\ [19]$.

On pourrait le démontrer en procédant comme précédemment, mais il faudrait envisager 18 restes possibles. On comprend ici la puissance du petit théorème de Fermat vu dans la rubrique post bac.

D'après les questions **2. a.** et **2. b.** on sait que l'on a aussi $(a^{25})^g \equiv a\ [7]$ on peut donc, en appliquant le résultat de la question **1.** à $x = (a^{25})^g$, démontrer que $(a^{25})^g \equiv a\ [133]$.

Partie C

1. L'entier r_1 est tel que $r^{13} \equiv r_1\ [133]$ avec $0 \leq r_1 < 133$.
On a donc $r^{13} \equiv (a^{25})^{13}\ [133]$.
Or, $(g\,;c) = (13\,;3)$ vérifie la relation $25g - 108c = 1$ d'après la partie **A**, d'où, d'après la question **B 2. c.**, $(a^{25})^{13} \equiv a\ [133]$: finalement on a bien $r_1 \equiv a\ [133]$.

2. On a $128 \equiv -5\ [133]$ donc $128^3 \equiv -125\ [133]$ soit $128^3 \equiv 8\ [133]$, puis $128^9 \equiv 512\ [133]$ soit $128^9 \equiv -20\ [133]$, $128^{12} \equiv 106\ [133]$, d'où $128^{13} \equiv 2\ [133]$.
On a bien sûr $1^{13} \equiv 1\ [133]$.
Et, $59^2 \equiv 23\ [133]$; $59^4 \equiv -3\ [133]$; $59^{12} \equiv -27\ [133]$ puis $59^{13} \equiv 3\ [133]$.
Le message initial était donc : 2 ; 1 ; 3.

Ainsi, si les lettres de l'alphabet sont codées dans l'ordre alphabétique par les entiers de 1 à 26, le message codé est BAC.

4 Somme des chiffres de l'écriture décimale d'un entier

1. Soit $n \in \mathbb{N}^*$ et $A = 2013^{2013}$.
D'une part, $10 \equiv 1\ [9]$, donc $10^n \equiv 1\ [9]$.
D'autre part, $2013 \equiv 6\ [9]$ et $36 \equiv 0\ [9]$ donc $2013^2 \equiv 0\ [9]$ et $A \equiv 0\ [9]$.

2. Soit p le nombre de chiffres de l'écriture décimale de N ($p \in \mathbb{N}^*$), et soit $a_1, a_2, \ldots, a_p$ les chiffres de droite à gauche de l'écriture décimale de N,
alors $N = a_1 + 10a_2 + \ldots + 10^{p-1}a_p$.
D'après la question **1.**, $N \equiv a_1 + 1 \times a_2 + \ldots + 1 \times a_p\ [9]$ soit $N \equiv S(N)\ [9]$.

Pour éviter les points de suspensions on écrirait : $N = \sum_{i=1}^{p} a_i 10^{i-1}$.

3. Puisque $N \equiv S(N)\ [9]$, on a $N \equiv 0\ [9] \Leftrightarrow S(N) \equiv 0\ [9]$, ce qu'il fallait démontrer.

4. On a $A \equiv S(A)\ [9]$ soit $A \equiv B\ [9]$; de même $B \equiv S(B)\ [9]$ et $S(B) = C$ donc, par transitivité, $A \equiv C\ [9]$. Enfin, $C \equiv S(C)\ [9]$ et $S(C) = D$ d'où $A \equiv D\ [9]$.

5. On a $A < 10\,000^{2013}$ et $10\,000^{2013} = 10^{8052}$ donc A a au plus 8 052 chiffres.

En effet, tout nombre inférieur à 10 a 1 chiffre, tout nombre inférieur à 100 a au plus 2 chiffres, …, tout nombre inférieur à 10^n a au plus n chiffres.

Arithmétique et applications CORRIGÉS

La somme des chiffres de A vaut donc au maximum 9×8052 puisque chaque chiffre de A vaut au plus 9. Donc $B \leq 72468$.
De même, puisque B a au plus 5 chiffres, $C \leq 9 \times 5$, soit $C \leq 45$.
Finalement, la somme des chiffres de C est maximale pour $C = 39$ donc $D \leq 12$.
Or, on a vu que $A \equiv 0\,[9]$ et que $D \equiv A\,[9]$, on en déduit que $D \equiv 0\,[9]$, ainsi, puisque $D \leq 12$, on a $D = 0$ ou $D = 9$; la somme des chiffres d'un nombre non nul étant non nulle, on a donc $D = 9$: la somme des chiffres de la somme des chiffres de la somme des chiffres de 2013^{2013} est 9.

5 ▸ L'auberge d'Euler

Tout d'abord, notons x le nombre d'adultes et y le nombre d'enfants. On a alors en traduisant l'énoncé : $19x + 13y = 1000$.
Pour résoudre cette équation diophantienne, trouvons-en une solution particulière :
on a $-2 \times 19 + 3 \times 13 = 39 - 38 = 1$ donc $-2000 \times 19 + 3000 \times 13 = 1000$ et le couple $(-2000\,;3000)$ est solution.

 On aurait pu utiliser l'algorithme d'Euclide :
$19 = 13 + 6$ et $13 = 2 \times 6 + 1$ donc $1 = 13 - 2 \times (19 - 13) = 3 \times 13 - 2 \times 19$ qui donne rapidement une solution (la même ici).

On a donc $19x + 13y = 1000 \Leftrightarrow 19x + 13y = -2000 \times 19 + 3000 \times 13$
$$\Leftrightarrow 19(x + 2000) = 13(3000 - y).$$
Or, si $19(x + 2000) = 13(3000 - y)$ alors 19 divise $13(3000 - y)$ donc, puisque 19 et 13 sont premiers entre eux, 19 divise $3000 - y$ d'après le théorème de Gauss ; il existe alors un entier k tel que $3000 - y = 19k$ et donc tel que $19(x + 2000) = 13 \times 19k$, soit tel que $y = 3000 - 19k$ et $x = 13k - 2000$.
Si nous voulons trouver toutes les solutions de l'équation sans tenir compte des contraintes de signe (x et y désignent un nombre de personnes), il faut vérifier que pour tout entier k, le couple $(13k - 2000\,;3000 - 19k)$ est solution de l'équation, ce qui est le cas puisque :
$19(13k - 2000) + 13(3000 - 19k) = 19 \times 13k - 19 \times 2000 + 13 \times 3000 - 13 \times 19k = 1000$.
Cherchons donc les solutions strictement positives :
$$\begin{cases} 13k - 2000 > 0 \\ 3000 - 19k > 0 \end{cases} \Leftrightarrow \frac{2000}{13} < k < \frac{3000}{19}.$$
Or $154 > \dfrac{2000}{13} > 153$ et $157 < \dfrac{3000}{19} < 158$, donc :
$$\begin{cases} 13k - 2000 > 0 \\ 3000 - 19k > 0 \end{cases} \Leftrightarrow k = 154,\ k = 155,\ k = 156 \text{ ou } k = 157.$$
De plus, on cherche les solutions positives $(x\,;y)$ telles que $y < x$:
$3000 - 19k < 13k - 2000$, soit $5000 < 32k$ ou encore $k > 156$.
Finalement, $k = 157$: il y avait 17 enfants (et 41 adultes).

6 Inverse modulaire et application

1. a. On a $-2 \times 23 + 1 \times 47 = 1$ donc le couple $(-2\,;1)$ est solution de (E).
b. Si $23x + 47y = 1$ alors $23x + 47y = -2 \times 23 + 1 \times 47$ puis $23(x+2) = 47(1-y)$; 23 divise donc $47(1-y)$: d'après le théorème de Gauss, 23 et 47 étant premiers entre eux, 23 divise $1-y$, il existe donc un entier k tel que $1-y = 23k$ et $23(x+2) = 47 \times 23k$ soit tel que $x = 47k - 2$ et $y = 1 - 23k$.
D'autre part, pour tout entier k, le couple $(47k - 2\,;1 - 23k)$ est solution de (E) puisque : $23(47k - 2) + 47(1 - 23k) = 23 \times 47k - 46 + 47 - 47 \times 23k = 1$.
L'ensemble des couples solutions de (E) est l'ensemble des couples $(47k - 2\,;1 - 23k)$ pour $k \in \mathbb{Z}$.
c. On a $23x \equiv 1\,[47]$ si, et seulement si, il existe $y \in \mathbb{Z}$ tel que $23x = 1 + 47y$.
Or, d'après la question précédente, $23x - 47y = 1$ si, et seulement si, il existe un entier k tel que $x = 47k - 2$ et $-y = 1 - 23k$, soit $y = 23k - 1$.
De plus, $1 \leq 47k - 2 \leq 46 \Leftrightarrow 3 \leq 47k \leq 48 \Leftrightarrow k = 1$, donc 45 est l'unique entier de $\mathcal{A}$ tel que $23x \equiv 1\,[47]$.

On peut d'ailleurs vérifier que $23 \times 45 = 1035 = 22 \times 47 + 1$.

2. a. Supposons que 47 divise ab, si 47 est premier avec a alors 47 divise b d'après le théorème de Gauss ; sinon, si 47 n'est pas premier avec a alors 47 divise a puisque 47 est un nombre premier, et finalement 47 divise bien a ou b.
b. Si $a^2 \equiv 1\,[47]$ alors $(a-1)(a+1) \equiv 0\,[47]$ donc d'après la question précédente, $a - 1 \equiv 0\,[47]$ ou $a + 1 \equiv 0\,[47]$ soit $a \equiv 1\,[47]$ ou $a \equiv -1\,[47]$.
3. a. Tout entier p de $\mathcal{A}$ est premier avec 47 donc d'après le théorème de Bézout, il existe un entier relatif q et un entier relatif v tels que $pq + 47v = 1$ d'où $pq \equiv 1\,[47]$.
b. On a $p = \text{inv}(p) \Leftrightarrow p \in \mathcal{A}$ et $p^2 \equiv 1\,[47]$.
Or, $p \in \mathcal{A}$ et $p^2 \equiv 1\,[47] \Leftrightarrow p \in \mathcal{A}$ et $p \equiv 1\,[47]$ ou $p \equiv -1\,[47]$ (voir la question **2. b.**, la réciproque étant évidente) donc $p = \text{inv}(p) \Leftrightarrow p = 1$ ou $p = 46$.
Soit alors un entier p de $\mathcal{A}$ différent de 1 et de 46, il existe alors un unique entier p' de $\mathcal{A}$ différent de 1, de 46 et de p tel que $pp' \equiv 1\,[47]$. Chaque entier de $\mathcal{A}$ compris entre 2 et 45 admet donc un inverse également compris entre 2 et 45, les deux nombres étant différents, et par unicité de l'inverse, on peut grouper les entiers de $\mathcal{A}$, différents de 1 et 46, deux par deux de manière à ce que leur produit fasse 1 modulo 47, donc $2 \times 3 \times \ldots \times 45 \equiv 1\,[47]$ et $46! \equiv 1 \times 46\,[47]$ soit $46! \equiv -1\,[47]$.

Ce résultat est un cas particulier du théorème de Wilson :
tout entier naturel $n > 1$ est premier si et seulement si $(n-1)! \equiv -1\,[n]$.

7 Étude d'un type d'équations diophantiennes de degré 2

Partie A. Étude de deux cas particuliers

1. On a $1^2 + 3^2 + 5^2 = 35$; $2^2 - 1 = 3$ et $35 \equiv 3\,[4]$ on a donc bien :
$$1^2 + 3^2 + 5^2 \equiv 2^2 - 1\,[2^2].$$

2. a. Le tableau ci-dessous donne le reste r de la division euclidienne de m par 8 et le reste R de la division euclidienne de m^2 par 8.

r	0	1	2	3	4	5	6	7
R	0	1	4	1	0	1	4	1

b. Si $x^2 + y^2 + z^2 \equiv 7\,[8]$ alors les restes R, S et T de x^2, y^2 et z^2 doivent vérifier $R + S + T \equiv 7\,[8]$. Si $R = 0$, $S + T = 7$ est impossible d'après le tableau précédent ; il en est de même si $R = 1$ et $R = 4$.
L'équation $x^2 + y^2 + z^2 \equiv 2^n - 1\,[2^n]$ n'admet donc pas de solutions pour $n = 3$.

Partie B

1. Soit $n \geq 3$, supposons qu'il existe trois entiers naturels x, y et z tels que $x^2 + y^2 + z^2 \equiv 2^n - 1\,[2^n]$.
Tout d'abord, remarquons que $2^n - 1$ est un nombre impair.
Si x, y et z sont tous pairs alors leurs carrés et la somme de leurs carrés sont pairs.
Si, parmi x, y et z, deux sont impairs et l'autre pair, alors le carré de chaque nombre impair est impair donc leur somme est paire et la somme des trois carrés est elle-même paire.

 Si un nombre x est impair alors il existe un entier k tel que $x = 2k + 1$, donc $x^2 = 4k^2 + 4k + 1$ est impair, ou plus rapidement, si $x \equiv 1\,[2]$ alors $x^2 \equiv 1\,[2]$.

Dans ces deux cas, x, y et z ne sont pas solutions de l'équation. Il s'en suit que les trois entiers naturels sont impairs ou que exactement deux d'entre eux sont pairs.

2. a. On a $x^2 + y^2 + z^2 \equiv 4q^2 + 4r^2 + 4s^2 + 4s + 1\,[4]$ donc $x^2 + y^2 + z^2 \equiv 1\,[4]$.

b. Si $x^2 + y^2 + z^2 \equiv 2^n - 1\,[2^n]$ alors il existe un entier k tel que $x^2 + y^2 + z^2 = 2^n k + 2^n - 1$, donc tel que $x^2 + y^2 + z^2 = 4(2^{n-2}k + 2^{n-2}) - 1$, et, puisque $n \geq 3$, $x^2 + y^2 + z^2 \equiv -1\,[4]$, ce qui contredit le résultat de la question précédente.

 L'inégalité $n \geq 3$ est cruciale pour pouvoir affirmer que $2^{n-2}k + 2^{n-2}$ est un entier et déduire que $x^2 + y^2 + z^2 \equiv -1\,[4]$.

3. a. Pour tout entier naturel k non nul, k ou $k + 1$ est pair donc $k^2 + k = k(k + 1)$ est divisible par 2.

b. Posons $x = 2q + 1$ alors $x^2 = 4q^2 + 4q + 1 = 4q(q + 1) + 1$. D'après ce qui précède, $q(q + 1)$ est pair donc $4q(q + 1) \equiv 0\,[8]$ et $x^2 \equiv 1\,[8]$.
De même on a $y^2 \equiv 1\,[8]$ et $z^2 \equiv 1\,[8]$ donc $x^2 + y^2 + z^2 \equiv 3\,[8]$.

c. Là encore, si $x^2 + y^2 + z^2 \equiv 2^n - 1\ [2^n]$ alors il existe un entier k tel que $x^2 + y^2 + z^2 = 2^n k + 2^n - 1$, donc tel que $x^2 + y^2 + z^2 = 8(2^{n-3}k + 2^{n-3}) - 1$, et, puisque $n \geqslant 3$, $x^2 + y^2 + z^2 \equiv -1\ [8]$, ce qui contredit le résultat de la question précédente.
Conclusion : pour $n > 2$ le problème proposé n'a pas de solution.

8 ▸ Vrai-Faux à justifier

a. Vrai. Pour tout $n \in \mathbb{N}$, on a $2^{2n} = 4^n$ et $4 \equiv 1\ [3]$ donc $4^n \equiv 1\ [3]$.

> On peut également faire une démonstration par récurrence.

b. Faux. Il suffit de donner un contre-exemple.
Si $x = 2$ alors $x^2 + x = 6$ donc $x^2 + x \equiv 0\ [6]$ mais $x \not\equiv 0\ [3]$.

> De plus, si $x(x+1) \equiv 0\ [6]$ on n'a pas forcément $x \equiv 0\ [6]$ ou $x + 1 \equiv 0\ [6]$, comme on le voit en prenant $x = 2$.

c. Faux. Là encore, il suffit de donner un contre-exemple. Le couple $(-1\,;-3)$ est solution de l'équation $12x - 5y = 3$ car $12 \times (-1) - 5 \times (-3) = 3$ mais il n'existe pas d'entier k tel que $-1 = 4 + 10k$ (car on obtient $k = \dfrac{1}{2}$).

> Attention ! Tous les couples $(4 + 10k\,; 9 + 24k)$ où $k \in \mathbb{Z}$ sont solutions de l'équation $12x - 5y = 3$ car $12(4 + 10k) - 5(9 + 24k) = 48 + 120k - 45 - 120k = 3$ mais ce ne sont pas les seuls. En fait on peut démontrer que les solutions entières de l'équation $12x - 5y = 3$ sont les couples $(4 + 5k\,; 9 + 12k)$ où $k \in \mathbb{Z}$.

d. Vrai. Soit d le PGCD de a et b alors il existe deux entiers a' et b' premiers entre eux tels que $a = da'$ et $b = db'$ et, si m est le PPCM de a et de b, on a $m = da'b'$.

> On a $md = ab$ d'où $md = da'db'$ puis $m = da'b'$.

Ainsi, $m - d = 1 \Leftrightarrow d(a'b' - 1) = 1 \Leftrightarrow d = 1$ et $a'b' - 1 = 1 \Leftrightarrow d = 1$ et $a'b' = 2$.
Finalement, $m - d = 1 \Leftrightarrow a = a' = 1$ et $b = b' = 2$ (car $a < b$). D'où l'existence et l'unicité du couple solution.

e. Vrai. On a $M = 100a + 10b + c$ et $N = 100b + 10c + a$,
or $100 \equiv 19\ [27]$, donc :
$M \equiv 0\ [27] \Leftrightarrow 19a + 10b + c \equiv 0\ [27] \Leftrightarrow c \equiv -19a - 10b\ [27]$.
Donc, si $M \equiv 0\ [27]$ alors $N \equiv 19b - 10(19a + 10b) + a\ [27]$ d'où $N \equiv -81b - 189a\ [27]$;
or, $189 \equiv 0\ [27]$ et $81 \equiv 0\ [27]$ donc $N \equiv 0\ [27]$ et $M - N \equiv 0\ [27]$.

15 Arithmétique et applications CORRIGÉS

f. Vrai. Soit $n \in \mathbb{N}$. Tout d'abord, si n n'est pas un multiple de 3 alors, $n+1$ ou $n-1$ est un multiple de 3 :
– si $n+1$ est multiple de 3 alors $a = (n+1)(2n^2 - 2n + 3)$ et $b = (n+1)(n-1)$ sont des multiples de 3 ;
– si $n-1$ est un multiple de 3 alors $2n(n-1) + 3$ est un multiple de 3 et donc $a = (n+1)(2n(n-1) + 3)$ et $b = (n-1)(n+1)$ sont des multiples de 3.

 On pourrait également raisonner en utilisant les congruences : par exemple, si $n \equiv 1\ [3]$, alors $a \equiv 2 \times 1^3 + 1 + 3\ [3]$ et $b \equiv 1^2 - 1\ [3]$, d'où $a \equiv 0\ [3]$ et $b \equiv 0\ [3]$.

De plus $a = 2n(n^2 - 1) + 3(n+1)$ donc $a - 2nb = 3(n+1)$ et le PGCD de a et de b divise $3(n+1)$. Or, a et b sont des multiples de 3 et de $n+1$ donc leur PGCD est un multiple de 3 et de $n+1$ qui divise $3(n+1)$, ce ne peut donc être que $(n+1)$ ou $3(n+1)$.

g. Faux. On a ici la somme des termes d'une suite géométrique de raison 2 (voir chapitre 2), d'où :
$$\sum_{i=1}^{4096} 2^i = \frac{1 - 2^{4096}}{1 - 2} = 2^{4096} - 1.$$
Or, $2^3 \equiv 1\ [7]$ et $4096 = 3 \times 1365 + 1$ donc $2^{4096} = (2^3)^{1365} \times 2$, ainsi $2^{4096} \equiv 1^{1365} \times 2\ [7]$. Finalement :
$$\sum_{i=1}^{4096} 2^i \equiv 1\ [7].$$

 PGCD de terme d'une suite

1. Pour tout $n \in \mathbb{N}$, $U_{n+1} - 2U_n = 2^{n+1} - 1 - 2^{n+1} + 2$ soit $U_{n+1} - 2U_n = 1$.
Donc, d'après le théorème de Bézout, le PGCD de U_{n+1} et de U_n est 1.

 Pour déterminer le PGCD de deux nombres a et b s'exprimant à l'aide d'un même paramètre, il est souvent utile d'essayer de trouver une combinaison linéaire de a et de b qui ne dépend pas du paramètre.

2. Pour tous entiers naturels n et p, $(2^n - 1)2^p + 2^p - 1 = 2^{n+p} - 2^p + 2^p - 1$, donc $U_n(U_p + 1) + U_p = U_{n+p}$.
Posons $d = \text{PGCD}(U_n; U_p)$ et $D = \text{PGCD}(U_{n+p}; U_p)$.
Le PGCD d de U_n et U_p divise toute combinaison linéaire entière de U_n et U_p donc il divise $U_n(U_p + 1) + U_p = U_{n+p}$: d est un diviseur commun à U_p et U_{n+p}, donc d est inférieur au PGCD D de U_p et U_{n+p}.
De même, D divise toute combinaison linéaire entière de U_p et U_{n+p} donc il divise $U_n = U_{n+p} - U_pU_n - U_p$: D est un diviseur commun à U_p et U_n, donc D est inférieur à d. Donc $d = D$ ou encore $\text{PGCD}(U_{n+p}; U_p) = \text{PGCD}(U_n; U_p)$.

3. Soit b et r deux entiers naturels.
Montrons par récurrence sur q que $\text{PGCD}(U_{bq+r}; U_b) = \text{PGCD}(U_b; U_r)$.
Si $q = 0$ alors $bq + r = r$ et évidemment $\text{PGCD}(U_r; U_b) = \text{PGCD}(U_b; U_r)$.

 Pour clarifier les choses on essaie pour $q = 1$: $\text{PGCD}(U_{b+r}; U_b) = \text{PGCD}(U_b; U_r)$ d'après la question 2.

Soit q un entier naturel, supposons que $\text{PGCD}(U_{bq+r}\,;U_b) = \text{PGCD}(U_b\,;U_r)$.
Alors $\text{PGCD}(U_{b(q+1)+r}\,;U_b) = \text{PGCD}(U_{bq+r},U_b)$ d'après la question **2.** et donc $\text{PGCD}(U_{b(q+1)r}\,;U_b) = \text{PGCD}(U_b\,;U_r)$ d'après l'hypothèse de récurrence.
On en déduit que pour tout entier naturel q, $\text{PGCD}(U_{bq+r}\,;U_b) = \text{PGCD}(U_b\,;U_r)$.
Ainsi, si r est le reste de la division euclidienne de a par b alors il existe un entier naturel q tel que $a = bq + r$ et donc $\text{PGCD}(U_a\,;U_b) = \text{PGCD}(U_b\,;U_r)$.
Le PGCD d de a et de b est le dernier reste r_n non nul des restes $r_0 = r, r_1, ..., r_n$ obtenus dans les divisions successives de l'algorithme d'Euclide, on a donc, en utilisant le résultat précédent :
$\text{PGCD}(U_a\,;U_b) = \text{PGCD}(U_b\,;U_{r_0}) = \text{PGCD}(U_{r_0}\,;U_{r_1}) = ... = \text{PGCD}(U_{r_{n-1}}\,;U_{r_n})$.
Or $r_n = d$ est le dernier reste non nul donc $\text{PGCD}(U_{r_{n-1}}\,;U_{r_n}) = \text{PGCD}(U_{r_n}\,;U_0)$ avec $U_0 = 0$, donc $\text{PGCD}(U_{r_n}\,;U_0) = U_d$.

 Puisque tout nombre entier divise 0, pour tout $m \in \mathbb{N}$: $\text{PGCD}(m\,;0) = m$.

On a donc $\text{PGCD}(U_a\,;U_b) = U_d$.

4. On a $2013 = 3 \times 11 \times 61$ et $2046 = 3 \times 11 \times 62$ donc $\text{PGCD}(2013\,;2046) = 33$.
Ainsi, $\text{PGCD}(2^{2013} - 1\,;2^{2046} - 1) = U_{33}$ avec $U_{33} = 2^{33} - 1 = 8\,589\,934\,591$.

 Puisque $2^{10} > 10^3$ alors $2^{2013} - 1 > 8 \times 10^{201} - 1$ et $2^{2046} - 1 > 6,4 \times 10^{205} - 1$: le nombre A a plus de 201 chiffres, et B plus de 205 chiffres !

De même $\text{PGCD}(2^A - 1\,;2^B - 1) = U_{\text{PGCD}(A\,;B)}$ avec $\text{PGCD}(A\,;B) = 8\,589\,934\,591$ donc $\text{PGCD}(2^A - 1\,;2^B - 1) = 2^{8\,589\,934\,591} - 1$.

10 ▶ Cube millésimé

1. Soit n et x des entiers naturels tels que $n \neq 0$ et $x \equiv 0\ [5^n]$, il existe donc un entier k tel que $x = k \times 5^n$, alors :
$(x+1)^5 - 1 = k^5 \times 5^{5n} + 5k^4 \times 5^{4n} + 10k^3 \times 5^{3n} + 10k^2 \times 5^{2n} + 5k \times 5^n$
$= 5^{n+1}(k^5 \times 5^{4n-1} + k^4 \times 5^{3n} + 2k^3 \times 5^{2n} + 2k^2 \times 5^n + k)$
et $(x+1)^5 - 1$ est divisible par 5^{n+1}.
Or, $2013 \equiv 3\ [5]$ et $3^4 \equiv 1\ [5]$ donc $2013^4 - 1 \equiv 0\ [5]$. On déduit de ce qui précède que $(2013^4 - 1 + 1)^5 - 1 \equiv 0\ [5^2]$, soit $2013^{20} - 1 \equiv 0\ [5^2]$, d'où l'on déduit de même que $(2013^{20})^5 - 1 \equiv 0\ [5^3]$, puis que $(2013^{100})^5 - 1 \equiv 0\ [5^4]$, soit $2013^{500} \equiv 1\ [625]$.

2. On a $2013 \equiv -3\ [16]$ et $(-3)^4 = 5 \times 16 + 1$ donc $2013^4 \equiv 1\ [16]$, puis $(2013^4)^{125} \equiv 1\ [16]$, soit $2013^{500} \equiv 1\ [16]$.
Il existe donc deux entiers k et k' tels que $2013^{500} - 1 = 625k = 16k'$. Mais 16 et 625 sont premiers entre eux, donc d'après le théorème de Gauss, 625 divise k' et donc $2013^{500} - 1$ est un multiple de $16 \times 625 = 10\,000$, d'où $2013^{500} \equiv 1\ [10\,000]$.

3. On a par exemple $(u\,;v) = (167\,;1)$ car $3 \times 167 = 1 + 500$.

4. On a montré que $2013^{500} \equiv 1\ [10\,000]$, et on a $(2013^{167})^3 = 2013 \times 2013^{500}$ donc $(2013^{167})^3 \equiv 2013 \times 1^{2013}\ [10\,000]$, donc l'entier $a = 2013^{167}$ est tel que $a^3 \equiv 2013\ [10\,000]$.

5. D'après l'énoncé :
$2013^3 = 815\,701 \times 10\,000 + 6197$ donc $2013^3 \equiv 6197\,[10\,000]$, de même, $6197^5 \equiv 757\,[10\,000]$ donc $(2013^3)^5 \equiv 757\,[10\,000]$ et $757^{11} \equiv 8493\,[10\,000]$ donc $((2013^3)^5)^{11} \equiv 8493\,[10\,000]$, soit $2013^{165} \equiv 8493\,[10\,000]$. Toujours d'après l'énoncé, $2013^2 \equiv 2169\,[10\,000]$ donc $2013^{167} \equiv 8493 \times 2169\,[10\,000]$, avec $8493 \times 2169 = 18\,421\,317$ donc $2013^{167} \equiv 1317\,[10\,000]$.
Ainsi, $1317^3 \equiv 2013\,[10\,000]$.
Il existe donc $k \in \mathbb{N}$ tel que $1317^3 = 10\,000k + 2013$, ce qui signifie que l'écriture décimale de 1317^3 se termine par 2013.

6. Le tableau suivant donne le dernier chiffre de x^3 suivant le dernier chiffre de x :

x	0	1	2	3	4	5	6	7	8	9
x^3	0	1	8	7	4	5	6	3	2	9

Puisque l'écriture décimale de x^3 se termine par 3, il faut que celle de x se termine par 7.

7. Le premier tableau donne les deux derniers chiffres du cube d'un nombre qui se termine par 7 suivant son avant-dernier chiffre, on voit qu'il faut que ce nombre se termine par 17 pour que son cube se termine par 13.
Le second tableau donne les trois derniers chiffres du cube d'un nombre qui se termine par 17, on voit que 1317 est le premier dont le cube se termine par 2013.

11 Cryptographie à clé publique

Partie A

1. On a $p = 11$ et $q = 23$ donc $n = 253$ et $m = 220$. On a évidemment $e = 3$.
Pour trouver d, on cherche l'entier naturel k le plus petit tel que $3d = 220k + 1$, comme $221 \not\equiv 0\,[3]$ et que $441 = 3 \times 147$, on a $d = 147$.

2. a. On a $148^3 = 12\,813 \times 253 + 103$ donc $148^3 \equiv 103\,[253]$, et, puisque $0 \leq 103 < 253$, on a $c = 103$.

b. Si $c' = 102$ alors $M'^3 \equiv 102\,[253]$.
Si M' est premier avec 11, on a, d'après le petit théorème de Fermat :
$M'^{10} \equiv 1\,[11]$ donc $M'^{220} \equiv 1\,[11]$.

On notera bien que cette justification utilise un théorème hors programme.

On en déduit que $M'^{3 \times 147} \equiv M'\,[11]$ puisque $3 \times 147 = 2 \times 220 + 1$ et on remarque que cette congruence est encore vraie pour M' multiple de 11.

Puisque 11 est un nombre premier, un nombre est premier avec 11 si, et seulement si, ce n'est pas un multiple de 11.

On montre de même que $M'^{3 \times 147} \equiv M'\,[23]$. Ainsi $M'^{3 \times 147} - M'$ est un multiple des nombres premiers 11 et 23, c'est donc un multiple de 11×23.
Finalement on a $M'^{3 \times 147} \equiv M'\,[253]$.
Mais, $M'^3 \equiv 102\,[253]$ donc $M' \equiv 102^{147}\,[253]$.
On a $147 = 128 + 16 + 2 + 1$ donc $102^{147} = 102^{128} \times 102^{16} \times 102^2 \times 102$
et $102^{147} \equiv 170 \times 234 \times 31 \times 102\,[253]$ d'où $102^{147} \equiv 97\,[253]$ soit $M' = 97$.

Partie B

1. Les termes de la suite S dont la somme est 16 sont 1, 2 et 13 et ce sont les seuls. Chaque terme de la suite est strictement supérieur à la somme de ceux qui éventuellement le précèdent, donc si $s \geq 13$, 13 figure dans la somme et la somme $s' = s - 13$ est strictement inférieure à 13 : $s' = 0$, $s' = 1$, $s' = 2$, $s' = 3$, $s' = 4$, $s' = 5$, $s' = 6$ ou $s' = 7$ et on vérifie que les termes qui permettent d'obtenir chacune de ces sommes sont définies de manière univoque.
Si $s < 13$, alors on peut lui appliquer le raisonnement fait pour s'.

En fait, ce résultat se généralise à toute somme partielle d'une suite « supercroissante », c'est-à-dire dont chaque terme est strictement supérieur à la somme des termes qui éventuellement le précèdent.

2. a. En multipliant par $k = 11$ les termes de la suite S, on obtient la suite $(11 ; 22 ; 44 ; 143)$, et en prenant les restes modulo $C = 32$, on obtient la suite $P = (11 ; 22 ; 12 ; 15)$.

b. Le quartet qui correspond à $N = 13$ est $u_1 u_2 u_3 u_4 = 1101$.
On a $(a ; b ; c ; d) = (11 ; 22 ; 12 ; 15)$ et $N' = u_1 a + u_2 b + u_3 c + u_4 d$, donc $N' = 11 + 22 + 15$, soit $N' = 48$.

3. Si $3t \equiv r\,[32]$ alors il existe un entier k tel que $3t = r + 32k$,
d'où $33t = 11r + 32 \times 11k$, puis $11r = t + 32(t - 11k)$ et donc $11r \equiv t\,[32]$.
Réciproquement, si $11r \equiv t\,[32]$ alors il existe un entier k tel que $11r = t + 32k$,
d'où $33r = 3t + 32 \times 3k$ puis $3t = r + 32(r - 3 \times k)$ donc $3t \equiv r\,[32]$.
Finalement on a montré que $3t \equiv r\,[32] \Leftrightarrow 11r \equiv t\,[32]$.

Pour démontrer une équivalence, il est parfois plus facile de démontrer une double implication. C'est ce que l'on a fait ici.

4. Si $N' = 48$ alors $3N' = 144$ et $144 \equiv 16\,[32]$ donc $R = 16$.
Or, $16 = 1 + 2 + 13$ donc $v_1 v_2 v_3 v_4 = 1101$ qui correspondent bien à 13.

5. Si $u_1 u_2 u_3 u_4$ est le quartet correspondant à N, alors $N' = u_1 a + u_2 b + u_3 c + u_4 d$ et donc $3N' = 3au_1 + 3bu_2 + 3cu_3 + 3du_4$ avec $a \equiv 11\,[32]$, $b \equiv 11 \times 2\,[32]$, $c \equiv 11 \times 4\,[32]$ et $d \equiv 11 \times 13\,[32]$ donc $3a \equiv 1\,[32]$, $3b \equiv 2\,[32]$, $3c \equiv 4\,[32]$ et $3d \equiv 13\,[32]$ puis $3N' \equiv u_1 + 2u_2 + 4u_4 + 13u_4\,[32]$, ce qui donne bien le quartet correspondant à N de manière univoque d'après la question **1**.

12 ▶ On trouve tout dans les puissances de 2 !

1. On a $2^0 = 1$; $2^1 = 2$; $2^5 = 32$; $2^{12} = 4\,096$; $2^9 = 512$; $2^6 = 64$;
$2^{46} = 70\,368\,744\,177\,664$; $2^3 = 8$, $2^{53} = 9\,007\,199\,254\,740\,992$ et $2^{10} = 1\,024$.

2. Pour tout $n \in \mathbb{N}^*$ et pour tout $m \in \mathbb{N}^*$, 2^n est pair et 5^m est impair donc $2^n \neq 5^m$ d'où $\ln 2^n \neq \ln 5^m$ puis $n\ln 2 \neq m\ln 5$ et $\dfrac{\ln 2}{\ln 5} \neq \dfrac{m}{n}$.

On rappelle que pour tous réels a et b strictement positifs on a : $\ln a = \ln b \Leftrightarrow a = b$.

Arithmétique et applications CORRIGÉS

3. a. La calculatrice donne arrondis au centième : $u_1 \approx 0{,}43$, $u_2 \approx 0{,}86$ et $u_3 \approx 0{,}29$.

b. Pour tout $x \in \mathbb{R}$, on a $E(x) \leq x < E(x) + 1$, donc si x n'est pas un entier, $x \neq E(x)$ et donc $E(x) < x < E(x) + 1$.
On en déduit que si $x \notin \mathbb{N}$: $0 < x - E(x) < 1$, or on a vu que pour tout $n \in \mathbb{N}^*$ et pour tout $m \in \mathbb{N}^*$, $\alpha \neq \dfrac{m}{n}$, ainsi $n\alpha$ n'est pas entier et $0 < n\alpha - E(n\alpha) < 1$, soit $u_n \in \,]0\,;1[$.

c. Soit n et m deux entiers naturels non nuls tels que $m > n$:
si $u_n = u_m$ alors $(m - n)\alpha = E(m\alpha) - E(n\alpha)$,
ce qui contredit le fait que α n'est pas un rationnel, donc pour tout $n \in \mathbb{N}^*$ et pour tout $m \in \mathbb{N}^*$, $u_n \neq u_m$.

d. On partage l'intervalle $[0\,;1]$ en 10 intervalles de la forme $]k \times 0{,}1\,;(k+1) \times 0{,}1]$ d'amplitude $0{,}1$. Un de ces intervalles contient au moins deux termes de la suite (sinon la suite ne contiendrait pas plus de 10 termes !) : il existe deux termes de la suite dans cet intervalle, notons les u_n et u_m avec $u_m > u_n$, on a alors $0 < u_m - u_n < 0{,}1$.

 De manière générale, si x, y, a et b sont des réels tels que $a < x \leq y \leq b$ alors $0 \leq y - x < b - a$.

Soit m et n ces deux entiers, on a :
$u_m - u_n = (m - n)\alpha - E(m\alpha) + E(n\alpha)$.
En posant $p = m - n$ et $q = E(m\alpha) - E(n\alpha)$, on déduit qu'il existe deux entiers p et q tels que $0 < p\alpha - q < 0{,}1$.
Puisque $m > n$, alors $p > 0$ et puisque $q > p\alpha - 0{,}1 \geq \dfrac{\ln 2}{\ln 5} - 0{,}1 > 0$, les entiers p et q trouvés sont bien strictement positifs.
On a alors : $q < p\dfrac{\ln 2}{\ln 5} < q + 0{,}1$, d'où $q \ln 5 < p \ln 2 < q \ln 5 + 0{,}1 \times \ln 5$ puis :
$\ln(5^q) < \ln(2^p) < \ln(5^q) + 0{,}1 \times \ln 5$ et finalement :
$5^q < 2^p < 5^q e^{0{,}1 \times \ln 5}$ soit $1 < \dfrac{2^p}{5^q} < e^{0{,}1 \times \ln 5}$.

4. a. Puisque $\lambda > 1$, on a $\lim\limits_{n \to +\infty} \lambda^n = +\infty$, ce qui implique que la suite de terme général λ^n dépasse N à partir d'un certain rang : il existe donc m entier naturel tel que $\lambda^m > N$.

b. Soit m le plus petit entier naturel tel que $\lambda^m > N$, on a donc $\lambda^{m-1} \leq N$, puis $\lambda^m \leq \lambda N < \left(1 + \dfrac{1}{N}\right)N$, d'où $\lambda^m < N + 1$.

5. Soit p et q des entiers naturels non nuls tels que $1 < \dfrac{2^p}{5^q} < 1 + \dfrac{1}{13\,579}$; d'après la question précédente, il existe un entier naturel m tel que $13\,579 < \left(\dfrac{2^p}{5^q}\right)^m < 13\,580$, ou encore $13\,579 < \dfrac{2^{mp}}{5^{mq}} < 13\,580$.
On en déduit que $13\,579 \times 5^{mq} < 2^{mp} < 13\,580 \times 5^{mq}$ puis que :
$$13\,579 \times 10^{mq} < 2^{mp+mq} < 13\,580 \times 10^{mq}.$$
Ce qui signifie que $2^{m(p+q)}$ commence par $13\,579$.

6. Pour tout entier naturel non nul N, on démontre de même qu'il existe p et q entiers naturels non nuls tels que $N < \dfrac{2^p}{5^q} < N + 1$ puis deux entiers naturels non nuls a et b tels que $N \times 10^b < 2^a < (N+1) \times 10^b$, ce qui signifie qu'il existe au moins une puissance de 2 qui commence par n'importe quel nombre !

CHAPITRE 16
Matrices, suites et applications

COURS

502	**I.**	Définitions et propriétés
502	**II.**	Sommes et produits de matrices
504	**III.**	Puissances entières de matrices carrées
504	**IV.**	Matrices carrées inversibles
505	POST BAC	Valeurs propres d'une matrice
506	POST BAC	Diagonalisation d'une matrice

MÉTHODES ET STRATÉGIES

507	**1**	Résoudre un système linéaire
508	**2**	Calculer la puissance d'une matrice à partir d'une matrice diagonale
510	**3**	Étudier une suite de matrices colonnes (U_n) définie par $U_{n+1} = AU_n + B$
511	**4**	Étudier une marche aléatoire

SUJETS DE TYPE BAC

513	**Sujet 1**	Entraînement au calcul matriciel
514	**Sujet 2**	Puissance n-ième d'une matrice
514	**Sujet 3**	Évolution d'une population
515	**Sujet 4**	Sauts de puce
516	**Sujet 5**	Étude d'une suite récurrente d'ordre 2
517	**Sujet 6**	Chiffre de Hill

SUJETS D'APPROFONDISSEMENT

519	**Sujet 7**	Impact d'une campagne publicitaire
520	**Sujet 8**	Pertinence d'une page web
521	**Sujet 9**	POST BAC Suites imbriquées
522	**Sujet 10**	POST BAC Exponentielle d'une matrice triangulaire

CORRIGÉS

523	**Sujets 1 à 6**
530	**Sujets 7 à 10**

COURS

Matrices, suites et applications

I. Définitions et propriétés

1. Coefficients, dimensions et ordre d'une matrice

Soit n et p deux entiers naturels non nuls.

▬ Une **matrice** M de dimension $n \times p$ (on dit aussi taille ou format $n \times p$) est une application qui, à tout couple d'entiers (i, j) tels que $1 \leq i \leq n$ et $1 \leq j \leq p$, associe un nombre m_{ij}.

▬ Le nombre m_{ij} est appelé **coefficient** de la matrice M que l'on note parfois (m_{ij}) et que l'on représente par un tableau de nombre à n lignes et p colonnes :

$$\begin{pmatrix} m_{11} & \cdots & m_{1p} \\ \vdots & \ddots & \vdots \\ m_{n1} & \cdots & m_{np} \end{pmatrix}$$

▬ Si $n = 1$, M est **une matrice ligne** ; si $p = 1$, M est une **matrice colonne** (parfois appelées vecteur ligne, vecteur colonne) ; si $p = n$, M est une **matrice carrée** d'ordre n.

▬ Soit A une matrice carrée d'ordre n de coefficients a_{ij} : on appelle **diagonale principale** de la matrice A les coefficients $a_{11}, a_{22}, \ldots, a_{nn}$.

2. Matrices carrées particulières

Soit n un entier naturel non nul.

▬ La **matrice nulle** d'ordre n est la matrice carrée d'ordre n dont tous les coefficients sont nuls, on la note 0_n.

▬ La **matrice identité** (ou matrice unité) d'ordre n, notée I_n, est la matrice carrée d'ordre n dont tous les coefficients de la diagonale sont égaux à 1 et dont tous les autres sont nuls.

▬ On appelle **matrice diagonale** toute matrice carrée dont tous les coefficients autres que ceux de la diagonale principale sont nuls.

▬ Une **matrice triangulaire** supérieure (respectivement inférieure) est une matrice carrée dont tous les coefficients situés en dessous (respectivement au-dessus) de la diagonale principale sont nuls.

II. Sommes et produits de matrices

1. Sommes de matrices, produit d'une matrice par un réel

Soit n et p des entiers naturels non nuls. Soit λ un réel, soit A et B des matrices de même dimension $n \times p$ ayant pour coefficients respectifs a_{ij} et b_{ij}.

▬ La **somme** des matrices A et B est la matrice notée $A + B$ de dimension $n \times p$ et de coefficients $s_{ij} = a_{ij} + b_{ij}$.

▬ Le **produit** de la matrice A par le réel λ est la matrice notée λA de dimension $n \times p$ et de coefficients $l_{ij} = \lambda a_{ij}$.

■ La matrice A' dont les coefficients sont $-a_{ij}$ est telle que $A + A'$ est la matrice nulle de dimension $n \times p$ (i.e. dont tous les coefficients sont nuls), on dit que A' est la matrice opposée de la matrice A, on la note $-A$ et on a $(-1) \times A = -A$.

2. Produits de matrices

■ Soit n un entier naturel non nul.
Le **produit** d'une matrice ligne $L = (a_1 a_2 \ldots a_n)$ de taille n par une matrice colonne
$C = \begin{pmatrix} b_1 \\ b_2 \\ \vdots \\ b_n \end{pmatrix}$ de taille n est la matrice de dimension 1×1 dont l'unique coefficient est
$c = a_1 b_1 + a_2 b_2 + \ldots + a_n b_n$.

■ Soit n, m et p des entiers naturels non nuls. Soit A et B des matrices de dimensions respectives $n \times m$ et $m \times p$ ayant pour coefficients a_{ij} et b_{ij}.
Le **produit** des matrices A et B est la matrice notée AB de dimension $n \times p$ et de coefficients : $c_{ij} = a_{i1} b_{1j} + a_{i2} b_{2j} + \ldots + a_{im} b_{mj}$.
En notant L_i la matrice ligne des coefficients de la i-ème ligne de A et C_j la matrice colonne des coefficients de la j-ème colonne de B, on a $(c_{ij}) = L_i \times C_j$: le coefficient de la i-ème ligne et de la j-ème de $A \times B$ s'obtient en « multipliant » la i-ème ligne de A par la j-ème colonne de B comme illustré ci-dessous :

$$\begin{pmatrix} a_{11} & \cdots & a_{1m} \\ \vdots & \vdots & \vdots \\ \boxed{a_{i1} \quad \cdots \quad a_{im}} \\ \vdots & \vdots & \vdots \\ a_{n1} & \cdots & a_{nm} \end{pmatrix} \begin{pmatrix} b_{11} & \cdots & b_{1j} & \cdots & b_{1p} \\ \vdots & \cdots & \vdots & \cdots & \vdots \\ b_{m1} & \cdots & b_{mj} & \cdots & b_{mp} \end{pmatrix}$$

En particulier :
• le produit d'une matrice A de dimension $n \times m$ par une matrice colonne C de taille m est la matrice colonne de coefficients $a_{i1} c_1 + a_{i2} c_2 + \ldots + a_{im} c_m$;
• le produit d'une matrice ligne B de taille m par une matrice A de dimension $m \times n$ est la matrice ligne de coefficients $a_{1j} b_1 + a_{2j} b_2 + \ldots + a_{mj} b_m$.

3. Propriétés

Soit A, B et C trois matrices carrées de même ordre et soit k et k' deux réels :
• $A + B = B + A$ et $A + (B + C) = (A + B) + C$;
• $(k + k')A = kA + k'A$, $k(A + B) = kA + kB$ et $(kk')A = k(k'A)$;
• $A(BC) = (AB)C$ et $(kA)B = A(kB) = k(AB)$;
• $A(B + C) = AB + AC$ et $(A + B)C = AC + BC$.
• En général $AB \neq BA$; on dit des matrices pour lesquelles l'égalité est vérifiée, qu'elles commutent. Les matrices identités et nulles commutent avec toutes les matrices de même ordre.

Remarque On peut avoir $AB = 0_n$ (la matrice nulle) sans que ni A ni B ne soit nulle.

III. Puissances entières de matrices carrées

1. Définition

Soit n un entier naturel non nul. Soit p un entier, $p \geqslant 2$, et A une matrice carrée d'ordre n. On note A^p le produit de p matrices égales à A, on pose $A^1 = A$ et, si A n'est pas la matrice nulle, $A^0 = I_n$.

Remarque Si D est une matrice diagonale de coefficients diagonaux d_i alors D^p est la matrice diagonale de coefficients diagonaux d_i^p (ceci se démontre aisément par récurrence).

2. Propriétés

Soit un entier naturel n non nul. Soit A et B deux matrices carrées d'ordre n.
Soit m et p deux entiers naturels non nuls.

- $A^m A^p = A^{m+p}$ et $\left(A^m\right)^p = A^{mp}$.
- En général : $(AB)^n \neq A^n B^n$ et $(A+B)^2 \neq A^2 + 2AB + B^2$.
  Mais, si A et B commutent : $(AB)^n = A^n B^n$ et $(A+B)^2 = A^2 + 2AB + B^2$.

IV. Matrices carrées inversibles

Définition Soit un entier naturel n non nul. Une matrice carrée A d'ordre n est **inversible** si et seulement s'il existe une matrice carrée B d'ordre n telle que : $BA = AB = I_n$. La matrice B est unique : c'est la matrice inverse de A, on la note A^{-1}.

Propriétés

Soit un entier naturel n non nul. Soit A et B deux matrices carrées d'ordre n.

- Si A est inversible alors A^{-1} est inversible et $\left(A^{-1}\right)^{-1} = A$.
- Si A et B sont inversibles alors la matrice AB est inversible et $(AB)^{-1} = B^{-1} A^{-1}$.
- On a de plus : si $AB = I_n$ alors $BA = I_n$: A est inversible et $A^{-1} = B$.

Valeurs propres d'une matrice

> Voir les exercices 9 et 10.

Définition Soit un entier naturel n non nul. Soit A une matrice carrée d'ordre n.
On dit qu'un réel λ est une valeur propre de la matrice A si et seulement s'il existe une matrice colonne de taille n non nulle X telle $AX = \lambda X$.
Une matrice carrée d'ordre 2 admet au plus 2 valeurs propres.

Étude des matrices carrées d'ordre 2

Soit $A = \begin{pmatrix} a & b \\ c & d \end{pmatrix}$ une matrice carrée d'ordre 2 et soit $X = \begin{pmatrix} x \\ y \end{pmatrix}$ une matrice colonne non nulle.

Pour tout réel λ, on a $AX = \lambda x \Leftrightarrow \begin{cases} ax + by = \lambda x \\ cx + dy = \lambda y \end{cases}$

$$\Leftrightarrow \begin{cases} (a-\lambda)x + by = 0 \\ cx + (d-\lambda) = 0 \end{cases}$$

On est donc ramené à déterminer pour quel(s) réel(s) λ ce dernier système admet au moins une solution non nulle.

Exemple On considère la matrice $A = \begin{pmatrix} 1 & 4 \\ 1 & 1 \end{pmatrix}$. Soit λ un réel et $X = \begin{pmatrix} x \\ y \end{pmatrix}$ une matrice colonne non nulle :

$$\begin{pmatrix} 1 & 4 \\ 1 & 1 \end{pmatrix}\begin{pmatrix} x \\ y \end{pmatrix} = \lambda \begin{pmatrix} x \\ y \end{pmatrix} \Leftrightarrow \begin{cases} (1-\lambda)x + 4y = 0 \\ x + (1-\lambda)y = 0 \end{cases}$$

$$\Leftrightarrow \begin{cases} x = -(1-\lambda)y \\ -(1-\lambda)^2 y + 4y = 0 \end{cases}$$

$$\Leftrightarrow \begin{cases} x = -(1-\lambda)y \\ (4-(1-\lambda)^2)y = 0 \end{cases}$$

$$\Leftrightarrow \begin{cases} x = -(1-\lambda)y \\ 4-(1-\lambda)^2 = 0 \end{cases} \text{ ou } \begin{cases} x = -(1-\lambda)y \\ y = 0 \end{cases}$$

Or, $\begin{cases} x = -(1-\lambda)y \\ y = 0 \end{cases} \Leftrightarrow x = y = 0$ et X est non nulle donc $AX = \lambda X \Leftrightarrow \begin{cases} x = -(1-\lambda)y \\ 4-(1-\lambda)^2 = 0 \end{cases}$

De plus, $4 - (1-\lambda)^2 = (1+\lambda)(3-\lambda)$ d'où $4-(1-\lambda)^2 = 0 \Leftrightarrow \lambda = 3$ ou $\lambda = -1$.

Ainsi, $AX = \lambda X \Leftrightarrow \begin{cases} x = 2y \\ \lambda = 3 \end{cases}$ ou $\begin{cases} x = -2y \\ \lambda = -1 \end{cases}$.

On a donc (par exemple) $A\begin{pmatrix} 2 \\ 1 \end{pmatrix} = 3\begin{pmatrix} 2 \\ 1 \end{pmatrix}$ et $A\begin{pmatrix} -2 \\ 1 \end{pmatrix} = -\begin{pmatrix} -2 \\ 1 \end{pmatrix}$: la matrice A admet deux valeurs propres -1 et 3.

Diagonalisation d'une matrice

> Voir les exercices 9 et 10.

Définition Une matrice carrée A est dite **diagonalisable** si et seulement s'il existe une matrice carrée P inversible et une matrice carrée D diagonale (de même ordre que A) telles que $D = P^{-1}AP$.

Théorème Soit A une matrice carrée A d'ordre 2. S'il existe deux matrices colonnes $U = \begin{pmatrix} u_1 \\ u_2 \end{pmatrix}$ et $V = \begin{pmatrix} v_1 \\ v_2 \end{pmatrix}$ non proportionnelles et deux réels α et β (non nécessairement différents) tels que $AU = \alpha U$ et $AV = \beta V$ alors la matrice A est diagonalisable, la matrice $P = \begin{pmatrix} u_1 & v_1 \\ u_2 & v_2 \end{pmatrix}$ est inversible et $P^{-1}AP$ est la matrice diagonale $D = \begin{pmatrix} \alpha & 0 \\ 0 & \beta \end{pmatrix}$.

Démonstration Posons $A = \begin{pmatrix} a & b \\ c & d \end{pmatrix}$, on a :

$$PD = \begin{pmatrix} u_1 & v_1 \\ u_2 & v_2 \end{pmatrix}\begin{pmatrix} \alpha & 0 \\ 0 & \beta \end{pmatrix} = \begin{pmatrix} \alpha u_1 & \beta v_1 \\ \alpha u_2 & \beta v_2 \end{pmatrix}$$

et $AP = \begin{pmatrix} a & b \\ c & d \end{pmatrix}\begin{pmatrix} u_1 & v_1 \\ u_2 & v_2 \end{pmatrix} = \begin{pmatrix} au_1 + bu_2 & av_1 + bv_2 \\ cu_1 + du_2 & cv_1 + dv_2 \end{pmatrix}$.

Or $\begin{pmatrix} a & b \\ c & d \end{pmatrix}\begin{pmatrix} u_1 \\ u_2 \end{pmatrix} = \alpha \begin{pmatrix} u_1 \\ u_2 \end{pmatrix}$ et $\begin{pmatrix} a & b \\ c & d \end{pmatrix}\begin{pmatrix} v_1 \\ v_2 \end{pmatrix} = \beta \begin{pmatrix} v_1 \\ v_2 \end{pmatrix}$ donc :

$\begin{pmatrix} au_1 + bu_2 & av_1 + bv_2 \\ cu_1 + du_2 & cv_1 + dv_2 \end{pmatrix} = \begin{pmatrix} \alpha u_1 & \beta v_1 \\ \alpha u_2 & \beta v_2 \end{pmatrix}$, soit $AP = PD$.

Finalement, en admettant que P est inversible, on a $P^{-1}AP = D$.

MÉTHODES ET STRATÉGIES

1. Résoudre un système linéaire

> Voir les exercices 6 et 8 mettant en œuvre cette méthode.

Méthode

Soit n un entier, $n \geqslant 2$; pour i et j compris entre 1 et n, a_{ij} et b_i sont des réels donnés. On considère un système d'équations linéaires « à n équations et n inconnues $x_1, x_2, ..., x_n$ » :

$$(S) : \begin{cases} a_{11}x_1 + a_{12}x_2 + ... + a_{1n}x_n = b_1 \\ a_{21}x_1 + a_{22}x_2 + ... + a_{2n}x_n = b_2 \\ ... \\ a_{n1}x_1 + a_{n2}x_2 + ... + a_{nn}x_n = b_n \end{cases}$$

> **Étape 1 :** considérer la matrice carrée A d'ordre n de coefficients a_{ij}, les matrices colonnes $X = \begin{pmatrix} x_1 \\ x_2 \\ \vdots \\ x_n \end{pmatrix}$ et $B = \begin{pmatrix} b_1 \\ b_2 \\ \vdots \\ b_n \end{pmatrix}$ puis remarquer que le système (S) équivaut à $AX = B$.

> **Étape 2 :** déterminer dans le cas où la matrice A est inversible, éventuellement à l'aide d'une calculatrice ou d'un logiciel de calcul formel, la matrice A^{-1}.

> **Étape 3 :** montrer que $AX = B \Leftrightarrow X = A^{-1}B$.

> **Étape 4 :** calculer $A^{-1}B$ et conclure.

Exemple

Résoudre le système linéaire (S) : $\begin{cases} 3x + y + z - t = 0 \\ 2x - y + z + 3t = 3 \\ -x - y + 2z - t = -1 \\ -2x + y + z + t = -5 \end{cases}$

Application

> **Étape 1 :** on a $\begin{cases} 3x + y + z - t = 0 \\ 2x - y + z + 3t = 3 \\ -x - y + 2z - t = -1 \\ -2x + y + z + t = -5 \end{cases} \Leftrightarrow \begin{pmatrix} 3 & 1 & 1 & -1 \\ 2 & -1 & 1 & 3 \\ -1 & -1 & 2 & -1 \\ -2 & 1 & 1 & 1 \end{pmatrix} \begin{pmatrix} x \\ y \\ z \\ t \end{pmatrix} = \begin{pmatrix} 0 \\ 3 \\ -1 \\ -5 \end{pmatrix}$.

Donc si $A = \begin{pmatrix} 3 & 1 & 1 & -1 \\ 2 & -1 & 1 & 3 \\ -1 & -1 & 2 & -1 \\ -2 & 1 & 1 & 1 \end{pmatrix}$, $X = \begin{pmatrix} x \\ y \\ z \\ t \end{pmatrix}$ et $B = \begin{pmatrix} 0 \\ 3 \\ -1 \\ -5 \end{pmatrix}$, on a $(S) \Leftrightarrow AX = B$.

> **Étape 2 :** la calculatrice donne :

$$\begin{pmatrix} 3 & 1 & 1 & -1 \\ 2 & -1 & 1 & 3 \\ -1 & -1 & 2 & -1 \\ -2 & 1 & 1 & 1 \end{pmatrix}^{-1} = \begin{pmatrix} \frac{1}{6} & \frac{1}{12} & -\frac{1}{18} & -\frac{5}{36} \\ \frac{1}{4} & -\frac{1}{8} & -\frac{1}{4} & \frac{3}{8} \\ \frac{1}{6} & \frac{1}{12} & \frac{5}{18} & \frac{7}{36} \\ -\frac{1}{12} & \frac{5}{24} & -\frac{5}{36} & \frac{11}{72} \end{pmatrix}$$

Montrant par là-même que la matrice A est inversible.

> **Étape 3 :** on a : $AX = B \Leftrightarrow A^{-1}AX = A^{-1}B \Leftrightarrow X = A^{-1}B$.

> **Étape 4 :** or, $\begin{pmatrix} \frac{1}{6} & \frac{1}{12} & -\frac{1}{18} & -\frac{5}{36} \\ \frac{1}{4} & -\frac{1}{8} & -\frac{1}{4} & \frac{3}{8} \\ \frac{1}{6} & \frac{1}{12} & \frac{5}{18} & \frac{7}{36} \\ -\frac{1}{12} & \frac{5}{24} & -\frac{5}{36} & \frac{11}{72} \end{pmatrix} \begin{pmatrix} 0 \\ 3 \\ -1 \\ -5 \end{pmatrix} = \begin{pmatrix} 1 \\ -2 \\ -1 \\ 0 \end{pmatrix}$, donc $X = \begin{pmatrix} 1 \\ -2 \\ -1 \\ 0 \end{pmatrix}$.

On en déduit que $\begin{cases} 3x + y + z - t = 0 \\ 2x - y + z + 3t = 3 \\ -x - y + 2z - t = -1 \\ -2x + y + z + t = -5 \end{cases} \Leftrightarrow (x\,;\,y\,;\,z\,;\,t) = (1\,;\,-2\,;\,-1\,;\,0)$.

Le système (S) admet donc pour unique solution le quadruplet $(1\,;\,-2\,;\,-1\,;\,0)$.

Calculer la puissance d'une matrice à partir d'une matrice diagonale

> Voir les exercices 1, 2, 3, 5, 7 et 9 mettant en œuvre cette méthode.

Méthode

Soit n un entier naturel non nul et des matrices A, D et P d'ordre n telles que P soit inversible et $D = P^{-1}AP$ soit une matrice diagonale. Soit p un entier naturel non nul pour lequel on désire calculer A^p.

> **Étape 1 :** on détermine P^{-1} et on vérifie que $P^{-1}AP$ est diagonale.

> **Étape 2 :** on démontre par récurrence que pour tout $p \in \mathbb{N}^*$, $A^p = PD^pP^{-1}$.

> **Étape 3 :** on donne D^p dont les coefficients sont aisés à calculer.

> **Étape 4 :** on calcule finalement PD^pP^{-1} pour obtenir les coefficients de A^p.

Exemple

On considère les matrices $A = \begin{pmatrix} 2 & -3 & 0 \\ 0 & -1 & 0 \\ -4 & 6 & 0 \end{pmatrix}$, $P = \begin{pmatrix} 1 & 0 & 1 \\ 1 & 0 & 0 \\ -2 & 1 & -2 \end{pmatrix}$ et $Q = \begin{pmatrix} 0 & 1 & 0 \\ 2 & 0 & 1 \\ 1 & -1 & 0 \end{pmatrix}$.

Montrer que $Q = P^{-1}$ et calculer $\Delta = QAP$. Montrer que pour tout $n \in \mathbb{N}^*$, $A^n = P\Delta^n Q$ et donner la deuxième colonne de la matrice A^{2014}.

Application

> **Étape 1 :** on a $\begin{pmatrix} 1 & 0 & 1 \\ 1 & 0 & 0 \\ -2 & 1 & -2 \end{pmatrix} \begin{pmatrix} 0 & 1 & 0 \\ 2 & 0 & 1 \\ 1 & -1 & 0 \end{pmatrix} = \begin{pmatrix} 1 & 0 & 0 \\ 0 & 1 & 0 \\ 0 & 0 & 1 \end{pmatrix}$ donc P est inversible et $P^{-1} = Q$.

On a $\begin{pmatrix} 0 & 1 & 0 \\ 2 & 0 & 1 \\ 1 & -1 & 0 \end{pmatrix} \begin{pmatrix} 2 & -3 & 0 \\ 0 & -1 & 0 \\ -4 & 6 & 0 \end{pmatrix} \begin{pmatrix} 1 & 0 & 1 \\ 1 & 0 & 0 \\ -2 & 1 & -2 \end{pmatrix} = \begin{pmatrix} -1 & 0 & 0 \\ 0 & 0 & 0 \\ 0 & 0 & 2 \end{pmatrix}$.

Donc $P^{-1}AP$ est la matrice diagonale $\Delta = \begin{pmatrix} -1 & 0 & 0 \\ 0 & 0 & 0 \\ 0 & 0 & 2 \end{pmatrix}$.

> **Étape 2 :** démontrons par récurrence que pour tout entier naturel non nul, $A^n = P\Delta^n Q$.
Tout d'abord $P^{-1}AP = \Delta$ donc $PP^{-1}AP = P\Delta$ soit $AP = P\Delta$ puis $APP^{-1} = P\Delta P^{-1}$ et finalement $A = P\Delta P^{-1}$, la proposition est donc vraie pour $n = 1$.
Supposons alors que pour un entier naturel n non nul, $A^n = P\Delta^n P^{-1}$;
alors $A^{n+1} = A^n A$ donc $A^{n+1} = (P\Delta^n P^{-1})(P\Delta P^{-1})$
puis $A^{n+1} = P\Delta^n P^{-1} P\Delta P^{-1} = P\Delta^n \times \Delta P^{-1}$ et finalement $A^{n+1} = P\Delta^{n+1} P^{-1}$.
Ainsi, pour tout $n \in \mathbb{N}^*$, $A^n = P\Delta^n P^{-1} = P\Delta^n Q$.

> **Étape 3 :** puisque $\Delta = \begin{pmatrix} -1 & 0 & 0 \\ 0 & 0 & 0 \\ 0 & 0 & 2 \end{pmatrix}$, pour tout $n \in \mathbb{N}^*$, $\Delta^n = \begin{pmatrix} (-1)^n & 0 & 0 \\ 0 & 0 & 0 \\ 0 & 0 & 2^n \end{pmatrix}$.

> **Étape 4 :** on a $\begin{pmatrix} 1 & 0 & 1 \\ 1 & 0 & 0 \\ -2 & 1 & -2 \end{pmatrix} \begin{pmatrix} (-1)^n & 0 & 0 \\ 0 & 0 & 0 \\ 0 & 0 & 2^n \end{pmatrix} = \begin{pmatrix} (-1)^n & 0 & 2^n \\ (-1)^n & 0 & 0 \\ -2(-1)^n & 0 & -2 \times 2^n \end{pmatrix}$

et $\begin{pmatrix} (-1)^n & 0 & 2^n \\ (-1)^n & 0 & 0 \\ -2(-1)^n & 0 & -2 \times 2^n \end{pmatrix} \begin{pmatrix} 0 & 1 & 0 \\ 2 & 0 & 1 \\ 1 & -1 & 0 \end{pmatrix} = \begin{pmatrix} 2^n & -2^n + (-1)^n & 0 \\ 0 & (-1)^n & 0 \\ -2 \times 2^n & 2 \times 2^n - 2(-1)^n & 0 \end{pmatrix}$

donc la deuxième colonne de A^{2014} est $\begin{pmatrix} 1 - 2^{2014} \\ 1 \\ 2^{2015} - 2 \end{pmatrix}$.

3 Étudier une suite de matrices colonnes (U_n) définie par $U_{n+1} = AU_n + B$

> Voir les exercices 3, 4, 5, 7 et 9 mettant en œuvre cette méthode.

Méthode
Soit n un entier naturel non nul, une matrice carré A d'ordre n, une matrice colonne B de taille n et une suite (U_n) de matrices colonnes de taille n vérifiant $U_{n+1} = AU_n + B$. On souhaite exprimer U_n en fonction de n et U_0 puis déterminer le comportement de la suite (U_n) lorsque n devient grand.

> **Étape 1 :** on utilise une suite auxiliaire de matrices colonnes (V_n) donnée par l'énoncé dont on montre qu'elle vérifie pour tout entier n, $V_{n+1} = AV_n$, pour cela, on peut se référer à la méthode 4 du chapitre 2.

> **Étape 2 :** on démontre par récurrence que pour tout entier n, $V_n = A^n V_0$.

> **Étape 3 :** on obtient U_n en fonction de V_n en utilisant la relation entre U_n et V_n utilisée à l'étape 1.

> **Étape 4 :** si la suite (U_n) converge (dans le sens où chacune des suites définies par ses coefficients convergent), alors sa limite est la matrice colonne U telle que $AU + B = U$.

Exemple
On considère les suites imbriquées (u_n) et (v_n) définies par $u_0 = 0$, $v_0 = 10$ et pour tout $n \in \mathbb{N}$, $\begin{cases} u_{n+1} = 2u_n + v_n + 3 \\ v_{n+1} = u_n - v_n \end{cases}$.

Pour tout $n \in \mathbb{N}$, on pose $U_n = \begin{pmatrix} u_n \\ v_n \end{pmatrix}$.

a. Déterminer la matrice A d'ordre 2 et la matrice colonne B telles que pour tout $n \in \mathbb{N}$, $U_{n+1} = AU_n + B$.
b. Montrer qu'il existe une matrice C telle que $AC + B = C$, puis montrer alors que si, pour tout $n \in \mathbb{N}$, $V_n = U_n - C$ alors on a pour tout $n \in \mathbb{N}$, $V_n = A^n V_0$.
c. Déterminer alors U_n en fonction de A et de n.

Application
> **Étape 1 : a.** On a pour tout $n \in \mathbb{N}$, $\begin{pmatrix} u_{n+1} \\ v_{n+1} \end{pmatrix} = \begin{pmatrix} 2u_n + v_n \\ u_n - v_n \end{pmatrix} + \begin{pmatrix} 3 \\ 0 \end{pmatrix}$, donc si $A = \begin{pmatrix} 2 & 1 \\ 1 & -1 \end{pmatrix}$ et $B = \begin{pmatrix} 3 \\ 0 \end{pmatrix}$, on a $U_{n+1} = AU_n + B$.

b. On a $AC + B = C \Leftrightarrow (I_2 - A)C = B$, avec $I_2 - A = \begin{pmatrix} -1 & -1 \\ -1 & 2 \end{pmatrix}$ (I_2 est la matrice identité d'ordre 2). La calculatrice donne la matrice $I_2 - A$ inversible avec $(I_2 - A)^{-1} = \dfrac{1}{3}\begin{pmatrix} -2 & -1 \\ -1 & 1 \end{pmatrix}$

et $C = (I_2 - A)^{-1} B = \begin{pmatrix} -1 & -1 \\ -1 & 2 \end{pmatrix}^{-1} \begin{pmatrix} 3 \\ 0 \end{pmatrix} = \begin{pmatrix} -2 \\ -1 \end{pmatrix}$.

On a alors pour tout $n \in \mathbb{N}$, $U_{n+1} - C = (AU_n + B) - (AC + B)$, d'où $V_{n+1} = AU_n - AC$, soit $V_{n+1} = AV_n$.

> **Étape 2 :** on démontre par récurrence que pour tout $n \in \mathbb{N}$, $V_n = A^n V_0$.
Tout d'abord, puisque A n'est pas la matrice nulle, $A^0 = I_2$ et donc $V_0 = A^0 V_0$: la relation est vérifiée pour $n = 0$.
Supposons que pour un entier naturel n, $V_n = A^n V_0$, alors, puisque $V_{n+1} = AV_n$, on a $V_{n+1} = AA^n V_0$, soit $V_{n+1} = A^{n+1} V_0$.
Le principe de récurrence nous permet de conclure que pour tout $n \in \mathbb{N}$, $V_n = A^n V_0$.

> **Étape 3 : c.** Pour tout $n \in \mathbb{N}$, on a $V_n = U_n - C$ donc $U_n = V_n + C$ puis $U_n = A^n V_0 + C$, avec $V_0 = U_0 - C = \begin{pmatrix} 0 \\ 10 \end{pmatrix} - \begin{pmatrix} -2 \\ -1 \end{pmatrix} = \begin{pmatrix} 2 \\ 11 \end{pmatrix}$.

4 Étudier une marche aléatoire

> Voir les exercices 6 et 7 mettant en œuvre cette méthode.

Méthode
Soit un entier naturel non nul n, et soit une marche aléatoire sur n sommets. Il s'agit de déterminer une matrice de transition qui décrit cette marche aléatoire et de l'utiliser pour étudier l'état du système à chaque étape et à long terme.

> **Étape 1 :** après avoir numéroté les sommets, on détermine la matrice de transition A de la marche aléatoire, c'est-à-dire la matrice dont les coefficients a_{ij} sont les probabilités de transition du sommet j vers le sommet i. On a alors, en notant X_n la matrice colonne dont les coefficients sont les probabilités x_i d'être au sommet i après n pas, $X_{n+1} = AX_n$ et la somme des coefficients de chaque colonne de A est égale à 1.
Attention ! Si les états sont notés par des matrices lignes X'_n, la matrice de transition A' a pour coefficients a'_{ij} les probabilités de transition du sommet i vers le sommet j et la somme des coefficients de chaque ligne vaut 1 et on a $X'_{n+1} = X'_n A'$.

> **Étape 2 :** on détermine l'état stable, c'est-à-dire la matrice colonne S telle que $AS = S$. On utilisera pour cela que la somme des coefficients de S vaut 1.

> **Étape 3 :** on en déduit que si les matrices X_n convergent, c'est vers S. Ce qui est d'ailleurs le cas lorsque tous les coefficients de A sont strictement positifs.

Exemple
Un prestidigitateur manipule 3 gobelets alignés : l'un contient une balle, les deux autres sont vides. À chaque manipulation, il inverse les deux gobelets de gauche avec une probabilité de $\frac{1}{3}$ ou les deux gobelets de droite avec une probabilité de $\frac{2}{3}$.
Au départ, la balle se trouve dans le gobelet de gauche et les mouvements de la balle sont ainsi représentés par le graphe suivant où les sommets G, C et D représentent respectivement les gobelets de gauche, du centre et de droite :

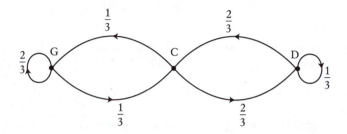

En admettant que la matrice colonne des probabilités de présence sur un sommet converge, que peut-on dire de la position de la balle au bout d'un grand nombre de manipulations ?

Application

> **Étape 1 :** on numérote les sommets de gauche à droite, on appelle A la matrice de transition. On note X_n la matrice colonne dont les coefficients sont les probabilités g_n, c_n et d_n d'être au sommet G, C ou D après n pas.

Alors $A = \begin{pmatrix} \frac{2}{3} & \frac{1}{3} & 0 \\ \frac{1}{3} & 0 & \frac{2}{3} \\ 0 & \frac{2}{3} & \frac{1}{3} \end{pmatrix}$, $X_0 = \begin{pmatrix} 1 \\ 0 \\ 0 \end{pmatrix}$ et $\begin{pmatrix} g_{n+1} \\ c_{n+1} \\ d_{n+1} \end{pmatrix} = \begin{pmatrix} \frac{2}{3} & \frac{1}{3} & 0 \\ \frac{1}{3} & 0 & \frac{2}{3} \\ 0 & \frac{2}{3} & \frac{1}{3} \end{pmatrix} \begin{pmatrix} g_n \\ c_n \\ d_n \end{pmatrix}$.

> **Étape 2 :** cherchons s'il existe une matrice colonne $S = \begin{pmatrix} a \\ b \\ c \end{pmatrix}$ de taille 3 telle que

$\begin{pmatrix} \frac{2}{3} & \frac{1}{3} & 0 \\ \frac{1}{3} & 0 & \frac{2}{3} \\ 0 & \frac{2}{3} & \frac{1}{3} \end{pmatrix} \begin{pmatrix} a \\ b \\ c \end{pmatrix} = \begin{pmatrix} a \\ b \\ c \end{pmatrix}$. On a $\begin{pmatrix} \frac{2}{3} & \frac{1}{3} & 0 \\ \frac{1}{3} & 0 & \frac{2}{3} \\ 0 & \frac{2}{3} & \frac{1}{3} \end{pmatrix} \begin{pmatrix} a \\ b \\ c \end{pmatrix} = \begin{pmatrix} a \\ b \\ c \end{pmatrix} \Leftrightarrow \begin{cases} \frac{2}{3}a + \frac{1}{3}b = a \\ \frac{1}{3}a + \frac{2}{3}c = b \\ \frac{2}{3}b + \frac{1}{3}c = c \end{cases} \Leftrightarrow \begin{cases} b = a \\ c = a. \\ b = c \end{cases}$

Puisque $a + b + c = 1$, (la balle se trouve en un des trois sommets, donc la somme des probabilités vaut 1) on a $a = b = c = \frac{1}{3}$ et $S = \begin{pmatrix} \frac{1}{3} \\ \frac{1}{3} \\ \frac{1}{3} \end{pmatrix}$.

> **Étape 3 :** on en déduit qu'au bout d'un grand nombre de manipulations, la balle se trouve de manière équiprobable dans l'un des trois gobelets.

Matrices, suites et applications SUJETS DE TYPE BAC

SUJETS DE TYPE BAC

1 ## Entraînement au calcul matriciel

45 min

Cet exercice est un bon entraînement au calcul matriciel et se présente sous la forme d'un vrai-faux. Il montre les similitudes mais aussi les différences entre le calcul dans les ensembles de nombres et le calcul matriciel. Il est donc nécessaire de bien maîtriser les méthodes utilisées dans cet exercice pour pouvoir aborder sereinement les suivants.

> Voir la méthode et stratégie 2.

Déterminer, en le justifiant, les affirmations vraies parmi les huit suivantes.

1. On considère les matrices $A = \begin{pmatrix} \frac{3}{2} & 0 & \frac{1}{2} \\ \frac{1}{2} & 1 & \frac{1}{2} \\ \frac{1}{2} & 0 & \frac{3}{2} \end{pmatrix}$, $I = \begin{pmatrix} 1 & 0 & 0 \\ 0 & 1 & 0 \\ 0 & 0 & 1 \end{pmatrix}$ et $J = \begin{pmatrix} 1 & 0 & 1 \\ 1 & 0 & 1 \\ 1 & 0 & 1 \end{pmatrix}$.

Affirmation 1. Pour tout entier naturel n non nul, on a $A^n = I + \frac{2^n - 1}{2} J$.

2. Soit n un entier naturel non nul, A et B deux matrices carrées d'ordre n et I la matrice identité d'ordre n.
Affirmation 2. $AB = A + B$ si, et seulement si, la matrice $A - I$ est inversible et $(A - I)^{-1} = B - I$.
Affirmation 3. Si $AB = A + B$ alors $(B - I)(A - I) = I$.
Affirmation 4. Si $AB = A + B$ alors $AB = BA$.
Affirmation 5. Si $AB = BA$ alors $AB = A + B$.

3. Soit θ un nombre réel, X une matrice carrée d'ordre 2 et $I = \begin{pmatrix} 1 & 0 \\ 0 & 1 \end{pmatrix}$.

Affirmation 6. $\begin{pmatrix} \cos\theta & \sin\theta \\ \sin\theta & -\cos\theta \end{pmatrix}^2 = I$.

Affirmation 7. $X^2 - \begin{pmatrix} 1 & 0 \\ 0 & 1 \end{pmatrix} = 0$ si, et seulement si, $X = I$ ou $X = -I$.

4. Soit n un entier naturel non nul et I la matrice identité d'ordre n.
Affirmation 8. Pour toutes matrices carrées A et B de même ordre, on a :
$$A^2 - B^2 = (A - B)(A + B).$$

2 Puissance n-ième d'une matrice

30 min

Cet exercice montre comment on peut utiliser astucieusement une matrice diagonale et une matrice triangulaire pour calculer les puissances d'une matrice particulière. Il fait appel au raisonnement par récurrence du chapitre 1, comme de nombreux exercices de ce chapitre.

> Voir la méthode et stratégie 2.

On considère les matrices $M = \begin{pmatrix} 2 & 0 & 1 \\ 0 & 2 & 1 \\ 0 & 0 & 2 \end{pmatrix}$ et $I = \begin{pmatrix} 1 & 0 & 0 \\ 0 & 1 & 0 \\ 0 & 0 & 1 \end{pmatrix}$.

1. Déterminer le réel a tel que la matrice $T = M - aI$ soit triangulaire supérieur.

2. Calculer T^2 et T^3.

3. Exprimer $\dfrac{M^2}{2}$ et $\dfrac{M^3}{4}$ en fonction de T et de I.

4. Soit n un entier naturel non nul, conjecturer une expression de $\dfrac{M^n}{2^{n-1}}$ puis de M^n en fonction de T et de n.

5. Démontrer cette conjecture.

Évolution d'une population

60 min

Cet exercice, très complet, montre comment l'outil matriciel permet d'étudier deux suites imbriquées.

> Voir les méthodes et stratégies 2 et 3.

On observe l'évolution d'une population d'animaux en considérant deux classes d'âges : jeune et adulte.
Pour tout entier naturel n, on note respectivement J_n et A_n le nombre d'animaux jeunes et le nombre d'animaux adultes après n années d'observation.
Au début de la première année (pour $n = 0$), il y a 35 animaux jeunes et 80 animaux adultes.
À la fin de chaque année, 50 % des jeunes sont devenus adultes et 50 % des adultes ont survécus, alors que 10 % des jeunes et 42 % des adultes donnent naissance à un jeune.

On considère les matrices $M = \begin{pmatrix} 0{,}1 & 0{,}42 \\ 0{,}5 & 0{,}5 \end{pmatrix}$ et, pour tout entier naturel n, $U_n = \begin{pmatrix} J_n \\ A_n \end{pmatrix}$.

1. Montrer que pour tout entier naturel n, $U_{n+1} = MU_n$.
Calculer le nombre d'animaux jeunes et le nombre d'animaux adultes après un an d'observation puis après deux ans d'observation (résultats arrondis à l'unité près par défaut).

2. Pour tout entier naturel n non nul, exprimer U_n en fonction de M^n et de U_0.

3. Soit les matrices $P = \begin{pmatrix} 7 & 3 \\ -5 & 5 \end{pmatrix}$ et $Q = \begin{pmatrix} 5 & -3 \\ 5 & 7 \end{pmatrix}$. Calculer PQ.
En déduire que la matrice P est inversible et donner P^{-1}.

Montrer que $P^{-1}MP$ est une matrice diagonale que l'on notera Δ.

4. Montrer par récurrence que pour tout entier naturel n non nul :
$$M^n = P\Delta^n P^{-1}.$$

5. Soit n un entier naturel n non nul.
Déterminer Δ^n en fonction de n, puis calculer M^n.

6. En déduire les expressions de J_n et A_n en fonction de n.
Déterminer les limites de ces deux suites.
Que peut-on en conclure pour la population étudiée ?

Sauts de puce

Pour étudier cette marche aléatoire, on utilise une matrice d'ordre 4. La difficulté de l'exercice tient dans la traduction de l'énoncé en termes mathématiques, étant donné le peu de résultats intermédiaires.

> Voir les méthodes et stratégies 3 et 4.

Un dresseur a appris à sa puce savante à se déplacer sur 4 plots situés aux sommets d'un carré ABCD de la manière suivante :
Il lance un dé icosaédrique régulier à 4 faces rouges et 16 faces vertes : si la face obtenue est rouge, la puce saute de manière équiprobable sur un des quatre sommets du carré (elle peut donc sauter sur le sommet où elle se trouve), sinon elle saute sur un des sommets adjacents à celui sur lequel elle se trouve.
Pour tout entier naturel n, on note respectivement a_n, b_n, c_n et d_n les probabilités que la puce soit après n sauts respectivement aux sommets A, B, C et D et on note X_n la matrice $\begin{pmatrix} a_n \\ b_n \\ c_n \\ d_n \end{pmatrix}$. Au départ, la puce est placée au sommet A.

1. Déterminer deux matrices M et N telles que pour tout $n \in \mathbb{N}$, $X_{n+1} = MX_n + N$ et calculer X_1, X_2 et X_3.

2. Démontrer que pour tout $n \in \mathbb{N}^*$, $a_n = c_n$, $b_n = d_n$ et $a_n + b_n = 0{,}5$.

3. Montrer que la suite de terme général $a_n - b_n$ est géométrique puis déterminer X_n en fonction de n.

4. En utilisant les résultats précédents, démontrer que la marche aléatoire converge et déterminer son état limite.

5 Étude d'une suite récurrente d'ordre 2

50 min

On trouvera dans cet exercice un autre champ d'application des matrices et, là encore, on appréciera leur efficacité ! L'algorithme étudié est intéressant par sa rédaction peu évidente qui est typique du traitement informatique des suites récurrentes d'ordre 2.

> Voir les méthodes et stratégies 2 et 3.

On considère la suite (u_n) définie par $u_0 = 3$, $u_1 = 8$ et, pour tout n supérieur ou égal à 0 : $u_{n+2} = 5u_{n+1} - 6u_n$.

1. Calculer u_2 et u_3

2. Pour tout entier naturel $n \geq 2$, on souhaite calculer u_n à l'aide de l'algorithme suivant :

```
Initialisation
    a prend la valeur 3
    b prend la valeur 8
    Saisir n
Traitement
    POUR i variant de 2 à n
        c prend la valeur a
        a prend la valeur b
        b prend la valeur ...
    FIN POUR
Sortie
    Afficher b
```

a. Recopier la ligne de cet algorithme comportant des pointillés et les compléter.

b. On obtient avec cet algorithme le tableau de valeurs suivant :

n	7	8	9	10	11	12	13	14	15
u_n	4 502	13 378	39 878	119 122	356 342	1 066 978	3 196 838	9 582 322	28 730 582

Quelle conjecture peut-on émettre concernant la monotonie de la suite (u_n) ?

3. Pour tout entier naturel n, on note C_n la matrice colonne $\begin{pmatrix} u_{n+1} \\ u_n \end{pmatrix}$.

On note A la matrice carrée d'ordre 2 telle que, pour tout entier naturel n, $C_{n+1} = AC_n$.

a. Déterminer A.

b. Prouver que, pour tout entier naturel n, $C_n = A^n C_0$.

4. Soit les matrices $P = \begin{pmatrix} 2 & 3 \\ 1 & 1 \end{pmatrix}$, $D = \begin{pmatrix} 2 & 0 \\ 0 & 3 \end{pmatrix}$ et $Q = \begin{pmatrix} -1 & 3 \\ 1 & -2 \end{pmatrix}$.

a. Calculer QP.

b. Démontrer par récurrence que, pour tout entier naturel non nul n, $A^n = PD^nQ$.

5. Soit $n \in \mathbb{N}^*$.

a. Que vaut D^3 ? En déduire A^3.

b. On donne $A^n = \begin{pmatrix} 3^{n+1} - 2^{n+1} & 3 \times 2^{n+1} - 2 \times 3^{n+1} \\ 3^n - 2^n & 3 \times 2^n - 2 \times 3^n \end{pmatrix}$.

Vérifier que cela est cohérent avec le résultat précédent.

c. En déduire une expression de u_n en fonction de n.

6. La suite (u_n) a-t-elle une limite ?

6 Chiffre de Hill

50 min

Encore un problème qui se trouve explicitement au programme et qui constitue un exercice de synthèse des deux chapitres de spécialité. Il est donc vivement conseillé de se reporter au chapitre 15.

> Voir la méthode et stratégie 1.

Partie A

On considère l'algorithme suivant :

```
Initialisation
    A et X sont des nombres entiers
    Saisir un entier positif A
Traitement
    Affecter à X la valeur de A
    TANT QUE X supérieur ou égal à
    26
        Affecter à X la valeur X – 26
    FIN TANT QUE
Sortie
    Afficher X
```

1. Qu'affiche cet algorithme quand on saisit le nombre 3 ?

2. Qu'affiche cet algorithme quand on saisit le nombre 55 ?

3. Pour un nombre entier saisi quelconque, que représente le résultat fourni par cet algorithme ?

Partie B

On veut coder un bloc de deux lettres selon la procédure suivante, détaillée en quatre étapes :

• **Étape 1 :** chaque lettre du bloc est remplacée par un entier en utilisant le tableau ci-dessous :

A	B	C	D	E	F	G	H	I	J	K	L	M
0	1	2	3	4	5	6	7	8	9	10	11	12
N	O	P	Q	R	S	T	U	V	W	X	Y	Z
13	14	15	16	17	18	19	20	21	22	23	24	25

On obtient une matrice colonne $\begin{pmatrix} x_1 \\ x_2 \end{pmatrix}$ où x_1 correspond à la première lettre du mot et x_2 correspond à la deuxième lettre du mot.

- **Étape 2 :** $\begin{pmatrix} x_1 \\ x_2 \end{pmatrix}$ est transformé en $\begin{pmatrix} y_1 \\ y_2 \end{pmatrix}$ tel que $\begin{pmatrix} y_1 \\ y_2 \end{pmatrix} = \begin{pmatrix} 3 & 1 \\ 5 & 2 \end{pmatrix} \begin{pmatrix} x_1 \\ x_2 \end{pmatrix}$.

La matrice $C = \begin{pmatrix} 3 & 1 \\ 5 & 2 \end{pmatrix}$ est appelée la matrice de codage.

- **Étape 3 :** $\begin{pmatrix} y_1 \\ y_2 \end{pmatrix}$ est transformé en $\begin{pmatrix} z_1 \\ z_2 \end{pmatrix}$ tel que : $\begin{cases} z_1 \equiv y_1 \,[26] \text{ avec } 0 \leq z_1 \leq 25 \\ z_2 \equiv y_2 \,[26] \text{ avec } 0 \leq z_2 \leq 25 \end{cases}$.

- **Étape 4 :** $\begin{pmatrix} z_1 \\ z_2 \end{pmatrix}$ est transformé en un bloc de deux lettres en utilisant le tableau de correspondance donné dans l'étape 1.

Exemple : RE $\to \begin{pmatrix} 17 \\ 4 \end{pmatrix} \to \begin{pmatrix} 55 \\ 93 \end{pmatrix} \to \begin{pmatrix} 3 \\ 15 \end{pmatrix} \to$ DP. Le bloc RE est donc codé en DP.

Justifier le passage de $\begin{pmatrix} 17 \\ 4 \end{pmatrix}$ à $\begin{pmatrix} 55 \\ 93 \end{pmatrix}$ puis à $\begin{pmatrix} 3 \\ 15 \end{pmatrix}$.

1. Soient x_1, x_2, x'_1 et x'_2 quatre nombres entiers compris entre 0 et 25 tels que $\begin{pmatrix} x_1 \\ x_2 \end{pmatrix}$ et $\begin{pmatrix} x'_1 \\ x'_2 \end{pmatrix}$ sont transformés lors du procédé de codage en $\begin{pmatrix} z_1 \\ z_2 \end{pmatrix}$.

a. Montrer que $\begin{cases} 3x_1 + x_2 \equiv 3x'_1 + x'_2 \,[26] \\ 5x_1 + 2x_2 \equiv 5x'_1 + 2x'_2 \,[26] \end{cases}$

b. En déduire que $x_1 \equiv x'_1 \,[26]$ et $x_2 \equiv x'_2 \,[26]$ puis que $x_1 = x'_1$ et $x_2 = x'_2$.

2. On souhaite trouver une méthode de décodage pour le bloc DP.

a. Vérifier que la matrice $C' = \begin{pmatrix} 2 & -1 \\ -5 & 3 \end{pmatrix}$ est la matrice inverse de C.

b. Calculer $\begin{pmatrix} y_1 \\ y_2 \end{pmatrix}$ tels que $\begin{pmatrix} 3 & 1 \\ 5 & 2 \end{pmatrix} \begin{pmatrix} y_1 \\ y_2 \end{pmatrix} = \begin{pmatrix} 3 \\ 15 \end{pmatrix}$.

c. Calculer $\begin{pmatrix} x_1 \\ x_2 \end{pmatrix}$ tels que $\begin{cases} x_1 \equiv y_1 \,[26] \text{ avec } 0 \leq x_1 \leq 25 \\ x_2 \equiv y_2 \,[26] \text{ avec } 0 \leq x_2 \leq 25 \end{cases}$.

d. Quel procédé général de décodage peut-on conjecturer ?

3. Généraliser ce procédé de décodage.

4. Décoder QC.

SUJETS D'APPROFONDISSEMENT

7. Impact d'une campagne publicitaire

⏱ 60 min

Cet exercice montre comment on peut étudier l'évolution d'une population à l'aide d'un graphe et de matrices stochastiques. On remarquera, contrairement à l'exercice 3., que la convergence vers l'état stable est démontrée et qu'il est fait usage des matrices lignes pour décrire l'état du système : il est donc nécessaire de savoir utiliser ce type de matrice.

> Voir les méthodes et stratégies 3 et 4.

Deux fabricants de parfum lancent leur nouveau produit : Aurore et Boréale. L'un d'eux contrôle l'efficacité de sa campagne publicitaire par des sondages hebdomadaires. Au début de la campagne, 20 % des personnes interrogées préfèrent Aurore et les autres préfèrent Boréale. Les arguments publicitaires font évoluer cette répartition : 10 % des personnes préférant Aurore et 15 % des personnes préférant Boréale changent d'avis d'une semaine sur l'autre.

La semaine du début de la campagne est notée semaine 0. Pour tout entier naturel n, l'état probabiliste de la semaine n est défini par la matrice ligne $P_n = (a_n \quad b_n)$, où a_n désigne la probabilité qu'une personne interrogée au hasard préfère Aurore la semaine n et b_n la probabilité que cette personne préfère Boréale la semaine n.

1. Déterminer la matrice ligne P_0 de l'état probabiliste initial.

2. Représenter la situation par un graphe probabiliste de sommets A et B, A pour Aurore et B pour Boréale.

3. a. Écrire la matrice de transition M de ce graphe en respectant l'ordre alphabétique des sommets.

b. Montrer que la matrice ligne P_1 est égale à $(0,3 \quad 0,7)$.

4. a. Exprimer, pour tout entier naturel n, P_n en fonction de P_0 et de n.

b. En déduire la matrice ligne P_3. Interpréter ce résultat.

5. Déterminer la matrice ligne de l'état probabiliste stable. Le parfum Aurore finira-t-il par être préféré au parfum Boréale ?

6. a. Montrer qu'il existe un réel x tel que $M = \begin{pmatrix} x & 1-x \\ x & 1-x \end{pmatrix} + 0,75 \begin{pmatrix} 1-x & x-1 \\ -x & x \end{pmatrix}$.

b. On considère les matrices $S = \begin{pmatrix} 0,6 & 0,4 \\ 0,6 & 0,4 \end{pmatrix}$ et $T = \begin{pmatrix} 0,4 & -0,4 \\ -0,6 & 0,6 \end{pmatrix}$.

Calculer ST, TS, S^2 et T^2.

c. En déduire que pour tout $n \in \mathbb{N}^*$: $M^n = S + 0,75^n T$.

d. Que dire des coefficients de la matrice M^n lorsque n tend vers $+\infty$? Retrouver alors le résultat de la question **5**.

8 Pertinence d'une page web

50 min

Ce sujet fait partie de la liste de problèmes au programme. Il donne une idée du modèle mathématique utilisé par certains moteurs de recherche pour classer les pages du web selon leur pertinence. On prendra soin de considérer la méthode utilisée pour résoudre rapidement un système d'équation.

> Voir les méthodes et stratégies 1 et 4.

Le réseau informatique interne à une petite entreprise est formé de 4 pages P_1, P_2, P_3 et P_4. Les liens entre ces pages sont représentés par le graphe suivant :

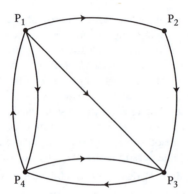

Un robot, qui navigue de manière aléatoire sur le réseau, est utilisé pour déterminer les indices de pertinence p_1, p_2, p_3 et p_4 de chacune des pages P_1, P_2, P_3 et P_4.
Soit i et j des entiers compris entre 1 et 4, la probabilité que le robot se trouvant sur la page P_j aille sur la page P_i est noté a_{ij} et on a :
• s'il n'y a aucun lien pointant vers la page P_i sur la page P_j, alors $a_{ij} = 0{,}04$;
• sinon, $a_{ij} = 0{,}04 + \dfrac{0{,}84}{n_j}$, où n_j est le nombre de liens issus de la page P_j.

1. Montrer que $a_{12} = 0{,}04$ et que $a_{14} = 0{,}46$.
Donner la matrice M carrée d'ordre 4 de coefficients a_{ij}, pour i et j compris entre 1 et 4.
Vérifier que la somme des coefficients de chaque colonne de M vaut 1 (M est donc une matrice stochastique suivant les colonnes).

2. Soit n un entier naturel, on note a_n, b_n, c_n et d_n les probabilités respectives que le robot se trouve aux pages P_1, P_2, P_3 et P_4 à la n-ième navigation et on pose $X_n = \begin{pmatrix} a_n \\ b_n \\ c_n \\ d_n \end{pmatrix}$.

Justifier l'égalité $a_{n+1} = 0{,}04(a_n + b_n + c_n) + 0{,}46 d_n$ et exprimer X_{n+1} en fonction de X_n et de M.

3. Déterminer l'état stable P de la suite de matrices (X_n).

On admet que la suite (X_n) converge vers l'état stable P et on définit les indices de pertinence des pages P_1, P_2, P_3 et P_4 par les nombres p_1, p_2, p_3 et p_4 tels que $P = \begin{pmatrix} p_1 \\ p_2 \\ p_3 \\ p_4 \end{pmatrix}$.

4. Donner, arrondi au centième, l'indice de pertinence de chaque page du réseau.

9 Suites imbriquées

30 min

On montre dans cet exercice l'utilité des matrices diagonalisables dans l'étude des suites imbriquées.

> Voir les méthodes et stratégies 2 et 3.

On définit les suites (u_n) et (v_n) sur l'ensemble $\mathbb{N}$ des entiers naturels par :
$u_0 = 0$, $v_0 = 1$, $u_{n+1} = \dfrac{u_n + v_n}{2}$ et $v_{n+1} = \dfrac{u_n + 2v_n}{3}$.

Pour tout entier naturel n, on définit le vecteur colonne X_n par $X_n = \begin{pmatrix} u_n \\ v_n \end{pmatrix}$ et la matrice A par $A = \begin{pmatrix} \dfrac{1}{2} & \dfrac{1}{2} \\ \dfrac{1}{3} & \dfrac{2}{3} \end{pmatrix}$.

1. Vérifier que, pour tout entier naturel n, $X_{n+1} = AX_n$.
On admettra alors que pour tout entier naturel n, $X_n = A^n X_0$.

2. a. Déterminer une matrice colonne U non nulle telle que $AU = U$.

b. Démontrer qu'il existe un réel $\lambda \neq 1$ et une matrice colonne V non nulle tels que $AV = \lambda V$.

3. En déduire que la matrice A est diagonalisable et donner une matrice P inversible telle que $\Delta = P^{-1}AP$ soit une matrice diagonale.

4. Soit n un entier naturel, exprimer A^n en fonction de Δ^n, P et P^{-1} (on ne demande pas de justification). En déduire les expressions de u_n et v_n en fonction de n.

10 ▸ Exponentielle d'une matrice triangulaire

45 min

Lorsqu'on ne peut pas diagonaliser une matrice, on peut tenter de la triangulariser ce qui permettra ici d'en calculer les puissances successives.

> Voir la méthode et stratégie 2.

On considère les matrices $A = \begin{pmatrix} 2 & 0 & 1 \\ 0 & 1 & 0 \\ -1 & 0 & 0 \end{pmatrix}$, $I = \begin{pmatrix} 1 & 0 & 0 \\ 0 & 1 & 0 \\ 0 & 0 & 1 \end{pmatrix}$ et $J = \begin{pmatrix} 0 & 0 & 1 \\ 0 & 0 & 0 \\ 0 & 0 & 0 \end{pmatrix}$.

1. Calculer $A \begin{pmatrix} 0 \\ 1 \\ 0 \end{pmatrix}$ et $(A - I)^3$.

2. Montrer que si λ est une valeur propre de A alors $(\lambda - 1)^3 = 0$.
Que peut-on en déduire ?

3. Soit $P = \begin{pmatrix} 1 & 0 & 0 \\ 0 & 1 & 1 \\ -1 & 0 & 1 \end{pmatrix}$. Montrer que la matrice P est inversible.

On pose $T = P^{-1}AP$. Calculer T.

4. Soit n un entier naturel non nul. Montrer que $T^n = \begin{pmatrix} 1 & 0 & n \\ 0 & 1 & 0 \\ 0 & 0 & 1 \end{pmatrix}$. En déduire A^n.

5. On rappelle que $T^0 = I$, $A^0 = I$ et que $0! = 1$, et on admet que $\lim\limits_{n \to +\infty} \sum\limits_{k=0}^{n} \frac{1}{k!} = e$.

Pour tout $n \in \mathbb{N}^*$, on définit la matrice U_n par $U_n = \sum\limits_{k=0}^{n} \frac{1}{k!} T^k$.

a. Montrer que $U_n = \sum\limits_{k=0}^{n} \frac{1}{k!} I + \sum\limits_{k=0}^{n-1} \frac{1}{k!} J$.

b. Soit U la matrice dont les coefficients sont les limites respectives des coefficients de la matrice U_n. Montrer que $U = eT$.

1 Entraînement au calcul matriciel

1. Affirmation 1 : vraie. Démontrons-le par récurrence :

Pour $n = 1$, on a $I + \dfrac{2-1}{2}J = \begin{pmatrix} 1 & 0 & 0 \\ 0 & 1 & 0 \\ 0 & 0 & 1 \end{pmatrix} + \dfrac{1}{2}\begin{pmatrix} 1 & 0 & 1 \\ 1 & 0 & 1 \\ 1 & 0 & 1 \end{pmatrix} = \begin{pmatrix} \frac{3}{2} & 0 & \frac{1}{2} \\ \frac{1}{2} & 1 & \frac{1}{2} \\ \frac{1}{2} & 0 & \frac{3}{2} \end{pmatrix}$ donc $I + \dfrac{2-1}{2}J = A$,

l'égalité est vraie au rang 1.

Supposons que pour un entier naturel n non nul, on a $A^n = I + \dfrac{2^n - 1}{2}J$, alors :

$A^{n+1} = \left(I + \dfrac{2^n - 1}{2}J\right)\left(I + \dfrac{1}{2}J\right)$ donc $A^{n+1} = I + \dfrac{2^n - 1}{2}J + \dfrac{1}{2}J + \dfrac{2^n - 1}{4}J^2$.

Or, $J^2 = \begin{pmatrix} 1 & 0 & 1 \\ 1 & 0 & 1 \\ 1 & 0 & 1 \end{pmatrix}^2 = \begin{pmatrix} 2 & 0 & 2 \\ 2 & 0 & 2 \\ 2 & 0 & 2 \end{pmatrix}$ donc $J^2 = 2J$ et $A^{n+1} = I + \left(\dfrac{2^n - 1}{2} + \dfrac{1}{2} + \dfrac{2^n - 1}{2}\right)J$.

Or, $\dfrac{2^n - 1}{2} + \dfrac{1}{2} + \dfrac{2^n - 1}{2} = \dfrac{2^n - 1 + 1 + 2^n - 1}{2} = \dfrac{2^{n+1} - 1}{2}$ et donc $A^{n+1} = I + \dfrac{2^{n+1} - 1}{2}J$.

On a donc démontré que pour tout $n \in \mathbb{N}^*$, on a $A^n = I + \dfrac{2^n - 1}{2}J$.

> 💡 Avant de se lancer dans une telle démonstration, il est recommandé de vérifier l'égalité à la calculatrice pour plusieurs valeurs de n.

2. Affirmation 2 : vraie. En effet, la matrice $A - I$ est inversible et
$(A - I)^{-1} = B - I$ si, et seulement si, $(A - I)(B - I) = I$.
Or, $(A - I)(B - I) = I \Leftrightarrow AB - A - B + I = I$
$\Leftrightarrow AB = A + B$.

> 💡 On rappelle que $AI = A$, $IB = B$ et $I^2 = I$ et on remarque que l'équivalence est moins évidente à démontrer en partant de $AB = A + B$.

Affirmation 3 : vraie. En effet, si $AB = A + B$ alors $A - I$ est inversible et a pour inverse $B - I$, on a bien $(B - I)(A - I) = I$.
Affirmation 4 : vraie. D'après ce qui précède :
$(B - I)(A - I) = I$ donc $BA - A - B + I = I$ soit $BA = A + B$, puis $BA = AB$.
Affirmation 5 : fausse. Notons I et $\mathcal{O}$ les matrices unité et nulle de même ordre, alors $I\mathcal{O} = \mathcal{O}I = \mathcal{O}$ et $\mathcal{O} + I = I$ donc $\mathcal{O}I \neq \mathcal{O} + I$.

> 💡 Il suffit d'un contre-exemple pour montrer que l'implication est fausse en général.

3. Affirmation 6 : vraie. On a $\begin{pmatrix} \cos\theta & \sin\theta \\ \sin\theta & -\cos\theta \end{pmatrix}\begin{pmatrix} \cos\theta & \sin\theta \\ \sin\theta & -\cos\theta \end{pmatrix} = \begin{pmatrix} 1 & 0 \\ 0 & 1 \end{pmatrix}$
car $\cos^2\theta + \sin^2\theta = 1$.

Affirmation 7 : fausse. L'affirmation précédente montre qu'il y a une infinité de solutions à cette équation matricielle, par exemple $\begin{pmatrix} \frac{\sqrt{2}}{2} & \frac{\sqrt{2}}{2} \\ \frac{\sqrt{2}}{2} & -\frac{\sqrt{2}}{2} \end{pmatrix}^2 = I$.

4. Affirmation 8 : fausse. Par exemple :
$\begin{pmatrix} 1 & 1 \\ 0 & 1 \end{pmatrix}^2 - \begin{pmatrix} 1 & 0 \\ 0 & 0 \end{pmatrix}^2 = \begin{pmatrix} 0 & 2 \\ 0 & 1 \end{pmatrix}$ et $\left(\begin{pmatrix} 1 & 1 \\ 0 & 1 \end{pmatrix} - \begin{pmatrix} 1 & 0 \\ 0 & 0 \end{pmatrix}\right)\left(\begin{pmatrix} 1 & 1 \\ 0 & 1 \end{pmatrix} + \begin{pmatrix} 1 & 0 \\ 0 & 0 \end{pmatrix}\right) = \begin{pmatrix} 0 & 1 \\ 0 & 1 \end{pmatrix}$.

> En fait, $(A - B)(A + B) = A^2 + AB - BA - B^2$ donc $A^2 - B^2 = (A - B)(A + B) \Leftrightarrow AB = BA$. Or, en prenant deux matrices « au hasard », il y a peu de chance qu'elles commutent.

2 ▸ Puissance *n*-ième d'une matrice

1. On a $M - 2I = \begin{pmatrix} 2 & 0 & 1 \\ 0 & 2 & 1 \\ 0 & 0 & 2 \end{pmatrix} - \begin{pmatrix} 2 & 0 & 0 \\ 0 & 2 & 0 \\ 0 & 0 & 2 \end{pmatrix}$ donc $M - 2I = \begin{pmatrix} 0 & 0 & 1 \\ 0 & 0 & 1 \\ 0 & 0 & 0 \end{pmatrix}$ qui est bien triangulaire supérieur et que l'on note T.

2. On a $\begin{pmatrix} 0 & 0 & 1 \\ 0 & 0 & 1 \\ 0 & 0 & 0 \end{pmatrix}^2 = \begin{pmatrix} 0 & 0 & 0 \\ 0 & 0 & 0 \\ 0 & 0 & 0 \end{pmatrix}$ soit, en notant $\mathcal{O}$ la matrice nulle $\begin{pmatrix} 0 & 0 & 0 \\ 0 & 0 & 0 \\ 0 & 0 & 0 \end{pmatrix}$, $T^2 = \mathcal{O}$ puis $T^3 = T^2 \times T = \mathcal{O}$.

3. On a $M = T + 2I$ donc $M^2 = T^2 + 4T + 4I$, puis $\dfrac{M^2}{2} = 2T + 2I$ car $T^2 = \mathcal{O}$.

> On a $(T + 2I)(T + 2I) = T^2 + 2IT + 2TI + 4I^2$ avec $TI = IT = T$ et $I^2 = I$ donc on a $(T + 2I)^2 = T^2 + 4T + 4I$.

On a alors $\dfrac{M^2}{2} \times \dfrac{M}{2} = (2T + 2I)\left(\dfrac{T + 2I}{2}\right)$ donc $\dfrac{M^3}{4} = T^2 + 3T + 2I$ soit $\dfrac{M^3}{4} = 3T + 2I$.

4. On a de même $\dfrac{M^4}{8} = (3T + 2I)\left(\dfrac{T + 2I}{2}\right) = 4T + 2I$.

On conjecture que pour tout $n \in \mathbb{N}^*$, $\dfrac{M^n}{2^{n-1}} = nT + 2I$ puis que $M^n = n2^{n-1}T + 2^n I$.

5. On a $M = T + 2I$ donc l'égalité est vraie pour $n = 1$.
Supposons que pour un entier naturel n non nul, $M^n = n2^{n-1}T + 2^n I$, alors $M^{n+1} = (n2^{n-1}T + 2^n I)(T + 2I) = n2^{n-1}T^2 + 2^n T + 2n2^{n-1}T + 2^{n+1}I$,
d'où $M^{n+1} = (2^n + n2^n)T + 2^{n+1}I$ et enfin $M^{n+1} = (n + 1)2^n T + 2^{(n+1)}I$.
On a donc démontré par récurrence que pour tout entier naturel n non nul, $M^n = n2^{n-1}T + 2^n I$.

Matrices, suites et applications **CORRIGÉS**

3 ▸ Évolution d'une population

1. Pour tout entier naturel n, $U_{n+1} = \begin{pmatrix} J_{n+1} \\ A_{n+1} \end{pmatrix}$ et $\begin{pmatrix} 0,1 & 0,42 \\ 0,5 & 0,5 \end{pmatrix} \begin{pmatrix} J_n \\ A_n \end{pmatrix} = \begin{pmatrix} 0,1J_n + 0,42A_n \\ 0,5J_n + 0,5A_n \end{pmatrix}$.

Or, à la fin de chaque année, 50 % des jeunes sont devenus adultes et 50 % des adultes ont survécu : donc $A_{n+1} = 0,5J_n + 0,5A_n$, de plus 10 % des jeunes et 42 % des adultes donnent naissance à un jeune donc $J_{n+1} = 0,1J_n + 0,42A_n$: on a bien $U_{n+1} = MU_n$.

On a $U_1 = MU_0$ et $U_2 = MU_1$ avec $U_0 = \begin{pmatrix} 35 \\ 80 \end{pmatrix}$ donc $U_1 = \begin{pmatrix} 37,1 \\ 57,5 \end{pmatrix}$ et $U_2 = \begin{pmatrix} 27,86 \\ 47,3 \end{pmatrix}$.

À l'unité près par défaut, il y aura au bout d'un an 37 jeunes et 57 adultes, et au bout de deux ans 27 jeunes et 47 adultes.

2. On démontre par récurrence que pour tout entier naturel n non nul, on a $U_n = M^n U_0$.
On a $U_1 = MU_0$, donc la relation est vraie au rang 1.
Supposons que pour un entier naturel n non nul, $U_n = M^n U_0$, alors :
puisque $U_{n+1} = MU_n$, on a $U_{n+1} = M \times M^n U_0$, soit $U_{n+1} = M^{n+1} U_0$.
Le principe de récurrence permet de conclure que pour tout entier naturel n non nul, on a $U_n = M^n U_0$.

3. On a $\begin{pmatrix} 7 & 3 \\ -5 & 5 \end{pmatrix} \begin{pmatrix} 5 & -3 \\ 5 & 7 \end{pmatrix} = \begin{pmatrix} 50 & 0 \\ 0 & 50 \end{pmatrix} = 50 \begin{pmatrix} 1 & 0 \\ 0 & 1 \end{pmatrix}$ donc la matrice P est inversible et on a

$P^{-1} = \dfrac{1}{50} \begin{pmatrix} 5 & -3 \\ 5 & 7 \end{pmatrix}$.

De plus, on a $MP = \begin{pmatrix} 0,1 & 0,42 \\ 0,5 & 0,5 \end{pmatrix} \begin{pmatrix} 7 & 3 \\ -5 & 5 \end{pmatrix} = \begin{pmatrix} -1,4 & 2,4 \\ 1 & 4 \end{pmatrix}$

et $P^{-1}MP = \dfrac{1}{50} \begin{pmatrix} 5 & -3 \\ 5 & 7 \end{pmatrix} \begin{pmatrix} -1,4 & 2,4 \\ 1 & 4 \end{pmatrix} = \begin{pmatrix} -0,2 & 0 \\ 0 & 0,8 \end{pmatrix}$

donc la matrice $\Delta = P^{-1}MP$ est diagonale, avec $\Delta = \begin{pmatrix} -0,2 & 0 \\ 0 & 0,8 \end{pmatrix}$.

4. Démontrons que pour tout entier naturel n non nul, $M^n = P\Delta^n P^{-1}$.
Tout d'abord, $P^{-1}MP = \Delta$ donc $P\Delta P^{-1} = P(P^{-1}MP)P^{-1}$ soit $P\Delta P^{-1} = M$.

 On utilise ici l'associativité de la multiplication des matrices carrées :
$P(P^{-1}MP)P^{-1} = PP^{-1}MPP^{-1}$ avec $PP^{-1} = P^{-1}P = I_2$ et $MI_2 = I_2M = M$.

Supposons que pour un entier naturel non nul, $M^n = P\Delta^n P^{-1}$, alors :
$M^{n+1} = M \times M^n = (P\Delta P^{-1})(P\Delta^n P^{-1}) = P\Delta \times \Delta^n P^{-1}$, soit $M^{n+1} = P\Delta^{n+1} P^{-1}$.
On a donc démontré que pour tout entier naturel n non nul, $M^n = P\Delta^n P^{-1}$.

5. La matrice Δ est diagonale, donc pour tout entier naturel n non nul :

$\Delta^n = \begin{pmatrix} (-0,2)^n & 0 \\ 0 & 0,8^n \end{pmatrix}$.

Et $M^n = P\Delta^n P^{-1} = \begin{pmatrix} 0,3 \times 0,8^n + 0,7 \times (-0,2)^n & 0,42 \times 0,8^n - 0,42 \times (-0,2)^n \\ 0,5 \times 0,8^n - 0,5 \times (-0,2)^n & 0,7 \times 0,8^n + 0,3 \times (-0,2)^n \end{pmatrix}$.

525

6. Soit $n \in \mathbb{N}^*$, on a $\begin{pmatrix} J_n \\ A_n \end{pmatrix} = M^n U_0$, soit :

$J_n = 44{,}1 \times 0{,}8^n - 9{,}1 \times (-0{,}2)^n$ et $A_n = 73{,}5 \times 0{,}8^n + 6{,}5 \times (-0{,}2)^n$.

Or, $-0{,}2 \in]-1\,;1[$ et $0{,}8 \in]-1\,;1[$ donc $\lim\limits_{n \to +\infty} (-0{,}2)^n = 0$ et $\lim\limits_{n \to +\infty} (0{,}8)^n = 0$,

d'où $\lim\limits_{n \to +\infty} J_n = 0$ et $\lim\limits_{n \to +\infty} A_n = 0$.

La population tend à disparaître au cours du temps.

4 ▸ Sauts de puce

1. Soit n un entier naturel non nul, alors si la face obtenue au $(n+1)$-ième lancer est rouge, la probabilité que la puce saute vers A est $\dfrac{1}{4}$, si la face obtenue est verte, la probabilité qu'elle saute vers A est nulle si elle se trouve en A ou en C et vaut $\dfrac{1}{2}$ sinon ;

on a donc $a_{n+1} = \dfrac{1}{5} \times \dfrac{1}{4} + \dfrac{4}{5} \times \left(\dfrac{1}{2}(b_n + d_n) + 0 \times (a_n + c_n) \right)$ soit $a_{n+1} = 0{,}05 + 0{,}4 b_n + 0{,}4 d_n$.

> 💡 Le dé a 20 faces, 4 rouges et 16 vertes, donc la probabilité d'obtenir en le lançant une face rouge est $\dfrac{4}{20}$, soit $\dfrac{1}{5}$ et la probabilité d'obtenir une face verte est $\dfrac{4}{5}$.

On a de même $b_{n+1} = 0{,}05 + 0{,}4 a_n + 0{,}4 c_n$, $c_{n+1} = 0{,}05 + 0{,}4 b_n + 0{,}4 d_n$
et $d_{n+1} = 0{,}05 + 0{,}4 a_n + 0{,}4 c_n$.

On obtient $\begin{pmatrix} a_{n+1} \\ b_{n+1} \\ c_{n+1} \\ d_{n+1} \end{pmatrix} = \begin{pmatrix} 0 & 0{,}4 & 0 & 0{,}4 \\ 0{,}4 & 0 & 0{,}4 & 0 \\ 0 & 0{,}4 & 0 & 0{,}4 \\ 0{,}4 & 0 & 0{,}4 & 0 \end{pmatrix} \begin{pmatrix} a_n \\ b_n \\ c_n \\ d_n \end{pmatrix} + \begin{pmatrix} 0{,}05 \\ 0{,}05 \\ 0{,}05 \\ 0{,}05 \end{pmatrix}$ et on a donc $X_{n+1} = MX_n + N$

pour $M = \begin{pmatrix} 0 & 0{,}4 & 0 & 0{,}4 \\ 0{,}4 & 0 & 0{,}4 & 0 \\ 0 & 0{,}4 & 0 & 0{,}4 \\ 0{,}4 & 0 & 0{,}4 & 0 \end{pmatrix}$ et $N = \begin{pmatrix} 0{,}05 \\ 0{,}05 \\ 0{,}05 \\ 0{,}05 \end{pmatrix}$.

Avec $X_0 = \begin{pmatrix} 1 \\ 0 \\ 0 \\ 0 \end{pmatrix}$, on obtient $X_1 = \begin{pmatrix} 0{,}05 \\ 0{,}45 \\ 0{,}05 \\ 0{,}45 \end{pmatrix}$, $X_2 = \begin{pmatrix} 0{,}41 \\ 0{,}09 \\ 0{,}41 \\ 0{,}09 \end{pmatrix}$ et $X_3 = \begin{pmatrix} 0{,}122 \\ 0{,}378 \\ 0{,}122 \\ 0{,}378 \end{pmatrix}$.

2. On a pour tout $n \in \mathbb{N}$:
$a_{n+1} = c_{n+1} = 0{,}05 + 0{,}4 b_n + 0{,}4 d_n$ et $b_{n+1} = d_{n+1} = 0{,}05 + 0{,}4 a_n + 0{,}4 c_n$
donc pour tout $n \in \mathbb{N}^*$, $a_n = c_n$ et $b_n = d_n$.
Or, pour tout $n \in \mathbb{N}^*$, $a_n + b_n + c_n + d_n = 1$, donc $2a_n + 2b_n = 1$ et $a_n + b_n = \dfrac{1}{2}$.

3. Soit $n \in \mathbb{N}^*$, $a_{n+1} - b_{n+1} = 0{,}05 + 0{,}4b_n + 0{,}4d_n - 0{,}05 - 0{,}4a_n - 0{,}4c_n$, or $d_n = b_n$ et $c_n = a_n$, donc $a_{n+1} - b_{n+1} = -0{,}8(a_n - b_n)$: la suite de terme général $a_n - b_n$ est une suite géométrique de raison $-0{,}8$ et $a_1 - b_1 = -0{,}4$.

 Attention ! $a_0 - b_0 = 1$, donc $a_1 - b_1 \neq -0{,}8(a_0 - b_0)$ et la suite n'est géométrique qu'à partir du rang 1.

Ainsi, pour tout $n \in \mathbb{N}^*$, $a_n - b_n = -0{,}4(-0{,}8)^{n-1}$, d'où $a_n = b_n - 0{,}4(-0{,}8)^{n-1}$.
Or, pour tout $n \in \mathbb{N}^*$, $b_n = 0{,}5 - a_n$, donc $a_n = 0{,}5 - a_n - 0{,}4(-0{,}8)^{n-1}$ d'où l'on tire $a_n = d_n = 0{,}25 - 0{,}2(-0{,}8)^{n-1}$ puis $b_n = c_n = 0{,}25 + 0{,}2(-0{,}8)^{n-1}$.

4. On a $\lim\limits_{n \to +\infty} (-0{,}8)^n = 0$, car $-0{,}8 \in \,]-1\,;1[$, donc $\lim\limits_{n \to +\infty} a_n = 0{,}25$ et $\lim\limits_{n \to +\infty} b_n = 0{,}25$.
Finalement, les coefficients de X_n tendent tous vers $0{,}25$ et la marche aléatoire converge

vers l'état $\begin{pmatrix} 0{,}25 \\ 0{,}25 \\ 0{,}25 \\ 0{,}25 \end{pmatrix}$. Cela signifie que les quatre plots ont tous la même probabilité d'être

occupés par la puce.

5 Étude d'une suite récurrente d'ordre 2

1. On a $u_2 = 5u_1 - 6u_0$ donc $u_2 = 22$ et $u_3 = 5 \times 22 - 6 \times 8$ soit $u_3 = 62$.

2. a. On complète ainsi : b prend la valeur $5a - 6c$.

 On aurait pu également écrire : c prend la valeur b ; b prend la valeur $5b - 6a$; a prend la valeur c, où c sert à garder le contenu de la mémoire b avant de le remplacer par $5b - 6a$.

b. Au vu du tableau, on peut conjecturer que la suite (u_n) est croissante.

 Et même qu'elle diverge vers $+\infty$.

3. a. Soit n un entier naturel, $u_{n+2} = 5u_{n+1} - 6u_n$ et $u_{n+1} = u_{n+1} + 0 \times u_n$ donc :
$\begin{pmatrix} u_{n+2} \\ u_{n+1} \end{pmatrix} = \begin{pmatrix} 5 & -6 \\ 1 & 0 \end{pmatrix} \begin{pmatrix} u_{n+1} \\ u_n \end{pmatrix}$. Ainsi, si $A = \begin{pmatrix} 5 & -6 \\ 1 & 0 \end{pmatrix}$, on a $C_{n+1} = AC_n$.

b. Démontrons par récurrence que pour tout entier naturel n, $C_n = A^n C_0$.
On a $A^0 = \begin{pmatrix} 1 & 0 \\ 0 & 1 \end{pmatrix}$ et $\begin{pmatrix} u_1 \\ u_0 \end{pmatrix} = \begin{pmatrix} 1 & 0 \\ 0 & 1 \end{pmatrix} \begin{pmatrix} u_1 \\ u_0 \end{pmatrix}$ donc on a $C_0 = A^0 C_0$.
Supposons que pour un entier naturel n, $C_n = A^n C_0$ alors :
$C_{n+1} = AC_n$ et $AC_n = A \times A^n C_0$ donc $C_{n+1} = A^{n+1} C_0$.
On a donc démontré que pour tout entier naturel n, $C_n = A^n C_0$.

4. a. On a $QP = \begin{pmatrix} -1 & 3 \\ 1 & -2 \end{pmatrix}\begin{pmatrix} 2 & 3 \\ 1 & 1 \end{pmatrix} = \begin{pmatrix} 1 & 0 \\ 0 & 1 \end{pmatrix}$ soit $QP = I$ la matrice identité d'ordre 2.

> On rappelle que cela signifie que la matrice P est inversible et qu'elle admet pour matrice inverse la matrice Q.

b. On a $DQ = \begin{pmatrix} 2 & 0 \\ 0 & 3 \end{pmatrix}\begin{pmatrix} -1 & 3 \\ 1 & -2 \end{pmatrix} = \begin{pmatrix} -2 & 6 \\ 3 & -6 \end{pmatrix}$

et $PDQ = \begin{pmatrix} 2 & 3 \\ 1 & 1 \end{pmatrix}\begin{pmatrix} -2 & 6 \\ 3 & -6 \end{pmatrix} = \begin{pmatrix} 5 & -6 \\ 1 & 0 \end{pmatrix}$ donc $A^1 = PD^1Q$.

Supposons que pour un entier naturel n non nul, $A^n = PD^nQ$ alors $A \times A^n = PDQ \times PD^nQ$ d'où, puisque $QP = I$, $A^{n+1} = PD \times D^nQ$ soit $A^{n+1} = PD^{n+1}Q$.
On a donc démontré par récurrence que pour tout $n \in \mathbb{N}^*$, $A^n = PD^nQ$.

5. a. La matrice D est diagonale donc $D^3 = \begin{pmatrix} 2^3 & 0 \\ 0 & 3^3 \end{pmatrix} = \begin{pmatrix} 8 & 0 \\ 0 & 27 \end{pmatrix}$.

Ainsi, $A^3 = \begin{pmatrix} 2 & 3 \\ 1 & 1 \end{pmatrix}\begin{pmatrix} 8 & 0 \\ 0 & 27 \end{pmatrix}\begin{pmatrix} -1 & 3 \\ 1 & -2 \end{pmatrix} = \begin{pmatrix} 65 & -114 \\ 19 & -30 \end{pmatrix}$.

> On utilise bien sûr la calculatrice pour effectuer ces calculs.

b. Soit $n \in \mathbb{N}^*$, on donne :
$$A^n = \begin{pmatrix} 3^{n+1} - 2^{n+1} & 3 \times 2^{n+1} - 2 \times 3^{n+1} \\ 3^n - 2^n & 3 \times 2^n - 2 \times 3^n \end{pmatrix}$$
On calcule les coefficients pour $n = 3$, on a :
$3^4 - 2^4 = 81 - 16 = 65$; $3^3 - 2^3 = 27 - 8 = 19$; $3 \times 2^4 - 2 \times 3^4 = 48 - 162 = -114$ et $3 \times 2^3 - 2 \times 3^3 = 24 - 54 = -30$.
Ce qui est compatible avec les résultats de la question précédente.

c. On a $\begin{pmatrix} u_{n+1} \\ u_n \end{pmatrix} = A^n \begin{pmatrix} u_1 \\ u_0 \end{pmatrix}$ d'où $u_n = (3^n - 2^n)u_1 + (3 \times 2^n - 2 \times 3^n)u_0$, puis :
$$u_n = 2 \times 3^n + 2^n.$$

6. On a $3 > 1$ et $2 > 1$ donc $\lim\limits_{n \to +\infty} 3^n = +\infty$ et $\lim\limits_{n \to +\infty} 2^n = +\infty$, on en déduit que la suite (u_n) diverge vers $+\infty$.

6 ▶ Chiffre de Hill

Partie A

1. Si on saisit 3 comme valeur de A, le nombre X prend la valeur 3 qui est inférieure à 26 donc 3 est affiché.

2. Si on saisit 55 comme valeur de A, le nombre X prend la valeur 55, supérieure à 26. Ainsi, X prend la valeur $55 - 26 = 29$. Le nombre 29 est encore supérieur à 26 ; donc X prend ensuite la valeur $29 - 26 = 3$. Le nombre 3 est strictement plus petit que 26 donc 3 est affiché.

3. Dans cet algorithme, on soustrait 26 autant que possible du nombre positif A ; le nombre obtenu est le reste de la division de A par 26.

Partie B

On a $\begin{pmatrix} 3 & 1 \\ 5 & 2 \end{pmatrix}\begin{pmatrix} 17 \\ 4 \end{pmatrix} = \begin{pmatrix} 55 \\ 93 \end{pmatrix}$ avec $55 = 2 \times 26 + 3$ et $93 = 3 \times 26 + 15$ d'où $55 \equiv 3\,[26]$ et $93 \equiv 15\,[26]$. D'où le passage de $\begin{pmatrix} 17 \\ 4 \end{pmatrix}$ à $\begin{pmatrix} 55 \\ 93 \end{pmatrix}$ puis à $\begin{pmatrix} 3 \\ 15 \end{pmatrix}$.

1. a. On a $\begin{pmatrix} 3 & 1 \\ 5 & 2 \end{pmatrix}\begin{pmatrix} x_1 \\ x_2 \end{pmatrix} = \begin{pmatrix} x_2 + 3x_1 \\ 2x_2 + 5x_1 \end{pmatrix}$ donc $\begin{cases} z_1 \equiv 3x_1 + x_2\,[26] \\ z_2 \equiv 5x_1 + 2x_2\,[26] \end{cases}$.

De même $\begin{cases} z_1 \equiv 3x'_1 + x'_2\,[26] \\ z_2 \equiv 5x'_1 + 2x'_2\,[26] \end{cases}$, donc $\begin{cases} 3x_1 + x_2 \equiv 3x'_1 + x'_2\,[26] \\ 5x_1 + 2x_2 \equiv 5x'_1 + 2x'_2\,[26] \end{cases}$.

b. On a donc $\begin{cases} 6x_1 + 2x_2 \equiv 6x'_1 + 2x'_2\,[26] \\ 5x_1 + 2x_2 \equiv 5x'_1 + 2x'_2\,[26] \end{cases}$ d'où par soustraction $x_1 \equiv x'_1\,[26]$ et, puisque $3x_1 + x_2 \equiv 3x'_1 + x'_2\,[26]$, également $x_2 \equiv x'_2\,[26]$.

Attention ! De $6x_1 + 2x_2 \equiv 6x'_1 + 2x'_2\,[26]$ et de $x_1 \equiv x'_1\,[26]$ on peut déduire que $2x_2 \equiv 2x'_2\,[26]$ mais pas que $x_2 \equiv x'_2\,[26]$, on ne peut pas diviser par un même nombre chacun des membres d'une égalité modulaire. Par exemple $6 \equiv 4\,[2]$ mais $3 \not\equiv 2\,[2]$.

Or, x_1, x_2, x'_1 et x'_2 sont compris entre 0 et 25, donc si $x_1 \equiv x'_1\,[26]$ et $x_2 \equiv x'_2\,[26]$ alors $x_1 = x'_1$ et $x_2 = x'_2$.

2. Décodage du bloc DP.

a. On a $\begin{pmatrix} 2 & -1 \\ -5 & 3 \end{pmatrix}\begin{pmatrix} 3 & 1 \\ 5 & 2 \end{pmatrix} = \begin{pmatrix} 3 & 1 \\ 5 & 2 \end{pmatrix}\begin{pmatrix} 2 & -1 \\ -5 & 3 \end{pmatrix} = \begin{pmatrix} 1 & 0 \\ 0 & 1 \end{pmatrix}$ donc C' est la matrice inverse de C.

b. On a donc :
$\begin{pmatrix} 3 & 1 \\ 5 & 2 \end{pmatrix}\begin{pmatrix} y_1 \\ y_2 \end{pmatrix} = \begin{pmatrix} 3 \\ 15 \end{pmatrix} \Leftrightarrow \begin{pmatrix} y_1 \\ y_2 \end{pmatrix} = \begin{pmatrix} 2 & -1 \\ -5 & 3 \end{pmatrix}\begin{pmatrix} 3 \\ 15 \end{pmatrix} \Leftrightarrow \begin{pmatrix} y_1 \\ y_2 \end{pmatrix} = \begin{pmatrix} -9 \\ 30 \end{pmatrix}$.

c. De plus, $\begin{cases} x_1 \equiv -9\,[26] \text{ avec } 0 \leq x_1 \leq 25 \\ x_2 \equiv 30\,[26] \text{ avec } 0 \leq x_2 \leq 25 \end{cases} \Leftrightarrow \begin{cases} x_1 = 17 \\ x_2 = 4 \end{cases}$. On retrouve le codage de RE.

d. On peut donc conjecturer que le décodage d'un couple de lettres se fait de la même manière que son codage en remplaçant la matrice C par la matrice C'.

3. On considère z_1 et z_2 les entiers compris entre 0 et 25 obtenus à l'étape 3.

On cherche les entiers u_1 et u_2 tels que $C\begin{pmatrix} u_1 \\ u_2 \end{pmatrix} = \begin{pmatrix} z_1 \\ z_2 \end{pmatrix}$ soit $\begin{pmatrix} u_1 \\ u_2 \end{pmatrix} = C'\begin{pmatrix} z_1 \\ z_2 \end{pmatrix}$ et $\begin{cases} u_1 = 2z_1 - z_2 \\ u_2 = -5z_1 + 3z_2 \end{cases}$.

Soit x_1 et x_2 les entiers tels que $\begin{cases} x_1 \equiv u_1\,[26] \text{ avec } 0 \leq x_1 \leq 25 \\ x_2 \equiv u_2\,[26] \text{ avec } 0 \leq x_2 \leq 25 \end{cases}$. On a alors :

$3x_1 + x_2 \equiv 3u_1 + u_2\,[26]$ d'où $3x_1 + x_2 \equiv 3(2z_1 - z_2) - 5z_1 + 3z_2\,[26]$ soit $3x_1 + x_2 \equiv z_1\,[26]$.
On a de même $5x_1 + 2x_2 \equiv z_2\,[26]$.

Ce qui montre que la matrice $\begin{pmatrix} x_1 \\ x_2 \end{pmatrix}$ trouvée se code bien en la matrice $\begin{pmatrix} z_1 \\ z_2 \end{pmatrix}$.

4. Le bloc QC correspond à la matrice $\begin{pmatrix} z_1 \\ z_2 \end{pmatrix} = \begin{pmatrix} 16 \\ 2 \end{pmatrix}$. On a $\begin{pmatrix} 2 & -1 \\ -5 & 3 \end{pmatrix} \begin{pmatrix} 16 \\ 2 \end{pmatrix} = \begin{pmatrix} 30 \\ -74 \end{pmatrix}$.

Or $30 \equiv 4\,[26]$ et $-74 \equiv 4\,[26]$. Ainsi, QC se décode en EE.

7 ▶ Impact d'une campagne publicitaire

1. D'après la deuxième ligne de l'énoncé, $a_0 = 0{,}2$ et $b_0 = 0{,}8$ donc l'état probabiliste initial est $P_0 = (0{,}2\ \ 0{,}8)$.

2. On illustre la situation par le graphe probabiliste suivant :

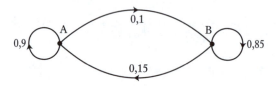

3. a. La matrice de transition de ce graphe est $M = \begin{pmatrix} 0{,}9 & 0{,}1 \\ 0{,}15 & 0{,}85 \end{pmatrix}$.

> 💡 On vérifiera que l'on a bien $(a_{n+1}\ \ b_{n+1}) = (a_n\ \ b_n)M$. En effet, d'après l'énoncé, $a_{n+1} = 0{,}9a_n + 0{,}15b_n$ et $b_{n+1} = 0{,}1a_n + 0{,}85b_n$.

b. On a $P_0 M = (0{,}2\ \ 0{,}8) \begin{pmatrix} 0{,}9 & 0{,}1 \\ 0{,}15 & 0{,}85 \end{pmatrix}$ donc $P_1 = (0{,}3\ \ 0{,}7)$.

4. a. Démontrons par récurrence que pour tout $n \in \mathbb{N}$, $P_n = P_0 M^n$.

On a tout d'abord, $M^0 = \begin{pmatrix} 1 & 0 \\ 0 & 1 \end{pmatrix}$ (M est non nulle) donc $P_0 = P_0 M^0$.

Ensuite, supposons que pour un entier naturel n, $P_n = P_0 M^n$ alors :
puisque $P_{n+1} = P_n M$, on a $P_{n+1} = P_0 M^n M$ soit $P_{n+1} = P_0 M^{n+1}$.
On a donc démontré que pour tout $n \in \mathbb{N}$, $P_n = P_0 M^n$.

b. La calculatrice donne $M^3 = \begin{pmatrix} 0{,}76875 & 0{,}23125 \\ 0{,}346875 & 0{,}653125 \end{pmatrix}$ d'où $P_3 = (0{,}43125\ \ 0{,}56875)$.

Au bout de 3 semaines, environ 43 % des personnes interrogées préfèrent le parfum Aurore, les autres préfèrent le parfum Boréale.

5. La matrice ligne $P = (a\ \ b)$ de l'état probabiliste stable vérifie $PM = P$ et $a + b = 1$,
d'où le système $\begin{cases} a = 0{,}9a + 0{,}15b \\ b = 0{,}1a + 0{,}85b, \\ b = 1 - a \end{cases}$ soit $a = 0{,}6$ et $b = 0{,}4$.

En supposant que les matrices P_n convergent, la probabilité que le parfum Aurore soit préféré se stabilise à 0,6 : le parfum Aurore finira par être préféré au parfum Boréale.

6. a. On a :
$$\begin{pmatrix} x & 1-x \\ x & 1-x \end{pmatrix} + 0{,}75 \begin{pmatrix} 1-x & x-1 \\ -x & x \end{pmatrix} = \begin{pmatrix} x + 0{,}75(1-x) & 1-x + 0{,}75(x-1) \\ x - 0{,}75x & 1-x + 0{,}75x \end{pmatrix}$$

Donc $M = \begin{pmatrix} x & 1-x \\ x & 1-x \end{pmatrix} + 0{,}75 \begin{pmatrix} 1-x & x-1 \\ -x & x \end{pmatrix} \Leftrightarrow \begin{cases} 0{,}25x + 0{,}75 = 0{,}9 \\ 0{,}25x = 0{,}15 \\ 0{,}25 - 0{,}25x = 0{,}1 \\ 1 - 0{,}25x = 0{,}85 \end{cases}$

d'où $x = 0{,}6$. On a donc $M = \begin{pmatrix} 0{,}6 & 0{,}4 \\ 0{,}6 & 0{,}4 \end{pmatrix} + 0{,}75 \begin{pmatrix} 0{,}4 & -0{,}4 \\ -0{,}6 & 0{,}6 \end{pmatrix}$.

b. On obtient $ST = TS = \begin{pmatrix} 0 & 0 \\ 0 & 0 \end{pmatrix}$, $S^2 = S$ et $T^2 = T$.

c. Démontrons par récurrence que pour tout $n \in \mathbb{N}^*$, $M^n = S + 0{,}75^n T$.
On a $M^1 = S + 0{,}75T$, l'égalité précédente est donc vérifiée pour $n = 1$.
Supposons que pour un entier naturel non nul n, $M^n = S + 0{,}75^n T$,
alors $(S + 0{,}75^n T)(S + 0{,}75 T) = S^2 + 0{,}75^n TS + 0{,}75 ST + 0{,}75^{n+1} T^2$
d'où $M^{n+1} = S + 0{,}75^{n+1} T$.
On a donc démontré que pour tout $n \in \mathbb{N}$, $M^n = S + 0{,}75^n T$.

> On a utilisé les égalités démontrées précédemment : $ST = TS = \begin{pmatrix} 0 & 0 \\ 0 & 0 \end{pmatrix}$, $S^2 = S$ et $T^2 = T$.

d. Pour tout $n \in \mathbb{N}^*$, $0{,}75^n T = \begin{pmatrix} 0{,}4 \times 0{,}75^n & -0{,}4 \times 0{,}75^n \\ -0{,}6 \times 0{,}75^n & 0{,}6 \times 0{,}75^n \end{pmatrix}$ et $0{,}75 \in\ ]-1\,;1[$

donc $\lim\limits_{n \to +\infty} 0{,}75^n = 0$: lorsque n tend vers $+\infty$, les coefficients de la matrice $0{,}75^n T$ tendent vers 0 donc ceux de la matrice M^n tendent vers ceux de $\begin{pmatrix} 0{,}6 & 0{,}4 \\ 0{,}6 & 0{,}4 \end{pmatrix}$.

Ainsi, puisque pour tout $n \in \mathbb{N}^*$, $P_n = P_0 M^n$, les coefficients de P_n tendent vers ceux de $P_0 S = (0{,}6\ \ 0{,}4)$ qui est bien l'état stable P.

8 ▶ Pertinence d'une page web

1. Il n'y a aucun lien sur la page P_2 pointant vers la page P_1, donc la probabilité que le robot aille à la page P_1 lorsqu'il se trouve à la page P_2 est $a_{12} = 0{,}04$.
La page P_4 possède deux liens (l'un vers la page P_1, l'autre vers la page P_3) donc $a_{14} = 0{,}04 + \dfrac{0{,}84}{2}$, soit $a_{14} = 0{,}46$.

On détermine de même les autres coefficients de M et on a :
$$M = \begin{pmatrix} 0{,}04 & 0{,}04 & 0{,}04 & 0{,}46 \\ 0{,}32 & 0{,}04 & 0{,}04 & 0{,}04 \\ 0{,}32 & 0{,}88 & 0{,}04 & 0{,}46 \\ 0{,}32 & 0{,}04 & 0{,}88 & 0{,}04 \end{pmatrix}.$$

On vérifie que la somme de chaque colonne vaut 1 :
$0{,}04 + 3 \times 0{,}32 = 1$; $3 \times 0{,}04 + 0{,}88 = 1$ et $2 \times 0{,}46 + 2 \times 0{,}04 = 1$.

2. En notant, pour un entier i compris entre 1 et 4, E_i l'événement : « le robot se trouve sur la page i à la n-ième navigation » et E'_i l'événement : « le robot se trouve sur la page i à la $(n+1)$-ième navigation », on a :
$$P(E'_1) = P_{E_1}(E'_1) \times P(E_1) + P_{E_2}(E'_1) \times P(E_2) + P_{E_3}(E'_1) \times P(E_3) + P_{E_4}(E'_1) \times P(E_4).$$

==Voir le chapitre 12 sur les probabilités conditionnelles.==

On a donc, avec les notations de l'énoncé :
$$a_{n+1} = a_{11}a_n + a_{12}b_n + a_{13}c_n + a_{14}d_n.$$

Soit avec les valeurs trouvées précédemment :
$$a_{n+1} = 0{,}04(a_n + b_n + c_n) + 0{,}46 d_n.$$

On montre des égalités analogues pour b_{n+1}, c_{n+1} et d_{n+1}, d'où :

$$\begin{pmatrix} a_{n+1} \\ b_{n+1} \\ c_{n+1} \\ d_{n+1} \end{pmatrix} = \begin{pmatrix} 0{,}04 & 0{,}04 & 0{,}04 & 0{,}46 \\ 0{,}32 & 0{,}04 & 0{,}04 & 0{,}04 \\ 0{,}32 & 0{,}88 & 0{,}04 & 0{,}46 \\ 0{,}32 & 0{,}04 & 0{,}88 & 0{,}04 \end{pmatrix} \begin{pmatrix} a_n \\ b_n \\ c_n \\ d_n \end{pmatrix}, \text{ soit } X_{n+1} = MX_n.$$

3. L'état stable est la matrice colonne $P = \begin{pmatrix} a \\ b \\ c \\ d \end{pmatrix}$ telle que $MP = P$ avec $a+b+c+d = 1$

(le robot se trouve forcément sur une des quatre pages).

Or, $M \begin{pmatrix} a \\ b \\ c \\ d \end{pmatrix} = \begin{pmatrix} a \\ b \\ c \\ d \end{pmatrix} \Leftrightarrow \begin{cases} 0{,}04a + 0{,}04b + 0{,}04c + 0{,}46(1-a-b-c) = a \\ 0{,}32a + 0{,}04b + 0{,}04c + 0{,}04(1-a-b-c) = b \\ 0{,}32a + 0{,}88b + 0{,}04c + 0{,}46(1-a-b-c) = c \\ 0{,}32a + 0{,}04b + 0{,}88c + 0{,}04(1-a-b-c) = (1-a-b-c) \end{cases}$

$\Leftrightarrow \begin{cases} 71a + 21b + 21c = 23 \\ -7a + 25b = 1 \\ 7a - 21b + 71c = 23 \\ 32a + 25b + 46c = 24 \end{cases}$

On peut alors résoudre le système $(S) : \begin{cases} 71a + 21b + 21c = 23 \\ -7a + 25b = 1 \\ 7a - 21b + 71c = 23 \end{cases}$ en utilisant le calcul matriciel.

En utilisant une calculatrice on trouve que la matrice $\begin{pmatrix} 71 & 21 & 21 \\ -7 & 25 & 0 \\ 7 & -21 & 71 \end{pmatrix}$ est inversible et

$$\begin{pmatrix} 71 & 21 & 21 \\ -7 & 25 & 0 \\ 7 & -21 & 71 \end{pmatrix}^{-1} = \begin{pmatrix} \dfrac{1775}{135874} & -\dfrac{966}{67937} & -\dfrac{525}{135874} \\ \dfrac{497}{135874} & \dfrac{2447}{67937} & -\dfrac{147}{135874} \\ -\dfrac{14}{67937} & \dfrac{819}{67937} & \dfrac{961}{67937} \end{pmatrix}.$$

On en déduit que :

$$(S) \Leftrightarrow \begin{pmatrix} 71 & 21 & 21 \\ -7 & 25 & 0 \\ 7 & -21 & 71 \end{pmatrix} \begin{pmatrix} a \\ b \\ c \end{pmatrix} = \begin{pmatrix} 23 \\ 1 \\ 23 \end{pmatrix} \Leftrightarrow \begin{pmatrix} a \\ b \\ c \end{pmatrix} = \begin{pmatrix} 71 & 21 & 21 \\ -7 & 25 & 0 \\ 7 & -21 & 71 \end{pmatrix}^{-1} \begin{pmatrix} 23 \\ 1 \\ 23 \end{pmatrix}$$

$$\Leftrightarrow \begin{pmatrix} a \\ b \\ c \end{pmatrix} = \begin{pmatrix} \dfrac{13409}{67937} \\ \dfrac{6472}{67937} \\ \dfrac{22600}{67937} \end{pmatrix}$$

On vérifie que les réels a, b et c trouvés sont solutions de la quatrième équation du système de départ : $32a + 25b + 46c = 24$.

On trouve alors $d = 1 - \dfrac{13409}{67937} - \dfrac{6472}{67937} - \dfrac{22600}{67937}$ soit $d = \dfrac{25456}{67937}$.

Finalement, l'état stable est $P = \begin{pmatrix} \dfrac{13409}{67937} \\ \dfrac{6472}{67937} \\ \dfrac{22600}{67937} \\ \dfrac{25456}{67937} \end{pmatrix}$.

4. On déduit de la question précédente les indices de pertinence des pages du réseau arrondis au centième : $p_1 = 0{,}20$; $p_2 = 0{,}10$; $p_3 = 0{,}33$ et $p_4 = 0{,}37$.

9 ▸ Suites imbriquées

1. Pour tout $n \in \mathbb{N}$, $\begin{pmatrix} u_{n+1} \\ v_{n+1} \end{pmatrix} = \begin{pmatrix} \dfrac{u_n + v_n}{2} \\ \dfrac{u_n + 2v_n}{3} \end{pmatrix}$ et $\begin{pmatrix} \dfrac{1}{2} & \dfrac{1}{2} \\ \dfrac{1}{3} & \dfrac{2}{3} \end{pmatrix} \begin{pmatrix} u_n \\ v_n \end{pmatrix} = \begin{pmatrix} \dfrac{u_n}{2} + \dfrac{v_n}{2} \\ \dfrac{u_n}{3} + \dfrac{2v_n}{3} \end{pmatrix}$, donc

$X_{n+1} = AX_n$. On admet que pour tout entier naturel n, $X_n = A^n X_0$.

💡 On pourrait bien sûr le démontrer par récurrence comme par exemple dans l'exercice 5.

2. a. Pour tous réels x et y, $\begin{pmatrix} \dfrac{1}{2} & \dfrac{1}{2} \\ \dfrac{1}{3} & \dfrac{2}{3} \end{pmatrix} \begin{pmatrix} x \\ y \end{pmatrix} = \begin{pmatrix} x \\ y \end{pmatrix} \Leftrightarrow \begin{cases} \dfrac{x+y}{2} = x \\ \dfrac{x+2y}{3} = y \end{cases} \Leftrightarrow y = x.$

On a donc par exemple $\begin{pmatrix} \dfrac{1}{2} & \dfrac{1}{2} \\ \dfrac{1}{3} & \dfrac{2}{3} \end{pmatrix} \begin{pmatrix} 1 \\ 1 \end{pmatrix} = \begin{pmatrix} 1 \\ 1 \end{pmatrix}$.

💡 Comme vu dans la rubrique post bac, cela signifie que 1 est une valeur propre de A.

b. Pour tous réels x et y, $\begin{pmatrix} \dfrac{1}{2} & \dfrac{1}{2} \\ \dfrac{1}{3} & \dfrac{2}{3} \end{pmatrix} \begin{pmatrix} x \\ y \end{pmatrix} = \lambda \begin{pmatrix} x \\ y \end{pmatrix} \Leftrightarrow \begin{cases} \dfrac{x+y}{2} = \lambda x \\ \dfrac{x+2y}{3} = \lambda y \end{cases}$

$\Leftrightarrow \begin{cases} y = (2\lambda - 1)x \\ x + 2(2\lambda - 1)x = 3\lambda(2\lambda - 1)x \end{cases}$

$\Leftrightarrow \begin{cases} y = (2\lambda - 1)x \\ x(-1 + 7\lambda - 6\lambda^2) = 0 \end{cases}$

$\Leftrightarrow \begin{cases} y = 0 \\ x = 0 \end{cases}$ ou $\begin{cases} y = (2\lambda - 1)x \\ -1 + 7\lambda - 6\lambda^2 = 0 \end{cases}$

Or, $-1 + 7\lambda - 6\lambda^2$ admet pour racines 1 et $\dfrac{1}{6}$, donc, pour $\lambda \neq 1$,

$\begin{cases} y = (2\lambda - 1)x \\ -1 + 7\lambda - 6\lambda^2 = 0 \end{cases} \Leftrightarrow \begin{cases} y = -\dfrac{2}{3}x \\ \lambda = \dfrac{1}{6} \end{cases}$. Donc si $V = \begin{pmatrix} 3 \\ -2 \end{pmatrix}$ alors $AV = \dfrac{1}{6}V$.

3. On a vu dans la rubrique post bac que, puisque U et V ne sont pas colinéaires, la matrice $P = \begin{pmatrix} 1 & 3 \\ 1 & -2 \end{pmatrix}$ est inversible et la matrice $\Delta = P^{-1}AP$ est diagonale (A est donc diagonalisable). On a d'ailleurs $\Delta = \begin{pmatrix} 1 & 0 \\ 0 & \frac{1}{6} \end{pmatrix}$.

4. Pour tout $n \in \mathbb{N}$, $A^n = P\Delta^n P^{-1}$.

 Ceci se démontre aisément par récurrence (voir l'exercice 5 par exemple).

On a $\begin{pmatrix} 1 & 3 \\ 1 & -2 \end{pmatrix}^{-1} = \begin{pmatrix} \frac{2}{5} & \frac{3}{5} \\ \frac{1}{5} & -\frac{1}{5} \end{pmatrix}$ et on obtient par le calcul :

$$\begin{pmatrix} 1 & 3 \\ 1 & -2 \end{pmatrix} \begin{pmatrix} 1 & 0 \\ 0 & \frac{1}{6^n} \end{pmatrix} \begin{pmatrix} 1 & 3 \\ 1 & -2 \end{pmatrix}^{-1} = \begin{pmatrix} \frac{3}{5 \times 6^n} + \frac{2}{5} & -\frac{3}{5 \times 6^n} + \frac{3}{5} \\ -\frac{2}{5 \times 6^n} + \frac{2}{5} & \frac{2}{5 \times 6^n} + \frac{3}{5} \end{pmatrix}$$

et on a $X_n = A^n X_0$ avec $X_0 = \begin{pmatrix} 0 \\ 1 \end{pmatrix}$ donc $u_n = \frac{3}{5}\left(1 - \frac{1}{6^n}\right)$ et $v_n = \frac{1}{5}\left(3 + \frac{2}{6^n}\right)$.

10 Exponentielle d'une matrice triangulaire

1. On a $A \begin{pmatrix} 0 \\ 1 \\ 0 \end{pmatrix} = \begin{pmatrix} 0 \\ 1 \\ 0 \end{pmatrix}$ et $(A-I)^3 = \begin{pmatrix} 1 & 0 & 1 \\ 0 & 0 & 0 \\ -1 & 0 & -1 \end{pmatrix}^3 = \begin{pmatrix} 0 & 0 & 0 \\ 0 & 0 & 0 \\ 0 & 0 & 0 \end{pmatrix}$.

2. Si λ est une valeur propre de A alors il existe $X \neq \begin{pmatrix} 0 \\ 0 \\ 0 \end{pmatrix}$ tel que $AX = \lambda X$ d'où :

$(A-I)X = (\lambda - 1)X$ puis $(A-I)^3 X = (A-I)^2(\lambda-1)X = (\lambda-1)^2(A-I)X$ soit :
$(A-I)^3 X = (\lambda - 1)^3 X$.

Ainsi, $(\lambda-1)^3 X = \begin{pmatrix} 0 \\ 0 \\ 0 \end{pmatrix}$ et, puisque $X \neq \begin{pmatrix} 0 \\ 0 \\ 0 \end{pmatrix}$, $(\lambda-1)^3 = 0$.

On peut en déduire que seule $\lambda = 1$ peut être valeur propre de A. De plus $A \begin{pmatrix} 0 \\ 1 \\ 0 \end{pmatrix} = \begin{pmatrix} 0 \\ 1 \\ 0 \end{pmatrix}$ donc 1 est bien valeur propre de A.

3. La calculatrice montre que P est inversible et $P^{-1} = \begin{pmatrix} 1 & 0 & 0 \\ -1 & 1 & -1 \\ 1 & 0 & 1 \end{pmatrix}$.

De plus $\begin{pmatrix} 1 & 0 & 0 \\ -1 & 1 & -1 \\ 1 & 0 & 1 \end{pmatrix} \begin{pmatrix} 2 & 0 & 1 \\ 0 & 1 & 0 \\ -1 & 0 & 0 \end{pmatrix} \begin{pmatrix} 1 & 0 & 0 \\ 0 & 1 & 1 \\ -1 & 0 & 1 \end{pmatrix} = \begin{pmatrix} 1 & 0 & 1 \\ 0 & 1 & 0 \\ 0 & 0 & 1 \end{pmatrix}$, donc $T = \begin{pmatrix} 1 & 0 & 1 \\ 0 & 1 & 0 \\ 0 & 0 & 1 \end{pmatrix}$.

4. Démontrons par récurrence que pour tout $n \in \mathbb{N}^*$, $T^n = \begin{pmatrix} 1 & 0 & n \\ 0 & 1 & 0 \\ 0 & 0 & 1 \end{pmatrix}$.

Tout d'abord, $T = \begin{pmatrix} 1 & 0 & 1 \\ 0 & 1 & 0 \\ 0 & 0 & 1 \end{pmatrix}$, donc l'égalité est vraie pour $n = 1$.

Soit $n \in \mathbb{N}^*$ tel que $T^n = \begin{pmatrix} 1 & 0 & n \\ 0 & 1 & 0 \\ 0 & 0 & 1 \end{pmatrix}$ alors, $T^{n+1} = \begin{pmatrix} 1 & 0 & n \\ 0 & 1 & 0 \\ 0 & 0 & 1 \end{pmatrix} \times \begin{pmatrix} 1 & 0 & 1 \\ 0 & 1 & 0 \\ 0 & 0 & 1 \end{pmatrix}$

soit $T^{n+1} = \begin{pmatrix} 1 & 0 & n+1 \\ 0 & 1 & 0 \\ 0 & 0 & 1 \end{pmatrix}$.

Ainsi, pour tout $n \in \mathbb{N}^*$, $T^n = \begin{pmatrix} 1 & 0 & n \\ 0 & 1 & 0 \\ 0 & 0 & 1 \end{pmatrix}$.

D'autre part, on a $T = P^{-1}AP$ donc $A = PTP^{-1}$ et $A^n = PT^nP^{-1}$ d'où :
$$A^n = \begin{pmatrix} n+1 & 0 & n \\ 0 & 1 & 0 \\ -n & 0 & 1-n \end{pmatrix}.$$

5. a. On a pour tout entier k compris entre 0 et n :
$$\frac{1}{k!}T^k = \frac{1}{k!}\begin{pmatrix} 1 & 0 & 0 \\ 0 & 1 & 0 \\ 0 & 0 & 1 \end{pmatrix} + \frac{k}{k!}\begin{pmatrix} 1 & 0 & 1 \\ 0 & 1 & 0 \\ 0 & 0 & 1 \end{pmatrix}$$
$$= \frac{1}{k!}I + \frac{k}{k!}J.$$

Or, $\sum_{k=0}^{n} \frac{k}{k!} J = \left(0 + 1 + 1 + \frac{1}{2!} + \ldots + \frac{1}{(n-1)!} \right) J$.

Donc, $\sum_{k=0}^{n} \frac{k}{k!} J = \sum_{k=0}^{n-1} \frac{1}{k!} J$ et $U_n = \sum_{k=0}^{n} \frac{1}{k!} I + \sum_{k=0}^{n-1} \frac{1}{k!} J$.

b. Les coefficients de la diagonale de U_n sont $\sum_{k=0}^{n} \frac{1}{k!}$ de limite e.

Les autres coefficients sont nuls sauf celui situé à l'intersection de la première ligne et de la troisième colonne qui vaut $\sum_{k=0}^{n-1} \frac{1}{k!}$ et dont la limite est également e.

On a donc $U = \begin{pmatrix} e & 0 & e \\ 0 & e & 0 \\ 0 & 0 & e \end{pmatrix}$ soit $U = eT$.

En posant $a_n = \sum_{k=0}^{n} \frac{1}{k!}$, on a $\lim_{n \to +\infty} a_n = e$ d'où $\lim_{n \to +\infty} a_{n-1} = e$ soit $\lim_{n \to +\infty} \sum_{k=0}^{n-1} \frac{1}{k!} = e$.

ANNEXES

Index

A
affixe 258
aire 203, 207
algorithme d'Euclide 470
algorithme de seuil 41
arbre de probabilités 388, 390, 392
Arc cosinus 176
Arc sinus 176
argument 258
arrangement 389
asymptote 72, 73, 77

B
base 472
Bayes 388
Bézout 471, 474

C
calcul d'aire 203, 207
changement de repère 317
chiffrement à clé publique 473
combinaison 389
combinaison linéaire 468
nombre complexe 258
composition de limites 75, 78
conditionnement 388
congruence 469, 476
conjugué 259
continuité d'une fonction 75, 80
convergence d'une suite 41, 46
coplanaires 286, 314
croissances comparées 139, 141, 142, 145

D
densité de probabilité 420, 423
dérivabilité d'une fonction 106, 112
dérivée 106, 107
déterminant 316
diagonale principale d'une matrice 502
divergence d'une suite 40, 43
divisibilité 468
division euclidienne 469, 476
droites coplanaires 286
durée de vie sans vieillissement 421

E
écart type 422
encadrement 41, 47, 75
équation cartésienne 345, 349
équation différentielle 142
équation diophantienne 475
espérance 420, 421, 422, 423
Euclide 470
Euler 260
exponentielle 138
exponentielle de base a 141
extremum 108

F
facteurs premiers 470
factorielle 11, 16
Fermat 471
fonction Arc cosinus 176
fonction Arc sinus 176
fonction continue 75, 80
fonction cosinus 175
fonction de répartition 423
fonction dérivée 106, 107
fonction exponentielle 138
fonction exponentielle de base a 141
fonction logarithme népérien 139

537

fonction puissance 142

fonction sinus 174

forme indéterminée 42, 45, 144, 145

formule de Bayes 388

formules d'Euler 260

G, H
Gauss 471

hérédité 10, 14, 15

I
image 258

imaginaire pur 258

incidence 286

indépendance 389, 393, 420

inégalité des accroissements finis 109

initialisation 10, 14

intégrale 203

intégration par parties 205

intersection 290, 318, 347, 348

intervalle de confiance 442

intervalle de fluctuation 442

inversible 504

L
limite d'une fonction 72-75, 78

limite d'une suite 40-43

linéarité 11, 204

logarithme népérien 139

loi exponentielle 421

loi normale 422, 426, 427

loi normale centrée réduite 421

loi uniforme 420, 424

M
marche aléatoire 511

matrice 502-504

matrice carrée inversible 504

module 258

modulo 469

Moivre-Laplace 421

monotonie d'une fonction 76, 80, 108

monotonie d'une suite 17, 40, 41

moyenne 443

multiple 468

N
nombre complexe 258

nombre dérivé 106

nombre premier 469

numération 472

O
opération sur les limites 42, 75

opérations sur les fonctions continues 75

opérations sur les fonctions dérivées 107

orthogonalité 287, 292, 314, 344

orthonormé 315

P
parallélisme 286, 287

parité d'une fonction 174, 175

partie imaginaire 258

partie réelle 258

périodicité d'une fonction 174, 175

PGCD 470

PPCM 472

premier 469

primitive 202, 203, 206

probabilité conditionnelle 388

produit scalaire 344

produit vectoriel 346

projection orthogonale 288

prolongement par continuité 76

puissance 142

puissance d'une matrice 504, 508

R

raisonnement par récurrence 10, 14

récurrence 10, 14

récurrence double 12

récurrence forte 13

relation de Chasles 11, 204

repère 314, 320

représentation paramétrique 315

rotation 261

RSA 473

S

sinus 174

somme de termes 11, 16

suite et fonction 43

suite géométrique 40, 42

suites adjacentes 43

suites arithmético-géométriques 43

système linéaire 507

T

tangente 106, 112

théorème d'encadrement 41, 47, 75

théorème de comparaison 40, 47, 74

théorème de Fermat 471

théorème de Gauss 471

théorème de Bézout 471, 474

théorème de Moivre-Laplace 421

théorème des gendarmes 41, 47

théorème des valeurs intermédiaires 76, 80

théorème du toit 287

trigonométrie 174, 179, 180

V

valeur moyenne 204

valeur propre d'une matrice 505

valeurs intermédiaires 76, 80

variable aléatoire 420, 423

variance 422, 423

variations d'une fonction 108, 110

vecteur directeur 314

vecteur normal 344

vecteurs colinéaires 314

vecteurs coplanaires 314